国家科技重大专项
大型油气田及煤层气开发成果丛书
(2008—2020)

卷45

塔里木盆地克拉苏气田超深超高压气藏开发实践

江同文 汪如军 肖香姣 阳建平 张承泽 陈 东 等编著

石油工业出版社

内容提要

本书以塔里木盆地克拉苏气田开发实践为主线,分析了气田基本地质特征,研究了超深层裂缝性致密砂岩气藏开发机理、开发特征及开发技术对策,总结了精准布井、动态监测、动态描述、采气工艺等关键技术进展和成果,对超深超高压气藏的开发具有指导与借鉴意义。

本书可供从事天然气田开发的科研技术人员、石油院校相关专业的师生参考。

图书在版编目（CIP）数据

塔里木盆地克拉苏气田超深超高压气藏开发实践 / 江同文等编著. —北京：石油工业出版社，2022.6

（国家科技重大专项·大型油气田及煤层气开发成果丛书：2008—2020）

ISBN 978-7-5183-5326-2

Ⅰ.①塔… Ⅱ.①江… Ⅲ.①塔里木盆地–致密砂岩–砂岩油气藏–油气田开发–研究 Ⅳ.①TE343

中国国家版本馆CIP数据核字（2022）第062755号

责任编辑：张　倩　申公显　李熹蓉
责任校对：刘晓婷
装帧设计：李　欣　周　彦

出版发行：石油工业出版社
　　　　　（北京安定门外安华里2区1号　100011）
　　网　　址：www.petropub.com
　　编辑部：（010）64523710　图书营销中心：（010）64523633
经　　销：全国新华书店
印　　刷：北京中石油彩色印刷有限责任公司

2022年8月第1版　2022年8月第1次印刷
787×1092毫米　开本：1/16　印张：23.25
字数：525千字

定价：230.00元

（如出现印装质量问题，我社图书营销中心负责调换）

版权所有，翻印必究

《国家科技重大专项·大型油气田及煤层气开发成果丛书（2008—2020）》编委会

主　任：贾承造

副主任：（按姓氏拼音排序）

　　　　常　旭　陈　伟　胡广杰　焦方正　匡立春　李　阳
　　　　马永生　孙龙德　王铁冠　吴建光　谢在库　袁士义
　　　　周建良

委　员：（按姓氏拼音排序）

　　　　蔡希源　邓运华　高德利　龚再升　郭旭升　郝　芳
　　　　何治亮　胡素云　胡文瑞　胡永乐　金之钧　康玉柱
　　　　雷　群　黎茂稳　李　宁　李根生　刘　合　刘可禹
　　　　刘书杰　路保平　罗平亚　马新华　米立军　彭平安
　　　　秦　勇　宋　岩　宋新民　苏义脑　孙焕泉　孙金声
　　　　汤天知　王香增　王志刚　谢玉洪　袁　亮　张　玮
　　　　张君峰　张卫国　赵文智　郑和荣　钟太贤　周守为
　　　　朱日祥　朱伟林　邹才能

《塔里木盆地克拉苏气田超深超高压气藏开发实践》

编写组

组　　长：江同文

副组长：汪如军　肖香姣　阳建平　张承泽　陈　东

成　　员：（按姓氏笔画排序）

马金龙	王　勇	王小培	王志民	王克林	王胜军
王洪峰	王海应	王海波	王翠丽	方　勇	尹国庆
史　涛	代　力	白晓佳	朱松柏	伍轶鸣	任兴南
刘　举	刘　敏	刘　磊	刘己全	刘立炜	刘明球
刘洪涛	刘新文	许建华	孙　勇	孙　涛	孙贺东
孙雄伟	阳建平	李　青	李多丽	李松林	李海明
杨　敏	杨凤来	杨学君	肖香姣	吴永平	吴红军
汪如军	宋丙慧	张　伟	张　旭	张　杰	张　辉
张永灵	张永宾	张建业	张承泽	陈　东	陈　庆
陈丽群	陈宝新	范　玮	昌伦杰	罗秀羽	金江宁
郑广全	赵　斌	赵力彬	赵容怀	姚茂堂	秦世勇
袁　芳	凌　涛	高国成	高洁玉	唐永亮	黄　锟
曹立虎	梁红军	彭更新	曾　努	谢　伟	詹启桂
滕　藤	魏　聪				

丛书·序

能源安全关系国计民生和国家安全。面对世界百年未有之大变局和全球科技革命的新形势，我国石油工业肩负着坚持初心、为国找油、科技创新、再创辉煌的历史使命。国家科技重大专项是立足国家战略需求，通过核心技术突破和资源集成，在一定时限内完成的重大战略产品、关键共性技术或重大工程，是国家科技发展的重中之重。大型油气田及煤层气开发专项，是贯彻落实习近平总书记关于大力提升油气勘探开发力度、能源的饭碗必须端在自己手里等重要指示批示精神的重大实践，是实施我国"深化东部、发展西部、加快海上、拓展海外"油气战略的重大举措，引领了我国油气勘探开发事业跨入向深层、深水和非常规油气进军的新时代，推动了我国油气科技发展从以"跟随"为主向"并跑、领跑"的重大转变。在"十二五"和"十三五"国家科技创新成就展上，习近平总书记两次视察专项展台，充分肯定了油气科技发展取得的重大成就。

大型油气田及煤层气开发专项作为《国家中长期科学和技术发展规划纲要（2006—2020年）》确定的10个民口科技重大专项中唯一由企业牵头组织实施的项目，以国家重大需求为导向，积极探索和实践依托行业骨干企业组织实施的科技创新新型举国体制，集中优势力量，调动中国石油、中国石化、中国海油等百余家油气能源企业和70多所高等院校、20多家科研院所及30多家民营企业协同攻关，参与研究的科技人员和推广试验人员超过3万人。围绕专项实施，形成了国家主导、企业主体、市场调节、产学研用一体化的协同创新机制，聚智协力突破关键核心技术，实现了重大关键技术与装备的快速跨越；弘扬伟大建党精神、传承石油精神和大庆精神铁人精神，以及石油会战等优良传统，充分体现了新型举国体制在科技创新领域的巨大优势。

经过十三年的持续攻关，全面完成了油气重大专项既定战略目标，攻克了一批制约油气勘探开发的瓶颈技术，解决了一批"卡脖子"问题。在陆上油气勘探、陆上油气开发、工程技术、海洋油气勘探开发、海外油气勘探开发、非常规油气勘探开发领域，形成了6大技术系列、26项重大技术；自主研发20项重大工程技术装备；建成35项示范工程、26个国家级重点实验室和研究中心。我国油气科技自主创新能力大幅提升，油气能源企业被卓越赋能，形成产量、储量增长高峰期发展新态势，为落实习近平总书记"四个革命、一个合作"能源安全新战略奠定了坚实的资源基础和技术保障。

《国家科技重大专项·大型油气田及煤层气开发成果丛书（2008—2020）》（62卷）是专项攻关以来在科学理论和技术创新方面取得的重大进展和标志性成果的系统总结，凝结了数万科研工作者的智慧和心血。他们以"功成不必在我，功成必定有我"的担当，高质量完成了这些重大科技成果的凝练提升与编写工作，为推动科技创新成果转化为现实生产力贡献了力量，给广大石油干部员工奉献了一场科技成果的饕餮盛宴。这套丛书的正式出版，对于加快推进专项理论技术成果的全面推广，提升石油工业上游整体自主创新能力和科技水平，支撑油气勘探开发快速发展，在更大范围内提升国家能源保障能力将发挥重要作用，同时也一定会在中国石油工业科技出版史上留下一座书香四溢的里程碑。

在世界能源行业加快绿色低碳转型的关键时期，广大石油科技工作者要进一步认清面临形势，保持战略定力、志存高远、志创一流，毫不放松加强油气等传统能源科技攻关，大力提升油气勘探开发力度，增强保障国家能源安全能力，努力建设国家战略科技力量和世界能源创新高地；面对资源短缺、环境保护的双重约束，充分发挥自身优势，以技术创新为突破口，加快布局发展新能源新事业，大力推进油气与新能源协调融合发展，加大节能减排降碳力度，努力增加清洁能源供应，在绿色低碳科技革命和能源科技创新上出更多更好的成果，为把我国建设成为世界能源强国、科技强国，实现中华民族伟大复兴的中国梦续写新的华章。

中国石油董事长、党组书记
中国工程院院士　戴厚良

丛书·前言

石油天然气是当今人类社会发展最重要的能源。2020年全球一次能源消费量为 134.0×10^8 t 油当量，其中石油和天然气占比分别为 30.6% 和 24.2%。展望未来，油气在相当长时间内仍是一次能源消费的主体，全球油气生产将呈长期稳定趋势，天然气产量将保持较高的增长率。

习近平总书记高度重视能源工作，明确指示"要加大油气勘探开发力度，保障我国能源安全"。石油工业的发展是由资源、技术、市场和社会政治经济环境四方面要素决定的，其中油气资源是基础，技术进步是最活跃、最关键的因素，石油工业发展高度依赖科学技术进步。近年来，全球石油工业上游在资源领域和理论技术研发均发生重大变化，非常规油气、海洋深水油气和深层—超深层油气勘探开发获得重大突破，推动石油地质理论与勘探开发技术装备取得革命性进步，引领石油工业上游业务进入新阶段。

中国共有500余个沉积盆地，已发现松辽盆地、渤海湾盆地、准噶尔盆地、塔里木盆地、鄂尔多斯盆地、四川盆地、柴达木盆地和南海盆地等大型含油气大盆地，油气资源十分丰富。中国含油气盆地类型多样、油气地质条件复杂，已发现的油气资源以陆相为主，构成独具特色的大油气分布区。历经半个多世纪的艰苦创业，到20世纪末，中国已建立完整独立的石油工业体系，基本满足了国家发展对能源的需求，保障了油气供给安全。2000年以来，随着国内经济高速发展，油气需求快速增长，油气对外依存度逐年攀升。我国石油工业担负着保障国家油气供应安全，壮大国际竞争力的历史使命，然而我国石油工业面临着油气勘探开发对象日趋复杂、难度日益增大、勘探开发理论技术不相适应及先进装备依赖进口的巨大压力，因此急需发展自主科技创新能力，发展新一代油气勘探开发理论技术与先进装备，以大幅提升油气产量，保障国家油气能源安全。一直以来，国家高度重视油气科技进步，支持石油工业建设专业齐全、先进开放和国际化的上游科技研发体系，在中国石油、中国石化和中国海油建立了比较先进和完备的科技队伍和研发平台，在此基础上于2008年启动实施国家科技重大专项技术攻关。

国家科技重大专项"大型油气田及煤层气开发"（简称"国家油气重大专项"）是《国家中长期科学和技术发展规划纲要（2006—2020年）》确定的16个重大专项之一，目标是大幅提升石油工业上游整体科技创新能力和科技水平，支撑油气勘探开发快速发展。国家油气重大专项实施周期为2008—2020年，按照"十一五""十二五""十三五"3个阶段实施，是民口科技重大专项中唯一由企业牵头组织实施的专项，由中国石油牵头组织实施。专项立足保障国家能源安全重大战略需求，围绕"6212"科技攻关目标，共部署实施201个项目和示范工程。在党中央、国务院的坚强领导下，专项攻关团队积极探索和实践依托行业骨干企业组织实施的科技攻关新型举国体制，加快推进专项实施，攻克一批制约油气勘探开发的瓶颈技术，形成了陆上油气勘探、陆上油气开发、工程技术、海洋油气勘探开发、海外油气勘探开发、非常规油气勘探开发6大领域技术系列及26项重大技术，自主研发20项重大工程技术装备，完成35项示范工程建设。近10年我国石油年产量稳定在2×10^8t左右，天然气产量取得快速增长，2020年天然气产量达1925×10^8m³，专项全面完成既定战略目标。

通过专项科技攻关，中国油气勘探开发技术整体已经达到国际先进水平，其中陆上油气勘探开发水平位居国际前列，海洋石油勘探开发与装备研发取得巨大进步，非常规油气开发获得重大突破，石油工程服务业的技术装备实现自主化，常规技术装备已全面国产化，并具备部分高端技术装备的研发和生产能力。总体来看，我国石油工业上游科技取得以下七个方面的重大进展：

（1）我国天然气勘探开发理论技术取得重大进展，发现和建成一批大气田，支撑天然气工业实现跨越式发展。围绕我国海相与深层天然气勘探开发技术难题，形成了海相碳酸盐岩、前陆冲断带和低渗—致密等领域天然气成藏理论和勘探开发重大技术，保障了我国天然气产量快速增长。自2007年至2020年，我国天然气年产量从677×10^8m³增长到1925×10^8m³，探明储量从6.1×10^{12}m³增长到14.41×10^{12}m³，天然气在一次能源消费结构中的比例从2.75%提升到8.18%以上，实现了三个翻番，我国已成为全球第四大天然气生产国。

（2）创新发展了石油地质理论与先进勘探技术，陆相油气勘探理论与技术继续保持国际领先水平。创新发展形成了包括岩性地层油气成藏理论与勘探配套技术等新一代石油地质理论与勘探技术，发现了鄂尔多斯湖盆中心岩性地层大油区，支撑了国内长期年新增探明 10×10^8 t 以上的石油地质储量。

（3）形成国际领先的高含水油田提高采收率技术，聚合物驱油技术已发展到三元复合驱，并研发先进的低渗透和稠油油田开采技术，支撑我国原油产量长期稳定。

（4）我国石油工业上游工程技术装备（物探、测井、钻井和压裂）基本实现自主化，具备一批高端装备技术研发制造能力。石油企业技术服务保障能力和国际竞争力大幅提升，促进了石油装备产业和工程技术服务产业发展。

（5）我国海洋深水工程技术装备取得重大突破，初步实现自主发展，支持了海洋深水油气勘探开发进展，近海油气勘探与开发能力整体达到国际先进水平，海上稠油开发处于国际领先水平。

（6）形成海外大型油气田勘探开发特色技术，助力"一带一路"国家油气资源开发和利用。形成全球油气资源评价能力，实现了国内成熟勘探开发技术到全球的集成与应用，我国海外权益油气产量大幅度提升。

（7）页岩气、致密气、煤层气与致密油、页岩油勘探开发技术取得重大突破，引领非常规油气开发新兴产业发展。形成页岩气水平井钻完井与储层改造作业技术系列，推动页岩气产业快速发展；页岩油勘探开发理论技术取得重大突破；煤层气开发新兴产业初见成效，形成煤层气与煤炭协调开发技术体系，全国煤炭安全生产形势实现根本性好转。

这些科技成果的取得，是国家实施建设创新型国家战略的成果，是百万石油员工和科技人员发扬艰苦奋斗、为国找油的大庆精神铁人精神的实践结果，是我国科技界以举国之力团结奋斗联合攻关的硕果。国家油气重大专项在实施中立足传统石油工业，探索实践新型举国体制，创建"产学研用"创新团队，创新人才队伍建设，创新科技研发平台基地建设，使我国石油工业科技创新能力得到大幅度提升。

为了系统总结和反映国家油气重大专项在科学理论和技术创新方面取得的重大进展和成果，加快推进专项理论技术成果的推广和提升，专项实施管理办公室与技术总体组规划组织编写了《国家科技重大专项·大型油气田及煤层气开发成果丛书（2008—2020）》。丛书共62卷，第1卷为专项理论技术成果总论，第2~9卷为陆上油气勘探理论技术成果，第10~14卷为陆上油气开发理论技术成果，第15~22卷为工程技术装备成果，第23~26卷为海洋油气理论技术装备成果，第27~30卷为海外油气理论技术成果，第31~43卷为非常规油气理论技术成果，第 44~62 卷为油气开发示范工程技术集成与实施成果（包括常规油气开发 7 卷，煤层气开发 5 卷，页岩气开发 4 卷，致密油、页岩油开发 3 卷）。

各卷均以专项攻关组织实施的项目与示范工程为单元，作者是项目与示范工程的项目长和技术骨干，内容是项目与示范工程在 2008—2020 年期间的重大科学理论研究、先进勘探开发技术和装备研发成果，代表了当今我国石油工业上游的最新成就和最高水平。丛书内容翔实，资料丰富，是科学研究与现场试验的真实记录，也是科研成果的总结和提升，具有重大的科学意义和资料价值，必将成为石油工业上游科技发展的珍贵记录和未来科技研发的基石和参考资料。衷心希望丛书的出版为中国石油工业的发展发挥重要作用。

国家科技重大专项"大型油气田及煤层气开发"是一项巨大的历史性科技工程，前后历时十三年，跨越三个五年规划，共有数万名科技人员参加，是我国石油工业史上一项壮举。专项的顺利实施和圆满完成是参与专项的全体科技人员奋力攻关、辛勤工作的结果，是我国石油工业界和石油科技教育界通力合作的典范。我有幸作为国家油气重大专项技术总师，全程参加了专项的科研和组织，倍感荣幸和自豪。同时，特别感谢国家科技部、财政部和发改委的规划、组织和支持，感谢中国石油、中国石化、中国海油及中联公司长期对石油科技和油气重大专项的直接领导和经费投入。此次专项成果丛书的编辑出版，还得到了石油工业出版社大力支持，在此一并表示感谢！

中国科学院院士　贾承造

《国家科技重大专项·大型油气田及煤层气开发成果丛书（2008—2020）》

分卷目录

序号	分卷名称
卷 1	总论：中国石油天然气工业勘探开发重大理论与技术进展
卷 2	岩性地层大油气区地质理论与评价技术
卷 3	中国中西部盆地致密油气藏"甜点"分布规律与勘探实践
卷 4	前陆盆地及复杂构造区油气地质理论、关键技术与勘探实践
卷 5	中国陆上古老海相碳酸盐岩油气地质理论与勘探
卷 6	海相深层油气成藏理论与勘探技术
卷 7	渤海湾盆地（陆上）油气精细勘探关键技术
卷 8	中国陆上沉积盆地大气田地质理论与勘探实践
卷 9	深层—超深层油气形成与富集：理论、技术与实践
卷 10	胜利油田特高含水期提高采收率技术
卷 11	低渗—超低渗油藏有效开发关键技术
卷 12	缝洞型碳酸盐岩油藏提高采收率理论与关键技术
卷 13	二氧化碳驱油与埋存技术及实践
卷 14	高含硫天然气净化技术与应用
卷 15	陆上宽方位宽频高密度地震勘探理论与实践
卷 16	陆上复杂区近地表建模与静校正技术
卷 17	复杂储层测井解释理论方法及 CIFLog 处理软件
卷 18	成像测井仪关键技术及 CPLog 成套装备
卷 19	深井超深井钻完井关键技术与装备
卷 20	低渗透油气藏高效开发钻完井技术
卷 21	沁水盆地南部高煤阶煤层气 L 型水平井开发技术创新与实践
卷 22	储层改造关键技术及装备
卷 23	中国近海大中型油气田勘探理论与特色技术
卷 24	海上稠油高效开发新技术
卷 25	南海深水区油气地质理论与勘探关键技术
卷 26	我国深海油气开发工程技术及装备的起步与发展
卷 27	全球油气资源分布与战略选区
卷 28	丝绸之路经济带大型碳酸盐岩油气藏开发关键技术

序号	分卷名称
卷 29	超重油与油砂有效开发理论与技术
卷 30	伊拉克典型复杂碳酸盐岩油藏储层描述
卷 31	中国主要页岩气富集成藏特点与资源潜力
卷 32	四川盆地及周缘页岩气形成富集条件、选区评价技术与应用
卷 33	南方海相页岩气区带目标评价与勘探技术
卷 34	页岩气气藏工程及采气工艺技术进展
卷 35	超高压大功率成套压裂装备技术与应用
卷 36	非常规油气开发环境检测与保护关键技术
卷 37	煤层气勘探地质理论及关键技术
卷 38	煤层气高效增产及排采关键技术
卷 39	新疆准噶尔盆地南缘煤层气资源与勘查开发技术
卷 40	煤矿区煤层气抽采利用关键技术与装备
卷 41	中国陆相致密油勘探开发理论与技术
卷 42	鄂尔多斯盆缘过渡带复杂类型气藏精细描述与开发
卷 43	中国典型盆地陆相页岩油勘探开发选区与目标评价
卷 44	鄂尔多斯盆地大型低渗透岩性地层油气藏勘探开发技术与实践
卷 45	塔里木盆地克拉苏气田超深超高压气藏开发实践
卷 46	安岳特大型深层碳酸盐岩气田高效开发关键技术
卷 47	缝洞型油藏提高采收率工程技术创新与实践
卷 48	大庆长垣油田特高含水期提高采收率技术与示范应用
卷 49	辽河及新疆稠油超稠油高效开发关键技术研究与实践
卷 50	长庆油田低渗透砂岩油藏 CO_2 驱油技术与实践
卷 51	沁水盆地南部高煤阶煤层气开发关键技术
卷 52	涪陵海相页岩气高效开发关键技术
卷 53	渝东南常压页岩气勘探开发关键技术
卷 54	长宁—威远页岩气高效开发理论与技术
卷 55	昭通山地页岩气勘探开发关键技术与实践
卷 56	沁水盆地煤层气水平井开采技术及实践
卷 57	鄂尔多斯盆地东缘煤系非常规气勘探开发技术与实践
卷 58	煤矿区煤层气地面超前预抽理论与技术
卷 59	两淮矿区煤层气开发新技术
卷 60	鄂尔多斯盆地致密油与页岩油规模开发技术
卷 61	准噶尔盆地砂砾岩致密油藏开发理论技术与实践
卷 62	渤海湾盆地济阳坳陷致密油藏开发技术与实践

本卷·前言

近十年来，全球新增探明天然气储量的60%以上分布在深层气藏（埋深4500~6000m）和超深层（埋深大于6000m）气藏，深层—超深层气藏已成为全球天然气勘探开发的重要领域之一。据统计，我国陆上常规天然气资源量为$41×10^{12}m^3$，其中深层—超深层资源量占比为70%，开发深层—超深层天然气是国家能源安全的重要战略。21世纪以来，我国深层—超深层天然气勘探开发取得了一系列重大成果，成功开发了迪那、普光、克深、安岳和元坝等多个大气田。深层—超深层气藏的地质条件给高效开发带来诸多挑战，因此，系统深入研究深层—超深层气藏的地质特征和开发技术，总结开发实践经验，对国内外同类型气藏的科学开发具有重要指导意义。

塔里木盆地库车坳陷克拉苏构造带地表沟壑纵横、山体高陡，浅层砾石发育，中深层膏盐层发育，盐下构造样式复杂，发育一系列背斜、断背斜构造，是天然气聚集的主要场所，形成了多个超深超高压气藏。气藏埋藏深（最深8100m，平均6850m），地层压力高（最高150MPa，平均112MPa），地层温度高（最高175℃，平均143℃），地应力高（最高180MPa，平均130MPa，应力差达60MPa）。储层基质致密（平均孔隙度5.2%、渗透率0.07mD），裂缝发育且非均质性强，边底水活跃。以上条件导致气藏高效开发面临诸多挑战：（1）复杂的地表条件和地下地质结构导致地震资料的品质较差，常规的采集处理技术还不能从本质上改善资料的品质，对盐下构造解释难度大，构造落实程度较低；（2）受地震资料品质的限制，裂缝预测精度极低，开发井最优位置的选择难度较大；（3）储层基质致密，孔隙、裂缝、断裂多尺度介质渗透率级差达10万倍，现有渗流理论难以精确描述其开发规律；（4）气藏上覆砾石层、盐膏层发育，钻井周期长，单井自然产能低，储层改造提产难度大；（5）在超高压强腐蚀工况下，井筒管柱—地面管线完整性风险高，精益控制和安全平稳生产带来挑战大。

克拉苏气田位于克拉苏构造带，于2008年发现了克深2超深超高压气藏，自2012年开始进行开发试验，开发技术逐步配套，"十三五"以来进入规模开发阶段，已成功开发克深、大北和博孜等多个超深超高压成组气藏，2020年工业产量达$138×10^8m^3$，是塔里木盆地天然气开发最主要的阵地。通过开发实践，对气田的地质认识不断深化，发现此类气藏具有"局部构造控藏、天然裂缝控产、多尺度断裂控水侵"等地质和开发特征，进而揭示了"裂缝与地应力耦合控制产能、断层—裂缝—基质接力协同供气、非均匀水侵降低采收率"等复杂开发机理，形成了"利用天然裂缝夺高产、早期整体治水促稳产、适度改造保安全"的开发策略，并配套完善了山前复杂构造高精度开发地震成像、超深裂缝性致密储层精细描述、裂缝性致密砂岩气藏精准布井、山前超深井快速安全钻完井、超深超高压气藏动态监测及动态描述等关键技术，支撑了克拉苏超深层快速上产和高效开发目标的实现，为超深层油气勘探开发提供了参考借鉴。

本书共分为六章，第一章由江同文、肖香姣、张承泽、孙雄伟、孙勇、杨敏、王海应、梁红军、姚茂堂等编写；第二章由陈东、孙勇、李海明、刘立炜、杨学君、宋丙慧、白晓佳、王洪峰、张建业等编写；第三章由唐永亮、张永宾、刘敏、王海应、杨敏、陈东、张杰等编写；第四章由王海应、张建业、高国成、张辉、李青、魏聪、刘敏等编写；第五章由孙贺东、唐永亮、杨敏、李松林、刘举、凌涛、朱松柏等编写；第六章由刘洪涛、王克林、黄锟、秦世勇、曾努、吴红军、张伟、陈庆、范玮、高洁玉等编写；全书由江同文策划和技术把关，肖香姣、杨敏负责各章节统稿。在本书的编著过程中，中国石油勘探开发研究院天然气开发所唐海发、常宝华，中国石油东方地球物理公司刘永雷、温铁民，中国石油勘探开发研究院杭州分院张荣虎、王俊鹏、王珂，中国石油集团工程技术研究院张洁、齐春艳，中国石油西部钻探公司马红滨，西南石油大学刘向君、梁利喜、汤毅、郭平，中国地质大学（武汉）龚斌等给予了大力支持与帮助，在此一并致以最诚挚的谢意。

由于作者水平有限，书中不足之处在所难免，敬请广大读者批评指正。

目 录

第一章 绪论 ······ 1

第一节 克拉苏气田超深超高压气藏基本特征 ······ 1

第二节 克拉苏气田开发面临的挑战与高效开发技术对策 ······ 3

第三节 克拉苏气田超深超高压气藏开发成果 ······ 6

第二章 克拉苏气田地质特征 ······ 13

第一节 地层特征 ······ 13

第二节 构造特征 ······ 14

第三节 储层特征 ······ 26

第四节 气藏类型 ······ 65

第三章 裂缝性致密砂岩气藏开发机理及开发对策 ······ 70

第一节 裂缝性储层应力敏感实验 ······ 70

第二节 强应力条件下裂缝性致密砂岩气藏产能与应力关系 ······ 77

第三节 裂缝性致密砂岩储层气水渗流特征 ······ 83

第四节 裂缝性致密砂岩储层多重介质地质模型建立 ······ 87

第五节 裂缝性致密砂岩储层多重介质水侵机理 ······ 97

第六节 裂缝性致密砂岩气藏开发技术对策 ······ 115

第四章 超深裂缝性致密砂岩气藏精准布井技术 ······ 119

第一节 山地深层复杂构造精细描述技术 ······ 119

第二节 高陡复杂构造地应力场建模技术 ······ 146

第三节 高陡复杂构造基于地应力的裂缝预测技术 ······ 162

第四节 超深裂缝性复杂气藏井网优化技术 ······ 179

第五章 超深复杂气藏动态监测及动态描述技术 ……… 204

第一节 超深超高压裂缝性致密砂岩气藏动态监测技术 ……… 204
第二节 超深裂缝性致密砂岩气藏试井分析技术 ……… 213
第三节 超深超高压气藏动态储量评价技术 ……… 245

第六章 超深超高压气田采气工艺关键技术 ……… 279

第一节 超深超高压气井完整性设计技术 ……… 279
第二节 高温高压气井完整性管控技术 ……… 305
第三节 复杂储层堵塞机理与井筒流动保障技术 ……… 318

后记 ……… 345

参考文献 ……… 348

第一章 绪 论

塔里木盆地库车坳陷超深超高压气藏的勘探开发经历了复杂曲折的历程。早在1999年就发现了大北1白垩系裂缝性砂岩气藏,但受钻探难度和地震资料品质制约,勘探开发进展缓慢。2008年以后,随着盐构造相关地质理论不断完善,以及复杂山地地震成像、含盐前陆冲断带构造地质建模、超深井钻探、高温高压砂岩储层改造等世界级难题的突破,克拉苏构造带盐下超深层天然气勘探取得重大进展,大北201、克深2和克深8等一批气藏相继发现,克深区块和大北区块陆续投入开发,塔里木盆地超深超高压气藏勘探开发进入快速发展阶段。目前,已经在克拉苏构造带建成了我国最大的超深超高压气藏开发示范基地,成为西气东输工程的又一个主力产气区。

第一节 克拉苏气田超深超高压气藏基本特征

克拉苏构造带经历多期构造运动,地表地貌复杂(高陡山体、刀片山、断崖等),地下构造复杂(高陡逆掩推覆、冲断等),具有地表地下双复杂的特点,气藏埋藏深,具有"两低、三高、四强"的复杂特征,"两低"即基质孔隙度低、渗透率低,"三高"即储层温度高、压力高、地应力高,"四强"即裂缝非均质性强、水体活跃性强、流体腐蚀性强、高速气流冲刷性强。

(1)构造分层差异变形,具有地表地下双复杂特征。

克拉苏构造带位于库车坳陷山前褶皱带,是一个典型的挤压型含盐前陆盆地(王招明等,2016),古近系库姆格列木群发育厚层石膏和盐岩。受南天山强烈隆升作用影响,构造带内发育褶皱、逆冲断层等一系列收缩构造,地表地下构造变形异常复杂,存在"盐上、盐岩、盐下"分层差异变形,形成"盐上褶皱、盐下冲断"的构造特征(能源等,2013;汤良杰等,2004;王招明等,2013)。地表高大山体区、戈壁砾石区、农田区交互分布,发育深大断崖、刀片山,沟壑纵横,地形起伏剧烈。地下构造变形强烈,盐上构造高陡,发育一系列滑脱褶皱和逆冲断层,盐层发生强烈揉皱和流动等塑性变形,盐下构造则受强烈冲断作用影响,逆掩推覆、叠置严重,断块结构复杂。

(2)储层基质致密,裂缝发育,为裂缝性致密砂岩储层。

克拉苏气田超深超高压气藏目的层为下白垩统巴什基奇克组,属于扇三角洲—辫状河三角洲前缘沉积,砂体厚度大,横向叠置连片,隔夹层不发育。由于巴什基奇克组埋藏深度大、压实作用强,储集空间以粒间溶蚀孔为主,其次为粒内溶孔,储集类型为裂缝—孔隙型,整体上为裂缝性致密砂岩储层(肖建新等,2005;潘荣等,2014)。储层基质物性较差,平均孔隙度5.2%、渗透率0.07mD;储层裂缝发育,以半充填—未充填高角度缝为主，其次为斜交缝及网状缝，裂缝非均质性极强，纵向上层控性不明显，具有分段、分构造部位差异分布特征（张惠良等，2014；刘春等，2017），整体上巴什基奇克组裂缝密度大于巴西改组。

（3）气藏埋藏超深，地应力强。

克拉苏气田已发现气藏埋深为5500～8100m，库车坳陷在喜马拉雅造山期遭受强烈的构造变形，从古近系库姆格列木群沉积时期至现今的演变中，其南北向总缩短量达13.95km，在此过程中地层岩石内部驻留了较强的地应力场，该区域地应力整体较高（最高180MPa，平均130MPa），应力差较大（最高达60MPa），加之多期构造叠加，基本为走滑型应力场特征，三轴应力总体纵向上随深度的增加而增加，平面上从北到南地应力由弱变强再变弱，应力方位以近南北向占优，从北西向、近南北向、北东向、近东西向等方位均有分布，应力方位变化较大（侯连浪等，2021；王珂等，2015）。

（4）气藏压力系数高，流体性质差异大，气水关系复杂。

克拉苏气田超深超高压气藏原始地层压力为88.9～150.4MPa，压力系数为1.58～1.90，属于异常高压系统。东部克深区块和西部博孜区块压力系数较高，中部大北区块压力系数较低。

气藏流体性质多样，既有干气藏，也有凝析气藏，且流体性质差异较大，克拉苏构造带东部克深段以干气为主，中间大北段以湿气为主，西部博孜段以凝析气为主，凝析油含量为11～85.2g/m³。总体来看，甲烷含量为89%～98%、非烃含量低、不含H_2S；地层水总矿化度为144400～215500mg/L，为$CaCl_2$水型，属封闭地层水。

由于储层基质致密、裂缝发育、非均质性较强，而且圈闭幅度差异较大，不同气藏具有不同的气水分布特征，绝大多数为层状边水气藏，部分为块状底水气藏，气水关系比较复杂。总体来讲，构造高部位、孔隙结构好的储层往往含气饱和度较高；成藏过程中天然气优先充注于裂缝，充满度普遍高，基质孔隙的含气性受孔隙结构、裂缝沟通程度和气柱高度的控制差异较大（赵力彬等，2018）；气藏存在裂缝和基质两套气水系统，其中裂缝系统具有统一气水界面，基质系统气水界面受物性差异影响高低不同，无统一气水界面，存在较厚的气水过渡带。

（5）单井产能差异大，天然裂缝的力学性质是主要控制因素。

库车坳陷受多期构造运动的复合叠加和改造，脆性地层发育大量构造裂缝，中生代储层段尤为显著，裂缝成为天然气的主要渗流通道，而裂缝力学性质是气井产能的主要控制因素。气井产能与裂缝密切相关，不同区块间、同一区块内不同构造位置的气井产能差异较大，无阻流量为（100～700）×10⁴m³/d。初期产能的大小与储层厚度、井所处的构造位置、裂缝发育及填充程度、裂缝走向与应力夹角、井型、改造方式等因素相关，开发实践表明，裂缝的发育与填充程度、裂缝与应力的夹角大小是影响超深裂缝性气藏初始产能的关键因素之一（张辉等，2019）。呈现出构造高部位产能高、翼部和鞍部产能低、裂缝网状发育条件下自然产能高的特点。

（6）气藏非均质性极强，水侵速度快。

克拉苏气田深层气藏地质及开发动态特征表明，裂缝性致密砂岩气藏具有"孔隙—

裂缝—断裂"多尺度介质的流动特征（魏聪等，2019），在多尺度介质条件下，随着气藏的开发，断裂系统中气体优先快速动用，基质系统根据与裂缝的接触关系，依次向裂缝系统供气；整体表现为断裂、裂缝、孔隙逐级动用、耦合叠加、协同供气，使气藏表现出整体连通性好、井间干扰明显、基质供给较慢等特征。气藏的压力下降速度与开采速度相关，开发初期主要以裂缝和与裂缝连通的基质供气为主，压力呈直线下降的特征。由于不同构造位置裂缝发育程度、裂缝充填程度、裂缝与地应力配置关系差异性较大，导致气藏内部压力传导速度有一定的差别，部分气藏存在局部"通而不畅"的现象，在开发过程中受水侵能量补充和基质供气的影响，气藏压力下降减缓。

开发过程中驱动能量主要以气体弹性膨胀能量为主，地层水主要沿着断裂和裂缝非均匀侵入采气井，由于不同介质级差可达 10 万倍，导致地层水沿断裂系统快速非均匀水侵，水侵替换系数多在 0.2~0.3 之间，大多属于次活跃水体。随着地层水的非均匀性侵入，发生绕流、窜流、卡断等现象，会造成气藏被水侵通道分割，局部形成"一井一藏"的特征并严重影响气藏的采收率。

第二节　克拉苏气田开发面临的挑战与高效开发技术对策

由于客观地质条件复杂，再加上现有的认识和技术还不完全配套，导致克拉苏气田开发在井位部署、开发动态预测、超深井钻完井、储层改造、安全生产等方面面临一系列挑战（江同文等，2020；王振彪等，2018），根据开发实践，形成了相应技术对策。

一、面临的挑战

（1）气藏甜点预测描述困难，高效井部署难度大。

库车地区地表高大山体发育，断崖林立、沟壑纵横，地下叠瓦冲断构造和突发构造等复杂构造十分发育，且气藏埋藏超深，造成地震波场十分复杂，采集的地震资料品质较差，准确的速度建场极其困难。"十一五"期间，以宽线大组合观测为核心的地震勘探技术系列，较好地解决了克拉、迪那等相对简单区域的构造描述问题，但对于构造逆掩叠置区，信噪比低、速度场精度低和成像多解性等难题依然存在，地震资料很难满足对构造和断裂精细描述的需求。"十三五"期间，井震误差大的问题依然突出。

储层基质致密，裂缝作为主要渗流通道，其分布规律受构造样式的控制，在构造落实程度低的条件下以构造曲率法为主要手段的裂缝分布预测精度低，地质资料本身品质不满足属性法开展裂缝预测需求，导致裂缝甜点识别困难，高效井部署面临较大挑战。

（2）气藏渗流规律复杂，开发动态定量预测误差大。

储层基质普遍致密，裂缝相对发育。气藏内部，裂缝系统具有统一的气水界面，基质系统则存在较厚的气水过渡带。复杂的储层和流体分布给地质建模带来了很大的困难。层内断裂系统的导流能力从达西级至毫达西级，而基质孔隙的渗流能力仅为微达西级，不同尺度介质间的渗透率级差高达 5~6 个数量级，使得气水流动规律十分复杂，常规的室内实验很难模拟这种复杂条件下的流动状态，地质模型和数值模拟也难以准确反映复杂的气水分布和运动规律。因此，开发技术政策的制定和优化通常依赖于定性的分析，而缺乏定量的依据，难以实现精准的动态预测。

（3）气藏埋藏深，快速建井和储层改造提产难度大。

气藏埋藏深，纵向上发育多套压力系统，工程地质条件十分复杂，在钻井上表现为：砾石层及高强度高研磨性地层钻头选型极其困难，机械钻速和单只钻头进尺普遍较低；复合盐膏层存在多套压力系统，井漏、溢流、卡钻等复杂事故频发；气藏裂缝、微裂缝发育，钻完井过程中漏失频繁，储层伤害严重。这些问题导致在克拉苏气田超深超高压气藏实现快速建井具有较大的难度。同时，由于地质条件的复杂性，储层改造面临着施工压力高、压裂液耐温和酸液缓蚀性能要求高、井下工具耐温耐压高、裂缝滤失严重造成砂堵等诸多挑战，改造提产的工程难度大。

（4）气藏压力高、流体性质复杂，安全开发风险大。

气藏流体性质多样，既有干气藏，也有凝析气藏，地层水总矿化度高，由于地层压力高，二氧化碳分压超过 1.0MPa。井下管柱和地面管线对材质等级要求高，为了合理利用压力能，气田集输压力高，对环境与安全风险的实时评价与控制技术要求高。另外，气藏流体中富含蜡等重质组分，容易发生蜡沉积以及结垢等现象，造成井筒、井口、集输管道甚至处理设备堵塞，严重影响生产。随着地层压力下降，地应力发生变化，气井井壁稳定性减弱，井壁出现失稳现象，容易造成气井出砂，砂堵严重而停产。

二、高效开发对策

超深超高压气藏开发的高投入和高风险特点，决定了实现高效开发是一项艰巨复杂的系统工程。其科学开发需要以实践论和矛盾论为指导，通过前期开发实践，总结对气藏的客观认识和开发规律，再用以指导后期的开发实践，从而实现气藏开发水平的螺旋式上升。在实践和认识的每一个阶段，都要注意抓住气藏开发的主要矛盾和矛盾的主要方面。不同气藏由于地质特征、适用工艺技术和开发阶段不同，主要矛盾和矛盾的主要方面也不尽相同，需要进行认真分析。在克拉苏气藏开发过程中，根据遇到的矛盾和困难，组织了一系列攻关并形成了以下技术对策（江同文等，2018，2020）。

（1）坚持高精度地震先行。

深层—超深层气藏地质条件复杂，开发投入高，不确定性和开发风险大，因此必须坚持高精度地震先行，以落实气藏构造为目标，强化高精度开发地震的采集、处理和解释，以可靠的三维地震资料为依托，在较准确落实构造形态和储层认识的基础上部署开发井，减少或避免钻井失误。坚持地震先行，就是要在部署开发井之前要有三维地震资料作为依托，地震资料能较准确地反映气藏的地质特征，要结合钻井资料，反复进行叠前深度偏移处理，必要的时候还要进行二次的三维地震资料采集和处理，以准确落实构造形态和特征。

（2）坚持开发先导试验和区块试采。

近些年来，勘探开发一体化模式逐渐兴起并被广泛应用，成为提高油气勘探开发效率、追求投资回报最大化的有效手段。但对于深层复杂气藏来说，掌握地质特征和开发规律需要较长的认识周期，单纯强调通过勘探开发一体化方式加快开发进程，可能会面临较高的风险。开发先导试验是深化气藏地质认识、确定主体工艺技术，论证合理开发技术政策，指导开发方案设计的关键环节。

试采是开发前期评价阶段获取动态资料、尽早认识气藏产能特征、确定开发规模的关键环节。对于大型的复杂气藏，要以落实可动用储量为主要目标，强化区块试采，试采时间尽量在一年以上，以取得可靠的动态资料。试采和开发先导试验相结合，可以较准确地认识气藏的基本特征，制订科学合理的开发技术对策，减少开发的不确定性，降低投资风险。

（3）以气藏地质特征为基础确定开发技术路线。

合理的开发技术路线能在经济的条件下实现气藏的高效开发。不合理的开发技术路线也许在短期效果显著，但从长期来看会造成资金、资源的浪费，经济效益和社会效益低下。合理与否，取决于开发技术路线是否基于地质特征制订、是否适应地质特征。

由于地质条件复杂，即使是同一区带相邻的两个气藏，地质特征也可能差别很大。因此，在开发实际中要认真总结分析气藏地质特征的异同点，根据地质特征确定技术政策。克拉苏气田储层基质致密，与国外的典型致密砂岩气藏具有一定的相似性，早期认为可以借鉴国外致密气的开发思路，采取"水平井 + 大规模加砂压裂改造"为主要开发方式，能实现单井产能大幅提高。但实践表明，由于地质结构复杂，水平井钻探难度极大，大北1区块水平井钻井试验失败，大规模加砂压裂改造在初期大幅提高了单井产能，但有效期较短，且带来了严重的井筒出砂堵塞，工艺适用性较差。

在随后的开发实践中，通过录取可靠的压力恢复和干扰试井资料，动态与静态资料相结合，深刻认识到该类气藏断层、裂缝发育，天然裂缝的发育程度及其与地应力的关系控制产能高低，气藏总体连通性好，边底水活跃性强，水侵危害大。据此，制订了"沿轴线高部位集中布井、适度改造疏通天然裂缝、早期整体控水治水"的开发技术对策，新井部署以获取最大自然产能为目的，工程上差异化施策，以缝网酸压改造为主体提产技术，钻井成功率由50%提高到100%，产能到位率由64%提高到100%，开发效果得到大幅改善。

（4）以地质力学为桥梁促进地质工程一体化。

地质工程一体化是实现复杂油气藏效益勘探开发的必由之路。在地质—工程一体化理念中，"地质"是泛指以油气藏为中心的地质特征、油气藏、地质建模、油气藏工程评价等综合研究，地质力学则是地质—工程一体化推进实施的桥梁，在油气勘探开发中的诸多领域扮演着重要角色。地质力学属性是影响钻井井壁稳定性、完井防砂控砂和储层改造等方面的关键参数。近年来，随着裂缝性气藏的勘探开发，人们逐渐认识到地应力场（特别是现今地应力场）也是影响裂缝性储层渗透性和流体流动特性的关键属性，在地层压力预测、钻井井身结构设计、井轨迹设计优化、井壁稳定性分析、裂缝有效性评价、储层可压裂性评价、压裂缝网预测、储层改造方案优化、射孔井段优选、出砂机理分析、套损预警、断裂活动性评价、产能预测、裂缝分布预测及建模、流—固耦合数值模拟等方面，地质力学都能发挥独特的作用。

针对克拉苏气藏超深、高温、超高压和高应力的特征及开发过程中面临的系列难题及关键性挑战，需要以气藏地质特征系统认识、精细刻画为基础，研究建立多尺度三维以及四维地质力学模型，与油气藏开发、钻井、完井和生产等工程系统有机融合，通过多学科协同研究实现相关关键理论与技术的创新，系统优化设计从钻井、完井到压裂、压后评估等生产各个环节的工程技术组合和工程解决方案，提高单井产量、降低开发成本，实现开发效益最大化。

（5）持续技术创新和集成应用。

超深超高压气藏开发技术难度大，需要持续的技术创新和集成应用，升级关键技术，从勘探开发的全过程进行技术研发，全面提升研发、装备、技术和服务水平。在技术创新和集成应用过程中要特别注重技术的适用性和经济性。要实现深层—超深层天然气快速增储上产且要降低成本、保持效益规模，需要不断创新勘探开发模式，全环节控制成本，通过高校—企业、企业—油田等一体化联合攻关，实现勘探开发技术的升级和换代，形成可复制、可推广的技术体系，通过模块化、工厂化应用降低成本，推动深层—超深层天然气田开发的提质增效。

第三节 克拉苏气田超深超高压气藏开发成果

"十三五"期间，针对克拉苏气田开发面临的世界级难题，通过持续的技术攻关、现场试验和推广应用，集成配套了山地复杂构造精细描述技术、前陆冲断带超深井安全快速钻井技术、超深超高压高温气井优快建井与采气技术、超深超高压气藏高效开发技术等四大技术系列，有力支撑了克拉苏气田的高效勘探和开发。

截至 2020 年底，克拉苏气田累计发现深层气藏 38 个，天然气探明地质储量超 $8000\times10^8m^3$，目前已开发动用 25 个，已建成天然气产能 $150\times10^8m^3$，2020 年工业产气 $138\times10^8m^3$、凝析油 25.29×10^4t，在塔里木盆地建成了我国超深超高压气藏高效开发国家示范工程和最大的超深超高压天然气开发生产基地。连续 6 年实现开发井成功率 100%、产能到位率 100%，高效井比例从 52% 提高到 94.3%；平均单井产量达 $47\times10^4m^3$；气藏年产能综合递减率小于 5%，实现克拉苏超深超压气田群的安全、高效开发（王振彪等，2018；江同文等，2018）。

一、山地复杂构造精细描述技术

针对库车复杂山地区地震资料品质差、圈闭描述精度低的问题，从高密度宽方位山地三维观测系统设计和采集施工、各向异性叠前深度偏移处理、井中地震成像等 3 个方面进行了攻关，提高了地震资料品质，实现了复杂构造的精细描述。

（1）高密度山地三维地震采集技术，提高地震采集的效率和精度。

针对复杂构造地震资料采集开展了波动方程地震正演，明确了复杂山地区提高成像质量的关键在于建立高精度的速度模型，尤其是浅表层的速度对中深层的成像影响很大，因此，观测系统设计由以往"仅仅针对深部目的层"转变为"深浅层兼顾"，增加浅层的覆盖次数，提高浅层资料信噪比，为获取高精度的速度场奠定基础。另外，结合复杂构造照明度分析，针对不同地表条件和构造情况进行采集参数优化设计，实现深层构造较充分和均匀照明，为获取高品质地震成像资料奠定了基础。

优化后的观测系统，山地三维地震的炮道密度大幅攀升，炮道密度比常规三维地震提高 5 倍以上，野外工作量大幅攀升，但库车山地地表复杂，山体发育、沟壑纵横，安全高效施工难度极大。因此，针对性研发了采集施工配套技术，解决高密度三维地震经济安全实施的难题：创新了基于高精度卫片的复杂山地选线选点技术，优化点位选择；采用无线节点技术，解决复杂山地布线难的问题；研发基于卫星授时和北斗短报文通信功能的井炮独立激发的全地形"盲采"技术，解决信号盲区问题。通过配套技术的研发，保证了点位科学合理，山体区井炮施工效率提高 3 倍以上，促成了高密度三维地震技术在复杂山地的规模化应用。

（2）山地三维"真"地表 TTI 各向异性叠前深度偏移技术，提升成像品质和精度。

"十二五"期间，主要采用传统的时间域静校正方法进行大平滑面处理，破坏了地震波场真实性，影响了成像质量，通常静校正量越大、模型越复杂，造成的影响越严重。"十三五"期间，为进一步提高山地三维地震成像质量，提出了真地表偏移技术，该技术需要求取高精度的浅表层速度模型，但山地三维地震海量数据初至拾取精度低、浅表层反演精度不高、反演深度浅，难以满足精细成像需要。针对这一难题，攻关形成了微测井约束初至层析反演表层速度建模技术，浅表层反演深度从 200m 提高到 2000m，反演速度精度提高 20% 以上，大幅提高了拾取效率，首次实现 8764km^2 超大面积、海量数据（75 亿道）的高效近地表层析速度反演。

库车地区地下构造复杂，地层速度存在严重的各向异性，为了提高成像的精度，"十二五"期间，在地震处理当中引入了 TTI 各向异性叠前深度偏移技术，但一般采取先各向同性后各向异性的分阶段建模方法，存在速度模型和各向异性参数精度低的问题，影响了成像质量。"十三五"期间，对处理流程进行了优化，取消了单独的各向同性处理，在起始阶段就引入 TTI 各向异性参数，实现了 TTI 各向异性参数和速度场间的联立迭代，提高了各向异性速度场的精度和建场效率。新的井控处理流程建立的 TTI 各向异性速度场与工区内的井速度匹配程度更高，特殊岩性体砾岩和膏盐岩的刻画更加精细、成像精度更高。

（3）复杂构造非零偏 VSP 辅助构造建模技术，大幅提高气藏描述精度。

经过多轮攻关，地震资料品质虽然大幅度提高，但在极端复杂区，仍旧难以实现清晰准确成像，构造解释难度大，存在多解性。针对这一难题，攻关形成了 Walkaway 精细成像技术，实现了井旁构造的精细成像，指导构造解释。通过 Walkaway-VSP 精细成像和解释，突破以前库车克深区带只发育叠瓦冲断构造的认识，确定库车盐下深层发育叠瓦冲断和突发两种主要构造样式，为储层、流体分布等研究奠定了基础。

二、裂缝性砂岩储层精细描述技术

克拉苏超深层气藏白垩系属于裂缝性致密砂岩储层，由于经历构造运动期次多、构造挤压强烈，具有岩性致密、非均质性强、孔喉细小和气水分布复杂等特点，常规技术无法精细表征其特征。为全面评价储层发育特征，通过攻关致密砂岩储层微观精细表征、裂缝精细描述以及微观气水分布精细描述技术，实现了裂缝性致密砂岩储层微观可视化表征，为合理开发技术对策研究奠定了基础。

（1）多尺度裂缝精细描述技术，提高裂缝描述的精度。

由于不同测井公司的电成像测井仪器种类较多且设计原理不同，采集得到的图像质量差异较大。为此，采用岩心刻度成像测井，分别建立水基、油基钻井液条件的裂缝典型图版，提高了测井解释的精度。

水基钻井液条件下，通过岩心扫描伽马与测井伽马深度进行精细的深度归位，以此为模板刻画其他井段成像测井裂缝，实现了水基钻井液条件裂缝识别和有效性评价。

油基钻井液条件下，引进贝克休斯公司的 EI 与 UXPL 仪器，二者结合可以实现油基钻井液裂缝识别，通过偶极横波成像测井资料计算的反射系数与斯通利波渗透率、裂缝参数的相关性进行有效性评价。

另外，通过识别快速、参数表征准确、自动化与无损伤的 ICT 技术能更清楚、更准确地展现岩心内部裂缝复杂的缝网结构、空间展布和充填特征等，准确刻画岩心裂缝的倾角、开度、充填程度、密度、裂缝孔隙度等主要特征参数。

（2）致密储层微观表征技术，明确储层复杂的孔喉结构特征和储集类型。

克拉苏气田储层基质孔喉细小，常规的开发实验技术无法满足复杂的孔喉缝特征描述的要求。在传统孔隙结构研究技术基础上，通过集成配套场发射扫描电镜（FESEM）、激光共聚焦扫描（LSCM）、聚焦离子束扫描电镜（FIB–SEM）、ICT 扫描、核磁共振、恒速压汞等实验新方法，将储层微观特征描述由原来的定性、半定量转变为定量化和图像化（赵力彬等，2017），建立了裂缝性致密砂岩储层评价实验方案和技术规范，孔喉配置关系识别精度由 100nm 提高至 10nm。

（3）储层微观气水分布精细描述技术，明确复杂的气水分布特征。

通过高分辨率 CT 扫描、FIB-SEM 扫描和岩矿分析技术，对原始蜡封岩心进行"原始状态""注入对比油状态""清洗干燥状态"和"重新饱和度对比油状态"等 4 种状态的 MicroCT 扫描，得到储层岩心的 4 个状态下的数字化岩心，对 4 种状态数字化岩心做图像差值运算，可得到水相、气相和孔隙分布的数字化岩心，实现致密砂岩储层复杂孔隙结构及气水微观分布的可视化和定量表征，大幅提高了流体识别精度，明确饱和度控制因素及微观气水分布。通过该技术，明确克深等气藏黏土矿物发育、孔喉半径小于 50~60nm 的微小孔隙几乎被水占据，地层水饱和度高，气藏具有两套气水系统，其中裂缝系统具有统一气水界面；基质系统存在较厚的气水过渡带，无统一的气水界面，导致局部出现高部位产水、低部位产气现象。

三、超深裂缝性砂岩气藏精准布井技术

克拉苏气藏具有地表地下双复杂、强应力、强非均质性的特点，甜点精准预测、水侵精准预警难度大。为实现精准布井和高效开发，在气藏构造、储层精细描述基础上，

建立了超深裂缝性砂岩气藏精准布井技术。

（1）明确不同构造样式下裂缝分布规律，确定布井原则和模式。

在复杂的地质运动背景下，克拉苏深层气藏主要发育两种构造样式，不同构造样式下的裂缝发育规律、构造组合特征和地应力分布特征存在较大的差异，因此，不同构造样式下实现高效的井位部署、完钻井深、井型等均有所不同。实际井位部署也遵循不同的原则，对于突发构造样式，其布井原则为"占高点、沿长轴、避断层、避边水"；而叠瓦冲断构造样式下的布井原则为"占高点、沿长轴、打前锋、避低洼、避断层、避边底水、避叠置"。具体井位要筛选"构造落实程度高、有效裂缝发育和避水条件好"的区域部署。

（2）创新应力—应变耦合的三维地应力场模拟和裂缝预测技术，提高地应力和裂缝分布的预测精度。

准确的应力场建模是井位部署研究的基础。基于克拉苏气藏的构造地质特征及地应力背景，突破常规地应力建模平面的均质假设，创新非连续地质体三维岩石力学参数获取方法，充分考虑地层产状、断层、岩性对地应力场的影响，创建了应力—应变耦合的三维地应力场模拟技术，提高了复杂高陡构造现今应力场预测精度；并充分考虑复杂构造变形等因素的影响，形成适合库车复杂构造背景的天然裂缝预测方法，实现了气藏天然裂缝的定量描述，结合应力控产机理，明确了有效裂缝甜点区分布规律。

（3）发展了基于压力波前缘追踪的布井方法，定量优选布井潜力区。

基于超深裂缝性致密砂岩储层的气水流动特征，引入压力波前缘追踪方程进行井网优化设计，根据压力传播前缘响应确定井控体积及井控范围，结合储层物性分布，评价其衰竭开采能力（即剩余气的生产潜力），其计算不仅包含孔隙度和渗透率等静态参数，还包含了压力波在裂缝和基质中的传导时间、含气饱和度、基质孔隙压差等动态参数，由此识别气藏储量未动用区域作为新钻井目标区，优选布井潜力区，结合数值模拟，可精准实现井位的最优化部署。

（4）建立基于地质力学的井轨迹优化技术，为合理井位部署提供依据。

针对克拉苏气田复杂地质特征，确定具有高导流能力和渗透性的构造位置，且兼顾钻井井壁稳定性及有利于完井改造等因素，建立了基于地质力学的井位优化技术。通过优化钻井液密度、性能，预测蠕变时间等参数，提高了井壁稳定性，降低了钻井复杂发生频率，提高了钻井速度。同时考虑到裂缝的力学有效性，评价有效裂缝的平面分布，提高钻遇有效裂缝的概率。在考虑地质相关因素的基础上，综合考虑应力大小、应力方向、应力各向异性、天然裂缝走向及人工裂缝延伸方向等因素优化井位，提高井位部署的科学性。

四、山地超深复杂井安全快速钻井技术

克拉苏气藏埋藏超深，建井周期普遍较长，通过研发新型钻井工具、装备及材料，创新了巨厚砾石层快速钻进技术、超深盐下大斜度井钻井技术，为克拉苏气田超深超高压气藏的高效开发提供了技术支撑。

（1）创新了巨厚砾石层快速钻进技术，大幅度缩短建井周期。

提高砾石层及含砾地层的钻井速度一直是国内外研究的热点之一，针对博孜—大北地区砾石层的特征，开发了三斜面齿、多棱齿 PDC 钻头，设计定制了多刀翼斧型齿、尖圆混合齿 PDC 钻头，配套了双摆工具、减振器、螺杆钻具等提速工具，突破了砾石层 PDC 钻头应用禁区，实现砾石层 PDC 钻头应用全覆盖。与此同时，在前期攻关的基础上，研发了空气连续循环系统，发展完善了控斜、提高注气量、控制钻时、短起下、变排量循环等工艺技术，空气钻井工艺技术日趋成熟，单井次最高进尺达到 2180m。通过上述单项技术攻关试验与集成，创建了以"钻头+工具+参数"组合提速技术为核心，横向分区、纵向分层的博孜—大北砾石层钻井提速技术模板，全面推广应用后平均钻井周期同比攻关前缩短 19.40%，6500m 左右井深钻井周期由攻关前的 357 天缩短至 287.5 天。

（2）研发了高温高密度高抗盐水侵的油基钻井液技术，降低了钻井液成本。

针对高温高密度油基钻井液依赖国外引进成本高的问题，研发了高温高密度高抗盐水侵的油基钻井液技术，体系抗温达到 220℃，最高密度达到 2.6g/cm^3，盐水侵容量限达到 45%，突破国外技术盐水侵容量限 20%~30% 的极限，成本同比国外产品降低 20%，相关产品全部实现国产化和工业化，提升了我国钻井液技术水平和核心竞争力。

（3）配套形成了超深盐下大斜度井钻井技术，单井提产见实效。

针对已有井身结构无法满足纵向上多条断层、多套盐层发育条件下的建井需求等问题，提出了采用大斜度井绕障避开上部断层和增加储层钻遇率来提高单井产量。为此，建立了地质工程一体化的大斜度井钻井方案设计流程，制订了大斜度井钻井工艺实时优化措施、大斜度井下套管前通井及固井工艺措施，推广了斜井段随钻扩眼工艺，配套形成了超深盐下大斜度井钻井技术，已应用 20 口井，单井产量同比直井提高明显。

（4）研发了超深高温高压裂缝性致密砂岩储层保护技术，降低了钻井过程中的储层伤害。

针对储层裂缝发育、钻完井过程中漏失频繁、储层伤害大的问题，研发了高效防液锁剂、可酸溶屏蔽暂堵剂、高密度可酸溶加重剂及凝胶堵漏剂 4 种新材料，其中可酸溶封堵剂岩心的渗透率恢复值平均为 88.24%，承压可达 8MPa；高密度可酸溶加重剂酸溶率大于 95%；可酸溶凝胶堵漏剂，酸溶率达到 81% 以上，抗温能力可达到 180℃，承压能力超过 16MPa。在此基础上，形成抗高温可酸化储层保护新技术，现场钻井液体系的动态渗透率恢复值达到 85% 以上。

五、超深高温高压气井采气工艺技术

克拉苏气田建产新区地层温压高、储层致密且裂缝发育不均，现有工艺无法满足高效改造需求；老井油管柱断裂失效、井筒堵塞等问题时有发生，安全平稳生产难。通过攻关实践，配套形成了 3 项关键技术，保障了安全高效生产。

（1）超深裂缝性致密砂岩储层精细改造技术，大幅提高单井产量。

创新形成"远探测声波+地质力学"三维建模方法，将井周储层裂缝认识范围由 3m

以内扩展到 30m 以外，储层评估更为精细；研发了关键机械分层工具和暂堵材料，配套了机械硬分层与暂堵分层相结合的改造工艺，实现了厚储层笼统改造向精细改造转变，改造后单井无阻流量提高 5 倍；分析了最大主应力方位与天然裂缝走向的夹角对改造效果的影响规律，明确了改造提产的主控因素，通过优选"滑溜水 + 冻胶"液体组合、小粒径支撑剂，实现了更多更小天然裂缝的激活，改造后平均单井无阻流量提高 5 倍；初步明确了高密度钻井液对裂缝发育储层伤害机理，提出"重晶石解除 + 加砂压裂"复合复产工艺，实现近井原生通道恢复和远井裂缝带激活、连通，产能恢复率最高达 153%。

（2）高温高压井完整设计与控制性技术，确保安全、平稳生产。

研发了首套超高压国产化无顶丝 140MPa 套管头，配套了 140MPa 气密封套管，形成了二级井屏障等强度设计技术，已在克深超高压区块试验推广；系统开展室内评价，结合不同材质现场应用情况，明确了不同环境下油管的材质级别，建立了油管选材图版；创新建立了高温高压气井超级 13Cr 油管应力腐蚀开裂评价方法，确认了不耐钻井液和氧气污染的磷酸盐完井液是超级 13Cr 油管断裂的主要原因，优选了适用于高温高压气井的甲酸盐完井液，并制定了相应的质量控制和现场应用企业标准，有效解决了管柱断裂问题；攻关形成了以"声波 + 电磁"为核心的多物理场协同的泄漏检测技术，具有检测"微小泄漏、多点泄漏、套后窜流、环空液面以下泄漏点"的能力；以构成环空各组件的安全性评价为基础的环空压力确定方法，解决了气井环空压力如何控制的难题，风险评估及分级管理解决了气井风险如何管控的难题，据此开发了井完整性管理与评价系统，保障了高压气井安全、可控。

（3）超深高压气井砂、蜡、垢堵塞防治技术，为躺井复活、持续稳产提供了有效手段。

针对克深等区块出现的井筒堵塞问题，研发超深超高压气井井下取样工具，采用全井筒连续油管疏通动态取样，宏观与微观多维度分析，明确井筒堵塞主要集中在井下节流处，堵塞物砂垢同存、以垢为主（$CaCO_3$，$CaSO_4$）。研发了酸性和碱性两类解堵液体系，配套了以"有无挤液通道"和"油套是否连通"为主要考虑因素的工艺技术，现场已应用 74 井次，有效率达 96%。

针对博孜、大北等区块的蜡堵问题，通过室内蜡样分析，完善结蜡模拟软件，形成了一套结蜡预测方法和流程，明确了井筒结蜡深度，提出新井采用化学注入防蜡工艺、老井采用连续管缆电加热防蜡工艺，现场试验效果良好，其中 BZ102 井技术应用前清蜡周期每 10 天一次，技术应用后已平稳生产 2 年以上，期间未出现蜡堵问题。

六、超深裂缝性砂岩气藏动态监测及动态描述技术

由于气藏地层压力高，对其开发机理研究和动态监测困难，早期仅有少量井在完井阶段进行了井下压力测试，但取得的数据并不理想，储层动态特征描述困难。2014 年以来，通过动态监测工艺设备优化及评价方法等的攻关，实现了超深超高压气井井下温压、产气剖面的监测，建立了"孔—缝—断"多尺度介质储层的试井数学模型及相应的试井分析方法，较好地描述了储层的动态特征。

（1）超深超高压气井投捞式温压监测技术，为储层动态特征评价起到关键作用。

克拉苏深层气藏埋藏深度达8100m，地层温度达175℃、地层压力可达150MPa，井筒状况复杂，资料录取难度大。通过攻关试验，创新研发了抗高温、抗高压、抗腐蚀的井下温压测试工具，并形成了一套适用于超深超高压气井的投捞式温压监测技术规范，已推广应用190井次，实现8000m井深、井下压力110MPa、180℃条件下井下温压资料安全、准确录取，为储层动态特征评价起到至关重要的作用。

实际干扰测试结果证明，同一气藏内井间压力传导迅速、但关井压力恢复缓慢，表现为孔隙、裂缝、断层等多重介质间流动叠加耦合的特征，采用常规双重介质模型解释结果与实际地质及动态特征差异大。因此，建立了"孔—缝—断"不同尺度介质复杂地质模式下的试井解释模型，实现了试井资料和生产动态的合理解释评价，得出多重多尺度介质气藏在不同储层模式下的试井曲线特征，为合理开发技术政策制订提供了理论依据。

（2）超深超高压气藏动态储量评价技术，奠定科学开发的基础。

动态法储量评估是正确评价气藏可动用储量、准确预测气藏开发动态、做好气藏开发规划的重要前提。基于深层气藏的超高压、基质致密、裂缝发育等特点，分析了影响动态储量计算的关键参数，建立了适用于超深气藏动态储量评价的新方法。

由于压缩系数与储量成反比，而由于实验条件的限制，压缩系数准确取值难度极大，因此推荐对高压气藏动态储量评价尽量采用不考虑压缩系数的方法。通过研究建立了深层气藏动态储量计算新方法，包括非线性回归方法、单对数拟合分析方法、单位压降产气量方法，进一步提高了动态储量计算的精度，为开发优化研究奠定了基础。

第二章　克拉苏气田地质特征

克拉苏气田位于塔里木盆地库车坳陷克拉苏构造带，气田地表为山地和戈壁，发育第四纪冲积扇，海拔1300～3000m，气田主力产气层是白垩系巴什基奇克组和巴西改组，为扇三角洲—辫状河三角洲前缘沉积，埋藏深度5500～8000m。具有地表地下双复杂等特征。

第一节　地层特征

克拉苏构造带中新生代地层发育较为齐全，在盆地北缘露头和盆内钻井都有揭示（图2-1-1），在不同构造部位，由于沉积物物源区、沉积动力等不同导致地层发育特征的不同。

三叠系：主要为一套陆相碎屑岩沉积。形成于冲积扇—河流—滨（浅）湖、三角洲环境，夹有煤系地层。不整合于下伏二叠系或更老地层之上，与上覆侏罗系呈假整合接触。三叠系厚度自南向北加厚，分布范围较侏罗系小。

侏罗系：为一套含煤地层，属三角洲平原—湖泊—沼泽相，与下伏三叠系为整合或平行不整合接触，或角度不整合于前中生界之上。沉积厚度北厚南薄，呈现向南部前缘斜坡超覆的特征。

白垩系：下白垩统发育，上白垩统缺失。为一套砂、泥岩互层沉积，属扇三角洲—辫状河三角洲—滨浅湖相。与下伏侏罗系主要为不整合接触。沉积厚度总体北厚南薄，东厚西薄。

古近系：大致以库车河为界分为东西两大相区。西部为膏盐岩夹泥岩相区，为浅湖—潟湖—干盐湖沉积。东部为一套砂、泥岩沉积，属河流—滨浅湖相，与下伏白垩系普遍呈不整合接触。古近系膏盐岩明显受后期构造变形控制，厚度变化大。

新近系吉迪克组：与古近系类似，以库车河为界，西部为一套泥岩、粉砂岩、泥质粉砂岩。东部为砂泥岩夹膏盐岩。

新近系库车组、康村组—第四系：岩性主要为砂泥岩、砾岩，属河流—泛滥平原相沉积。沉积厚度从北向南增厚，在拜城凹陷厚达5000余米。

克拉苏构造带主力含气层系为白垩系巴什基奇克组（K_1bs）和巴西改组（K_1b）。巴什基奇克组从东向西遭受不同程度的剥蚀，厚度逐渐减薄，东部最厚约320m，克深—博孜主体段厚度一般大于190m（局部剥蚀区除外），向西逐渐剥蚀尖灭，尖灭线位于西部博孜和阿瓦特地区交界处。巴西改组在克拉苏全区分布较稳定，在阿瓦特区块西南部和博孜、阿瓦特区块北部局部遭受一定剥蚀。

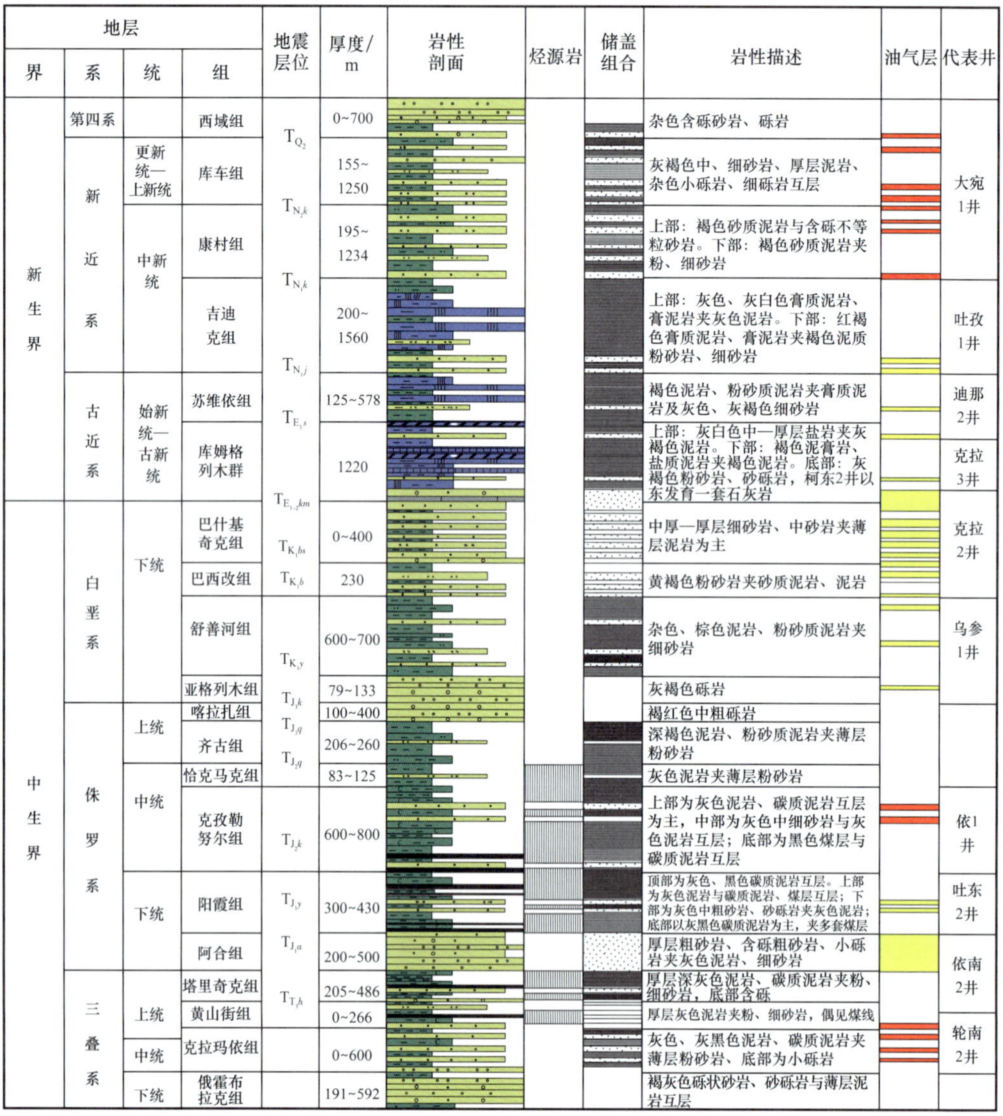

地层			地震层位	厚度/m	岩性剖面	烃源岩	储盖组合	岩性描述	油气层	代表井
界	系	统	组							
新生界	第四系		西域组	T_{Q_2}	0~700				杂色含砾砂岩、砾岩		大宛1井
	新近系	更新统—上新统	库车组	T_{N_2k}	155~1250				灰褐色中、细砂岩、厚层泥岩、杂色小砾岩、细砾岩互层		
		中新统	康村组	T_{N_1k}	195~1234				上部:褐色砂质泥岩与含砾不等粒砂岩。下部:褐色砂质泥岩夹粉、细砂岩		
			吉迪克组	T_{N_1j}	200~1560				上部:灰色、灰白色膏质泥岩、膏泥岩夹灰色细砂岩。下部:红褐色膏质泥岩、膏泥岩夹褐色泥质粉砂岩、细砂岩		吐孜1井
	古近系	始新统—古新统	苏维依组	T_{E_3s}	125~578				褐色泥岩、粉砂质泥岩夹膏质泥岩及灰色、灰褐色细砂岩		迪那2井
			库姆格列木群	$T_{E_{1-2}km}$	1220				上部:灰白色中—厚层盐岩夹灰褐色泥岩。下部:灰褐色膏泥岩、盐泥岩夹褐色泥岩。底部:灰褐色泥岩、砂砾岩,柯东2井以东发育一套灰石灰岩		克拉3井
中生界	白垩系	下统	巴什基奇克组	T_{K_1bs}	0~400				中厚—厚层细砂岩、中砂岩夹薄层泥岩为主		克拉2井
			巴西改组	T_{K_1b}	230				黄褐色粉砂岩夹膏质泥岩、泥岩		
			舒善河组	T_{K_1y}	600~700				杂色、棕色泥岩、粉砂质泥岩夹细砂岩		乌参1井
			亚格列木组	T_{J_3k}	79~133				灰褐色砾岩		
	侏罗系	上统	喀拉扎组	T_{J_3q}	100~400				褐红色中粗砾岩		
			齐古组		206~260				深褐色泥岩、粉砂质泥岩夹薄层粉砂岩		
		中统	恰克马克组	T_{J_2q}	83~125				灰色泥岩夹薄层粉砂岩		
			克孜勒努尔组		600~800				上部为灰色泥岩、碳质泥岩互层为主,中部为灰色中细砂岩与灰色泥岩互层;底部为黑色煤层与碳质泥岩互层		依1井
		下统	阳霞组	T_{J_1y}	300~430				顶部为灰色、黑色碳质泥岩互层。上部为灰色泥岩与碳质泥岩、煤互层;下部为灰中粗砂岩、砂砾岩夹灰色泥岩;底部以灰黑色碳质泥岩为主,夹多套煤层		吐东2井
			阿合组	T_{J_1a}	200~500				厚层粗砂岩、含砾粗砂岩、小砾岩夹灰色泥岩、细砂岩		依南2井
	三叠系	上统	塔里奇克组	T_{T_3h}	205~486				厚层深灰色泥岩、碳质泥岩夹粉、细砂岩,底部含砾		
			黄山街组		0~266				厚层泥岩夹灰、细砂岩,偶见煤线		轮南2井
		中统	克拉玛依组		0~600				灰色、灰黑色泥岩、碳质泥岩夹薄层粉砂岩、底部为小砾岩		
		下统	俄霍布拉克组		191~592				褐灰色砾状砂岩、砂砾岩与薄层泥岩互层		

图 2-1-1 克拉苏构造带中新生代地层柱状剖面图

第二节 构造特征

一、构造单元划分

库车坳陷进一步划分为三个逆冲构造带、一个前缘隆起带和三个凹陷,三个逆冲构造带由北至南分别为克拉苏构造带、依奇克里克—吐格尔明构造带、秋里塔格构造带,三个凹陷从西向东分别为乌什凹陷、拜城凹陷和阳霞凹陷,前缘隆起带即塔北前缘隆起(刘志宏等,1999)。

克拉苏构造带是南天山南麓第一排冲断构造，呈"南北分带、东西分段"特征。南北向以 4 条区域性断裂为边界，自北向南可划分为博孜—克拉断裂带、克深断裂带、拜城断裂带。根据构造变形特征的差异自西向东可划分为 5 段，分别为阿瓦特段、博孜段、大北段、克深段和克拉 3 段（图 2-2-1）。

二、构造变形特征

影响克拉苏构造带变形的主要因素有：（1）南天山造山带向盆地的差异推覆作用；（2）库车坳陷南部温宿古隆起、新和古隆起和牙哈古隆起的阻挡作用；（3）古近系膏盐岩层的调节作用。克拉苏构造带在中新世以来南天山造山带持续隆升挤压作用下以及南部一系列古隆起的阻挡作用下，形成一系列逆冲推覆构造。同时，这种挤压具有压扭性质，导致形成的构造圈闭在平面上呈雁列式展布。古近系库姆格列木群膏盐层对纵向上的构造变形起着调节作用，造成盐上地层和盐下地层的变形样式存在较大差异（徐振平等，2012）。

1. 剖面变形特征

克拉苏构造带古近系库姆格列木群膏盐岩段是一套塑性地层，厚度最大超过 4000m。在膏盐岩层的调节作用下，盐上地层的变形主要以褶皱为主，盐下地层以逆冲断层为主，形成一系列背斜、断背斜、突发构造等常见山前构造样式，以及双重构造、堆垛式构造、楔形构造等常见构造组合，盐层形成盐枕、盐焊接、盐丘等盐相关构造。以盐层为界在纵向上分为三个构造层：盐上构造层（E_2s—Q）、盐构造层（$E_{1-2}km$）、盐下构造层（T—K）。南天山造山带向盆地的推覆作用自东向西具有一定的差异，表现为挤压方向和向盆内推进的距离不同；南部温宿、新和、牙哈古隆起的走向也不一样，对盆内地层变形的阻挡作用也会不一样，决定了克拉苏构造带的变形具有东西分段特征。

1）构造分层及分段变形特征

盐上构造层主要由古近系苏维依组—第四系组成，自北向南分带变形特征明显。克拉苏构造带北部盐上层为一系列受逆冲断层控制的线性背斜、断背斜，断层向上逆冲至地表，向下消失于盐层。克拉苏构造带南部盐上层为大型宽缓褶皱，如大宛齐背斜、拜城凹陷（向斜）等。在宽缓背斜翼部沉积了巨厚的新生界，其中在新近系库车组可见明显的生长地层。

盐构造层主要由古近系库姆格列木群组成，上部为膏盐岩的组合，而下部则为膏泥岩，在不同部位两种组合的厚度差别较大。因膏盐岩塑性流动的影响，形成一系列盐相关构造，如盐丘、盐枕、盐焊接等。膏盐层一方面充当盐上、盐下构造层变形的滑脱层，另一方面也填充了因冲断、褶皱而形成的虚脱空间。

盐下构造层由中生界及以下地层组成，自上而下包括白垩系、侏罗系、三叠系碎屑岩盖层和二叠系及以下变质岩基底，其中侏罗系克孜勒努尔组煤层段是一套软弱滑脱层。克拉苏构造带盐下构造为一系列冲断构造，北部为基底卷入的厚皮冲断构造，南部为沿侏罗系煤层滑脱的薄皮冲断构造。

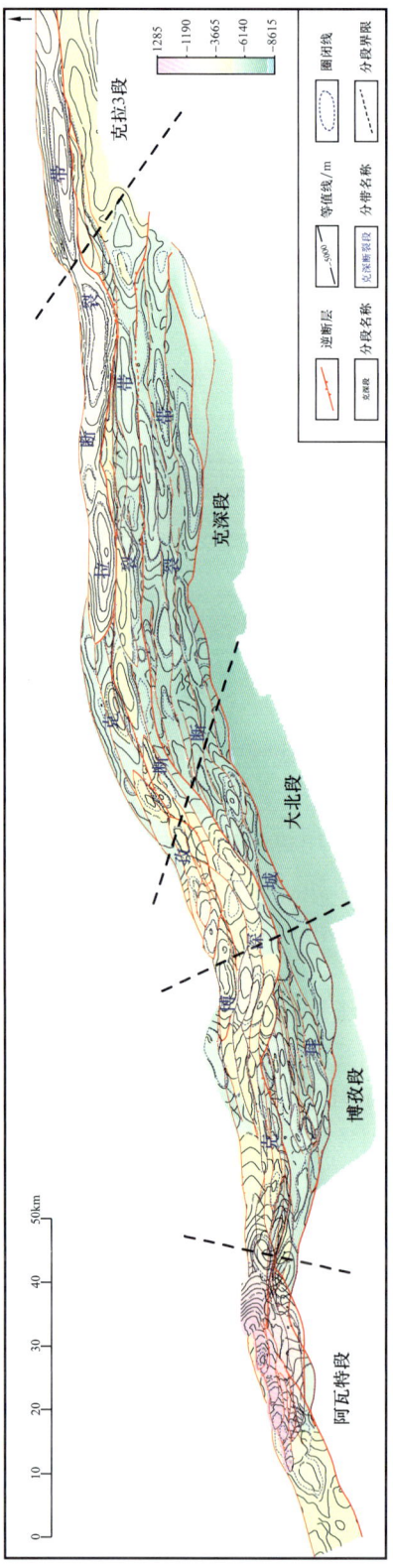

图 2-2-1 克拉苏构造带构造单元划分平面图

克拉苏构造带自东向西共5个构造段的构造样式对比见表2-2-1。

表2-2-1 克拉苏构造带各段构造样式对比（自东向西）

构造带	克拉3段	克深段	大北段	博孜段	阿瓦特段
盐上构造层	构造变形较弱，宽缓褶皱为主	向斜＋逆冲断裂及其相关褶皱	宽缓褶皱	向斜＋逆冲断裂及其相关褶皱	向斜＋逆冲断裂及其相关褶皱
盐构造层	厚度较薄，分布均匀，以含膏泥岩为主	盐焊接、盐枕＋盐丘	盐丘＋盐焊接、盐枕	盐焊接、盐枕＋盐丘	盐丘
盐下构造层	与盐上层同步变形，宽缓背斜	双重构造组合＋基底卷入的堆垛式构造组合	堆垛式构造组合＋基底卷入的楔形构造组合	双重构造组合＋基底卷入的堆垛式构造组合	基底卷入的堆垛式构造组合

克拉3段位于克拉苏构造带的东部（图2-2-1和图2-2-2）。古近系库姆格列木群主要沉积一套膏泥岩，与膏盐岩相比塑性较差，难以调节上、下地层的变形。克拉3段盐上、盐下地层基本同步变形，构造样式以褶皱为主。山前平衡地层缩短的方式主要有断层和褶皱，而克拉3段盐上、盐下同步变形的地层厚度大，形成断裂和褶皱的难度较大，变形难以向前推进。平衡地层缩短的方式主要通过其北部地层的断裂、褶皱、剥蚀来实现。

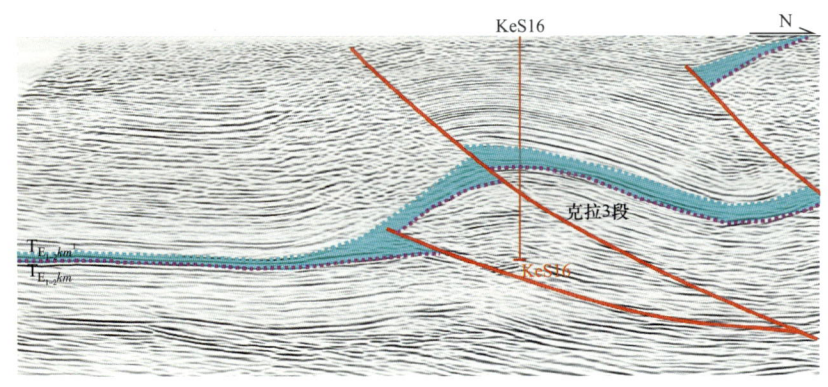

图2-2-2 克拉3段地震剖面解释模型

克深段位于克拉苏构造带中东部（图2-2-1和图2-2-3）。盐上构造层北部以大型逆冲推覆断裂及其褶皱的形式来平衡地层的缩短，南部为宽缓向斜构造。盐下构造层北部以基底卷入的堆垛式构造组合为主，南部以侏罗系煤层为主滑脱层，以古近系膏盐层为上顶板，形成双重构造组合。自南向北，由后倾双重构造逐渐向堆垛式构造过渡，叠置程度也逐渐提高。盐构造层发育盐焊接、盐枕和盐丘构造。

大北段位于克拉苏构造带中部（图2-2-1和图2-2-4）。盐上构造层形成大宛齐背斜构造。在背斜之下，形成巨厚的盐丘。盐下构造层自南向北从后倾堆垛式构造组合逐渐转变为基底卷入的以膏盐层作为被动顶板的楔形构造组合。北部楔形构造组合在形态上与双重构造组合相似，主要区别在于前者没有下滑脱层，后者有下滑脱层。

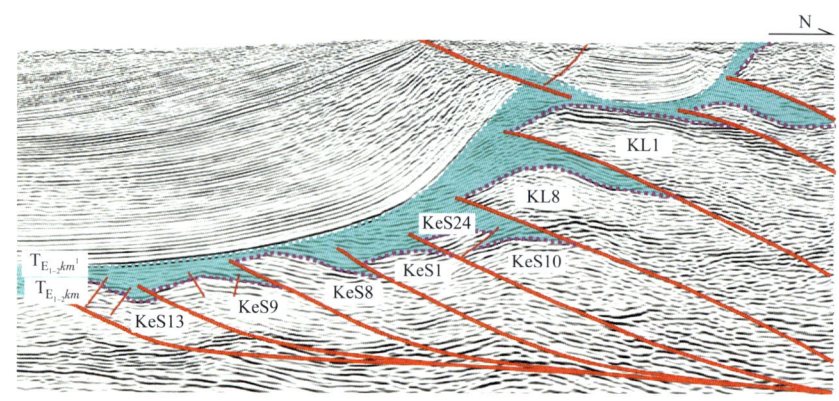

图 2-2-3　克深段地震剖面解释模型

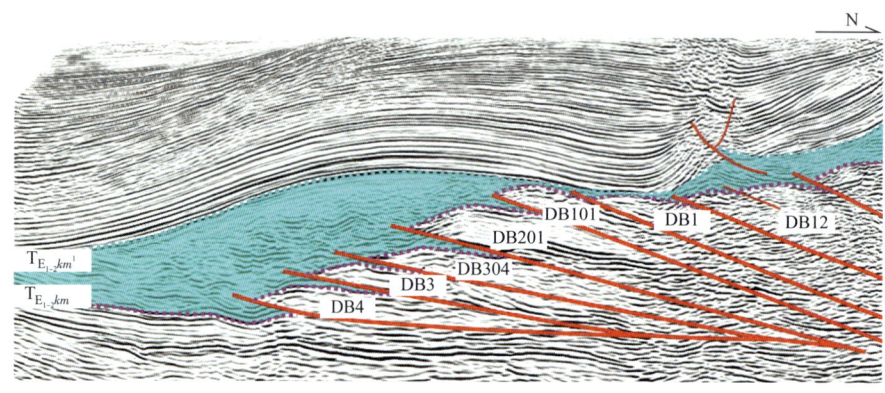

图 2-2-4　大北段地震剖面解释模型

博孜段位于克拉苏构造带的中西部（图 2-2-1 和图 2-2-5），其总体构造结构与克深段类似。盐上构造层北部以逆冲断裂及其褶皱为主，南部为宽缓向斜。盐下构造层南部发育以侏罗系煤层和古近系膏盐层为滑脱层的双重构造组合，推覆前锋抵达温宿古隆起，北部形成堆垛式构造组合。盐构造层以盐焊接和盐枕为主，在北部浅层背斜之下形成盐丘。博孜段虽然与克深段构造结构类似，但断块相对较小，较破碎。

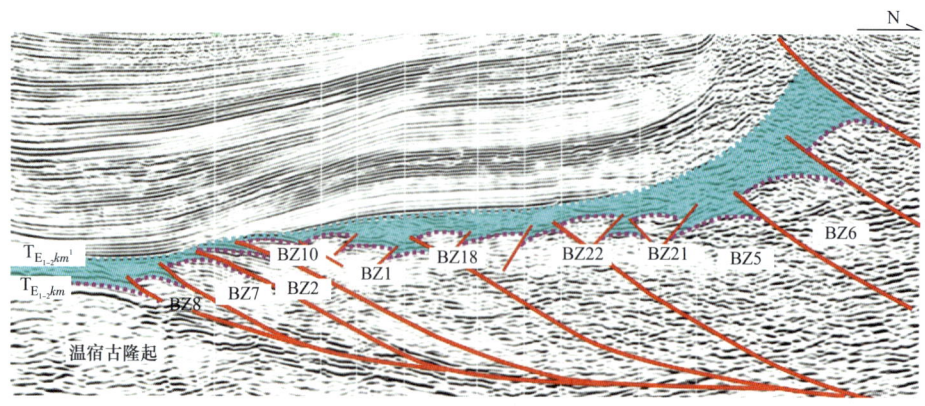

图 2-2-5　博孜段地震剖面解释模型

阿瓦特段位于克拉苏构造带的西部（图 2-2-1 和图 2-2-6），总体形态方面与克深段的北部类似，即盐上构造层北部发育一系列逆冲断裂及其褶皱，盐下构造层由于温宿古隆起的阻挡发育后倾堆垛式构造组合，盐构造层以盐丘为主。由于温宿古隆起的阻挡，盐下构造层推覆前锋很难向南部推进，所以盐下构造层的变形以向上逆冲叠置形成堆垛式构造组合来平衡地层的缩短。在南天山造山带与温宿古隆起之间可供地层变形的空间最窄，所以盐下断块也最为破碎。

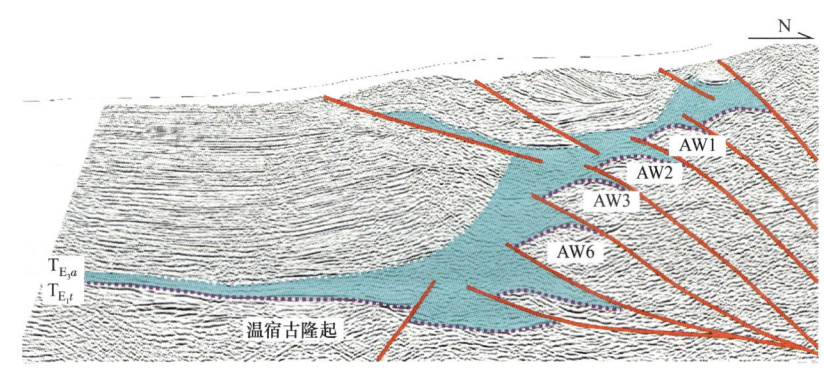

图 2-2-6　阿瓦特段地震剖面解释模型

2）协同变形机制

库车山前盐上、盐下地层变形样式差异大，盐层在不同位置的几何形态也不同。在公开发表的文章中，许多学者据此认为盐上构造层、盐下构造层的变形是互不相关的（周立明等，2019）。在笔者看来，构造地质学是个研究构造变形规律的学科，任何条件下的变形都是有其内在规律的。库车山前盐上、盐下地层的变形具有两种协同变形机制：盐上背斜—盐层盐丘—盐下堆垛式构造组合、盐上向斜—盐层盐焊接或盐枕—盐下双重/楔形构造组合（图 2-2-7）。

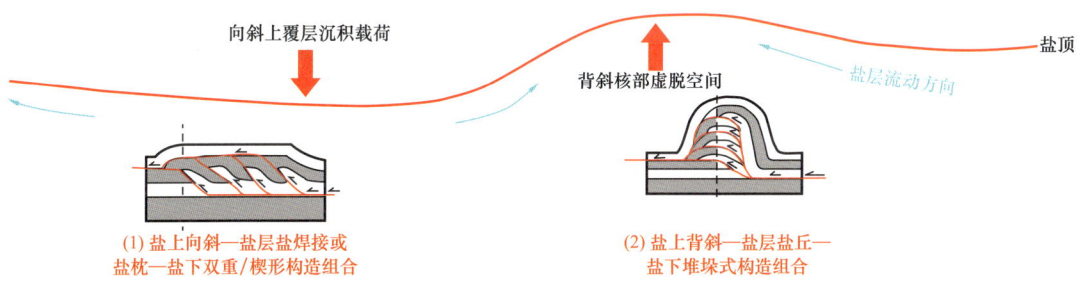

图 2-2-7　克拉苏构造带盐相关协同变形机制

盐上背斜—盐层盐丘—盐下堆垛式构造组合，分布于克深段北部、大北段南部、博孜段北部和阿瓦特段。这种变形机制是在造山带自北向南推覆的过程中，在盐上地层形成背斜或断层及其相关背斜构造，地层发生褶皱的同时，背斜的核部就会形成虚脱空间，为盐层填充形成盐丘创造了条件，同时背斜的核部也是应力薄弱区，有利于盐下地层在此堆叠进一步填充背斜的核部虚脱空间。另外背斜相对于向斜的位置高，不利于沉积物的均衡补偿加厚，盐下地层克服上覆地层的重力向上叠置的阻力相对较小，有利于形成

— 19 —

堆垛式构造组合。

盐上向斜—盐层盐焊接或盐枕—盐下双重/楔形构造组合，分布于克深段南部、大北段北部和博孜段南部。当盐上地层形成向斜时，盐层堆积的空间相对较小，主要形成盐焊接、盐枕等。由于向斜位置较低，有利于沉积物的均衡补偿加厚，盐下地层克服上覆地层的重力向上叠置的阻力较大，所以盐下地层主要形成以盐层为被动顶板，沿侏罗系煤层滑脱的双重构造组合。当基底卷入变形时，则形成以盐层为被动顶板的楔形构造组合。

由于褶皱变形仅包括背斜和向斜两种，在山前通常交替出现，所以只要变形空间足够大，以上两种协同变形机制也会交替出现。克拉苏构造带东西各段变形特征是这两种协同变形机制的交替组合。

2. 平面展布特征

克拉苏构造带盐下构造圈闭类型以背斜、断背斜为主。迄今，已发现构造圈闭98个，除克拉3段只发育一个圈闭，阿瓦特段圈闭过于破碎，规律性不强外，博孜段、大北段和克深段各圈闭在平面上呈有规律的雁列展布特征（图2-2-8）。

克拉3段位于克拉苏构造带东部，是克拉苏构造带向东的延伸部分。克拉3段只有一个圈闭—克拉3号圈闭，是一个近东西走向的长轴背斜圈闭，长短轴比为9.6。

克深段位于克拉苏构造带的中东部，自北西向南东方向整体呈喇叭状分布一系列较大规模的圈闭，这些圈闭呈4排左阶雁列展布。其中克深13号、克深14号、克深28号和克深22号圈闭揭示了左阶雁列式褶皱"低阶—高阶"的逐步形成过程。

大北段位于克拉苏构造带的中部，发育8个主要圈闭，是唯一一个平面上呈右阶雁列展布的区块。大北段是博孜段与克深段的过渡变形区域。北部与博孜段的变形类似，南部受到克深段自北向南的挤压改造，呈两期变形特征。

博孜段位于克拉苏构造带的中西部，发育3排左阶雁列展布圈闭。由于博孜段圈闭多且小，总体落实程度相对较低，圈闭雁列展布形态没有克深段和大北段工整。除了以上三排雁列展布圈闭外，在南部还发育博孜8号和博孜9号圈闭。这两个圈闭是在整体自北向南挤压推覆的过程中，南部推覆前锋因温宿古隆起的阻挡作用而形成褶皱。而上述雁列展布圈闭主要由于南天山造山带的压扭作用而形成，在形成机制上存在一定差异。

阿瓦特段位于克拉苏构造带西部。该段由于变形空间较小，而挤压强度较大，断块较破碎，平面展布规律性差。

三、盆山耦合关系

库车坳陷是一个中生界—新生界沉积前陆盆地。二叠系以下为变质岩基底，三叠系以上除了古近系库姆格列木群为海相膏盐岩沉积外，其他均为陆相沉积地层。二叠纪以后，库车山前经历两期较大的构造运动，白垩纪末期燕山运动导致部分地区白垩系遭到一定程度的剥蚀；新近纪中新世以来的喜马拉雅运动造成盆内大幅度逆冲推覆，形成一系列山前构造组合，同时在山前沉积了巨厚的具有明显生长地层特征的新近系库车组。喜马拉雅运动对库车山前的变形影响最大，塑造了库车山前现今构造格局（刘立炜等，2022）。

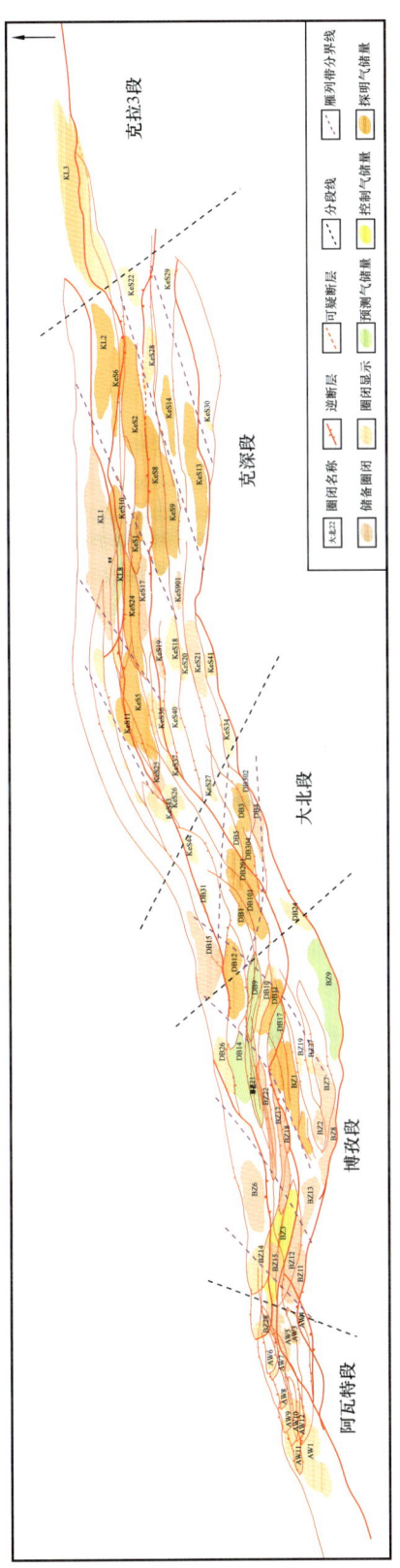

图 2-2-8 克拉苏构造带白垩系圈闭平面分布图

1. 造山带与盆内古隆起

前文已述，喜马拉雅运动期南天山造山带的隆升推覆作用、盆内古隆起的阻挡作用和膏盐层的调节作用。其中前两个因素对变形具有决定性作用，是影响库车山前变形的主要因素，控制了构造的平面展布格局。

南天山造山带的推覆作用是库车山前变形的主要动力来源，总体上该动力是自北向南推覆，但是这种推覆作用并不是铁板一块，不同位置的推覆作用具有一定的差异性，表现为造山带不同部位向盆内不同程度的走滑作用，以及造山带与盆地之间不同方向的压扭作用（图2-2-9）（李日俊等，2001）。

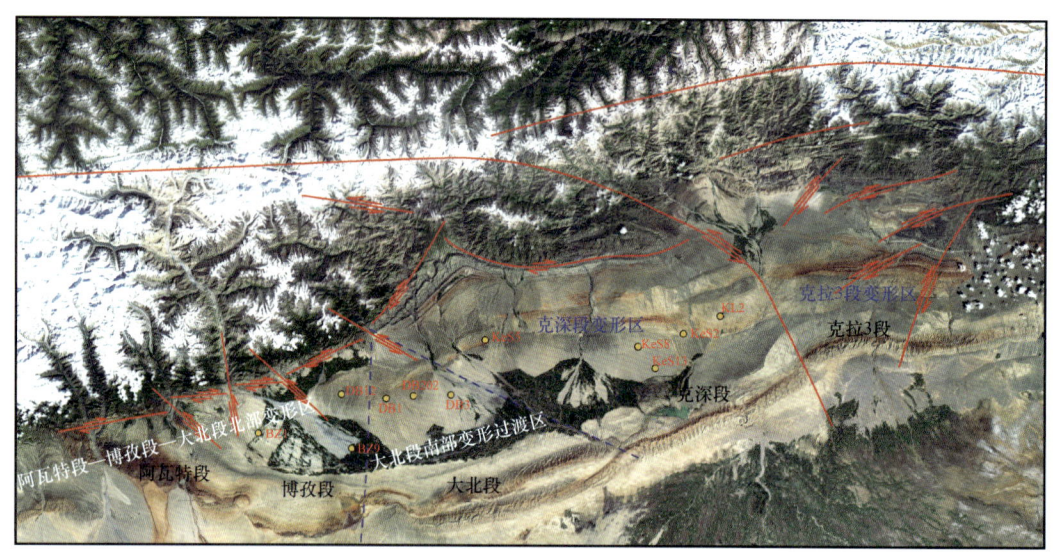

图 2-2-9 克拉苏构造带应力背景及构造分区

对库车山前变形影响较大的古隆起有温宿古隆起、新和古隆起和牙哈古隆起（汤良杰等，2007）。温宿古隆起是一个形成于早奥陶世的长期继承性的古隆起，广泛分布于阿瓦提凹陷北部，向东倾没于现今博孜9气藏附近。新和古隆起和牙哈古隆起分别位于现今塔北隆起西部和东部，是形成于晚奥陶世，定型于晚侏罗世的继承性古隆起（图2-2-10）。

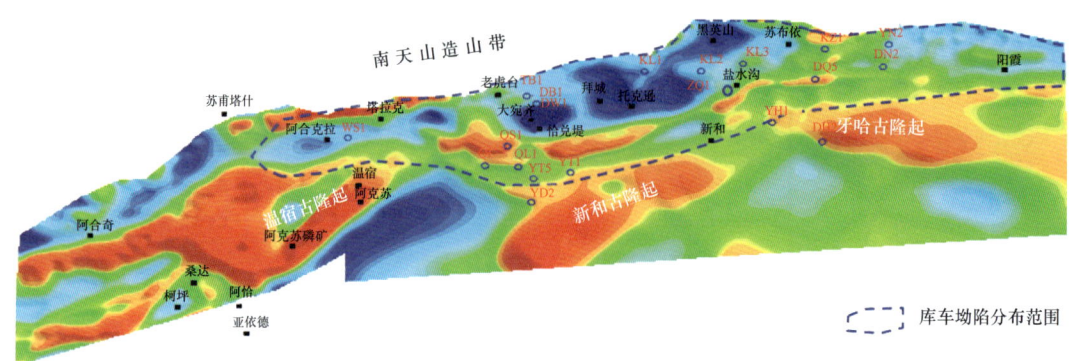

图 2-2-10 库车坳陷及周缘重力异常三维影像图

2. 盆内构造分区

南天山造山带的推覆作用与盆内古隆起的阻挡作用是作用力与反作用力的关系，共同决定了两者之间地层变形的平面展布特征。南天山造山带根据其走向及向盆内推进距离的差异大致可以分为三段：阿瓦特—博孜—大北段、克深段、克拉3段，其中阿瓦特—博孜—大北段走向总体为北东向，克深段走向总体为东西向，而克拉3段在向盆内推进的距离上有明显差异。上述造山带的分段差异与盆内古隆起有很好的对应关系，阿瓦特—博孜—大北段对应温宿古隆起和新和古隆起，克深段对应新和古隆起和牙哈古隆起的过渡部分，克拉3段对应牙哈古隆起。在各段造山带与相应古隆起之间所能影响的范围内地层的变形具有相似性，据此可以把克拉苏构造带划分为三大变形区，即阿瓦特—博孜—大北段变形区、克深段变形区、克拉3段变形区。由于盆内阿瓦特—博孜段与大北段分别受到温宿古隆起和新和古隆起的影响，且其构造展布特征也存在一定差异，这里把阿瓦特—博孜—大北变形区进一步细分为阿瓦特—博孜—大北段北部变形区、大北段南部变形过渡区（图2-2-9）。

3. 各分区盆山耦合特征

阿瓦特—博孜—大北段北部变形区位于阿瓦特—博孜—大北段造山带与温宿古隆起之间。根据向盆内推进距离的差异，该区北部造山带可以进一步分为4段，自西向东由近东西走向逐渐向北东走向偏转，每相邻段之间存在左行走滑关系。这4段分别对应一排左阶雁列构造，每一段的走向大致决定了相应雁列构造的轴线走向。该区北部造山带与温宿古隆起之间的变形空间向西逐渐变小，决定了该区构造的叠置程度自东向西逐渐增强。

大北段北部与博孜段存在重叠变形。如大北12号构造圈闭分东西两个高点，两高点之间北半部以鞍部相接，南半部以断层相隔，实钻资料证实西高点走向近东西走向，与博孜段圈闭走向相似，东高点走向为北东走向，与大北段圈闭走向相似。所以从大北段北部圈闭展布特征来看，既有博孜段的左阶雁列展布特征，也有大北段的右阶雁列展布特征，但整体圈闭与博孜段展布特征更为类似，所以把该部分划分到阿瓦特—博孜—大北段北部变形区（图2-2-8）。

大北段南部变形过渡区位于大北段造山带与新和古隆起之间。该变形区是克拉苏构造带唯一一排构造圈闭呈右阶雁列展布的，在统一应力场下为什么会出现这种异常现象，而不是进一步形成新的一排左阶展布的构造圈闭呢？形成这种展布格局一般有两个可能：一是在北东走向左旋压扭应力条件下，但是阿瓦特—博孜—大北段造山带是自北西向南东向盆内挤入，具有明显右旋压扭性质，显然不可能；另一个是在北西—南东方向右旋走滑应力条件下，从大北段—克深段接触关系和克深段的平面演化过程两个方面来看，这种情况是可能的。一方面，地表河流的走向以及地下构造的平面展布都揭示大北段和克深段之间的边界为北西—南东走向；另一方面，克深段南部秋里塔格构造带走向为北东走向，与克深段东西走向存在明显差异，由于变形的动力来源于造山带的隆升推覆，说明克深段造山带在早期应该也是北东走向的，只是在与克拉 3 段造山带拼贴的过程中，逐渐转为东西走向。也就是说阿瓦特—博孜—大北段造山带与克深段造山带一起自北西向南东向盆内挤入，同时克深段造山带在克拉 3 段造山带的拼贴下发生转向，克深段造山带相对于阿瓦特—博孜—大北段造山带向盆内挤入更远。这会导致在大北段和克深段之间形成北西—南东走向右旋走滑构造应力场，大北段南部因此形成一排右阶雁列构造圈闭（能源，2012）。

当然大北段与克深段的变形也不是完全互不影响，只是哪一方占主导而已。如大北 3 号构造具有明显的两期变形特征，先形成右阶雁列式展布背斜构造，后因克深段造山带自北向南挤压，原形成的背斜遭到断裂切割改造，造成构造的复杂化（图 2-2-11）。

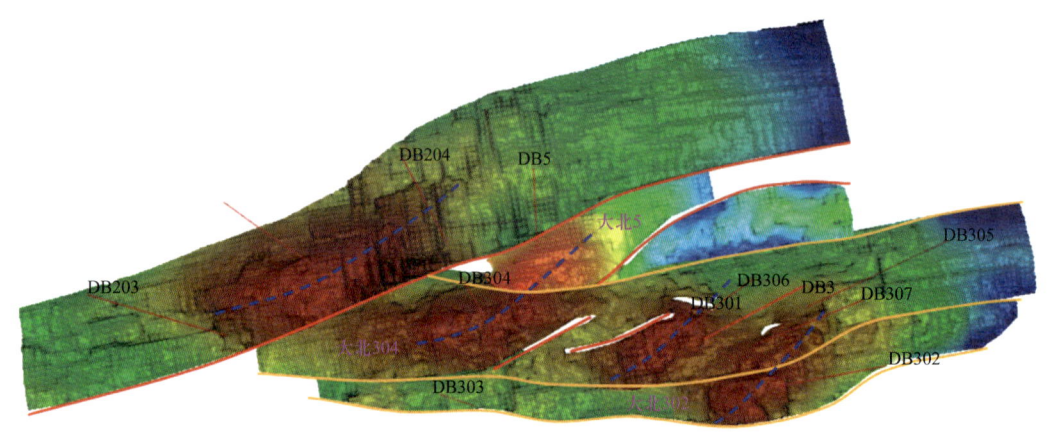

图 2-2-11　大北 201 号、大北 304 号、大北 3 号和大北 302 号构造立体显示图

克深段变形区位于克深段造山带以南，南部在新和古隆起和牙哈古隆起之间。克深段造山带总体近东西走向，分段特征不明显。盆内分布 4 排左阶雁列构造，走向大部分都是近东西走向，与该段造山带走向一致。早期克深段造山带走向为北东走向，盆内形成的构造走向也为北东走向。在后期克深段造山带与克拉 3 段造山带碰撞拼贴的过程中，自北西向南东向盆内挤入，逐渐转为东西走向，盆内的构造走向也随之偏转为近东西走向。如克深 2 号、克深 8 号和克深 9 号构造圈闭总体走向近东西走向，但在圈闭的东部一般轴线都会向北偏转，说明这些构造圈闭走向虽被改造，但依然残存一些原来的痕迹。克深段造山带的转向对盆内变形的影响最远只波及克深段南部克深 13 号构造，因为克深 13 号构造以南的构造和断裂，包括秋里塔格构造带中段的走向依然为北东走向，几乎没有受到影响。

克拉 3 段变形区位于克拉 3 段造山带与牙哈古隆起之间。如前文所述，克拉 3 段造山带与克深段及其以西造山带在走向、向盆内推进距离及对盆内变形影响方面存在明显差异。克拉 3 段由于古近系膏盐层的厚度较小，其对构造的调节作用不明显。该段造山带自北向南推覆的过程中，主要通过克拉 3 段北部地层的冲断褶皱剥蚀来平衡地层的缩短，其构造应力也主要在北部集中释放，在盆内只形成克拉 3 号一排构造（能源，2012）。

四、局部构造特征

克拉苏构造带的变形可以归结为两种协同变形机制：盐上背斜—盐层盐丘—盐下堆垛式构造组合、盐上向斜—盐层盐焊接或盐枕—盐下双重/楔形构造组合，盐下构造相应地可以归结为两种构造组合：堆垛式构造组合、双重/楔形构造组合。盐下每一个构造圈闭都是这两种构造组合中的一个断片，其构造样式主要为背斜、断背斜、突发构造等。

在已发现的 98 个盐下构造圈闭中，以断背斜和背斜居多，其次为突发构造，其演化的过程通常是背斜→断背斜→突发构造。背斜褶皱到一定程度，在其前缘形成主冲断裂，随后断块沿主冲断裂进一步向前推进、向上褶皱，在上覆地层阻挡较小的情况下，优先在前翼形成新的断裂，在上覆地层沉积载荷较大的情况下，断块向前推进和向上褶皱遇到阻挡，就会在后翼发生断裂形成突发构造（图 2-2-12）。突发构造一般形成于双重构造组合中。

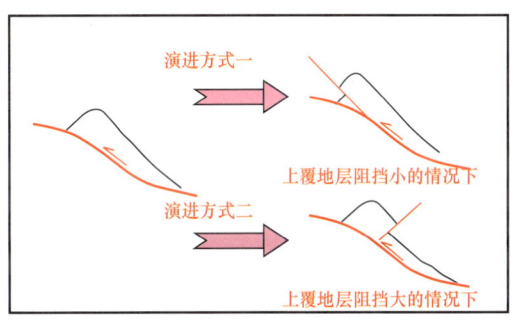

图 2-2-12　突发构造形成条件及示意图

堆垛式构造组合各断片以断背斜为主，按叠置程度的差异，分后倾堆垛式构造组合和前倾堆垛式构造组合。后倾堆垛式构造组合各断片前翼短、后翼长，随着继续向上叠置，各断块轴线逐渐向后翼移动，最终变为前翼长、后翼短，即前倾堆垛式构造组合。堆垛式构造组合各断片的前翼切线、后翼连线与盐顶切线趋于近似平行（图 2-2-13）。在低地震资料品质区可以根据盐顶的陡倾程度来判断相应堆垛式构造组合各断片是前倾或者后倾，从而大致判断其构造形态，指导地震资料的解释。

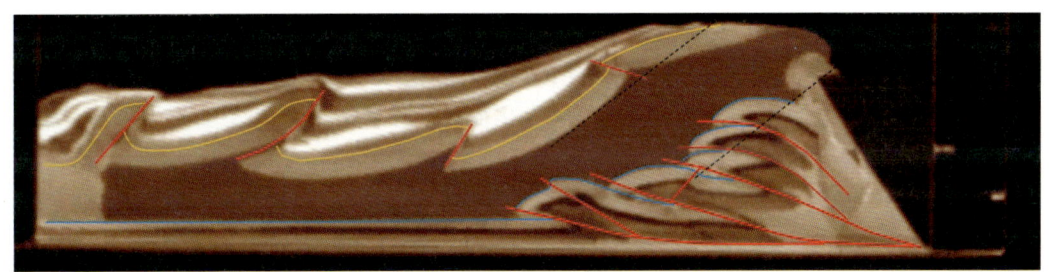

图 2-2-13　库车山前盐相关构造物理模拟剖面

克拉苏构造带都是构造型圈闭，阿瓦特段—博孜段—大北段以短轴背斜、断背斜为主，构造走向由北东东走向逐渐过渡到北东走向；克深段以长轴背斜、断背斜、突发构造为主，构造走向为近东西走向，圈闭面积在 5.6~67.8km² 之间，圈闭闭合高度多在 90~600m 之间，各部分走向与相应造山带走向一致。由于克拉苏构造带西部挤压强度较大，圈闭较为破碎，东部挤压强度相对较小，圈闭面积整体较大。圈闭幅度绝大多数大于储层厚度，以边水层状气藏为主。

克拉苏构造带圈闭成排成带分布，同排圈闭以鞍部相接，不同排相邻圈闭以断层相隔，呈斜列分布。一般来说各圈闭边界断层控制着圈闭的大小及走向，且边界断层呈东西分段特征，相邻边界断层之间通过位移转换来实现地层的平衡变形。双重构造组合各断片边界断层断距相对较小，一般小于1000m，堆垛式构造组合各断片叠置程度高，边界断层断距相对较大，最大超过2000m。断片内南翼（即褶皱前翼）地层倾向与构造挤压应力方向夹角较大，易于破裂形成断层，以二级断层为主，北翼地层倾向与构造挤压应力方向夹角较小，地层不易破裂形成断层，北翼断层较不发育。沿轴线附近的构造高部位介于南翼和北翼之间，以三级断层为主。

第三节 储层特征

一、储层沉积学特征

1. 区域沉积背景

库车坳陷自中生代以来受南天山造山带多期次隆升、陆内造山作用的影响，总体呈现北山南盆的古地理格局（贾承造等，1995）。早白垩世时，随着造山期后的应力松弛，进入坳陷盆地沉积阶段，受古地貌、古物源和古水流控制，克拉苏气田从西向东由双物源的半封闭湖盆沉积变为单物源的广盆沉积环境。

早白垩世时，库车盆地基本保持了克拉通陆内坳陷的特征，但发生于侏罗纪末期的燕山运动，在白垩纪时仍有一定的影响，并主要反映在盆地边缘的山前带，导致南天山山前均发育有冲积相沉积，克拉苏气田广泛发育有扇三角洲沉积，白垩系在北部山前呈退覆沉积。

库车坳陷下白垩统沉积，总体上为水进到水退。在侏罗纪末期的燕山运动剥蚀面上，首先发育下白垩统亚格列木组冲积扇—河流相紫色砂砾岩沉积。随着盆地地壳的沉降，舒善河组沉积期，发育湖泊—辫状河三角洲相沉积，辫状河三角洲主要发育于南天山山前，向湖盆延伸有限；舒善河组沉积期是下白垩统沉积中湖相泥岩最发育、沉积厚度最大时期。

巴西改组沉积期，地壳沉降幅度有所减缓，早期（巴西改组二段沉积期）主要发育三角洲沉积，南天山山前、温宿隆起均发育辫状河三角洲沉积，三角洲前缘延伸远厚度相对薄，南向与北向延伸的辫状河三角洲前缘沉积叠置充填，在博孜地区形成混合物源的辫状河三角洲前缘沉积（图2-3-1）。晚期（巴西改组一段沉积期）为水进期，盆内主要为滨浅湖沉积，南天山山前、温宿隆起前发育三角洲沉积，三角洲前缘沉积较为局限、厚度较薄。

巴什基奇克组主要发育三角洲沉积，其中早期（巴什基奇克组三段沉积期）发育冲积扇—扇三角洲沉积，中晚期（巴什基奇克组一段和二段沉积期）则发育辫状河三角洲沉积。巴什基奇克组沉积期发育的扇、辫状河三角洲规模大、延伸远，多套三角洲朵体叠置发育，形成了巨厚的三角洲砂体。源自南天山的三角洲前缘向南可延伸到塔北，在博孜区段与源自温宿隆起的三角洲前缘叠置充填，形成了混合物源的三角洲前缘沉积（图 2-3-2）。

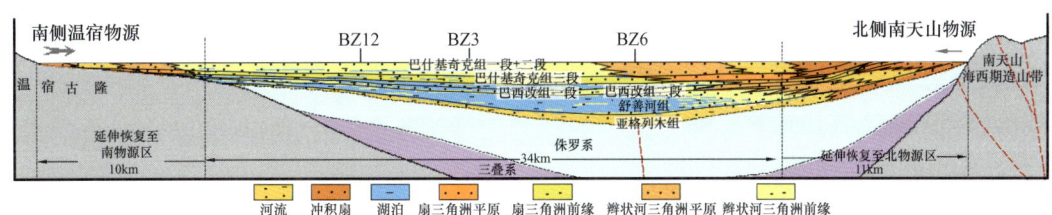
(a) 克拉苏博孜段巴什基奇克组一段+二段沉积期沉积充填模式图

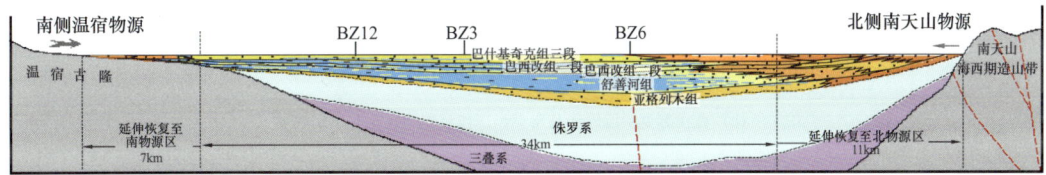
(b) 克拉苏博孜段巴什基奇克组三段沉积期沉积充填模式图

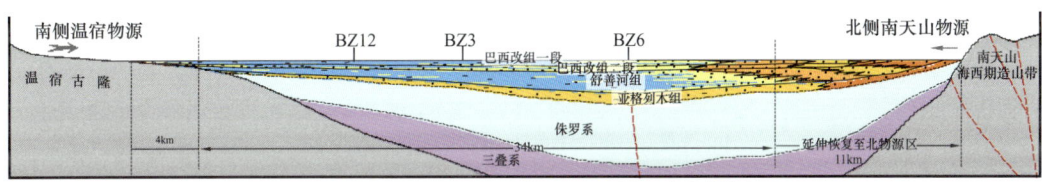
(c) 克拉苏博孜段巴西改组一段沉积期沉积充填模式图

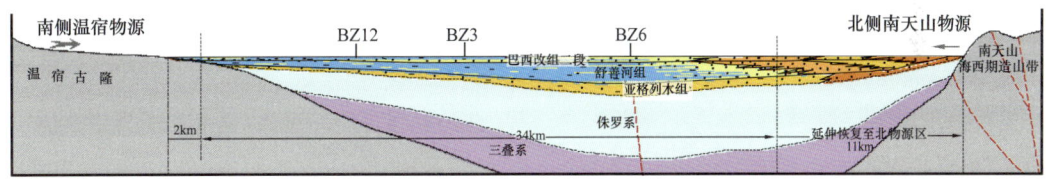
(d) 克拉苏博孜段巴西改组二段沉积期沉积充填模式图

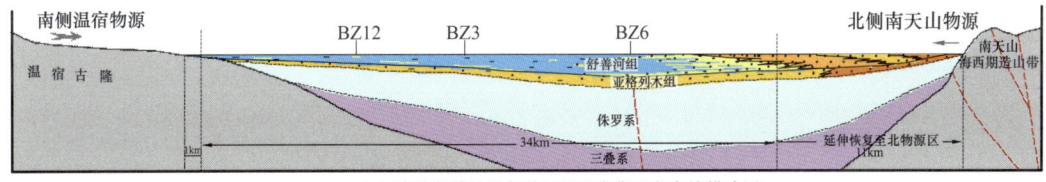
(e) 克拉苏博孜段舒善河组沉积期沉积充填模式图

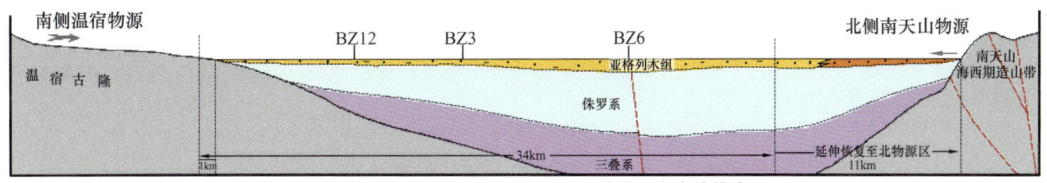
(f) 克拉苏博孜段亚格列木组沉积期沉积充填模式图

图 2-3-1　博孜地区早白垩世沉积充填演化剖面

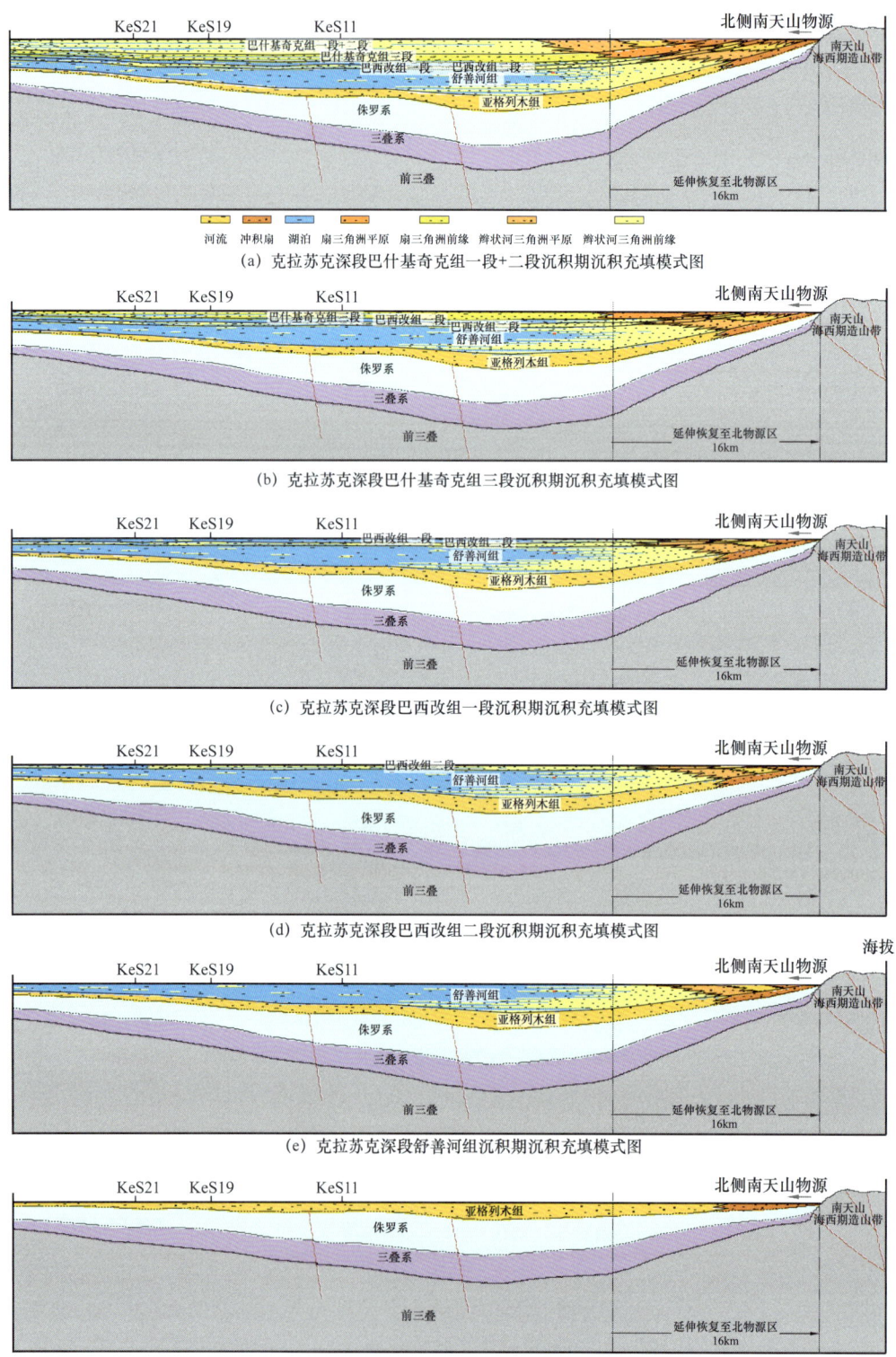

图 2-3-2 克深地区早白垩世沉积充填演化剖面

2. 沉积特征及相标志

克拉苏气田白垩系巴什基奇克组露头与岩心上砂岩沉积构造丰富，主要包括冲刷构造、平行层理、交错层理、沙纹层理、粒序层理和块状层理等（杨海军等，2018）（图2-3-3）。其中：

冲刷面是强水流侵蚀下伏沉积物表面形成的凹凸不平的面，其上覆沉积物常常比下伏沉积物粗，以含砾中砂岩、细砂岩为主，多含泥砾及撕裂的泥质碎片。

交错层理中主要常见槽状交错层理、低角度板状交错层理和沙纹层理等。大型槽状交错层理受泥质影响表现为明暗相间薄纹层砂体相互叠置，底界为槽形冲刷面，常见泥砾。低角度板状交错层理常叠置于块状层理或含砾中—细砂岩段上，或河道砂体顶部细粒级砂岩上。

沙纹层理由不规则断波状或单一、同方向弯曲倾斜的细层组成，常发育于细—粉砂岩、泥质粉砂岩中。

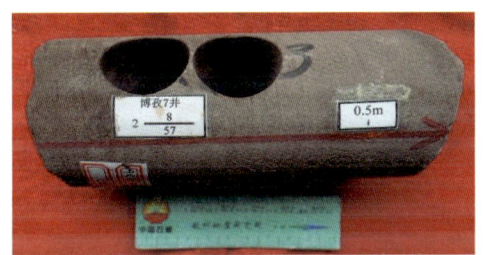
(a) BZ7井低角度交错层理

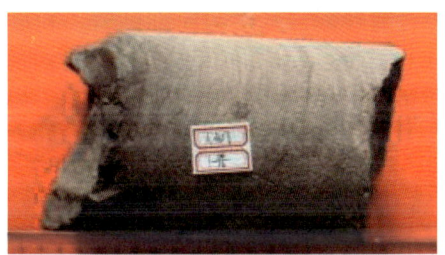
(b) DB17井槽状交错层理

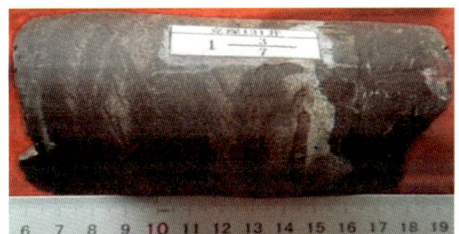
(c) KeS131井槽状交错层理

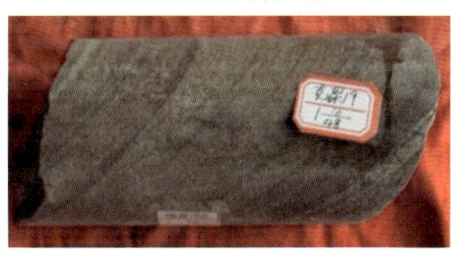
(d) KeS19井交错层理

(e) KeS134井平行层理

(f) DB1102井冲刷面

图2-3-3 克拉苏气田白垩系巴什基奇克组典型沉积构造

平行层理常常与块状层理共生，沿层理面易剥开，在剥开面上可见到剥离线理构造，反映了高流态的水动力条件。正粒序底部多冲刷面，泥砾顺层堆积，向上泥砾减少，粒度变细，反映水动力由强变弱。岩心上常见规模较小、变形程度较为轻微的同生变形构造，以发育泄水构造、扭曲变形、揉皱变形、球枕构造为特点，反映了白垩系沉积时水介质为密度流和牵引流皆有的沉积特征。

白垩系巴什基奇克组以发育水流稳定的扇三角洲、辫状河三角洲前缘水下分流河道微相砂体为主，河口沙坝砂体次之。巴西改组发育辫状河三角洲前缘和滨浅湖两种沉积体系，优势砂体为水下分流河道砂体和河口沙坝砂体，局部发育三角洲平原辫状水道砾岩。

巴西改组第二段为辫状河三角洲前缘或三角洲前缘沉积，岩性为褐色中—细砂岩夹薄层泥岩，发育多期水下分流河道砂体，常见低角度交错层理、低角度斜层理、正粒序递变层理、冲刷面和河道滞留沉积。

巴西改组第一段为辫状河三角洲前缘远端—滨浅湖沉积，发育多期河口沙坝砂体，常见低角度交错层理、反粒序递变层理、波纹层理和砂质条带。

巴什基奇克组第三段主要为扇三角洲前缘水下分流河道、河口坝、水下分流河道间湾微相（图2-3-4）。水下分流河道微相岩性主要为褐色砂质泥砾岩、含泥砾砂岩、中—粗砂岩、细砂岩，其次为粉细砂岩、粉砂岩和泥质粉砂岩，顶部为泥岩；砾石磨圆度较好，分选较差，下粗上细是其显著沉积特征，沉积水动力稍弱，粒度略细，是扇三角洲前缘亚相沉积的主体。底部有冲刷面，发育槽状交错层理或块状层理，中上部发育平行层理、交错层理和粒序层理，发育多期河道，自然伽马曲线呈箱形、钟形。河口坝微相岩性较均一，主要为细砂岩和粉砂岩，形成向上变粗的反粒序，发育多种交错层理、平行层理，电测曲线以漏斗形为主。水下分流河道间湾微相岩性主要为暗褐色块状泥岩、粉砂质泥岩、泥质粉砂岩和粉砂岩，泥岩中发育生物扰动构造、水平层理、透镜状层理、块状层理等，自然伽马值高，曲线以齿化线形为特点。

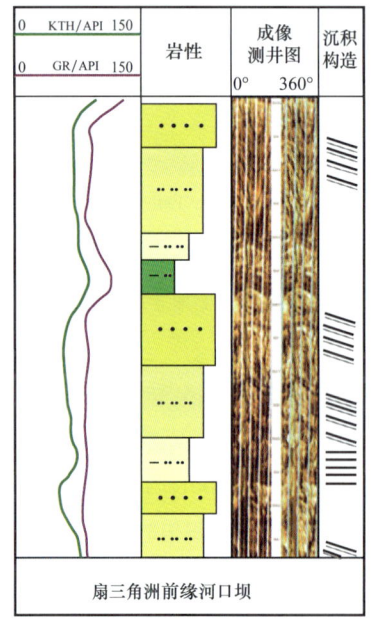 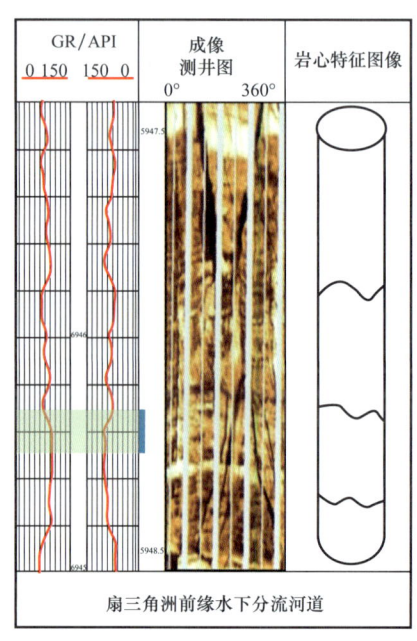

图 2-3-4 DB201 井巴什基奇克组扇三角洲前缘沉积微相

巴什基奇克组一段和二段主要为辫状三角洲前缘水下分流河道、水下分流河道间湾及河口坝沉积（图2-3-5）。水下分流河道微相岩性以含泥砾细砂岩、板状交错层理细砂岩、槽状交错层理细砂岩、含砾中砂岩为主，自然伽马曲线为宽指状、钟形、低幅度齿化箱形，岩心上为大套细砂、中砂岩夹薄层泥砾层。河口坝微相岩性下细上粗，以粉砂岩、细砂岩为主，沉积构造以交错、沙纹层理为主，自然伽马曲线为漏斗形、低幅度齿化漏斗形。水下分流河道间微相岩性以泥岩、粉砂质泥岩夹粉砂岩、泥质粉砂岩为主，泥岩中生物扰动构造较发育，因水下分流河道特别活跃，迁移频繁，河道间沉积物往往遭到侵蚀破坏，保存下来的很少，且多以透镜状的形式出现，多发育水平层理、透镜状层理、波状层理等。

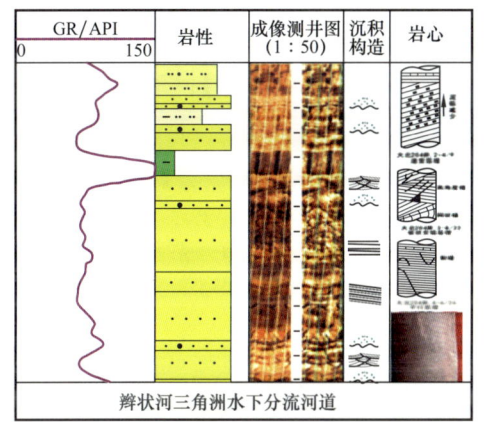 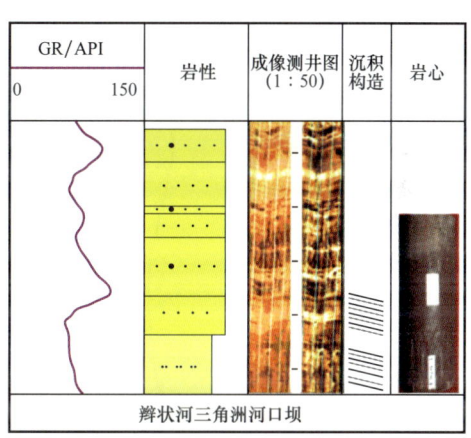

图2-3-5　DB204井巴什基奇克组辫状三角洲前缘沉积微相

3. 沉积相展布

白垩系巴什基奇克组第一和第二岩性段从东往西剥蚀程度逐渐增加，其中第一岩性段在气田西部剥蚀殆尽。第一和第二岩性段多由数个正韵律组成，多为辫状河三角洲前缘水下分流河道沉积，少数为河口坝沉积，砂地比为70%～90%，其中以第二岩性段砂体最为发育，在气田中部厚度达150～200m。区域沉积相平面展布显示，白垩系巴什基奇克组第一和第二岩性段沉积时，发育自南天山、温宿隆起的三角洲均规模大、延伸远，多套三角洲朵体叠置发育，形成了巨厚的三角洲砂体（图2-3-6）。

白垩系巴什基奇克组第三岩性段以扇三角洲前缘水下分流河道沉积为主，偶见河口坝沉积，多由数个正韵律和反韵律组成，骨架砂体大套叠置，厚度分布稳定，砂地比一般为60%～90%，分流间湾泥岩单层厚度薄且连续性差。区域沉积相平面展布显示，第三岩性段沉积时，气田中东部发育扇三角洲沉积，规模大、延伸远，在博孜地区南天山和温宿隆起物源的扇三角洲叠置发育，形成了混合物源的扇三角洲前缘沉积（图2-3-7）。

巴西改组第一岩性段以辫状河三角洲前缘远端—滨浅湖沉积为主，砂体最不发育，厚度一般10～20m，博孜11井和博孜12井区最厚，为30m。克拉苏气田中东部主要发育滨浅湖沉积，滨浅湖泥岩和分流间湾发泥岩育，储集砂体为三角洲前缘水下分流河道、

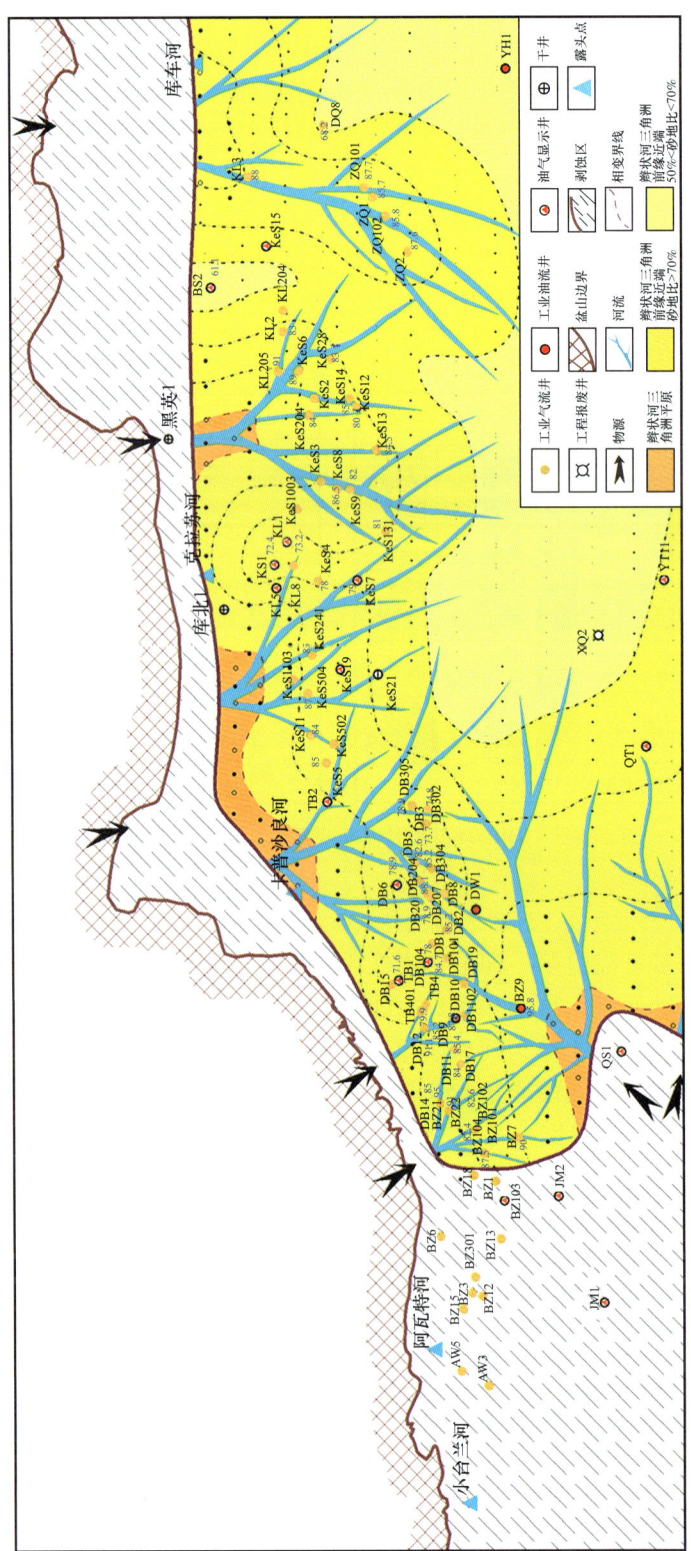

图 2-3-6 克拉苏气田白垩系巴什基奇克组第一和二岩性段沉积相平面展布图

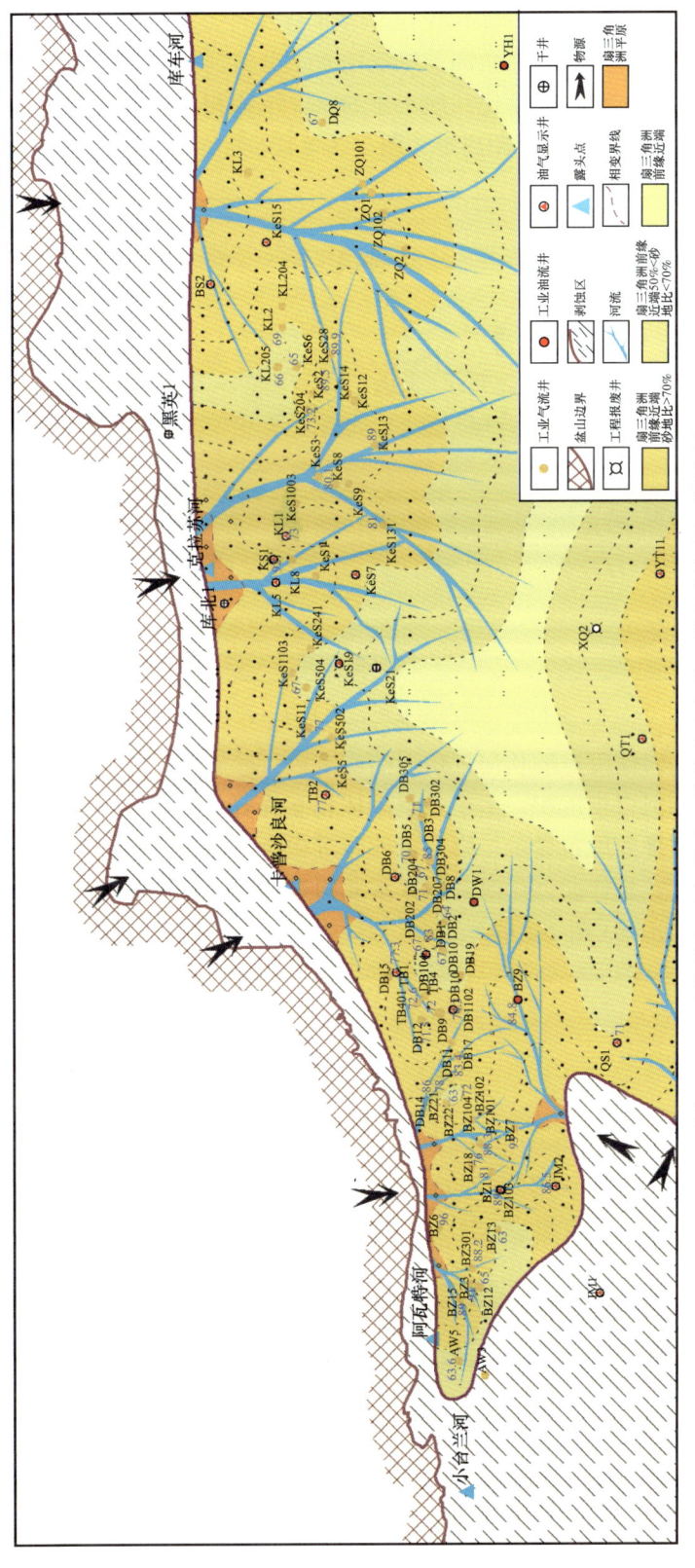

图 2-3-7 克拉苏气田白垩系巴什基奇克组第三段沉积相平面展布图

河口沙坝及席状砂，单层厚度平均不足 1m，横向连续性差，部分井河口沙坝及席状砂占比较高；西部主要发育辫状河三角洲前缘远端水下分流河道砂岩、河口坝砂岩和分流间湾泥岩、滨浅湖泥岩沉积，砂地比一般小于 50%。沉积相平面展布显示，第一岩性段沉积时，三角洲朵体规模小、延伸距离短（图 2-3-8）。

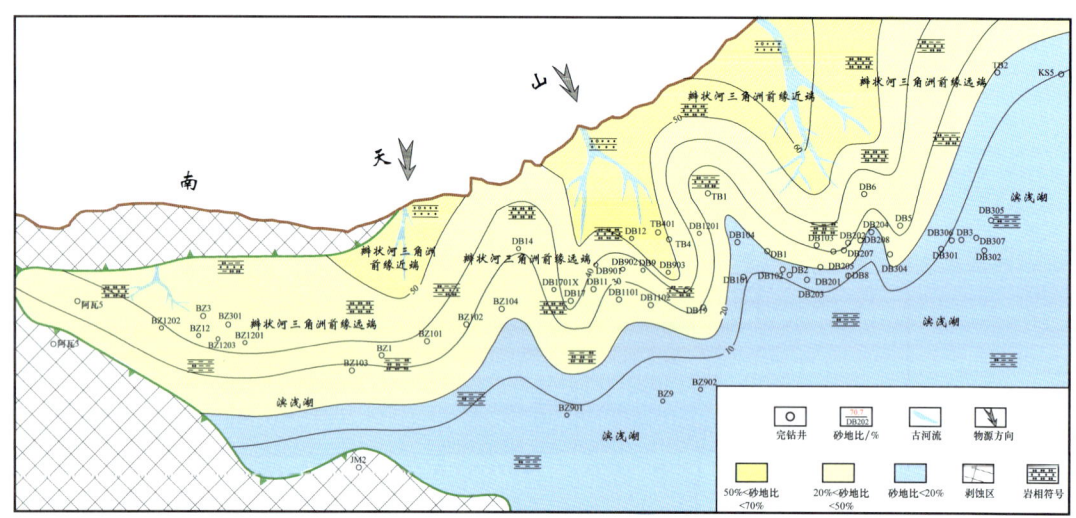

图 2-3-8　克拉苏气田白垩系巴西改组第一段沉积相平面展布图

巴西改组第二岩性段为辫状河三角洲前缘沉积，砂地比一般大于 55%，主要发育前缘水下分流河道和河口坝沉积，多个骨架砂体相互叠置，连通性好，单层厚度大，横向分布稳定。沉积相平面展布显示，第二岩性段沉积时，发育自南天山、温宿隆起的辫状河三角洲均规模大、延伸远，在博孜地区南北向双物源的三角洲叠置发育，形成了混合物源的三角洲前缘沉积（图 2-3-9）。

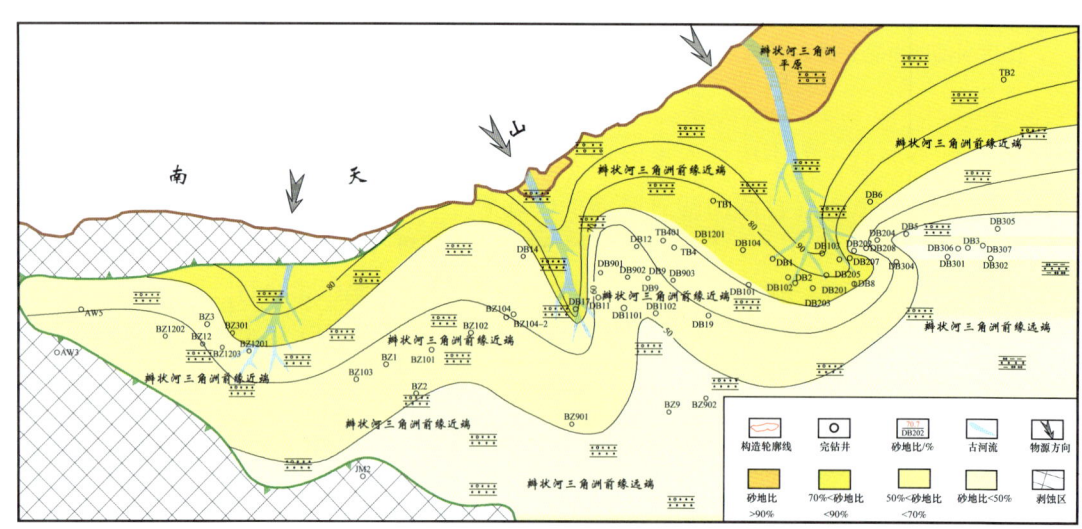

图 2-3-9　克拉苏气田白垩系巴西改组第二段沉积相平面展布图

二、储层地质特征

1. 岩石学特征

1）白垩系巴什基奇克组

白垩系巴什基奇克组砂岩矿物组成相对稳定，主要以岩屑长石砂岩和长石岩屑砂岩为主，粒度以中粒、细粒为主（图2-3-10和图2-3-11）。

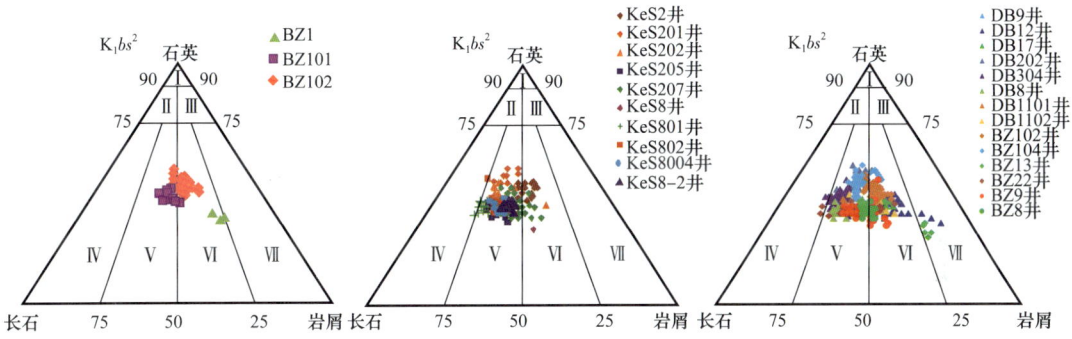

图2-3-10 克拉苏气田白垩系巴什基奇克组岩矿组成三角图（单位：%）

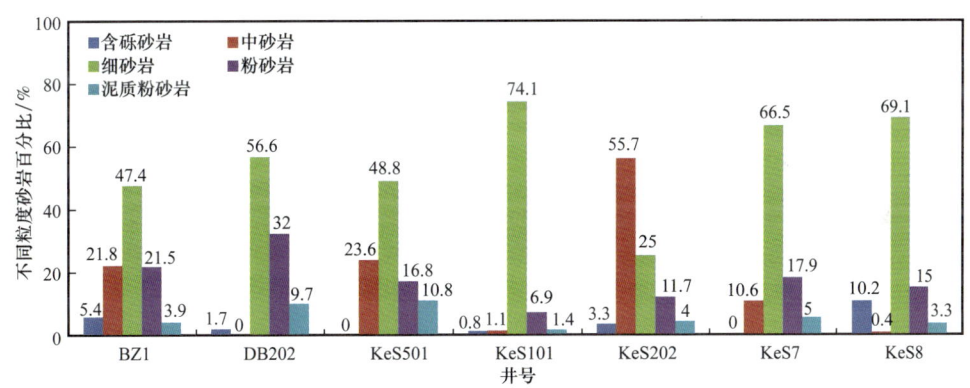

图2-3-11 克拉苏气田白垩系巴什基奇克组典型单井岩石类型百分比

岩石组成总体刚性骨架颗粒含量高，抗压实性较强。其中，石英含量普遍在40%～60%之间，平均为45%；长石以钾长石为主，含量为15%～25%，平均为20%，斜长石含量为5%～15%，平均为10%；岩屑主要为变质岩屑，含量为10%～15%，平均为13%，其次为岩浆岩屑，含量为5%～20%，平均为10%，沉积岩屑含量较低，平均仅为3.5%左右。储层砂岩碎屑颗粒分选中—好，个别样品分选差，磨圆中等，多为次棱角—次圆状，颗粒以点—线接触为主，成分成熟度低—中等，胶结类型普遍为孔隙—次生加大，偶见压嵌—孔隙式胶结（表2-3-1）。

储层填隙物总含量为4%～20%，平均为15%，其中胶结物总量2%～20%，平均7%，成分主要包括白云石、方解石、硬石膏和自生钠长石等，少量硅质；杂基主要为棕色或黑色泥质，含量为1%～10%，一般平均低于5%（表2-3-2）。

表 2-3-1 克拉苏气田白垩系巴什基奇克组储层岩石学特征

| 井号 | 层位 | 样品数/个 | 骨架成分/% ||||| 杂基含量/% | 胶结物（碳酸盐硅质膏质）含量/% | 分选性 | 接触关系 |
			石英	钾长石	斜长石	沉积岩屑	变质岩屑	岩浆岩屑				
KeS8	K_1bs^1	47	38~46 / 42	20~25 / 22.3	7~14 / 9.9	1~4 / 2.2	12~17 / 13.8	7~16 / 10.1	2~12 / 3.6	2~20 / 6.8	差—中	点、线
KeS8	K_1bs^2	9	33~45 / 41.1	20~23 / 21	10~16 / 13	2~20 / 5.1	9~13 / 11	5~12 / 8.6	1~7 / 4.1	3~13 / 7.6	中—好	点、线
KeS2	K_1bs^1	17	40~53 / 48.6	15~25 / 17.7	3~8 / 6.5	2~5 / 2.9	7~13 / 10.7	10~16 / 13.5	2~5 / 2.8	0.5~20 / 5.1	好	点—线
KeS2	K_1bs^2	59	45~55 / 48.6	12~20 / 17.1	5~12 / 7.4	2~7 / 3.6	7~12 / 9.7	10~17 / 14	0.5~5 / 2.3	0.5~15 / 4.3	好	点—线
DB202	K_1bs^2	34	42~60 / 51.4	10~28 / 21.3	0.5~10 / 7.1	3~9 / 6.4	7~15 / 10.0	2~8 / 3.9	1~25 / 6.2	1~25 / 6.7	中—好	点—线
DB6	K_1bs^2	47	45~61 / 52.7	15~25 / 19.2	4~7 / 4.4	2~5 / 3.2	5~17 / 11.6	5~12 / 8.1	2~13 / 5.9	2~28 / 10.8	中—好	点—线
BZ102	K_1bs^2	66	45~56 / 49.7	13~20 / 16.0	5~9 / 7.0	4~9 / 6.3	10~18 / 14.3	4~10 / 6.6	1~15 / 3.7	0.5~8 / 5.6	中—好	点—线
BZ102	K_1bs^3	21	44~54 / 48.8	13~18 / 15.7	5~10 / 7.6	4~8 / 6.7	10~20 / 14.4	4~10 / 7.0	1~5 / 3.0	1~15 / 5.0	中—好	点—线

注：表中上下数据分别表示范围值和平均值。

表 2-3-2 克拉苏气田白垩系巴什基奇克组砂岩填隙物含量统计表

| 井号 | 层位 | 泥杂基含量/% | 胶结物/% ||||| 胶结物总量/% | 填隙物总量/% |
			方解石	白云石	铁白云石	硅质	硬石膏	自生钠长石		
KeS8	K_1bs^1	2~12 / 3.6	—	1~7 / 2.7	—	<1	<1~1	<1~8 / 3.4	2~20 / 6.8	4~32 / 10.4
KeS8	K_1bs^2	1~7 / 4.1	0~4 / 2.0	0~3 / 1.5	—	0~3 / 2.2	0~5 / 2.3	1~3 / 2.0	3~13 / 7.6	4~20 / 11.7
KeS801	K_1bs^2	2~12 / 5.5	<1~3 / 2.6	<1~2 / 1.3	—	<1~3 / 2.1	<1~5	1~3 / 2.3	2~6 / 2.7	5~16 / 8.2
KeS801	K_1bs^3	2~4 / 3	<1~6 / 4.1	0~4 / 2.8	—	1~2 / 1.6	0<1	1~3 / 2.2	6~11 / 8	9~13 / 11

续表

井号	层位	泥杂基含量/%	胶结物/%						胶结物总量/%	填隙物总量/%
			方解石	白云石	铁白云石	硅质	硬石膏	自生钠长石		
KeS 205	K_1bs^1	$\dfrac{6\sim17}{10.5}$	$\dfrac{0\sim3}{2.5}$	$\dfrac{4\sim15}{9}$	—	—	$\dfrac{<1\sim3}{0.6}$	—	$\dfrac{4\sim15}{10}$	$\dfrac{16\sim26}{20.6}$
	K_1bs^2	$\dfrac{3\sim10}{4.1}$	$\dfrac{<1\sim3}{0.8}$	$\dfrac{1\sim5}{2.9}$	<1	$\dfrac{<1\sim2}{1.3}$	—	$\dfrac{2\sim4}{2.5}$	$\dfrac{2\sim10}{6.5}$	$\dfrac{6\sim14}{10.5}$
	K_1bs^3	$\dfrac{<1\sim1}{0.5}$	$\dfrac{<1\sim13}{5.4}$	$\dfrac{<1\sim10}{5.3}$	—	$\dfrac{<1\sim3}{1.8}$	—	$\dfrac{<1\sim1}{0.8}$	$\dfrac{<1\sim13}{5.4}$	$\dfrac{<1\sim26}{9.2}$
KeS 501	K_1bs^1	$\dfrac{<1\sim20}{6.72}$	$\dfrac{0\sim26}{6.97}$	$\dfrac{0\sim3}{0.55}$	—	$\dfrac{<1\sim3}{1.5}$	$0\sim<1$	$\dfrac{0\sim3}{0.64}$	$\dfrac{<1\sim26}{8.2}$	$\dfrac{7\sim28}{14.32}$
	K_1bs^2	$\dfrac{2\sim13}{7.33}$	$\dfrac{0\sim25}{6.37}$	0	—	$\dfrac{<1\sim3}{1.6}$	$0\sim<1$	$\dfrac{0\sim3}{0.84}$	$\dfrac{2\sim26}{7.02}$	$\dfrac{10\sim32}{14.35}$

注：表中"<1"表示微量，取平均值时按 0.5% 计算。

此外，黏土矿物 X 衍射相对含量的分析表明，总体区内自上而下，巴什基奇克组伊利石、高岭石含量有依次增加趋势，第一段低于第二段，平面上克深地区的伊利石含量总体高于大北地区。大北地区白垩系巴什基奇克组黏土矿物组合为伊/蒙混层—伊利石—绿泥石组合，以伊/蒙混层、伊利石为主，少量高岭石和绿泥石。其中伊/蒙混层含量一般为 35%～55%，最高达 64%，伊利石含量一般为 40%～50%，最高达 59%，高岭石含量一般为 1%～5%，绿泥石含量一般为 3%～8%，伊/蒙混层中的蒙皂石含量一般为 20%。克深地区白垩系巴什基奇克组砂岩中黏土矿物伊/蒙混层含量为 20%～40%，最高达 43%，伊利石含量为 60%～70%，最高达 78%，高岭石含量为 1%～4%，绿泥石含量为 2%～10%，伊/蒙混层中的蒙皂石含量为 10%～15%。

2）白垩系巴西改组

巴西改组储层岩石类型以细粒、中细粒、不等粒岩屑砂岩为主，次为长石岩屑砂岩和岩屑长石砂岩，分选中等，磨圆度次棱—次圆，点—线接触为主，结构和成分成熟度中等（图 2-3-12，表 2-3-3）。岩矿组成中石英含量为 18%～52%，平均 36.7%；长石含量为 4%～44%，平均 22.0%，以钾长石为主，次为斜长石；岩屑含量为 22%～77%，平均 41.3%，以变质岩岩屑为主，其次为岩浆岩岩屑和沉积岩岩屑。区域上，自东向西从吐北到博孜地区，长石含量增加，岩屑含量减少，岩石成分成熟度增加；岩屑组成中变质岩含量减少，岩浆岩和沉积岩含量增加。

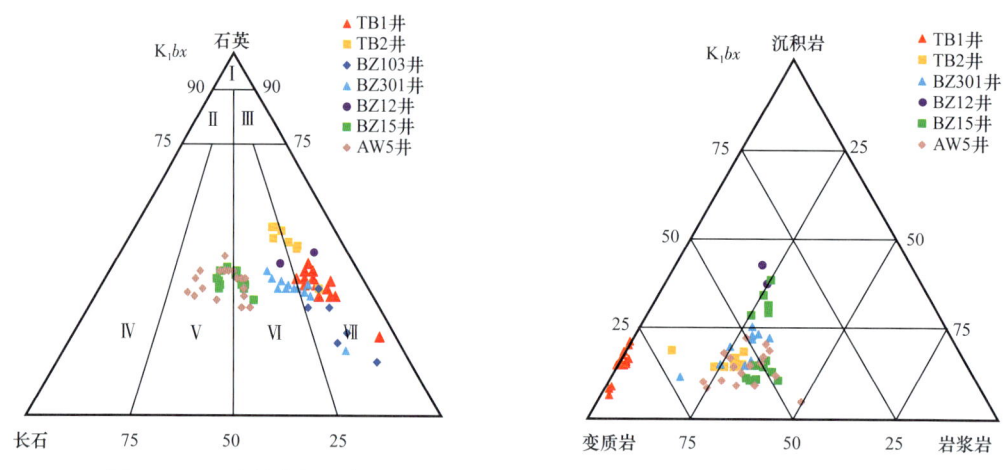

图 2-3-12 克拉苏气田白垩系巴西改组储层岩矿和岩屑组成三角图（单位：%）

表 2-3-3 克拉苏气田白垩系巴西改组砂岩成分和结构对比表

井位	层位	样品数	骨架成分 /%						磨圆度	分选性	接触关系
			石英	钾长石	斜长石	沉积岩屑	变质岩屑	岩浆岩屑			
TB1	K_1bx^2	15	$\frac{22\sim42}{36.2}$	$\frac{3\sim10}{6.2}$	$\frac{1\sim6}{4.3}$	$\frac{3\sim11}{7.7}$	$\frac{38\sim67}{44.3}$	$\frac{0\sim1}{0.7}$	次圆—次棱	中等	点—线
TB2	K_1bx^1	8	$\frac{35\sim52}{47.5}$	$\frac{8\sim15}{11.6}$	$\frac{1\sim4}{1.6}$	$\frac{5\sim10}{6.4}$	$\frac{18\sim37}{23.1}$	$\frac{6\sim11}{9.8}$	棱角—次棱	中—好	线—点
BZ301	K_1bx^2	12	$\frac{18\sim40}{34.6}$	$\frac{3\sim12}{4.9}$	$\frac{8\sim18}{13.3}$	$\frac{4\sim15}{8.8}$	$\frac{20\sim33}{24.4}$	$\frac{6\sim20}{13.8}$	次棱—次圆	中	点—线
BZ12	K_1bx^2	2	$\frac{42\sim45}{43.5}$	$\frac{5\sim5}{5.0}$	$\frac{3\sim13}{8.0}$	$\frac{15\sim20}{17.5}$	$\frac{15\sim17}{16}$	$\frac{10\sim10}{10}$	次圆—次棱	差	点
BZ15	K_1bx^2	14	$\frac{32\sim41}{36.9}$	$\frac{12\sim16}{13.5}$	$\frac{16\sim21}{18.0}$	$\frac{3\sim15}{6.6}$	$\frac{14\sim17}{14.8}$	$\frac{9\sim12}{10.2}$	次棱—次圆	差—中等	未—点
AW5	K_1bx	17	$\frac{30\sim44}{36.4}$	$\frac{12\sim20}{16.0}$	$\frac{11\sim26}{18.0}$	$\frac{1\sim8}{4.3}$	$\frac{10\sim20}{16.0}$	$\frac{6\sim13}{9.3}$	棱角—次棱	中等	点—线

巴西改组储层填隙物总量为 11%～40%，平均达 20.3%（图 2-3-13）。填隙物中杂基成分主要是泥质，少量铁泥质，含量为 0～12%，平均为 3.8%，呈褐色或红褐色充填在粒间或粒缘，表明低能环境中不同粒度的泥和砂混杂堆积。胶结物是以化学沉淀方式形成于粒间孔隙中的自生矿物，含量为 0～40%，平均为 16.6%，具有分布广泛、局部富集的特点，如博孜 15 井储层胶结物平均含量高达 29.8%。胶结物与泥质杂基共生在粒间孔隙中，其生长拓展易受早期泥杂基的抑制，具有此消彼长的特点，如博孜 15 井泥杂基平均含量仅为 2%。

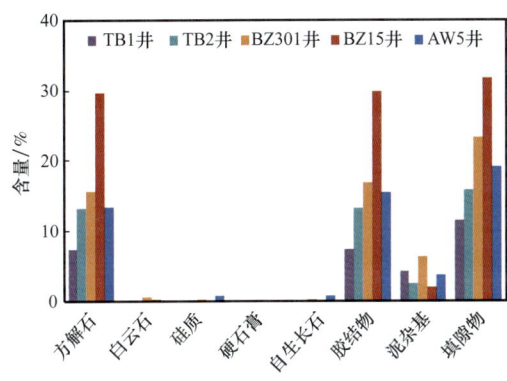 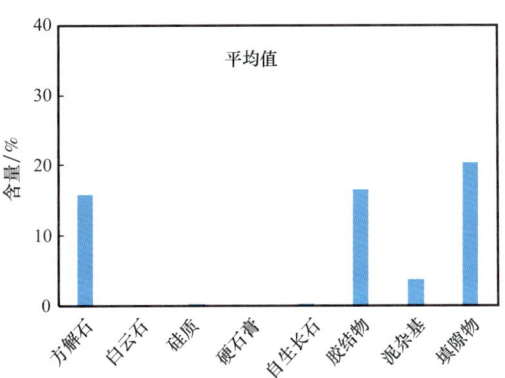

图 2-3-13　克拉苏气田西部白垩系巴西改组储层填隙物组成直方图

胶结物类型主要是方解石，少量白云石、硅质和自生钠长石。其中，方解石通常呈连晶、斑晶状充填在粒间孔隙中，多期胶结相互连接成片，与颗粒边缘呈紧密接触，造成粒间孔大量减少，但另一方面可起到颗粒骨架作用延缓压实作用，保护剩余粒间孔隙，平均含量可达 16.9%［图 2-3-14（a）～（f）］；白云石多呈斑晶状充填在粒间，与方解石和自生钠长石伴生，仅见于 BZ15 井和 BZ301 井，含量不足 0.5%［图 2-3-14（g）（h）］；自生钠长石多呈孤立板条状分布在粒间孔隙中，后期又易于沿边缘遭受溶蚀，颗粒较小但晶形完好，它们的出现与成岩过程中长石颗粒溶蚀后再沉淀有关，平均含量不足 0.5%［图 2-3-14（g）～（i）］。

储层中黏土矿物含量为 5%～28%，平均为 12.8%，不同井区黏土矿物组合差异较大。其中，BZ301 井区表现为伊利石—绿泥石—高岭石—伊/蒙混层组合，以伊利石为主，平均含量为 63.5%；其次为绿泥石和高岭石，平均含量分别为 18.6% 和 14.6%；伊/蒙混层平均含量仅为 3.1%，伊/蒙间层比为 15%。TB1 井区表现为伊/蒙混层—伊利石—绿泥石组合，以伊/蒙混层为主，平均含量为 54.7%，伊/蒙间层比为 80%；其次为伊利石和绿泥石，平均含量分别为 28.3% 和 17.0%（表 2-3-4）。扫描电镜下黏土矿物结晶程度差，伊/蒙混层呈片状，未见结晶程度较好的伊利石和绿泥石。依据黏土矿物组合和伊/蒙间层，BZ301 井巴西改组储层成岩演化程度明显高于 TB1 井，推测储层现今处于中成岩阶段。

2. 储集空间

1）白垩系巴什基奇克组

白垩系巴什基奇克组基质储层孔喉细小，通过集成铸体薄片、扫描电镜、激光共聚焦、微米 CT、纳米 CT 等技术（图 2-3-15），明确了裂缝性致密砂岩基质储层微观孔喉特征。

（1）储层孔隙类型及特征。

综合铸体薄片、扫描电镜、激光共聚焦、微米 CT、纳米 CT 等手段研究发现，孔隙类型主要为粒间孔（粒间溶蚀扩大孔、残余粒间孔）、粒内孔和填隙物内孔隙，裂缝占比较少。孔隙喉道细小，以微米级—亚微米级孔隙为主，局部发育纳米级孔隙，按尺寸大小可分为大孔隙和小孔隙两类，占比相当（图 2-3-16）。

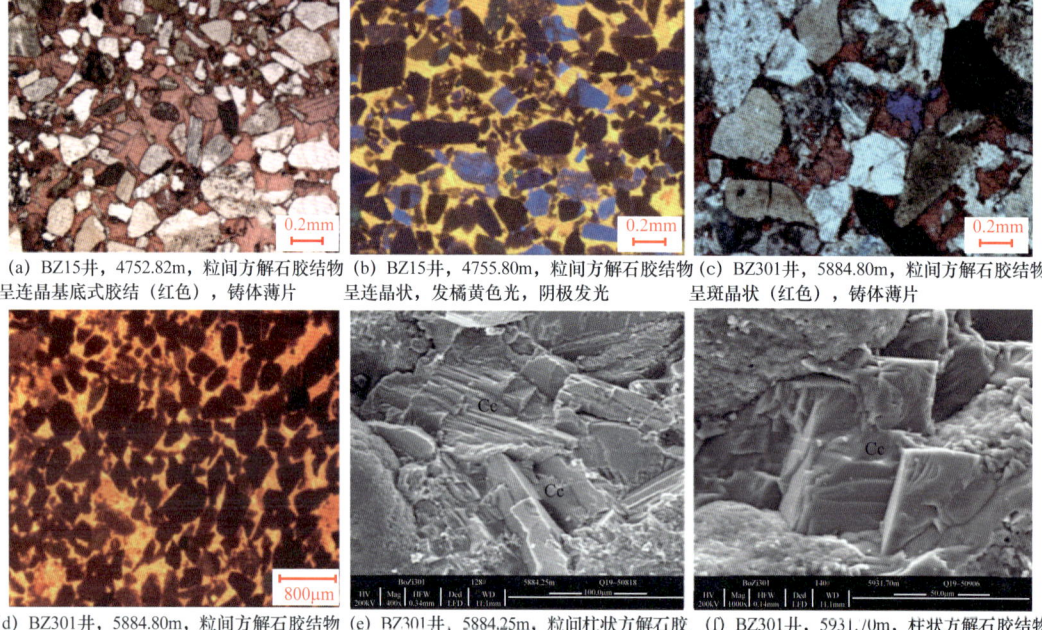

(a) BZ15井，4752.82m，粒间方解石胶结物呈连晶基底式胶结（红色），铸体薄片
(b) BZ15井，4755.80m，粒间方解石胶结物呈连晶状，发橘黄色光，阴极发光
(c) BZ301井，5884.80m，粒间方解石胶结物呈斑晶状（红色），铸体薄片
(d) BZ301井，5884.80m，粒间方解石胶结物呈连晶状，发橘红色、橘黄色光，阴极发光
(e) BZ301井，5884.25m，粒间柱状方解石胶结物（Cc），与相邻颗粒接触紧密，扫描电镜
(f) BZ301井，5931.70m，柱状方解石胶结物充填粒间孔隙，与颗粒接触紧密，扫描电镜
(g) BZ301井，5931.70m，粒间自生钠长石（Ab）和白云石胶结物（D），铸体薄片
(h) BZ301井，5930.74m，粒间白云石胶结物（D），与相邻颗粒接触紧密，扫描电镜
(i) BZ301井，5884.80m，粒间六方柱状自生钠长石（Ab），扫描电镜

图 2-3-14　克拉苏气田西部白垩系巴西改组储层胶结物微观特征

表 2-3-4　克拉苏气田西部白垩系巴西改组储层全岩和黏土 X 衍射分析统计表

井号	层位	样品数	全岩 X 衍射矿物相对含量 /%					黏土 X 衍射测定相对含量 /%				
			黏土矿物	石英	长石	碳酸盐岩	其他	伊/蒙混层	伊利石	高岭石	绿泥石	伊/蒙间层比
BZ301	K_1bx	9	5~28 / 13.5	28~44 / 38.2	24~40 / 31.0	9~31 / 17.3	/	/~15 / 3.1	49~76 / 63.5	11~19 / 14.6	8~26 / 18.6	15~15 / 15.0
TB1	K_1bx	3	9~14 / 11.0	63~71 / 68.7	4~14 / 10.6	5~14 / 9.4	/~1 / 0.3	49~58 / 54.7	26~32 / 28.3	/	16~19 / 17.0	75~85 / 80.0

注：/ 表示未测出。

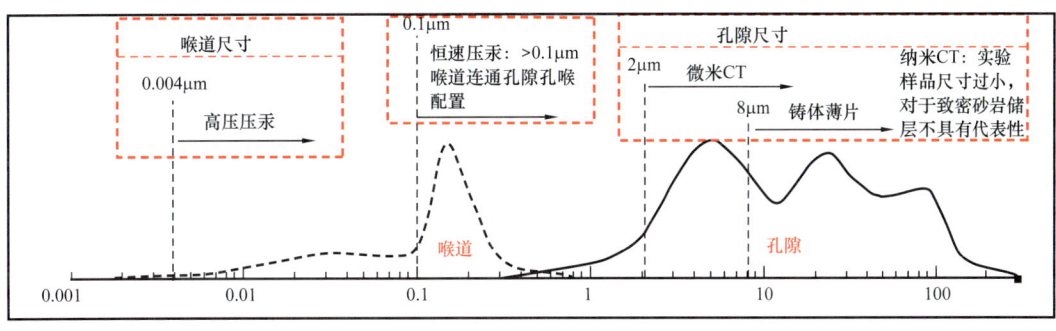

图 2-3-15　克拉苏气田储层孔隙、喉道分布谱图与不同手段识别精度匹配关系图

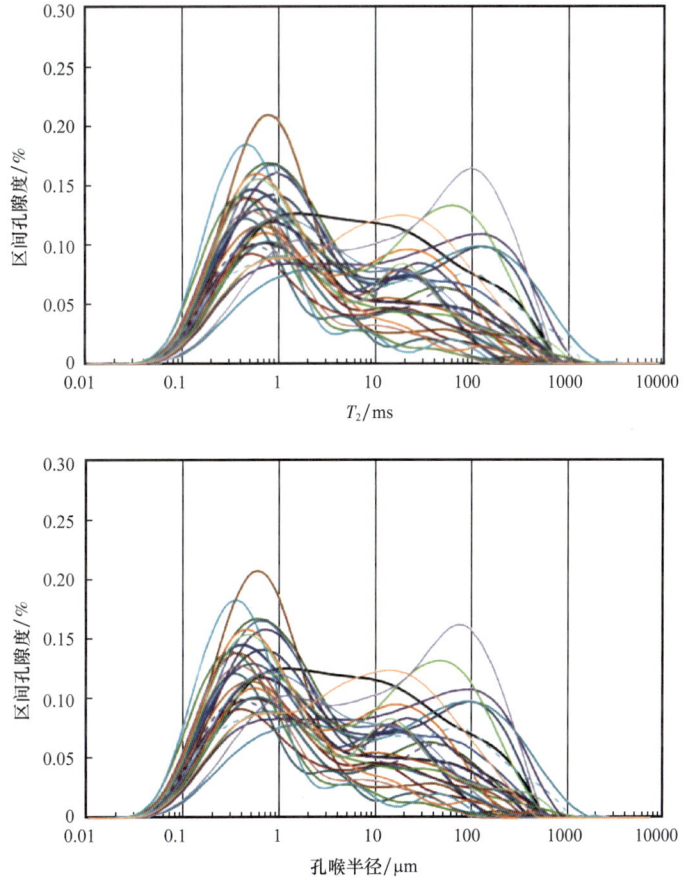

图 2-3-16　饱和盐水岩心核磁共振 T_2 谱图（T_e=0.2ms）及孔隙尺寸分布谱图
T_2—横向弛豫时间；T_e—核磁共振回波间隔

　　大孔隙主要为粒间溶蚀孔和残余粒间孔，孔隙长轴主要分布在 20～60μm、短轴主要为 20～40μm，约占总孔隙体积 40%～65%。孔隙形态不规则，形态因子（孔隙长短轴之比）主要分布在 1～3，次为 3～9，存在部分大于 9 的线型孔隙（图 2-3-17 和图 2-3-18）。该类孔隙发育与溶蚀作用密切相关，呈团呈带分布。

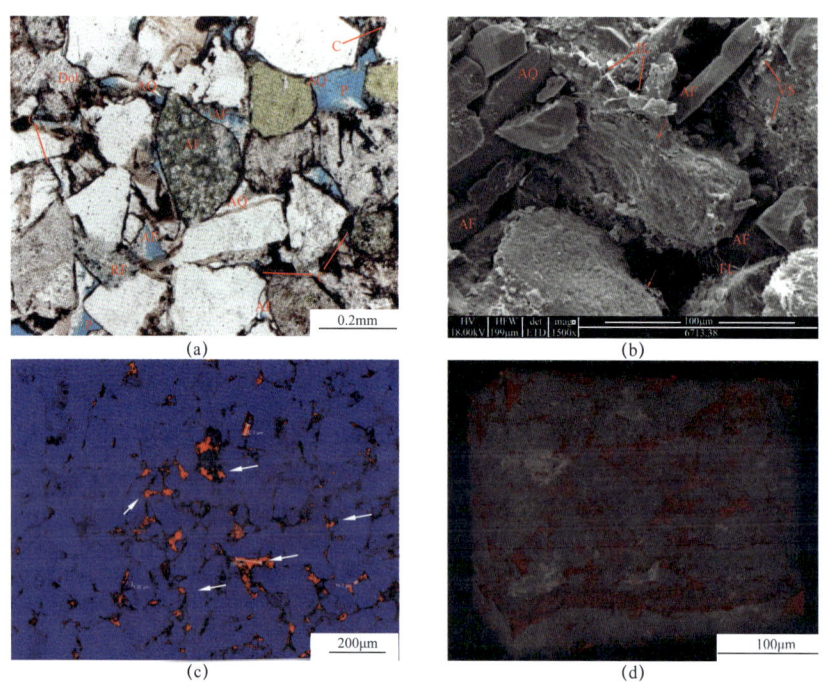

图 2-3-17 克拉苏气田储层微观大孔隙特征

（a）粒间孔发育，孔隙内见自生钠长石和石英，孔隙大小为几十微米至 180μm，铸体薄片放大 20 倍；（b）粒间孔（红色箭头）充填自生石英、自生长石、自生纤维状伊利石，孔隙大小 20~70μm，SEM 放大 1500 倍；（c）粒间大孔发育（白色箭头），孔隙形态短轴状，孔隙大小 15~150μm，激光共聚焦放大 1000 倍；（d）孔隙空间（红色）分布呈扁平状带状分布，微米 CT 扫描

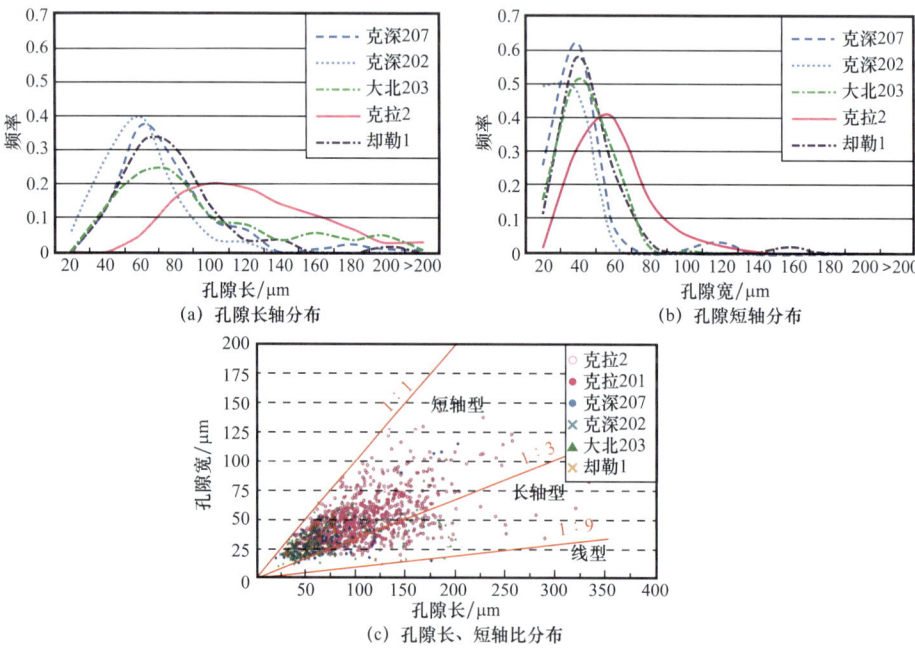

图 2-3-18 克拉苏气田储层大孔隙长轴、短轴分布特征（数据来源于铸体薄片）

小孔隙类型有粒间溶蚀微孔、粒内溶蚀微孔和粒间微孔隙，其中粒内微孔主要与长石、岩屑部分溶蚀有关，粒间微孔隙主要和黏土矿物有关，SEM 分析发现自生黏土矿物比碎屑成因黏土矿物发育更多的微孔隙（图 2-3-19）。孔隙直径为几十纳米至几微米，约占总孔隙体积的 40%~60%。该类孔隙属于晚期溶蚀成因，主要沿颗粒边缘、易溶颗粒内和填隙物内产出。

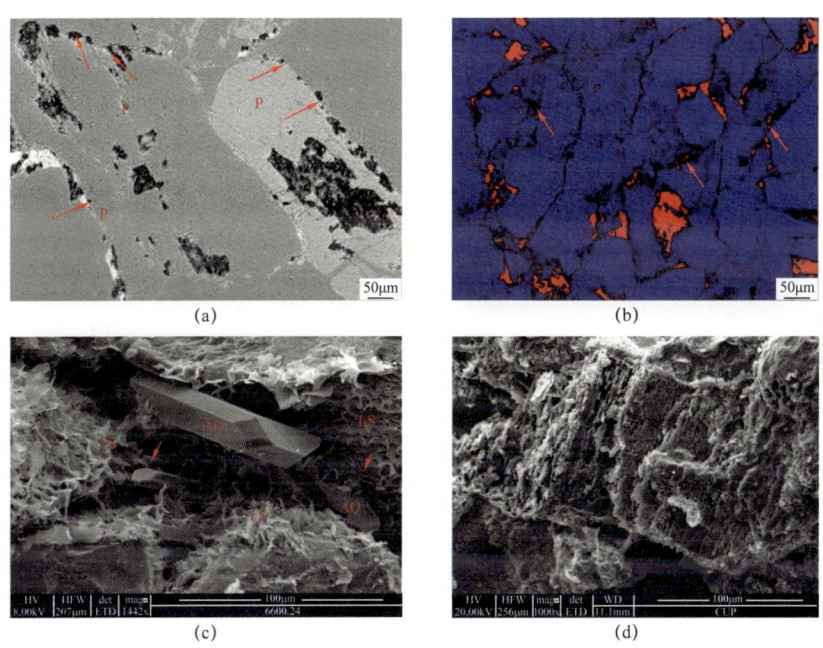

图 2-3-19　克拉苏气田储层小孔隙特征

（a）小孔隙沿颗粒边缘、粒内破裂面发育，有溶蚀现象，呈串珠状分布（红色箭头），孔隙大小为几微米至 10μm，场扫描电镜；（b）沿颗粒边缘分布的小孔隙（红色箭头），孔隙大小为几微米，激光共聚焦放大 200 倍；（c）大孔隙被伊/蒙混层、石英半充填，黏土矿物内微孔和被黏土矿物充填分割小孔隙发育，孔隙几微米至 10μm，SEM 放大 1442 倍；（d）长石粒内溶蚀微小孔隙发育，孔隙大小 0.4~1.7μm，SEM 放大 1000 倍

（2）喉道类型及特征。

储层喉道成因类型属于破裂溶蚀成因，形成于晚期强挤压期。形态呈狭窄片状，多环颗粒或粒内应力薄弱处分布，多见折线状或雁列状展布，沟通孔隙良好，有效连通大孔隙、串通小孔隙或微孔隙，是基质渗流能力的关键因素。储层喉道半径为 0.01~1μm，喉道半径分布谱图有 0.2μm、0.5μm 和小于 0.1μm 等多个峰值，属于亚微米级和纳米级喉道，但大喉道连通孔隙对基质渗透率贡献达 95%，提供了基质主要的渗透性。储层喉道内常见自生钠长石、自生纤维状伊利石等矿物，其中自生纤维状伊利石容易破碎，极易发生破碎和移动，在一定程度上影响了储层基质渗透性和敏感性（图 2-3-20 和图 2-3-21）。

2）白垩系巴西改组

白垩系巴西改组储层储集空间以原生粒间孔和粒间溶孔为主，两者约占总储集空间的 80%，见少量粒内溶孔、微孔隙和微裂缝（图 2-3-22）。区域上，巴西改组储层储集空间类型差异明显，BZ301 井深层以原生粒间孔为主，吐北—克拉地区浅层次生溶孔占优势。

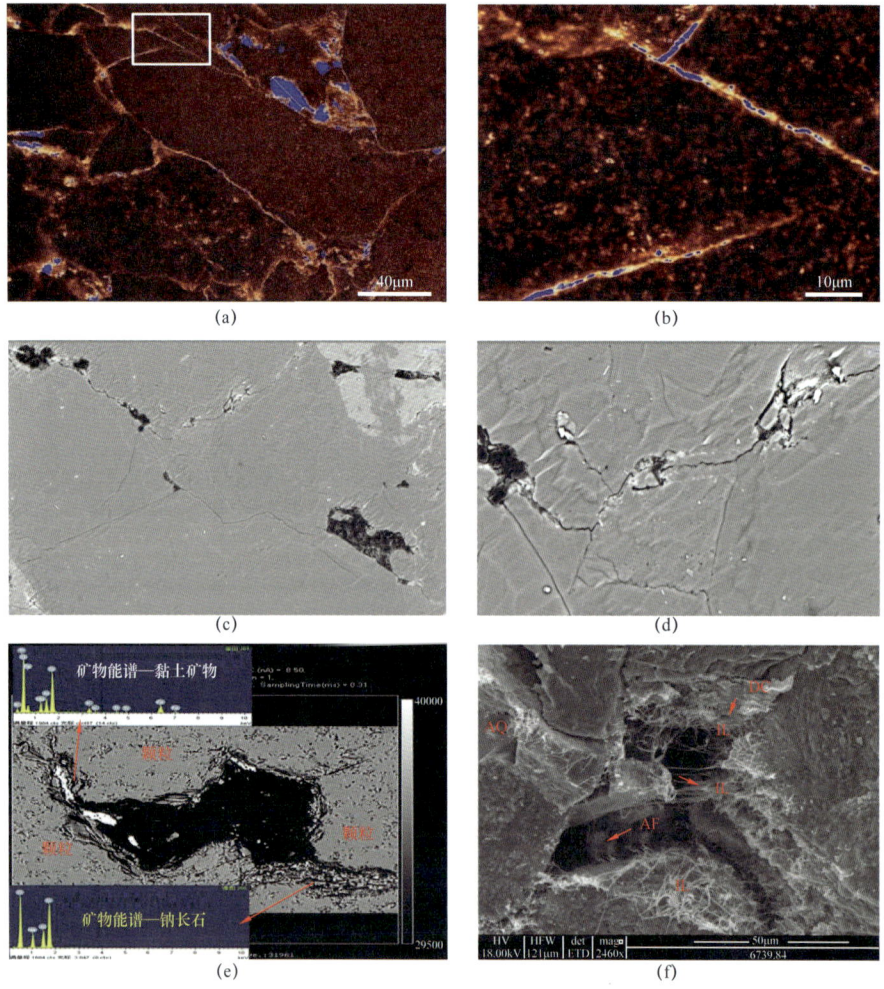

图 2-3-20 克拉苏气田白垩系储层喉道特征

（a）和（b）属于同一样品，（b）视域是（a）视域的局部放大（白色方框），喉道形态呈狭窄片状，环颗粒分布，喉道大小为 0.1～1μm，激光共聚焦放大 200 倍和 1000 倍；（c）和（d）显示喉道呈线状、折线状、狭窄片状环颗粒分布，有时见锯齿状，喉道大小为 0.1～0.25μm，场扫描电镜；（e）颗粒边缘的喉道常见黏土矿物和钠长石产出，SEM-EDS；（f）孔隙和喉道常见自生纤维状伊利石（IL）和自生长石（AF）、自生石英产出（AQ），SEM 放大 2400 倍

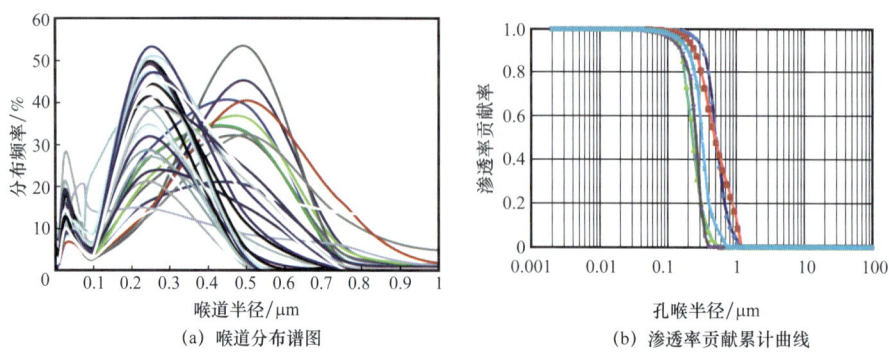

图 2-3-21 克拉苏气田储层喉道分布谱图及渗透率贡献累计曲线（源自高压压汞）

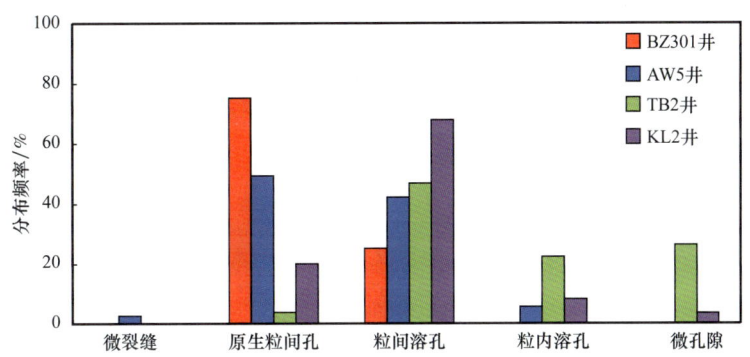

图 2-3-22 克拉苏气田白垩系巴西改组储集空间类型分布图

原生粒间孔形态多为三角形或不规则多边形，边缘光滑平直，部分被黏土膜包裹呈细齿状，占总储集空间的 4%～75% 不等［图 2-3-23（a）～（c）］。粒间孔隙中常见连晶状方解石或白云石、板状自生钠长石和六方柱状自生石英加大，黏土矿物多充填在粒间或分布在颗粒边缘及表面，以片状伊/蒙混层较为常见。粒间溶孔主要是粒间胶结物溶蚀和长石粒缘溶蚀成因，常表现为港湾状、锯齿状或不规则状，往往作为原生粒间孔的扩大部分，易于形成线状或带状分布，占总储集空间的 25%～67% 不等［图 2-3-23（d）］。镜下可见方解石胶结物和长石颗粒不均匀或完全溶蚀，溶蚀通常从胶结物或颗粒边缘和内部开始，长石颗粒则起始于内部解理，初期形成米粒状粒内溶孔，后期不断扩大，最终导致胶结物或颗粒部分或全部溶掉形成铸模孔［图 2-3-23（e）（f）］。镜下偶见微孔隙，主要是粒间泥质杂基未完全压实或微弱溶蚀改造成因，部分属于黏土矿物重结晶的产物［图 2-3-23（d）］。铸体薄片下还可见少量构造微裂缝和泥岩收缩缝，平均面孔率不足 0.1%，以 AW5 井最为常见，对储层储集空间规模的提升有限，但能够有效沟通邻近基质孔隙和喉道，提升储层渗流能力。

3. 物性特征

1）白垩系巴什基奇克组

博孜—大北地区白垩系巴什基奇克组岩心实测孔隙度主要分布在 4%～9%，平均 7.1%，渗透率主要分布于 0.1～1mD，平均 1.08mD；克深地区实测孔隙度主要分布于 2%～7%，平均为 4.1%，渗透率主要分布于 0.05～0.5mD，中值 0.055mD，属于特低孔隙度、低渗透率—特低渗透率储层（图 2-3-24）。

白垩系巴什基奇克组测井孔隙度主要分布于 2%～7% 之间，平均值 5.2%，中值 5.0%；渗透率主要分布于 0.03～0.5mD，平均值 0.07mD，中值 0.05mD。其中克深地区测井孔隙度主要分布于 2%～7% 之间，平均值 5.0%，中值 4.9%；渗透率主要分布于 0.03～0.5mD，平均值 0.07mD，中值 0.05mD；大北地区测井孔隙度主要分布于 2%～7% 之间，平均值 5.8%，中值 5.4%；渗透率主要分布于 0.03～0.5mD，平均值 0.09mD，中值 0.06mD；博孜地区测井孔隙度主要分布于 3%～9%，平均值 5.7%，中值 5.3%；渗透率主要分布于 0.05～0.5mD，平均值 0.22mD，中值 0.17mD；总体属于低孔隙度—特低渗透率储层（图 2-3-25）。

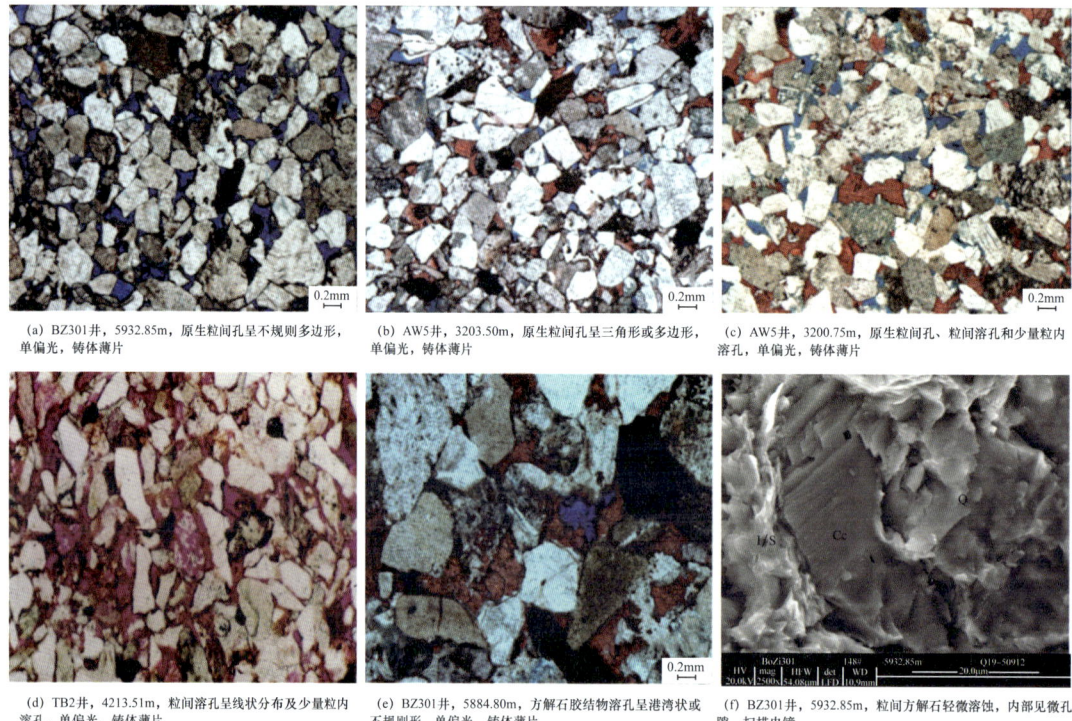

图 2-3-23 克拉苏气田白垩系巴西改组储层储集空间微观特征

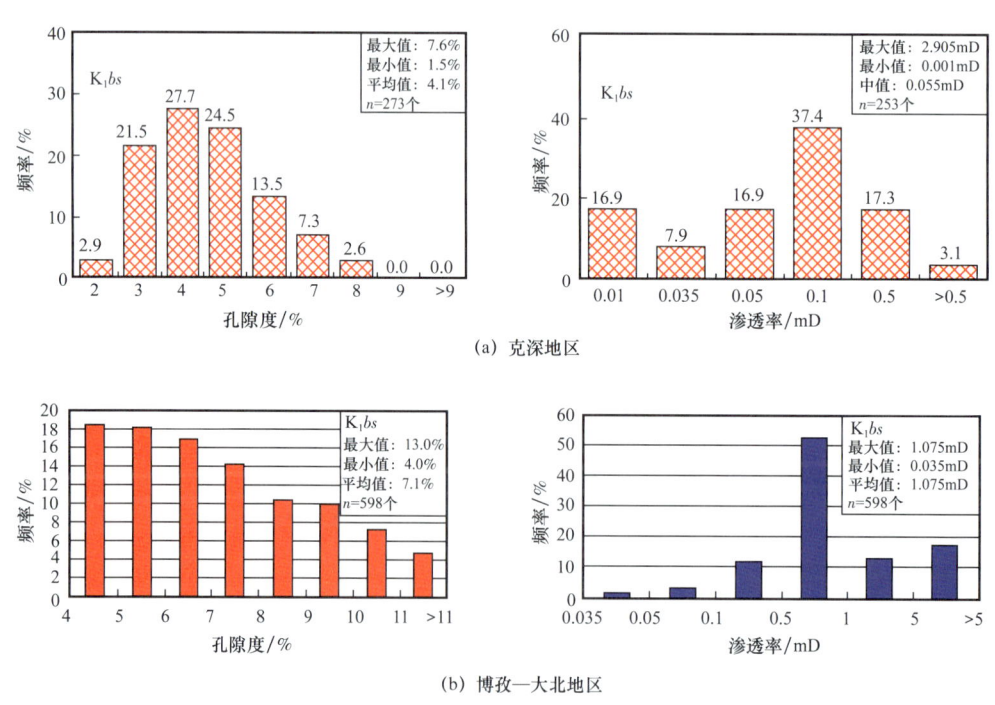

图 2-3-24 克拉苏气田白垩系巴什基奇克组岩心实测孔隙度与渗透率直方图
n—样品数

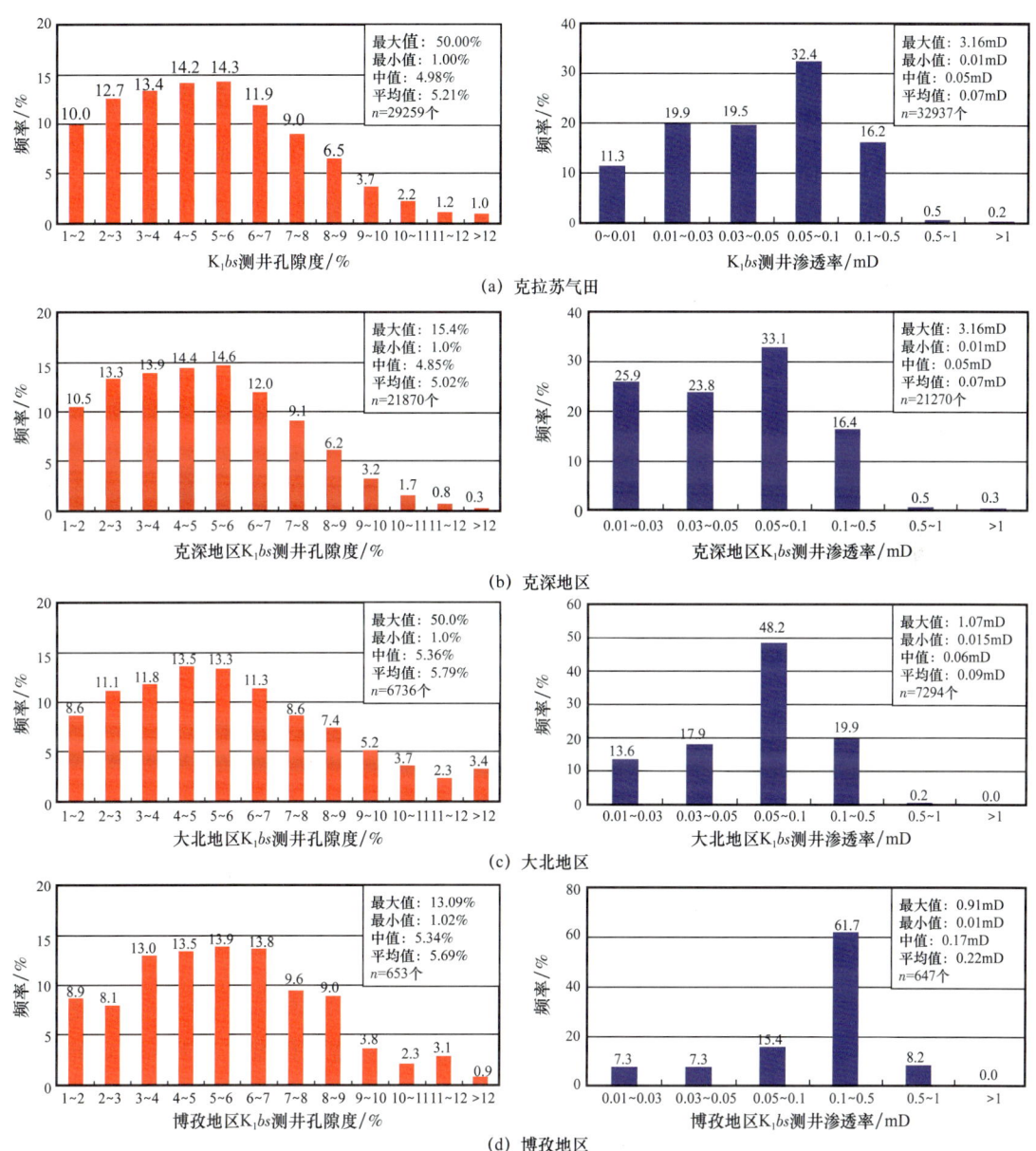

图 2-3-25 克拉苏气田白垩系巴什基奇克组测井孔隙度与渗透率直方图
n—样品数

2）白垩系巴西改组

博孜地区是克拉苏气田白垩系巴西改组主要含气区域，其岩心实测孔隙度主值区间为 1%～5%，最大值为 7.9%，平均值为 1.9%；渗透率主值区间为 0.01～1mD，最大值为 17.4mD，平均值为 0.35mD（图 2-3-26）；测井孔隙度主要分布于 3%～7%，平均值 4.8%，中值 4.3%；渗透率主要分布于 0.05～0.5mD，平均值 0.12mD，中值 0.07mD（图 2-3-27）；储层总体属于低孔隙度—低渗透率储层。

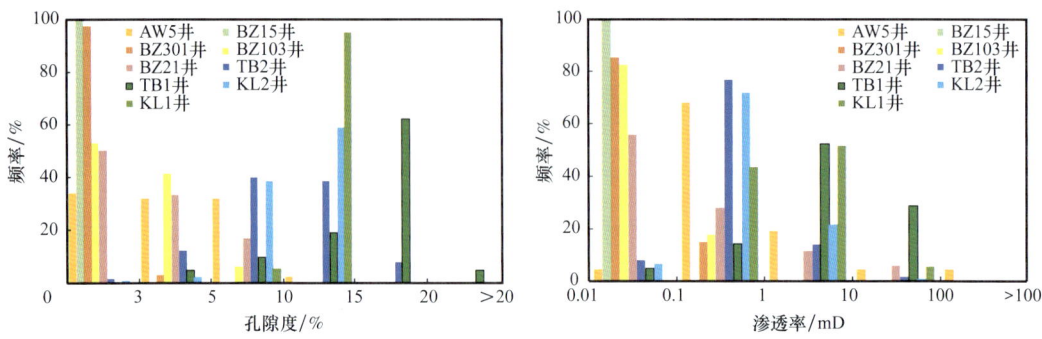

图 2-3-26　博孜地区白垩系巴西改组岩心实测孔隙度和渗透率直方图

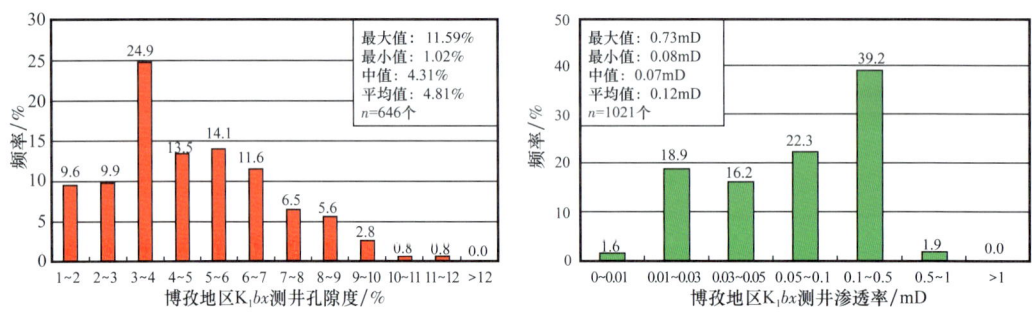

图 2-3-27　博孜地区白垩系巴西改组测井孔隙度和渗透率直方图

4. 孔隙结构

根据高压压汞样品分析，孔喉排驱压力一般为 1~5MPa，最小为 0.354MPa，最大为 13.79MPa，其中 KeS11 井区排驱压力最高，平均 6.22MPa；其次为 KeS14 井区，平均 4.6MPa；大北 12 井区与 KeS13 井区相当，平均 1.8MPa。排驱压力与储层孔隙度和渗透率相关性较好（图 2-3-28）。储层基质最大孔喉半径一般为 0.1~0.5μm，最大超过 2μm，最小为 0.05μm，平均 0.41μm；平均孔喉半径一般为 0.04~0.07μm，最大为 0.34μm，最小为 0.01μm，平均为 0.07μm，孔喉分选系数与储层孔隙度、渗透率呈正相关（图 2-3-29 至图 2-3-31）。

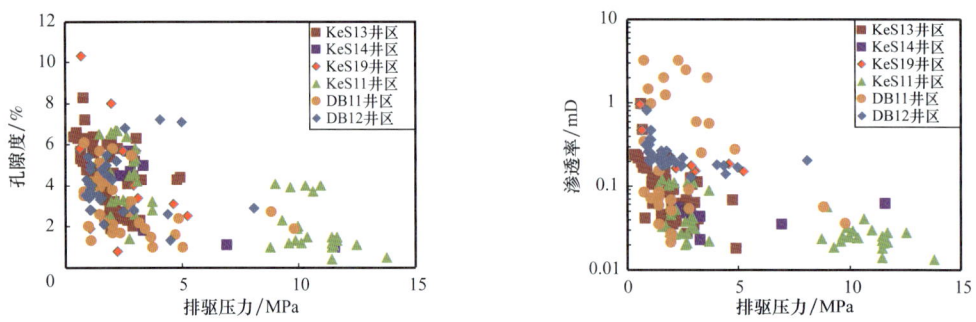

图 2-3-28　克深 13 和大北 12 等区块 K_1bs 基质孔隙排驱压力与孔隙度和渗透率相关图

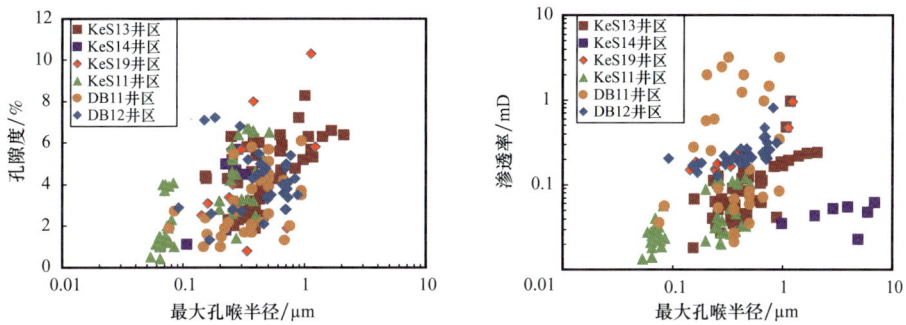

图 2-3-29　克深 13 和大北 12 等区块 K_1bs 基质物性与最大孔喉半径相关图

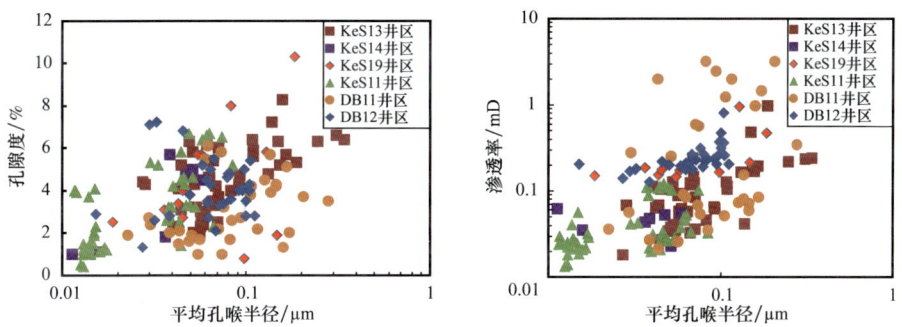

图 2-3-30　克深 13 和大北 12 等区块 K_1bs 基质物性与平均喉道半径相关图

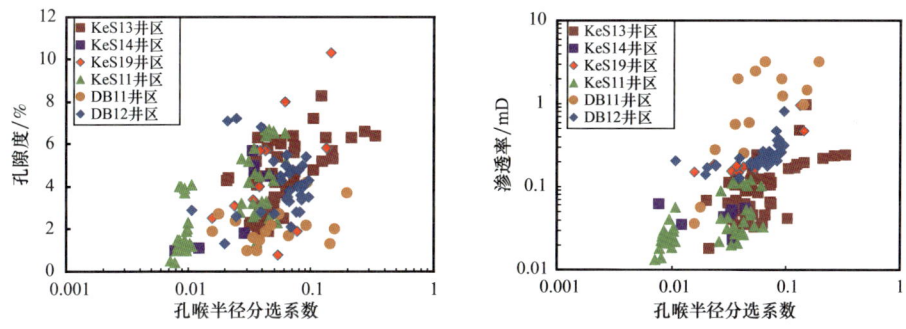

图 2-3-31　克深 13 和大北 12 等区块 K_1bs 基质物性与孔喉半径分选系数相关图

根据排驱压力、基质孔隙度、渗透率、最大孔喉半径及平均孔喉半径，将克拉苏气田各井区储层基质孔隙孔喉结构划分为 4 种典型类型，即Ⅰ类、Ⅱ类、Ⅲ类和Ⅳ类，有效储层孔喉结构以Ⅱ类和Ⅲ类为主（图 2-3-32）。

5. 孔隙—喉道配置关系

图 2-3-33 为储层岩心在不同转速离心作用下甩出的盐水所占据的孔隙谱图与饱和盐水高频核磁共振 T_2 谱图，以孔隙半径 5μm 为界，可划分大孔隙和小孔隙，以喉道半径 0.05μm（对应离心机转速 7500r/min，离心力 309psi）为界可划分粗喉道、细喉道。统计发现，储层中大、小孔隙各占 50% 左右，其中平均大孔隙—粗喉配置占 36.4%、大孔

隙—细喉配置占11.9%、小孔隙—细喉配置占33.3%、小孔隙—粗喉配置占18.4%，储层孔喉配置关系以大孔隙—粗喉道、小孔隙—细喉道配置为主，其次为小孔隙—粗喉道。

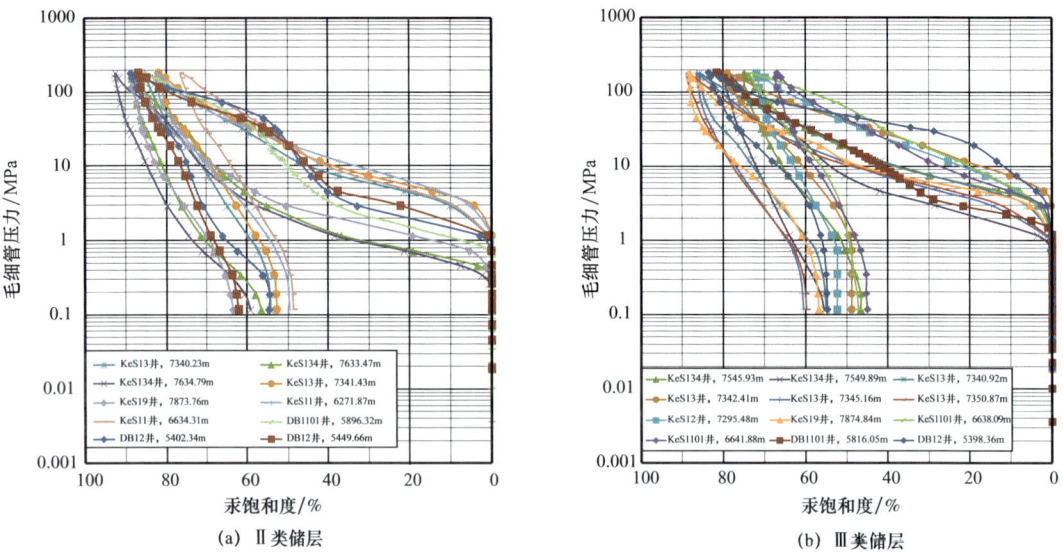

图2-3-32　克拉苏气田白垩系巴什基奇克组不同类型储层基质孔喉结构毛细管压力曲线图

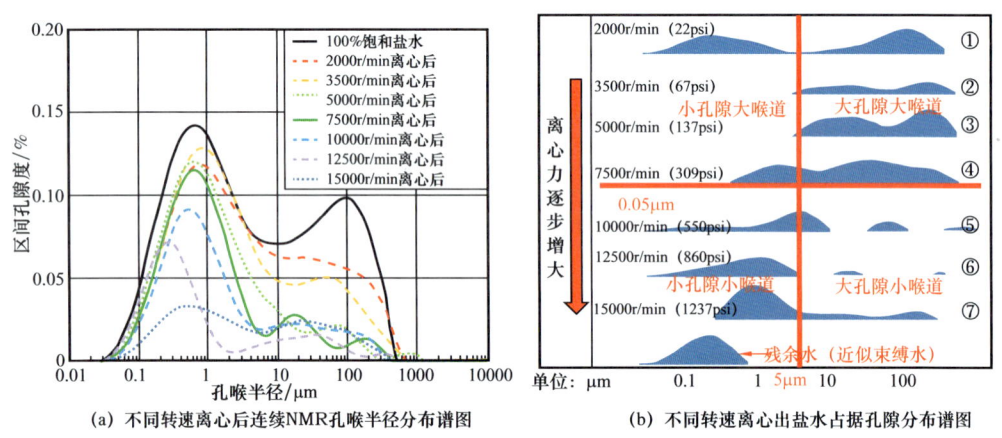

图2-3-33　储层岩心不同转速离心后核磁共振谱图特征
①~⑦表示不同离心力作用下离心出的盐水占据孔隙的分布

研究表明，大于0.05μm的大喉道连通孔隙比例为50%~60%，对渗透率贡献率为95%以上，是主要的渗滤通道。尽管小孔喉介质对基质渗透率贡献较小，但其中的储量约占总储量的一半，小孔喉介质中储量的动用与否以及动用的速率直接影响气藏的开发效果，因此也需考虑小孔喉介质的孔渗特征。

三、裂缝特征

克拉苏深层气藏白垩系巴什基奇克组储层属于典型的裂缝性致密砂岩储层，由于经历构造运动期次多、构造挤压强烈，储层裂缝演化发育规律复杂，呈现"多期、多尺度、多组系、多产状"的特点，基于露头三维激光扫描的裂缝表征、超深高温高压条件下成像测井裂缝识别、有效性评价及工业 CT 裂缝表征等技术，全面评价多期多尺度裂缝发育特征。

1. 基于露头三维扫描的裂缝特征

通过对克拉苏段米斯布拉克、黑英山、克拉苏河、库车河、克孜勒努尔沟和依奇克里克段吐格尔明等典型露头中新生界构造裂缝的描述及三维激光扫描，明确了克拉苏露头区裂缝基本特征与横向展布规律。

（1）克拉苏露头区以近南北走向的高角度、直立剪切裂缝为主，密度 3.2～8.7 条/m，自西向东先增大后减小，开度主要为 0.1～3mm，近似呈正态分布，裂缝以未充填为主，充填物包括碳酸盐矿物（方解石、白云石）、硫酸盐矿物（硬石膏）、硅质（石英）以及少量铁质、泥质、碳质、沥青质等，大开度裂缝更易充填。

（2）剪切裂缝在近北南向挤压应力下形成，常以共轭裂缝组出线，裂缝开度小，多数未充填；张性裂缝常由局部拉张、成岩收缩、挤压揉碎作用形成，产状不规则，开度大，常被充填成无效缝。

（3）通过露头可见全充填、半（局部）充填、未充填三类裂缝，表明存在 2～3 期裂缝；未充填缝切割充填缝、充填缝重新裂开等现象，表明至少存在 2 期裂缝；充填物包括硅质、硫酸盐和碳酸盐等多种矿物，不同矿物代表了不同的充填事件，表明存在 2～3 期裂缝。综合分析认为发育燕山期和喜马拉雅早中期及晚期共三期裂缝，晚期裂缝有效性好。

裂缝发育程度主要受储层砂岩的粒度、物性及所处构造位置控制。储层砂岩粒度越小裂缝密度越高，开度先增后减，中细砂岩、中砂岩和粗砂岩中裂缝开度较大（图 2-3-34 和图 2-3-35）；基质物性变好，裂缝发育程度先增强后减弱，基质孔隙度为 7% 左右时，裂缝最发育；裂缝密度和开度整体上随岩层厚度增大而减小，随着岩层厚度增大，裂缝发育程度减弱；逆冲背斜和向斜的前翼裂缝发育密度高，核部裂缝开度大；核部平缓背斜前翼转折端裂缝较发育；基底遮挡背斜受力翼裂缝发育，遮挡翼裂缝欠发育；逆冲背斜构造的裂缝发育模式与克拉苏冲断带白垩系有较好的类比关系，背斜曲率越大，与长轴近似平行的张性裂缝越发育，剪切应力对裂缝产状有显著影响。

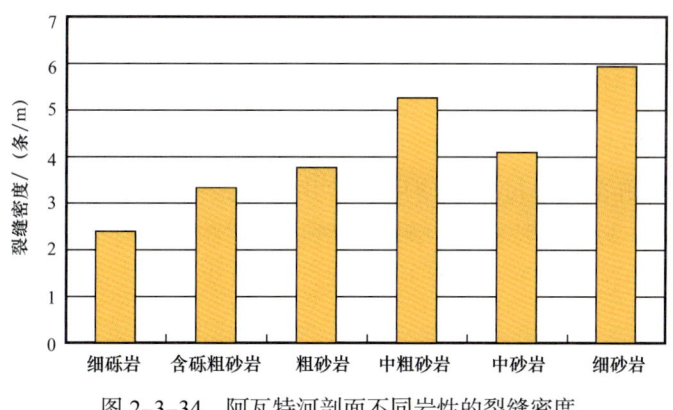

图 2-3-34 阿瓦特河剖面不同岩性的裂缝密度

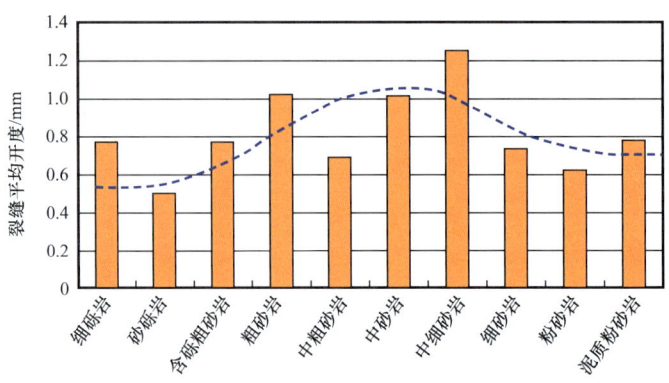

图 2-3-35　不同岩性的裂缝开度分布

综合野外露头裂缝特征，建立了克拉苏露头区 4 种典型构造样式的裂缝发育模式（图 2-3-36），其中逆冲背斜、向斜的前翼裂缝发育密度高，核部裂缝开度大；核部平缓背斜前翼转折端裂缝较发育；基底遮挡背斜受力翼裂缝发育，遮挡翼裂缝欠发育。

逆冲背斜构造的裂缝发育模式与克拉苏冲断带白垩系有较好的类比关系，背斜曲率越大，与长轴近似平行的张性裂缝越发育，剪切应力对裂缝产状有显著影响。近东西走向张性裂缝主要分布在核部，近北南走向和北东—北西共轭走向剪切裂缝均有分布，但以翼部为主；核部应力低、裂缝密度低、开度大；翼部应力高、裂缝密度高、开度小。由此明确了克拉苏冲断带白垩系发育 4 种构造样式（表 2-3-5），其中挤压型高陡式断背斜主要发育 3 种优势走向裂缝，近东西走向主要分布于长轴核部，近北南走向、北东—北西共轭走向多分布于翼部；核部应力低、裂缝密度低、开度大，翼部应力高、裂缝密度高、开度小；挤压型突发构造背斜主要发育 3 种优势走向，近东西走向主要分布于长轴核部，近北南走向、北东走向或北西走向多分布于翼部；挤压型宽缓式断背斜主要发育近北南走向裂缝，近东西走向裂缝欠发育；核部裂缝密度低、开度大，翼部裂缝密度高、开度小，但差异不明显；压扭型断背斜除受北西走向正应力外，还受左旋剪切应力，对裂缝走向影响显著，裂缝走向在西侧逆时针偏转，东侧顺时针偏转；靠近边界断层受剪切应力作用明显，裂缝走向与剪切应力方向相近，裂缝密度在西侧较高，东侧较低。根据上述分析，对克拉苏地区井下的裂缝发育模式进行了修正完善（表 2-3-5），为离散裂缝模型修正提供有效指导。

2. 基于成像测井的裂缝特征

由于克拉苏气田在钻井过程中使用的钻井液体系复杂以及钻井液体系的不同而选择的测井系列不同，致使克拉苏气田测井裂缝识别存在较大困难，因此通过研究分别建立了水基、油基钻井液条件下的裂缝典型图版，为电成像及声成像测井裂缝识别奠定了基础。

博孜地区白垩系储层裂缝以高角度裂缝为主，少量低角度裂缝和直立缝，整体上白垩系巴什基奇克组裂缝密度高于巴西改组，巴什基奇克组内部第二段较第三段发育。裂缝走向主要为北东—南西走向，裂缝密度为 0.2～0.6 条 /m，多数呈平行分布，局部呈 X 形相切导致岩心呈碎块状，以未充填、全充填为主，充填缝以有机质和方解石充填为主（图 2-3-37）。

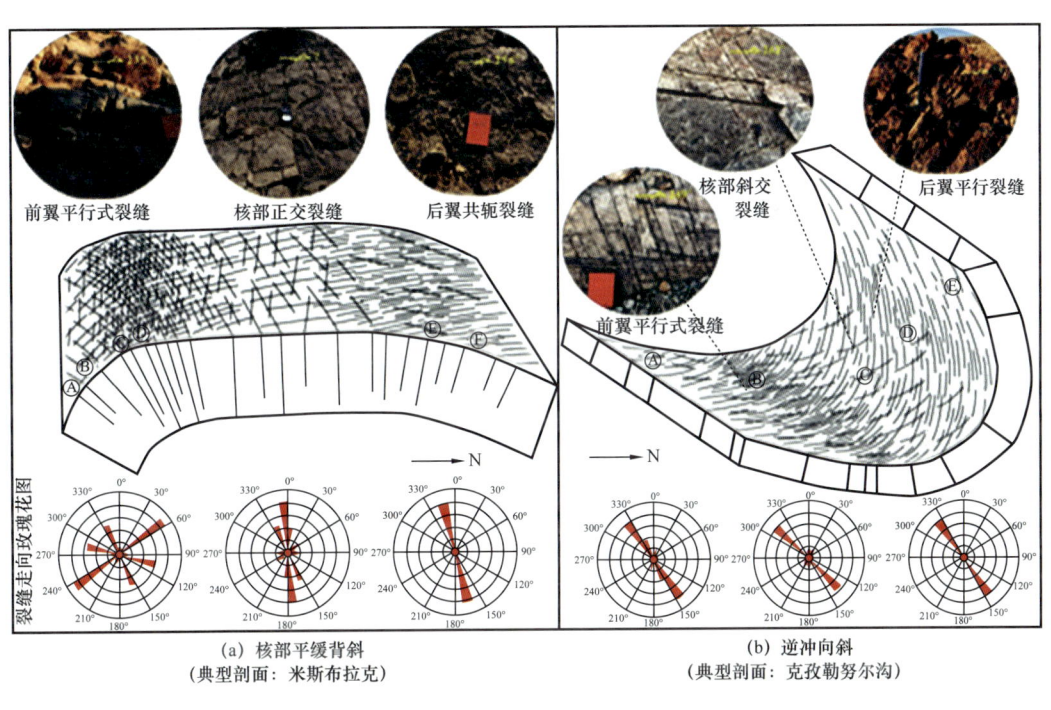

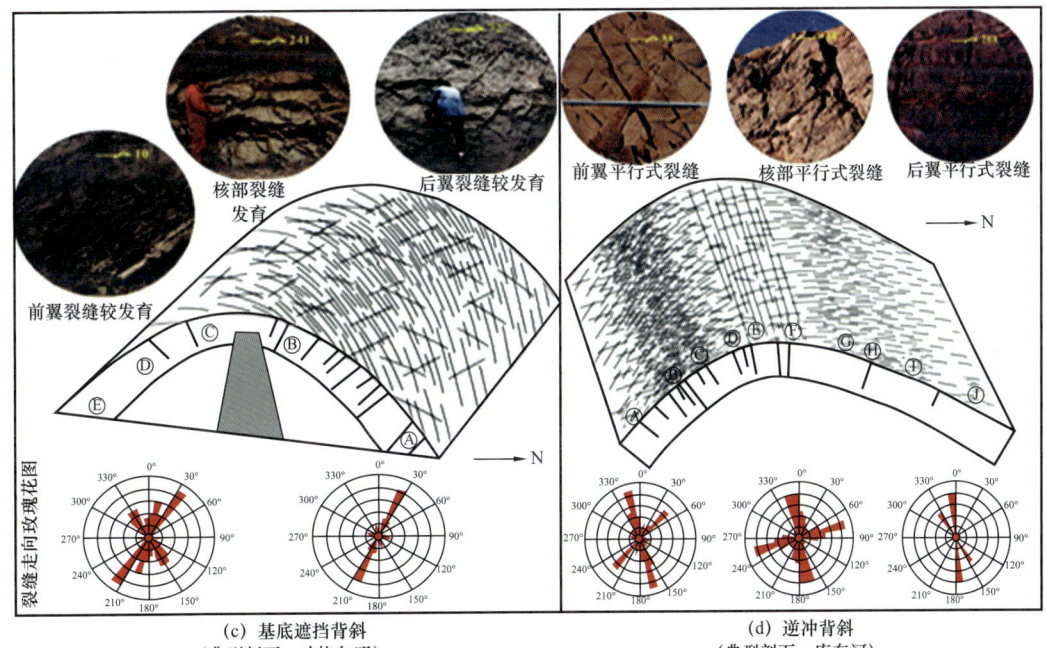

图 2-3-36 克拉苏露头区 4 种典型构造样式的裂缝发育模式

表 2-3-5　克拉苏地区白垩系不同构造样式的裂缝发育特征

构造样式	挤压型高陡式断背斜	挤压型突发构造背斜	挤压型宽缓式断背斜	压扭型断背斜
裂缝发育特征	高密度、中高倾角、中开度，充填方解石，剪性、张性裂缝均发育，缝网有效性差异大	高密度、高倾角、大开度，充填白云石及方解石，剪性、张性裂缝较发育，中上部裂缝有效性好	低密度、高倾角、大开度，充填白云石及石膏，剪性裂缝比例高，下部裂缝有效性好	高密度、中高倾角、小开度，充填方解石为主，走滑、剪性、张性裂缝均较发育，缝网有效性差异大
开发措施	南北向大斜度井，提高优势裂缝组钻遇率，酸化压裂改造，控产避水开采	直井，优势裂缝组叠合区钻进，上部地层完钻，差异改造，适产避水开采	东西向大斜度井，提高优势裂缝组钻遇率，压裂改造，控产避水开采	与裂缝走向垂直的大斜度井，提高优势裂缝组钻遇率，差异压裂改造，控产避水开采
典型气藏	克深10气藏、克深2气藏、克深6气藏等	克深8气藏、克深24气藏、大北9气藏、博孜9气藏等	克深9气藏、克深13气藏等	博孜1气藏、大北201气藏、大北3气藏、克深5气藏等

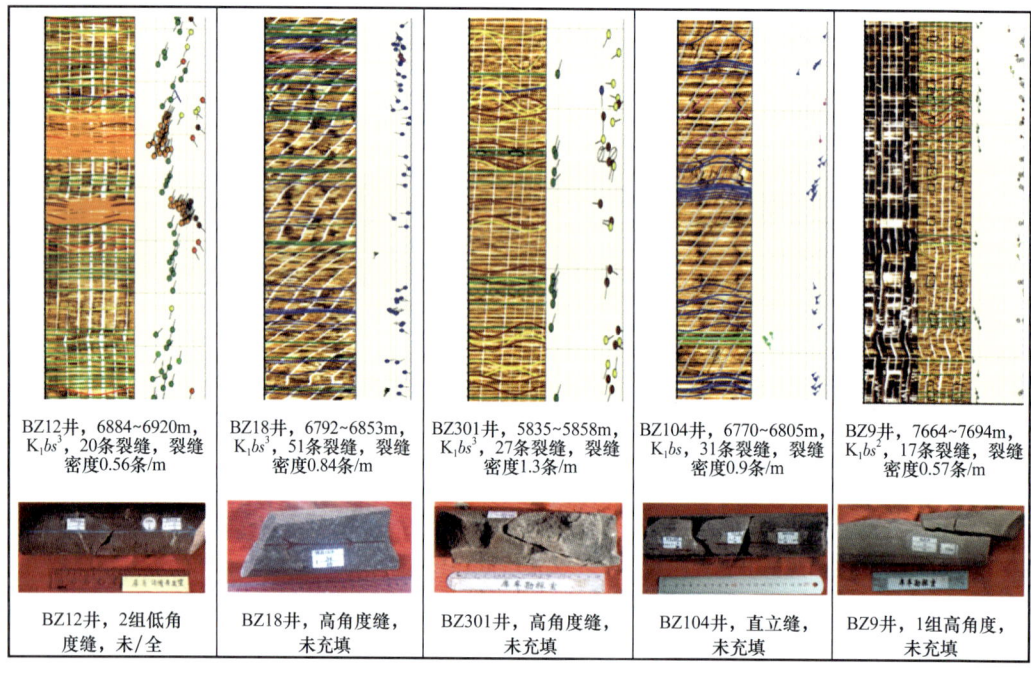

图 2-3-37　博孜地区白垩系巴什基奇克组储层成像测井裂缝特征

大北地区白垩系储层裂缝以高角度斜交缝和垂直缝为主，其次为低角度裂缝。白垩系巴什基奇克组第二段储层裂缝较第一和第三段发育，裂缝主要为北西—南东走向和东西走向，裂缝线密度为 0.2~0.6 条/m，多数为平行分布，少量呈 X 形相交，以未充填、泥质半充填或方解石与有机质全充填为主（图 2-3-38）。

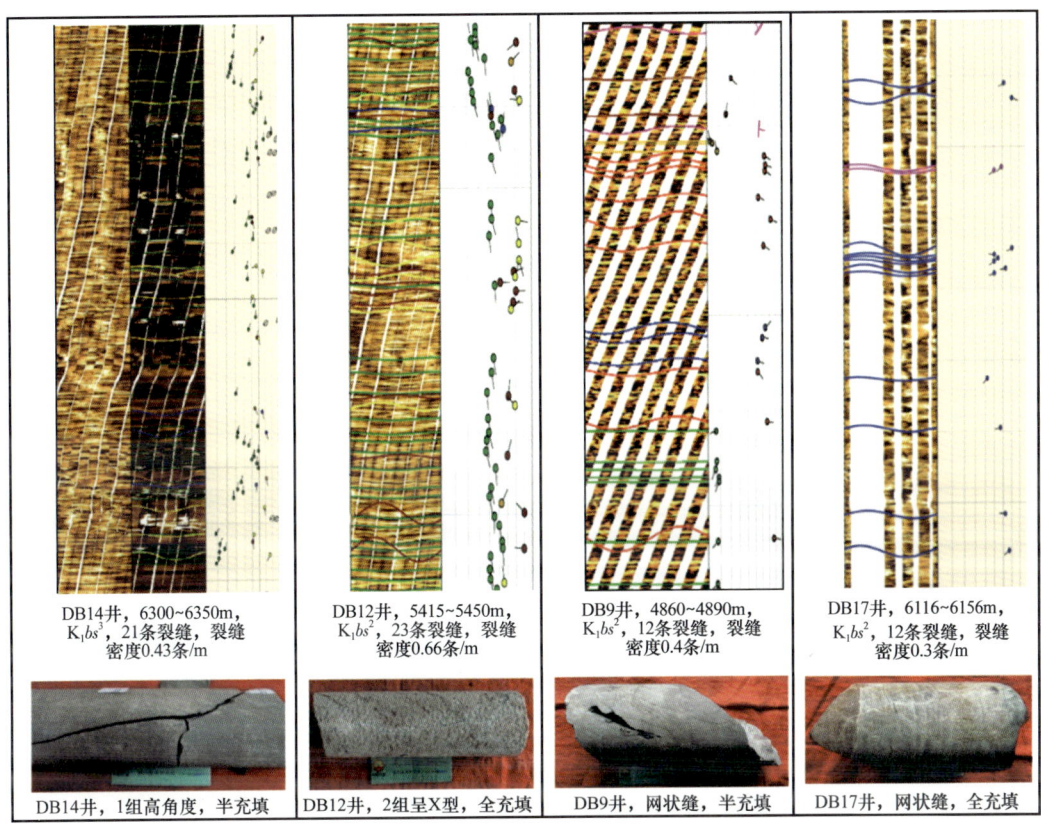

图 2-3-38　大北地区白垩系巴什基奇克组储层裂缝特征

克深地区储层裂缝以高角度裂缝和垂直裂缝为主,其次是斜交裂缝、低角度裂缝,网状裂缝总体占比较小,白垩系巴什基奇克组第二段较第一和第三段发育,裂缝线密度达 0.2~0.7 条 /m,主要发育在白垩系巴什基奇克组储层中上部,大部分未充填或裂开,少量被有机质和方解石全充填(图 2-3-39)。

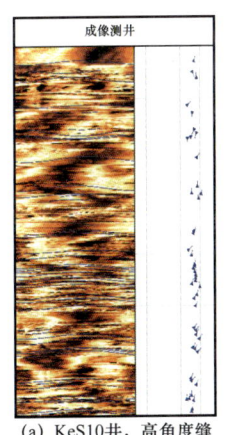 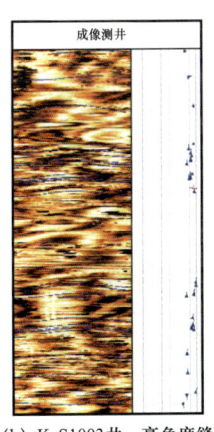 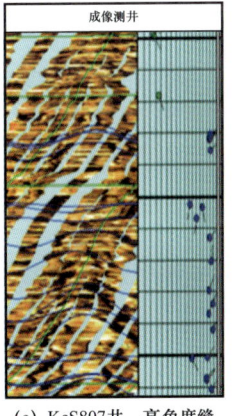 

(a) KeS10井,高角度缝　　(b) KeS1003井,高角度缝　　(c) KeS807井,高角度缝　　(d) KeS201井,高角度缝

图 2-3-39　克深地区白垩系巴什基奇克组储层裂缝特征

3. 工业 CT（ICT）扫描裂缝特征

ICT 技术具有识别快速、参数表征准确、自动化与无损伤等优点。与常规方法相比，ICT 技术能更清楚、更准确地展现岩心内部裂缝复杂的缝网结构、空间展布和充填特征等，能更准确刻画和定量表征岩心裂缝的倾角、开度、充填程度、密度和裂缝孔隙度等主要特征参数。

采用高能电子直线加速器 ICT 系统，可以形成岩心 DR 成像（直接数字化扫描成像）、岩心 ICT 扫描切片（二维横断面扫描成像）和岩心 ICT 扫描三维重构成像等三种成像技术（图 2-3-40），其中 DR 成像显示岩心内部裂缝发育位置，ICT 扫描切片和 ICT 扫描三维重构成像可明显识别出裂缝形态、倾角大小、充填特征和裂缝空间组合规律。

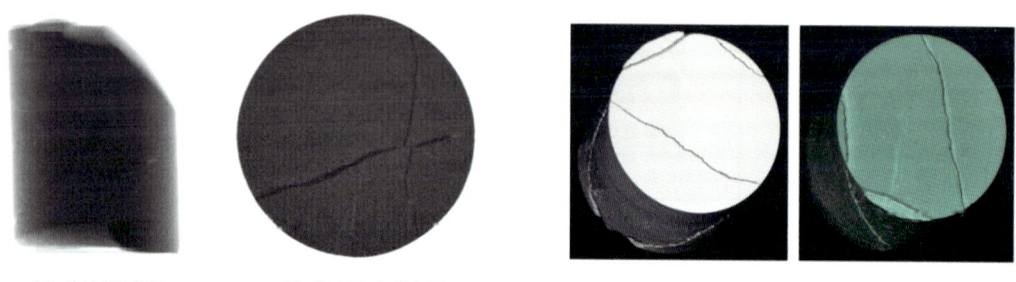

(a) 岩心DR成像　　(b) 岩心ICT扫描切片　　(c) 岩心ICT扫描三维重构成像

图 2-3-40　大北地区储层低渗透裂缝性砂岩储层岩心 ICT 扫描成像

下面以大北地区储层岩心 ICT 裂缝扫描为例，进行描述。

1）裂缝形态

ICT 扫描裂缝形态不仅有简单的直线型、折线型、共轭型、平行线型、雁列型，还有复杂的网状缝型、穗状缝型和帚状缝型（图 2-3-41）。简单形态裂缝表示局部应力场为简单的张应力或剪应力环境，复杂形态裂缝表示局部应力场复杂多变。

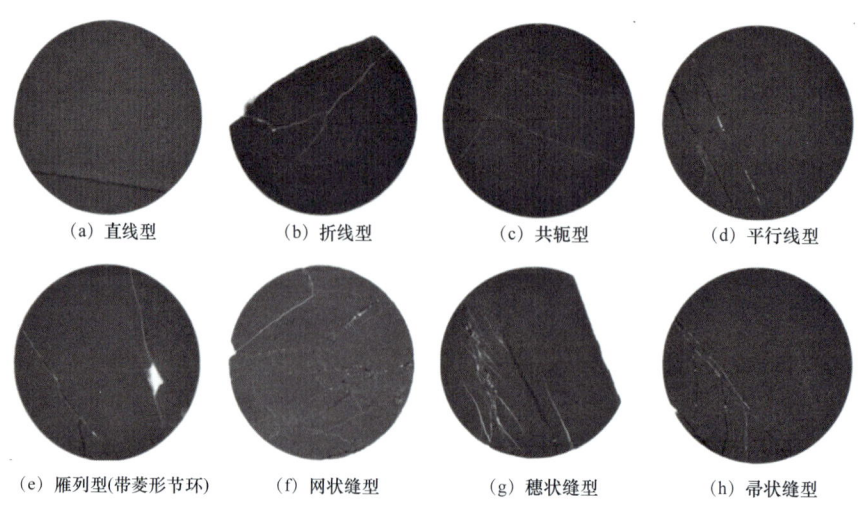

(a) 直线型　　(b) 折线型　　(c) 共轭型　　(d) 平行线型

(e) 雁列型（带菱形节环）　　(f) 网状缝型　　(g) 穗状缝型　　(h) 帚状缝型

图 2-3-41　大北地区储层低渗透裂缝性砂岩储层岩心 ICT 扫描裂缝形态特征

图像颜色越深代表局部密度越大，灰白色裂缝代表未充填

2）裂缝倾角

裂缝倾角一般大于60°，以垂直缝和高角度斜交缝为主，占总裂缝数的90%以上，水平缝和低角度斜交缝不发育。高角度斜交缝、垂直缝力学成因有张性和剪切之分[图2-3-42（a）]。

3）裂缝密度

由ICT扫描测得的裂缝线密度为7~27条/m，比常规方法测得的裂缝密度明显偏大（常规测量为0.5~6条/m、成像测井解释为0.1~1条/m）。由于ICT识别裂缝精度更高，能识别出更多的裂缝，相比更能反映真实的裂缝发育程度。

4）裂缝开度

裂缝按开度可简单分为宏观裂缝（>0.1mm）和微裂缝（<0.1mm）。一般而言，宏观裂缝形成时的构造应力场相对较强，微裂缝形成时的构造应力场相对较弱。大北地区储层宏观裂缝和微观裂缝各占一半，裂缝开度主要为0.05~0.5mm，约占总裂缝数的80%[图2-3-42（b）]。

5）裂缝充填特征

ICT扫描能得到裂缝充填的三维空间物理模型，这不仅能准确判断裂缝充填物组成和充填规律，且能精确计算每条裂缝的充填程度[图2-3-42（c）]；而常规岩心裂缝描述只能做到表面裂缝的定性观察，存在很大的主观性和随意性。研究发现，大北地区储层从缝壁向裂缝中央依次发育宽度不等的灰白色微/泥晶方解石、灰黑色碳质和白色亮晶方解石等充填物，复杂的充填结构反映了其构造裂缝复杂的活动史（图2-3-43）。

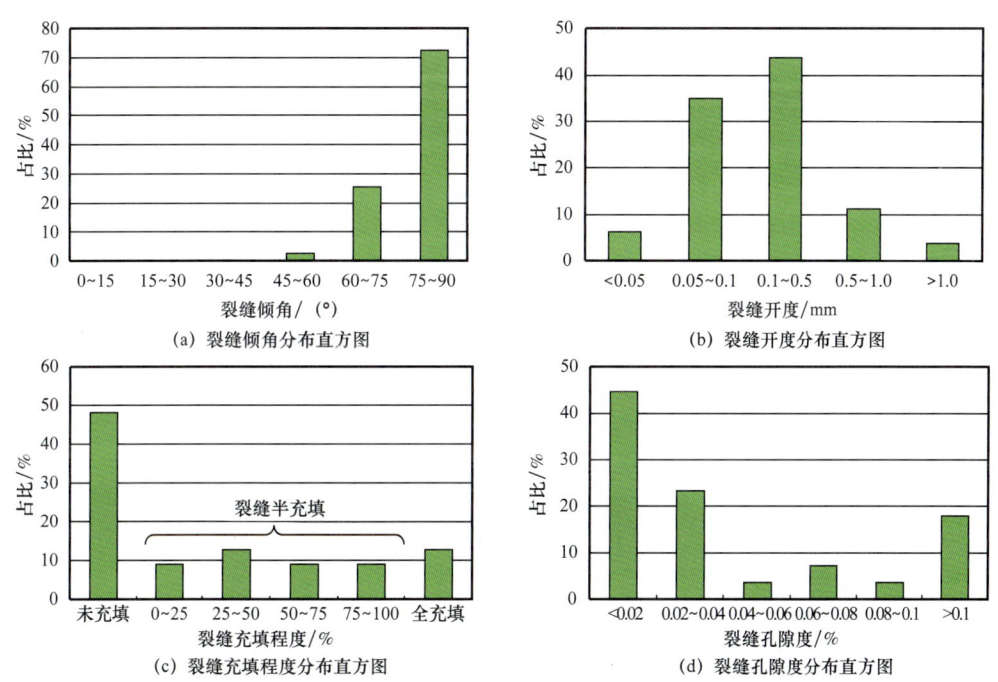

图2-3-42 大北地区储层低渗透裂缝性砂岩储层ICT扫描测定的裂缝参数特征

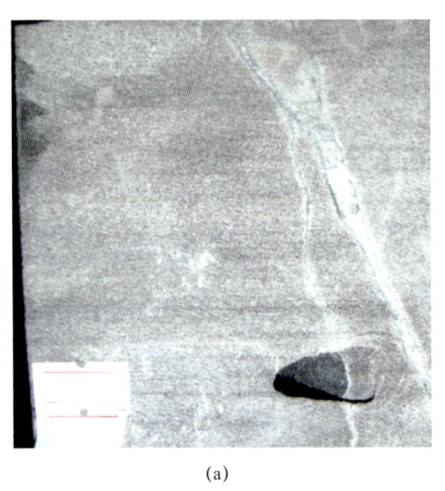
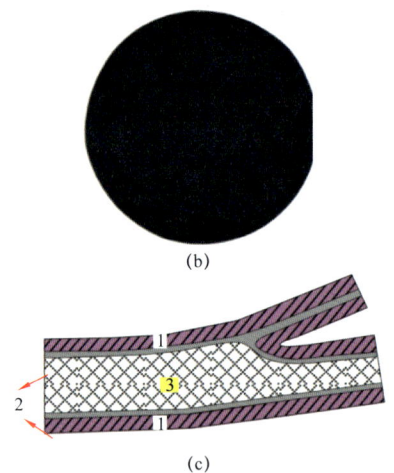

图 2-3-43 大北地区储层裂缝发育的多层充填结构

（a）构造裂缝具有 2 层或 3 层充填结构，从缝壁向裂缝中央依次发育灰白色微/泥晶方解石、灰黑色碳质和白色亮晶方解石等三期充填物；（b）岩心 ICT 扫描显示裂缝发育密度不同的两期充填物即方解石类和碳质；（c）裂缝中的 3 层充填结构示意：1—第 1 期灰白色微/泥晶方解石充填物，2—第 2 期灰黑色碳质充填物，3—第 3 期白色亮晶方解石充填物

6）裂缝孔隙度

裂缝孔隙度是表征裂缝发育程度的一个重要概念。ICT 扫描实测裂缝孔隙度最高为 0.66%，主要区间为 0.01%～0.04%[图 2-3-42（d）]，该结果可校正测井解释裂缝物性模型，提高裂缝参数解释精度（测井解释裂缝孔隙度平均 0.1%）。

7）裂缝成因分类

根据扫描结果，大北地区储层裂缝从几何形态上可划分为平行缝、雁列缝、共轭缝、网状缝、穗状缝和帚状缝，从产状角度可划分为水平缝、低角度斜交缝、高角度斜交缝和垂直缝，从组系关系上可划分为限制缝、切割缝和继承缝。为方便今后裂缝的形成演化和预测研究，按力学机制划分为张性裂缝、剪切裂缝和多期混合裂缝（图 2-3-44）。

裂缝类型	特征描述	ICT 扫描典型照片			典型裂缝发育模式		
张性裂缝	(1) 形态：直线、折线、弧形； (2) 宽度：0.1~10mm； (3) 延伸：几厘米至十几厘米； (4) 组合：近于平行或树枝状	直线形	折线形	树枝状	简单型	离散型	树枝状
剪性裂缝	(1) 形态：平直； (2) 宽度：0.5~1.5mm； (3) 延伸：几十厘米至几米； (4) 组合：平行，少量共轭	近于平行	斜列 （带菱形节环）	共轭	平行/斜列型	斜交型	高角度共轭型
多期混合裂缝	(1) 形态：复杂网状； (2) 宽度：0.1~10mm； (3) 延伸：几厘米至几米	后期缝切割错动早期缝	早期裂缝限制穗状裂缝发育	早期裂缝重新开启	切割限制网状缝	继承性混合缝	

图 2-3-44 大北地区储层裂缝成因类型及发育特征

四、隔夹层分布及储层连通性

白垩系整体上以砂包泥为主,没有明显泥岩隔层发育,只在白垩系巴什基奇克组第三段顶部及巴西改组顶部发育区域性泥岩隔层。

巴什基奇克组第三段顶部泥岩隔层厚度为 25～42m,分布稳定,巴西改组顶部泥岩隔层全区分布,厚度为 11～77m,变化较大;储层内部泥岩夹层平均厚度为 1.0～4.5m。由于断层的错断及高角度裂缝的发育,致使隔夹层封隔性大大降低。综合分析认为克拉苏气藏白垩系储层内部隔夹层封隔性较差,储层纵横向连通性较好。

克拉苏气田投入开发的克深 8 气藏和大北 12 气藏等的历年地层压力变化及干扰试井等动态资料表明,各气藏内储层平面及纵向连通性好,储量动用程度高。

图 2-3-45 所示为克深 8 区块各单井不同时期地层压力对比,表现为不同构造位置气井的地层压力均同步均衡下降的特征,表明气藏整体连通性好,构造各部位压力差异小,储量能整体动用。

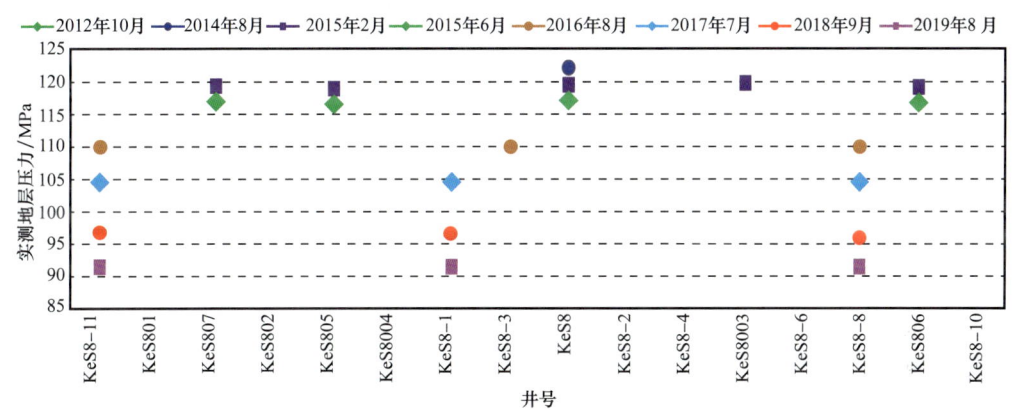

图 2-3-45 克深 8 区块气井历年地层压力对比曲线

大北 12 区块于 2019 年 10 月录取了 2 口井 2 井次干扰测试资料,资料表明井间干扰信号明显(表 2-3-6)。

表 2-3-6 大北 12 区块干扰试井解释成果表

监测井	激动井	激动时刻	日产气量/10^4m^3	井距/km	滞后时间/h
DB12	TB401	2019-10-3 15:00 开井	50.10	2.5	3.0
	DB12-1	2019-10-4 12:10 开井	49.60	2.9	5.7
DB1201	TB401	2019-10-3 15:00 开井	50.10	3.8	干扰时间无法提取
	DB12-1	2019-10-4 12:10 开井	49.60	3.4	
	DB12	2019-10-10 17:30 开井	50.01	6.3	38.5

DB12井位于气藏构造西部，TB401井和DB12-1井位于气藏中部，距离大北12井分别为2.5km和2.9km（图2-3-46）。气藏中部TB401井和DB12-1井关井检修后再开井时，DB12井压力恢复曲线明显受到影响，开井后响应时间分别为3.0h和5.7h（图2-3-47），干扰测试结果表明大北12区块干扰信号明显，整体连通性较好。

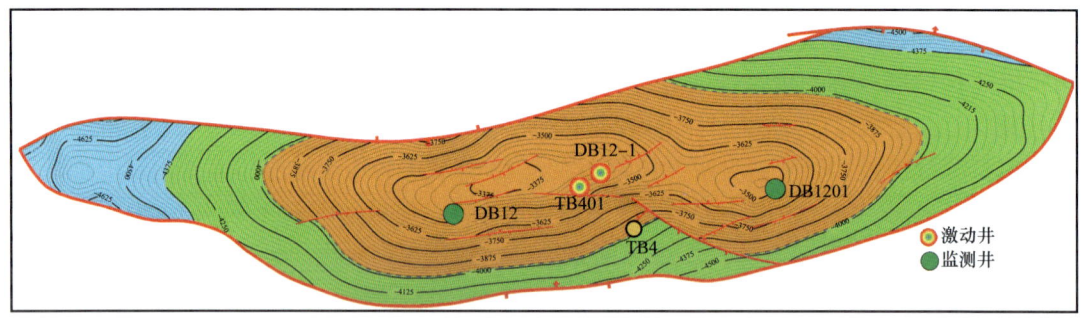

图2-3-46　大北12区块干扰测试气井分布图

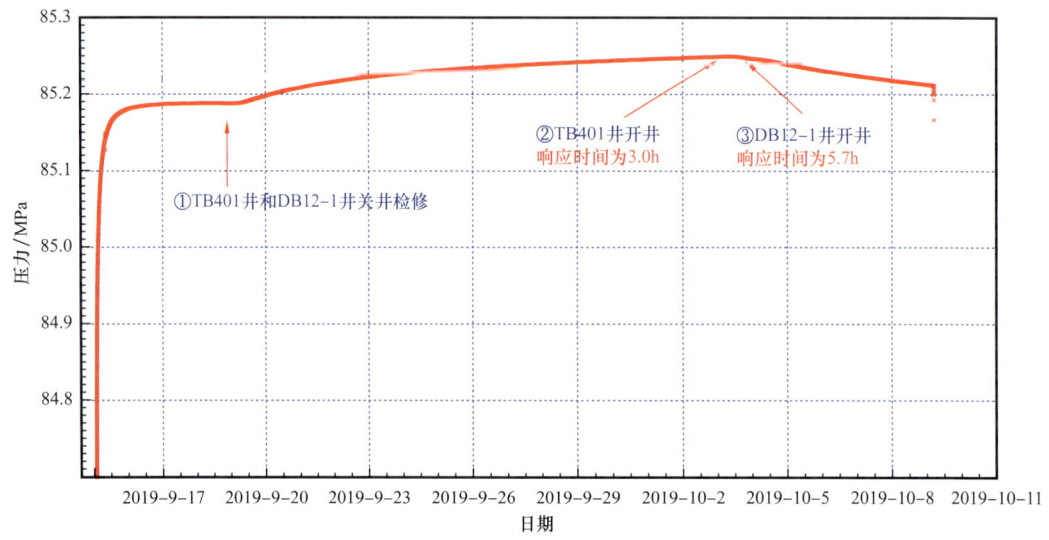

图2-3-47　大北12井压力恢复曲线展开图（2019年10月）

五、储层发育控制因素

1. 原始沉积组构

白垩纪晚期，库车前陆盆地经历舒善河期填平补齐作用后，区内整体为宽缓湖盆沉积环境、物源供应充分，形成了区内纵向叠置、横向连片三角洲前缘砂体。储层的有利微相主要为辫状河三角洲前缘水下分流河道和扇三角洲前缘水下分流河道。沉积环境控制了岩石粒度、颗粒成分和填隙物的含量，不同微相储层物性差异相对明显。通过大量的岩石微观铸体薄片观察可知，粒度大小与储层物性相关性好，具体表现为粗中砂岩最好，细砂岩次之。而粒度又与沉积微相联系紧密，中砂岩主要分布于分流河道微相，河口坝砂体则主要为细砂岩，粉砂岩及泥质岩类主要分布于分流间湾。原始沉积组构是储层发育的先决基础。

2. 溶蚀作用

由于库车前陆盆地白垩系沉积期的干旱蒸发环境使得地层水持续以弱酸性状态存在，在燕山期末遭抬升暴露后至再次深埋期前（23Ma）地层水介质环境总体为弱酸性—弱碱性。抬升暴露期，大气淡水淋漓对长石颗粒、硅酸盐胶结物（方沸石、钠长石等）及碳酸盐胶结物进行淋滤和溶蚀作用；埋藏早期，碱性地层水也对长石质、石英质颗粒及胶结物进行了有效溶蚀，导致储层段自生高岭石、次生石英、碳酸盐胶结物及钠长石的出现。根据岩心铸体薄片观察鉴定情况来看，区内有效储层溶蚀孔一般占总面孔率的60%以上，因此，溶蚀增孔是区内储层保持高孔隙度的关键。

3. 晚期构造挤压作用

克拉苏构造带在喜马拉雅期强烈的构造运动使得储层遭受一定的挤压减孔，但是快速埋藏时期构造挤压形成的超压又相对保护了孔隙，且强烈的构造推覆挤压造成了大量裂缝的产生，虽然在晚期有不同程度的方解石充填—半充填，但是整体上却改善了致密储层的渗滤通道，使得储层渗透率有显著提高，在井壁FMI成像、岩心及微观薄片下都能观察到不同尺度的裂缝发育。

六、储层综合评价

参照 SY/T 6285—2011《油气储层评价方法》，结合克拉苏气田不同区块的储层类型及裂缝发育情况，制定不同区块的储层评价标准。总体上，克拉苏气田储层分为Ⅰ类、Ⅱ类、Ⅲ类和Ⅳ类，其中Ⅰ类、Ⅱ类和Ⅲ类为有效储层，Ⅳ类为非储层。以克深10区块和博孜1区块（表2-3-7）为例分别说明克拉苏气田储层分类及评价。

表2-3-7 克深10区块白垩系巴什基奇克组储层评价标准

评价项目		Ⅰ类	Ⅱ类	Ⅲ类	Ⅳ类
岩性		中砂岩、细砂岩	中砂岩、细砂岩	中砂岩、细砂岩、粉砂岩	泥质粉砂岩、粉砂岩、灰质砂岩、砂砾岩
基质孔隙度/%		≥9	9~6	6~4.0	<4.0
渗透率/mD	基质	>1	1~0.1	0.1~0.055	0.055~0.02
	裂缝	>10	10~1	1~0.1	<0.1
孔隙及喉道类型		中孔微细喉	细中孔细微喉	中细孔微喉	微细孔微喉
微孔隙含量/%		≤20	20~40	20~80	>80
孔隙结构	排驱压力/MPa	<0.5	0.5~0.8	0.8~1.2	>1.2
	孔喉半径/μm	>0.4	0.05~0.33	0.02~0.17	0.02~0.16

续表

评价项目	Ⅰ类	Ⅱ类	Ⅲ类	Ⅳ类
铸体薄片面孔率 /%	>5	5～2	2～1	<1
黏土矿物含量 /%	<2	2～6	6～10	>10
缝—孔—喉配置特征	高效视均质型，高角度裂缝—网状缝+高孔隙带+干净喉道	中等非均质型，高角度裂缝+高孔隙带+较干净喉道	强非均质型，基质低孔带+半充填裂缝+富黏土矿物微喉道	基质均质型，以基质特低渗透为主
综合评价	好	较好	中	差—非储层

依据表 2-3-7，克深 10 区块有效储层以Ⅱ类和Ⅲ类储层为主，占砂岩厚度的 16%～31%，纵向上白垩系巴什基奇克组第二段储层好于第一段和第三段，平面上自西向东储层基质物性逐渐变好（图 2-3-48）。

依据表 2-3-8，博孜 1 区块有效储层以Ⅱ类和Ⅲ类储层为主，占砂岩厚度的 50%～60%，纵向上白垩系巴什基奇克组第二段储层好于第三段，平面上自西向东储层基质物性逐渐变好（图 2-3-49）。

表 2-3-8　博孜 1 区块白垩系巴什基奇克组储层评价标准

评价项目		Ⅰ类	Ⅱ类	Ⅲ类	Ⅳ类
岩性		中砂岩、细砂岩	中、细砂岩	中、细砂岩、粉砂岩	泥质粉砂岩、粉砂岩、灰质砂岩、砂砾岩
基质孔隙度 /%		≥9	9～6	6～3.5	<3.5
渗透率 K/mD	基质	>1	1～0.1	0.1～0.076	0.076～0.02
	裂缝	>10	10～1	1～0.1	<0.1
孔隙及喉道类型		中孔微细喉	细中孔细微喉	中细孔细微喉	微细孔微喉
微孔隙含量 /%		≤20	20～40	20～80	>80
孔隙结构	排驱压力 /MPa	<0.5	0.5～0.8	0.8～1.2	>1.2
	孔喉半径 /μm	>0.4	0.05～0.33	0.02～0.17	0.02～0.16
铸体薄片面孔率 /%		>5	5～2	2～1	<1
黏土矿物含量 /%		<2	2～6	6～10	>10
缝—孔—喉配置特征		高效视均质型，高角度裂缝—网状缝+高孔隙带+干净喉道	中等非均质型，高角裂缝+高孔隙带+较干净喉道	强非均质型，基质低孔带+半充填裂缝+富黏土矿物微喉道	基质均质型，以基质特低渗透为主
综合评价		好	较好	中	差—非储层

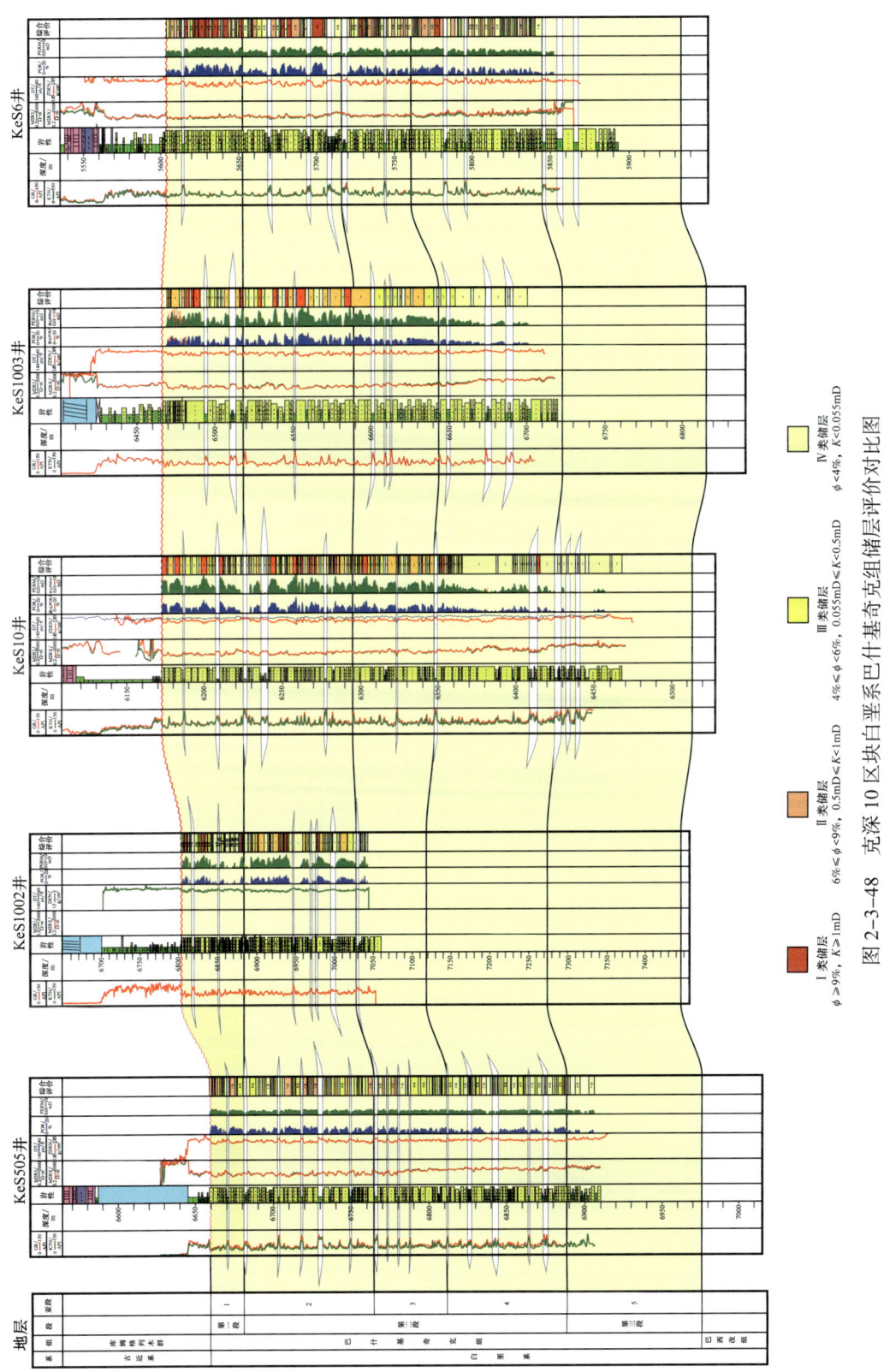

图 2-3-48 克深 10 区块白垩系巴什基奇克组储层评价对比图

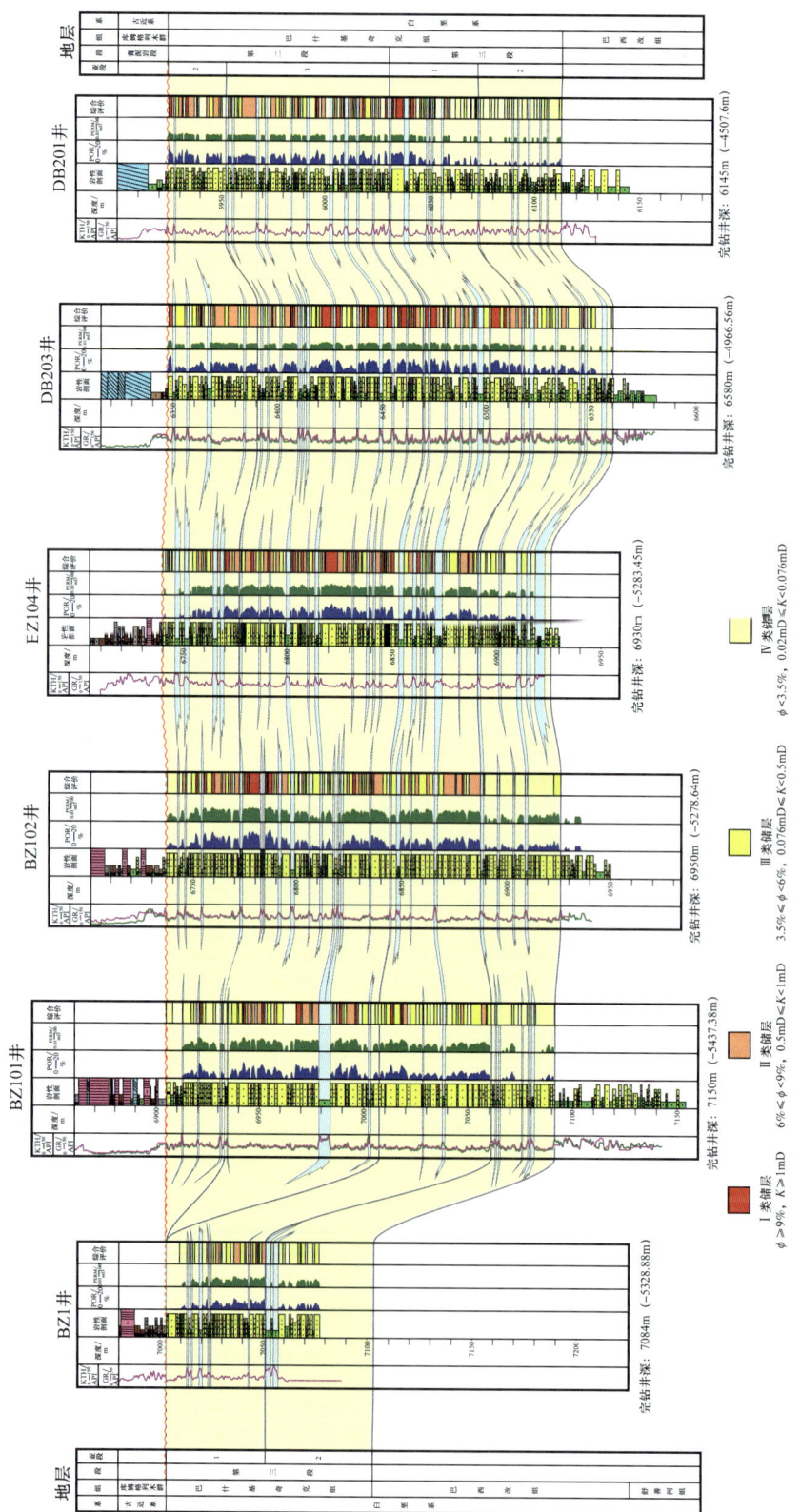

图 2-3-49 博孜 1 区块白垩系巴什基奇克组储层评价对比图

根据克拉苏气田各区块储层评价结果，白垩系储层主要以Ⅱ类和Ⅲ类为主，纵向上白垩系巴什基奇克组第二段储层好于第一和第三段，总体上自西向东储层逐渐变好。

第四节　气藏类型

一、温度和压力系统

克拉苏深层气藏埋深多为5500～8100m，地层温度为106～175℃，地温梯度为1.7～2.2℃/100m，属正常温度系统，原始地层压力为88.9～150.4MPa，压力系数为1.58～1.90，属于异常高压系统（表2-4-1）。

表2-4-1　克拉苏部分气藏温度压力气藏类型统计

区块	气藏埋深/m	地层压力/MPa	地层温度/℃	压力系数	地温梯度/℃/100m	温压类型
大北201	6060	95.08	127.8	1.60	2.2	常温高压
大北1	5746	89.12	110.2	1.58	2.0	常温高压
大北102	5581	88.91	106.9	1.63	2.0	常温高压
克深2	6515	116.22	167.0	1.70	2.2	高温高压
克深8	6718	122.86	174.5	1.77	2.2	高温高压
克深10	6435	103.51	135.6	1.64	2.2	常温高压
克深6	5852	99.53	132.6	1.74	2.1	常温高压
克深24	6499	106.13	126.9	1.66	2.1	常温高压
博孜1	6720	120.42	124.3	1.77	1.8	常温高压
博孜8	8072	150.35	139.2	1.90	1.7	常温超高压

二、流体性质和PVT特征

1. 流体性质

克拉苏气田克深区块以干气为主，具有甲烷含量高、非烃气体含量低、不含硫化氢等特点，属于优质天然气，相对密度为0.56～0.58，甲烷含量平均为96.18%～97.80%（表2-4-2）。气田西部的博孜区块以凝析气为主，天然气相对密度为0.58～0.61，甲烷含量平均为89.40%～95.77%；凝析油密度为0.78～0.79g/cm^3，凝析油含量为11.0～85.2g/m^3，凝析油具有密度低、黏度低、含硫低的特点。

地层水为 $CaCl_2$ 型，密度 1.10～1.13g/cm³，氯离子含量为 87400～132000mg/L，总矿化度平均为 144400～215500mg/L（表 2-4-2）。

表 2-4-2 克拉苏气田流体性质数据表

区块	天然气相对密度	甲烷含量/%	临界压力/MPa	临界温度/℃	凝析油含量/(g/m³)	地层水密度/(g/cm³)	氯离子含量/(mg/L)	地层水矿化度/(mg/L)	地层水类型
克深 2	0.57	97.40	4.85～5.15	−80.7～−77.7	—	1.10	93300～96300	154400～161600	$CaCl_2$
克深 6	0.57	97.80	4.6048	191.15		1.13	116000	195067	$CaCl_2$
克深 8	0.56	97.80	5.96～6.88	−79.9～−79.0					$CaCl_2$
克深 10	0.57	96.18	4.9	−80.05		1.12	114000	187300	$CaCl_2$
克深 24	0.58	96.60	4.6021	190.29		1.13	116000	195067	$CaCl_2$
博孜 1	0.62	89.40	22.78～31.97	−98.2～−89.9	85.2	—	—	—	$CaCl_2$
大北 1	0.61	91.78	—	—	31.2	1.13	116800～125200	192000～207900	$CaCl_2$
大北 201	0.58	95.77	4.37～5.88	−81.3～−72.1	11.0	1.12	87400～132000	144400～215500	$CaCl_2$

总体上，克拉苏构造带西端以凝析气藏为主（博孜 1 区块等），构造中部及东部以干气气藏为主。

2. PVT 特征

博孜 1 区块地层流体相态特征总体表现为临界压力低（26.34～31.97MPa），临界温度低（−98.2～−85.3℃），露点压力低（43.04～45.92MPa），地露压差大（72.21～79.59MPa），显示流体以轻组分为主，含少量重烃。临界凝析压力为 47.18～52.31MPa，临界凝析温度为 281.7～284.6℃。定容衰竭过程中最大反凝析压力为 14MPa。BZ1 井最大反凝析液量较高，为 1.17%，地面凝析油含量相对高，为 85.2g/m³，整体具有低液态烃含量凝析气藏的典型特征（图 2-4-1 和图 2-4-2）。

克深 8 区块各井高压物性特征相近，原始气藏下气体偏差系数为 1.7137～1.8079，体积系数为 2.1734×10^{-3}～2.2527×10^{-3}m³/m³、黏度为 4.084×10^{-2}～4.320×10^{-2}mPa·s。相态分析结果表明相包络线面积小，克深 8 构造天然气临界点（p_c，T_c）远离气藏原始压力和温度，临界压力为 5.96～6.88MPa，临界温度为 −79.9～−79.0℃，而原始地层压力为 121.49～122.85MPa，气藏温度为 165.8～172.7℃。地面分离条件点处于两相区外，表现为干气的相态特征（图 2-4-3 和图 2-4-4）。

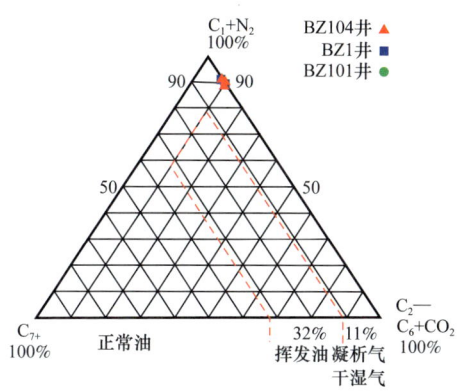

图 2-4-1 博孜 1 区块流体类型三角图

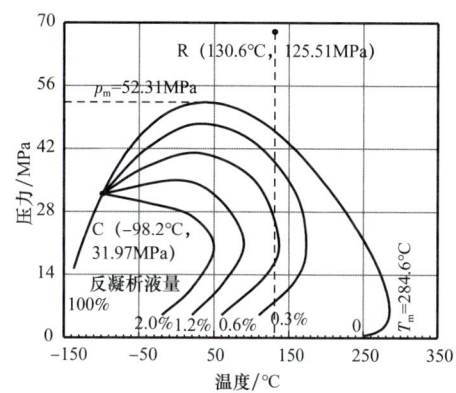

图 2-4-2 BZ1 井 PVT 相图

C—临界点；R—地层条件；T_m—临界凝析温度；p_m—临界凝析压力

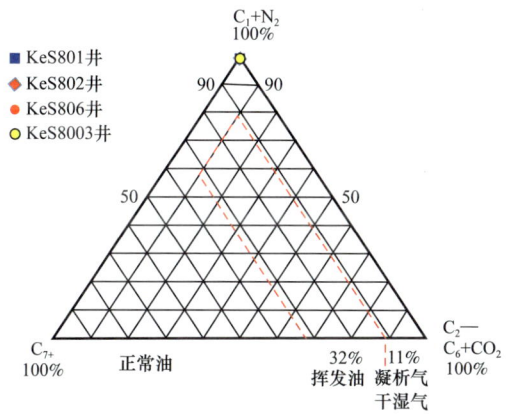

图 2-4-3 克深 8 气藏流体类型三角图

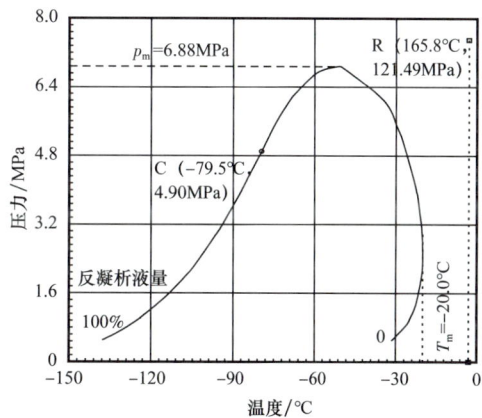

图 2-4-4 KeS8003 井地层流体相态图

C—临界点；R—地层条件；T_m—临界凝析温度；p_m—临界凝析压力

三、气水关系与气藏类型

1. 气水系统

克拉苏深层气田储层基质致密，构造高部位、孔隙结构好的储层往往饱含气，向下演变为气水过渡带。天然气优先充注于裂缝，充满度普遍高，具有统一气水界面；基质孔隙含气性受孔隙结构、裂缝沟通程度和气柱高度控制，气水界面受物性差异影响高低不同，无统一气水界面，存在较厚的气水过渡带（图 2-4-5），因此气田存在裂缝和基质两套气水系统。

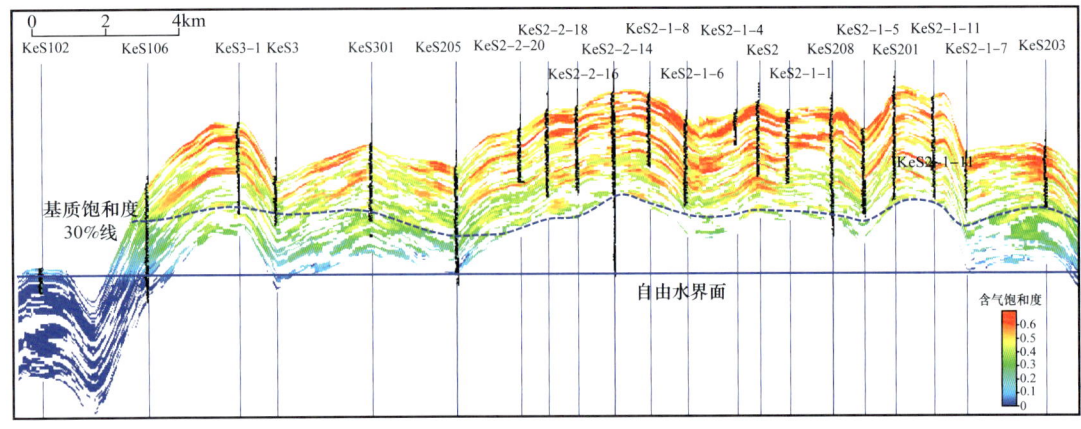

图 2-4-5 克深 2 区块东西向含气饱和度分布图

2. 气水分布控制因素

气水分布的宏观控制因素为构造幅度或气柱高度，局部地区出现复杂化，微观上受孔隙结构的控制。克拉苏气田属于裂缝性致密砂岩气藏，宏观气水分布主要受断层—裂缝—储层基质条件、天然气聚集机理的控制。源储隔层厚度大，天然气需要经过较长距离的二次运移才能进入致密储层，运移通道主要是断层和裂缝，基质连通孔隙仅起到一定辅助作用，不具备作为天然气长距离运聚的主要通道。天然气一次运移的主要动力为断层、裂缝传导后的源储压力差，天然气二次运移动力主要是浮力。致密气成藏时期，由于砂体内部局部泥岩隔层发育，只能依靠断层、裂缝系统才能形成连续有效气柱。所以，断层和裂缝系统是天然气进入储层的重要通道，也是天然气成藏动力的形成场所。巨厚的膏盐岩盖层，具有极高的流体封盖能力，成藏过程中地层水很难顺利渗滤通过，只能向下部方向排泄，断层和裂缝网络仍起到关键作用。

断层、裂缝的空间发育存在非均质性，储层被天然缝网切割为不同规模的基质岩块，每一个基质岩块内部含气饱和度高低与连通缝网裂缝面的距离和储层基质喉道尺寸有关。在断层和裂缝网络的沟通下，天然气进入岩石基质储集空间。在单一裂缝沟通下，距离裂缝面越近，天然气充注强度越大，反之逐渐减弱。因此，储层的非均质性造成了天然气宏观分布的差异性。

核磁—离心实验和压汞数据研究认识表明，宏观上，致密储层气水分布受控于构造部位（裂缝发育程度）和气柱高度（图 2-4-6），裂缝越发育、距自由水面距离越大（气柱高度越高），储层含气性整体越好。微观上，致密储层孔隙结构控制微观气水分布特征，大孔隙—大喉道型储层气驱水效率高、束缚水饱和度低且主要赋存于小孔隙中；而大孔隙—小喉道型储层气驱水效率降低，束缚水饱和度较高，受小喉道控制的大孔隙可以残留部分水，成为束缚水的重要组成部分。

3. 气藏类型

克拉苏气田储层厚度变化较大，各区块气柱高度均大于储层厚度（表 2-4-3），气藏类型以层状边水为主，静态水体倍数在 0.9~7.5 之间。

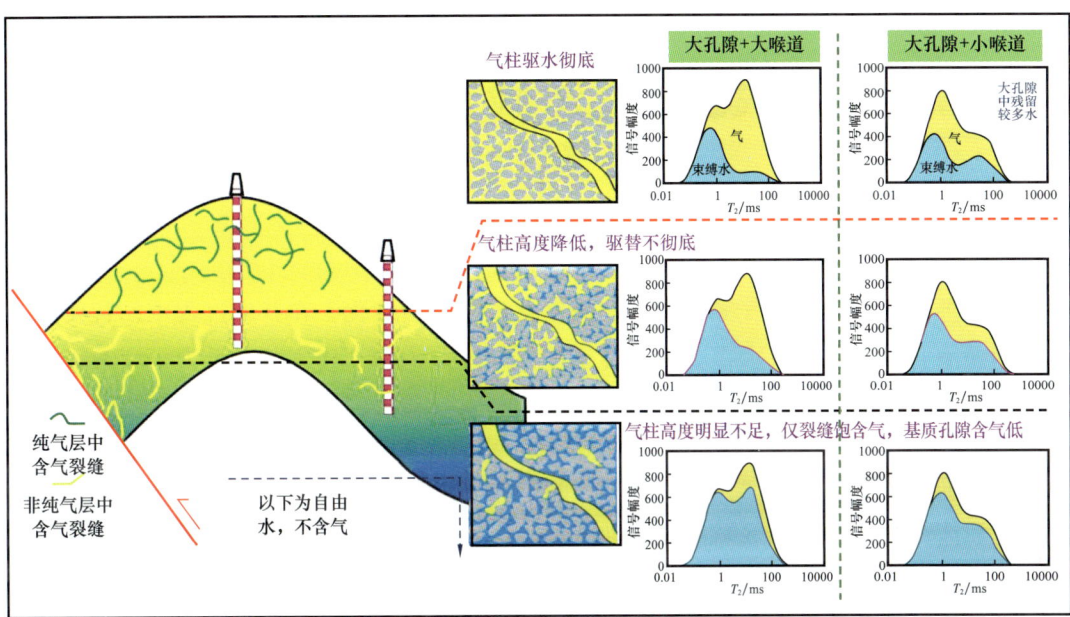

图 2-4-6　克深气田致密砂岩气藏宏观—微观气水分布模式

表 2-4-3　克拉苏气田典型区块气藏特征数据表

区块	储层厚度 /m	气柱高度 /m	气藏类型	水体倍数
克深 2	310.0	475.0	层状边水	5.1
克深 6	320.0	373.0	层状边水	7.5
克深 8	320.0	650.0	层状边水	1.4
克深 24	352.0	434.0	层状边水	0.9
大北 201	245.0	454.0	层状边水	4.2

第三章 裂缝性致密砂岩气藏开发机理及开发对策

克拉苏气田多为有水气藏,天然裂缝发育且非均质性强,在开发过程中,若采用的开发对策不合理,边、底水将会沿裂缝迅速侵入气藏内部,使气井产量大幅度下降,甚至会造成水淹停产,严重影响气藏的采收率和开发效益。因此,本章从裂缝性致密砂岩储层应力敏感及渗流物理实验、"孔隙—裂缝—断层"多尺度介质下裂缝建模及精细数值模拟等方面入手,建立了"孔隙—裂缝—断层"多尺度介质下地质模型和气水流动数学模型,厘清了超深裂缝性气藏流体运动规律以及强应力强非均质性条件下地应力对开发效果的影响,明确了该类气藏复杂的开发机理及开发对策,为制订合理开发技术对策提供了理论和实践依据。

第一节 裂缝性储层应力敏感实验

克拉苏深层—超深层天然气藏,埋藏深度大多超过6000m,天然裂缝发育,地应力强且应力状态复杂。国内外对此类储层在衰竭开发过程中地应力对裂缝导流能力影响研究甚少。气藏衰竭过程中储层渗透率的应力敏感性是深层高压气藏开发机理研究的重要内容:一方面,随着天然气的采出,储层孔隙压力下降,作用在储层基质的有效应力不断增加,储层岩石发生弹塑性形变,储层孔隙、裂隙逐渐被压缩,使得岩石的渗透率减小,从而影响到油气的流动及产能,给油气田高效、合理开发带来许多困难和问题(王珂等,2014;肖文联等,2016;姚军等,2018)。另一方面,由于地质构造应力的存在,储层往往处于三向不等的应力状态,传统的多场耦合下储层岩石力学性质与渗透性质的研究通常在常规三轴或单轴应力条件下进行,均属于简单应力状态范畴,不能真实反映储层中复杂的应力环境,忽视了中间主应力对岩石力学性质和储层渗透率的影响。此外,天然裂缝与水力压裂等人工裂缝的导流效应,会极大地影响到储层的渗透特性,复杂应力条件下裂缝性储层的渗透率应力敏感性特征亟待揭示。因此,通过开展模拟储层应力背景条件的真三轴实验,充分考虑了有效应力变化、三向不等应力以及裂缝性储层三个因素,分析复杂应力状态下不同产状裂缝导流能力在压力降低过程中的变化规律,将为强应力背景下油气藏开发研究提供重要参考。

一、真三轴应力条件下裂缝性致密砂岩储层应力敏感实验

1. 实验方案设计

为更真实地反映克拉苏气田裂缝性致密砂岩储层渗透率应力敏感性,实验选用克深

区块巴什基奇克组露头立方体岩样（80mm×80mm×80mm）（图 3-1-1），加载路径则根据实测应力进行设计，真实地反映了储层衰竭过程中的有效应力变化。利用多伦多大学的 RFDF 实验室真三轴地球物理成像单元（TTGIC），研究三轴应力（垂向主应力 σ_v，最大水平主应力 σ_H 与最小水平主应力 σ_h）从 78MPa，89MPa 和 59MPa 变化到 134MPa，107MPa 和 77MPa 过程中（真三轴加载应力路径如图 3-1-2 所示），完整试样和不同角度裂缝试样的可压缩性、孔隙度和渗透率变化规律，以此来模拟研究裂缝性致密砂岩储层衰竭开发过程中渗透率的应力敏感性。

图 3-1-1　完整试样与含裂缝试样

试样 1 和试样 3 为完整试样；试样 6 为裂缝角度 15°的试样；试样 7 为裂缝角度 30°的试样；试样 4 和试样 9 为裂缝角度 0°的试样

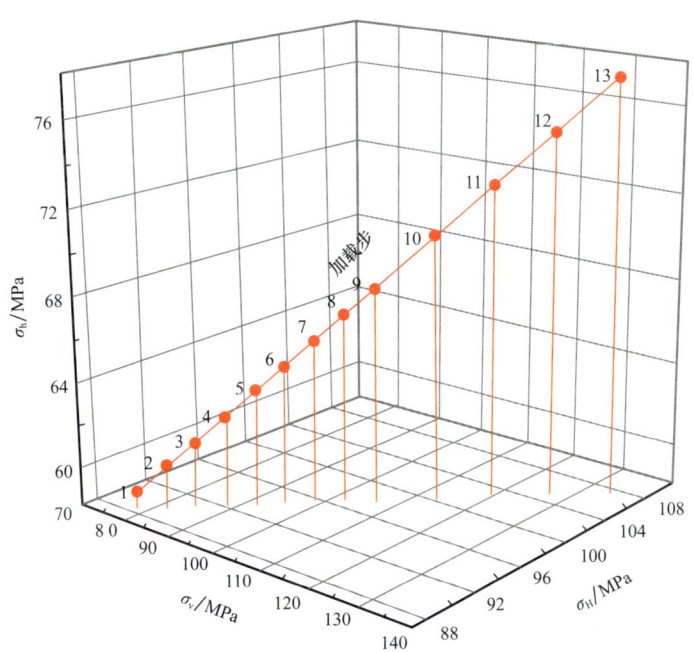

图 3-1-2　真三轴加载应力路径

在开展真三轴渗透率测试前，首先进行了三轴应力条件下的渗透率测试先导实验，并得到相关实验参数，为真三轴实验的合理设计提供了有效参考。同时，开展了铸体薄片、扫描电镜、X 射线衍射、电子探针等配套实验，这些配套实验结果可从微观角度对渗透率的演化规律进行解释，并加深对储层衰竭期间变形特性以及渗透率应力敏感性的认识。具体的真三轴实验设计见表 3-1-1。

表 3-1-1 真三轴实验测试方案

试样及编号	试样类型	真三轴测试参数与配套实验
试样 1 （Intact_01）	完整岩石试样 1	3 向渗透率、3 向应力—应变曲线以及 3 向声波速度（v_P，v_{S1} 和 v_{S2}）的测量；铸体薄片、扫描电镜、X 射线衍射、电子探针配套实验
试样 2 （Intact_02）	完整岩石试样 2	3 向渗透率、3 向应力—应变曲线以及 3 向声波速度（v_P，v_{S1} 和 v_{S2}）的测量；铸体薄片、扫描电镜、X 射线衍射、电子探针配套实验
试样 3 （0°_1st）	开口裂缝试样 1：裂纹平行于 σ_h，与 σ_v 成角度 $\beta=0°$	3 向渗透率、3 向应力—应变曲线以及 2 向声波速度（v_P，v_{S1} 和 v_{S2}）的测量；铸体薄片、扫描电镜、X 射线衍射、电子探针配套实验
试样 4 （0°_2nd）	开口裂缝试样 2：裂纹平行于 σ_H，与 σ_v 成角度 $\beta=0°$	3 向渗透率、3 向应力—应变曲线以及 2 向声波速度（v_P，v_{S1} 和 v_{S2}）的测量；铸体薄片、扫描电镜、X 射线衍射、电子探针配套实验
试样 5 （15°_1st）	开口裂缝试样 3：裂纹平行于 σ_h，与 σ_v 成角度 $\beta=15°$	3 向渗透率、3 向应力—应变曲线以及 2 向声波速度（v_P，v_{S1} 和 v_{S2}）的测量；铸体薄片、扫描电镜、X 射线衍射、电子探针配套实验
试样 6 （15°_2nd）	开口裂缝试样 4：裂纹平行于 σ_H，与 σ_v 成角度 $\beta=15°$	3 向渗透率、3 向应力—应变曲线以及 2 向声波速度（v_P，v_{S1} 和 v_{S2}）的测量；铸体薄片、扫描电镜、X 射线衍射、电子探针配套实验
试样 7 （30°_1st）	开口裂缝试样 5：裂纹平行于 σ_h，与 σ_v 成角度 $\beta=30°$	3 向渗透率、3 向应力—应变曲线以及 2 向声波速度（v_P，v_{S1} 和 v_{S2}）的测量；铸体薄片、扫描电镜、X 射线衍射、电子探针配套实验
试样 8 （30°_2nd）	开口裂缝试样 6：裂纹平行于 σ_H，与 σ_v 成角度 $\beta=30°$	3 向渗透率、3 向应力—应变曲线以及 2 向声波速度（v_P，v_{S1} 和 v_{S2}）的测量；铸体薄片、扫描电镜、X 射线衍射、电子探针配套实验

2. 实验结果分析

1）压缩性变化规律

图 3-1-3 为部分岩样在真三轴条件下的加载示意图和实验前后试样照片，试验结束后，试样表面并未观察到明显裂隙。

在加载条件下，完整试样与不同角度裂缝试样应力—应变曲线如图 3-1-4 所示，其中 S1 为加载情况下完整试样，S3、S5 和 S7 分别为加载情况含 0°，15°和 30°裂缝试样。可看出，随着应力加载，完整试样与裂缝试样均经历了初期的试样压密阶段与随后的近似线性变形阶段，在实验应力条件下，没有出现明显的应变硬化现象，表明在加载最高设定的应力水平下，试样仍处于线弹性阶段。应力卸载后，无论是完整试样还是裂缝试样，均存在一定的不可恢复塑性应变，且裂缝试样的不可恢复应变（0.007～0.009）明显大于完整试样的不可恢复应变（0.0025～0.0035）。

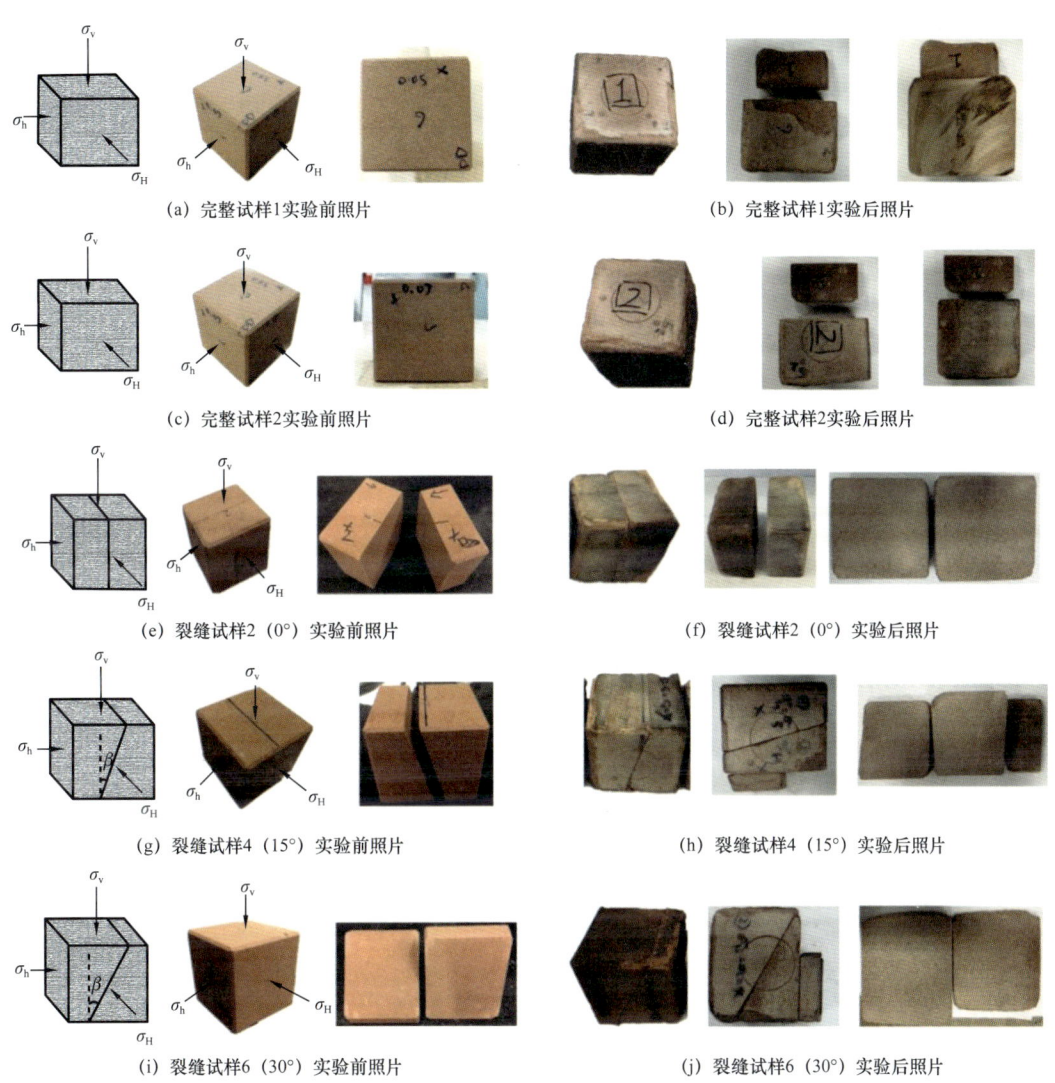

图 3-1-3 岩样加载示意图和试样实验前后对比

真三轴实验中，σ_H，σ_v 与 σ_h 分别对应于实验中最大主应力、中间主应力和最小主应力，其方向上对应的应变 ε_H，ε_v 与 ε_h 呈增加趋势，表明在加载过程中试样呈现为压缩状态。同时，完整试样在 σ_v，σ_H 与 σ_h 三个方向上的峰值应变均远小于 0°，15° 和 30° 裂缝试样峰值应变，表明裂隙的存在可促进整体试样的变形，但裂缝试样三个方向的变形量与裂隙角度关系较小，相比于完整试样，0° 裂缝试样三个方向的峰值应变 ε_v，ε_H 与 ε_h 分别增加了 100.8%，82.4% 和 78.8%，15° 裂缝试样峰值应变 ε_v，ε_H 与 ε_h 分别增加了 90.1%，89.9% 和 117.0%，30° 裂缝试样峰值应变 ε_v，ε_H 与 ε_h 分别增加了 91.1%，102.5% 和 110.0%。

2）孔隙度变化规律

在真三轴加载过程中，岩样始终处于弹性变形阶段，应力加载过程中的孔隙度可用

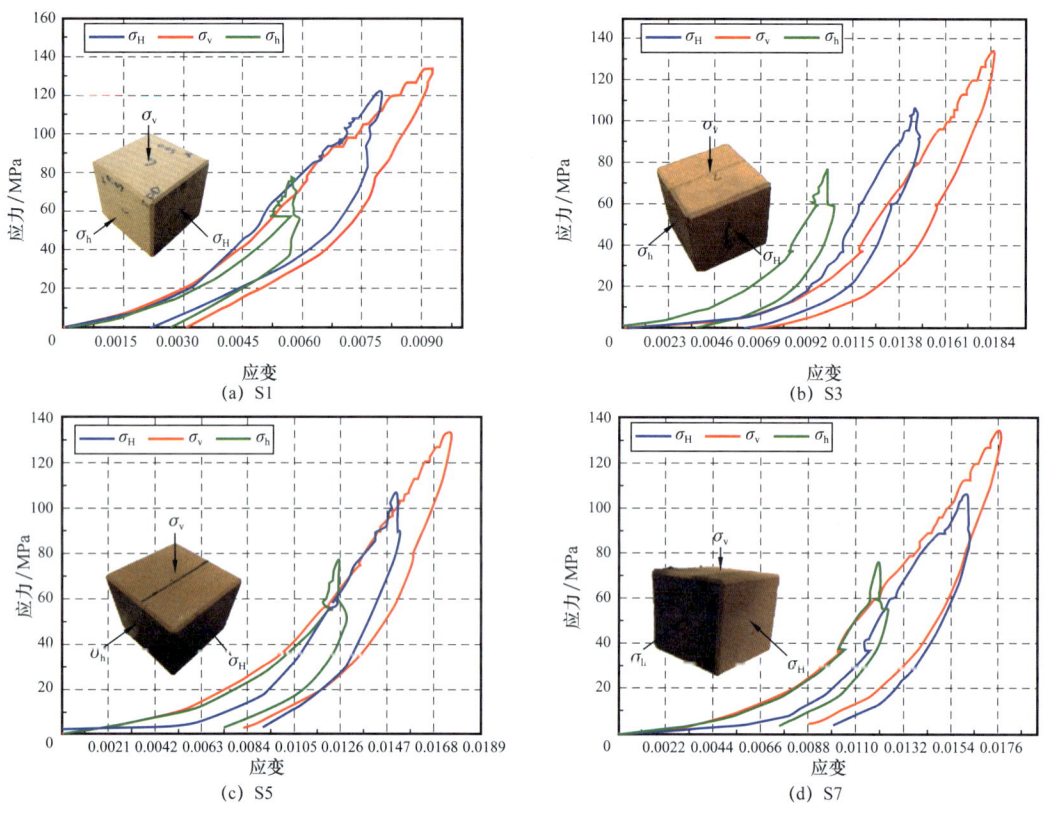

图 3-1-4 真三轴应力条件下三个方向的应力—应变曲线
S1 为完整试样，S3 为裂缝 0°试样，S5 为裂缝 15°试样，S7 为裂缝 30°试样

式（3-1-1）计算：

$$\phi_p = \frac{V_p}{V_b} = \frac{V_{p0} + \Delta V_p}{V_{b0} + \Delta V_b} = 1 - \frac{1-\phi_0}{1+\varepsilon_v}\left(1 + \frac{\Delta V_s}{V_{s0}}\right) \quad (3-1-1)$$

式中 ϕ_p——加载过程任意应力水平下的孔隙度，%；

V_p，V_b——试样变形后的孔隙总体积和试样总体积，mL；

V_{p0}，V_{b0}——初始孔隙总体积和试样总体积，mL；

ΔV_p，ΔV_b——孔隙和试样体积变化量，mL；

ϕ_0——初始孔隙度，可以用饱水法直接测量；

ε_v——体积应变；

V_{s0}，ΔV_s——基质颗粒初始体积和体积变化量，mL。

由于固体基质颗粒的可压缩性远远小于孔隙可压缩性，通常可认为 $\Delta V_s \approx 0$，即任意应力条件下的试样总变形与孔隙总变形率相等 $\Delta V_p = \Delta V_b$。因此，式（3-1-1）可化简为：

$$\phi_p = \frac{V_p}{V_b} = \frac{V_{p0} + \Delta V_p}{V_{b0} + \Delta V_b} = \frac{\phi_0 + \varepsilon_v}{1+\varepsilon_v} \quad (3-1-2)$$

基于真三轴实验结果，可利用式（3-1-2）来近似估算加载过程中试样的孔隙度变化，需要注意的是，对于含裂隙岩样，近似计算的值为试样的等效孔隙度。

加载过程中完整试样 S1 以及裂缝试样 S3，S5 和 S7 孔隙度与有效体积应力关系如图 3-1-5 所示。从图 3-1-5 中可看出，随着有效体积应力的增大，所有试样的孔隙度均呈下降趋势，但裂缝试样的孔隙度变化率明显大于完整试样，分析认为是裂缝压缩性要强于基质岩石内部孔隙压缩性而引起的。同时，裂缝试样间的孔隙度变化差异较小，其中试样 S7 的孔隙度

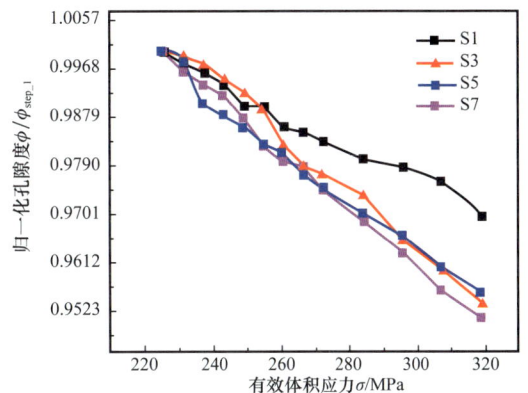

图 3-1-5　加载过程中归一化孔隙度的变化规律

下降幅度略大，其差异与试样中裂缝长度有关，即裂缝角度越大、试样中裂缝长度越长，则岩样的压缩性增大。

3）渗透率变化规律

在实验全过程的每一个加载步中，利用 QuiziX 高压高精度柱塞泵以不同流速注入流体，待流量与压力稳定后，分别读取进出口压力，并绘制流量 Q 与进出口端压力差 Δp 的关系曲线。经验证，Q 与 Δp 呈良好的线性关系，表明岩石试样中流体流动基本符合线性达西流规律，可采用达西定律进行渗透率计算。

加载过程中完整试样和裂缝试样的渗透率变化曲线如图 3-1-6 所示。可以看出，随着有效体积应力增大，完整试样渗透率呈下降趋势，且呈负指数关系。在真三轴加载过程中，试样受到的三个主应力（σ_H，σ_v 与 σ_h）的不等性，造成试样在三个主应力方向被压缩程度不同，且每个应力平面内岩石的孔隙（喉道）分布特征具有明显的各向异性，导致三个主应力方向的试样渗透率 K_H，K_v 和 K_h 各向异性较显著。结合图 3-1-2，对于完整试样，从加载步 1—加载步 6，σ_H 为最大主应力，其方向上渗透率 K_H 明显小于 K_v 和 K_h，虽然从加载步 7 开始，σ_v 成为最大主应力，但由于 σ_H 方向上的初始压密作用（含塑性不可恢复变形），σ_v 方向上渗透率 K_v 仍然大于 K_H。值得注意的是，σ_v 与 σ_h 方向上应力值差异很大，但整个加载过程中，K_v 和 K_h 的差异较小，且均大于 K_H，说明储层渗透率对早期加载应力水平的敏感性更强。在加载步 7 之前，应力对岩石在 σ_H 方向上的压缩程度较高，且该方向的孔隙（喉道）被充分压缩。由于岩石内部固有的缺陷以及变形过程中基质的滑移势必会诱发岩石骨架的微破断，该过程中产生的固体颗粒会进入 σ_v 与 σ_h 方向（压缩程度较小）的孔（喉），这些固体颗粒的弹性模量远大于孔隙的变形模量，在一定程度上可以有效提高孔（喉）的刚度，其支撑作用可抑制孔（喉）的进一步闭合。

从图 3-1-6 中还可看出，随着有效体积应力增大，裂缝试样渗透率呈下降趋势，且裂缝试样的渗透率明显大于完整试样，主要是因为试样中裂缝的连通性好于孔—喉。对于裂缝试样，加载过程中试样的孔隙体积—裂缝体积综合变化结果对渗透率产生影响，0°裂缝试样 S3 中 K_v 和 K_h 均大于 K_H，且 K_v 和 K_h 的差异明显大于完整试样。在相同的有效体积应力水平下，考虑到 σ_v 应力值远大于 σ_h，σ_v 引起的应变 ε_v 明显大于 σ_h 引起的应变

ε_h（图3-1-4），造成σ_v方向裂缝中流体的渗流路径要短于σ_h方向渗流路径，即沿σ_v方向裂缝流体流动时产生的压降较小，导致K_v大于K_h。15°裂缝试样中K_H小于K_v和K_h，且二者的差异较小。随着裂缝角度增大，σ_v方向裂缝长度变大，裂隙流渗流路径加长，沿程阻力增大，而σ_h方向与裂缝走向平行，其渗流路径长度并不会随着裂缝角度的变化而变化，造成K_v和K_h差异较小。随着裂缝角度的继续增加（30°裂缝试样S7），σ_v方向裂缝流体渗流路径继续变长，阻力不断加大，K_v逐渐小于K_h，且σ_H作用方向与裂缝平面相交，其方向渗透率变化趋势与完整试样相同。

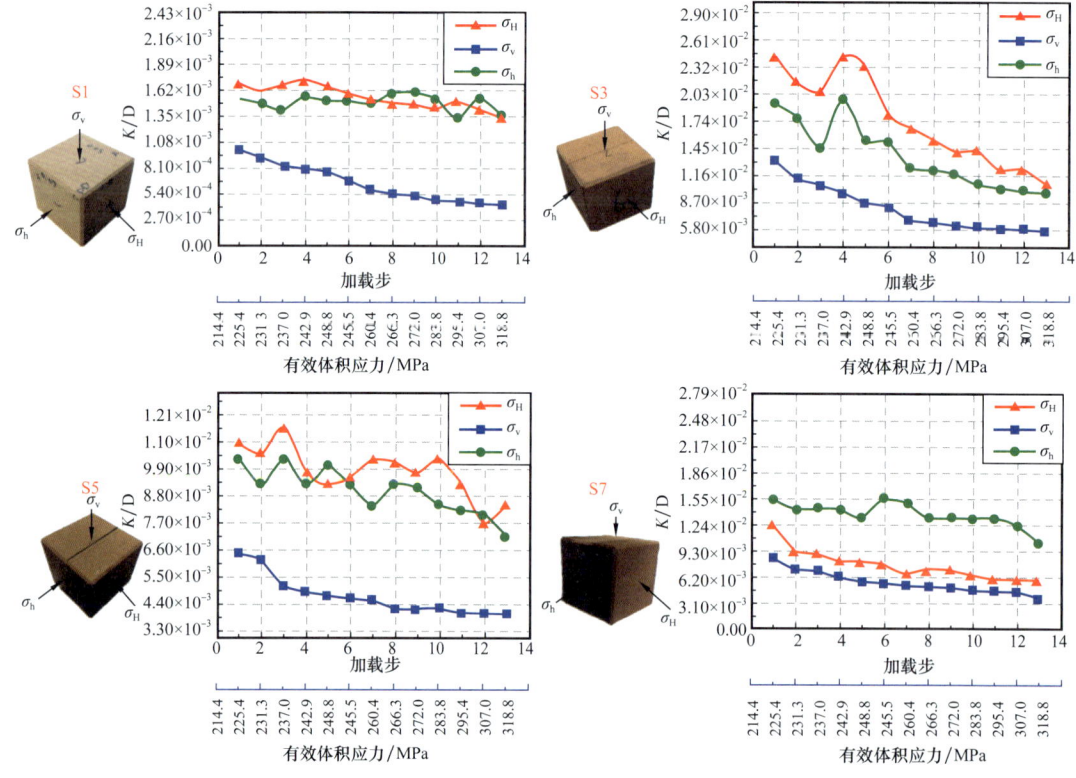

图3-1-6 加载过程中三向渗透率变化

考虑到试样之间存在固有物性的差异，对渗透率进行归一化处理，结果如图3-1-7所示。可看出，完整试样K_v和K_h下降率相近，由于$\sigma_v>\sigma_h$，K_v下降率略高于σ_h方向下降率，而K_H下降率最大，达到56%。加载步1—加载步6中σ_H引起较大的偏差应力使岩石骨架发生变形，造成基质的颗粒产生翻转、破断与滑移，并充填未被压缩的孔隙与喉道，从而增加了σ_v与σ_h方向孔隙的刚度，导致σ_v与σ_h方向的渗透率应力敏感性低于σ_H方向。0°裂缝试样S3的K_H下降率最大，而σ_v与σ_h方向下降率几乎相同，且比完整试样渗透率下降程度更明显，这是因为0°裂缝的开度变化主要来自σ_H的压缩作用，σ_v与σ_h对裂缝性质影响较小，且归一化的渗透率有效地避免了试样三个方向初始的各向异性。15°裂缝试样S5的三个方向渗透率下降率偏小，其变化规律与试样S3具有相似性。随着裂缝角度的增大，K_v下降率逐渐增大，30°裂缝试样S7中K_v下降率甚至超过了K_H的下降率。这主要是因为最大主应力 σ_v 与裂缝斜交，其垂直于裂缝平面的应力分量促进了裂缝的闭合，导致试样 S7 中裂缝的开度小于试样 S3 和 S5，K_v 的应力敏感性反映的是裂缝开度对应力的敏感性，说明了 K_v 的应力敏感性更强。

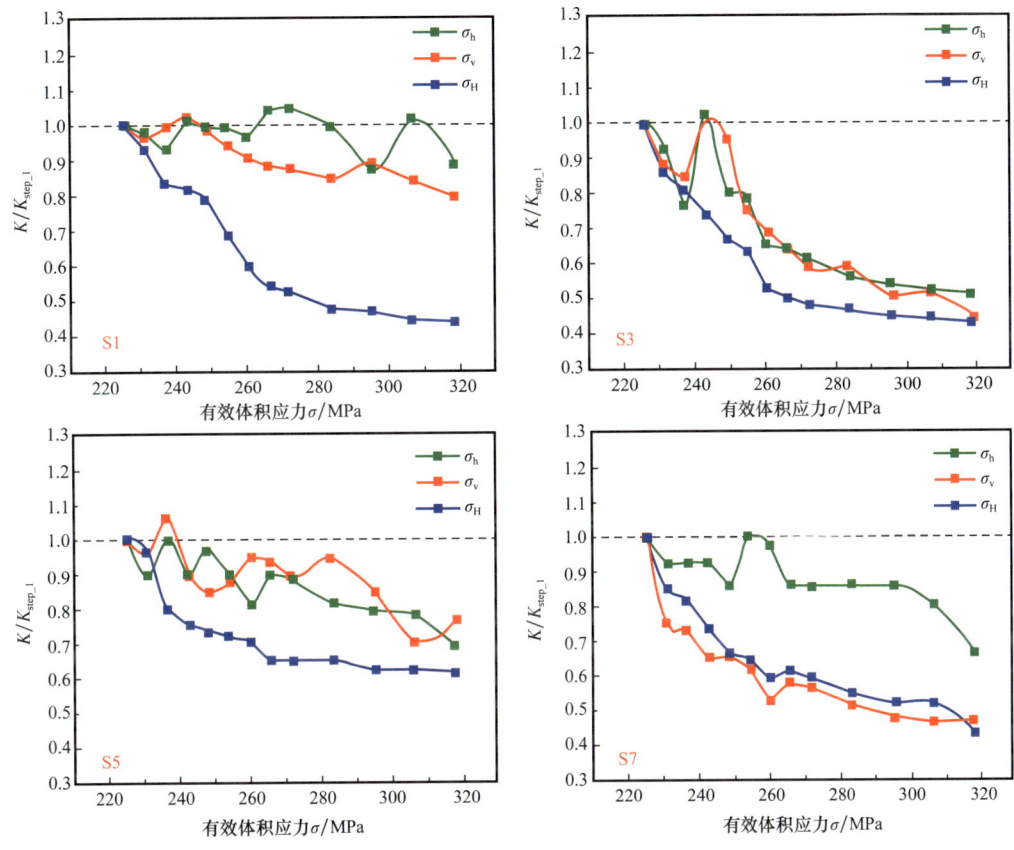

图 3-1-7　三向归一化渗透率变化曲线

基于以上分析，可知随着有效体积应力的增大，完整试样与裂缝岩样的渗透率均呈近似负指数形式下降，且各方向渗透率呈现出明显的各向异性。对完整试样三个方向渗透率变化规律分析表明，早期应力加载阶段应力敏感性更强，对于含裂缝试样，其渗透率大于完整试样，应力敏感性较完整岩样更强，并呈现出更明显的各向异性。由于实验条件是在高压下进行，不能模拟裂缝在三轴应力条件下的滑移变位，只能反映中小尺度渗透率各向异性及其应力敏感性，更大尺度裂缝的应力敏感性将在下节讨论。

第二节　强应力条件下裂缝性致密砂岩气藏产能与应力关系

一、地应力与产能相关关系

以克深 2 和克深 8 气藏为例，分析高应力条件下裂缝性致密砂岩气藏产能与应力的关系（江同文等，2020）。两个气藏的岩石学特征相似，均为岩屑长石砂岩，储层物性参数和产能见表 3-2-1，从表中看出两个气藏的储层物性（气层厚度、孔隙度、渗透率等）差异不大，但气井初始产能和开发动态存在较显著的差异（图 3-2-1），其中，克深 2 气藏 29 口井的平均单井初始产能为 $40×10^4m^3/d$，开发 6 年总产气量约为 $110×10^8m^3$，而克深 8 气藏 17 口井的平均单井产能为 $105×10^4m^3/d$，开发 6 年总产气量约为 $190×10^8m^3$，其开发效果明显好于克深 2 气藏。

表 3-2-1　克深 2 气藏与克深 8 气藏平均物性参数与产能对比

气藏	总厚度/m	有效厚度/m	净毛比/%	孔隙度/%	渗透率/mD	饱和度/%	初始产能/$10^4m^3/d$	裂缝密度/条/m	夹角/（°）
克深 2	231	125	54.15	6.46	0.07	65.83	40	0.46	23.52
克深 8	188	106	57.51	6.83	0.11	66.48	105	0.31	21

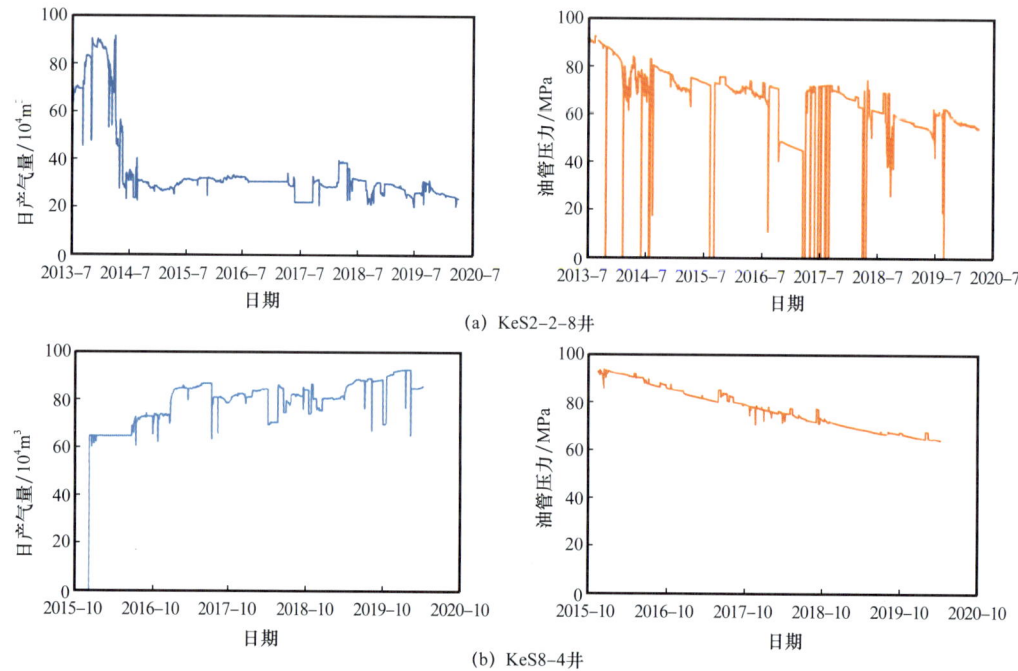

图 3-2-1　克深 2 气藏与克深 8 气藏部分单井产量及油管压力变化对比

在物性相似、构造形态相同的条件下，克深 8 气藏开发效果好于克深 2 气藏的原因在于储层地质力学性质的差异。大量室内力学实验结果表明克深气田岩石力学性质参数偏大，其中克深 8 气藏的弹性模量（平均值 31.4GPa）大于克深 2 气藏（平均值 29.4GPa），其泊松比（平均值 0.27）小于克深 2 气藏（平均值 0.28），这说明克深 8 气藏的储层更具备天然裂缝发育的有利条件。两个气藏典型井最大水平主应力方位与天然裂缝走向之间夹角如图 3-2-2 所示，克深 2 气藏的最大水平主应力方位与天然裂缝走向夹角较复杂，部分气井的裂缝走向与应力方位呈低角度特征（小于30°），而部分气井裂缝走向与应力方位呈高角度或近似垂直特征；克深8气藏天然裂缝走向基本与最大水平主应力方位一致，两者夹角小于30°，应力与裂缝匹配关系更好，造成裂缝渗透率较高，有利于气井高产和产能的稳定。

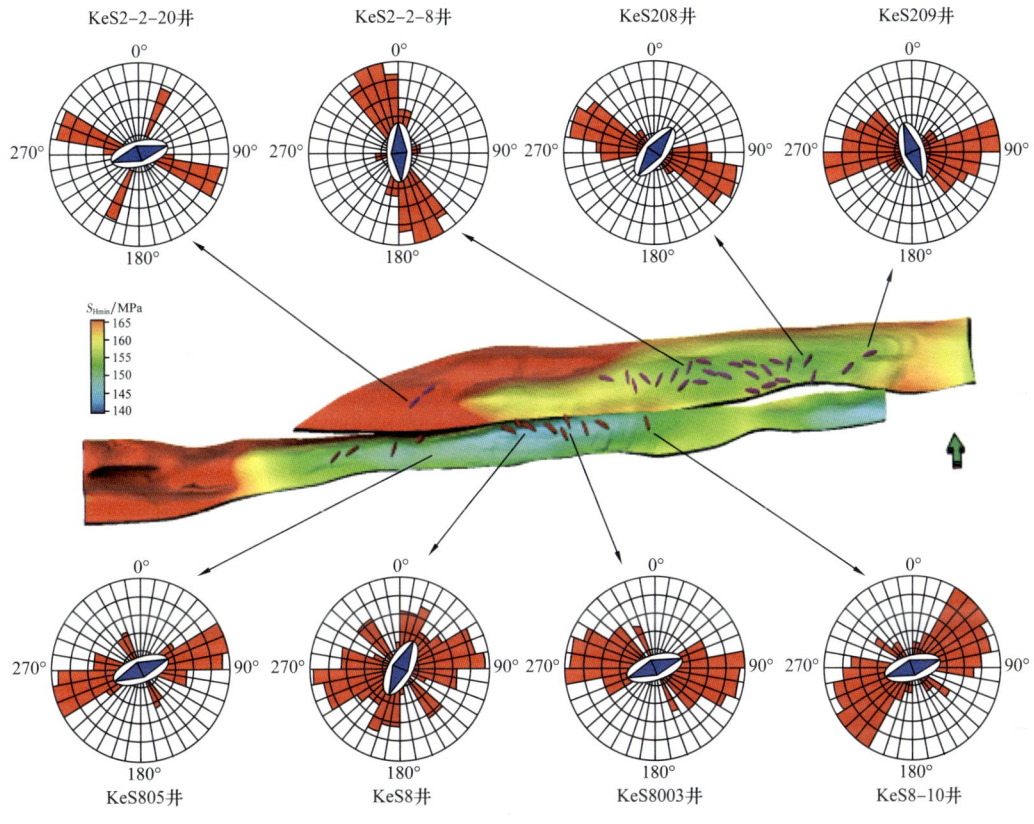

图 3-2-2　克深2和克深8气藏裂缝特征对比

同时，地质力学属性的非均质性也对同一构造内部不同位置气井产能产生影响。以 KeS2-2-8 井和克深 208 井为例，两口井具有相似的岩性和物性特征，孔隙度均为 6%～7%，气层厚度约为 150m，但初始产能相差 46 倍（表 3-2-2）。从表 3-2-2 中还可注意到两口井的地质力学性质差异显著，其中 KeS2-2-8 井具有高弹性模量、低泊松比、低最小水平主应力、高水平差应力及高剪应力/正应力（τ/σ_{ne}）等特征。

表 3-2-2　KeS2-2-8 井与克深 208 井岩石物理性质对比

井点	孔隙度/%	厚度/m	裂缝密度/条/m	无阻流量/$10^4 m^3/d$	弹性模量/MPa	泊松比	最小水平主应力/MPa	水平应力差/MPa	剪应力/正应力
KeS2-2-8	6.5	155	0.36	466	31.8	0.24	144	27	0.22
KeS208	7.2	150	0.91	10	28.8	0.23	152	23	0.19

从图 3-2-2 看出，克深 208 井附近地应力高，裂缝走向与最大水平主应力方位近似垂直，天然裂缝潜在剪切变形能力非常低，造成其渗透性能较低，压裂改造也难以改善其储层渗透性，气井产能低；而 KeS2-2-8 井位于最小水平主应力的低值带，裂缝与最大水平主应力夹角小，天然裂缝整体剪切变形能力强，其渗透性好，使井筒周围地层连通性较好，气井产能高。

基于以上认识，可知地应力对裂缝的控制作用对单井产能的影响效果十分明显，因此，利用克深 2 气藏单井产能、地应力、裂缝及储层参数，建立了裂缝活动性与无阻流量的关系，结果表明，二者呈较好的指数正相关关系，如图 3-2-3 所示。根据两者的关系，可以对构造不同部位产能进行预测，明确气藏平面产能分布规律，从而可支持井位部署（图 3-2-4），为高产高效井的论证提供参考。

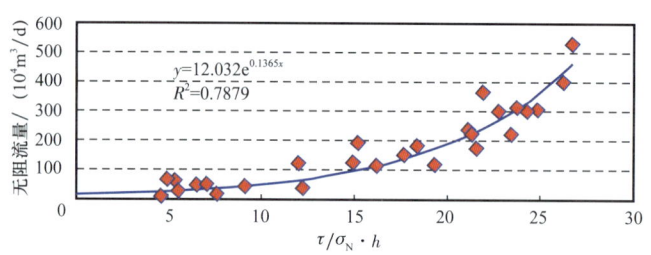

图 3-2-3　克深 2 气藏无阻流量与裂缝活动性的关系
τ—剪应力，MPa；σ_N—正应力，MPa；h—储层有效厚度，m

二、超深裂缝性储层裂缝变形特征

基于理论机理分析可以得出，地应力对裂缝的导流能力具有较大的影响，不同的应力背景下，裂缝的传导性能将发生较大差异，下面以克深 2 气藏部分井为例进行阐述。

图 3-2-5 至图 3-2-8 分析了克深 2 气藏中 4 口井天然裂缝的地质力学响应特征，通过改变孔隙压力模拟 4 口井的天然裂缝发生剪切变形的数量和所需的孔隙压力，从而对比裂缝力学特征的差异。

图 3-2-5 和图 3-2-6 分别为 KeS2-2-1 井和 KeS208 井的天然裂缝地质力学特征，图中包含三个元素，最左侧图为天然裂缝在地层纵向的分布；中间图为模拟天然裂缝发生剪切滑移的现象示意图，其中斜线代表裂缝摩擦系数、蓝色点代表未发生剪切变形的裂缝、红色点代表已发生剪切变形的裂缝；右上角为极射赤平投影图，点代表投影于平面的天然裂缝产状信息，黑点代表未发生剪切变形的裂缝，白点代表已发生剪切变形；右下角为三维莫尔圆，表示天然裂缝在剪应力和正应力的作用下的受力特征。由图 3-2-5 和图 3-2-6 可知，在相同注入压力条件下，天然裂缝发生剪切变形（或处于临界应力状态）的特征明显不同，当模拟裂缝面所受孔隙压力梯度为 2.05MPa/100m 时，两口井的天然裂缝发生剪切变形的数量较少，其中 KeS2-2-1 井只有 19% 的天然裂缝发生剪切滑移，而克深 208 井的天然裂缝均处于非剪切变形位置，两口井的天然裂缝剪切变形能力非常低，天然裂缝的原始渗透性能较低，因此该井产能低。

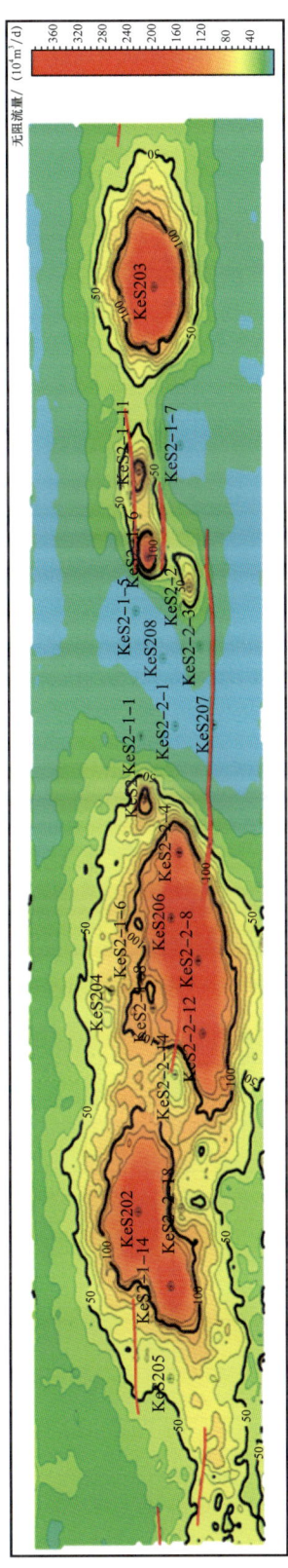

图 3-2-4 克深 2 气藏基于天然裂缝力学活动性的产能预测分布图

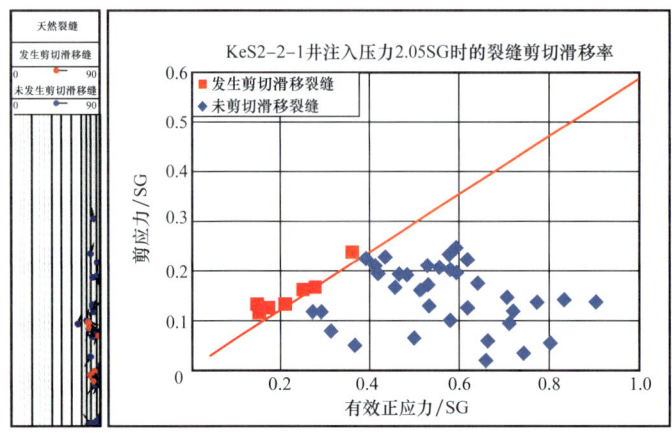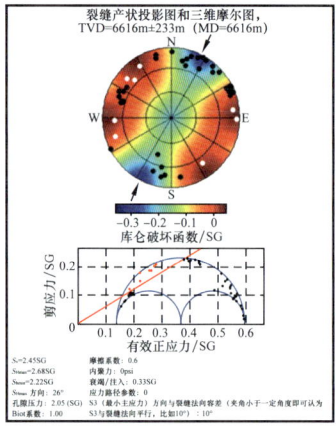

图 3-2-5　KeS2-2-1 井天然裂缝剪切变形特征

S_v—垂向应力；S_{Hmax}，S_{Hmin}—最大、最小水平主应力；SG—当量钻井液密度

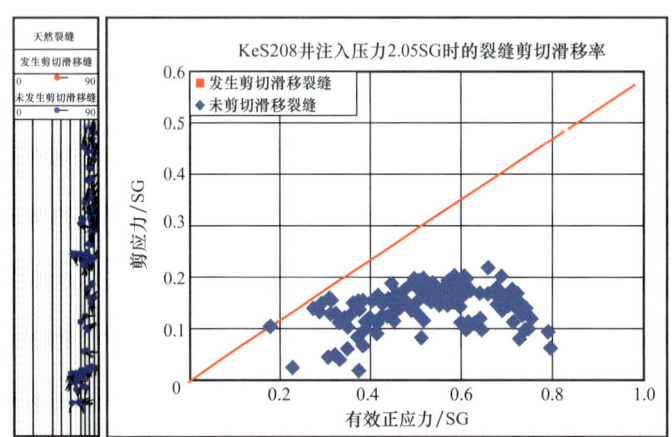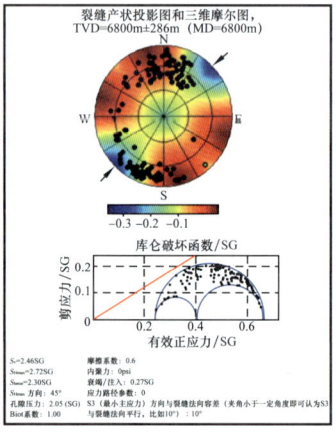

图 3-2-6　KeS208 井天然裂缝剪切变形特征

S_v—垂向应力；S_{Hmax}，S_{Hmin}—最大、最小水平主应力；SG—当量钻井液密度

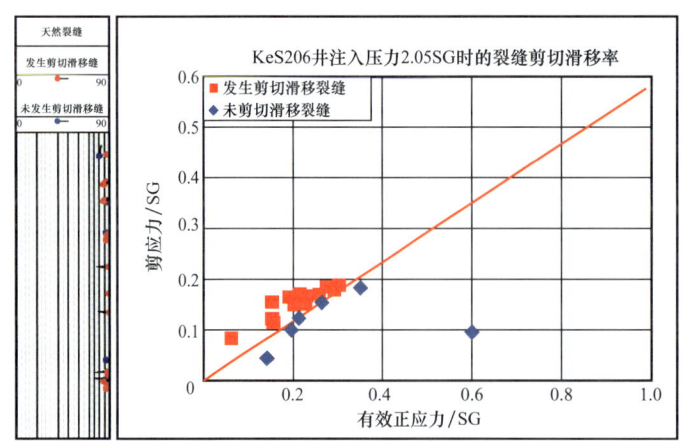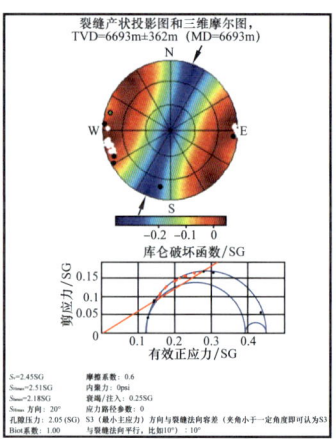

图 3-2-7　KeS206 井天然裂缝剪切变形特征

S_v—垂向应力；S_{Hmax}，S_{Hmin}—最大、最小水平主应力；SG—当量钻井液密度

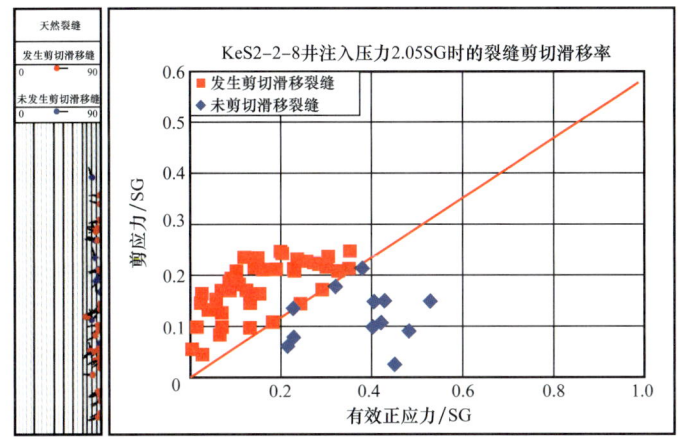
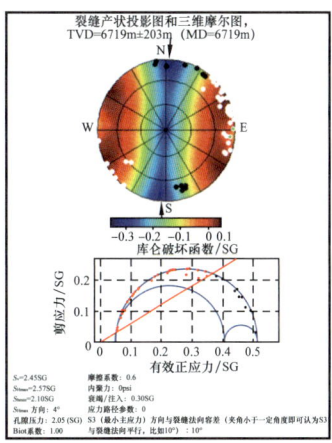

图 3-2-8 KeS2-2-8 井天然裂缝剪切变形特征

S_v—垂向应力；S_{Hmax}，S_{Hmin}—最大、最小水平主应力；SG—当量钻井液密度

相同情况下，克深 206 井天然裂缝有 72% 发生了剪切变形（或已越过临界应力状态，图 3-2-7），KeS2-2-8 井天然裂缝已有 76% 发生了剪切变形（图 3-2-8）。这两口井所在储层位置水平最小主应力较低，水平应力各向异性强，裂缝与应力夹角小，此时天然裂缝整体剪切变形能力强，原始渗透性好，气井产能高。

由以上分析可以看出，地应力场对裂缝性致密砂岩气藏气井产能具有较强的控制作用，在产能评价及预测、井位部署等研究中必须重视。

第三节 裂缝性致密砂岩储层气水渗流特征

针对克拉苏深层裂缝性致密砂岩储层的特点，选取实际储层岩心并对部分基质岩心进行人工造缝，根据不同的裂缝分布模式，开展了高温超高压条件下不同裂缝与基质全直径岩心组合模型的水侵物理模拟实验，明确不同裂缝分布模式下水侵规律及其对开发效果的影响。

一、实验岩心的制备

实验采用直径为 10cm 左右的全直径岩心，并对部分基质岩心进行人工造缝，然后将造缝后的裂缝岩心与基质岩心，根据克拉苏气藏的地质特征，分别组合成裂缝—基质串联、基质—裂缝串联、大裂缝贯通串联和微裂缝串联 4 种模型，不同模型下地层水的流动途径存在较大差异。其物理模型如图 3-3-1 所示。

（1）裂缝—基质串联模型，注入端至出口端由 1 块大裂缝岩心 +1 块基质岩心串联组合。该模型下，地层水先经过大裂缝储层再经过基质储层流入井底。

（2）基质—裂缝串联模型，注入端至出口端由 1 块基质岩心 +1 块大裂缝岩心串联组合。该模型下，地层水先经过基质储层再经过大裂缝储层流入井底。

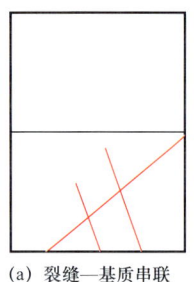 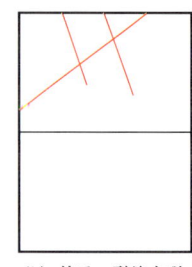 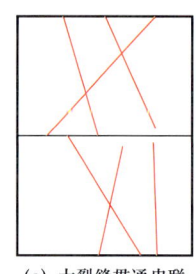 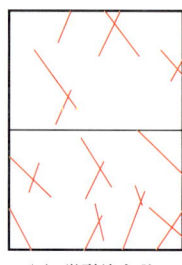

　　(a) 裂缝—基质串联　　　(b) 基质—裂缝串联　　　(c) 大裂缝贯通串联　　　(d) 微裂缝串联

图 3-3-1　不同基质—裂缝岩心组合物理模型示意图

（3）大裂缝贯通串联模型，注入端至出口端由 2 块大裂缝岩心串联组合。该模型下，高角度大裂缝直接将井底与水体连通，地层水经过大裂缝储层直接侵入井底。

（4）微裂缝串联模型，注入端至出口端由 2 块微裂缝岩心串联组合。该模型下，地层水经过微裂缝储层流入井底。

二、裂缝性致密砂岩储层气水渗流实验测试及分析

1. 岩心及参数

实验所选用岩心基础数据见表 3-3-1 和表 3-3-2。

表 3-3-1　基质岩心基础参数

岩心编号	井段/m	岩心直径/cm	岩心长度/cm	孔隙度/%	渗透率/mD	备注
1	6511.57	9.983	8.25	3.35	0.0037	基质岩心
2	6708.04	10.005	8.43	3.51	0.00644	基质岩心
3	6765.25	9.999	9.08	3.6	0.0167	基质岩心
4	6798.97	10.011	9.88	5.46	0.0142	基质岩心

表 3-3-2　裂缝岩心基础参数

岩心编号	井段/m	岩心直径/cm	岩心长度/cm	孔隙度/%	渗透率/mD	备注
1	6511.57	9.983	8.25	3.54	112.35	大裂缝贯通
2	6708.04	10.005	8.43	3.78	102.57	大裂缝贯通
3	6831.45	9.998	8.54	3.47	6.94	微裂缝发育
4	6731.22	9.989	8.98	4.12	7.98	微裂缝发育

2. 实验步骤

1）连接流程及清洗抽空

将串联组合好的岩心装入岩心夹持器中，按实验流程设计连接管线，用石油醚和无

水乙醇的混合液清洗岩心，氮气吹干后用真空泵抽空岩心。

2）岩心饱和地层水

建立实验温度达到实际地层温度164.5℃，通过高压驱替泵恒压将地层水注入并饱和岩心，实时记录泵注入前后排量，从而确定组合岩心饱和水体积。

3）建立岩心束缚水饱和度

保持实验温度不变，将实验压力升至实际地层压力116MPa，采用天然气驱替地层水的方式建立束缚水饱和度。先用高压驱替泵低压差驱替，待稳定驱替一段时间后，提压用高压差驱替，直至出口端不出水为止，同时测试岩心在束缚水饱和度条件下的气相渗透率，连续测试3次，取3次的平均值作为水驱气相对渗透率的基础值。

4）水驱气实验

待串联组合岩心建立好束缚水饱和度后，保持整个驱替系统的实验压力116MPa不变，用高压驱替泵保持注入端压力开始进行水驱气实验，并在出口端安装冷却装置，待水驱气至残余气状态后，测试残余气饱和度下的水相相对渗透率。水驱气过程中每注入0.1HCPV，记录时间、产水量、产气量、出（入）口压力、围压、回压、累计产气量、累计产水量，并计算每个时刻的水驱气采收率及含水率。

三、实验结果分析

上述4组不同岩心组合物理模型的水驱气实验及渗流特征测试的对比结果见表3-3-3和表3-3-4以及图3-3-2和图3-3-3。

表3-3-3 不同岩心组合模型水驱效率及含水率对比

岩心组合模型	束缚水饱和度 /%	水驱效率 /%	含水率 /%
裂缝—基质串联模型	43.52	46.44	99.36
基质—裂缝串联模型	41.22	59.04	99.81
大裂缝贯通串联模型	45.43	24.41	99.53
微裂缝串联模型	44.86	61.14	99.13

表3-3-4 不同裂缝—基质岩心组合模型水驱气相对渗透率曲线特征统计

岩心组合模型	束缚水饱和度/%	K_{rg} (S_{wc})	残余气饱和度/%	K_{rw} (S_{gr})	等渗点含水饱和度/%	等渗点相对渗透率	两相共渗区气饱和度/%	驱替效率/%
裂缝—基质串联模型	43.52	0.1429	30.22	0.0477	60.01	0.0108	26.26	46.49
基质—裂缝串联模型	41.22	0.1771	24.04	0.0381	63.89	0.0042	34.74	59.09
大裂缝贯通串联模型	45.43	0.3810	41.24	0.1247	55.14	0.0316	13.33	24.42
微裂缝串联模型	44.86	0.2629	21.43	0.0802	64.29	0.0105	33.71	61.13

注：K_{rg}，K_{rw}—气相、水相相对渗透率；S_{wc}，S_{gr}—束缚水饱和度和残余气饱和度。

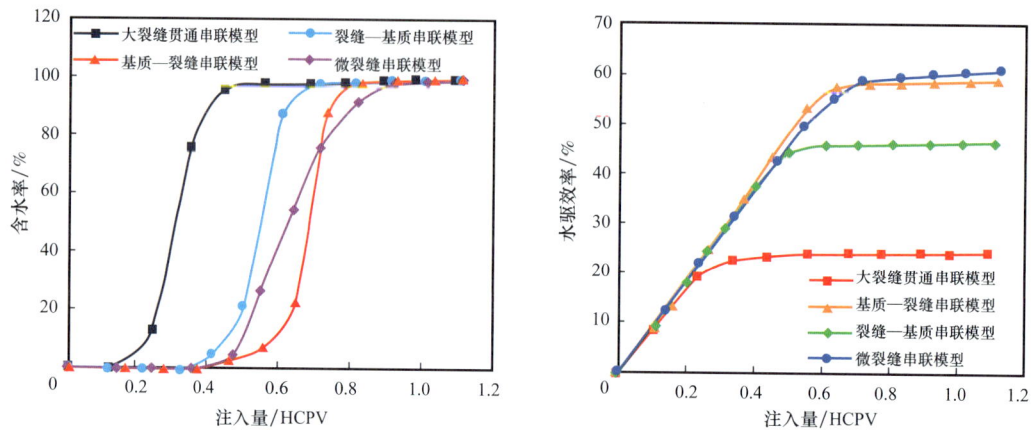

图 3-3-2　不同岩心组合模型下含水率及水驱效率对比曲线

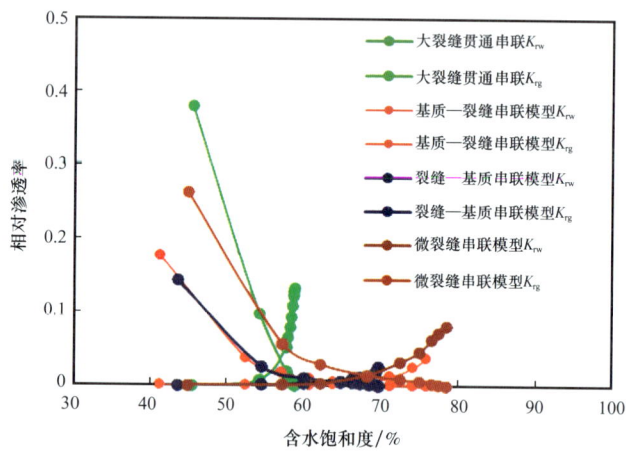

图 3-3-3　不同岩心组合模型水驱气相对渗透率曲线

通过测试结果分析，得到以下成果认识：

（1）水驱气效率整体不高（24.41%～61.14%）。一方面，由于裂缝的渗流能力更强，地层水会优先进入渗流阻力小的裂缝并形成主要渗流通道，同时在毛细管力和润湿性的作用下，裂缝中的地层水会逐渐向基质岩心渗吸，所以在基岩中形成的大量封闭气无法突破地层水的封锁而采出，严重影响采收率；另一方面，在地层条件（164.5℃，116MPa）下，高温会使液体分子间距离加大，分子间的作用力减小，而高压使得大量天然气溶于地层水中，降低水相密度，且天然气受压密度会相对增加，造成气水两相的密度比减小、界面张力降低，地层水进入岩心后沿着裂缝表面的渗流能力更强、速度更快，使水窜现象加重。以上两方面共同作用导致水驱气效率整体不高。

（2）裂缝与基质的分布模式对相对渗透率曲线特征及水驱气效率影响较大，其中微裂缝串联模型岩心的两相共渗区较宽，残余气饱和度最少，水驱效率最高；大裂缝贯通串联模型岩心的两相共渗区最窄，残余气饱和度最高，水驱效率最差。整体驱替效率从高到低依次为：微裂缝串联模型、基质—裂缝串联模型、裂缝—基质串联模型、大裂缝贯通串联模型。

① 微裂缝串联组合岩心微裂缝宽度不均匀且裂缝的连续性也较差，表明裂缝两侧壁面凹凸不平，中间或有填隙物填充，所以地层水在沿微裂缝快速推进后，地层水仍然可以驱替微裂缝两侧垂直方向孔隙中的天然气，在一定程度上减少了水封气，最终水驱采收率较高。

② 大裂缝贯通串联组合岩心在水驱气渗流过程中，大裂缝起绝对主导作用，在驱替压差的作用下地层水沿大裂缝迅速发生水窜，基岩中会形成大量的水封气无法驱替出来，同时在高温超高压条件下气水界面张力更低，水窜速度更快，水相突破更早，加剧了水封气的形成，所以相比于其他组合岩心，该串联组合岩心残余气饱和度最高，驱替效率最低。

③ 由于基质岩心的压降幅度远大于裂缝岩心，在水驱气过程中，裂缝—基质串联模型中裂缝岩心的驱替压差要比基质—裂缝串联模型中裂缝岩心的压差大，驱替压差越大，渗流速度越快，水窜现象也更明显，最终形成的封闭气也更多，驱替效率更低。

第四节　裂缝性致密砂岩储层多重介质地质模型建立

储层裂缝的精细描述和预测是一个世界性难题，其关键是在单井裂缝定量描述的基础上，利用各种技术方法确定储层裂缝成因机制和分布规律，并预测未知区裂缝的分布。由于裂缝成因的复杂性、控制因素的多样性、形成发育的随机性以及分布的高度非均质性等因素的影响，至今业内还没有一套成熟统一的解决方法。

一、多尺度裂缝表征与建模

超深致密砂岩储层的天然裂缝发育具有多尺度性，不同尺度间的物性差异极大，因此对天然裂缝的分尺度描述至关重要，其研究技术路线如图 3-4-1 所示。

1. 中小尺度裂缝表征

对于中小尺度裂缝（微米—厘米级裂缝），受现有探测技术分辨率的限制，一般采用随机性裂缝建模技术构建离散裂缝网络。随机性裂缝建模方法的发展与裂缝地质统计学的发展密不可分。地质统计学的理论基础是区域化变量假设，通过变差函数研究在空间上具有随机性又具有结构性的物理参数。在裂缝随机建模方面，应用广泛的地质统计学方法为分形几何学方法，本节将重点介绍该方法在裂缝表征方面的原理和流程。

自然界中，海岸线、云彩以及矿物准晶结构、岩石的孔隙结构、岩石破裂等许多现象都具有复杂的时空形态，这些现象无法利用传统的欧氏几何方法对其进行有效的描述，因此通过其几何形态上的自相似性进行研究。自相似性是指某一现象或过程在不同尺度上表现出相同的特征，或在统计意义上具有相同的分布。这种具有自相似性和自放射性的、组成部分与整体相似的形体就是分形，其复杂程度可通过分维来定量描述。

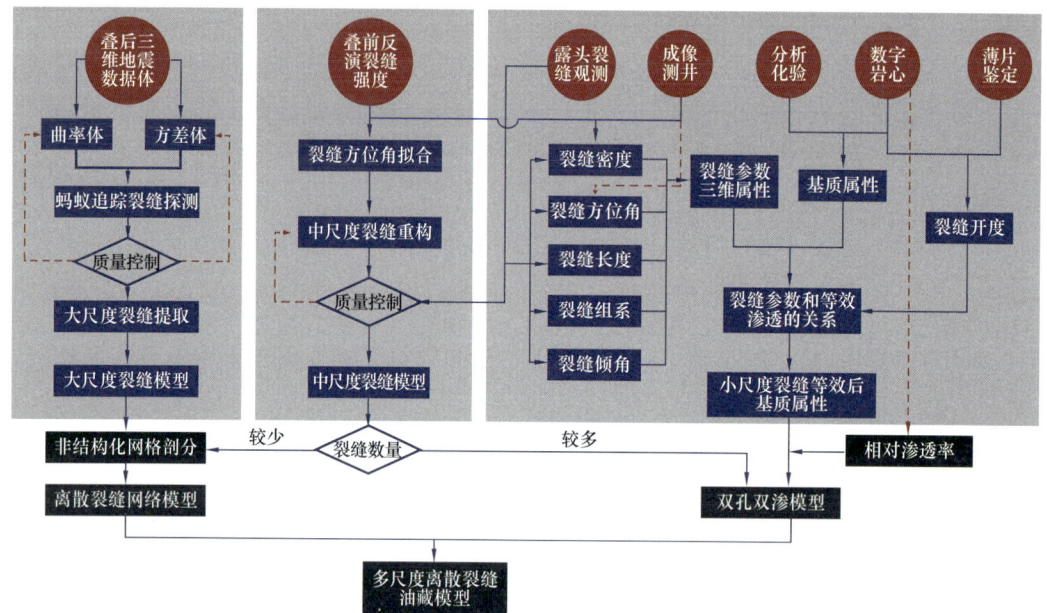

图 3-4-1　多尺度裂缝表征与地质建模研究技术路线图

基于分形几何学的裂缝随机建模方法是指利用分形理论研究储层裂缝的分布、利用裂缝的分维值定量描述储层中裂缝在空间上的发育程度的方法。分形分布的几何特征是具有周期性的，即不完全充满整个空间，该特征由分维数来进行定量表示。该参数的意义在于首先考虑充满空间分布的性质。在 d 维空间（d 为欧几里得维数），它表示许多个尺寸 rL 的物体充满尺度为 L 的空间。

$$N=r^{-d} \tag{3-4-1}$$

分形分布的特征由数密度和形态尺寸的关系确定（Mandelbrot，1982）。

$$N=r^{-D} \tag{3-4-2}$$

式中　D——分维数，且 $D \geqslant d$。

例如，Sierpinski 垫片是把大三角形划分成边长为原来 1/2 的小三角形，并仅充填原来的 3/4，以连续较小尺度重复进行这一过程，最终分维数是：

$$D=-\frac{\ln N}{\ln r}=\frac{\ln 3}{\ln 2}=1.585 \tag{3-4-3}$$

尺度和数密度之间的关系是根据自相似的套合结构来确定的，对于相邻尺度比率 $r<1$ 的层状结构：

$$\begin{cases} l_1=rl_0 \\ l_2=rl_1=r^2l_0 \\ l_3=rl_2=r^3l_0 \\ \quad\vdots \\ l_n=rl_{n-1}=r^nl_0 \end{cases} \tag{3-4-4}$$

其中

$$n = \frac{\ln \dfrac{l_n}{l_0}}{\ln r} \quad (3\text{-}4\text{-}5)$$

若比例为 l_n 的 N 个结构嵌入比例为 l_{n-1} 的每个结构中，则有：

$$N_r(l_n) = N^n = N^{\ln \frac{l_n}{l_0}/\ln r} \quad (3\text{-}4\text{-}6)$$

或

$$\ln N_r(l_n) = n \ln N = \frac{\ln \dfrac{l_n}{l_0}}{\ln r} \ln N \quad (3\text{-}4\text{-}7)$$

式中 $N_r(l_n)$ 为尺寸为 l_n 的结构数，定义相似维数为：

$$D = \frac{\ln N}{\ln r} \quad (3\text{-}4\text{-}8)$$

可得：

$$N_r(l_n) = \left(\frac{l_n}{l_0}\right)^D \quad (3\text{-}4\text{-}9)$$

或

$$\ln N_r(l_n) = D \ln \frac{l_n}{l_0} \quad (3\text{-}4\text{-}10)$$

利用分形方法来描述裂缝分布的难度在于分形维数的确定，分形维数通常根据井上数据进行测量统计。在计算分形维数之前需要先确定分形的无标度区范围，即确定事物相似性存在的区域范围。对于裂缝分布研究而言，一般可以把同类型、同时期的地质体视为无标度区，按照不同的沉积单元进行无标度区划分。

确定无标度区后，需要对各无标度区分别计算分形维数，计算的方法可分为线性和非线性方法。线性分形特征一般是指具有自相似的简单分形，而非线性分形特征是指自放射分形。

R/S 分形方法是目前储层非均质分形描述中常用的分形维数的方法。设时间序列的实现对于任意 $n \in [1, N]$ 以及任意 $m \in [0, N-n]$ 记为：

$$w(m,n,i) = z(i) - \frac{1}{n} \sum_{k=m+1}^{m+N} z(k) \quad (3\text{-}4\text{-}11)$$

$$v(m,n,i) = \sum_{i=m+1}^{m+n} w(m,n,i) \quad (m+1 \leq N) \quad (3\text{-}4\text{-}12)$$

则

$$R(m,n) = \max_{l=1-n}(m,n,l) - \min_{l=1-n}(m,n,l) \quad (3\text{-}4\text{-}13)$$

$$S(m,n,i) = \left\{ \frac{1}{n} \sum_{k=m+1}^{m+n} [w(m,n,i)]^2 \right\} \quad (3\text{-}4\text{-}14)$$

又设 $m_1 < m_2 < m_M$，M 为 0 到 $N-n$ 中 m 的个数，记为：

$$p(n) = \frac{1}{M} \sum_{k=1}^{M} \frac{R(m_k, n)}{S(m_k, n)} \quad (3\text{-}4\text{-}15)$$

当 n 足够大时，式（3-4-16）渐近成立：

$$\ln p(n) = \ln c + H \ln n \quad (3\text{-}4\text{-}16)$$

如果记为：

$$y(n) = \ln p(n), \quad x(n) = \ln n \quad (3\text{-}4\text{-}17)$$

$$\bar{x} = \frac{1}{L} \sum_{n=l+1}^{l+L} x(n), \quad \bar{y} = \frac{1}{L} \sum_{n=l+1}^{l+L} y(n) \quad (3\text{-}4\text{-}18)$$

$$H = \frac{\sum_{n=l+1}^{l+L} [y(n) - \bar{y}]^2}{\left\{ \sum_{n=l+1}^{l+L} [y(n) - \bar{y}][x(n) - \bar{x}] \right\}} \quad (3\text{-}4\text{-}19)$$

H 则称为 Hurst 指数，它与分形维数 D 的关系为：

$$D = 2 - H \quad (3\text{-}4\text{-}20)$$

可见，知道了 H 就可以求出 D。R/S 方法的特点是计算量大，而且计算的 lg（R/S）分别范围较大。

此外还有盒子法、频谱法、变异函数法和多重分形计算方法等分形统计方法。这几种方法各有优缺点，分别适用于不同的情形，所求得的维数也不尽相同，如何从这些方法中选择较好的方法，这也是分形应用中要解决的问题。选择方法有两种：一种方法是用一定的可靠的方法产生一条已知维数的分形曲线，然后对这条曲线用各种方法做分形维数分形，求取与曲线最接近的分形维数；另一种方法是根据曲线的形态来确定分形维数的合理性，曲线分形维数越复杂，它的分形维数应越高。通过分析认为用变异函数法、频谱法和多重分形计算方法所算出的分形维数比较符合客观实际。

2. 大尺度裂缝表征

长期以来，离散裂缝建模受油气藏测量数据、描述手段以及计算速度的限制，技术发展速度缓慢。以往由于缺少全油气藏尺度基于地震及成像测井资料的高分辨率的方法，离散裂缝网络多采用基于前述裂缝地质统计学的方法进行建模（Nelson，2001）。近年来，随着地震处理解释方法、微地震检测技术以及计算机科学技术等领域的巨大发展，辅以成像测井解释等技术的帮助，离散裂缝网格建模的可靠性在逐渐增强，使得通过离散裂缝建模真实刻画裂缝分布的方法成为可能（吴斌等，2010）。不同于以往随机性离散裂缝网络建模的思路，新的数据无论可靠性或对裂缝的识别与分辨率都较高，因此出现了确定性离散裂缝网络建模的需求。

本书提出了一种从地震/微地震数据到确定性离散裂缝网络的全新建模思路和方法，虽然确定性离散裂缝建模方法并不局限于具体数据类型以及裂缝类型，但是从现有地球物理探测技术分辨率与裂缝尺度来看，该方法更适用于人工水力压裂裂缝、构造断层和其他低密度、大尺度裂缝。

在获取裂缝振幅与方位角的基础上，确定性方法流程分为：（1）确定局部裂缝强度及方位角信息；（2）根据地震解释得到的裂缝方位角等几何信息，在背景地质网格中的每一个网格中生成一个裂缝单元；（3）根据裂缝单元的位置及展布，将这些裂缝单元横向连接；（4）对各层裂缝纵向连接，形成一个三维空间裂缝系统，由此完成了离散裂缝网络系统的重构。

对于某些基于地震解释的裂缝数据体，如Thomsen各向异性解释模型，裂缝解释参数中已有裂缝的方位角信息，然而对于微地震或者曲率体等数据，数据点中仅包含裂缝强度而没有裂缝方位角信息。以往裂缝方位角的确定可以通过人工手动描绘的方法得到，但这种方法只适用于裂缝尺度较大、密度较小的裂缝，对于裂缝条数较多的模型则无能为力，而且裂缝的确定随人的主观性影响较大。

为了克服裂缝解释中人为主观因素带来的影响，提高解释精度以及减小人工解释时间，本书提出了一种裂缝方位角的自动拟合方法。该方法的主要思路是利用平面局部有效裂缝数据点的分布情况（图3-4-2），拟合出最大可能的裂缝方位角，即以选取目标数据点为中心，选取同一层内周边$N \times N$个数据点，进行裂缝各向异性线性或椭圆最小二乘拟合，得到拟合直线或者椭圆的长轴就是局部裂缝的方位角。

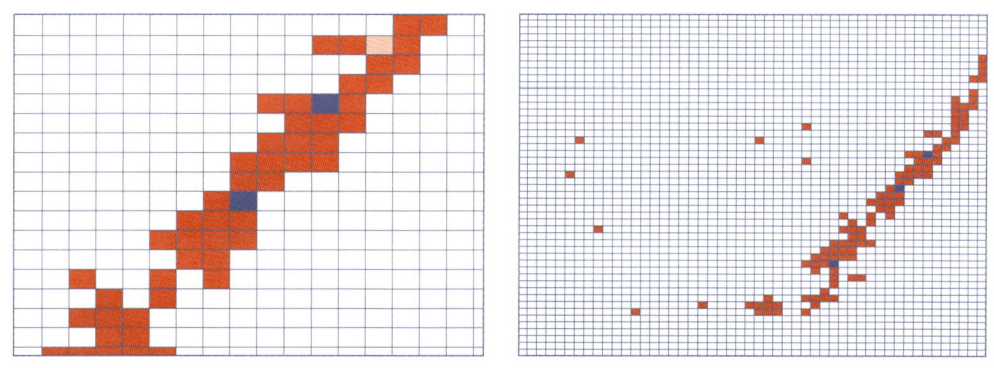

图3-4-2　局部有效裂缝数据点分布图

假设拟合函数为：

$$f(\boldsymbol{x}, \boldsymbol{u}) = 0 \quad (3\text{-}4\text{-}21)$$

其中 $\boldsymbol{u}$ 为拟合参数向量，$\boldsymbol{x}$ 为观测点向量，这里为地震数据点坐标，即：

$$\boldsymbol{x} = (x, y) \tag{3-4-22}$$

1）椭圆方程

对于椭圆方程，式（3-4-21）具体形式为：

$$ax^2 + bxy + cy^2 + dx + ey + f = 0 \tag{3-4-23}$$

拟合参数向量为：

$$\boldsymbol{u} = (a, b, c, d, e, f) \tag{3-4-24}$$

式（3-4-23）可利用线性最小二乘方法直接求解。注意到参数向量 $\boldsymbol{u}$ 的任意倍数代表同一个椭圆，同时为了避免退化为平凡解，这里引入约束条件：

$$a = 1 \tag{3-4-25}$$

另外，椭圆方程还必须满足约束：

$$b^2 - 4ac < 0 \tag{3-4-26}$$

2）直线方程

对于直线方程，式（3-4-21）为：

$$ax + by + c = 0 \tag{3-4-27}$$

拟合参数向量为：

$$\boldsymbol{u} = (a, b, c) \tag{3-4-28}$$

约束条件为：

$$a = 1 \quad \text{或} \quad b = 1 \tag{3-4-29}$$

3）最小二乘法拟合

本书选用最小二乘法拟合式（3-4-21）的参数。对于 n 组观测数据 $x_i = (x_i, y_i)$（$i = 1, 2, 3, \cdots, n$），则其最小二乘目标函数为：

$$\min_{\boldsymbol{u}} L = \min_{\boldsymbol{u}} \sum_{i=1}^{n} w_i f(x_i, \boldsymbol{u})^2 \tag{3-4-30}$$

其中，w_i 是第 i 个数据点的权重，这里可取为均一权重，也可根据数据点的值进行加权拟合。求解式（3-4-30）极值问题，就可以得到拟合解。

裂缝方位角拟合的主要参数及其选取原则有：

（1）有效裂缝地震数据。根据实际地震数据进行筛选判断。

（2）局部拟合区域。$N \times N$ 数据点区域，根据裂缝尺度与数据分辨率确定，局部拟合区域越大，得到的方位角与裂缝整体趋势越一致，一般可取约为 10×10 区域。

（3）拟合方法。椭圆拟合或线性拟合，椭圆拟合方法比较符合各向异性模型的假设，在有效数据点较多时可以选用，对于有效数据点较少的情况，采用线性拟合结果更为稳定（图3-4-3）。

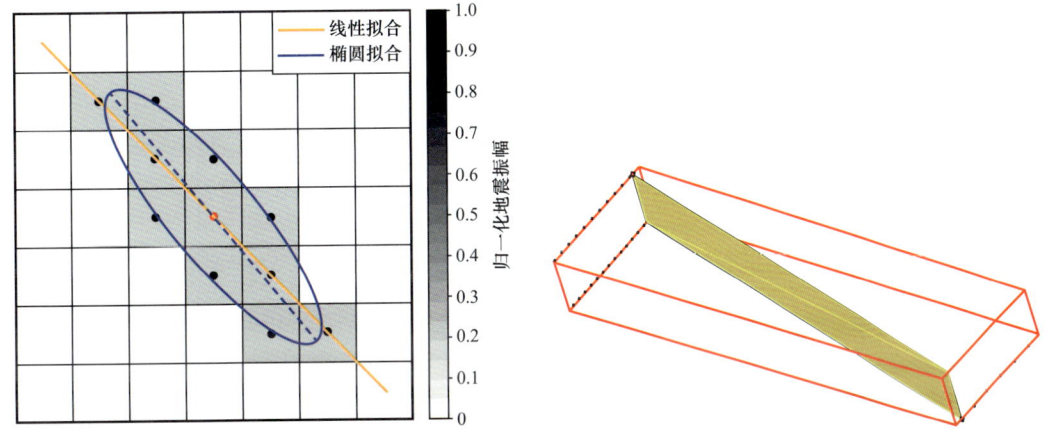

图3-4-3　裂缝方位角预测示意图
黄色线—线性拟合结果；蓝色线—椭圆拟合结果

图3-4-4　局部裂缝元示意图

有了局部裂缝的位置与方位角信息，便可以在局部描绘一个裂缝单元，这里称之为裂缝元。裂缝元表征真实裂缝在局部的效应，可能是一条长裂缝穿过局部的踪迹，也可能是若干裂缝在局部的综合表现（图3-4-4）。由于确定性裂缝模型建立的目标是基于离散裂缝模型的数值模拟，因此本书选择用平面多边形几何体来表征局部裂缝元，这有利于裂缝几何信息的确定，便于后续离散裂缝模型非结构化网格剖分。由于裂缝的方位角来源于平面内数据点的拟合，因此其描绘的裂缝元反应的也是裂缝在该平面内的特性，因此这里假设裂缝元为垂直平面。

裂缝元的具体几何参数（多边形顶点）可通过无穷大平面与六面体网格的交点确定。设裂缝元的方位角为 θ，裂缝元的坐标为 (x_f, y_f, z_f)，则其对应的平面方程为：

$$\cos\theta(x-x_f)-\sin\theta(y-y_f)=0 \quad (3-4-31)$$

假设某一网格边的控制点为 (x_1, y_1, z_1) 和 (x_2, y_2, z_2)，其对应的直线方程为：

$$\begin{cases} \dfrac{x-x_1}{x_2-x_1}=t & (x_1 \neq x_2) \\ \dfrac{y-y_1}{y_2-y_1}=t & (y_1 \neq y_2) \\ \dfrac{z-z_1}{z_2-z_1}=t & (z_1 \neq z_2) \end{cases} \quad (3-4-32)$$

$$\begin{cases} x=x_1 & (x_1=x_2) \\ y=y_1 & (y_1=y_2) \\ z=z_1 & (z_1=z_2) \end{cases} \quad (3-4-33)$$

联立式（3-4-31）至式（3-4-32）可求得平面与直线的交点（x_0，y_0，z_0），若交点落在（x_1，y_1，z_1）—（x_2，y_2，z_2）线段上，则该点是裂缝元多边形的一个顶点。遍历网格所有边与裂缝元平面的交点，便可确定裂缝元多边形（图 3-4-5）。

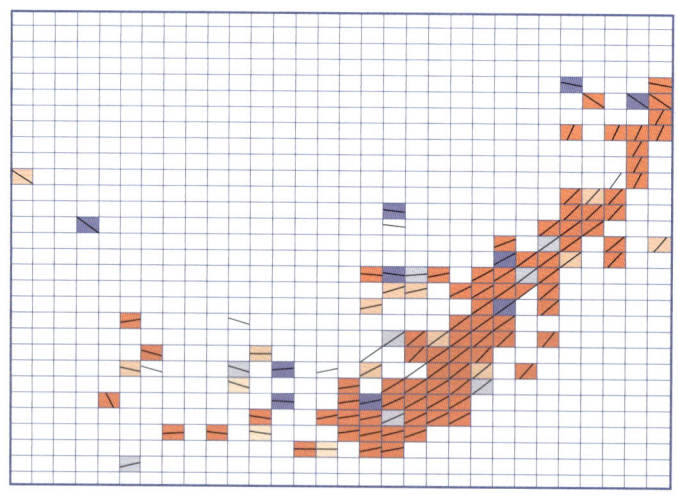

图 3-4-5　工区有效数据点与裂缝元示意图

3. 多尺度离散裂缝建模

基于上述解释出来的裂缝密度和分布、空间地震数据已经足够构建一个离散裂缝模型了。由于裂缝元是真实裂缝在局部的表征，因此重构裂缝网络系统的实施办法是：根据局部裂缝单元的展布和密度连续性，将那些最有可能是处于一条裂缝上的裂缝单元在横向及纵向上连接起来。

处理裂缝纵向连接的算法主要有两个准则：一是裂缝之间的距离要足够近，二是插入的用于连接上下层之间的裂缝单元的倾角尽可能与被连接的裂缝单元一致。这两个准则确保裂缝重建结果的光滑性和真实性（图 3-4-6）。

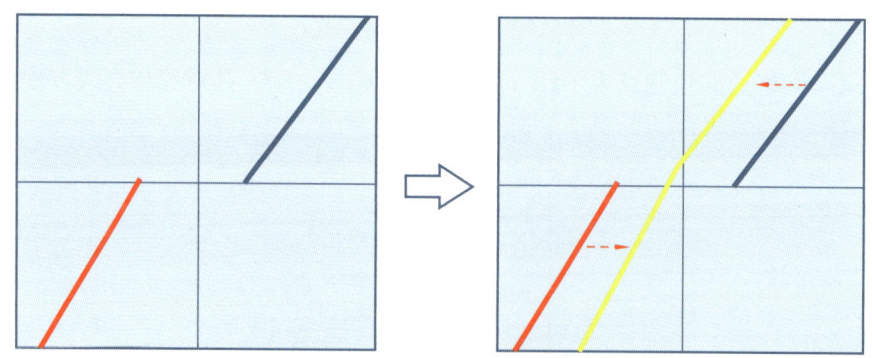

图 3-4-6　裂缝层内连接示意图
红色实线，蓝色实线—待连接裂缝元；红色虚线箭头—平移路线；黄色实线—连接后裂缝

1）裂缝层内重构

层内连接的对象是目标裂缝元周围网格中的裂缝元，层内连接的方式是通过平面的

平移实现的（图 3-4-7）。对于平面 $ax+by+cz+d=0$，沿向量（$\boldsymbol{x}_v$，$\boldsymbol{y}_v$，$\boldsymbol{z}_v$）平移后的平面方程为：

$$a(x-\boldsymbol{x}_v)+b(y-\boldsymbol{y}_v)+c(z-\boldsymbol{z}_v)+d=0 \quad (3-4-34)$$

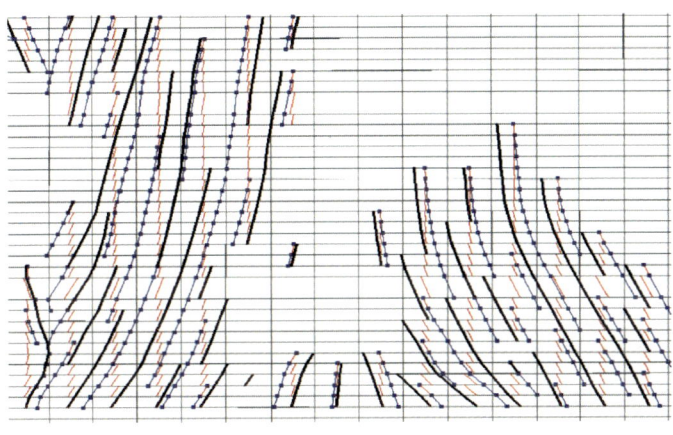

图 3-4-7　不同连接搜索方向的层内裂缝重构结果（俯视图）
红色线—地震解释得到的局部裂缝单元；蓝色线，黑色线—从下而上、从上到下搜索连接方向的结果

层内连接主要遵循两个机制：（1）由于裂缝元认为是局部网格中的裂缝信息，因此沿着裂缝元延伸的方向，只允许裂缝元在网格内部平移，不穿越网格边界；（2）为了保证裂缝的光滑性，符合物理含义，连接裂缝元之间的方位角夹角必须小于某一个门槛角度（如一般可设为 30°）。

由于裂缝元允许在所在地层网格中平移，因此不同的搜索方向会带来不同的裂缝连接路径，进而可能导致不同的裂缝重构。然而由于连接的策略是，保证裂缝在相对较小的局部区域内搜寻最优连接对象，因此不同连接搜索方向生成的裂缝仅会在平面上有一个较小的平移，而不会有大差异。

2）裂缝纵向重构

裂缝元纵向连接是指相邻层之间裂缝元的连接。由于裂缝元只反映层内信息，如前文所述将其假设为垂直平面，对于真实地层而言，裂缝是具有一定倾角的，倾角信息就反映在相邻层裂缝元之间的平面位移上。

裂缝的纵向重构是通过插入多边形连接上下相邻两层间裂缝来实现。与层内重构类似，裂缝纵向重构主要遵循以下两个机制：（1）为了保持裂缝纵向上的光滑性，插入裂缝倾角最大为优先连接裂缝元，同时确保插入的连接裂缝倾角不小于某个值（如一般可设为 70°）；（2）为了防止距离过远的两裂缝元连接，连接的两裂缝之间距离不小于某一个值，例如被连接裂缝元的半长。

裂缝的方位角决定了局部裂缝单元的方位，通过成像测井校定，将裂缝密度与局部裂缝单元的开度对应起来，并消除断层带或测量误差等导致的异常值。每一个局部裂缝单元都映射到对应的背景地质网格中，其尺度由地震数据的分辨率决定。由于裂缝方位角以及密度只是局部区域的属性，因此这样的处理是合理的。

通过前文提出的连接策略，在进行完裂缝单元横向和纵向连接之后，便完成了整个离散裂缝重构工作，图 3-4-8 为原始裂缝密度场与重构裂缝密度场的对比，整体重建效果比较好。

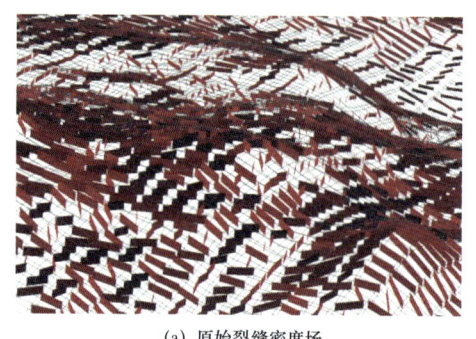

(a) 原始裂缝密度场　　　　　　　　(b) 重构裂缝密度场

图 3-4-8　原始裂缝密度场与重构裂缝密度场的对比图

红色—层内裂缝；黄色—纵向插入裂缝

二、考虑不确定性参数的地质建模方法

油气储量是指油气藏内储存油气的体积，其可以逐级分解为地层体积、储层体积、孔隙体积、有效孔隙体积和含气体积。利用三维地质模型计算储量简单易行，常规地质建模通常用构造、砂地比、变差函数、有限厚度下限值和油气水界面 5 个参数作为储量计算的控制因素。由于资料有限，对这些参数的认识往往存在不确定性，为了更加准确地表征地下储层的分布，采用数理统计方法对地质模型进行不确定性评价。

该方法包括 7 个步骤：

（1）多参数不确定性分析。基于地震、测井和地质等资料分析，获得影响储量的各参数不确定性范围。

（2）试验设计。对多参数进行试验设计，目的是从大量的可能模型中抽取最少的模型来描述所有可能的结果。

（3）建立三维地质模型。根据试验设计方案，采用随机建模方法，建立三维地质模型。

（4）储量不确定性分析。用已实现模型进行储量计算，运用主要不确定性因素和储量进行响应曲面拟合。该响应曲面为一个多项式方程，用来代替地质建模过程，进行蒙特卡洛法概率储量计算。

（5）储层连通性评价。应用单相三维流线模拟，进行可采储量计算，同样拟合不确定性因素与可采储量的多项式方程，进行蒙特卡洛概率可采储量计算。

（6）随机模型优选。综合地质储量和可采储量及其发生的概率，优选出乐观、悲观和期望的模型实现，作为油气藏数值模拟的基础。

（7）开发指标风险预测。

根据上述步骤，可有效实现生成多个模型，并在此基础上分析各参数间相互影响关系以及敏感性分析。

三、敏感性参数分析方法

不确定性量化是地质问题中常见的决策风险评估方法，即如何基于不确定性信息做决策以及风险评估。敏感性分析是不确定性量化中的一个方面，主要是对参数敏感性进行分析，具体方法流程如下：

（1）确定参数范围及分布，根据经验或同级规律确定不确定参数的分布。常见的分布有正态分布、均匀分布、三角分布等。

（2）参数随机采样，对每一因素进行采样。常用的采样方法有等间距采样、蒙特卡洛纯随机采样、拉丁超立方采样、正交阵列采样等。

（3）模拟计算，使用上一步每种因素的结果数值，进行模拟或者计算。根据需要进行储量计算或油气藏数值模拟。

（4）求取模拟结果，对每一组不确定参数的储量计算或模拟结果进行统计，求取对应结果的分布范围。

（5）确定敏感参数，按照分布范围进行分类，分布范围越大则表明所对应的参数对该结果敏感性越强。

上述方法中关于储量计算及油气藏数值模拟的敏感性分析，具体步骤过程如下：

（1）筛选影响模型的关键不确定性参数，包括变差函数、气水界面、孔隙度下限。

（2）结合气藏工程经验及区块基础资料，给出各参数变化区间及可能的分布模式。

（3）结合计算资源及项目需求，确定要采取的实现个数。

（4）使用正交阵列采样选择每个实现对应的参数组合。

（5）并发运行全部实现（建模过程或数模过程），自动提取计算结果（储量、产能、采收率等）。

（6）绘制交叉检验图或龙卷风图。

第五节　裂缝性致密砂岩储层多重介质水侵机理

一、基于有限体积的多重介质流动模型建立

克拉苏超深超高压气藏地质特征复杂，纳米—微米级别的孔隙、复杂天然—人工裂缝网络、层内断层等不同尺度的介质共存。由于不同介质中流体的运移规律、流态差异大，其分布特征将显著影响介质间耦合渗流过程，进而影响开采动态。本书将该类储层简化为非连续多重介质模型，通过划分为多个相互独立、不叠置的单元，单元的分布与多重介质的实际空间分布相对应。不同单元代表不同介质，单元间的流动即介质间的窜流，用以体现多重介质间复杂渗流。

非连续多重介质模型是采用一套单元体彼此相邻但属性参数及流动特征突变的系统，因此模型中的每个单元需对应相应的流动方程表征。尽管不同单元的渗流机理不同、流

态不同，但流动方程的通式可以表示为：

$$\sum_{j=1}^{N}\varepsilon_{i,j}\left(\rho_{p}\boldsymbol{v}_{p}\right)_{j,i}+q_{pi}^{W}=\frac{\partial}{\partial t}\left(V\phi\sum_{p}S_{p}\rho_{p}X_{cp}\right)_{i} \quad (3-5-1)$$

式中　下标 i, j——编号为 i 和 j 的单元体；

下标 p——相态；

$\varepsilon_{i,j}$——单元体 i 与单元体 j 间的几何算子；

V——网格体积；

ϕ——孔隙度；

ρ_p, q_{pi}, S_p, $\boldsymbol{v}_p$——相密度、相流量、相饱和度、相流速；

X_{cp}——组分 c 在 p 相中的摩尔分数。

当储层介质以大裂缝（F）、小裂缝（f）、基质孔隙（M）三重介质进行描述时，可相应建立非连续三重介质模型。

1. 非连续多重介质有限体积渗流数学方程

1）孔隙介质（M）

气组分渗流方程：

$$\sum_{J=1}^{n_3}\varepsilon_{J,M}\left(\rho_{g}\boldsymbol{v}_{g}+\rho_{gd}\boldsymbol{v}_{w}\right)_{J,M}+q_{gM}^{W}=\frac{\partial}{\partial t}\left[V\phi\left(\rho_{g}S_{g}+\rho_{gd}S_{w}\right)\right]_{M} \quad (3-5-2)$$

式中，下标 J 代表三种介质中的某一种；下标 g，w 和 gd 分别表示气相、水相和溶解气相。

水组分渗流方程：

$$\sum_{J=1}^{n_4}\varepsilon_{J,M}\left(\rho_{w}\boldsymbol{v}_{w}\right)_{J,M}+q_{wM}^{W}=\frac{\partial}{\partial t}\left(V\phi S_{w}\rho_{w}\right)_{M} \quad (3-5-3)$$

2）小裂缝介质（f）

气组分渗流方程：

$$\sum_{J=1}^{n_2}\varepsilon_{J,f}\left(\rho_{g}\boldsymbol{v}_{g}+\rho_{gd}\boldsymbol{v}_{w}\right)_{J,f}+q_{of}^{W}=\frac{\partial}{\partial t}\left[V\phi\left(\rho_{g}S_{g}+\rho_{gd}S_{w}\right)\right]_{f} \quad (3-5-4)$$

水组分渗流方程：

$$\sum_{J=1}^{n_2}\varepsilon_{J,f}\left(\rho_{w}\boldsymbol{v}_{w}\right)_{J,f}+q_{of}^{W}=\frac{\partial}{\partial t}\left(V\phi S_{w}\rho_{w}\right)_{f} \quad (3-5-5)$$

3）大裂缝介质（F）

气组分渗流方程：

$$\sum_{J=1}^{n_1}\varepsilon_{J,F}\left(\rho_{g}\boldsymbol{v}_{g}+\rho_{gd}\boldsymbol{v}_{w}\right)_{J,F}+q_{oF}^{W}=\frac{\partial}{\partial t}\left[V\phi\left(\rho_{g}S_{g}+\rho_{gd}S_{w}\right)\right]_{F} \quad (3-5-6)$$

水组分渗流方程：

$$\sum_{J=1}^{n_1} \varepsilon_{J,\mathrm{F}} \left(\rho_{\mathrm{w}} \boldsymbol{v}_{\mathrm{w}}\right)_{J,\mathrm{F}} + q_{\mathrm{wF}}^{\mathrm{W}} = \frac{\partial}{\partial t} \left(V \phi S_{\mathrm{w}} \rho_{\mathrm{w}}\right)_{\mathrm{F}} \quad (3-5-7)$$

以上各式中，n_1，n_2 和 n_3 分别表示与流动有关、与小裂缝有关、与孔隙有关的网格数。

2. 考虑复杂流动机理的多重介质渗流模型构建

1）不同机理作用下多重介质流体交换模型

（1）不同介质间的传导率计算模型。

不同尺度多重介质间流体交换量的计算模型由不同介质流动能力的大小和不同渗流机理对流动能力的影响两部分组成：

$$\varepsilon_{i,j}\left(\rho_p \boldsymbol{v}_p\right)_{i,j} = \left(\frac{A_{i,j}\boldsymbol{n}_{i,j}}{L_{i,j}} K_{i,j}\right) \sum_p \left[\frac{\rho_p X_{cp} K_{rp}}{\mu_p}\left(\Phi_i - \Phi_j\right)_p\right] = C_{i,j} F_{i,j} \quad (3-5-8)$$

式中　$A_{i,j}$——i，j 网格接触面面积；

$\boldsymbol{n}_{i,j}$——i，j 网格接触面法向量；

$L_{i,j}$——i，j 网格中心距离；

$K_{i,j}$——i，j 网格平均绝对渗透率；

K_{rp}——p 相相对渗透率；

μ_p——p 相黏度；

Φ——压力势；

$C_{i,j}$——不同介质单元体间传导率；

$F_{i,j}$——不同渗流机理对流动能力影响的函数。

不同介质流动能力的大小通过传导率表征。由于非连续多重介质模型中，介质、流体以及流体的流动都是非连续的，不同介质具有不同的几何特征和属性参数，因此为了体现介质的几何和属性特征，建立如下不同介质单元体间传导率计算模型：

$$C_{i,j} = \frac{A_{i,j}\boldsymbol{n}_{i,j}}{L_{i,j}} K_{i,j} \quad (3-5-9)$$

（2）不同流动机理下流体流动能力的计算模型。

基质孔隙、大尺度裂缝和小尺度裂缝各介质之间流体交换存在受启动压力梯度影响的黏滞作用和渗吸作用等特殊机理，表现为高速非线性流、拟线性流和低速非线性流，因此建立不同流动机理下流体流动能力的计算模型，该模型能够描述不同流动机理对介质间流体交换的影响。

$$F_{i,j} = \sum_p \left[\frac{\rho_p X_{cp} K_{rp}}{\mu_p}\left(\Phi_i - \Phi_j\right)_p\right] \quad (3-5-10)$$

① 不同尺度孔隙介质间流体交换机理模型。

a. 拟线性渗流下：当气、水在孔隙介质间流动的压力梯度介于拟线性临界压力梯度和高速非线性临界压力梯度之间，其流态为拟线性渗流，流体流动项具体表达式为：

$$(F_{拟线性,c})_{mi,Mj} = \sum_p \left\{ \frac{\rho_p X_{cp} K_{tp}}{\mu_p} \left[(p_{mi} - \rho g D_{mi}) - (p_{Mj} - \rho g D_{Mj}) - G_{c,mi,Mj} \right]_p \right\} \quad (3-5-11)$$

$$G_{c,m,M} = c(L_{ni} + L_M) \quad (3-5-12)$$

式中　p——压力；
　　　g——重力加速度；
　　　D——网格深度；
　　　G_c——拟线性渗流启动压力梯度；
　　　c——启动压力梯度系数；
　　　L——网格质心到网格接触面中心距离。

其中，下标 $p=w, g$；下标 c 代表组分；下标 m 和 M 代表不同尺度的孔隙介质；mi 和 Mj 代表相邻的孔隙介质编号。

b. 低速非线性渗流下：当气、水在孔隙介质间流动的压力梯度大于启动压力梯度且小于拟线性临界压力梯度，其流态为受启动压力梯度影响的低速非线性渗流，流体流动项具体表达式为：

$$(F_{启动,c})_{mi,Mj} = \sum_p \left\{ \frac{\rho_p X_{cp} K_{tp}}{\mu_p} \left[(p_{mi} - \rho g D_{mi}) - (p_{Mj} - \rho g D_{Mj}) - G_{a,mi,Mj} \right]_p^{n^*} \right\} \quad (3-5-13)$$

$$G_{a,mi,M} = a(L_{mi} + L_{MM}) \quad (3-5-14)$$

式中　n^*——低速非线性指数；
　　　G_a——低速非线性启动压力梯度；
　　　a——启动压力梯度系数；
　　　L_{mi}——介质 m 中网格 i 裂缝间距，m；
　　　L_{MM}——介质 M 网格 M 裂缝间距，m。

c. 渗吸作用下：储层流体在不同尺度孔隙介质间流动受渗吸作用影响，体现在水相（下标 w 表示）的流体流动项具体形式为：

$$(F_{渗吸,w})_{mi,Mj} = \frac{\rho_w K_{rw}}{\mu_w} \left[(p_{g,mi} - p_{g,Mj}) + \rho_w g(D_{mi} - D_{Mj}) - (p_{cgw,mi} - p_{cgw,Mj}) \right] \quad (3-5-15)$$

式中　p_{cgw}——气水毛细管力。

② 基质与不同尺度裂缝间流体交换机理模型。

a. 拟线性渗流下：当基质中油、气向裂缝流动的压力梯度介于拟线性临界压力梯度和高速非线性临界压力梯度之间，流态为拟线性渗流，流体流动项具体形式为：

$$(F_{\text{拟线性},c})_{mi,f(F)j} = \sum_p \left\{ \frac{\rho_p X_{cp} K_{rp}}{\mu_p} \left[(p_{mi} - \rho g D_{mi}) - (p_{f(F)j} - \rho g D_{f(F)j}) - G_{c,mi,f(F)j} \right]_p \right\}$$

(3-5-16)

$$G_{c,mi,f(F)j} = c(L_{mi} + L_{(f)Fj})$$ (3-5-17)

式中 $D_{f(F)j}$——F 介质 j 网格扩散系数，m²/s；

$G_{c,mi,f(F)j}$——m 介质 i 网格与 F 介质 j 网格间启动压力梯度，MPa/m；

c——拟线性启动压力梯度系数；

L_{mi}——介质 m 网格 i 裂缝间距，m；

$L_{(f)Fj}$——介质 F 网格 j 裂缝间距，m。

b. 低速非线性流下：当基质中油、气向裂缝流动的压力梯度大于启动压力梯度且小于拟线性临界压力梯度，流态为受启动压力梯度影响的低速非线性渗流，流体流动项具体形式为：

$$(F_{\text{启动},c})_{mi,f(F)j} = \sum_p \left\{ \frac{\rho_p X_{cp} K_{rp}}{\mu_p} \left[(p_{mi} - \rho g D_{mi}) - (p_{f(F)j} - \rho g D_{f(F)j}) - G_{a,mi,f(F)j} \right]_p^{n^*} \right\}$$

(3-5-18)

$$G_{a,mi,f(F)j} = a(L_{mi} + L_{(f)Fj})$$ (3-5-19)

c. 渗吸作用下：储层流体在基质、裂缝介质间流动受渗吸作用影响，体现在水相的流体流动项具体形式为：

$$(F_{\text{渗吸},w})_{mi,f(F)j} = \frac{\rho_w K_{rw}}{\mu_w} \left[(p_{g,mi} - p_{g,f(F)j}) - \rho_w g(D_{mi} - D_{f(F)j}) - (p_{cgw,mi} - p_{cgw,f(F)j}) \right]$$

(3-5-20)

③ 不同尺度裂缝间流体交换机理模型。

a. 高速非线性流下：当人尺度裂缝间气、水两相流体渗流的压力梯度大于高速非线性临界压力梯度，流态为高速非线性渗流，流体流动项具体形式为：

$$(F_{\text{高速},c})_{fi,Fj} = F_{\text{ND}} \sum_p \left\{ \frac{\rho_p X_{cp} K_{rp}}{\mu_p} \left[(p_{fi} - \rho g D_{fi}) - (p_{Fj} - \rho g D_{Fj}) \right]_p \right\}$$ (3-5-21)

式中 F_{ND}——高速非达西系数。

b. 拟线性渗流下：当小尺度裂缝内气、水两相流体向大尺度裂缝渗流的压力梯度介于拟线性临界压力梯度和高速非线性临界压力梯度之间，流态为拟线性渗流，流体流动项具体形式为：

$$(F_{\text{拟线性},c})_{fi,Fj} = \sum_p \left\{ \frac{\rho_p X_{cp} K_{\text{rp}}}{\mu_p} \left[(p_{fi} - \rho g D_{fi}) - (p_{Fj} - \rho g D_{Fj}) - G_{c,fi,Fj} \right]_p \right\} \quad (3\text{-}5\text{-}22)$$

$$G_{c,f,Fj} = c(L_{fi} + L_{Fj}) \quad (3\text{-}5\text{-}23)$$

c. 低速非线性渗流下：当裂缝间气、水两相流体渗流的压力梯度大于启动压力梯度且小于拟线性临界压力梯度，流态为受启动压力梯度影响的低速非线性渗流，流体流动项具体形式为：

$$(F_{\text{启动},c})_{fi,Fj} = \sum_p \left\{ \frac{\rho_p X_{cp} K_{\text{rp}}}{\mu_p} \left[(p_{fi} - \rho_p g D_{fi}) - (p_{Fj} - \rho_p g D_{Fj}) - G_{a,fi,Fj} \right]_p^{n^*} \right\} \quad (3\text{-}5\text{-}24)$$

$$G_{a,f,Fj} = a(L_{fi} + L_{Fj}) \quad (3\text{-}5\text{-}25)$$

d. 渗吸作用下：储层流体在不同尺度裂缝介质间流动受渗吸作用影响，体现在水相的流体流动项具体形式为：

$$(F_{\text{渗吸},w})_{fi,Fj} = \frac{\rho_w K_{\text{rw}}}{\mu_w} \left[(p_{w,fi} - p_{w,f(F)j}) - \rho_w g(D_{fi} - D_{Fj}) - (p_{\text{cgw},fi} - p_{\text{cgw},Fj}) \right] \quad (3\text{-}5\text{-}26)$$

2）不同介质与井筒间流体交换模型

在衰竭式开采过程中井筒附近压力急剧下降，压裂、注入过程中压力急剧上升，导致裂缝与基质参数动态变化剧烈，流态变化大。基于达西流动的流体交换模型和常规的井指数计算方法，通常不考虑渗流机理和储层物性的动态变化，因此无法对近井地带的流动进行精确描述。为了准确描述复杂渗流机理和流固耦合效应对井指数及产能影响，建立储层介质与井筒耦合模型如下：

气组分

$$q_g^W = \text{WI} \left[\rho_g \frac{K_{\text{rg}}}{\mu_g} (\Phi_g - \Phi^W) + \rho_{gd} \frac{K_{\text{rw}}}{\mu_w} (\Phi_w - \Phi^W) \right] \quad (3\text{-}5\text{-}27)$$

水组分

$$q_w^W = \text{WI} \rho_w \frac{K_{\text{rw}}}{\mu_w} (\Phi_w - \Phi^W) \quad (3\text{-}5\text{-}28)$$

式中 q^W——井筒流量，m^3/d；

WI——井指数，$mD \cdot m$。

在储层介质与井筒耦合模型中，井指数代表水平井的几何特征和周围油气藏物性对产能的影响，是描述水平井筒与油气藏间流体交换的一个至关重要的参数，其计算模型如下：

$$\text{WI} = \frac{2\pi K L_{\text{eff}}}{\ln\left(\dfrac{r_e}{r_w}\right) + S} \quad (3\text{-}5\text{-}29)$$

式中 L_{eff}——井筒在网格中的有效长度，m；
　　r_e——网格块 i 的等效半径，m；
　　r_w——井筒半径，m；
　　S——表皮系数。

(1) 考虑不同介质属性动态变化的产量模型。

在压裂、注、采等过程中，井筒附近不同介质内部的流体压力大幅度降低或者升高，不同尺度的孔隙及裂缝介质发生不同程度的形变，导致其物性参数（孔隙度、渗透率）发生动态变化，引起井指数变化，进而影响渗流和生产动态。该过程可由以下模型表示：

① 大尺度裂缝属性参数动态变化下的产量模型。由于流体压力的变化，大尺度裂缝受支撑剂失效等因素的影响，易发生变形或闭合，导致裂缝的几何参数、物性参数发生变化，大尺度裂缝与井筒间的井指数有大幅度的变化，计算模型为：

$$q_{c,\text{F}}^{\text{W}} = \text{WI}_{\text{F}} \left(K_{\text{F}_0} e^{-\alpha_{\text{F}}(p_e - p_{\text{F}})} \right) \sum_p \left\{ \frac{K_{rp} \rho_p X_{cp}}{\mu_p} \left[\Phi_{\text{F}} - \Phi^{\text{W}} \right]_p \right\} \quad (3\text{-}5\text{-}30)$$

$$\text{WI}_{\text{F}} = \frac{2\pi K_{\text{F}} L_{\text{eff,F}}}{\ln\left(\dfrac{r_e}{r_w}\right) + S} \quad (3\text{-}5\text{-}31)$$

式中 K_{F_0}——参考压力下的渗透率；
　　α——应力敏感系数。

② 小尺度裂缝介质属性参数动态变化下的产量模型。由于小尺度裂缝易发生变形或闭合，因此需要考虑压敏效应对小尺度裂缝与井筒耦合流动的影响，计算模型为：

$$q_{c,\text{f}}^{\text{W}} = \text{WI}_{\text{f}} \left[K_{\text{f}_0} e^{-\alpha_{\text{f}}(p_e - p_{\text{f}})} \right] \sum_p \left\{ \frac{K_{rp} \rho_p X_{cp}}{\mu_p} \left[\Phi_{\text{f}} - \Phi^{\text{W}} \right]_p \right\} \quad (3\text{-}5\text{-}32)$$

$$\text{WI}_{\text{f}} = \frac{2\pi K_{\text{f}} L_{\text{eff,f}}}{\ln\left(\dfrac{r_e}{r_w}\right) + S} \quad (3\text{-}5\text{-}33)$$

③ 基质孔隙介质属性参数动态变化下的产量模型。不同尺度的孔隙喉道易发生收缩变形，需要考虑压敏效应对基质与井筒耦合流动的影响，计算模型为：

$$q_{c,\text{m}}^{\text{W}} = \text{WI}_{\text{m}} \left[K_{\text{m}_0} e^{-\alpha_{\text{m}}(p_e - p_{\text{m}})} \right] \sum_p \left\{ \frac{K_{rp} \rho_p X_{cp}}{\mu_p} \left[\Phi_{\text{m}} - \Phi^{\text{W}} \right]_p \right\} \quad (3\text{-}5\text{-}34)$$

$$\text{WI}_{\text{m}} = \frac{2\pi K_{\text{m}} L_{\text{eff,m}}}{\ln\left(\dfrac{r_e}{r_w}\right) + S} \quad (3\text{-}5\text{-}35)$$

(2)考虑不同介质与井筒间流动机理的产能模型。

致密储层中不同尺度孔隙介质与井筒间的流体交换存在受启动压力梯度影响的黏滞作用、渗吸作用等特殊机理，表现为拟线性流和低速非线性流。生产后期，在低渗透率、低压条件下，气体受滑脱效应和扩散作用影响明显，当地层压力降至吸附气临界解吸压力以下时，吸附气由吸附态转化为游离态，发生解吸作用。

① 基质孔隙介质与井筒间流体交换计算模型。

a. 拟线性渗流下：当基质中气、水向井筒流动的压力梯度介于拟线性临界压力梯度和高速非线性临界压力梯度之间，流态为拟线性渗流，计算模型为：

$$(q_{\text{拟线性},c})^W = WI \sum_p \left\{ \left(\frac{K_{rp}\rho_p}{\mu_p}\right)_{mi} X_{cp} \left[(p_{p,i} - \rho_p g D_i) - (p^W - \rho_p g D^W) - G_{c,mi}^{W} \right] \right\}$$

(3-5-36)

$$G_{c,mi}^{W} = c(L_{mi} + L^W)$$

(3-5-37)

b. 低速非线性渗流下：当基质中气、水向井筒流动的压力梯度大于启动压力梯度且小于拟线性临界压力梯度，流态为受启动压力梯度影响的低速非线性渗流，计算模型为：

$$(q_{\text{启动},c})^W = WI \sum_p \left\{ \left(\frac{K_{rp}\rho_p}{\mu_p}\right)_{mi} X_{cp} \left[(p_{p,mi} - \rho_p g D_{mi}) - (p^W - \rho_p g D^W) - G_{a,mi}^{W} \right]^{n^*} \right\}$$

(3-5-38)

$$G_{a,mi}^{W} = a(L_{mi} + L^W)$$

(3-5-39)

c. 渗吸作用下：储层流体在基质与井筒间流动受渗吸作用影响，体现在水相的计算模型为：

$$(q_{\text{渗吸},w})^W = WI \left\{ \left(\frac{K_{rw}\rho_w}{\mu_w}\right)_{mi} \left[(p_{g,mi} - p_g^W) - \rho_w g(D_{mi} - D^W) - (p_{cgw,mi} - p_{cgw}^W) \right] \right\}$$

(3-5-40)

d. 滑脱效应下：在低渗透率、低压情况下，气体向井筒流动受滑脱效应影响的计算模型为（相邻两个网格的滑脱因子 b 以及临界压力 p_{mi} 相等的情况下）：

$$(q_{\text{滑脱},c})^W = WI \sum_p \left\{ \left(\frac{K_{rp}\rho_p}{\mu_p}\right)_{mi} X_{cp} \left(1 + \frac{b}{p_{mi}}\right) \left[(p_{p,mi} - \rho_p g D_{mi}) - (p^W - \rho_p g D^W) \right] \right\}$$

(3-5-41)

e. 扩散作用下：在低渗透率、低压情况下，气体向裂缝流动受扩散作用的计算模型为（相邻两个网格的扩散系数相等的情况下）：

$$(q_{扩散,c})^W = \text{WI} \sum_p \left\{ \left(\frac{K_{rp}\rho_p}{\mu_p}\right)_{mi} X_{cp} \left(1 + \frac{32\sqrt{2}\sqrt{RT}\mu g}{3r\sqrt{\pi M}p_{mi}}\right) \left[(p_{p,mi} - \rho_p g D_{mi}) - (p^W - \rho_p g D^W)\right] \right\}$$

（3-5-42）

f. 解吸作用下：当地层压力降至解吸压力以下时，气体发生解吸作用，计算模型为：

$$q_{解吸,g} = \left(\frac{\rho_g \rho_R}{t} \frac{V_L}{1+bp_g}\right)_m$$

（3-5-43）

式中　b，V_L——兰格缪尔压力系数。

② 小尺度裂缝与井筒间流体交换计算模型。储层小尺度裂缝发育，与不同压裂模式下的人工裂缝组成复杂裂缝网络，流体在小尺度裂缝与井筒的流体交换过程中的流动机理和流态有较大差异，表现为高速非线性流、拟线性流和低速非线性流等多种流态。

a. 拟线性渗流下：当小尺度裂缝内气、水两相流体向井筒渗流的压力梯度介于拟线性临界压力梯度和高速非线性临界压力梯度之间，流态为拟线性渗流，计算模型为：

$$(q_{拟线性,c})^W = \text{WI} \sum_p \left\{ \left(\frac{K_{rp}\rho_p}{\mu_p}\right)_{fi} X_{cp} \left[(p_{p,i} - \rho_p g D_i) - (p^W - \rho_p g D^W) - G_{c,fi}^W\right] \right\}$$

（3-5-44）

$$G_{c,fi}^W = c\left(L_{fi} + L^W\right)$$

（3-5-45）

b. 低速非线性渗流下：当小尺度裂缝与井筒间气、水两相流体渗流的压力梯度大于启动压力梯度且小于拟线性临界压力梯度，流态为受启动压力梯度影响的低速非线性渗流，计算模型为：

$$(q_{启动,c})^W = \text{WI} \sum_p \left\{ \left(\frac{K_{rp}\rho_p}{\mu_p}\right)_{fi} X_{cp} \left[(p_{p,fi} - \rho_p g D_{fi}) - (p^W - \rho_p g D^W) - G_{a,fi}^W\right]^{n^*} \right\}$$

（3-5-46）

$$G_{a,fi}^W = a\left(L_{fi} + L^W\right)$$

（3-5-47）

c. 渗吸作用下：储层流体在小尺度裂缝介质与井筒间流动受渗吸作用影响，体现在水相的计算模型为：

$$(q_{渗吸,w})^W = \text{WI} \left\{ \left(\frac{K_{rw}\rho_w}{\mu_w}\right)_{fi} \left[(p_{g,fi} - p_g^W) - \rho_w g(D_{fi} - D^W) - (p_{cgw,fi} - p_{cgw}^W)\right] \right\}$$

（3-5-48）

③ 大尺度裂缝与井筒间流体交换计算模型。裂缝性致密气藏中大尺度裂缝发育，流体在大尺度裂缝中的流动的机理和流态有较大差异，表现为高速非线性流、拟线性流和低速非线性流等多种流态。

a. 高速非线性流下：当大尺度裂缝与井筒间气、水两相流体渗流的压力梯度大于高速非线性临界压力梯度，流态为高速非线性渗流，计算模型为：

$$(q_{\text{高速},c})^W = WI\sum_p \left\{ F_{ND}\left(\frac{K_{rp}\rho_p}{\mu_p}\right)_{Fi} X_{cp}\left[\left(p_{p,Fi} - \rho_p g D_{Fi}\right) - \left(p^W - \rho_p g D^W\right)\right]\right\}$$

（3-5-49）

b. 拟线性渗流下：当大尺度裂缝内气、水两相流体向井筒渗流的压力梯度介于拟线性临界压力梯度和高速非线性临界压力梯度之间，流态为拟线性渗流，计算模型为：

$$(q_{\text{拟线性},c})^W = WI\sum_p \left\{\left(\frac{K_{rp}\rho_p}{\mu_p}\right)_{Fi} X_{cp}\left[\left(p_{p,Fi} - \rho_p g D_{Fi}\right) - \left(p^W - \rho_p g D^W\right) - G_{c,Fi}^W\right]\right\}$$

（3-5-50）

$$G_{c,Fi}^W = c\left(L_{Fi} + L^W\right)$$

（3-5-51）

c. 低速非线性渗流下：当大尺度裂缝与井筒间气、水两相流体渗流的压力梯度大于启动压力梯度且小于拟线性临界压力梯度，流态为受启动压力梯度影响的低速非线性渗流，计算模型为：

$$(q_{\text{启动},c})^W = WI\sum_p \left\{\left(\frac{K_{rp}\rho_p}{\mu_p}\right)_{Fi} X_{cp}\left[\left(p_{p,Fi} - \rho_p g D_{Fi}\right) - \left(p^W - \rho_p g D^W\right) - G_{a,Fi}^W\right]^{n^*}\right\}$$

（3-5-52）

$$G_{a,Fi}^W = a\left(L_{Fi} + L^W\right)$$

（3-5-53）

此外，不同阶段不同介质的渗流机理随着压力水平及压力梯度的变化而发生转变，可以根据流态自动识别进行分析、计算。

二、复杂非线性渗流数学模型高效矩阵生成及求解

1. 非结构化网格剖分

1）多尺度裂缝表征

储层中裂缝的表征参数可分为定性参数、定量参数和物性参数，其中定性参数包括裂缝的性质、组系、充填性和形态等；定量参数包括裂缝的产状（方位角、倾角）与几何参数，如长度、高度、开度等；物性参数包括裂缝的孔隙度、渗透率等。

多重介质裂缝表征参数处理如下：对大尺度裂缝进行离散化处理，以大尺度裂缝为几何约束剖分非结构网格，高精度原样建模，准确描述裂缝的强非均质性；对中尺度裂缝，进行双孔隙度、双渗透率等效（Warren et al., 1963; Kazemi 等, 1976; Thomas 等, 1983; Bourbiaux 等, 1998），将相关参数等效至裂缝网格；对小尺度裂缝等效到基质网格，增强基质属性（图 3-5-1）。该方法既保留了不同尺度离散裂缝模型的渗流特性，又保证了计算效率（图 3-5-2）。

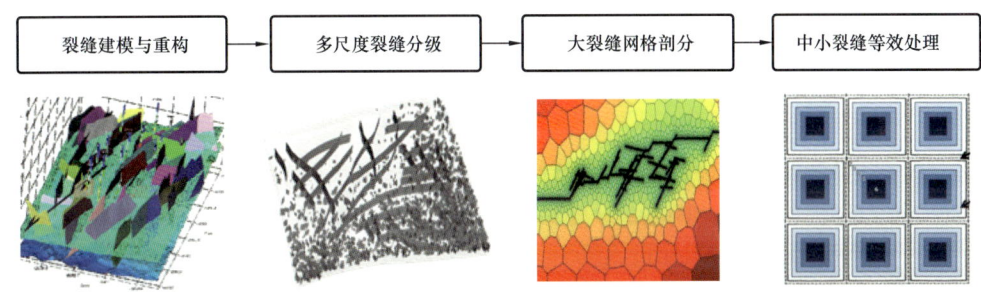

图 3-5-1 离散裂缝模型分尺度表征处理

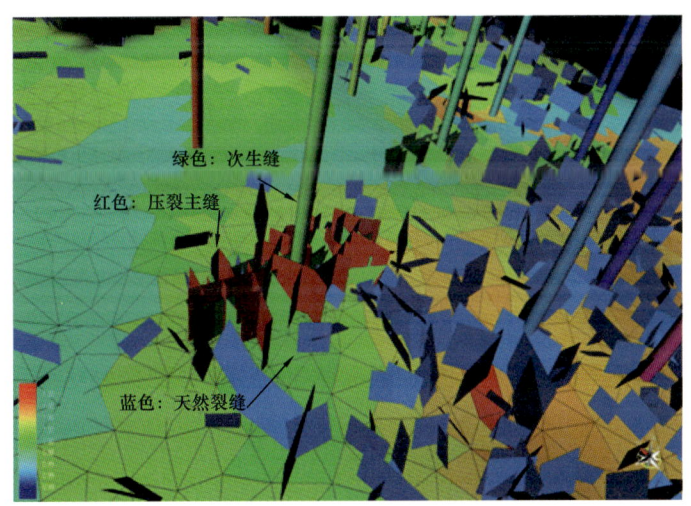

图 3-5-2 多尺度离散裂缝表征

2）基于非结构化的网格生成

根据裂缝面的几何特征、裂缝与基质的接触关系进行非结构化网格剖分，形成基质—裂缝混合型网格系统，即离散裂缝模型（DFM）。离散裂缝模型实现了对每条裂缝的精确描述，可以体现裂缝作为强流动通道的特殊性（图 3-5-3），其压力及流体分布特征能准确体现裂缝的超强非均质性，大幅提高精度（Sarda 等, 2002）。

非结构化网格模型生成的难点在于任意形状网格之间的传导率计算。对于任意控制体，流量公式可以写作：

$$Q_{i,j} = T_{i,j} \lambda \left(p_i - p_j \right) \quad (3\text{-}5\text{-}54)$$

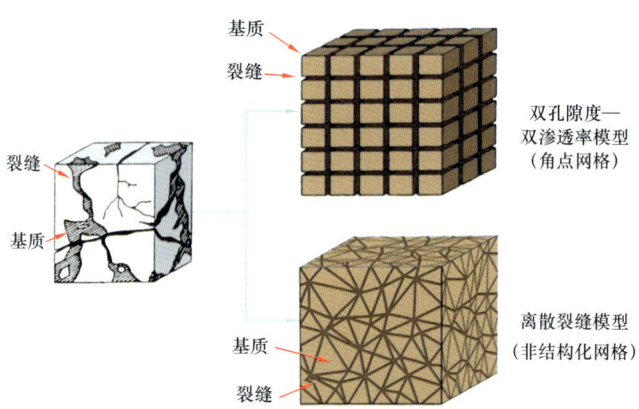

图 3-5-3 离散裂缝模型与双孔隙度—双渗透率模型对比

式中 $Q_{i,j}$——单位时间中从网格块 i 到网格块 j 的流量，m³/d；

p_j——网格块压力，MPa；

$T_{i,j}$——传导率，只与网格和多孔介质属性有关，mD·m；

λ——流度，与流体属性有关，mD/（mPa·s）。

由于非结构网格的控制体形状多样，相邻两个网格之间难以恒定正交，$T_{i,j}$ 难以直接确定，因此采用非结构控制体积有限差分方法近似处理两点之间流体流动（Sarma 等，2004），借助邻接面构造网格 i 与网格 j 之间的传导率关系（图 3-5-4）。其中，各节点（黑点）为控制体几何形状的中点，区别于其他方法将外心（垂直平分线的交点）作为网格的几何节点。

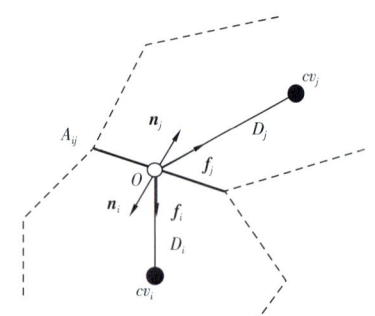

图 3-5-4 基质—基质传导率计算示意图

根据达西定律，假设在每个网格内部，压力梯度方向沿着网格控制点与公共边（或公共面）形心连线的方向，自邻接面 A_{ij} 流入网格 i 的体积流量为：

$$Q_{i,0} = K_i \frac{k_r}{\mu_i} \frac{A_{ij}}{D_i} \boldsymbol{n}_i \boldsymbol{f}_i (\Phi_0 - \Phi_i) \qquad (3\text{-}5\text{-}55)$$

自网格 i 入邻接面 A_{ij} 的体积流量为：

$$Q_{0,j} = K_j \frac{k_r}{\mu_j} \frac{A_{ij}}{D_j} \boldsymbol{n}_j \boldsymbol{f}_j (\Phi_j - \Phi_0) \qquad (3\text{-}5\text{-}56)$$

由流量守恒可知 $Q_{i,0}=Q_{0,j}$，忽略网格 i 与网格 j 之间的流体性质的变化，即：

$$K_i \frac{k_r}{\mu_i} \frac{A_{ij}}{D_i} \boldsymbol{n}_i \boldsymbol{f}_i (\Phi_0 - \Phi_i) = K_j \frac{k_r}{\mu_j} \frac{A_{ij}}{D_j} \boldsymbol{n}_j \boldsymbol{f}_j (\Phi_j - \Phi_0) \qquad (3\text{-}5\text{-}57)$$

令 $\alpha = A \dfrac{K}{D} \boldsymbol{n} \boldsymbol{f}$，整理得到网格 i 与网格 j 之间的体积流量交换为：

$$Q_{i,j} = \frac{\alpha_i \alpha_j}{\alpha_i + \alpha_j} \frac{k_r}{\mu_i} \left[\Phi(p)_j - \Phi(p)_i \right] \qquad (3\text{-}5\text{-}58)$$

从而，任意形状的基质网格 i 与网格 j 之间的传导率为一个与变量无关、仅与网格的几何形状和多孔介质属性有关的参数：

$$T_{i,j} = \frac{\alpha_i \alpha_j}{\alpha_i + \alpha_j} \qquad (3\text{-}5\text{-}59)$$

$$\alpha = A \frac{K}{D} \boldsymbol{nf} \qquad (3\text{-}5\text{-}60)$$

2. 非线性渗流数学模型高效矩阵生成及求解

1) 全隐式牛顿迭代

根据是否同时求解独立变量，非线性方程组求解算法分为顺序求解算法和全隐式联立求解算法（FIM）。顺序求解算法应用最广泛的为 IMPES 方法，该方法的传导率由上一个时间步给出，隐式求解当前时间步的压力，之后根据当前时间步压力显式求解当前时间步的饱和度和组分摩尔分数。IMPES 方法简单而且便于求解，但只有饱和度和摩尔分数变量在一个时间步内变化缓慢时才有效，否则会出现解的收敛性问题。相比而言，FIM 方法能够在较大的时间步长条件下保证计算的收敛性与精度，因此更加适用于求解大规模的非线性方程组。对于任意某一时刻 t，在下一个时间步的离散方程组可以统一的写作：

$$\boldsymbol{F}\left(\boldsymbol{x}^{t+\Delta t}\right) = \boldsymbol{0} \qquad (3\text{-}5\text{-}61)$$

式中，$\boldsymbol{F}$ 为方程的余项向量，$\boldsymbol{x}$ 为独立变量向量。应用 Newton-Raphson 方法，将非线性系统线性化，得：

$$\boldsymbol{J}\delta\boldsymbol{x} = -\boldsymbol{F} \qquad (3\text{-}5\text{-}62)$$

其中，$\boldsymbol{J}$ 为全变量体系雅可比矩阵，表示为：

$$\boldsymbol{J} = \left(\frac{\partial \boldsymbol{F}}{\partial \boldsymbol{x}}\right)^n \qquad (3\text{-}5\text{-}63)$$

$\delta\boldsymbol{x}$ 为迭代步 n 与 $n+1$ 之间的变量值增量：

$$\delta\boldsymbol{x} = \boldsymbol{x}^{n+1} - \boldsymbol{x}^n \qquad (3\text{-}5\text{-}64)$$

对线性方程式（3-5-64）进行求解，可得到 $\delta\boldsymbol{x}$ 的值，进而得到新的迭代步值 $\boldsymbol{x}^{n+1}$。如果收敛判据式（3-5-65）满足，迭代停止，模拟进入下一个时间步。否则，将 $\boldsymbol{x}^{n+1}$ 作为初始变量 $\boldsymbol{x}^n$，继续迭代直至收敛。

$$\left|\frac{\delta\boldsymbol{x}}{\boldsymbol{x}}\right|_{\max} < \varepsilon \qquad (3\text{-}5\text{-}65)$$

2）全变量体系雅可比矩阵构建

在线性化过程中，一个最重要的过程就是建立全变量雅可比矩阵 J，J 的建立是通过守恒方程、相平衡方程和约束方程对所有变量求偏导数实现的。除守恒方程中流动项之外，其他各项都仅对自身网格的变量有偏导数，而与其他网格无关，在雅可比矩阵上表现为非流动项偏导数的非零项仅存在于对角位置。流动项中各个物理属性采用迎风网格的属性，因此流动项对邻接网格变量的偏导可以不为零，具体表现为雅可比矩阵的上三角或下三角位置为非零矩阵。

如图 3-5-5 为两个邻接网格 m 和 n 之间流动示意（$m<n$），令流动方向为 m 至 n，即 m 为上游网格。计算流动通量 F_{mn} 时选用 m 网格的物理属性，所以 n 网格守恒方程对 m 网格变量的偏导不为零。遍历每一个计算网格，就可以得到整个系统的累计、源汇项雅可比矩阵 J_{ac}。同样，遍历每个连接，就可以建立整个系统流动项的雅可比矩阵 J_F。两个矩阵求和，最终可以得到全雅可比矩阵 J，矩阵中包含对角元素 $Diag$ 以及上对角元素 $offD\_A$ 和下对角元素 $offD\_B$。

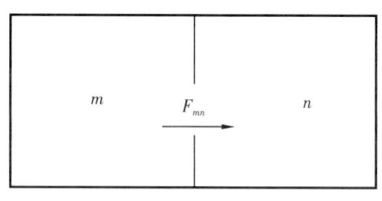

图 3-5-5　网格流动示意图

$$J_{m,n} = J_{Ac,mn} + J_{F,mn} = \begin{bmatrix} \dfrac{\partial F_{Ac_m}}{\partial x_m} & \cdots & 0 \\ \vdots & \ddots & \vdots \\ 0 & \cdots & \dfrac{\partial F_{Ac_n}}{\partial x_n} \end{bmatrix} + \begin{bmatrix} -\dfrac{\partial F_{mn}}{\partial x_m} & \cdots & 0 \\ \vdots & \ddots & \vdots \\ \dfrac{\partial F_{mn}}{\partial x_m} & \cdots & 0 \end{bmatrix}$$

$$= \begin{bmatrix} J_{Diag\_m} & \cdots & J_{offD\_A} \\ \vdots & \ddots & \vdots \\ J_{offD\_B} & \cdots & J_{Diag\_n} \end{bmatrix}$$

（3-5-66）

从式（3-5-66）可以看出，构造出的全雅可比矩阵 J 是一个呈条带状分布的稀疏矩阵，如图 3-5-6 所示。矩阵的结构比较清晰，可以明显地划分为仅与本网格变量相关的对角部分，以及与连接相关的上对角部分和下对角部分，采用三个向量对矩阵进行存储，存储时只需要考虑矩阵中的非零元素。对角元素存储按照网格顺序存储，上对角和下对角存储向量按照连接顺序填充。这种存储方式一方面大大降低了存储空间，另一方面可以便于接下来的矩阵提取与线性求解操作。

针对多重介质、求解变量、网格类型等因素导致矩阵规模大、形态复杂的特点，形成了高效矩阵生成技术，对多变量实行块压缩存储，对气藏和多井进行分区存储；形成了具有预处理功能的高效矩阵求解技术，能够将复杂结构矩阵转化为简单易求解的等价系统，大大提高了求解的速度和精度。

3）线性方程组求解

线性方程组统一表示为：

$$Ax = b$$

（3-5-67）

式中 **A**——实系数矩阵；

x——未知变量的向量；

b——已知向量。

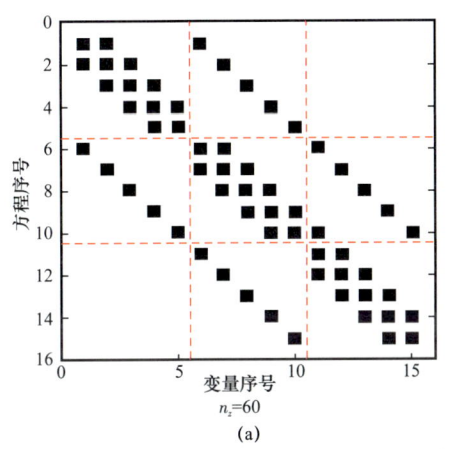 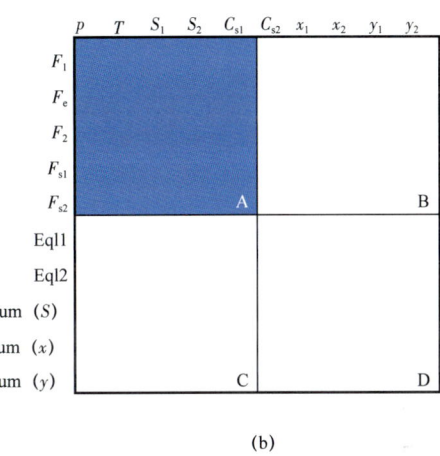

图 3-5-6　Jacobian 矩阵结构（a）与对角网格内元素（b）

p—压力；T—温度；S_1—气相饱和度；S_2—液相饱和度；C_{s1}—固相 1 浓度；C_{s2}—固相 2 浓度；x_1—组分 1 在气相中的比例；x_2—组分 2 在气相中的比例；y_1—组分 1 在液相中的比例；y_2—组分 2 在液相中的比例；F_1—可流动相组分 1 质量守恒方程；F_e—能量守恒方程；F_2—可流动相组分 2 质量守恒方程；F_{s1}—固相组分 1 质量守恒方程；F_{s2}—固相组分 2 质量守恒方程；Eql1，Eql2—次级方程 2；sum(S)，sum(x)，sum(y)—限制性方程；sum(y)—各组分在液相中比例之和；sum(x)—各组分在气相中比例之和；sum(S)—各相饱和度之和；n_z—网格数

系数矩阵 **A** 是稀疏的，并且主对角占优。求解该大型线性系统时，一般采用 Krylov 子空间算法，其基本思想是构造一个 m 维的 Krolov 子空间 K^m：

$$K^m(\boldsymbol{A},\boldsymbol{r}_0)=\mathrm{span}\left(\boldsymbol{r}_0,\boldsymbol{A}\boldsymbol{r}_0,\boldsymbol{A}^2\boldsymbol{r}_0,\cdots,\boldsymbol{A}^{m-1}\boldsymbol{r}_0\right) \quad (3\text{-}5\text{-}68)$$

以及另一个 m 维空间 L^m，使得残差满足 Petrov-Galerkin 条件：

$$\boldsymbol{r}^m=\boldsymbol{b}-\boldsymbol{A}\boldsymbol{x}^m\perp L^m \quad (3\text{-}5\text{-}69)$$

其中，$\boldsymbol{r}_0$ 为在迭代初值 $\boldsymbol{x}_0$ 时的残差向量，$\boldsymbol{x}^m$ 为式（3-5-67）在 K^m 子空间内的近似解，有：

$$\boldsymbol{x}^m=\boldsymbol{x}^0+K^m \quad (3\text{-}5\text{-}70)$$

当残差范数收敛到最小时，即可以得到式（3-5-67）的精确解。根据 K^m 和 L^m 选取方法的不同，可以得到多种类型的算法。广义极小残差法（GMRES）由于具有良好的计算效率以及数值稳定性，被认为是一种"最优"方法。该方法应用 Arnoldi 过程构建了 K^m 空间的一组标准正交基 $\boldsymbol{V}^m=[\boldsymbol{v}_1,\boldsymbol{v}_2,\boldsymbol{v}_3,\cdots,\boldsymbol{v}_m]$，该过程中产生：

$$\boldsymbol{A}\boldsymbol{V}^m=\boldsymbol{V}^{m+1}\bar{\boldsymbol{H}}^m \quad (3\text{-}5\text{-}71)$$

式中　$\bar{\boldsymbol{H}}^m$——上 Hessenberg 矩阵，且 $\bar{\boldsymbol{H}}^m\in R^{(m+1)\times m}$。

极小残差法在 K^m 空间确定向量 $\boldsymbol{\theta}_m=\boldsymbol{V}_m\boldsymbol{y}$，使得 $\boldsymbol{r}^m$ 范数最小。令 $\beta=\|\boldsymbol{r}_0\|_2$，$\boldsymbol{v}_1=\boldsymbol{r}_0/\|\boldsymbol{r}_0\|_2$，则有：

$$\begin{aligned} r^m &= b - Ax^m \\ &= b - A(x_0 + \theta^m) \\ &= b - Ax_0 - AV^m y \\ &= r_0 - AV^m y = V^{m+1}(\|v_1\|e_1 - \bar{H}^m y) \end{aligned} \quad （3-5-72）$$

其中 e_1 为单位向量。由于 V^{m+1} 为正交矩阵，可知：

$$s = \|r^m\|_2 = \|b - Ax\|_2 = \|\beta e_1 - \bar{H}^m y\|_2 \quad （3-5-73）$$

极小化 $\|\beta e_1 - \bar{H}^m y\|_2$ 时的解得 y^m。最后，GMRES 所求得近似解即为：

$$x^m = x^0 + V^m y^m \quad （3-5-74）$$

理论上，当 $m=n$ 时，就能得到精确解。但是随着维度的增加，迭代正交化过程中存储和计算开销明显增加。Saad 和 Schultz 提出了 GMRES 重启算法，即在初始估计 x^0 开始，进行 m 阶 GMRES 算法后，将 x^m 作为新的估计重新执行 GMRES 流程，直至残差范数达到精度要求（如 $s/\|b\|_2 \leq \varepsilon$，$\varepsilon$ 为收敛精度）。通过这种处理，一般在很少的循环后，残差就能降到可以接受的范围。

与其他 Krylov 子空间算法一样，特征值分布对 GMRES 的收敛性影响较大。当特征值分布较分散时，收敛速度就会非常缓慢甚至停滞。此时需要采用预条件算法改变初始矩阵的特征值分布，使其特征值分布更加集中。预条件算法首先选取一个非奇异矩阵的预条件矩阵 M，将式（3-5-67）转化成以下等价形式：

$$Ax=b \Leftrightarrow \begin{cases} M^{-1}Ax = M^{-1}b & \text{左预条件} \\ AM^{-1}Mx = b & \text{右预条件} \end{cases} \quad （3-5-75）$$

M 的形态并不是任意的。首先，M 必须某种程度上与 A 近似。另外，关于 M 的线性系统 $Mx=b$ 更易于求解。这就要求 $M^{-1}A$ 的特征值数量较少并分布集中，能在较少的迭代次数下收敛。根据以上两点要求，可以推知对线性系统 $Ax=b$ 粗糙化后的系统 $A^*x^*=b^*$ 对应的矩阵 A^* 都可以作为预条件矩阵，所以求解算法都可作为预条件算法。但数值实验证明，稳定高效的预处理算法比较有限。储层模拟中常见的预处理算法包括代数多重网格法（AMG）、不完全 LU 分解（ILU）、嵌套分解法以及约束压力残量法（CPR）等。CPR 方法被认为是最高效稳定的预处理方法。该方法从方程体系的构成出发，分两步进行预处理：第一步从全耦合矩阵 A 中提取出压力矩阵，并利用 AMG 方法求解，从而消除了压力变量带来的低频误差；第二步对 A 使用 ILU 方法，消除其他变量带来的高频误差。通过以上研究形成了适合于非线性渗流的 CPR 预处理重启 GMRES 求解算法，实现了速度和精度大幅度提升。

三、裂缝性致密砂岩储层水侵机理

利用以上多重介质渗流模型，开展裂缝性致密砂岩气藏气水两相条件下的流动特征模拟,揭示了复杂气藏的气水两相渗流机理,立体展示了地层水在断层、裂缝网络中非均匀快速突进,造成气藏分割形成水封气,从而导致气藏采收率降低的水侵过程。

1. 边水沿裂缝水侵机理

假设井位于构造中高部位,区块整体裂缝相对较发育,裂缝延伸较远,与外围的有利储层连通性较好。气井采用定产降压的方式生产,生产过程中水侵前缘存在部分地层水沿着大裂缝快速横侵的现象,地层水到达井周后气井见水,产水量快速上升,水淹区存在较多的剩余气(图3-5-7)。

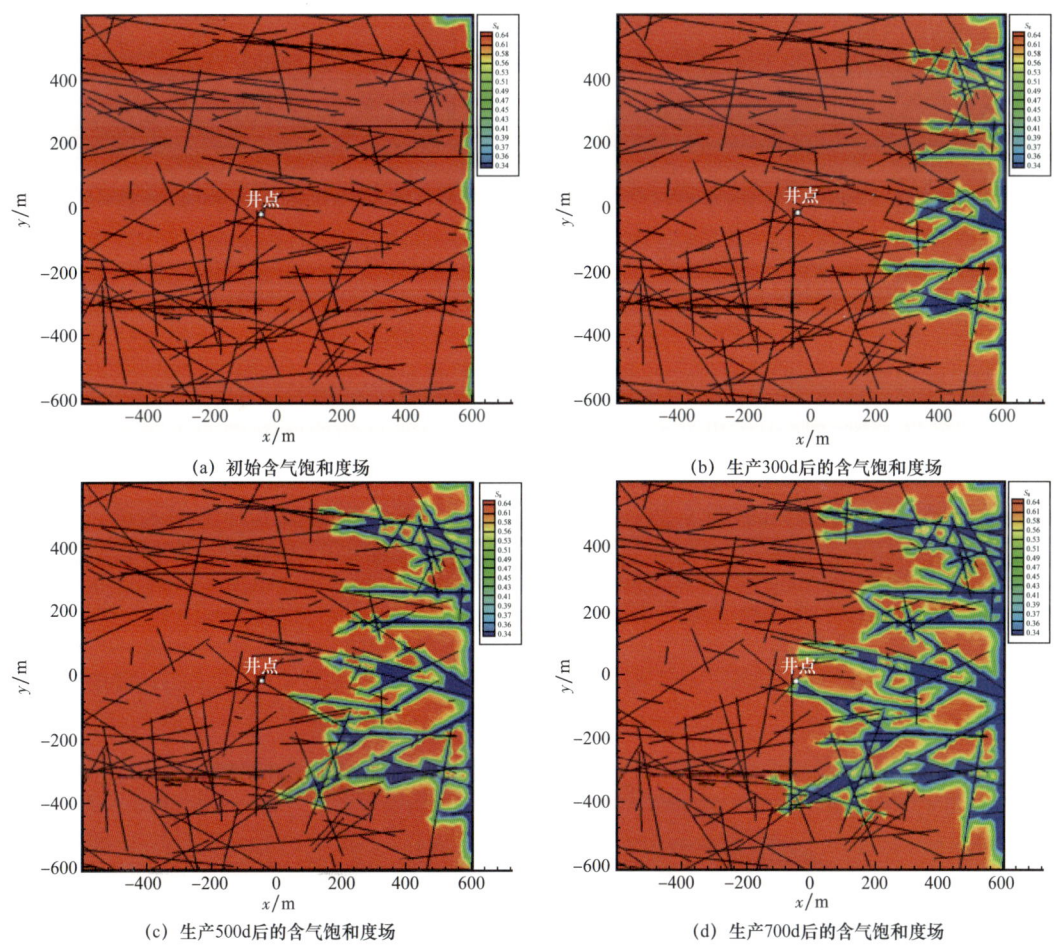

图 3-5-7　边水气藏气井不同生产时间下含水饱和度预测结果图

2. 底水沿裂缝水侵机理

假设井位于构造高部位,区块整体裂缝相对不发育,但局部裂缝较为发育,裂缝延伸不远,与外围的有利储层连通性差。与底水连通的裂缝是底水入侵的直接通道,假设某气井周边有三处天然裂缝与底水沟通,模拟结果表明,在生产过程中地层水会沿着沟通底水的天然裂缝快速上窜，导致气井过早见水，水侵路径以外的基质中存在大量剩余气未被动用（图3-5-8）。

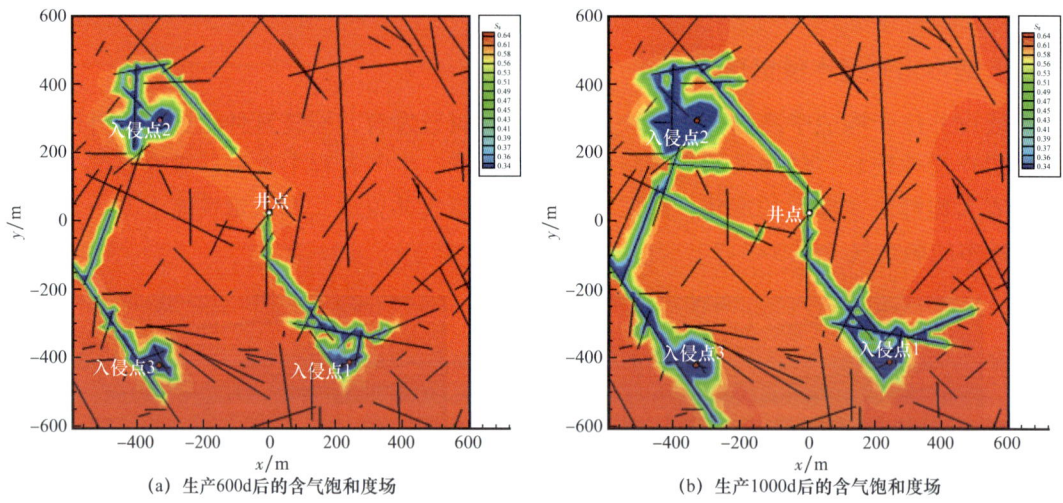

图3-5-8　底水气藏气井不同生产时间下含水饱和度预测结果图

由于裂缝分布不均匀，气井在生产过程中，裂缝不发育的区域基质供气较差，储量动用较差，气水界面抬升较慢，而裂缝发育区域气水界面抬升较快，气藏不同区域的水侵差异较大。

当裂缝性致密储层中多重介质共存时，断层、裂缝及基质间的渗透率级差大，导致渗流特征差异也大。气井在生产过程中，地层水优先沿着大断层和裂缝突进，其次才是中小尺度裂缝的水侵，气井见水后，由于水侵堵塞了裂缝中天然气产出的通道，同时水侵补充了大断层及裂缝中的压力，与基质岩块的压力平衡后，大量剩余气被封隔在基质岩块中而难以动用（图3-5-9）。

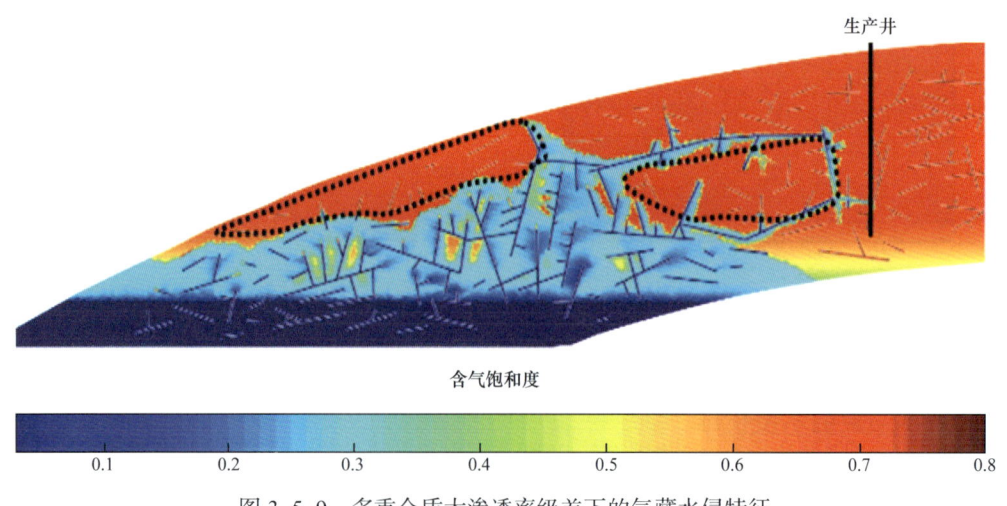

图3-5-9　多重介质大渗透率级差下的气藏水侵特征

第六节　裂缝性致密砂岩气藏开发技术对策

裂缝性致密砂岩气藏地质条件复杂，采收率影响因素多，影响机理复杂，明确裂缝性致密砂岩气藏采收率影响因素、制订合理的开发技术对策对于指导气藏高效开发具有重要意义。

通过影响水侵及采收率的机理研究，结合已开发气藏动态特征，提出了裂缝性致密砂岩气藏新的开发理念和合理开发技术对策。

一、布井方式

早期投产的克深 2 区块，由于对渗流机理等认识不清，基本是采用常规面积井网部署方式，对储量控制程度较高，但边部一线井见水后在生产压差的作用下沿断裂、裂缝迅速水窜，加快了高部位气井见水，气藏开发效果较差。

研究结果表明，采用整体轴线均匀布井，边部气井距离边底水更近，单井避水高度小，相同采气规模下边部气井见水时间提前，地层水一旦侵入气藏内部将快速向构造高部位非均匀突进，从而影响高部位气井的生产，气藏最终采收率只有 35% 左右；而采用高部位轴线集中布井，气井避水高度都较高，整体见水时间较晚，将会延长气井的无水采气期和气藏的稳产期，气藏采收率可达 40% 以上。

由于气藏的整体连通性较好，在存在边底水情况下，生产井部署应结合裂缝发育特征，在内含气边界内择优部署，确保高产的同时避免边底水的快速锥进，延长稳产期。研究表明，对弱边水突发构造样式的气藏，应在"占高点、沿长轴、避断层、避边水"的布井原则基础上，采用气藏整体相对均匀布井的方式（边部气井距离气水边界 2~3km，井距 2km 以上）；对于叠瓦冲断构造样式的气藏，应在"占高点、沿长轴、打前锋、避低洼、避断层、避边底水、避叠置"的布井原基础上，针对短轴背斜气藏，且当两翼基本无边底水时气藏可以采用"Z"字形井网，提高储量的平面动用程度，实现均衡开发；而针对边底水发育的气藏则采用高部位集中布井的方式（边部气井距离气水边界 3~5km，井距 1km 左右），尽量远离气水界面，确保气水界面处压力场均匀稳定（图 3-6-1）。

二、开发井型

根据克拉苏气藏储层厚度及裂缝发育特征，分别设计直井开发、水平井开发效果对比，水体大小均为 5 倍、采气速度均为 2%，预测气藏开发期末采收率。

对于在缝网发育的裂缝模式下，气藏水平井的水平段长度大，具有泄气面积大、压差小、见水晚等优势。研究结果表明，在采气速度相同情况下，直井生产压差为 5MPa，而水平井生产压差仅 0.4MPa，部署水平井开发可有效降低近井压降，延缓边底水上升速度，整体见水时间较直井晚，气藏采收率较直井提高 10% 以上。因此，水平井较直井开发的优势更大，避水、控水、提高采收率效果更明显。

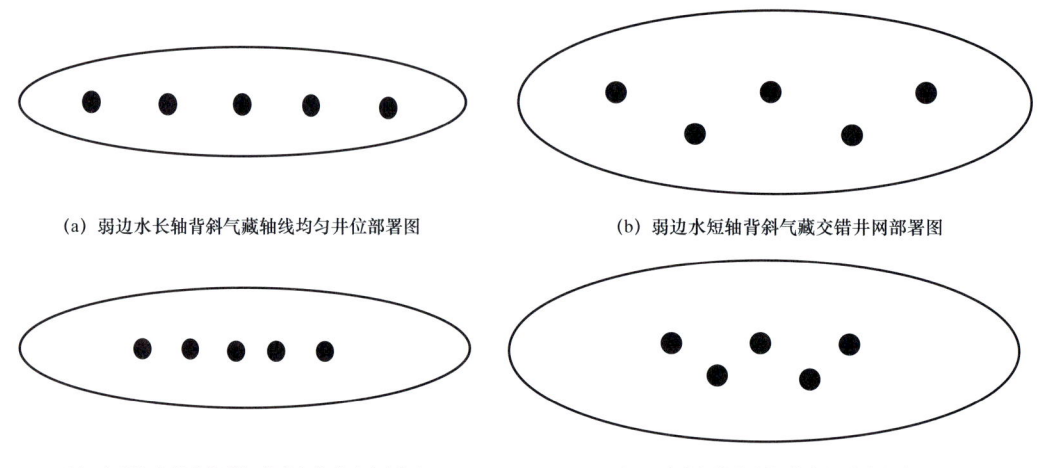

图 3-6-1　不同强度水体边水气藏井位部署图

储层的动用程度对提高采收率至关重要，对储层较厚的砂岩气藏（大于 200m），采用常规直井、斜井开采，可保证较高的采收率，能够满足产量要求；对储层较薄的砂岩气藏（小于 100m），采用水平井钻遇储层厚度是直井的 2 倍左右，单井产量较直井可提高 1.5 倍，气藏采收率较直井提高 2%～3%。

因此对边底水发育的砂岩气藏，采用水平井开采，一方面可以大幅增加井筒与储层的接触面积，更大范围地沟通储层天然裂缝，单井产量较直井可提高 1.5～2.0 倍；另一方面，根据储层纵向裂缝发育规律，水平段部署在距离气层顶部高度的 10%～20% 处时可增加避水厚度和产能，延长无水采气期，取得较高的开发效果。克深 10 区块采用水平井开发较直井开发气藏稳产期延长 2 年，废弃压力低 3MPa，采收率提高 2.37%（表 3-6-1）。

表 3-6-1　克深 10 区块水平井与直井开发指标计算对比表

井型	采气速度/%	生产井数/口	稳产期/a	废弃压力/MPa	气藏采收率/%
直井	2.0	12	8	46	40.16
水平井	2.0	8	10	43	42.53

三、采气速度和单井配产

由于气藏断裂系统发育，易引起地层水的非均质侵入，采气速度对气藏开发的影响非常大。克拉苏 10 余个已开发气藏动态分析和数值模拟研究表明，突发构造弱边水气藏采收率受采气速度的影响相对较小，合理的采气速度可以达到 3% 左右；幅度相对较高、气藏储量规模大、水体倍数较小的边水气藏采气速度可以控制在 2%～3%。

从单井角度，综合考虑出砂、见水等风险因素，采用差异化配产策略，对距离边水近、裂缝不发育、生产压差大或者断层发育区域井尽量降低气井配产，降低气井因出砂、见水导致的风险，而构造高部位、裂缝发育均质性好、生差压差小的气井可以适当提高产能，确保气藏地下压力场整体均匀、气水界面推进相对稳定。

四、防控水对策

为研究不同排水时机对气藏开发效果的影响，分别设计气井见水后即关井、见水后即主动排水的两种模型进行模拟。两种模型采气速度均为2%、水体大小均为5倍、气藏幅度均为500m。

研究结果表明，边部气井见水后，如直接关井，地层水将进一步沿着断层或裂缝快速推进，影响高部位井的生产，最终气藏采收率仅30%左右[图3-6-2（a）]；而见水早期在来水通道及时排水、尽量保持侵入量和排量平衡的情况下，能较好地抑制边底水的推进，延长高部位气井的稳产期，大幅改善开发效果，采收率可达到40%以上[图3-6-2（b）]。

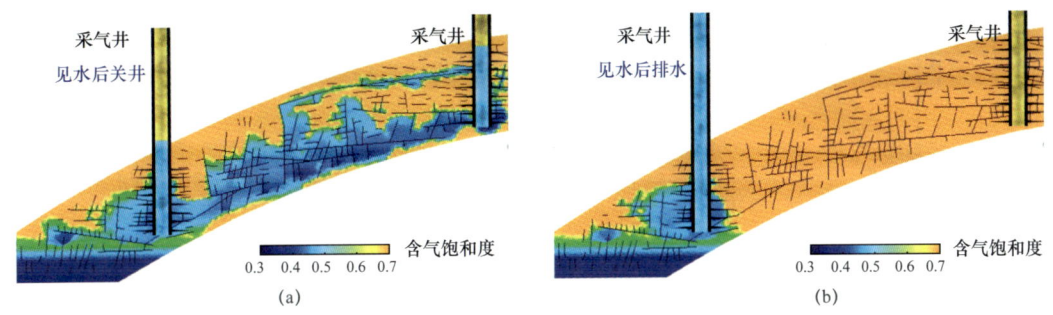

图3-6-2 不同排水时机下含气饱和度对比图

由于早期对地层水侵入的机理不明确，克深2区块和大北1区块的单井配产均过高且没有考虑水的治理问题，造成了气藏过快水侵，开发效果急剧变差。根据不同类型气藏水侵机理研究成果，明确以下防控水对策：

（1）对突发构造弱边水气藏，由于水体能量相对较弱、气井带水能力强，可在高部位相对均匀部署开发井，提高控制程度，气井见水后带水生产也可取得较高的采收率。

（2）对于气藏幅度高、水体能量相对较弱的气藏，早期利用天然能量在构造的边部主动排水，可尽量延缓地层水的侵入速度。

（3）对于边底水发育、水体倍数较大的气藏，水体能量相对较强，水侵量较大，应该采用控制采气速度的方式进行控水，结合断层、裂缝的发育等情况选择性开展排水、堵水措施。

以大北12区块为例，该区块属于突发构造，受断层封闭，静态水体约1.31倍，气藏幅度622m，研究表明，与早期不排水相比，早期利用天然能量在构造边部主动排水，废弃压力可下降9MPa，气藏采收率可提高10%以上（表3-6-2，图3-6-3）。

可以看出，不论是增加井位部署提高整体带水能力、早期边部主动排水，还是控制合理采气速度，都是要立足早期主动治水，以控制地层水不进入气藏或者相对均匀缓慢进入气藏为原则，从而确保气藏获得较高的采收率。

表 3-6-2 大北 12 区块不排水与排水开发指标对比表

治水对策	采气速度/%	生产井数/口	排水井/口	稳产期/a	废弃压力/MPa	气藏采收率/%
不排水	2.2	13	0	6	45	37.26
排水	2.2	13	4	11	36	51.62

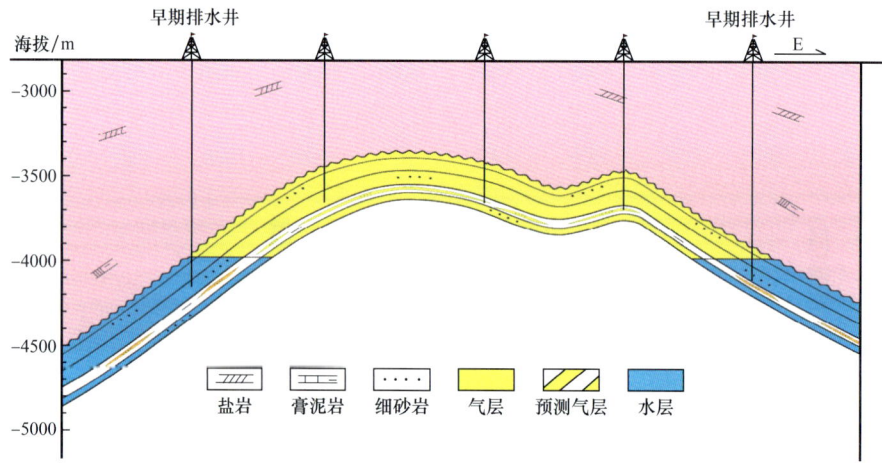

图 3-6-3 大北 12 气藏早期边部排水示意图

第四章 超深裂缝性致密砂岩气藏精准布井技术

克拉苏超深超高压气井单井投资大,要实现高效开发,必须走少井高产之路。但由于地面及地下条件复杂,气藏甜点预测困难,导致早期开发井成功率低、高产井比例低,难以实现储量的高效动用。近年来,通过地面高密度与井中 Walkaway-VSP 高精度地震数据采集处理、三维地应力建模及裂缝分布预测、井网优化部署等核心技术的攻关,提高了构造建模和解释的精度,明确了构造样式及有效裂缝发育规律,确定了不同构造样式下的布井原则,基于压力传播前缘追踪方法定量优选布井潜力区,实现了井位的高效部署。

第一节 山地深层复杂构造精细描述技术

库车坳陷地表、地下构造均较复杂,地表风化严重、多岩性并存致使地震反射信号弱且噪声能量强,信噪比问题突出,构造模式复杂致使速度场极其复杂,严重影响偏移成像精度。早期的地震技术基本满足了山前缓阶带的勘探开发需求,但对于地表山体陡峭、地下逆冲断裂更为发育的陡阶带,仍然存在信号照明强度不够甚至信号盲区问题,构造难以得到准确落实。针对该难题,"十三五"期间,通过采集山地高密度三维地震数据提高地下复杂构造照明强度和均匀度,采用 Walkaway-VSP 地震技术从井中视角进一步解决逆掩叠置区地面地震信号盲区的问题,在多域联合去噪、精细速度建模及偏移方法优选方面创新形成多项特色配套技术,实现了"真"地表山地叠前深度偏移方法的规模应用,大幅提高了地震资料品质和成像精度,较好地满足了气田开发需求(汪海阁等,2017)。

一、高密度宽方位三维地震数据采集技术

"十二五"期间,克拉苏构造带部署了大面积连片三维地震,炮道密度在 22 万次 /km^2 左右,观测方位在 0.2 左右,整体属于低密度窄方位三维地震,对落实构造模式相对简单的缓阶带圈闭特征发挥了重要作用,但无法满足地表为高大山体、地下为逆掩叠置构造的陡阶带的圈闭描述需求。"十三五"期间,物探科研人员通过库车复杂构造区模型正演分析研究,逐渐认识到:要解决山前陡阶带复杂构造成像问题,必须通过高密度宽方位三维地震数据采集技术提高地震资料品质,从而满足盐下深层复杂断块的照明强度及整体速度建场需求(撒利明等,2016)。

1. 超深复杂构造高密度宽方位三维观测技术背景

库车坳陷克拉苏构造带在发现了克拉气田、迪那气田和大北气田之后,地震勘探也

由山前构造模式相对简单的缓阶带转向地表为高大山体、地下为逆掩叠置构造的陡阶带区域。随着研究的不断深入，科研人员发现了这样一个现象：中浅层较为平缓的区域，地震资料的信噪比和成像都基本满足勘探开发需求，但是在浅层构造模式复杂的区域，对应的深部目的层的地震资料信噪比和构造成像往往存在较大问题。因此，如何提高陡阶带深部目的层地震资料品质，改善构造成像效果，关键问题在于中浅层地震资料对深部目的层成像的影响。

以克深5区块为例，过KeS5井地震地质解释成果建立正演模型，包括深层地质模型和近地表模型，其中深层模型来自地质研究成果，近地表模型来自以往测线调查到的表层结构数据。根据构造特征将浅层划分出3个单元块［图4-1-1（a）］，用于分析浅层速度建场误差对深部目的层的影响。对该模型进行波动方程正演模拟，得到了叠前深度偏移剖面［图4-1-1（b）］。

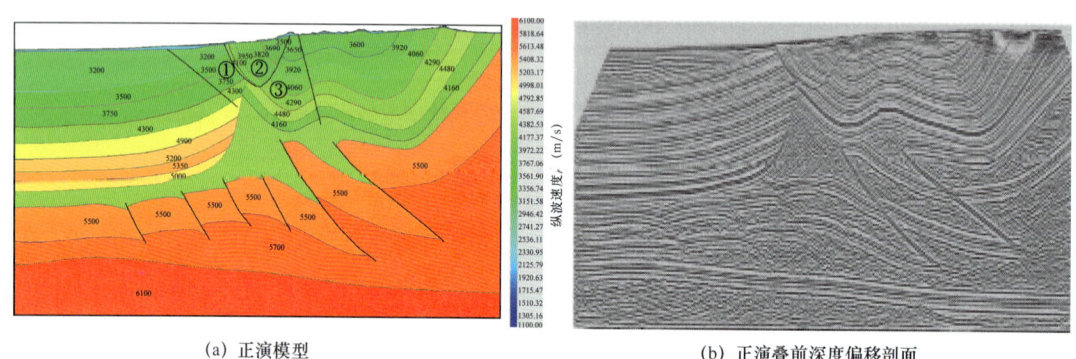

(a) 正演模型　　　　　　　　(b) 正演叠前深度偏移剖面

图4-1-1　过KeS5井构造正演模型及叠前深度偏移剖面
①②③——单元块

1）浅层单个单元块速度误差对深层成像的影响

图4-1-2是单元块①在不同速度误差的叠前深度偏移剖面。当单元块①速度误差为±5%时，深层构造形态及断裂刻画基本不受影响；当速度误差达到±10%时，深层构造轮廓基本完整，但断裂刻画受到影响；当速度误差达到±20%时，深层构造及断裂特征难以描述。因此，为准确刻画深层构造特征，浅层单元块①速度误差精度不应超过±10%。

同样，针对另外两个地震单元块②③进行分析，得到了相似的结论。

2）浅层整体存在速度误差对深层成像的影响

为进一步搞清整体浅层速度误差对深层成像的影响，设计了浅层三个单元块速度同时变化的两种方案：方案一是单元块①②③的速度误差分别为+5%、-5%和+5%，方案二是单元块①②③的速度误差分别为-5%、+5%和-5%。与准确速度模型的叠前深度偏移剖面［图4-1-3（a）］对比，在浅层三个单元块速度同时变化情况下，速度误差达到±5%时，深层成像就会发生明显变化，轮廓不清，构造形态变异，成像出现杂乱特征，断裂更难以刻画，由此证实：高陡浅层整体较小的速度误差也会对深层成像造成较大的影响。

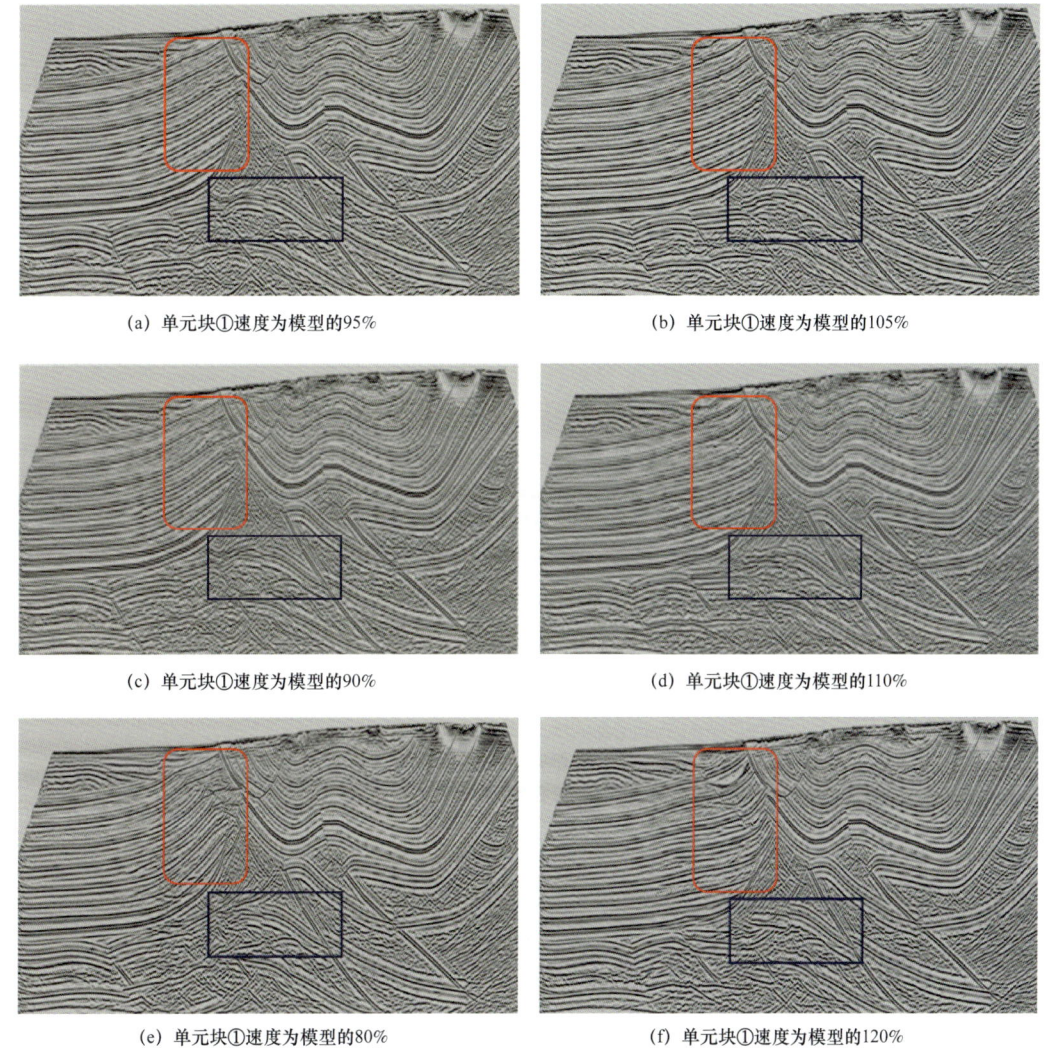

图 4-1-2 库车山地复杂构造模型单元块①不同速度误差时叠前深度偏移剖面

根据以上研究结论,在浅层构造模式复杂的区域,要解决超深复杂构造勘探难题,需要兼顾浅中深层,搞清全层系构造模式及断裂系统,"浅—中—深"一体化速度建模,特别是搞准高陡浅层的速度场,最终才能实现超深复杂构造的准确成像。基于上述认识,通过广泛分析研究,最终形成了山地高密度宽方位三维地震采集参数的差异化设计技术。

2. 高密度宽方位三维地震数据采集参数差异化设计技术

库车坳陷地面地震地质条件特别复杂,地面高差大,地形起伏剧烈,断崖林立、沟壑纵横,地表类型多样,古近系—新近系砂泥岩山体、冲积扇、戈壁砾石区发育,地震激发条件差。地下勘探目标也非常复杂,发育有塑性变形的膏盐岩地层、盐上高陡地层及浅层高速砾岩、盐下冲断叠瓦构造,导致地层速度横向变化大、地震波场复杂、地震资料信噪比低、成像困难。但是陡阶带地震地质条件更加复杂,资料品质纵向横向变化

(a) 准确速度模型的叠前深度偏移剖面

(b) 浅层单元块①②③速度误差分别是+5%，-5%和+5%的叠前深度偏移剖面

(c) 浅层单元块①②③速度误差分别是-5%，+5%和-5%的叠前深度偏移剖面

图 4-1-3　库车山地复杂构造模型浅层三块速度同时变化的叠前深度偏移剖面对比

大，高密度宽方位三维地震勘探需要更高的资源投入，从技术经济一体化的角度出发，需要因地制宜进行采集参数优化设计。

1）表层及构造特征

库车坳陷受北部南天山隆起产生的强烈挤压作用，库车山前带地表岩性基本呈东西向条带状分布，包括第四系西域组砾岩 Q_1x、新近系的库车组 N_2k—Q_1、康村组 N_1k 和迪克组 N_1j，以及古近系苏维依组 $E_{2-3}s$、白垩系和侏罗系等更早地层。不同岩性出露地层风化程度不同，在雨水等自然因素长期作用下，形成多种典型地貌特征，不同地形地貌地震信号激发接收条件存在较大差异。

该构造带整体上新生代地层发育较全，且断裂发育，构造主体部位破碎严重。古近系底发育一套高速膏岩层，对地震波能量的下传产生一定屏蔽作用。

复杂的地表及地下特征，使地震资料品质呈条带状分布，不同条带差异极大。

2）不同地震地质条件下差异性采集参数设计技术

依据表层和深层地震地质条件的不同，对观测方案、激发、接收等参数开展针对性设计，达到整体提高资料信噪比的目标。

（1）观测方案针对性设计。

为了方便表达，以克深5区块三维地震为例来描述具体的设计方法。

按照"兼顾浅—中—深层"的设计理念，依据区内的表层特征、深层特征以及以往的地震资料特征，首先设计了三维基本观测系统：36线3炮720道，面元尺寸纵向10m×横向30m，覆盖次数540次，道距20m，炮点距60m，接收线距180m，炮线距240m，横纵比0.45，炮道密度180万次/km²。主要从更小的道距和接收线距方面提高浅层资料的有效覆盖次数，为得到高品质的浅层资料奠定基础。

根据老资料分析，克深5构造南翼由深到浅的资料信噪比低，成像效果较差（图4—1—4），为确保该区域获得高品质地震资料，在拟定的观测系统基础上，针对性强化了采集方案。主要强化措施如下：

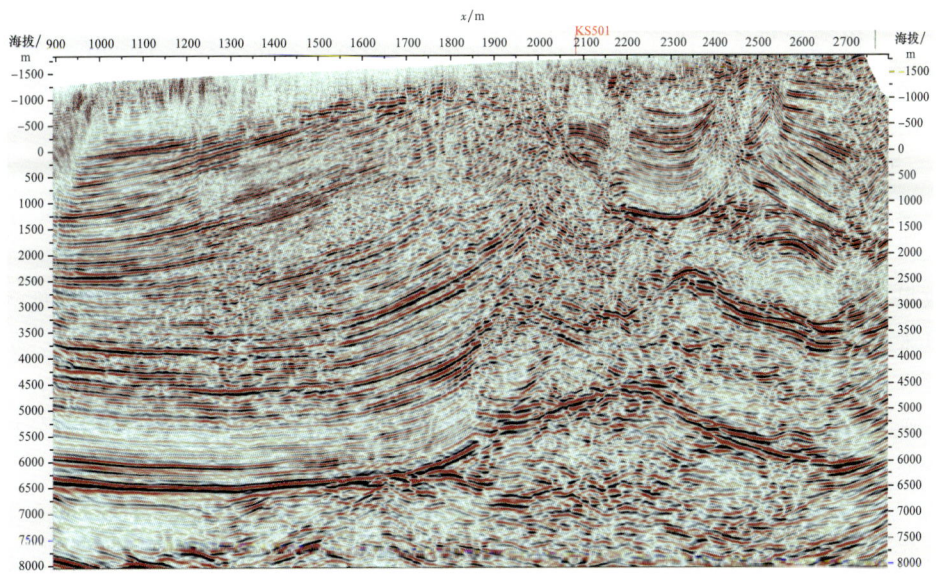

图4—1—4 克深5构造老三维叠前深度偏移剖面

① 加密炮线22排，进一步提高该区域有效覆盖次数。

② 加密10条接收小排列，增加近偏移距的炮检距分布，提高浅层资料品质，接收线距变为90m。

加密炮线增加小排列接收后，限偏移距1000m范围内有效覆盖次数由拟定方案的20次增加到69次，近偏移距炮检信息得到大幅度增加，为获得高品质的浅层资料奠定基础。

（2）接收参数优化设计。

由于不同地表检波器耦合条件不同，因此需要针对性地设计组合检波参数。

① 砂泥岩地表区采用单点接收。砂泥岩山体区，由于耦合条件较好，单点与组合接收单炮差异较小，因此采用单点接收。

② 西域砾岩区及山前冲积扇区采用组合接收。西域砾岩区及山前冲积扇区近地表堆积巨厚松散砾石层，噪声发育且检波器耦合条件差，为保证接收效果，采用组合接收。

通过采用差异化采集方案设计，因地制宜地采用强化和优化的具体措施，保证了低信噪比区的资料品质，实现了全区采集方法的优化，有效管控了山地高密度三维地震勘探投入，实现了技术经济一体化的三维地震勘探。

3. 高密度宽方位三维地震数据采集关键配套技术

与常规三维地震数据采集相比，高密度三维地震数据野外采集的炮道工作量大、人员和设备投入多，导致数据采集成本和采集周期大幅度上涨，迫切需要通过提高采集效率来降低采集成本，并确保在有限的野外施工窗口期内完成勘探任务。

围绕提高山地地震数据采集作业能力和施工效率，从优化技术方案、采用新技术新装备、改进生产组织模式等方面入手，解决高密度三维地震在复杂山地应用中面临的问题，创新了基于海量数据分析的复杂山地选线选点技术、无线节点采集技术、井炮独立激发技术、机械化与信息化施工组织技术等先进的采集配套技术，有效破解了复杂山地地震数据采集难题，大幅度提高了地震数据采集施工效率，促成了高密度三维地震技术在库车山地的规模化应用。

1) 复杂山地选线选点技术

炮检点选点是指以获得更好的激发接收条件、更低难度和更安全的施工环境为目的，对理论设计炮检点位置进行合理调整的过程。该工作是山地施工最重要的环节之一，选点的效果不仅影响数据采集质量，很大程度上还决定着施工效率。通常是根据地表高程和坡度来优选点位，该方法能保证点位个体处在比较有利于施工的局部平缓区，但无法保证存在较好的连续性，这会导致部分点位无法到位，或完成施工需要长距离的搬迁，降低了施工效率。因此，为了切实降低野外施工难度并提高施工效率，在统计分析大量实测数据的基础上，创新了基于高精度DEM数据的多条件约束选点方法。

基于高精度DEM数据的多条件约束选点方法包括三个部分：首先，通过海量实测数据分析，获取野外施工人员在规避障碍、降低施工难度上做出的普遍性选择，进而确定选点原则；其次，以高精度DEM数据为基础，精细提取出能够客观反映施工难度的地形特征信息；最后，根据选点原则，将点位从无法施工的位置偏移到有利于施工的位置，同时用相邻点的连续性和偏移距离进行约束，防止选点后点位离散或超限，从而得到更为合理的物理点布设结果。该方法的主要特点体现在选点原则充分考虑了施工人员的普遍性认知，利于提高预设计和实测的吻合率。同时，考虑了相邻点的连续性，能够避免点位跳跃布设给施工人员到达点位制造困难和给观测系统属性带来不利的影响。

多条件约束选点的实现过程包括计算机程序自动化选点和人机交互调整两个部分，程序自动化选点主要包括以下步骤：

（1）禁区设定。对坡度栅格文件进行重分类处理，提取出坡度大于45°的部分栅格，转化为面文件,并做去碎斑处理,形成面积型障碍物文件。

(2)沿路径偏移。将偏移范围控制在设计允许的范围内,把炮检点就近偏移到都沟谷或山脊线上。

(3)禁区自动避障偏移。将偏移范围控制在设计允许的范围内,把沿路径偏移后的炮检点就近偏移到障碍区之外。

(4)平滑处理。对自动避障后的选点结果进行最小二乘法数据平滑处理。

(5)迭代处理。缩小偏移限制范围,将平滑后的选点结果,进行步骤(2)(3)迭代处理。

通过计算机自动选点后,大部分点位能够偏移到比较理想的位置,但在技术设计偏移范围限制下,部分点位无法偏移到禁区之外,这时候还需进行人机交互偏移,将不合理的点位偏移到合适的位置上。

2)高大山体无线节点采集技术

传统的有线地震仪器进行地震数据采集时,首先将检波器接收的地震信号传送到采集站进行模数转换,然后将数字化数据进行打包编码,经传输电缆(采集链)发送到地震仪器的主机,主机对数字化数据进行译码格式编排和写盘。但是在复杂山地采用有线仪器采集面临两大方面的挑战:(1)存在大量高差上百米的断崖、陡坎,采集链连接难度大;(2)每炮的接收道数超万道,且分布在几十甚至上百平方千米的范围内,在恶劣的通行条件下,及时抵达并排除随机出现的排列故障和保障排列稳定工作的难度极大。上述两方面的突出问题是目前严重制约复杂山地三维地震数据采集效率的关键,无线节点采集技术很好地解决了这些问题。

无线节点采集技术是指采用无线节点仪器单元实施地震数据采集的技术。每个节点仪器单元由采集站、检波器/检波器串、采集存储模块和电池模块组成,在单独站体内完成机械振动信号拾取、模数转换、数据存储,通过机柜实施集中下载记录数据等步骤。每个节点仪器单元都配备有定位装置,能够自主连续记录地震数据,并记录精确的时间和位置信息,用于后期的数据分离与合成。节点采集系统将传统有线仪器的采集—传输—记录步骤转变为采集—记录(就地)—数据下载合成,即改集中记录为分散记录,简化了地震采集系统结构,摒弃了传统的传输线缆,减小了平均单道重量,降低了放线劳动强度,规避了有线仪器面临的障碍区连接问题、排列连接故障排除难题。这些优势极大地方便了野外采集施工,为山体区高效采集施工创造了良好条件。

3)井炮独立激发技术

在高大山体区,断崖林立、沟壑纵横,山谷山脊之间落差大,导致仪器主机和爆炸机之间的无线电通信受阻,仪器主机与爆炸机触发时钟不能同步或爆炸机不能激发的问题十分突出,严重制约着地震数据采集施工效率。

在以往施工中通常采用以下三种方法来解决爆炸机与仪器之间的通信问题:一是架设电台中继站,即通过电台通信接力的方式,达到启爆爆炸机的目的。当地势险要、山体破碎严重时,登山架设电台中继站耗时、困难且危险系数大,并且需专人维护。二是采用爆炸机主、从方式放炮,该方式就是通过设置爆炸机编码器主、从模式,实现电台通信接力，达到启爆爆炸机的目的。与架设电台中继站方法类似，在复杂山区从编码器的位置选点困难，验证震源爆炸时间（TB）回传丢失率较高。当验证 TB 回传丢失时，通常需要爆炸机操作人员不停地移动，以寻找通信传输效果较好的位置，工作效率低且危险性极大。三是采用有线放炮方式，虽然不再完全受到电台通信距离的限制，但需要增添额外的野外设备，由专人布设并看守，在测线无法畅通的情况下，该方法无法使用。以上三种工作模式，仅通过间接方式解决了复杂区域电台通信受到限制的问题，但无法实现高效采集。为此，打破常规的思维定式，开发了井炮模式下同步独立采集系统。

井炮模式同步独立采集系统由自主激发同步记录仪和地震仪器同步独立采集数据合成软件两部分组成，通过 GPS 授时技术和 GPS 时钟驯服授时技术的应用，可在复杂区域无任何通信信号甚至无 GPS 信号的情况下，保持激发采集时钟同步及精度。运用时间槽设计控制爆炸机自主激发顺序，无需爆炸机编码器电台通信来控制启爆，解决了深山沟壑、茂密丛林等复杂区域存在的通信问题，既减少了架设电台中继的工作强度，又规避了架设电台中继带来的安全风险。

4）基于直升机支持的模块化施工技术

在复杂山地施工中，利用直升机投送人员和物资，能够高效快捷地完成施工搬迁，大幅度提高生产效率。但是直升机在带来施工便捷的同时，会大幅度地增加成本投入，无法做到点点到位支持。为了最大限度发挥直升机的支持作用，采用了模块化施工技术。首先，利用航拍高精度 DEM 数据提取地面坡度，将坡度大于 55° 的区域设置为人工搬迁禁区；然后，以搬迁禁区为界线，将山体区划分为若干个小区块，小区块与小区块之间由断崖、陡坡等障碍分割；最后，在每个小区块设置一个投送点，用于投放该区块施工的人员、设备和后勤补给物资。按照此方法，即减少了直升机使用的频率，又保证了点位到位率，经济有效地缓解了山地搬迁对施工效率的制约。

4. 高精度三维地震井中—地面联合观测技术

库车地区天然气田主要位于地表复杂山地和构造逆掩叠置的区域，地震波场极其复杂，速度建场困难，现有地震资料难以满足精细建立速度场的要求，而 Walkaway-VSP 具有井旁精确速度建场和精细成像的优势，两者结合更有利于复杂构造区的偏移成像（王冲等，2018）。

常规 Walkaway-VSP 不具备复杂山地钻井作业的能力，且复杂山地单独实施投入高、观测方位少。利用山地三维地震的炮点实现多方位全井段 Walkaway-VSP 观测，充分发挥两种地震观测的优势，降低了成本，获得目的层段更高信噪比的资料，准确落实井旁构造特征，精细刻画气藏细节，同时为三维资料处理提供了各向异性参数，可辅助超深复杂构造建模，解决了复杂构造气藏描述的难题，为开发优化设计提供依据（蔡志东等，2015）。

二、各向异性叠前深度偏移高精度成像技术

"十二五"以来，库车地区开发目标全面进入超深领域，地下构造应力复杂，采用已有技术难以满足落实构造形态及断层等的精细刻画要求，造成多口钻井失利或低产，严

重制约了开发评价及建产进程。

通过叠前深度偏移成像的关键技术攻关，形成了超深复杂构造井控各向异性叠前深度偏移处理配套技术，显著提高了超深复杂构造地震成像精度。

1. 高精度表层速度建模及静校正技术

叠前深度偏移处理的核心是速度建模。相对而言，浅层速度模型的重要性和影响要远远大于深层速度模型。如图4-1-5所示，炮点S位于速度异常体正上方，从炮点S发出的射线或波场经过速度异常体，速度异常体越浅则对受干扰的射线或波场影响范围越大，如果浅层速度模型精度较低，按照旅行时一致原则，误差将累积到下伏地层，进而影响最终速度模型反演精度，而且，在速度建模过程中，调整和优化浅层速度模型的代价也更高。

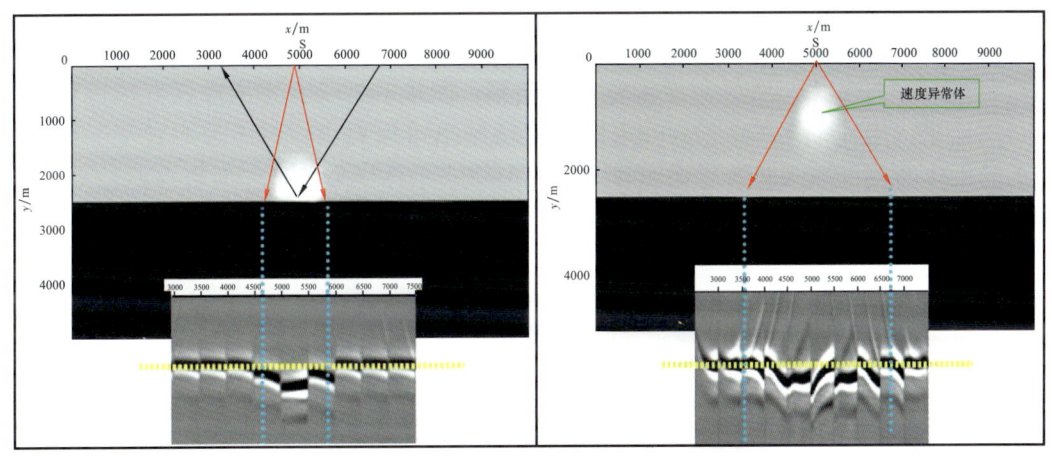

图4-1-5 不同深度位置速度异常体及相应道集

复杂山地地表和地下复杂条件造成的复杂地震波场是影响复杂构造高精度成像的关键因素，而其近地表横向速度变化剧烈，限于当时的技术条件，"十二五"期间的成像方法是将浅表层的速度模型横向变化归结为静校正问题，在偏移前通过整道时移校正的方式解决其影响。但在复杂山地区，该方案存在两方面的问题：一是由于低降速层及高速层速度变化极大，用于静校正计算的速度模型往往建立不准，导致静校正量不准，通常存在"静校不静"的情况；二是由于静校正技术的地表一致性假设条件，在低降速层厚度大、低速层速度与下伏高速层速度变化较小时，直接采用整道垂直的静态时移校正会改变地震波的传播路径、破坏波场的纵横向关系与规律，严重影响最终成像的质量和准确性。

如图4-1-6所示，对于复杂构造区资料，红色粗线代表地表高程面，蓝色粗线代表时间域处理时的参考面，实线代表地震波原始的炮检点射线路径，虚线代表经过时间域静校正后数据偏移的射线路径。可以看出，由于大静校正量的应用，导致射线路径发生较大改变，从而必然造成地震波场和成像速度场的畸变。尤其是对于高速岩体出露导致地震波垂直入射、出射的静校正假设不成立时，采用静校正的方式处理复杂构造区成像问题无疑会导致更大的误差。

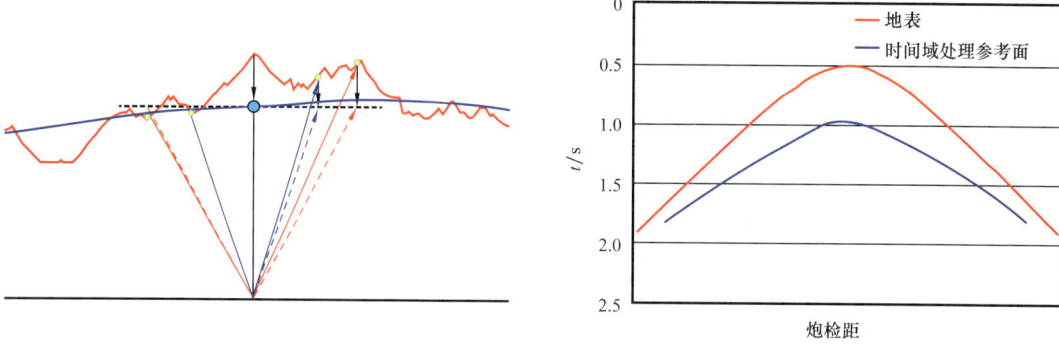

图 4-1-6　静校正处理前后旅行时差异分析

同样，使用已知的速度模型进行对比试验，能更为直观地反映出时间域静校正技术应用、浅表层建模对深度域偏移影响的差异。如图 4-1-7（a）所示为已知速度模型；图 4-1-7（b）为将道集数据使用静校正的方式，把炮检点由蓝色线所示地表位置校正到粉色线所示参考面，然后深度偏移所得结果；图 4-1-7（c）为从地表直接进行深度偏移的结果。对比图 4-1-7（b）(c) 两个成像结果可以看出，对于地表较平、校正量较小的山体两侧区域，两者成像差异不大，但对于山体区域成像，两者存在较大差异，图 4-1-7（c）在逆掩推覆构造下盘的直立结构及其之下断块成像较图 4-1-7（b）有明显改善。

(a) 正演速度模型

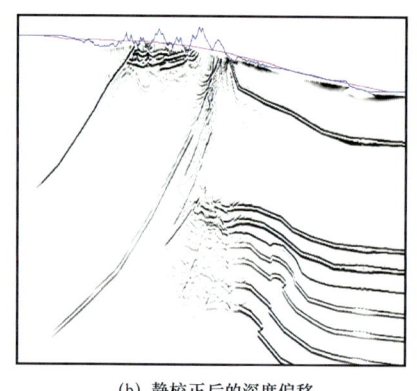

(b) 静校正后的深度偏移

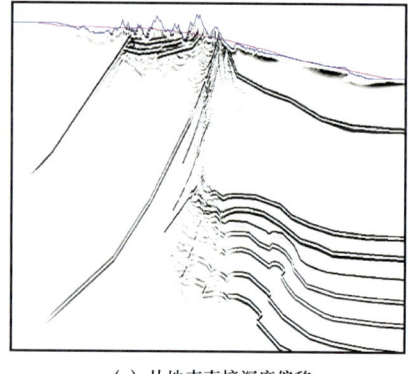

(c) 从地表直接深度偏移

图 4-1-7　用于试验的速度模型及不同方法得到的偏移结果

理论分析和模型试验均证明，传统的时间域静校正处理会对复杂构造成像引入较大误差，通常静校正量越大、模型越复杂，造成的影响越严重。

"十二五"期间对近地表速度模型精度的要求较低，多为静校正量计算时的附属物，重视程度不够。多采用折射波反演法，其基本思路是选定全区稳定的折射层，以炮检距控制拾取稳定折射层的初至，剔除该折射层以外的初至，使用这些初至和低降速带速度v_0、高速层速度v_1计算延迟时间，最后通过延迟时间结合表层调查资料反演表层模型并计算校正量。折射波静校正方法有两点假设：一是假设地表模型是由几个局部水平层构成；二是假设波在折射界面上的入射角是临界角。这样就可以将沿着折射界面传播的初至时间分解成延迟时和折射层速度，通过临界角的假设将延迟时转换成厚度，即可建立表层速度模型和静校正量。

从以上分析不难看出，要在"十二五"成像技术基础上进一步提高库车复杂山地超深复杂构造成像精度，有必要进一步提高浅表层速度建模精度，如何建立一个高精度的近地表速度模型成为一个必须要解决的问题。

折射波静校正适用于有稳定折射层的地区，是解决这类地区长波长静校正问题最有效的方法之一。但在复杂山地区，折射静校正的简单分层模型不能描述速度横向上的剧烈变化，也不适用于速度反转和尖灭的近地表速度模型，尤其是有高速层出露的地区，初至波场复杂难辨，很难追踪到稳定的折射界面，在这些地区折射波静校正方法的应用效果通常都不理想。

自20世纪80年代，层析成像技术从医学领域引入地震勘探中，快速形成了地震层析成像技术。其主要是利用地表或井中观测到的地震波旅行时间或波形，通过正演模拟和反演迭代，得到地下（近地表或深层）地层速度结构的方法。它为解决复杂区速度建模提供了一套切实可行的技术。

由于反演中利用初至波，因此初至拾取的准确性尤为关键。由于波峰的稳定性好，能量强，相比于其他位置更易于识别，因此在实际生产中往往选择初至波的波峰位置作为初至时间。但是从理论角度看，不同震源的初至不同，炸药震源的初至为起跳点，而可控震源的初至为波峰，统一使用波峰位置作为初至时间在以炸药为震源的激发条件下与真实的初至时间存在一定的误差。为了减少这种误差，提高表层速度建模的精度，在起跳点初至拾取基础上开展高密度二维地震勘探。在不考虑方位各向异性的情况下，高密度地震资料能为初至层析反演提供更加丰富的信息，尤其是近炮检距初至信息，如图4-1-8所示。

通过创新性地将微测井信息与层析反演技术结合，形成了微测井约束初至层析反演表层速度建模技术，大幅提高了复杂山地区表层速度模型精度（图4-1-9），为后续深度偏移浅表层速度建模奠定了基础。在库车山地首次实现了多工区、超大面积（克拉苏构造带8764km^2）、海量数据（60亿道）的高效表层模型反演。

将微测井约束初至层析反演得到的表层速度模型嵌入深度偏移速度模型中后（图4-1-10和图4-1-11），一方面浅表层速度更加准确，浅层成像更佳，下伏构造形态更加合理，另一方面更合理的浅层速度模型为更深层速度建模工作奠定了更坚实的基础。

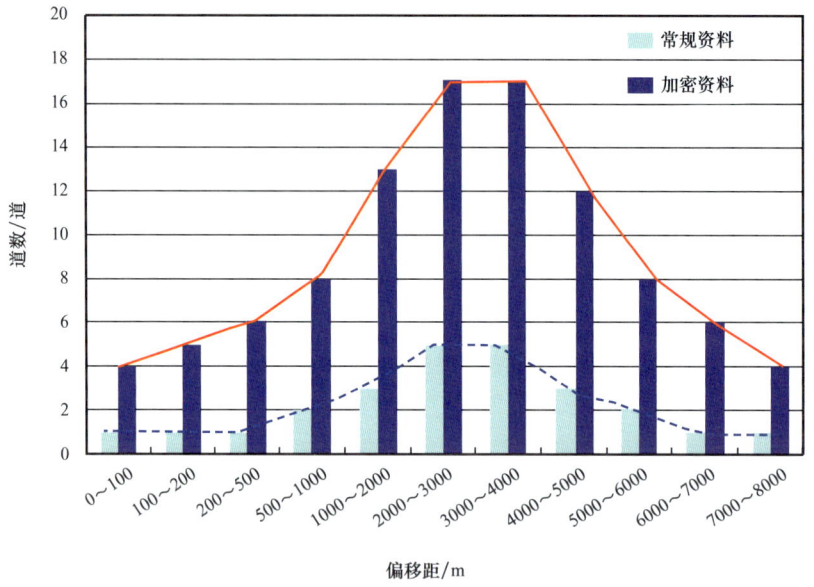

图 4-1-8 常规与高密度地震资料不同偏移距范围道数比值示意图

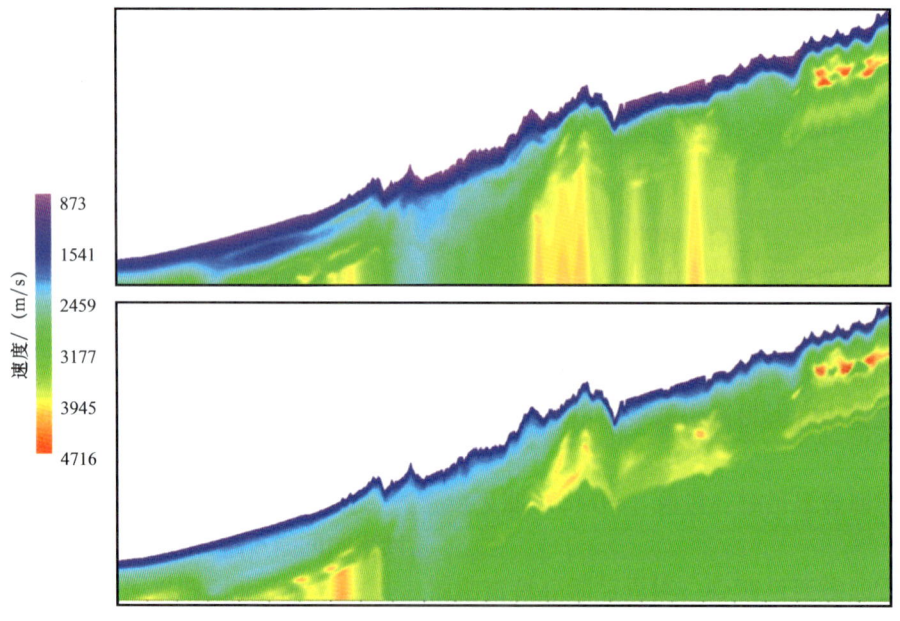

图 4-1-9 微测井约束层析前后速度剖面示意图

2. 井控各向异性速度建模及处理技术

库车山前目前的速度建模策略是滚动迭代,即在新增钻井后进行新一轮速度场优化,充分发挥钻井资料特别是 VSP 资料在对叠前深度偏移速度建模的约束作用。

如图 4-1-12 所示,利用 VSP 约束后,地震速度更加接近真实地下情况,有利于建立更加准确的叠前深度偏移速度场,进而得到更加准确的成像。

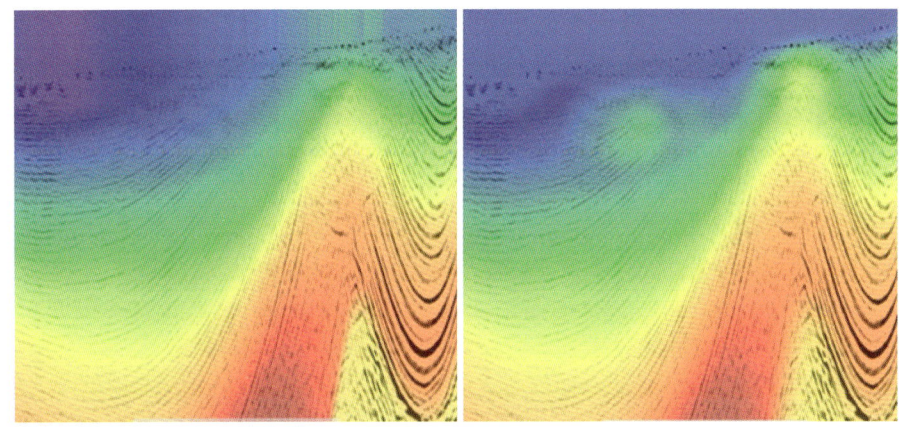

(a) 传统速度模型　　　　　　　　　(b) 嵌入近地表反演速度模型

图 4-1-10　高精度浅表层速度建模前后速度与偏移剖面叠合示意图

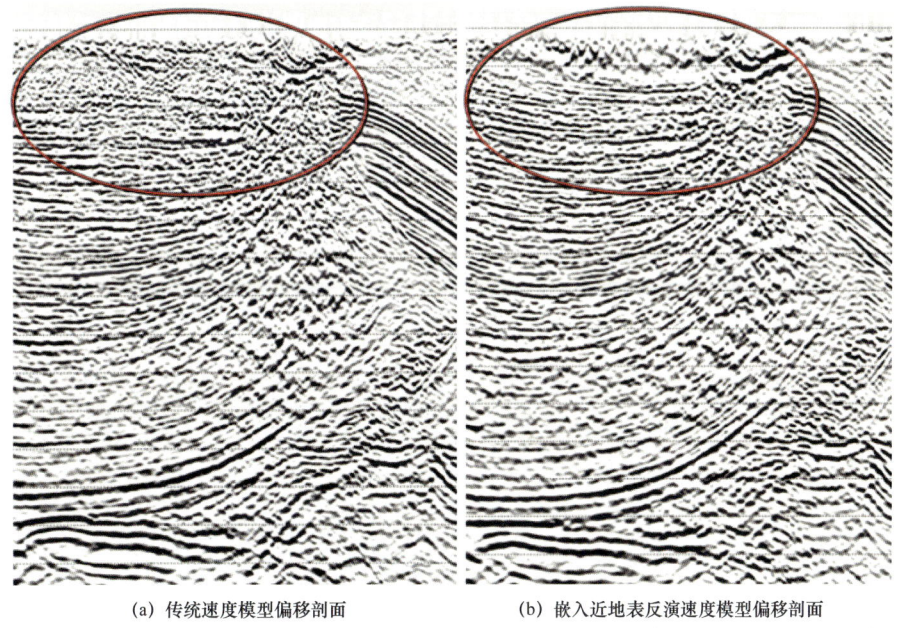

(a) 传统速度模型偏移剖面　　　　　　(b) 嵌入近地表反演速度模型偏移剖面

图 4-1-11　高精度浅表层速度建模前后偏移结果示意图

图 4-1-13 是 VSP 约束前后得到的叠前深度偏移结果，可以看到，通过应用 VSP 约束速度模型提高精度后，盐下绕射归位更好，成像质量得到明显提高。通过实钻验证，盐下构造高点位置发生的明显的漂移是正确的。这种变化对井位设计至关重要，通过应用 VSP 约束，可以极大地规避钻井风险（谢会文等，2017）。

此外，地下介质广泛存在各向异性的特性，库车复杂山地区地下构造复杂，地层褶皱严重，断裂发育，地层大都具有 TTI 各向异性特征，与 VTI 介质的波场特征存在较大差异（图 4-1-14）。为提高成像的精度，"十二五"期间，TTI 各向异性叠前深度偏移技术已经逐步在库车地区得到了推广应用，成像结果消除了与井资料的深度误差，深度偏移道集远排列得到了校平，成像的效果也得到了一定的改善。

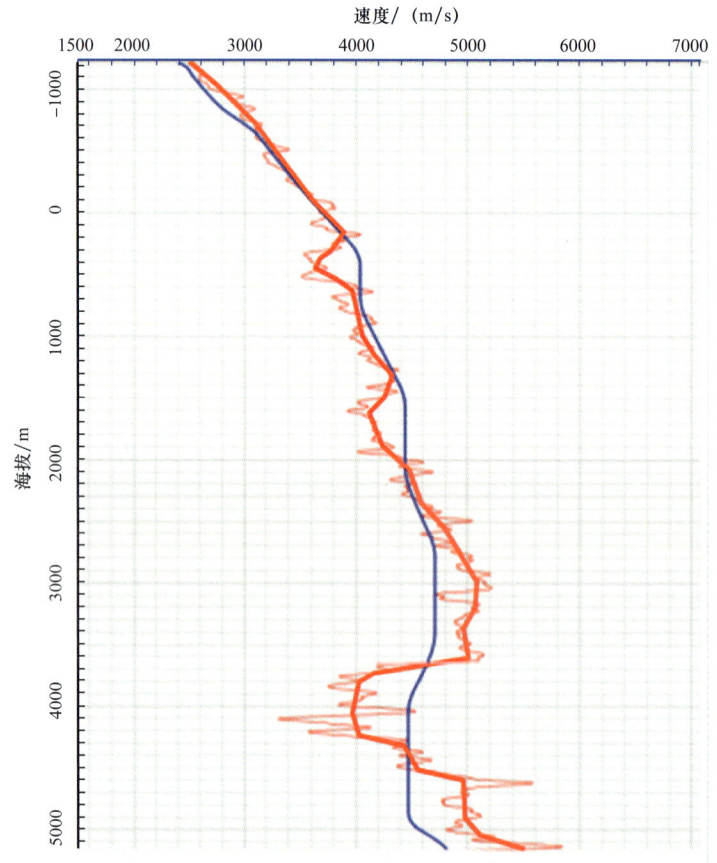

图 4-1-12　VSP 约束前后地震速度曲线

（粉色为 VSP 速度曲线；蓝色为约束前地震速度曲线；红色为约束后地震速度曲线）

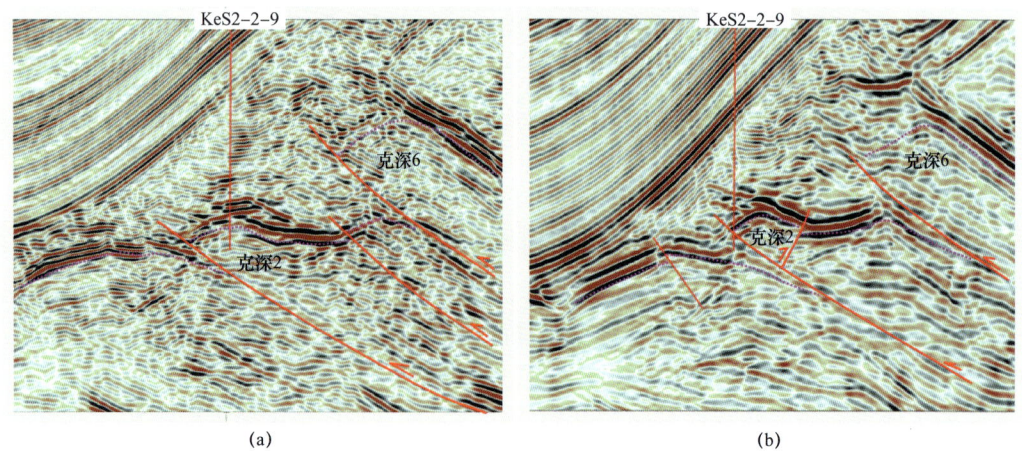

图 4-1-13　VSP 约束前深度偏移（a）和 VSP 约束后深度偏移（b）成像对比

TTI 各向异性叠前深度偏移中共有 5 个参数，分别是地震波垂直地层传播的速度 v_{int}、倾角 θ、走向角 ϕ、成像深度与实际深度的误差 δ 和地层的各向异性特性 ε。

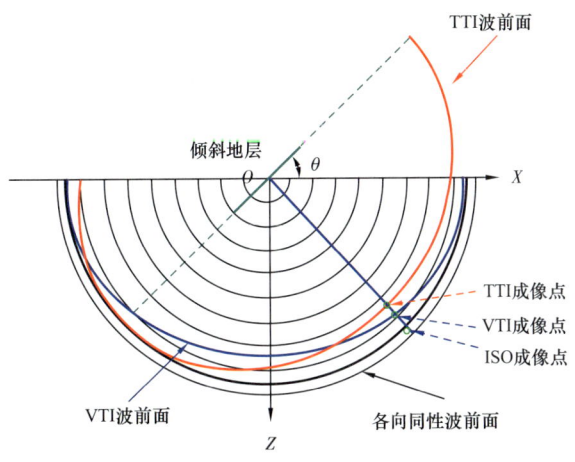

图 4-1-14 倾斜地层不同介质波前面示意图

"十二五"期间的 TTI 各向异性叠前深度偏移速度建模流程一般都花费大量人工和机时先建立准确的各向同性深度偏移速度场,在此基础上,再进行井震误差分析和各向异性参数 δ 和 ε 的迭代更新,最后得到一个各向异性速度场、δ、ε、倾角和方位角用于叠前深度偏移。该流程将速度建场工作分为各向同性和各向异性两个阶段,人为地破坏了速度与各向异性参数间的联系。举例来说,库车山地区主要目的层高陡,偏移速度与地层倾角、方位角等各向异性参数的联系紧密,单一的各向同性速度或先各向同性后各向异性的分阶段建模方法无法实现准确的速度建模工作,进而导致偏移归位不准确(图 4-1-15)。

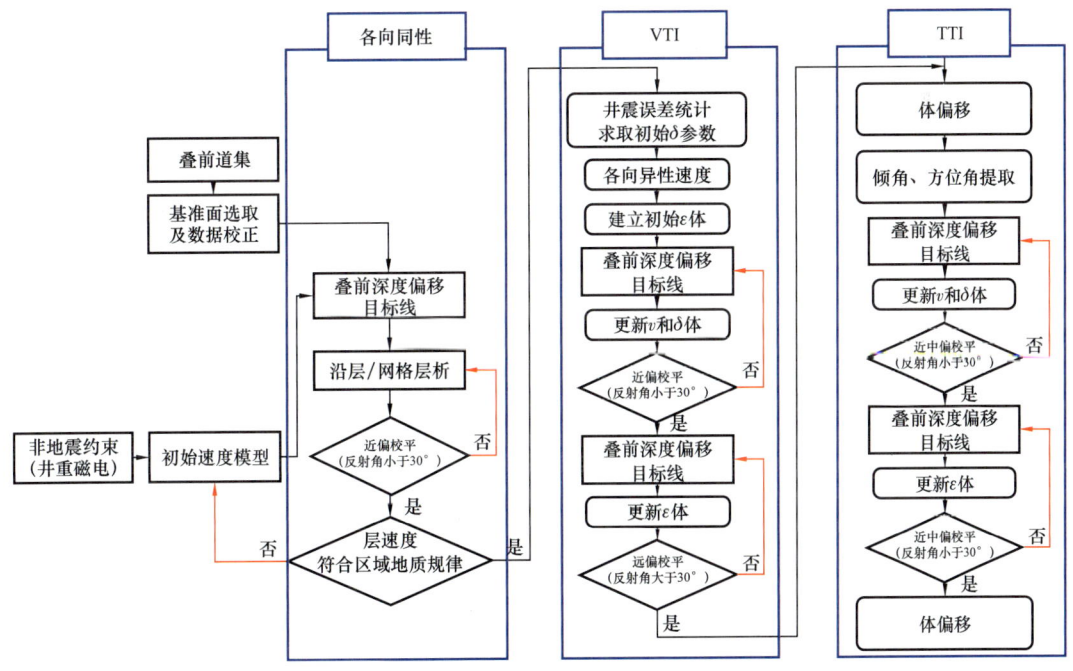

图 4-1-15 以往使用的 TTI 速度建模处理流程

v—各向异性速度;δ—成像深度与实际深度的误差;ε—各向异性参数

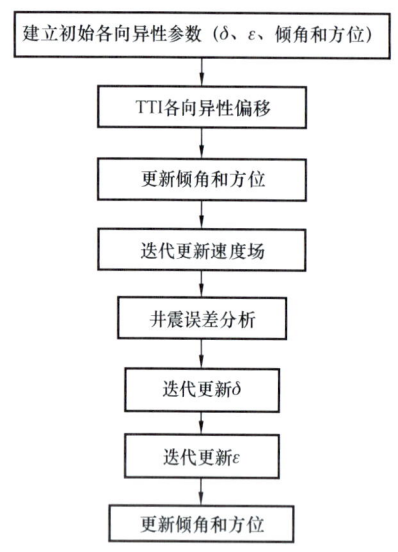

图 4-1-16　全程 TTI 各向异性参数关联
迭代求取处理流程

针对以上问题,"十三五"期间通过攻关形成了新的井控 TTI 各向异性叠前深度偏移速度建模流程(图 4-1-16),即井控全程 TTI 各向异性参数关联迭代求取技术。新流程在起始阶段就引入了钻井资料及相应的 TTI 各向异性参数,实现了 TTI 各向异性参数间的联立迭代,进而建立了相应的各向异性速度场、δ、ε、倾角和方位角用于叠前深度偏移。

新的井控处理流程建立的 TTI 各向异性速度场与工区内的井速度匹配程度较高,如图 4-1-17 所示,相较于"十二五"期间得到的速度模型,新模型偏移成果剖面主要构造成像精度更高,构造形态更加完整,如图 4-1-18 所示。

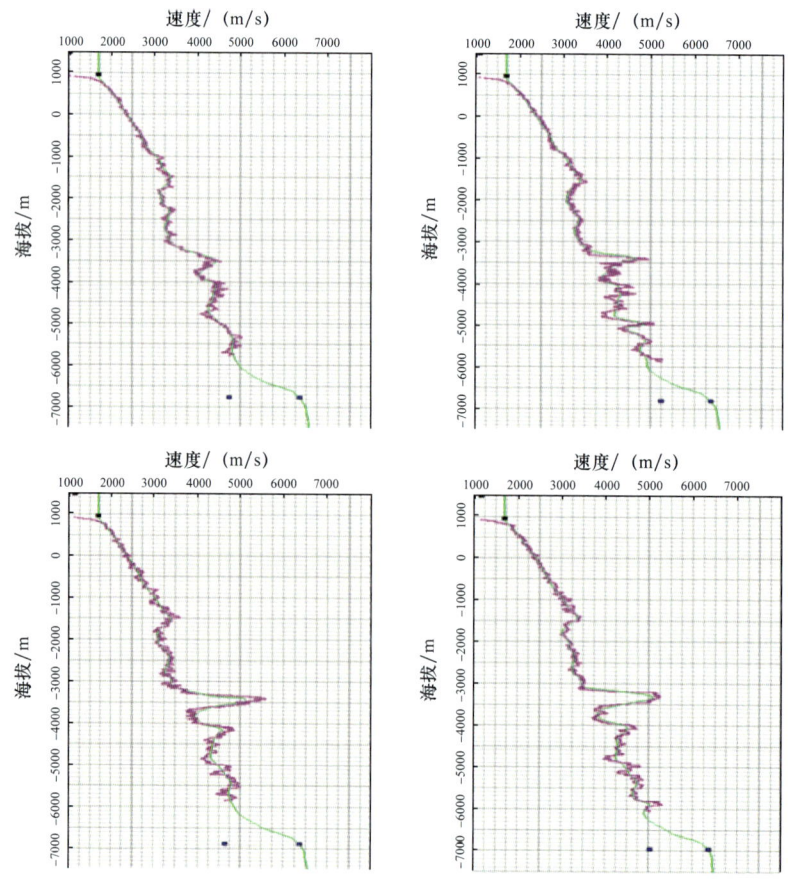

图 4-1-17　TTI 各向异性速度与测井速度对比
粉红色线为实测地层速度曲线,绿色线为地震速度曲线

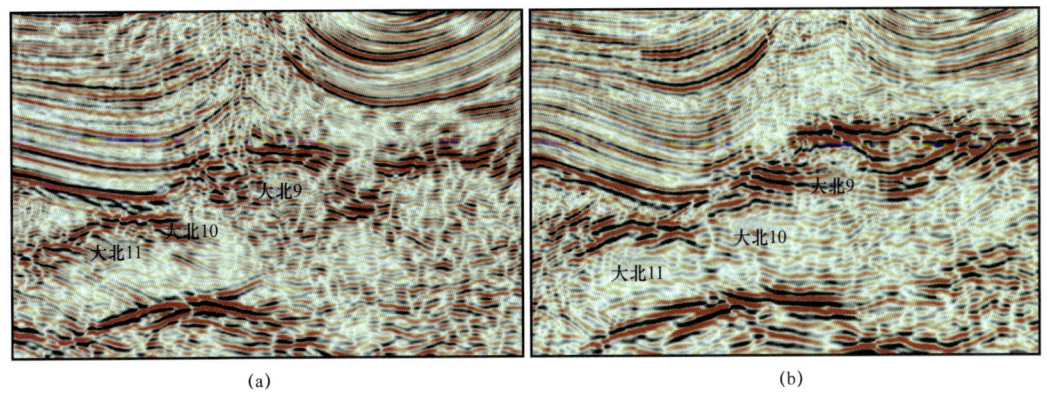

图 4-1-18 以往速度建模模型（a）与井控 TTI 各向异性处理模型（b）及相应偏移结果

在原有技术的基础上，发展、完善了高精度三维近地表反演及浅表层建模技术、叠前多域去噪迭代技术和井控各向异性速度建模及处理技术，形成了超深复杂构造井控各向异性叠前深度偏移处理配套技术，显著提高了超深复杂构造地震成像精度。

图 4-1-19 为 2019 年在克拉苏构造带实施的超大连片（3400km^2）与单块三维处理效果。应用上述技术处理后，新资料成像更清晰准确，更好地反映了构造转换带的结构特征。

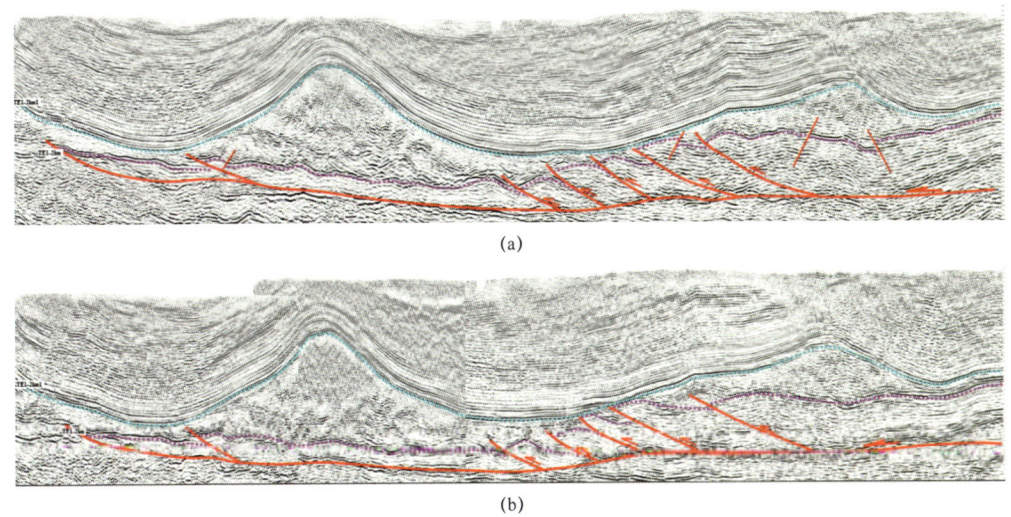

图 4-1-19 超大连片（a）与单块三维（b）处理结果对比图

三、复杂气藏构造精细描述技术

克拉苏气田受复杂的地表、地下地质条件影响，地震资料品质普遍较差，地震资料解释往往存在多解性，圈闭形态及断裂刻画精度低，给储量和井位部署等研究带来巨大的挑战。通过攻关，形成了超深 Walkaway-VSP 辅助构造建模、复杂构造多尺度断裂立体刻画等技术，提高了圈闭描述精度（臧胜涛等，2017）。

1. Walkaway-VSP 辅助构造建模方法

Walkaway-VSP 由于检波点位于井筒内，地面放炮，井中接收，地震波只穿过一次低降速带，具有高保真、高信噪比的特点。但由于超深复杂构造的 Walkaway-VSP 成像前期研究不足，成像效果受到很大制约。通过 Walkaway-VSP 起伏地表单程波偏移成像技术攻关，实现了井旁构造的精细成像和准确偏移。

Walkaway-VSP 是炮点呈线状分布的多偏移距 VSP，与地面地震相比，VSP 记录波场更加丰富，不仅有上行反射波，还有照明更宽的下行反射波。通常，下行反射波包括自由表面多次波、层间多次波等。

由于 VSP 观测系统的特殊性，炮检点不在同一平面上，在共炮集做偏移算法实现困难且计算效率低。通常，根据炮检互易原理，将 Walkaway-VSP 共炮集转化为共检集，在共检集做偏移算法实现简单、计算效率高、不受井斜限制（王玉贵等，2010）。

一次反射波单程波叠前深度偏移方法的步骤为：

（1）将 Walkaway-VSP 数据静校正、三分量旋转、补偿、反褶积、波场分离得到一次反射波波场，重排一次反射波波场为共检集。

（2）反向延拓一个步长。共检波场从地表逐层（步长 Δz）向下延拓，从 z 到 $z+\Delta z$ 的延拓公式为：

$$\psi_s(x, z+\Delta z, \omega) = \psi_s(x, z, \omega) e^{-ik_z \Delta z} \quad (4-1-1)$$

式中 $\psi_s(x, z, \omega)$ ——深度 z 处的角频率域的共检集一次反射波波场；

k_z ——z 方向波数。

这里波场延拓算子可以是分裂步傅里叶算子、傅里叶有限差分算子、广义屏算子等。

（3）正向延拓一个步长。将震源子波设置为井中检波点处。如果当前深度小于检波点深度，重复步骤（2）；如果当前深度大于等于检波点深度，震源子波波场逐层（步长 Δz）向下延拓，从 z 到 $z+\Delta z$ 的延拓公式为：

$$\psi_r(x, z+\Delta z, \omega) = \psi_r(x, z, \omega) e^{ik_z \Delta z} \quad (4-1-2)$$

式中 $\psi_r(x, z, \omega)$ ——深度 z 处的角频率域的震源子波波场；

k_z ——z 方向波数。

（4）提取成像值。将步骤（2）（3）延拓的波场互相关，取零时间成像值。重复步骤（2）～（4），直至最大深度。

借鉴一次反射波单程波叠前深度偏移方法，根据自由表面多次波的传播特点，只需修改延拓方式即可实现其偏移，将震源子波设置为井中检波点处，震源子波波场逐层（步长 Δz）向上延拓，从 z 到 $z-\Delta z$ 的延拓公式为：

$$\psi_r(x, z-\Delta z, \omega) = \psi_r(x, z, \omega) e^{ik_z \Delta z} \quad (4-1-3)$$

单程波算子的求取，Ferguson（2005）从标量波动方程出发，推导了单程波波场延拓的傅里叶积分方程，给出了 ω—x 域的显式表达式，该算子精度可达 80°，能适应速度横向变化介质。对于 2D 介质 xoz 坐标系下，波场延拓的单程波傅里叶积分方程为：

$$\psi(x, z+\Delta z) = \frac{1}{(2\pi)^2} \int_{-\infty}^{\infty} \varphi(k_x, z)\alpha(x, k_x, \Delta z) e^{ik_x \cdot x} dk_x \quad (4-1-4)$$

波场延拓算子为：

$$\alpha(x, k_x, \Delta z) = e^{i\Delta z k_z(x, k_x)} \quad (4-1-5)$$

波数 k_z 为：

$$k_z(x, k_x) = \begin{cases} \mathrm{sgn}(\Delta z)\sqrt{\left(\frac{\omega}{v}\right)^2 - |k_x|^2} & \left(\frac{\omega}{v}\right)^2 - |k_x|^2 \geq 0 \\ i\mathrm{sgn}(\Delta z)\sqrt{\left(\frac{\omega}{v}\right)^2 - |k_x|^2} & \left(\frac{\omega}{v}\right)^2 - |k_x|^2 < 0 \end{cases} \quad (4-1-6)$$

式中　k_x，k_z——x 方向、z 方向波数，m^{-1}；

　　　Δz——深度步长，m；

　　　ω——圆频率；

　　　v——速度，m/s；

　　　sgn——符号函数。

建立如图 4-1-20（a）地质模型进行测试，模型深 2000m、长 4000m，包含起伏层、断层、尖灭等地质体。Walkaway-VSP 检波器陈列于 600～1400m、间距 10m，井位于 2000m 处，地面炮点分布于 0～4000m、间隔 40m、埋深 0m，共 101 炮 ×81 级。采用黏弹声波波动方程得到正演数据，图 4-1-20（b）为 Walkaway-VSP 模型一次反射波叠前深度偏移成像剖面，其照明区域为最浅检波器下方的钟形区域。图 4-1-20（c）为 Walkaway-VSP 模型自由表面多次波叠前深度偏移成像剖面，其照明区域横向更宽、最浅检波器上方地层也可成像。对比可见自由表面多次波照明更广，在检波器上方更明显，地层、断层、尖灭体均得到了良好成像，位置与模型吻合。

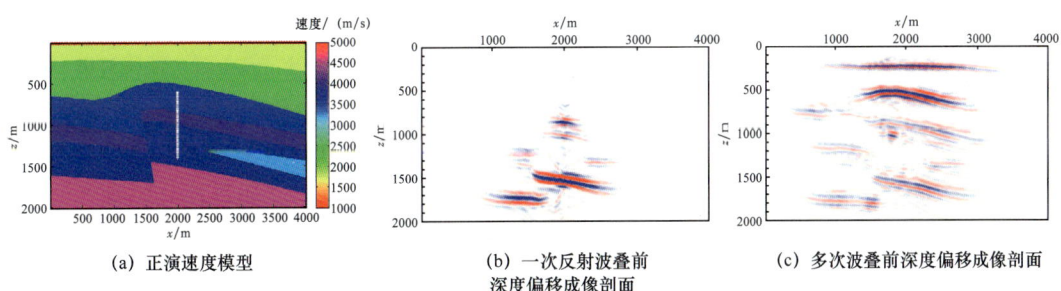

(a) 正演速度模型　　(b) 一次反射波叠前深度偏移成像剖面　　(c) 多次波叠前深度偏移成像剖面

图 4-1-20　山前复杂区不同成像方法成像效果对比图

图 4-1-21 为克深 24 井实际成像结果，与地面地震深度偏移剖面［图 4-1-21（a）］相比，Walkaway-VSP 的 VSP-CDP 转换成像剖面［图 4-1-21（b）］信噪比更高，但由于未偏移归位，构造形态和接触关系不清楚，而单程波叠前深度偏移剖面［图 4-1-21（c）］不仅信噪比更高，而且实现了准确偏移归位，构造形态和接触关系更清楚。

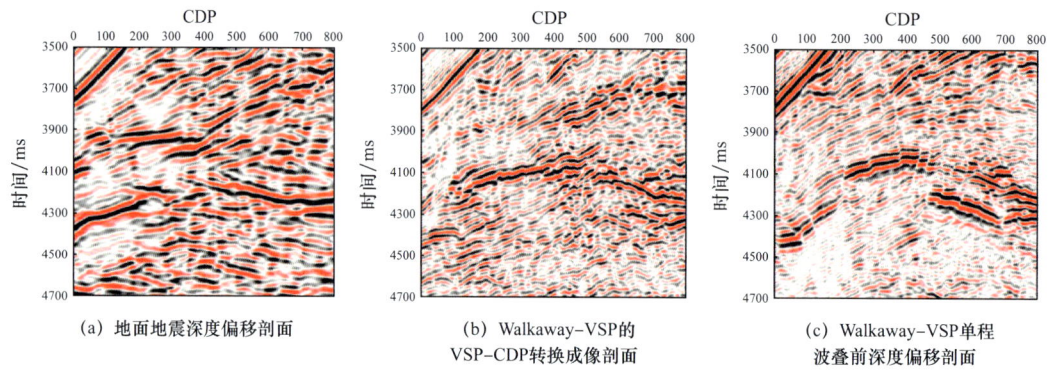

图 4-1-21　克深 24 井地面地震成像结果与 Walkaway-VSP 成像结果对比图

KeS24 井钻前的地震资料为常规的叠前深度偏移处理资料，在常规地震叠前深度偏移剖面 [图 4-1-22（a）] 上表现为叠瓦冲断构造样式，井点位于构造南翼，实际钻井目的层地层倾角为北倾 7°，二者偏差大。在 Walkaway-VSP 单程波叠前深度偏移剖面上 [图 4-1-22（b）]，KeS24 井在构造高点偏北翼，与实钻相符，构造表现为突发构造模式。利用 Walkaway-VSP 剖面重新评价克深 24 号为突发构造，突破以往库车山前主要发育单断式叠瓦构造样式的地质认识，同时存在突发等多种构造样式，为克拉苏构造带克深区带的精细构造解释提供了模型指导。

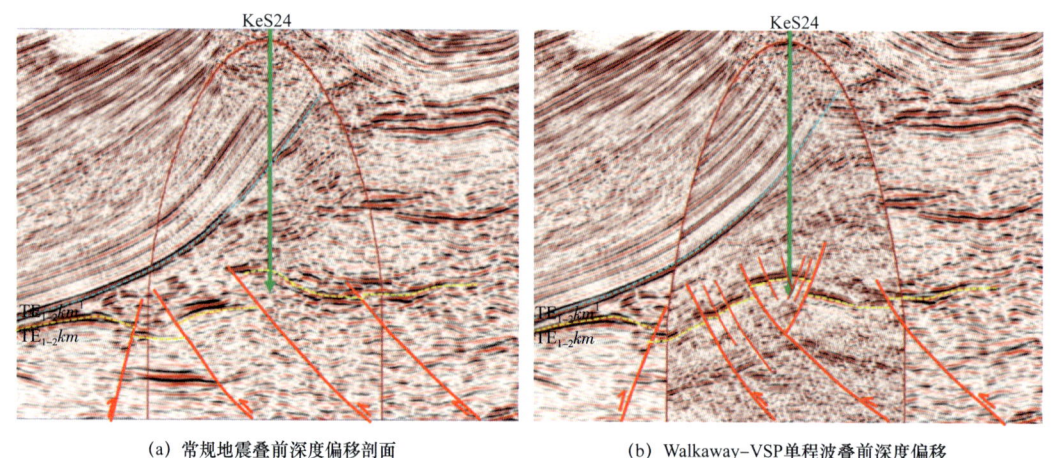

图 4-1-22　过 KeS24 井常规地震与 Walkaway-VSP 单程波叠前深度偏移剖面对比图

其中叠瓦冲断构造样式是构造挤压逆冲变形的早期阶段形成的，断块由近似平行的逆冲断层所夹持（图 4-1-23），在上覆地层阻力较小情况下，断弯褶皱前缘破裂，在主要滑动断裂的前缘派生一系列次级逆冲断裂，由于断块两翼均受到刚性地层限制，整体上纵向各带应力、储层、裂缝发育特征差异明显，分层界限清楚，自上而下地应力逐渐增大，储层物性逐渐变差。

突发构造样式属于逆冲推覆构造演化的高级阶段，断块两翼由相向的逆断层夹持，在上覆地层阻力较大情况下，在主要滑动断裂的对侧产生一系列相向的逆冲断裂，断块突发运移到主体刚性块体上部，断弯褶皱后缘破裂，两翼地层向上逃逸至膏盐岩内（图4-1-23），由于两侧缺少刚性地层挤压，地应力、储层、裂缝纵向分层现象不明显，横向挤压应力小，纵向应力差小，有效保护了孔隙。

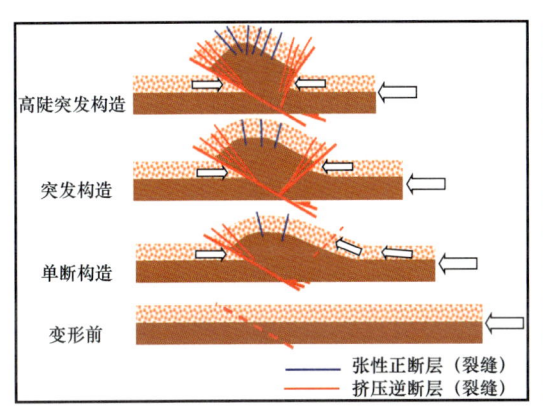
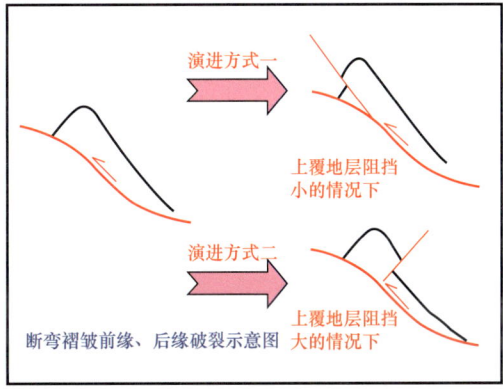

图4-1-23 克拉苏构造带构造演化阶段示意图

2. 超深气藏多属性、多尺度断裂立体刻画技术

断裂解释是地震资料解释的基础，断裂解释的精度对于气藏的评价、开发以及开发调整都有着重要的指导意义。经过多年攻关，总结形成了超深气藏多属性、多尺度断裂立体刻画技术，该技术针对复杂山地地震资料信噪比低、频率低、断层在剖面上识别解释难度大、平面组合难的特点，综合应用分频相位、边界保持滤波、蚂蚁体追踪等方法并结合地层对比、倾角测井来识别断层的技术，实现了三级和四级断裂的精细刻画，为地质建模和动态分析研究奠定了基础。

1）分频相位技术

分频相位技术能够突显地震主频附近频带范围内的断裂，它是利用短时窗离散傅里叶变换（DFT）或最大熵法，将地震数据分解成不同频率域数据体，并在此基础上计算相位切片来观察断层的纵横向变化特征，实现小断层精细识别的一种技术，可解决传统方法对垂向断距小的断层识别能力不足的问题。离散傅里叶变换是将时间函数（地震时间记录）变换为频率函数，其基本算法公式为：

$$F(m,\Delta f) = \Delta t \sum_{m=0}^{N-1} f(n,\Delta t) e^{-2\pi jm\Delta fn\Delta t} \quad (4-1-7)$$

式中　$F(m,\Delta f)$——离散傅里叶变换函数；
　　　$f(n,\Delta t)$——一系列小波函数；
　　　n，m——时间域采样数、频率域采样数；
　　　N——时间域地震采样总数；
　　　Δt，Δf——时间域、频率域采样间隔；
　　　j——迭代次数。

实现该技术的具体步骤如下：

(1)确定和追踪目的层段在三维空间顶面和底面的反射时间,得到目的层段的短时窗数据体。

(2)对短时窗数据体进行短时窗离散傅里叶变换,生成频率域相位谱数据体。

(3)对相位体作频率切片,并进行解释。

(4)观察不同频率切片,根据不同频率下的相位滞后,对断裂系统进行分析和组合。通常情况下,较高频率下的相位切片信噪比低,较低频率下的相位切片反映的断层不全面,而在主频附近频带范围内的相位切片则会显示出最清楚的断裂系统。

克拉苏构造带地震资料频率比较低,在低频情况下,频带越宽,断层越不容易识别,多种频率的地震同相轴叠加在一起造成了低级别断层显示的混乱,必须针对性地进行分频显示。原始地震剖面对于断层刻画不清楚,断点位置不清晰,断距不明显[图4-1-24(a)];通过带通滤波,只保留主频的地震剖面断裂显示效果改善明显,断层刻画清楚,断点位置清晰,断距明显[图4-1-24(b)]。

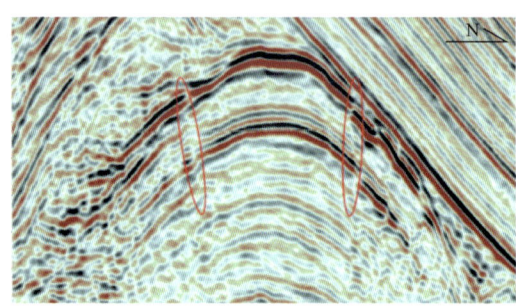 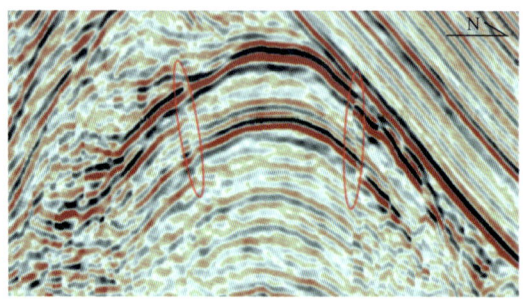

(a)原始地震剖面　　　　　　　　(b)主频地震剖面

图4-1-24　克深2区块南北向Line1176地震剖面分频显示效果图

2)方向性边界保持滤波技术

方向性边界保持滤波技术可以使断层边界与断点刻画更加清晰,边界保持滤波和方向滤波是两种最常用的图像增强技术,边界保持滤波的特点是在对图像滤波的同时保持图像的边缘,避免了滤波引起的图像边缘模糊问题;方向滤波技术的主要特点是增强图像纹线方向的点,削弱随机噪声;将两种方法相结合,即构成了方向性边界保持滤波技术。

在自然界中,很多图像都具有层状纹线特征,这种特点是方向场能够成为图像的一个重要信息。因此可以根据方向信息,在最大限度保持图像纹理边界的情况下,还原采集到的不清晰的图像,去除噪声。图4-1-25为一个典型的纹理图像模型同及其方向图,方向图中从白色到黑色代表着方向的角度,范围为0°~180°。

在边缘增强技术中,常用的边缘增强算法有拉普拉斯算法和索贝尔算法。其中拉普拉斯算子是一种微分滤波算法,它的各向同性二阶导数为:

$$\nabla^2 G(x,y) = \frac{\partial^2 G(x,y)}{\partial x^2} + \frac{\partial^2 G(x,y)}{\partial y^2} \quad (4-1-8)$$

其中,$G(x,y)$为图像值的函数。根据拉普拉斯算子可知,它对图像中的噪声相当敏感,不能提供边缘方向的信息。

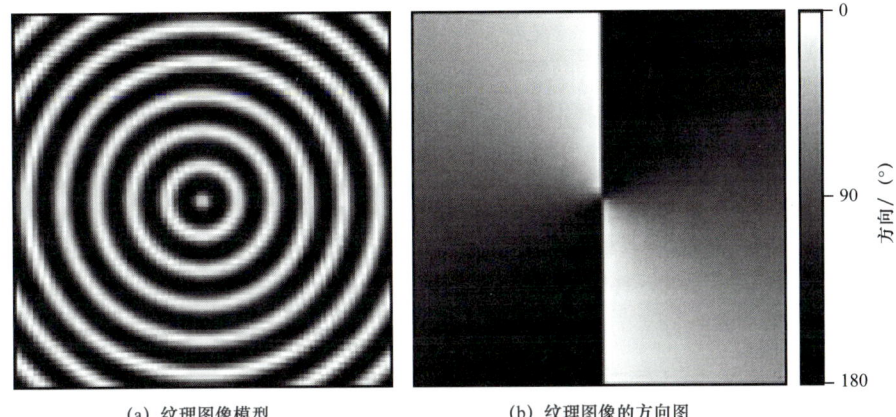

(a) 纹理图像模型　　　　　　(b) 纹理图像的方向图

图 4-1-25　边缘增强技术效果图

索贝尔算子表达式为:

$$\Delta_x G(x,y) = \left[G(x-1,y+1) + 2G(x,y+1) + G(x+1,y+1) \right] - \\ \left[G(x-1,y-1) + 2G(x,y-1) + G(x+1,y-1) \right] \quad (4-1-9)$$

$$\Delta_y G(x,y) = \left[G(x-1,y-1) + 2G(x-1,y) + G(x-1,y+1) \right] - \\ \left[G(x+1,y-1) + 2G(x+1,y) + G(x+1,y+1) \right] \quad (4-1-10)$$

对其先做加权平均，再微分，有一定的噪声抑制能力。

对于断层转换区，按照对不同走向断层的凸显程度，将索贝尔算子中的 x 因子和 y 因子进行相关改进运算（图 4-1-26）。

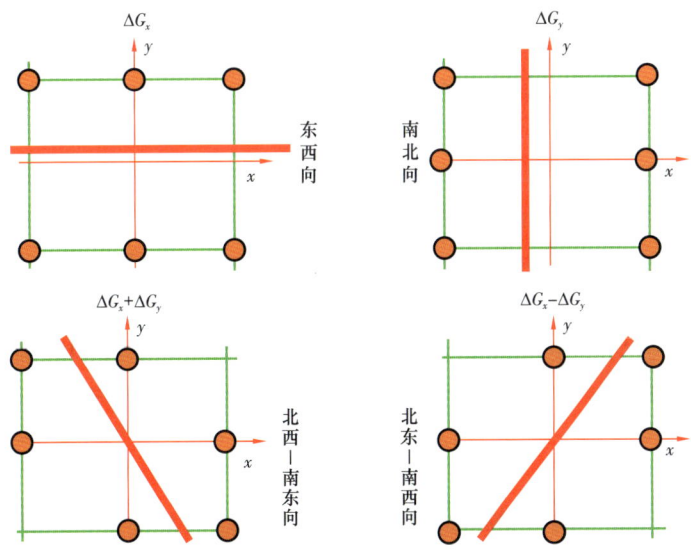

图 4-1-26　索贝尔算子叠加改进算法示意图

克深地区目前解释的断层走向主要为近东西向，只在局部地区存在横向转换断层，呈近南北向展布。因此，在滤波的基础上，按照对不同走向断层的凸显程度，将索贝尔算子中的 x 因子和 y 因子进行相关改进运算（图4-1-27），改进后用于克深地区，识别效果变好。

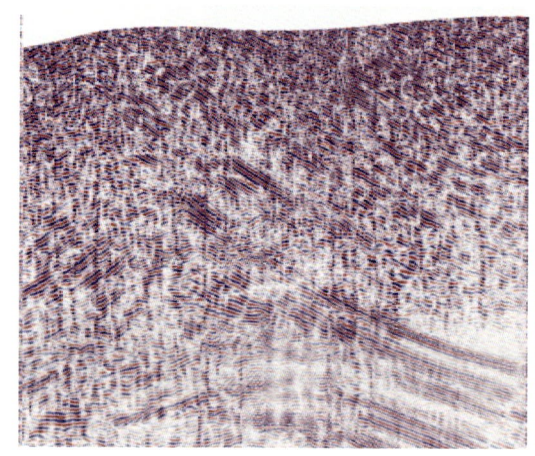 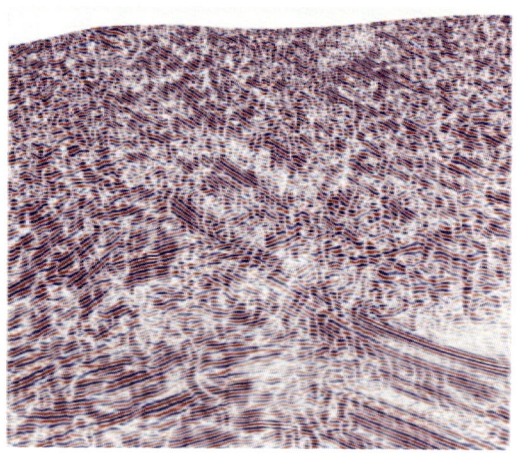

(a) 拉普拉斯算子滤波结果　　　　　　　　(b) 改进后索贝尔算子滤波结果

图4-1-27　拉普拉斯算子和改进后索贝尔算子对地震解释断层的识别效果差异

3）蚂蚁体追踪技术

蚂蚁体追踪技术是基于蚁群算法的断裂自动识别方法，主要用于识别三级和四级的小断裂与微断裂。其原理是将大量的蚂蚁播撒在地震数据体中，若发现地震属性体中含有满足预设的断裂条件，蚂蚁将释放某种信号，召集其他区域的蚂蚁在该断裂处集中并对其进行追踪，对那些不满足断裂条件的断裂痕迹不进行标注，直到完成该断裂的追踪和识别。最后获得一个具有清晰断裂痕迹、低噪声的数据体。

由蚂蚁追踪的原理可以看出（图4-1-28），蚂蚁体追踪技术的关键是找到一组能够反映研究区断裂的属性参数。针对原始地震数据利用方向性边界保持滤波技术增强边界特征，突出特殊地层不连续性，预处理地震资料后对其进行蚂蚁追踪属性体的提取。在此过程中，涉及6个参数的选取（初始蚂蚁分布边界、蚂蚁追踪背离、蚂蚁搜索步长、非法步长、合法步长、终止标准）。

克拉苏地区地震资料品质差、频率低、信噪比低，属于叠后深度域。运用蚂蚁体追踪技术实现对该地区的小断层的识别，需要进行以下几个步骤：

（1）对地震资料进行预处理。采用构造平滑处理技术，在输入信号引导下基于局部构造进行平滑，以增加地震反射的连续性，获得具有清晰断裂痕迹的蚂蚁属性体。

（2）运用方向性边界保持滤波技术，增加对地震数据体边缘的刻画，使断层连续性更加清晰，显示更加明显。

（3）生成蚂蚁属性体。在预先设定好的地震体内，突出具有方位的断裂特征，根据蚂蚁算法对其进行运算并产生蚂蚁属性体。

（4）断片自动提取。断片自动提取生成一个三维断片系统，可实现对断片系统内单个及多个断片的解释，从而实现对断片的过滤及重新组合。

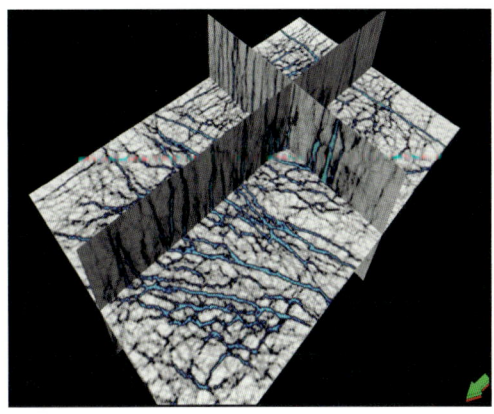

图 4-1-28 蚂蚁体追踪结果显示

通过选取不同的蚂蚁追踪参数进行蚂蚁体的追踪，并用追踪结果与原始地震剖面及不同参数追踪结果对比，选取最优参数下的追踪结果来识别三级和四级断层：垂向扫描步长为 33、初始蚂蚁分布边界值为 7、蚂蚁追踪背离值为 2、蚂蚁搜索步长值为 6、非法步长值为 2、合法步长值为 3、终止标准值为 10，在这一组参数的控制下蚂蚁算法对克深地区的断层识别效果较好。从克深 9 号构造白垩系顶面相干属性平面图（图 4-1-29）上看，断裂展布特征与细节不清晰，通过蚂蚁体追踪以及滤波后（图 4-1-30），白垩系顶面断裂抗噪、抗干扰能力显著提高，南北两翼的断裂刻画清晰，构造高部位的断裂识别精度也得到了提高，断裂落实程度高，断裂展布规律更清晰。

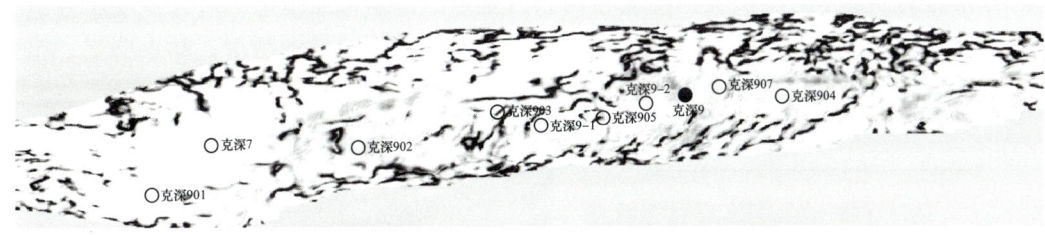

图 4-1-29 克深 9 号构造白垩系顶面相干属性平面图

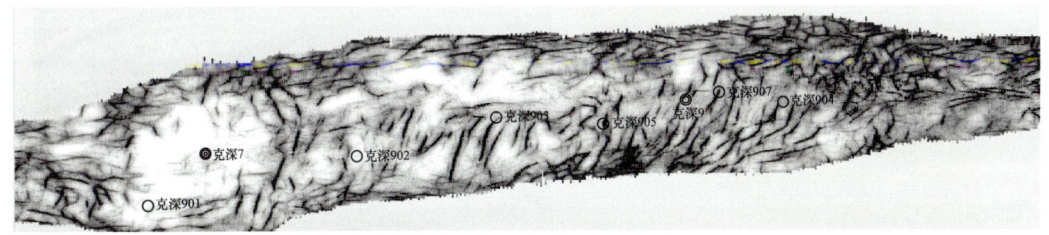

图 4-1-30 克深 9 号构造白垩系顶蚂蚁体追踪结果显示（滤波后）

4）地层对比和产状分析验证断裂刻画合理性

断层在平面上和垂向上通常表现为两盘地层的重复与缺失，这种重复与缺失现象通常与断层性质、断层面与地层两者的倾向和倾角关系有关，当钻遇正断层时，地层一般存在缺失减薄，当钻遇逆断层时，地层一般出现重复加厚（图 4-1-31）。地层对比就是通过观察相邻钻井之间测井曲线在纵向和横向上的形态变化规律，根据标志层的重复与缺失判断是否存在断层、断层断距大小和断层的性质。

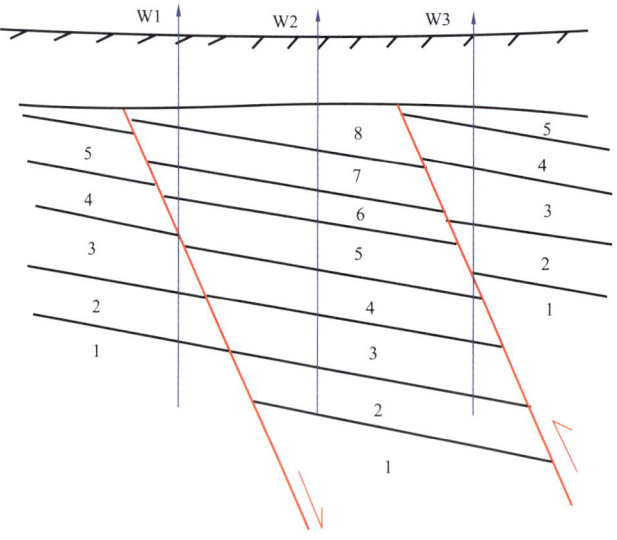

图 4-1-31 井下钻遇地层重复与缺失示意图
1，2，3，4，5，6，7，8—不同时代的地层，数字越小代表地层越老；
W1 井钻遇正断层——地层缺失；W2 井未钻遇断层——地层序列正常；W3 井钻遇逆断层——地层重复

以 W1 井为例，通过地层对比 W1 井的白垩系巴什基奇克组第二岩性段厚度明显加厚，与相邻的 W2 井的沉积旋回特征相比，白垩系巴什基奇克组第二岩性段地层有重复段，总计厚约 68m。在过 W1 井的地震剖面上可以看到较明显的断层，断点明显，位于白垩系巴什基奇克组第二岩性段内，表现为北北东倾逆断层（图 4-1-32）。

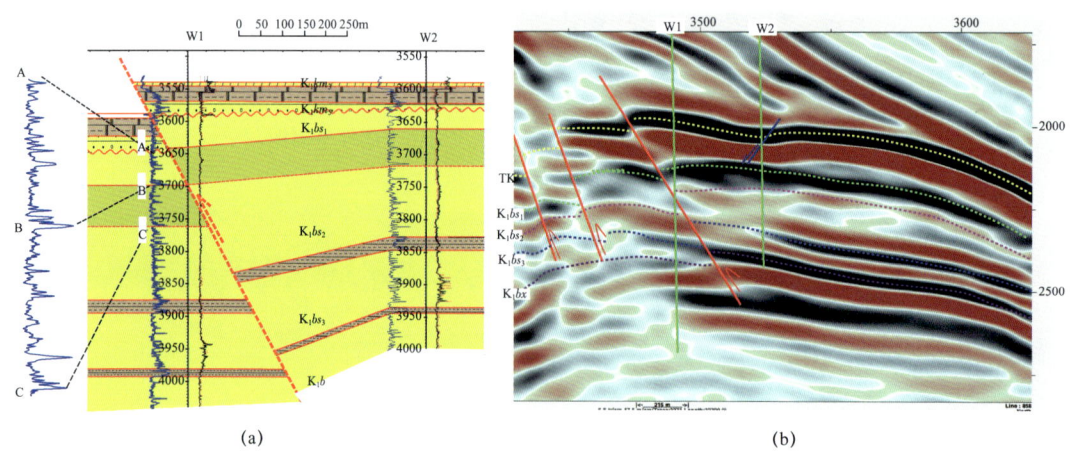

图 4-1-32 过 W1—W2 井连井地层对比剖面（a）及地震剖面（b）

断层面实际是一个破碎带，且通常造成上下盘不同岩性相接触，因此在自然电位和电阻率等测井曲线上有明显反映。断层两盘常发育牵引构造、逆牵引构造等派生构造，利用地层倾角测井资料能够较好地确定断层（图 4-1-33）。通过相关对比法得到的倾向和倾角做出地层倾向和倾角的矢量图，通常分为4种基本的模式：蓝模式倾向大体相同，倾角随着深度的增加而减小；红模式倾向大体相同，倾角随着深度的增加而变大；绿模式倾向大体相同，倾角不变；乱模式，倾角矢量变化大，可信度差。

当断层面没有变形时，正断层由于在井眼中地层缺失，断层面没有变形，矢量图显示与单斜构造相同，不能用倾角测井资料判断这类断裂，同样倾角测井也不能确定断层面没有变形的逆断层。

当有破碎带时，由于地层的硬度大，会使岩层沿断层面形成破碎带，破碎带中地层倾向通常没有固定的方向，因此矢量图为绿模式—乱模式—绿模式。

当有拖曳现象时，塑性岩层上下盘将沿着断层面做相对运动。同时由于摩擦力的作用，地层层面将在断层面处发生变形，容易从矢量图上辨认断层，一般表现为绿模式—红模式—蓝模式—绿模式和绿模式—蓝模式—红模式（反）—蓝模式（反）—红模式—绿模式两种模式。

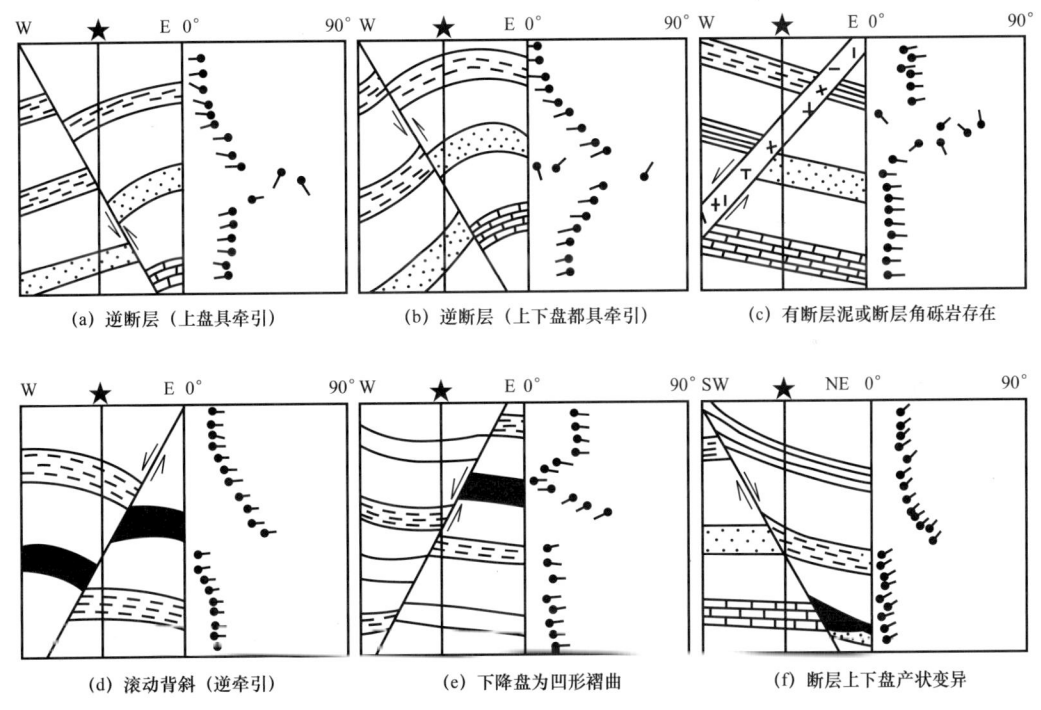

图 4-1-33 不同类型断层的倾斜矢量特征图

经过实际反复验证，优选低频分频相位技术和多尺度相干技术对边界断层进行识别和可靠性验证，优选高频分频相位技术、方向性边界保持滤波技术、蚂蚁追踪技术、精细地层对比—倾角测井组合技术对中间低级别断层以及横向调节断层进行精细识别和验证。

以 KeS19 井为例，在地层倾角测井图上，首先倾向大体一致，倾角随着深度增加而变大，为红模式；随着深度的增加，倾向几乎不变，倾角逐渐变小，为蓝模式；倾向大体一致，倾角随着深度增加而变大，为红模式；最后倾向和倾角又几乎不变，总体上为红模式—蓝模式—红模式—绿模式，说明此处存在牵引逆断层。从过 KeS19 井南北向剖面来看，存在过井的断层，井底钻遇库姆格列木群膏盐岩重复段，说明有逆断层发育，过井断点为 –6445m，如图 4-1-34 和图 4-1-35 所示。

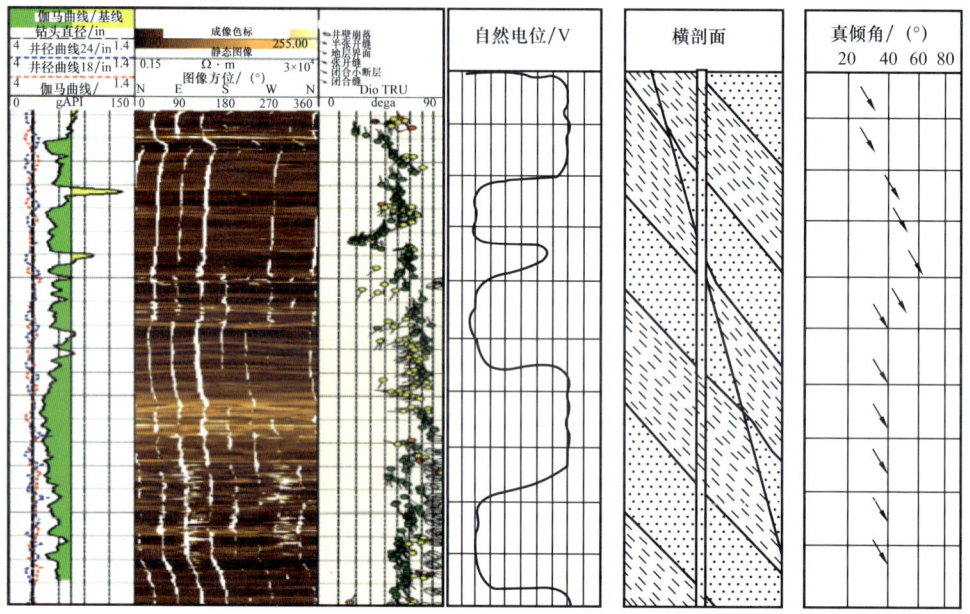

图 4-1-34　地层倾角测井图与绿模式—红模式—蓝模式—绿模式图

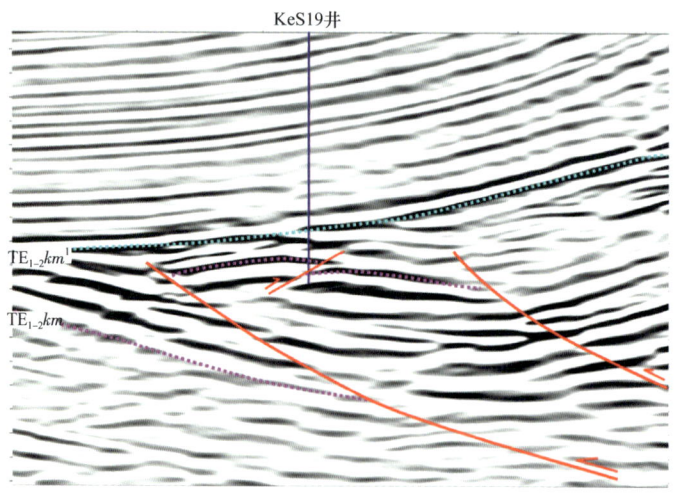

图 4-1-35　过 KeS19 井南北向地震叠前深度偏移剖面

第二节　高陡复杂构造地应力场建模技术

库车山前克拉苏构造经历多期构造运动，储层普遍埋藏较深（>6000m），地应力背景较强（>160MPa），地应力各向异性较大（水平应力差 ±30MPa），储层岩石受强应力的影响，其物性、裂缝有效性等均有别于常规油气储层。特别地，克拉苏气田储层普遍发育裂缝，裂缝是储层与井筒连通的主要通道，因此，裂缝的有效性决定了单井产能的大小（江同文等，2020；张杨等，2018；张辉等，2018）。

由于裂缝的特殊性，同一应力背景下，不同产状裂缝的有效性（活动性）表现各异，克拉苏气田勘探开发实践表明，现今地应力背景下活动性裂缝发育程度是决定单井产能的关键因素之一，气藏地应力场分布规律的研究是此类气藏地质深化认识的新课题。因此，克拉苏超深超压气藏开展地应力建模（一维、三维）研究非常必要，通过建立地应力模型分析地应力分布特征，从而开展裂缝活动性的预测，以便精准部署开发井位获得高产。

一、岩石力学参数场建模

在岩石物理、岩石力学实验分析的基础上，利用已钻井的测井信息可较好地认识井周地层的岩石力学特性，获取钻遇地层可靠的岩石力学参数剖面（康利伟，2018），进而对已钻井的钻完井工程适应性进行科学评价。要为待钻井的工程设计和实施提供技术指导，还需以单点岩石物理及岩石力学参数研究为基础，综合岩石力学相关理论方法进行岩石力学参数评价，精细描述研究区域内各岩石力学参数的大小及分布特征。

测井信息能够很好地反映地层的纵向信息，相对于测井资料，地震资料反映地层横向信息的能力相对突出，能够有效反映并刻画断裂发育、地层展布等构造、地质特征对岩石力学参数的影响。因此，以测井信息为约束，利用地震数据进行地层岩石的弹性参数及强度参数反演，是实现地层岩石力学参数三维空间构建的有效手段。

由于测井频率、地震频率存在差异，且在复杂孔隙结构地层可能存在的严重频散现象及其带来的强度参数、应力参数等与不同频率声波响应特征的不一致性等问题，在井震联合反演技术应用中，已钻井的工程数据及表现对获得结果的约束及修正作用十分重要（Fillippone，1982）。

相对于叠后反演，叠前地震反演能够保留地震反射振幅随炮检距或入射角的变化而变化的特征。在测井资料约束下，通过对地震纵波速度、横波速度和密度及其他弹性参数进行叠前地震反演研究，可获得高精度、能够反映储层横向变化的多种弹性参数，对复杂地层岩石力学参数的精细描述研究具有十分重要的意义。

二、地层孔隙压力场预测

1. 孔隙压力预测方法概述

地层孔隙压力预测对防止井喷、井漏，保证井控安全、提高钻探效率、缩短钻井周期、降低钻井成本等工程作业具有极其重要的作用；此外，地层孔隙压力的准确预测还极大地影响着地应力分析以及井壁稳定评价的合理性、可靠性。因此，地层孔隙压力的预测至关重要。目前常用的地层孔隙压力计算方法主要有等效深度法（Hottman，1965）、Eaton法（Eaton，1975）和有效应力法（Fillippone，1979），其中前两种方法均基于泥页岩压实理论。

1）等效深度法

等效深度法的基本理论依据是具有相同岩石物理性质的不同深度的地层岩石骨架应力相等。因此，选取与地层孔隙压力响应较强的测井曲线，建立测井响应曲线的正常压实趋势线，据此确定研究井段的等效深度，由式（4-2-1）计算地层孔隙压力：

$$p_\mathrm{p}=HG_0-H_\mathrm{e}(G_0-G_\mathrm{n}) \tag{4-2-1}$$

式中　p_p——所求深度的地层孔隙压力，MPa；

　　　H——所求地层压力点的深度，m；

　　　H_e——等效深度，m；

　　　G_0——上覆地层压力梯度，可由密度测井曲线计算得到，MPa/100m；

　　　G_n——等效深度处的正常地层压力梯度，MPa/100m。

正常压实趋势线的正确建立及等效深度的确定是等效深度法计算地层孔隙压力的关键。

2）Eaton 法

Eaton 法由 Eaton 根据墨西哥湾等地区经验及理论分析建立，他认为地层孔隙压力与声波测井响应曲线之间存在如下关系：

$$\frac{p}{D}=\frac{S}{D}-\left[\frac{S}{D}-\left(\frac{p}{D}\right)_{正常地层}\right]\left(\frac{\Delta t_{正常值}}{\Delta t_{实测值}}\right)^3 \tag{4-2-2}$$

式中　Δt——声波时差，μs/m；

　　　p，S——孔隙压力及上覆岩层压力，MPa；

　　　D——地层埋深，m。

Bowers（1995）发现指数幂 c 取 5 时，在美国墨西哥湾沿岸地区应用效果很好，进而提出了改进的 Eaton 公式，即：

$$p_\mathrm{p}=G_0-(G_0-G_\mathrm{n})\left(\frac{\Delta t_{实测值}}{\Delta t_{正常值}}\right)^c \tag{4-2-3}$$

式中　c——压实校正系数。

3）有效应力法

根据有效应力定理，已知上覆岩层压力和有效应力，可得到地层压力。上覆岩层压力可通过密度测井资料求取，国内外研究表明，声波传播速度对有效应力变化较敏感，科研人员通过实验和理论研究建立了一系列声波传播速度与有效应力的量化关系，但对复杂地层，声波值会受到很多因素的影响，仅仅靠声波测井数据进行预测会造成较大误差。因此，式（4-2-4）所示的声波纵波速度响应关系被许多学者作为建模基础：

$$\sigma_\mathrm{e}=A\mathrm{e}^{-Bv_\mathrm{p}/v_\mathrm{s}} \quad 或 \quad \sigma_\mathrm{e}=A\mathrm{e}^{-B\mu} \tag{4-2-4}$$

$$v_\mathrm{p}=K_1+K_2\phi+K_3\sqrt{V_\mathrm{sh}}+K_4\left(\sigma_\mathrm{e}-\mathrm{e}^{-K_5\sigma_\mathrm{e}}\right)+K_6\rho_\mathrm{b}^{K_7} \tag{4-2-5}$$

式中　A，B——根据实测压力拟合出的系数；

　　　v_p/v_s——纵横波波速比；

　　　μ——泊松比；

　　　ϕ——孔隙度，%；

　　　ρ_b——岩石密度，g/cm³；

　　　V_{sh}——泥质含量，%；

　　　σ_e——有效应力，MPa；

　　　K_1，K_2，K_3，K_4，K_5，K_6，K_7——模型系数，可由多元回归分析得出。

2. 克拉苏构造带地层孔隙压力预测方法

克拉苏构造带巴什基奇克组无连续厚层状泥岩发育，且上覆巨厚盐岩，因此，基于压实理论的等效深度法及 Eaton 法不适用于该区块地层孔隙压力预测。

该区巴什基奇克组地层孔隙压力的预测采用有效应力法，该方法基于测井资料，综合分析深度、自然伽马、声波时差、密度与有效应力之间的相互关系，通过多元非线性回归分析，建立地层有效应力预测模型，从而计算地层孔隙压力。具体过程如下：

（1）单因素分析，基于测井资料及实测地层压力数据，分别开展单一因素深度、自然伽马、声波时差、密度与有效应力之间的相互关系，并确定各个因素与有效应力间的函数类型；

（2）确定拟合关系式形式，根据上述分析确定的各种函数类型，综合形成有效应力最终拟合关系式；

（3）确定拟合关系式系数，开展多元非线性拟合回归分析，确定式中各项系数及具体关系式；

（4）通过密度测井资料，计算上覆地层压力；

（5）计算地层孔隙压力及剖面，并进行准确性验证。

根据上述流程，开展研究区块地层孔隙压力计算。

通过单因素分析，确定了有效应力计算模型具体形式为：

$$\sigma_e = K_1 \times \text{DEPTH}^{K_2} + K_3 \times \ln(\text{DT}) + K_4 \times \text{DEN} + K_5 \times \ln(\text{GR}) + K_6 \quad (4\text{-}2\text{-}6)$$

式中　σ_e——有效应力，MPa；

　　　DEPTH——地层深度，m；

　　　DT——声波时差，μs/ft；

　　　DEN——密度，g/cm³；

　　　GR——自然伽马，API；

　　　K_1，K_2，K_3，K_4，K_5，K_6——拟合系数。

通过多元非线性拟合回归分析，确定模型中各项系数，最终有效应力计算模型为：

$$\sigma_e = 13.7350 \times \text{DEPTH}^{0.3059} + 4.7576 \times \ln(\text{DT}) - 7.8320 \times \text{DEN} - 3.7803 \times \ln(\text{GR}) - 126.8525$$

$$(4\text{-}2\text{-}7)$$

基于有效应力计算公式及密度测井资料，可通过下述公式计算得到地层孔隙压力：

$$p_\mathrm{p} = \int_{H_0}^{0} \rho_0(h)g\mathrm{d}h + \int_{H}^{H_0} \rho(h)g\mathrm{d}h - \sigma_\mathrm{e} \qquad (4\text{-}2\text{-}8)$$

式中 p_p——地层压力，MPa；
σ_e——有效应力，MPa；
H_0——测井起始点深度，m；
h——测井结束点深度，m；
$\rho_0(h)$——未测井段深度为 h 点的密度，g/cm³；
$\rho(h)$——深度为 h 点的测井密度，g/cm³；
g——重力加速度，可取 9.8m/s²。

3. 气藏地层压力评价

应用表明，基于构建的地层孔隙压力预测模型计算的地层孔隙压力与实际测试结果的平均相对误差为 2.47%（图 4-2-1），表明所构建模型适用于该区块且满足工程要求。图 4-2-2 为研究区 KeS2-2-8 井巴什基奇克组 6580~6850m 井段孔隙压力预测结果图。

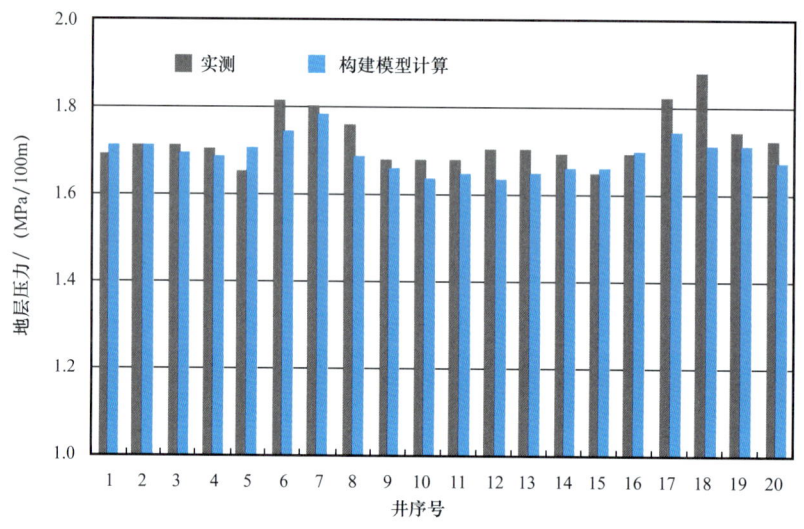

图 4-2-1 巴什基奇克组地层孔隙压力对比

三、单井地应力建模方法

1. 地应力方向确定方法

1）理论基础

成像测井图像中的钻井诱导缝、应力垮塌或应力崩落可用于确定地应力方向。对直井而言，井壁应力垮塌或应力崩落的方位、形状、宽度和深度受地应力控制，一般呈

180°对称分布在井壁两侧，方位与原地最小水平主应力方位向一致。钻井后，在井壁形成的裂缝主要有钻具振动裂缝、热差诱导缝、应力释放缝和由于钻井液密度过高引起的钻井压裂缝等4种，其中仅钻井压裂缝、应力释放缝与地应力相关，裂缝出现的方位都对应最大水平主应力方向，呈180°方位对称分布是该两类裂缝相对于钻井诱导缝和天然气裂缝最显著的区别。不同产状天然裂缝在成像图上的表现特征也不相同，垂直天然裂缝通常单个出现；斜切井眼的天然裂缝在成像图上一般显示为完整的正弦线，随着裂缝倾角的降低，正弦线逐渐变得平缓。因此，能否准确识别井壁地层中出现的各种类型裂缝，是利用成像测井资料预测地应力方向的关键。

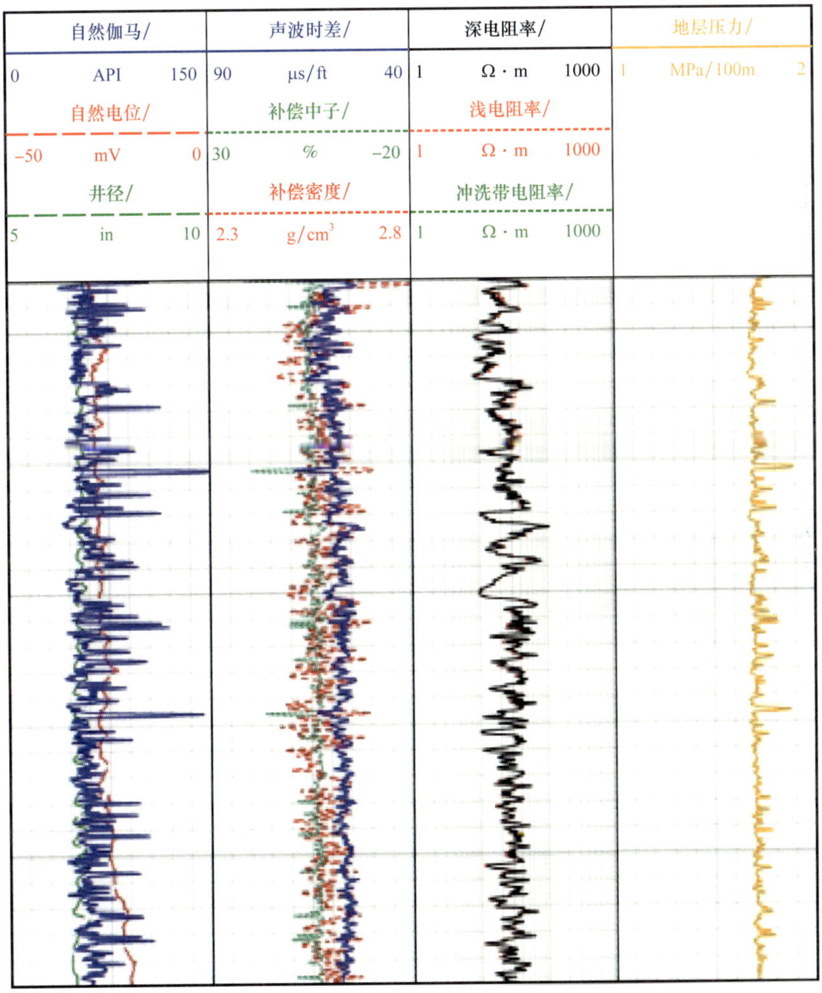

图4-2-2 KeS2-2-8井巴什基奇克组地层压力剖面图（6580~6850m）

与成像测井图相比，井径曲线的直观性较差。正确识别井径曲线上不同类型的井眼扩径，是利用井径曲线获取地应力的关键和基础。钻井过程中，通常有溶蚀型、冲蚀型、键槽以及应力型等类型的扩径井眼，其中，应力型椭圆井眼的长轴方向指示最小水平主应力方向。

2)基于成像测井资料的地应力方位分析

KeS207 和 KeS2-1-14 井的成像图如图 4-2-3 所示,统计分析图中的钻井诱导缝及井壁垮塌信息可得到相应井段的地应力方向。分析可知,地应力方位以近南北向、北北东向为主,但研究区不同井位处地应力方位变化较大(表 4-2-1)。

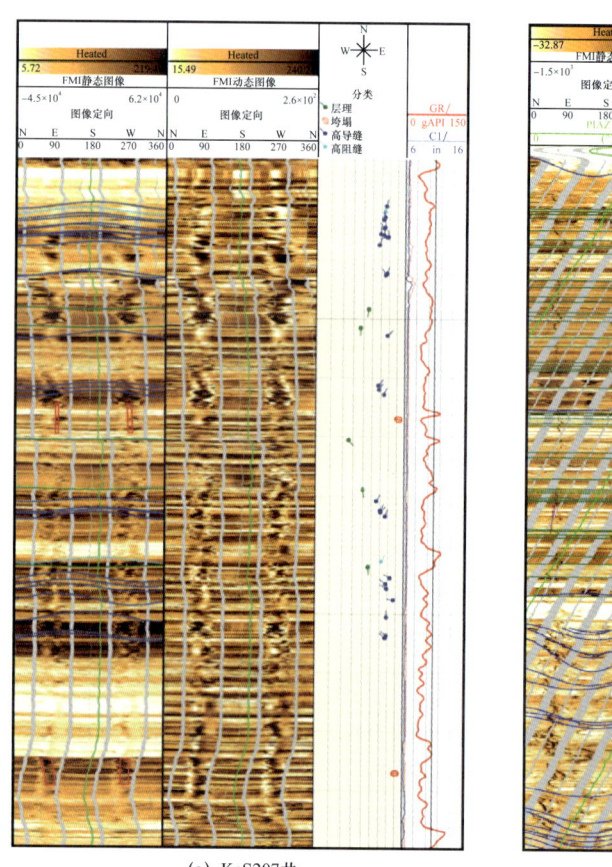
(a) KeS207井

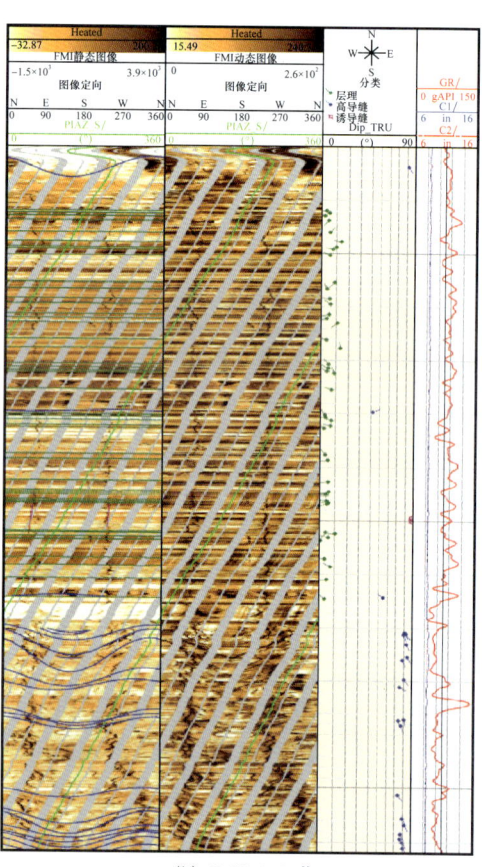
(b) KeS2-1-14井

图 4-2-3 钻井诱导缝对地应力方位识别图

表 4-2-1 基于钻井诱导缝及井壁垮塌信息的地应力方向统计

井号	深度段/m	优势方位/(°)	指示类型
KeS2	6232.27~6713.72	0~20	井垮
KeS2-1-14	6741.91~6952.63	50~70	诱导缝
KeS2-2-12	6744.51~7024.58	140~150	垮塌
KeS201	6459.07~6788.07	160~170	垮塌
KeS202	6662.61~6919.06	80~90	诱导缝
KeS207	6744.51~7024.58	10~340	垮塌
KeS208	6526.93~6844.69	40~60	垮塌

续表

井号	深度段 /m	优势方位 /（°）	指示类型
KeS2-1-1	6565.3～6803.27	20～40	垮塌
KeS2-1-5	6585.62～6841.8	10～20	垮塌
KeS2-1-8	6533.88～6764.11	150～160	垮塌
KeS2-2-5	6672.89～6928.15	160～170	垮塌
KeS2-2-8	6540.87～6855.36	0～350	垮塌
KeS2-2-18	6634.9～6882.44	90～100	垮塌
KeS203	6552.84～6758.36	130～150	垮塌
KeS205	6853.94～7179.65	30～50	垮塌
KeS206	6480.35～6795.71	0～20	垮塌

2. 单井岩石力学参数评价方法

室内岩石力学实验是获取岩石力学参数最基本、最直接的方法，但受到取心成本、取心时效和取心地层等因素制约，室内岩石力学实验所获取的岩石强度参数有限，不能反映地层岩石强度的纵向连续分布特征。为了更好地获取地层岩石力学特性，需要建立基于测井信息的岩石力学参数计算模型。因此，基于室内同步岩石物理和岩石力学测试，建立了一套适合克拉苏气田巴什基奇克组岩石力学参数的计算模型。

岩石的弹性模量和泊松比不仅可以根据岩样在施加载荷条件下的应力—应变关系得到，还可以根据弹性波速度和体积密度计算得到。由此得到的岩石弹性模量和泊松比称为动态弹性模量和动态泊松比，统称动态弹性参数。

利用测井资料可计算得到地层动态弹性参数，即：

动态泊松比

$$\mu_d = \frac{DTS^2 - 2DTC^2}{2(DTS^2 - DTC^2)} \quad (4\text{-}2\text{-}9)$$

动态弹性模量

$$E_d = \frac{DEN}{DTS^2}\left(\frac{3DTS^2 - 4DTC^2}{DTS^2 - DTC^2}\right)a \quad (4\text{-}2\text{-}10)$$

式中　DTS，DTC——地层横波时差、纵波时差，μs/m；

　　　E_d——动态弹性模量，MPa；

　　　μ_d——动态泊松比；

　　　DEN——地层体积密度，g/cm³；

　　　a——转换系数。

动态弹性参数相对连续,能够较好地反映地层剖面的变化,但在力学分析过程中,必须转换为静态弹性参数。因此,在室内实验研究的基础上,建立了岩石的动静态转换模型,即岩石静态弹性模量与岩石动态弹性模量的转换关系(图 4-2-4)及静态泊松比与动态泊松比的转换关系(图 4-2-5)。

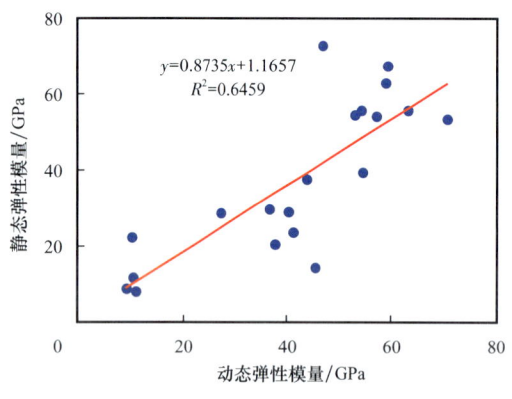

图 4-2-4　静态弹性模量和动态弹性模量关系图

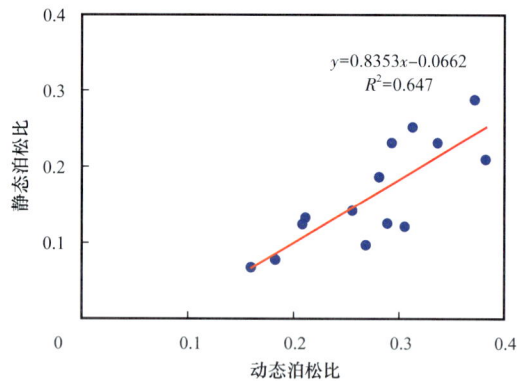

图 4-2-5　静态泊松比和动态泊松比关系图

基于研究区静态与动态弹性参数的关系,得到动静态弹性参数的转换模型:

静态弹性模量的转换模型

$$E_s=0.8735E_d+1.1657 \quad R^2=0.6459 \quad (4-2-11)$$

动静态泊松比的转换模型

$$\mu_s=0.8353\mu_d-0.0662 \quad R^2=0.647 \quad (4-2-12)$$

式中　E_s,E_d——静态弹性模量、动态弹性模量,GPa;

　　　μ_s,μ_d——静态泊松比、动态泊松比。

通过上述方法,建立了岩石强度(单轴抗压强度、抗张强度等)参数计算模型。从图 4-2-6 和图 4-2-7 中可看出,岩石抗压强度、抗张强度与纵波时差/密度具有较强的相关性。

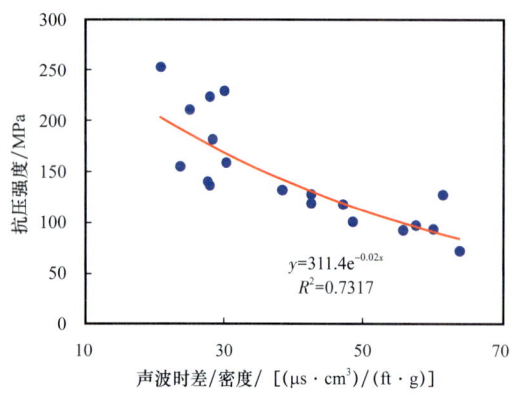

图 4-2-6　抗压强度与声波时差/密度的关系图

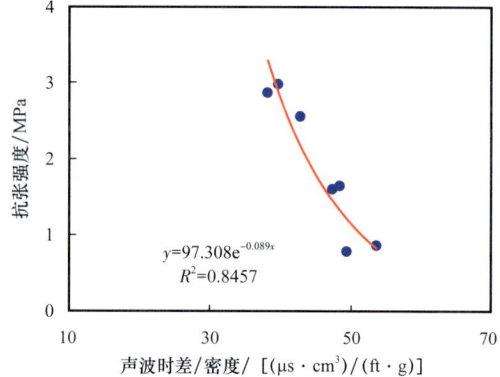

图 4-2-7　抗张强度与声波时差/密度的关系图

基于室内实验研究结果，岩石抗压强度和抗张强度的计算模型分别为：

抗压强度

$$\sigma_c = 311.4 e^{-0.02 \times (DTC/DEN)} \qquad R^2 = 0.7317 \qquad (4-2-13)$$

抗张强度

$$\sigma_t = 103.25 e^{-0.09 \times (DTC/DEN)} \qquad R^2 = 0.8457 \qquad (4-2-14)$$

式中　σ_c——岩石抗压强度，MPa；

　　　σ_t——岩石抗张强度，MPa；

　　　DTC——地层纵波时差，μs/m；

　　　DEN——地层体积密度，g/cm^3。

基于上述模型，计算克拉苏气田KeS201井巴什基奇克组6500~6772m井段的岩石力学参数剖面图，如图4-2-8所示。其岩石抗压强度主要分布范围为80.7~188.2MPa，抗张强度主要分布范围为4.0~11.3MPa，静态弹性模量主要分布范围为20.07~45.87GPa，泊松比主要分布范围为0.309~0.337。

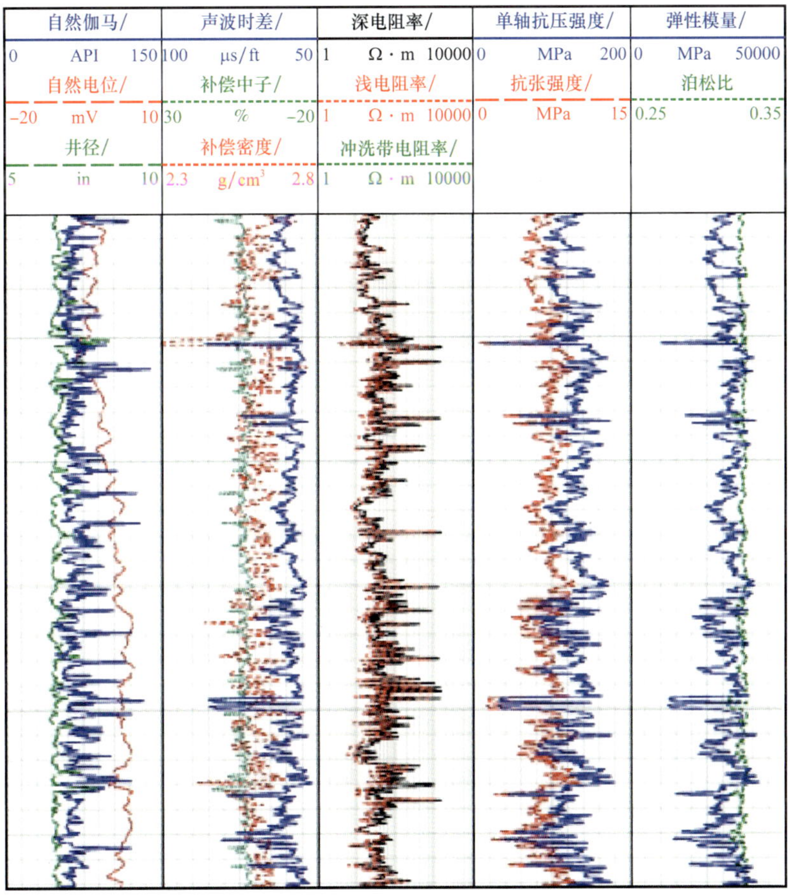

图4-2-8　KeS201井岩石力学参数剖面（6500~6772m）

3. 单井地应力大小评价方法

水力压裂是目前进行深部应力原位测试最为有效的方法，也是深部最小水平主应力测试最直接的方法，在国内外得到了较为广泛的应用。其基本原理是：假设地层均质、连续、各向同性，依据能量最低的原则，水力压裂缝总是沿着最大水平主应力的方位启裂扩展，当井轴与垂向主应力方向一致时，裂缝的发育方位指示最大水平主应力的方位。水力压裂缝的闭合压力或重张压力反映了最小水平主应力的大小。依据相应的力学模型由井周地层的破裂压力可进一步计算最大水平主应力的数值大小。

地层破裂压力与裂缝闭合压力可通过压裂施工压力曲线分析得到，如图4-2-9所示。根据水力压裂原理，水力压裂缝产生时压力系统存在如下关系：

$$p_f = 3\sigma_{H2} - \sigma_{H1} - \alpha p_p + S_t \quad (4\text{-}2\text{-}15)$$

式中 p_f——破裂压力，MPa；

σ_{H1}——最大水平主应力，MPa；

σ_{H2}——最小水平主应力，MPa；

α——有效应力系数；

p_p——地层孔隙压力，MPa；

S_t——井壁岩石抗张强度，MPa。

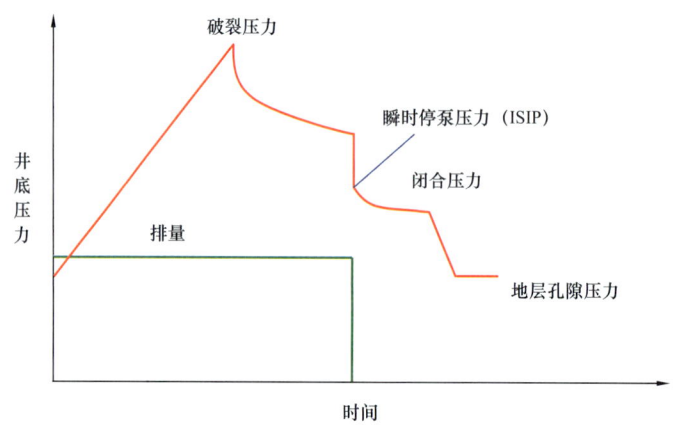

图4-2-9 水力压裂压力典型曲线

在已知水力压裂的注入压力数据后，即可利用式（4-2-15）计算地应力数据。根据水力压裂施工曲线获取破裂压力和闭合应力（最小水平主应力），即可利用式（4-2-15）计算获得地层的最大水平主应力的大小。

在一定假设条件下，以地应力实测数据为基础，建立相对简单的地应力计算模型，利用相关的测井数据进行地应力计算，其结果在一定程度上依赖于所建立的计算模型。目前，依据测井的地应力计算模型主要有：（1）基于最大水平主应力和最小水平主应力之间的关系提出的Mohr-Columb模式，该计算模式是基于地层处于剪切破坏临界状态这一假设；（2）单轴应变模式，较有代表性的计算模型有Matthews & Kelly模型（1967

年)、Anderson模型(1973年)、Newberry模型(1986年)等;(3)黄荣樽(1984年)模式,该模式考虑了构造应力的影响,可以解释水平应力大于垂向应力的现象;(4)斯伦贝谢模式(1988年),又称为组合弹簧模式,该模型综合考虑了地层岩石力学特性、孔隙压力及构造作用对地应力的影响,应用较为广泛。模型假设岩石为均质、各向同性的线弹性体,并假定在沉积及后期地质构造运动过程中地层和地层之间无相对位移,地层两个水平方向的应变为常数。各主应力分量的计算分别为:

$$\begin{cases} \sigma_H = \dfrac{\mu_s}{1-\mu_s}\sigma_V + \dfrac{1-2\mu_s}{1-\mu_s}\alpha p_p + \dfrac{E_s}{1-\mu_s^2}\varepsilon_H + \dfrac{\mu_s E_s}{1-\mu_s^2}\varepsilon_h \\ \sigma_h = \dfrac{\mu_s}{1-\mu_s}\sigma_V + \dfrac{1-2\mu_s}{1-\mu_s}\alpha p_p + \dfrac{E_s}{1-\mu_s^2}\varepsilon_h + \dfrac{\mu_s E_s}{1-\mu_s^2}\varepsilon_H \end{cases} \quad (4-2-16)$$

$$\sigma_V = \int_{H_0}^{0} \rho_0(h)g\mathrm{d}h + \int_{H}^{H_0} \rho(h)g\mathrm{d}h \quad (4-2-17)$$

式中 μ_s——泊松比;

σ_V——上覆地层压力,MPa;

E_s——杨氏模量,GPa;

H——测井结束点深度,m;

α——Biots系数;

ε_H,ε_h——沿最大、最小水平主应力方向的构造应变系数;

H_0——测井起始点深度,m;

$\rho_0(h)$——未测井段深度为h点的密度,g/cm³;

$\rho(h)$——深度为h点的测井密度,g/cm³;

g——重力加速度,m/s²。

在压裂施工曲线分析的基础上,利用组合弹簧模型,进而求取沿最大水平主应力方向、最小水平主应力方向的构造应变系数,各井的构造应变系数计算结果见表4-2-2,在此基础上可获得已钻井地应力剖面。

表4-2-2 克深地区构造应变系数分析结果

井号	中部垂深/m	ε_H	ε_h
KeS203	6642.5	0.004618	0.0003978
KeS2	6602.0	0.004075	0.0003751
KeS2-1-12	6677.5	0.003901	0.000179
KeS2-1-14	6840.0	0.003927	0.0005072
KeS2-1-5	6645.0	0.004263	0.0004183
KeS8-4	6832.5	0.003827	0.0004069

续表

井号	中部垂深/m	ε_H	ε_h
KeS806	6937.0	0.003752	0.0003947
KeS9	7498.5	0.003679	0.0003943
KeS905	7739.0	0.003715	0.0003812

图4-2-10为KeS2-1-5井巴什基奇克组6568～6838m井段的地应力剖面图。巴什基奇克组地层主要以走滑型为主，垂向地应力分布范围为155.90～188.0MPa，最大水平主应力分布范围为150.8～206.3MPa，最小水平主应力分布范围为114.6～174.5MPa。

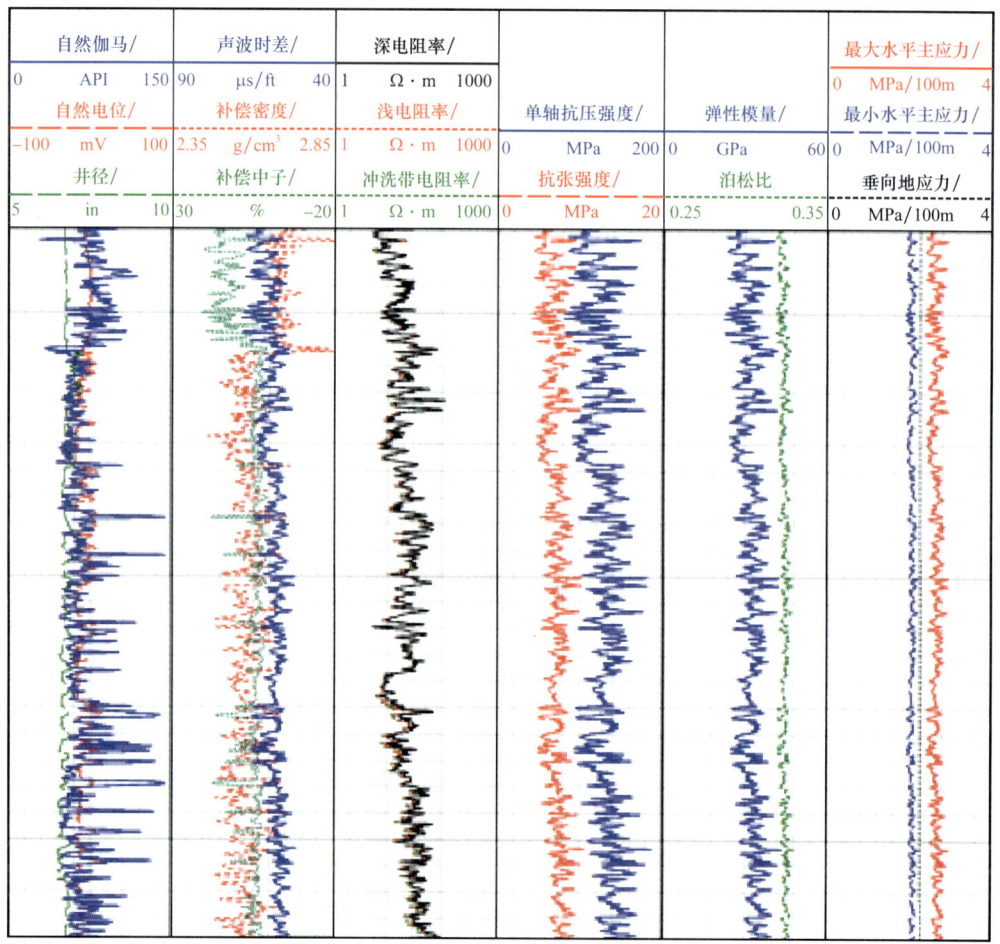

图4-2-10　KeS2-1-5井巴什基奇克组地应力剖面图（6568～6838m）

四、三维地应力场建模

地层深部应力场与区域地质构造、地层岩石的物理力学特性密切相关。大量学者研究结果表明，数值模拟反演分析是获得研究区三维地应力场的有效方法（苟广秀等，

2014；鲜成钢等，2017；徐珂等，2020；王志民等，2020）。应力场的有限元反演是在研究区地质力学模型构建的基础上，采用有限单元法，根据有限的单井实测地应力数据来求取整个分析区域的地应力场状况。其基本思想为：在地质力学模型构建、单元离散划分的基础上，以单井实测地应力分析为基本约束，通过反演分析确定计算模型的边界作用荷载，进而计算分析研究区地应力场的分布规律。

1. 地质模型

基于研究区的地质、地球物理分析，将分析结果整理成建模基础数据，包括分层数据、断层数据、钻孔空间数据、岩相数据、测井解释数据和物性测试数据等，并导入建模。根据研究区断层性质、产状和落差等信息，调整断层倾向和上下盘地层错动位置，建立断层模型。

基于克深区块（KeS2井、KeS8井、KeS9井）地震构造解释数据体建立的巴什基奇克组三维地质模型，采用八节点四面体单元进行网格离散划分，经离散后地质模型如图4-2-11所示。地应力场反演数值模拟过程中，边界载荷加载方式有重力场加载、构造应力场加载。其中，重力场通过设置地层的容重来实现，而构造应力场则需通过合理设置计算模型的构造作用边界来实现，边界载荷的确定通过人工智能优化方法来实现（刘向君等，2015）。

图4-2-11 巴什基奇克组三维地质模型（离散后）

2. 岩石力学参数属性模型

在地质模型的基础上，基于波速、波阻抗属性，结合地层空间展布特征及断裂发育精细解析，以单井岩石力学参数计算结果为基本约束，构建地层岩石力学特性属性模型。图4-2-12至图4-2-14分别为克深区块巴什基奇克组地层弹性模量属性模型、泊松比属性模型、抗压强度属性模型。可看出，巴什基奇克组弹性模量分布范围为40000~50000MPa，整体呈现西南高东北低的趋势；泊松比分布范围为0.15~0.3，整体呈现西南低东北高的趋势；抗压强度分布范围为300~700MPa，整体呈现西南高东北低的趋势。

3. 三维地应力场数值模拟结果

图4-2-15至图4-2-17分别为巴什基奇克组垂向地应力三维空间分布图、最大水平主应力和最小水平主应力的三维空间分布图（计算所得的应力场遵循弹塑性力学的约定，即张应力为正，压应力为负）。

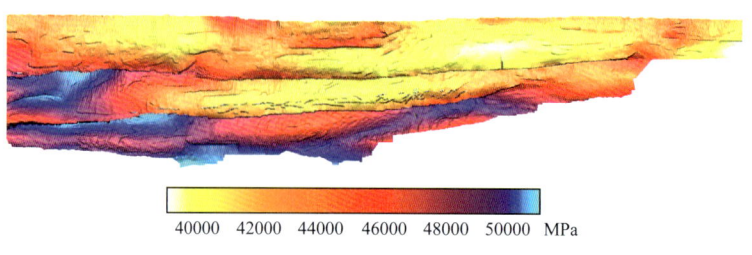

图 4-2-12　巴什基奇克组弹性模量属性模型

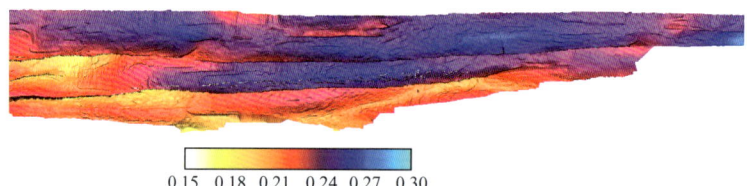

图 4-2-13　巴什基奇克组泊松比属性模型

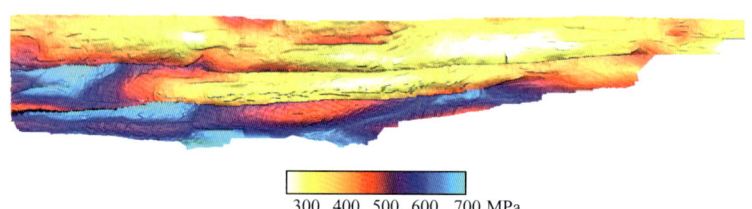

图 4-2-14　巴什基奇克组抗压强度属性模型

可看出，巴什基奇克组垂向地应力平面分布范围为 130.0~196.0MPa，断层内部形成显著的低应力区；断层的边缘附近，存在显著的应力集中区；断裂带附近主应力的大小变化较大，形成快速的应力变化带。地层最大水平主应力分布范围为 160.0~210.0MPa，断裂带附近主应力的大小变化较大，形成快速的应力变化带；断层下盘应力集中程度大，应力水平高，断层上盘呈现低应力水平，形成显著的低应力区，埋深对最大主应力影响显著，构造高点地应力水平相对较低。最小水平主应力平面分布范围为 110.0~175.0MPa，断裂带附近主应力的大小变化较大，形成快速的应力变化带。

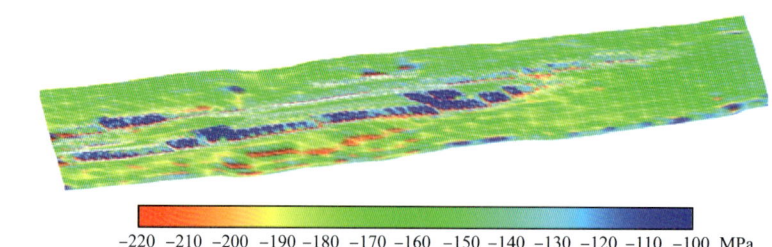

图 4-2-15　研究区巴什基奇克组垂向地应力三维空间分布图

图 4-2-18 所示为巴什基奇克组最大水平主应力方位平面图，可以看出，研究区巴什基奇克组地应力方位以近北南向为主，最大水平主应力方位范围为 345°~25°。

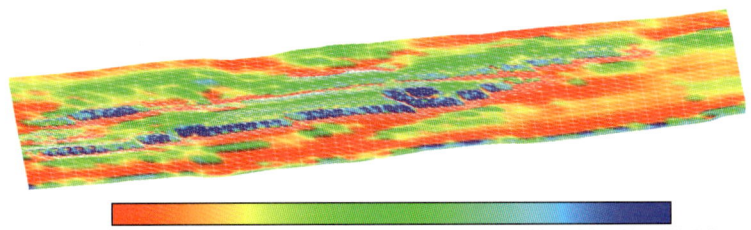

图 4-2-16　研究区巴什基奇克组最大水平主应力三维空间分布图

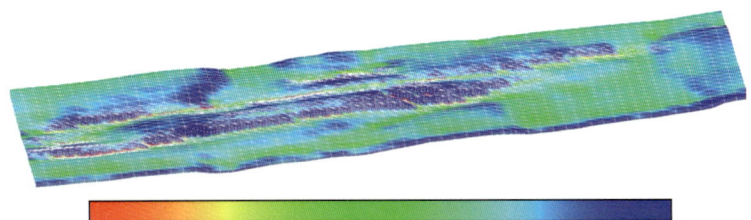

图 4-2-17　研究区巴什基奇克组最小水平主应力三维空间分布图

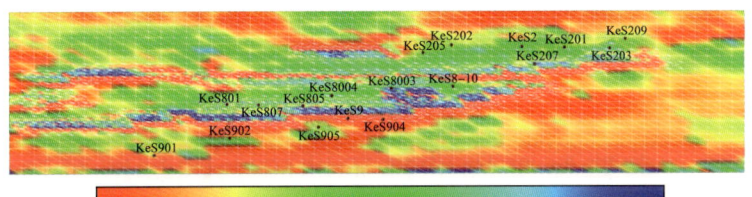

图 4-2-18　研究区巴什基奇克组地层最大水平主应力方位平面分布图

4. 三维地应力场结果校验分析

基于储层改造压裂施工压力曲线进行地应力的校验分析，具有数据丰富、结果可靠的特点。克深区块部分井不同方式下获取的最大水平主应力和最小水平主应力结果对比见表 4-2-3 和图 4-2-19。可以看出，两种方法得到的结果差异较小，绝对误差都在 10MPa 以内，相对误差小于 5%。

表 4-2-3　克深区块部分井不同方式获取的主应力对比表

井号	深度 /m	压裂分析 /MPa		三维应力场反演 /MPa		相对误差 /%	
		最小主应力	最大主应力	最小主应力	最大主应力	最小主应力	最大主应力
KeS2	6573	133.2	175.4	131.2	168.6	1.54	3.87
KeS203	6600	126.6	166.8	124.7	162.2	1.56	2.75
KeS805	6959	135.4	157.2	135.5	153.7	0.078	2.24
KeS905	7525	137.6	170.4	134.8	172.6	2.02	1.32

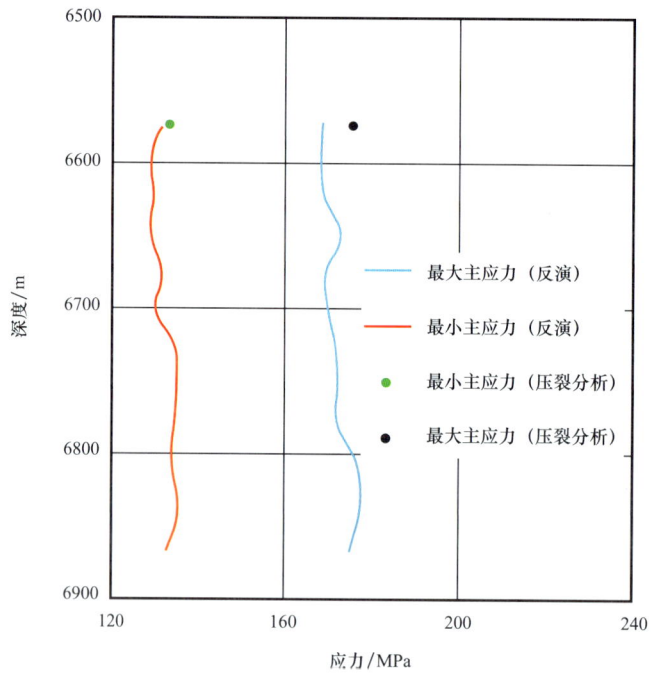

图 4-2-19 KeS 2 井三维地应力反演与压裂施工分析水平主应力对比

第三节 高陡复杂构造基于地应力的裂缝预测技术

裂缝性油气藏是近年来油气增储上产的重要领域之一，裂缝不仅是重要的储集空间，更重要的流体渗流通道，同时还控制着油气藏的形成与分布。所以，对裂缝的正确识别及分布规律和发育特征的正确认识，是裂缝型油气藏勘探开发成功的关键。但由于储层裂缝成因的复杂性、控制和影响的多因素性、形成和发育的随机性、分布的高度非均质性，在一定程度上增加了裂缝预测的难度。目前开展裂缝预测的主要方法有观察统计法、曲率分析法、破裂法与能量法、地震预测法（蚂蚁追踪）、分形理论法、生产动态法等。

从国内外裂缝预测技术发展现状来看，裂缝预测研究的各种方法都有优势，但同样存在缺陷和局限性，通常需要多种方法相结合才能获得较准确的裂缝预测结果。因此，基于地应力的裂缝预测方法逐渐被研究人员应用，该技术包含两类裂缝的预测：一类是基于构造恢复的裂缝预测，另一类是基于断裂恢复的断层相关裂缝预测，两类裂缝叠加即形成高陡复杂构造基于地应力方法所得到的裂缝预测结果。

一、基于构造恢复的裂缝预测技术

1. 基于构造恢复的裂缝预测技术原理与流程

基于地球物理方法（如相干属性等）的裂缝预测技术已得到广泛应用（Dou et al.,

2014），同时基于三维构造恢复的裂缝预测技术也得到了不断发展（韩波等，2013；Lefranc et al.，2014；Kumar et al.，2015）。该方法主要是基于构造恢复过程中获取的地层面变形几何学参数（高斯曲率等）及变形的动力学参数（应变等）开展裂缝的分布预测，可以在一定程度上避免地球物理方法中数据存在的噪声、误差的影响，并融合了构造、应力演化历史，结合油气充注及运移历史，对油气成藏的综合评价更有帮助。

基于构造恢复的裂缝预测技术主要集成了三维构造恢复、动力学正演模拟及离散裂缝网络（DFN）技术开展裂缝预测，该方法主要分为两大类：（1）通过三维构造恢复获取古构造形态，并基于古构造形态建立包含地质力学属性的三维地质体模型，在此基础上通过动力学正演模拟获取体变形过程中的区域应力—应变场，以此进行离散裂缝网络（DFN）计算；（2）通过三维构造动力学恢复，直接获取古构造的应力—应变场，以此进行离散裂缝网络（DFN）计算。以上两种方法均涉及了 DFN 裂缝网络模型的构建，其通过展布于三维空间中的各类裂缝组及其错综复杂的交互关系来构建整体的裂缝网络模型，在 DFN 裂缝网络模型中，每一类裂缝网络由大量具有不同产状、几何形态、尺寸、宽度及其孔渗性质等裂缝所构成，能反映出更加接近真实地层裂缝的发育特征。

运用构造恢复方法开展裂缝预测过程中，三维地质体的构造恢复精确性对后续的裂缝预测结果影响较大。当前针对三维地质体的构造恢复主要有几何学恢复、运动学恢复和动力学恢复三种方法，恢复过程中遵循基本的地质学原理、物质守恒、几何学和运动学合理性以及系统应变最小等准则。其中构造动力学恢复是基于质点—弹簧模型的离散元算法或动态松弛和有限元方法，基于本构关系，分析节点力、速度和位移特征，并迭代更新系统状态，直至将几何学恢复至目的状态且系统达到稳定；动力学恢复是基于刚性体在恢复其原始形态时所需的最小应变的一种迭代算法，因其模拟的是符合质点运动物理学理论的自然应力，使其在地质构造恢复研究中较为适用；应变等参数是通过追踪目标层面三角网格中每个顶点及面元在恢复前后随层面几何形态变化而计算得到，主要包括膨胀系数、应变张量等，在此基础上，还可计算每个主应变方向上的裂缝发育强度、发育方位及共轭裂缝的方位信息等，在进行 DFN 模拟时可转换成相应的裂缝强度参数。

不同于地球物理方法的裂缝预测方法，利用三维地质体的构造恢复可进行分期次构造恢复，通过关键期次的几何学恢复，建立地质体构造演化过程中的应力及应变演化历史。基于恢复过程中的现今构造环境及构造演化模型，可确定潜在裂缝发育的理论模型，以此确立合理的裂缝预测参数，其中潜在裂缝发育的理论模型参数包括：（1）基于构造演化过程的信息，确定裂缝发育的区域及主要裂缝发育组的数量；（2）不同变形方式对每组裂缝强度及方位、裂缝长度、宽高比及裂缝张开度的影响；（3）以实际观测数据为基础，明确控制上述裂缝发育的最优属性，以获取最为可靠的裂缝预测模型。

综上所述，基于构造演化背景及地震数据体资料，建立较为精确的地层构造变形过程模型，进而对地层进行三维构造恢复和基于 DFN 裂缝网络模型的裂缝预测研究，可以更准确地预测裂缝的发育位置、延伸方向、延伸长度、发育密度和开启程度等。基于三维古构造恢复的裂缝发育预测流程如图 4-3-1 所示。

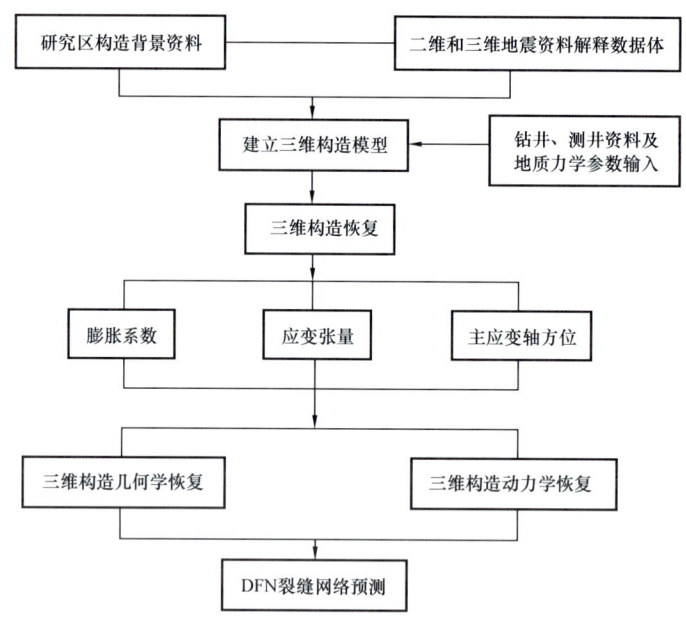

图 4-3-1　基于三维古构造恢复的裂缝发育预测流程

基于古构造恢复的裂缝预测参数及其地质控制因素见表 4-3-1，其裂缝预测模拟需确定 4 个主要地质参数：(1) 裂缝强度，模拟中选择单位体积内产生裂缝的面积；(2) 裂缝长度、裂缝方位，模拟中选择随机方位；(3) 裂缝纵横比，模拟中选择与裂缝长度成 1∶2 关系；(4) 裂缝开度，模拟中选择国际岩石力学学会规定裂缝开度的大小，约为 1mm。

表 4-3-1　基于古构造恢复的裂缝预测参数及其控制因素
(Van de Sande, 1996; Midland Vally Exploration, 1996)

参数名称	具体地质控制因素
裂缝发育强度	确定裂缝发育强度的主要控制因素是构造作用、成岩作用等，以此可选择相应的属性参数作为裂缝强度参数的重要指标：静态属性（如简单曲率、高斯曲率、倾角、圆柱度偏差等）；运动学属性（如几何应变）；地震属性（如相干数据，地震振幅等）
裂缝发育主要方位	确定裂缝方位控制因素主要有： ① 理论参数，即裂缝（尤其是构造裂缝）形成的理论概念模型； ② 基于构造变形历史确定裂缝发育与古应力及古应变的相关性，并利用构造恢复后获取的应变方向控制裂缝方向； ③ 利用 FMI 测井、岩心、野外地质露头区及卫星图片等实际观察统计的裂缝数据
裂缝长宽比	裂缝长度的分布范围可通过多种统计分布方法确定，如幂定律、正态分布、随机规律、常数等。裂缝纵横比可设置成与其长度成一定比例，或者为常数。野外露头的对比分析可为描述裂缝组分布的模拟提供重要信息。当无法获得露头信息时，裂缝长度范围可设置成与地质体单元格长度成一定比率（默认值为单元体长度的一半），或者与地层厚度成一定比率（长度∶厚度）。在特定层厚范围内，裂缝长宽比可达到 1∶4 甚至更大
裂缝开度	裂缝开度的确定对最终计算地质体的渗透率具有较大影响。根据研究地区的实际，可以设定为与裂缝长度成线性相关、平方根关系或为常数。根据国际岩石力学学会关于裂缝开度的定义，将裂缝设定为紧闭缝（<0.1mm）、张开缝（0.5~2.5mm）及宽大缝（>10mm）

2. 高陡复杂构造裂缝分类

构造裂缝的主要控制因素是不同部位的构造特征，如褶皱转折处以及大断层两侧附近通常都是裂缝发育的部位。Stearns 和 Friedman（1972）指出，与褶皱相关的裂缝有两种模式对应着两种不同的应力机制（图4-3-2），模式一通常出现在褶皱变形的早期，其特征是发育与褶皱挤压方向平行的张性缝和与之伴生的共轭剪切缝；模式二通常出现在褶皱变形的晚期，其特征是发育与褶皱轴线平行的张裂缝和与之伴生的共轭剪切缝。两种模式的裂缝出现的部位也有区别，如图4-3-3所示。根据克深区块井点裂缝的观察特征，与褶皱相关的裂缝主要为 Stearns & Friedman 模式中的第二种。

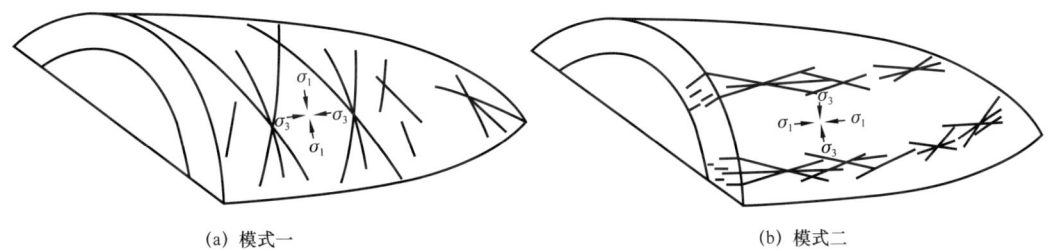

(a) 模式一　　　　　　　　　　　　　　(b) 模式二

图4-3-2　两种常见的褶皱相关裂缝模式图（Stearns et al., 1972）

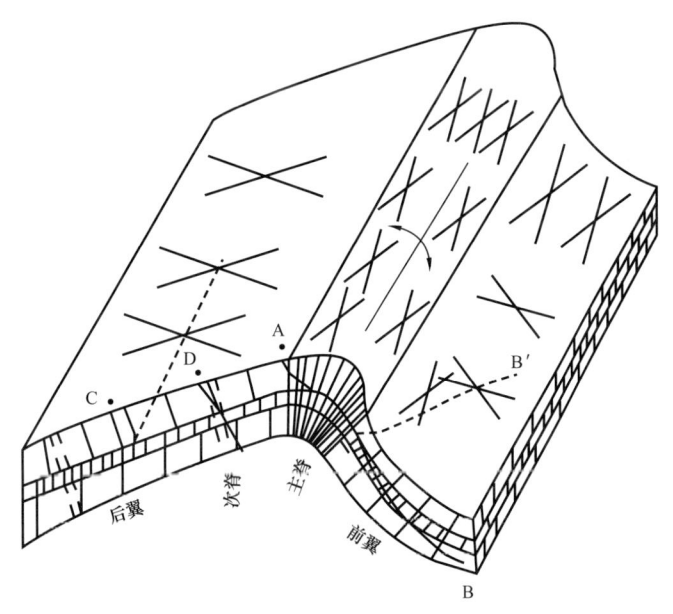

图4-3-3　褶皱相关裂缝的发育模式（Nelson, 2001）

A—斜交脊部走向的裂缝；B—斜交前翼走向的裂缝；B'—与裂缝B交替发育，走向及倾向与裂缝B斜交；
C—与后翼走向平行的裂缝；D—与两个次翼地层斜交的裂缝

另外，与断层相关的裂缝通常出现在断层两侧，随着与断层距离的增加，裂缝的密度也会快速减小。综合断层和褶皱的构造发育特征，克深区块天然裂缝的发育模式如图4-3-4所示。

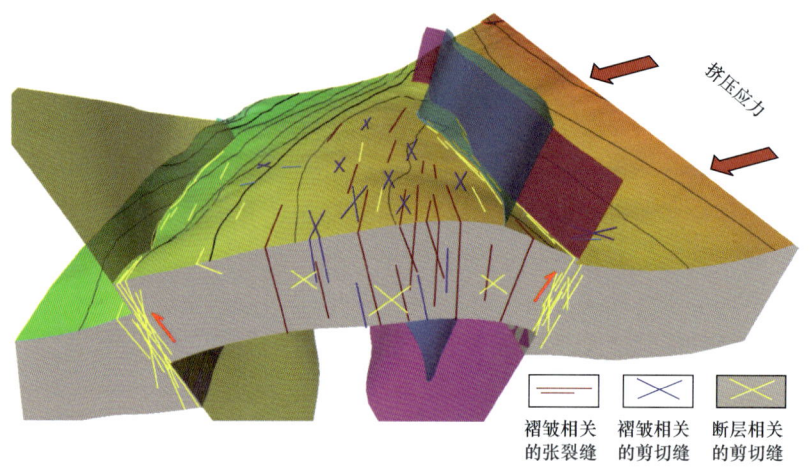

图 4-3-4 克深区块裂缝发育模式示意图

褶皱相关的裂缝和断层相关的裂缝是克深区块天然裂缝的两大类别（图 4-3-5 和图 4-3-6）。与褶皱相关的裂缝又可以根据褶皱不同部位的受力机制和破裂原理分为张裂缝和剪切缝，其中张裂缝发育在背斜核部，走向近东西向，与地层呈高角度，如 W1 井；剪切缝发育在褶皱和主要断层变形区，主要为北东向和北西向，如 W1 井、W2 井和 W104 井等。与断层相关的天然裂缝发育在断层附近，受近南北向挤压的逆冲应力场控制，走向近东西，倾角较低，如 W101 井。

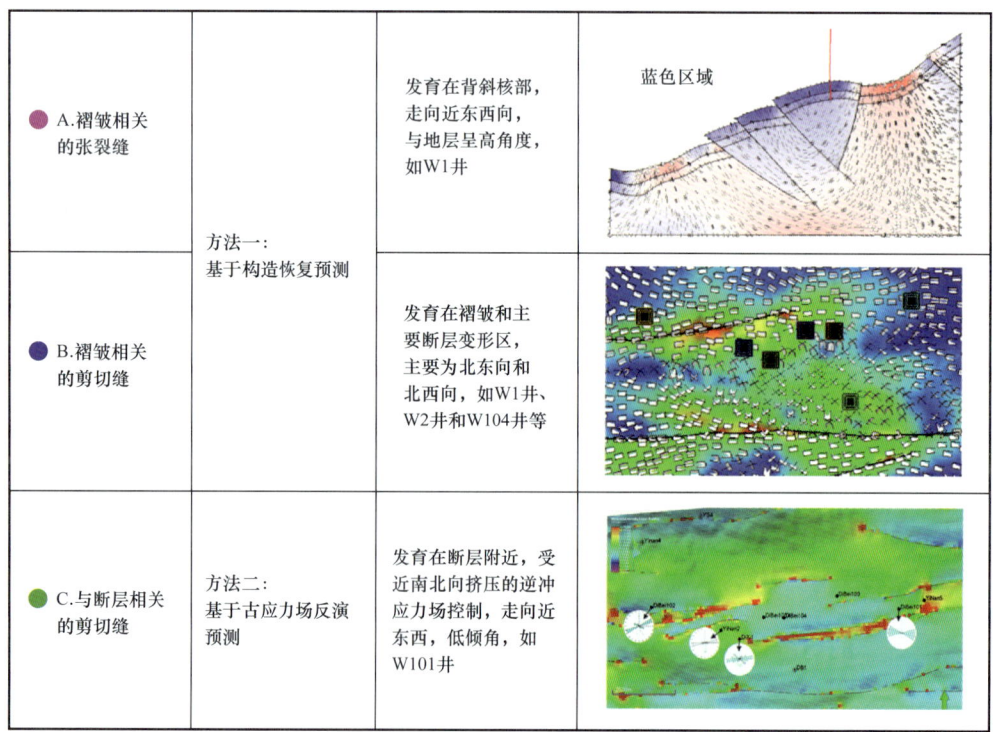

图 4-3-5 克深区块天然裂缝分类特征

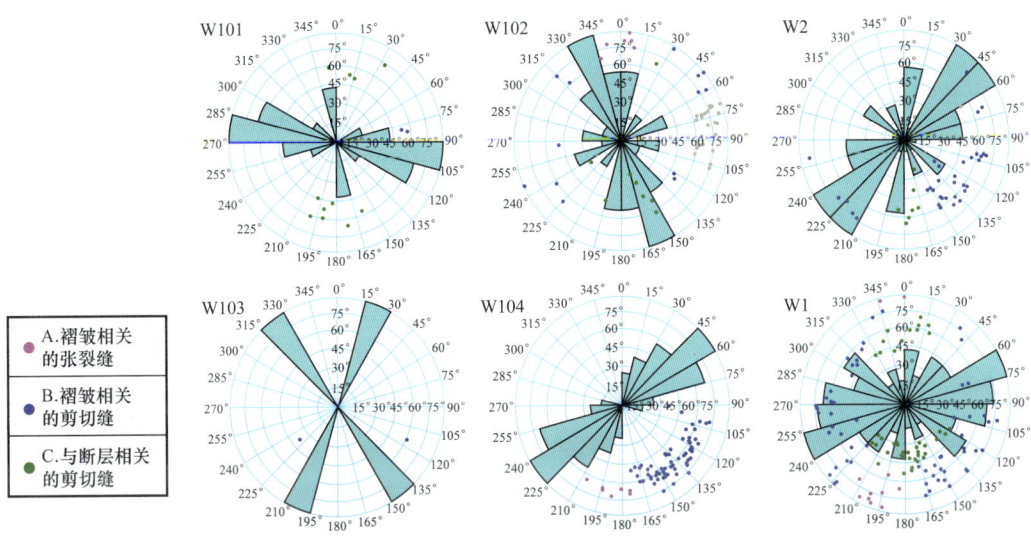

图 4-3-6 克深区块成像裂缝分类图

图例：
A. 褶皱相关的张裂缝
B. 褶皱相关的剪切缝
C. 与断层相关的剪切缝

3. 三维构造恢复

克深2区块、克深8区块和克深9区块隶属库车前陆盆地克拉苏构造带，纵向上根据变形特征分为3个构造层，即盐上构造层、盐构造层与盐下构造层，分别简称为盐上层、盐层和盐下层，其中盐上层主要以大型逆冲断层及褶皱变形为主；盐层为古近系库姆格列木群膏盐层，在构造挤压的过程中发生塑性流动，形成盐焊接、盐丘等一系列盐构造；盐下层发育一系列由逆冲断层组成的大范围冲断叠瓦构造。地层中膏盐层的存在，造成克拉苏构造带盐上构造层和盐下构造层变形不协调，总体表现为"整体挤压，分层变形"的收缩变形特征。由于盐的强滑脱和塑性流动，导致了盐上层和盐下层的解耦，构造变形特征差异巨大，变形样式上下完全不协调（图4-3-7）。

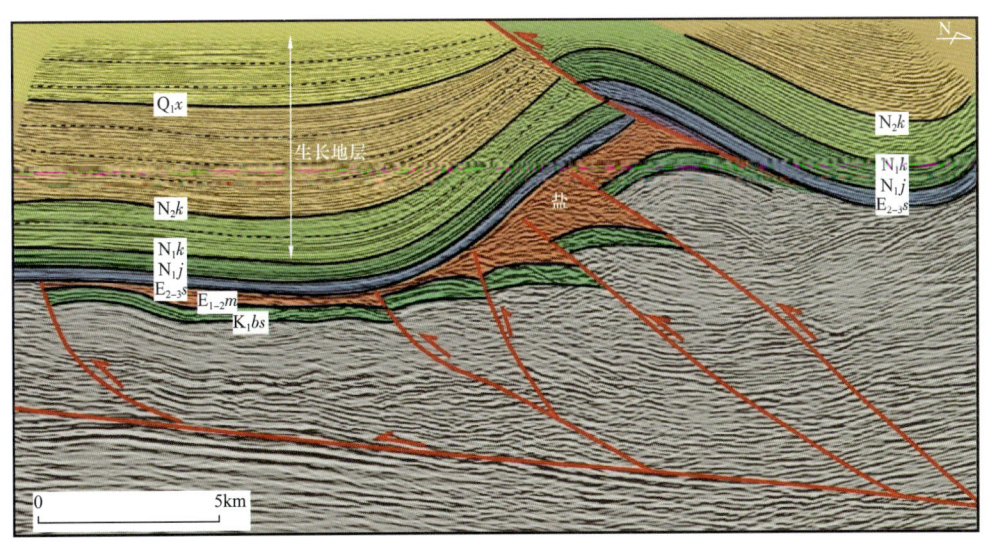

图 4-3-7 克拉苏区块典型地震剖面解释

基于地震解释的区域构造变形时间和期次依赖于地震剖面中不整合和生长地层的识别。克拉苏区块地震剖面盐上新近系核部厚度显著薄于翼部地层，为典型的扇状生长地层，表明了区域主要的变形时间是中新世以后，如图4-3-7所示。对于盐上层，结合生长地层的分析，通过逐期回剥拉平相关节点地层，可获取该地层古构造形态。由于厚层盐岩在构造挤压过程中，沿挤压方向和侧向都会发生较大范围的流动，造成上覆地层的被动变形，因此，盐下层构造形态主要受挤压作用控制，而盐上层是挤压变形和盐岩流动共同的结果。基于以上原因，通过盐上构造层的恢复方法来实现盐下构造层的恢复，其结果是不可靠的（图4-3-8）。

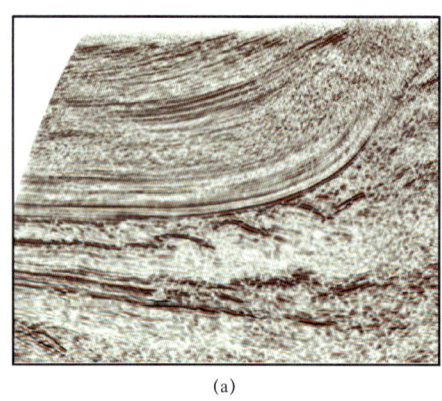 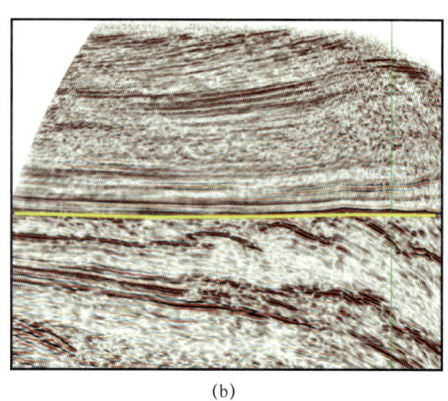

(a) (b)

图4-3-8 克拉苏区块的地震剖面恢复盐上构造层（苏维依组去褶皱，盐下层形态无法恢复）

在受区域挤压作用，盐上层和盐下层同时活动，因此，盐上层的变形时间和期次代表了盐下层。同时，盐上层和盐下层以自身的变形特征发育构造，其变形样式差异显著，但在同一时期，盐上层和盐下层调节吸收的缩短量或平均变形速度是一致的。因此，盐上层的变形速率也适用于盐下层。通过野外地质考察、测量结合磁性地层定年，地震剖面的平衡剖面恢复结合磁性地层定年、热年代学定年和同位素地球化学等综合研究，明确了克拉苏区块构造主要的变形时间为中新世晚期—上新世，划分为25～13Ma、13～6.5Ma、6.5～2.6Ma以及2.6Ma至现今4个主要变形期次，并计算出4个时期内变形贡献的比值分别为13%，26%，32%和29%。这个定量的构造期次和构造变形贡献值为克拉苏区块盐下层三维构造恢复提供了数据基础（表4-3-2）。

基于克拉苏区块的三维地震解释成果，对边界断层的几何学形态进行了解释和修正，建立了研究区块的三维构造模型，对巴什基奇克组构造形态依次按照29%，32%，26%以及13%的变形量进行三维构造恢复，逐期进行去断层和去褶皱操作，从而得到了该地区新生代强烈构造变形以来的构造演化图，三维构造恢复过程包括：

（1）将建立的研究区块三维构造模型进行"去断层"处理，对于主干断层，运用上盘运动学位移方式，将断层上盘地层按照每一期次的断层活动量与下盘的对应层逐步接近并最终对接（图4-3-9），恢复过程中采用"三角剪切"运动学模型，设置为滑脱模式，整个模型的"去断层"处理按地层由老到新的步骤进行[图4-3-9（a）]，可恢复克拉苏区块巴什基奇克组在特定地质历史时期的褶皱形态[图4-3-9（b）]。

表 4-3-2 克深地区新生代主要构造变形时间、期次及变形量

变形期次	研究结果及参考文献	沉积速率 / cm/ka	缩短速率（Zhang et al., 2014）/ mm/a	变形时间 / Ma	缩短量 / km	各期变形贡献比 / %
Ⅰ	Ca.25Ma①（卢华复等，1999） Ca.35Ma（Zhang et al., 2014） Ca.25～20Ma（Du 和 Wang, 2007；Wang et al., 2009b；Jia et al., 2015） Ca.22～20Ma（Chang et al.）	～7（Huang et al., 2006; Zhang, et al., 2014）	0.13	25～13	1.56	13
Ⅱ	Ca.11Ma（Charreau et al., 2006） Ca.17～16Ma（Huang et al., 2006） Ca.13Ma（zhang et al., 2014）	13（Huang et al., 2006）	0.49	13～6.5	3.19	26
Ⅲ	Ca.6.5Ma（Zhang et al., 2014） Ca.7Ma（Huang et al., 2006）	23（Huang et al., 2006）	17.5（Zhang, 2017）	0.99	6.5～2.6	3.86	32
Ⅳ	Ca.2.6Ma（Zhang et al., 2014）		1.38	2.6～0	3.59	29
① "Ca.25Ma" 指约 25 个百万年。

（2）去褶皱处理，把步骤（1）还原的褶皱形态进行褶皱恢复，还原构造变形初期目的层的古构造形态 [图 4-3-9（c）]。

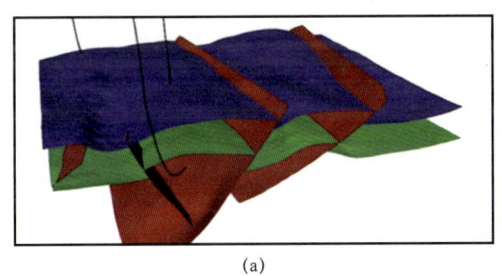
(a)

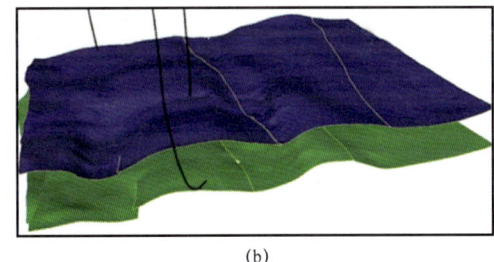
(b)

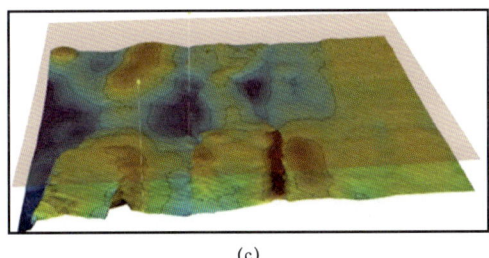
(c)

图 4-3-9 对目的层进行去断层与去褶皱处理流程还原古构造形态模式图

通过三维构造恢复手段，实现了克拉苏区块巴什基奇克组 6.5Ma 以来的古构造形态恢复，演化结果如图 4-3-10 所示。

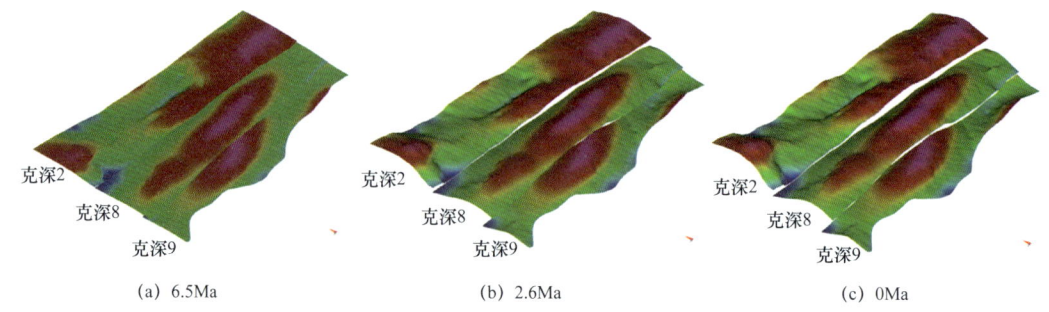

图 4-3-10　恢复后的克拉苏区块巴什基奇克组三维构造演化图

在克拉苏区块的三维构造恢复基础上，获取了各期次的构造应变特征。在 25～13Ma，克拉苏区块经历了第一次变形，应变逐渐累积，整体变形贡献率为 13%，构造应变特征如图 4-3-11 所示，大部分地区均处于应变 0 值附近，仅在两个主干断裂带附近及褶皱的翼部出现了应变相对高值区。值得注意的是，褶皱的枢纽部位的整体应变较小。

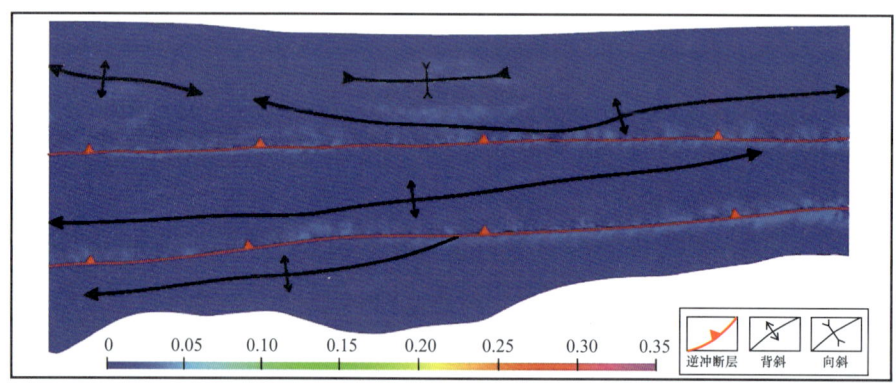

图 4-3-11　克拉苏区块巴什基奇克组 25～13Ma 构造应变特征

在 13～6.5Ma，克拉苏区块经历了较大的变形过程，其对整体的变形贡献率达到 26%，随着两期的应变累积，变形贡献率达到 39%，该阶段构造应变特征如图 4-3-12 所示，主干断层附近应变明显增强，褶皱翼部也呈现异常高值特征，而在褶皱枢纽部位与大部分变形量较小地区的应变特征一致，接近应变 0 值。

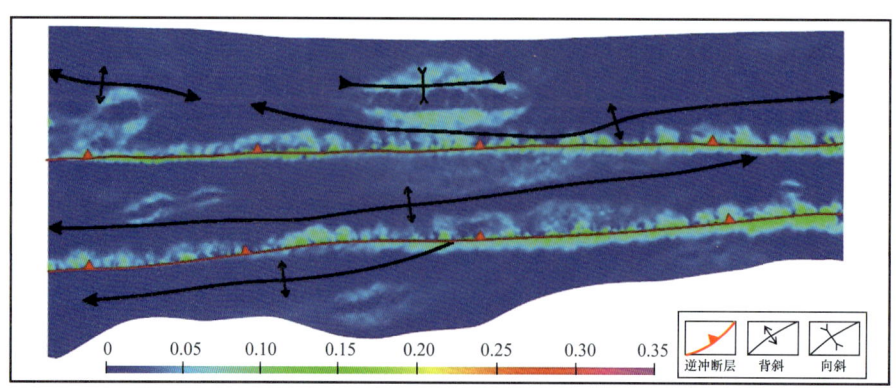

图 4-3-12　克拉苏区块巴什基奇克组 13～6.5Ma 构造应变特征

在 6.5~2.6Ma，克拉苏区块经历了较大的变形过程，其对整体的变形贡献率较大，达到 32%，此时的累积变形贡献率达到了 71%，该阶段构造应变特征如图 4-3-13 所示，除了主干断裂附近应变继续加强，褶皱翼部呈现异常高值，而核部附近出现异常低值。

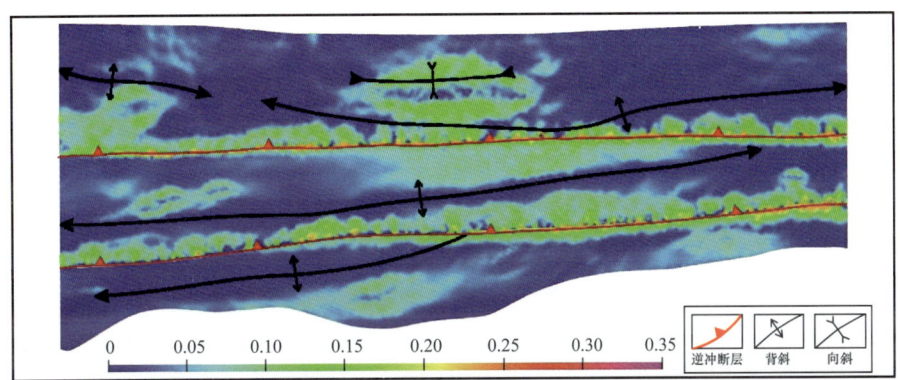

图 4-3-13　克拉苏区块巴什基奇克组 6.5~2.6Ma 构造应变特征

2.6Ma 以来，克拉苏区块经历了构造定型期，虽然变形过程经历的时间较短，但其变形的贡献率达到了 29%，该阶段构造应变特征如图 4-3-14 所示，主干断层附近强烈活动，其应变量达到了最大，在褶皱核部为低值区，而褶皱两翼的应变较大。

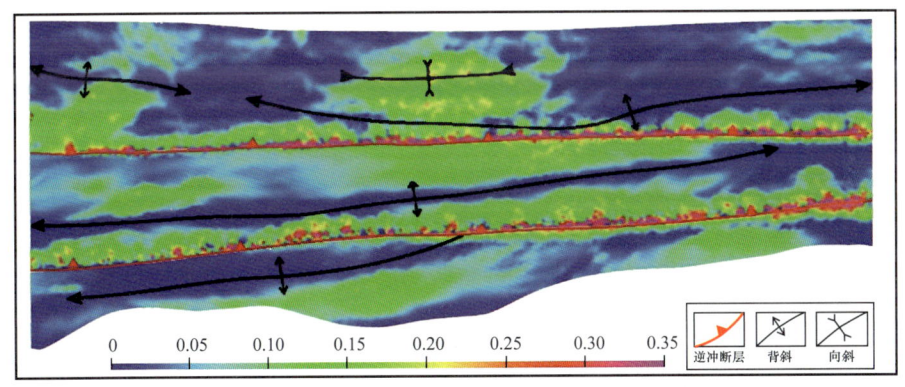

图 4-3-14　克拉苏区块巴什基奇克组 2.6Ma 以来构造应变特征

4. 裂缝分布预测

根据构造分期演化的研究，通过三维构造平衡恢复技术，将区域地层现今状态逐步恢复至地层初始沉积状态，计算各个变形时期的关键几何学和动力学参数，包括膨胀系数、应变张量、主应变轴产状等，其后根据这些参数，建立包含相应地质力学属性的体模型（图 4-3-15），在体模型基础上结合区域裂缝的统计数据进行裂缝 DFN 计算。

基于三维构造恢复的克拉苏区块巴什基奇克组裂缝预测结果如图 4-3-16 所示，主导裂缝发育倾向以 50°、176° 和 319° 为主，与井下观测基本一致。同时，从裂缝发育的整体特征上看，褶皱核部地区，特别是次级背斜构造的核部地区裂缝较为发育（图 4-3-17）。

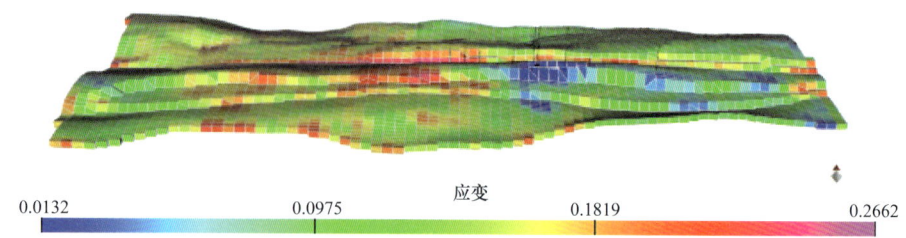

图 4-3-15　克深区块地质体模型的侧视图

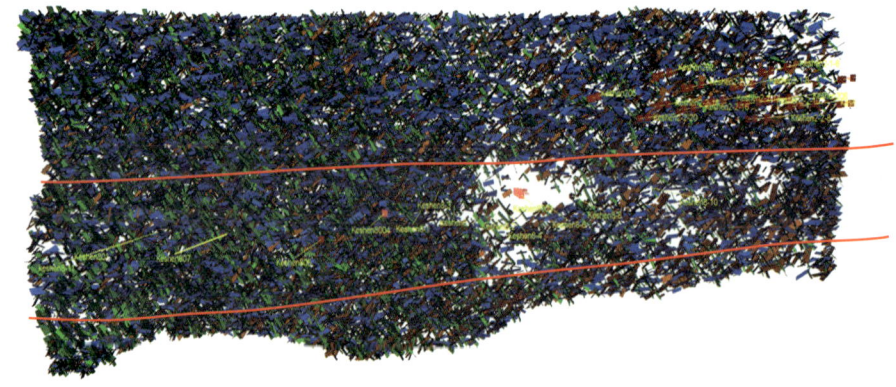

图 4-3-16　基于三维构造恢复的研究区块裂缝发育预测结果

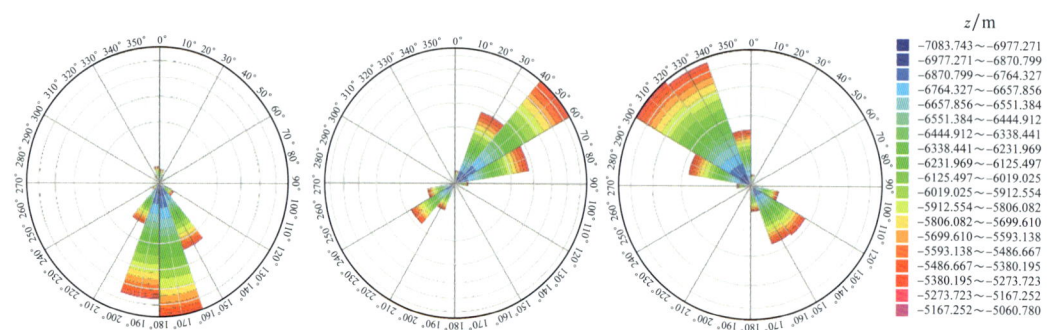

图 4-3-17　克拉苏区块预测主导裂缝的倾向玫瑰花特征图

从图 4-3-18 中可看出，裂缝强度在断层附近显著，表明断层附近构造裂缝较为发育，同时次级构造发育的区域裂缝也较发育。

为定量考核基于三维构造恢复的裂缝预测结果的准确性，将地质学裂缝预测的结果与现存井位求交点，统计了已有裂缝测量资料井的裂缝预测结果，对比发现两者有较好的吻合度：克深 2 区块共统计 15 口，其中 11 口井中实测和预测的统计特征相似（表 4-3-3），吻合度较高的井占比 73.3%；克深 8 区块裂缝统计井共 13 口，其中 11 口井中裂缝和地质学裂缝预测结果的统计特征相似（表 4-3-4），吻合度较高的井位占比 87.6%。由此可见，基于三维构造恢复的动力学参数进行裂缝预测的结果与实际井下裂缝统计结果吻合度高，表明该方法预测的裂缝分布结果可靠性高。

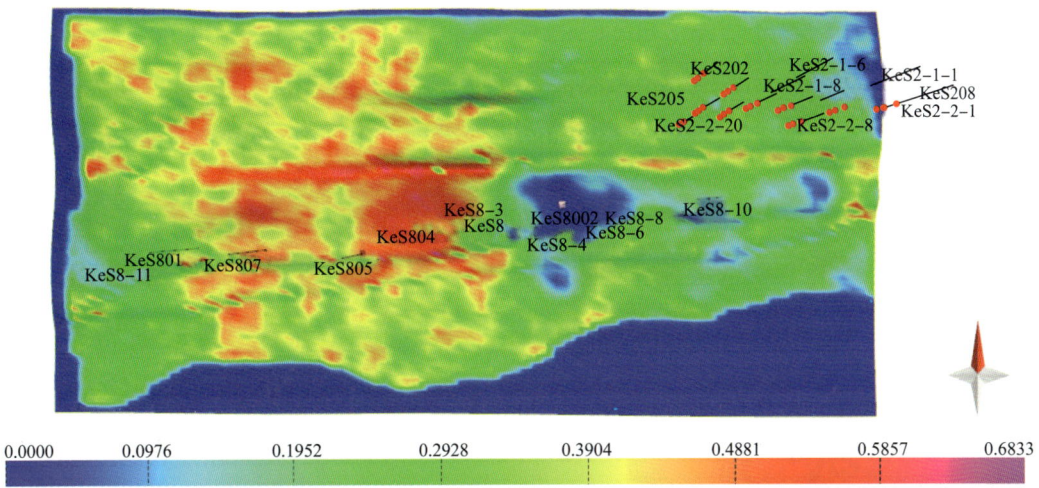

图 4-3-18 克拉苏区块预测主导裂缝 P32（单位体积中裂缝面积）平面分布图

表 4-3-3 克深 2 区块地质学裂缝预测与井下裂缝统计结果对比

井位	井下裂缝统计	地质学预测裂缝统计	井位	井下裂缝统计	地质学预测裂缝统计
KeS2-1-1			KeS2-1-6		
KeS2-1-8			KeS2-1-12		

二、基于断层恢复的裂缝预测技术

基于断层周边应力场的预测，裂缝的方位受控于区域应力场和大断层周边受扰动的应力场（图 4-3-19）。相应地，利用地质力学建模可以计算断层周边受扰动的应力场，进而预测裂缝的方位和密度。由于该方法未知条件是古应力场边界条件，因此根据现今观测裂缝的古应力反演可以为边界条件提供必要的参数控制。古应力场反演通过成千上万次的计算来覆盖所有可能的安德森应力条件［方位和应力比值 $R=(\sigma_2-\sigma_3)/(\sigma_1-\sigma_3)$，其中 σ_1、σ_2 和 σ_3 分别为最大、中间和最小主应力］，并依此来推测相应的裂缝。根据不同类型裂缝（张裂缝、剪切缝）产生的力学机理，对比不同应力状态下所产生的不同类型裂缝与井点裂缝的吻合度，来确定最可能的古应力场。

表 4-3-4 克深 8 区块地质学裂缝预测与井下裂缝统计结果对比

井位	井下裂缝统计	地质学预测裂缝统计	井位	井下裂缝统计	地质学预测裂缝统计
KeS8	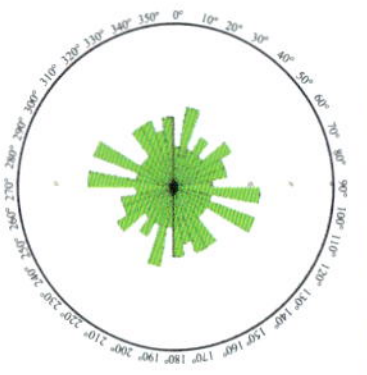		KeS8-2	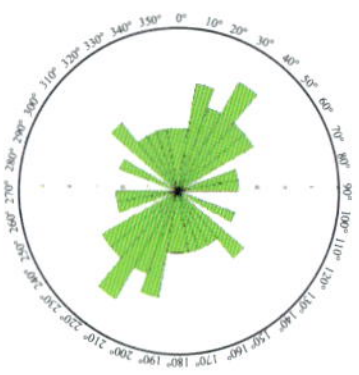	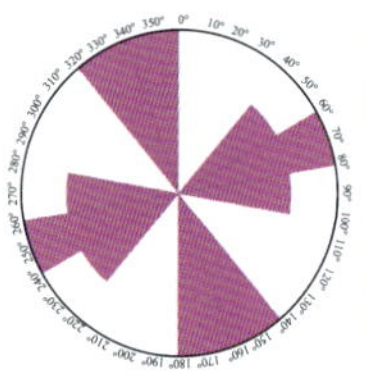
KeS8-3	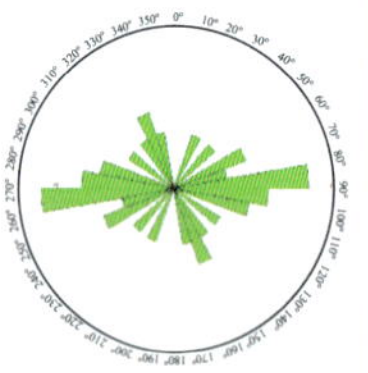		KeS8-4	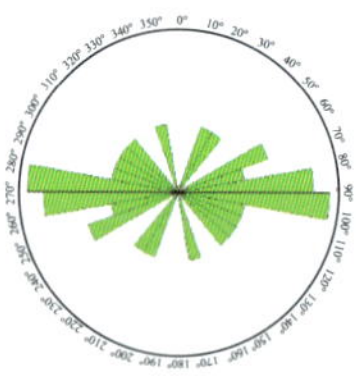	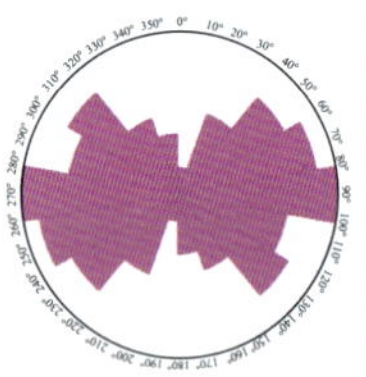

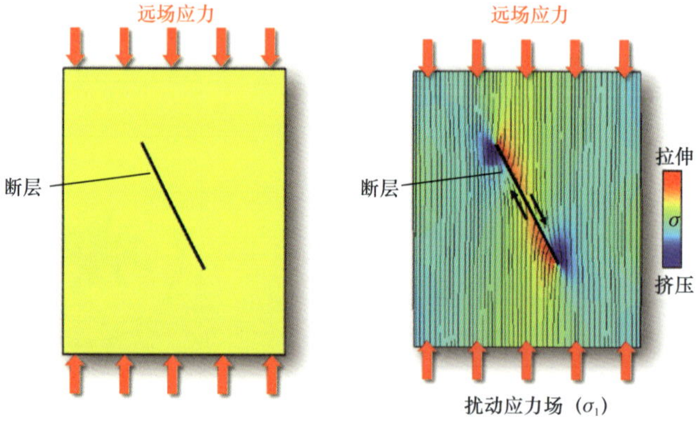

图 4-3-19 断层对应力场的扰动

经过古应力场反演计算，拟合匹配度最高的应力场机制（图 4-3-20），基于该应力场，结合最大库伦剪切应力可以计算断层相关剪切缝的发育高值区，进而预测与断裂相关的天然裂缝。

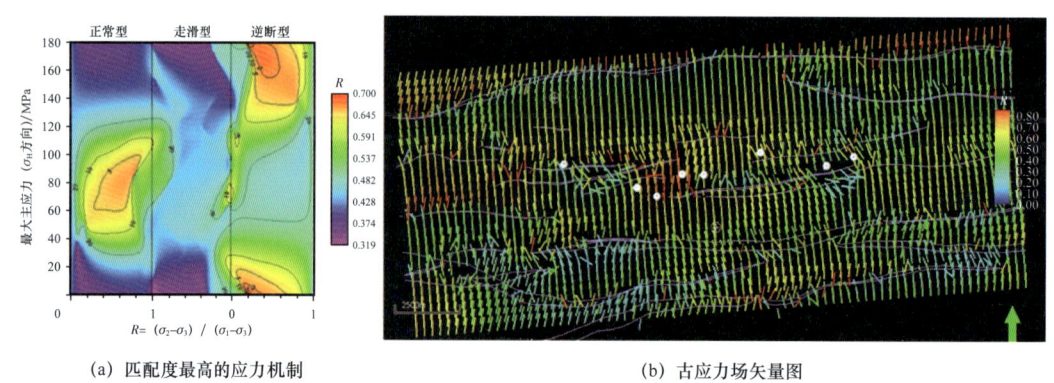

(a) 匹配度最高的应力机制　　　　　(b) 古应力场矢量图

图 4-3-20 古应力反演结果

常规方法预测裂缝中,裂缝发育强度趋势体不包含裂缝产状信息,在强应力背景条件下,裂缝产状受应力各向异性影响其导流能力是不同的。因此,在超深裂缝性致密砂岩储层裂缝预测过程中,基于地质力学的裂缝预测可以很好地提供裂缝产状预测趋势体,为裂缝预测提供了新思路。

基于地质力学的裂缝预测方法,形成裂缝发育趋势体,为裂缝预测提供的产状和发育强度信息,由于基于地质力学的应力相关裂缝趋势体与井点裂缝密度具有较好的相关性,因此该方法为 DFN 裂缝建模提供了良好的趋势控制,根据建立的强度信息即可模拟形成离散裂缝网络(图4-3-21)。建模时需要对不同组(不同类型:褶皱相关及断层相关)的裂缝分别建模,并利用不同的应力场密度趋势体和产状(倾角及倾向)趋势体进行控制。

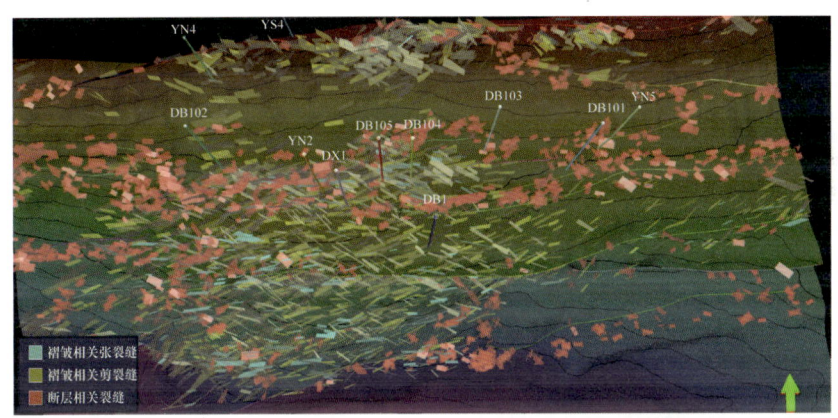

图4-3-21　DFN 裂缝模型(仅显示长度>300m 的裂缝带)

模拟得到裂缝 DFN 后,需要对单井裂缝发育及产状信息进行校验,图4-3-22为井周 DFN 裂缝模型走向与成像裂缝走向对比,图中可见通过分组裂缝建模,保证了各组裂缝在井点位置与实际数据具有较高的吻合度,从而保证了预测的可靠性。

三、高陡复杂构造裂缝应力状态评价与活动性评价技术

1. 裂缝应力状态评价方法

天然裂缝的发育影响了现今应力场的分布,而地应力又控制天然裂缝在现今条件下的力学特征。一般情况下,在石油天然气聚集的沉积储层中,两个水平向主应力和一个垂向应力共同作用到天然裂缝面时,将分解为一个垂直裂缝面的有效正应力 σ_{ne} 和一个平行裂缝面的剪应力 τ,这两个力是控制天然裂缝地质力学特征的主要因素。根据 Amonton 定律,每个裂缝结构面处于临界剪切变形破坏时应满足如下关系:

$$\frac{\tau}{\sigma_{ne}} = \mu \qquad (4-3-1)$$

式中　μ——摩擦系数;

τ/σ_{ne}——剪应力与正应力之比,其影响裂缝面的滑动,不仅是反映裂缝结构面滑动的参数,也是表征渗透性能和流体的流动属性。

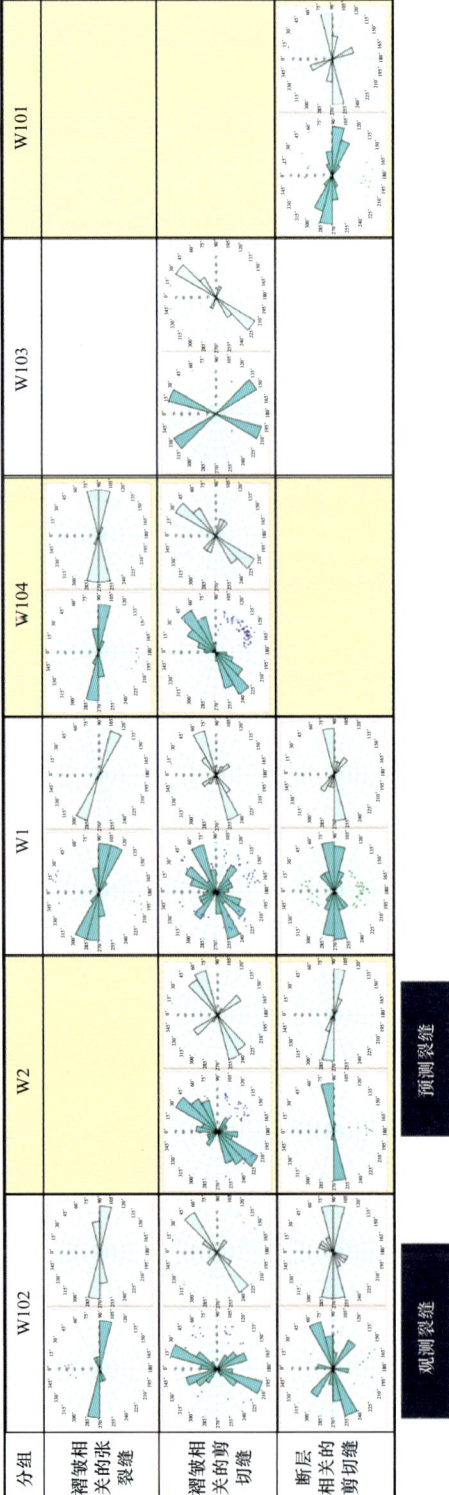

图 4-3-22 井周 DFN 裂缝模型走向与成像裂缝走向的对比图

对于式（4-3-1）中的正应力与剪应力，可以通过裂缝结构面与主应力场之间的关系定义：

$$\tau = n_{11}n_{12}\sigma_1 + n_{12}n_{22}\sigma_2 + n_{13}n_{23}\sigma_3 \quad (4\text{-}3\text{-}2)$$

$$\sigma_{ne} = n_{11}^2\sigma_1 + n_{12}^2\sigma_2 + n_{13}^2\sigma_3 - p_p \quad (4\text{-}3\text{-}3)$$

式中 n_{ij}（$i=1, 2$；$j=1, 2, 3$）为方向余弦，且满足：

$$n_{ij} = \begin{bmatrix} \cos\gamma\cos\lambda & \cos\gamma\sin\lambda & -\sin\lambda \\ -\sin\gamma & \cos\lambda & 0 \\ \sin\gamma\sin\lambda & \sin\gamma\sin\lambda & \cos\gamma \end{bmatrix} \quad (4\text{-}3\text{-}4)$$

式中 γ——裂缝面法向与最小主应力 σ_3 方位的夹角，(°)；

λ——裂缝在 σ_1—σ_2 平面内走向投影与最大主应力 σ_1 方位的夹角，(°)。

上面几个方程描述了天然裂缝面在现今应力和压力系统下的力学特征，对于同一条裂缝，当向裂缝面注入流体（压裂或注水过程）增加孔隙压力，则裂缝面上的有效正应力逐渐减小，根据式（4-3-1），裂缝面剪切错动趋势逐渐增加，当剪应力与正应力关系满足经典破坏准则（如 Mohr-Coulomb 准则）时，天然裂缝将发生剪切破坏，储层渗透性可能显著增加。

图 4-3-23 为天然裂缝在现今地应力场中剪切变形特征的示意图。图 4-3-23（a）为储层中天然裂缝受应力场控制，图 4-3-23（b）为在应力场作用下，裂缝面在正应力和剪应力控制下表现的剪切变形特征。如果裂缝发生剪切变形，则由于天然裂缝面的粗糙面相互抵触，将增加裂缝间隙，从而提高裂缝渗透率。

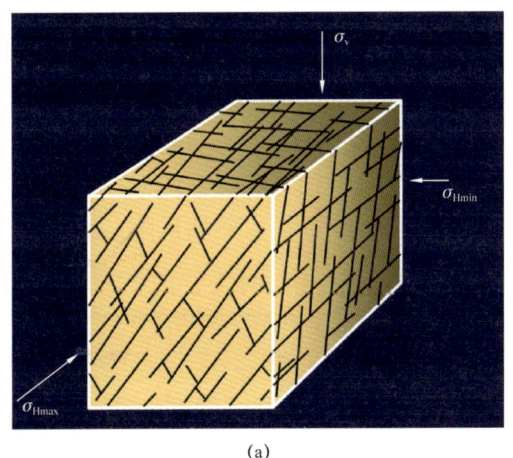
(a)

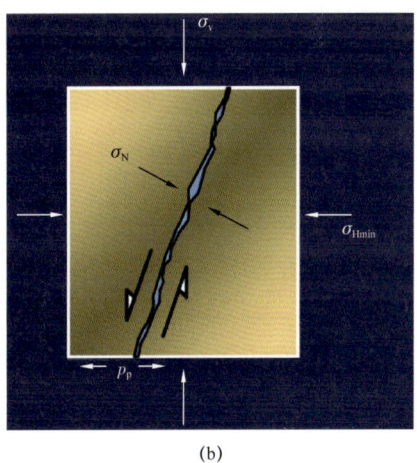
(b)

图 4-3-23 天然裂缝在应力场中的剪切变形特征示意图

一般地，天然裂缝具备一定的剪切变形能力，图 4-3-24 为实验后的裂缝界面照片，其中红色部分为天然裂缝发生剪切变形破坏后的界面，相对于实验初期的切割平面，其存在一定的粗糙度，说明克拉苏构造带气藏条件下的天然裂缝剪切变形特征能够被用作分析和评价储层渗透性的一项参数。

图 4-3-24　库车河剖面露头大岩样地质力学实验天然裂缝剪切变形后裂缝界面照片

另外，当开采过程中孔隙压力不断下降，储层能量逐渐衰减，导致储层周围应力环境改变，水平向最大和最小主应力值随压力下降，但两者的相对关系变化可能增加或减小，从而改变储层渗透性。如果在不同应力、压力条件下改变剪应力与正应力比值 τ/σ_{ne} 能够影响到储层渗透率，那么对于同一应力场背景下不同产状的天然裂缝，也将因其 τ/σ_{ne} 改变而表现出不同的渗透性。如图 4-3-24 所示，气藏内部现今应力场和天然裂缝产状分布均较复杂，因此其井间和层间的裂缝力学特征分布也有较大的变化，进而影响到储层的渗透性和流体流动。

2. 高陡复杂构造三维裂缝活动性评价

基于上述裂缝建模工作和三维地质力学模拟成果，可以对天然裂缝的极限应力状态和滑动稳定性进行分析。如图 4-3-25 所示，任何天然裂缝均受到剪应力（τ）及正应力（σ_n）。假如剪应力超过正应力导致的摩擦力，裂缝就会滑动及膨胀，此时称为极限应力状态。达到极限应力状态，使裂缝滑动后，会使裂缝开度增加，渗透性增大，近井的滑动裂缝在压裂过程中易造成近井复杂应力状态和压裂液滤失，加大砂堵风险；远离井筒的滑动裂缝能够有效沟通储层，增加储层动用范围。

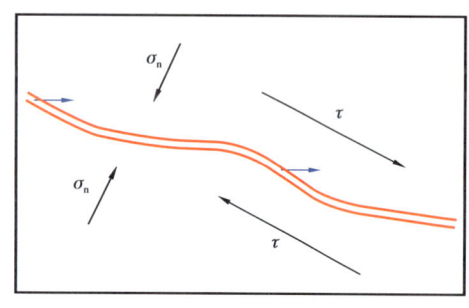
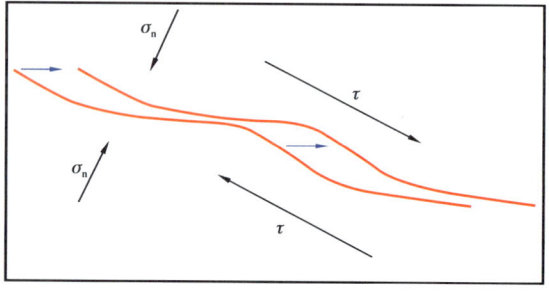

(a) 非极限应力状态：稳定　　　　　　　　　(b) 极限应力状态：滑动

图 4-3-25　天然裂缝极限应力状态示意图

结合三维地应力模型，计算预测裂缝的应力状态并分析稳定性。图4-3-26（a）为摩尔—库伦图，每一个点代表一条裂缝，直线为库伦破坏包络线，在直线以上的点被标记为红色，表示达到极限应力状态，裂缝发生滑动；图4-3-26（b）为赤平投影图，径向为裂缝倾角、环向为裂缝倾向，红色点表示裂缝滑动。利用裂缝的活动性，可以评价裂缝的有效性，这为超深裂缝性砂岩气藏井位部署提供了一种新思路，即在井位部署论证过程中，可以考虑裂缝预测DFN中处于有效性较好的裂缝发育区域部署井位（图4-3-27），将有助于提高单井产能。

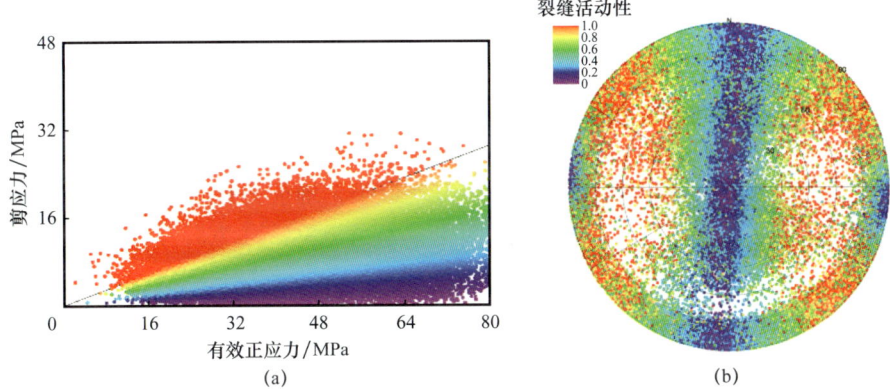

图4-3-26 天然裂缝极限应力状态的摩尔—库伦图（a）和赤平投影图（b）

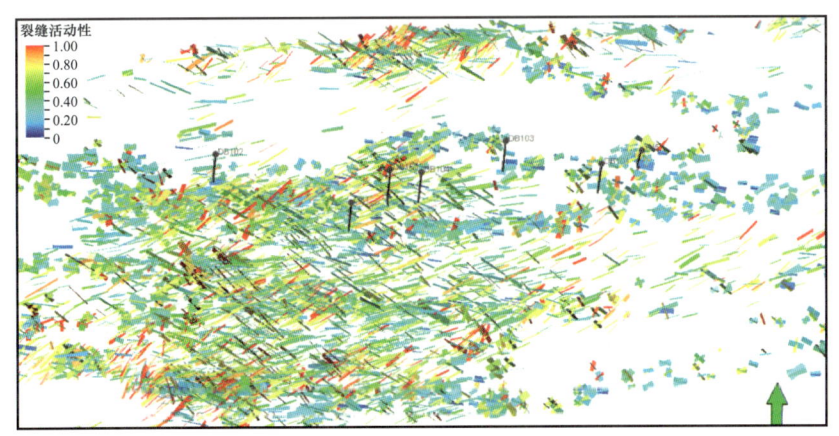

图4-3-27 三维天然裂缝模型及活动性分布

第四节　超深裂缝性复杂气藏井网优化技术

常规气藏的井位部署，主要考虑构造位置、储层物性、气水分布关系、天然裂缝发育程度等地质因素（万玉金等，2021）。克拉苏超深裂缝性气藏由于其强地应力背景，储层天然裂缝的渗流能力对地应力参数异常敏感，单井产能的高低与天然裂缝的发育程度及其有效性、地应力分布等因素密切相关，因此井位部署时必须综合考虑各因素的影响，以期获得高产，实现最优开发效果。

一、不同构造样式的井位及完钻井深设计

本章第一节中已述及，克拉苏构造带发育多种构造样式，其应力、储层及裂缝发育规律具有明显差异，因此在井位部署等方面也有较大的不同。下面以典型的逆冲叠瓦冲断构造样式和突发构造样式为例，分析其不同的布井优化设计特点。

1. 不同构造样式的应力及储层特征

1）逆冲叠瓦冲断构造样式

逆冲叠瓦冲断构造样式的典型代表为克深 5 构造，其目的层自上而下地应力逐渐增大，储层物性逐渐变差，裂缝成因逐步由纵张裂缝变化到剪切裂缝，垂向分层性明显，整体可划分为张性带、过渡带和压扭带。

（1）张性带。该带地应力大小和水平应力差最小，地应力比过渡带一般小 6~9MPa，是三个带中储层物性最好的，孔隙度比过渡带一般大 0.3%~1.7%，以高角度张性裂缝为主，裂缝开度较大，地层厚度 110~120m。

（2）过渡带。该带地应力、储层物性、电阻率居中，水平应力差较大，上部以张性缝和张剪缝为主，下部压剪缝、剪切缝密度逐渐增大，裂缝开度自上而下逐步增大，地层厚度 50~90m。

（3）压扭带。该带地应力最大，比过渡带大 5~10MPa，在三个带中储层物性最差，孔隙度比过渡带低 0.9%~2.4%，以压剪缝、剪切缝为主，地层厚度 80~130m。

对叠瓦冲断构造样式而言，目的层裂缝的性质纵向上差别较大，其主要受断块南北向刚性地层限制，导致造缝期的应力状态明显不同。根据地质力学参数、裂缝纵向发育模式等多种因素，明确了逆冲叠瓦冲断构造模型不同地质力学层的力学特征，建立了该构造样式的纵向裂缝发育模式，其中张性带造缝期主要发育正断层应力模式，发育高角度纵张裂缝；过渡带上部正断层模式，下部走滑断层模式，越靠下高角度剪切缝越发育；压扭带以走滑断层模式为主，下部见逆断层模式，常见高角度剪切缝，下部见低角度压剪缝（图 4-4-1）。

总体来讲，张性带与过渡带主要受构造控制，与曲率明显正相关（图 4-4-2），地层厚度较稳定、且相对厚。测试结果统计表明，打开张性带与过渡带的气井产能高，如 KeS501 井对张性带和部分过渡带进行完井测试，采用 ϕ6mm 油嘴，油压 83.7MPa，日产气 $42.1\times10^4\text{m}^3/\text{d}$，无阻流量为 $210\times10^4\text{m}^3/\text{d}$；与之类似的 KeS504 井完井测试，采用 ϕ5mm 油嘴，油压 88.1MPa，日产气 $31.1\times10^4\text{m}^3/\text{d}$，无阻流量为 $501\times10^4\text{m}^3/\text{d}$；而仅打开压扭带时产能较低，如 KeS505 井对压扭带完井测试，采用 ϕ5mm 油嘴，油压 79.3MPa，日产气 $28.5\times10^4\text{m}^3/\text{d}$，无阻流量仅 $88\times10^4\text{m}^3/\text{d}$。

2）突发构造样式

突发构造样式的典型代表为克深 8 构造，与逆冲叠瓦冲断构造样式不同，其横向挤压应力与纵向应力差都较小，地应力、储层物性、裂缝的纵向分层现象不明显。

地质力学分层		造缝期应力关系		应力模式	发育裂缝特征
张性带		$\sigma_1:S_V$ $\sigma_2:S_{hmax}$ $\sigma_3:S_{hmin}$ 张性带$S_{hmin}<0$ 过渡带$S_{hmin}>0$		正常型	高角度纵张裂缝
过渡带	上部				
	下部	$\sigma_1:S_{hmax}$ $\sigma_2:S_V$ $\sigma_3:S_{hmin}$		走滑型	高角度剪切缝张剪缝
压扭带		$\sigma_1:S_{hmax}$ $\sigma_2:S_V$ $\sigma_3:S_{hmin}$	$\sigma_1:S_{hmax}$ $\sigma_2:S_{hmin}$ $\sigma_3:S_V$	走滑型 逆断型	以高角度剪切缝或直劈缝为主下部常见低角度压剪缝、顺层滑脱缝

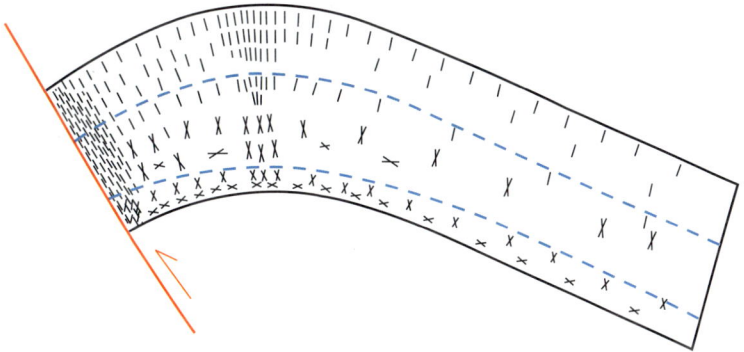

图 4-4-1 逆冲叠瓦冲断构造样式纵向裂缝发育模式与造缝期应力状态

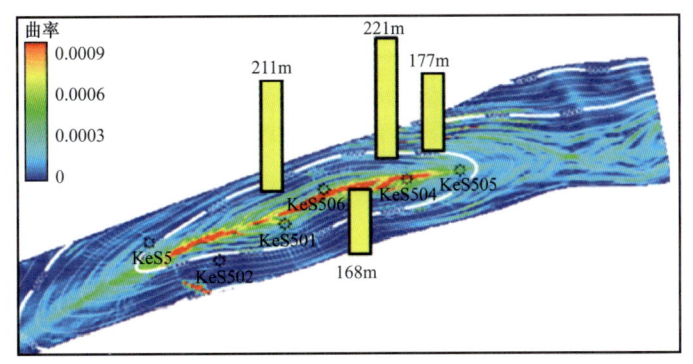

图 4-4-2 克深 5 气藏张性带和过渡带厚度与构造顶面主曲率关系图

（1）裂缝特征。由于构造挤压作用强且上部空间存在塑性地层，部分断块整体突发逆掩到主体刚性块体之上，进而形成突发构造。这是单断式构造的进一步发展，构造更高陡，整体断裂裂缝更发育，尤其是纵张裂缝更发育，断盘两翼缺少刚性地层挤压，裂缝有效性较好。总体来说，因张性带和过渡带上部造缝期主要发育正断层应力环境，多以高角度裂缝为主，常贯穿岩心，上部多发育纵张裂缝，下部见少量剪切裂缝和顺层滑脱缝；而过渡带下部和压扭带发育走滑应力环境，则形成高角度剪切缝和直劈裂缝（图 4-4-3）。

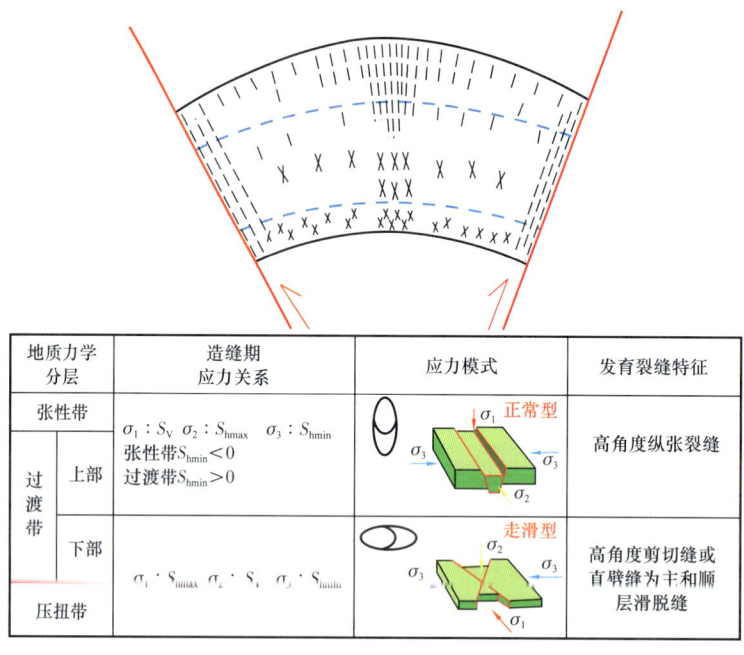

图 4-4-3 突发构造样式纵向裂缝发育模式与造缝期应力状态

（2）储层地应力和物性特征。与逆冲叠瓦冲断构造相比，突发构造模式下储层地应力、基质物性纵向差异较小，自上而下，地应力小幅增大（每带增加 0.9~6MPa）、孔隙度小幅减小（每带减小 0.2%~1.4%），各带地质力学、物性分层现象不明显（图 4-4-4）。

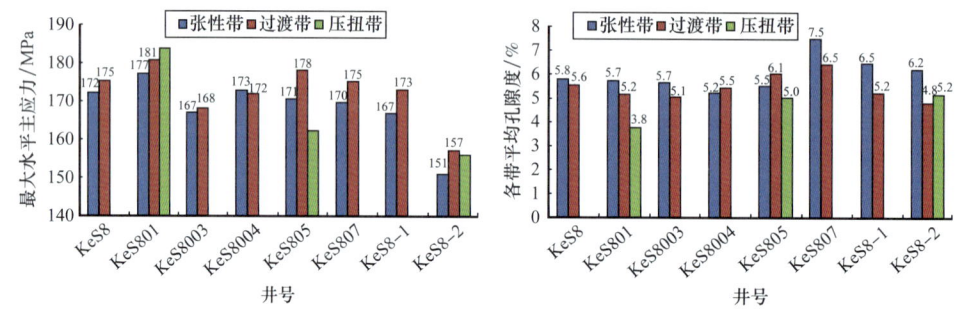

图 4-4-4 克深 8 突发构造不同地质力学层地应力与储层物性对比图

（3）气井产能分析。统计表明，气井无阻流量与打开目的层厚度关系不明显，而与构造主曲率和张性段厚度关系相对密切，即构造顶面主曲率越大、张性段与过渡段的厚度越大，有效裂缝带越发育，气井产能越好（图 4-4-5）。

从平面图看，构造顶面主曲率平面分布高值区与气藏无阻流量平面分布高值区吻合程度高，如图 4-4-6 所示。突发构造样式下，高角度贯穿裂缝发育，单层与合层测试产能相近，以 KeS8 井为例，对其下段 6860~6903m 完井测试，采用 ϕ8mm 油嘴，油压 89.6MPa，日产气 $72.75\times10^4 m^3/d$，而对 6717~6795m 与 6860~6903m 合层完井测试，采用 ϕ8mm 油嘴，油压 89.74MPa，日产气 $72.69\times10^4 m^3/d$，表明对于突发构造样式，钻井打开上部高角度贯穿裂缝发育段即可获得高产。

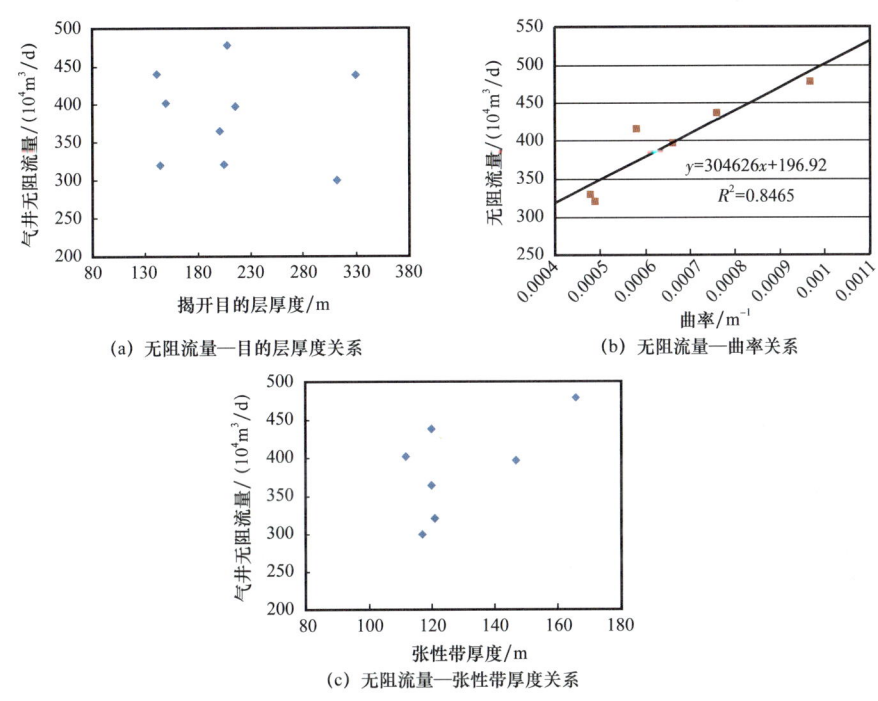

图 4-4-5 克深 8 气藏气井无阻流量与目的层厚度、地层曲率和张性带厚度关系图

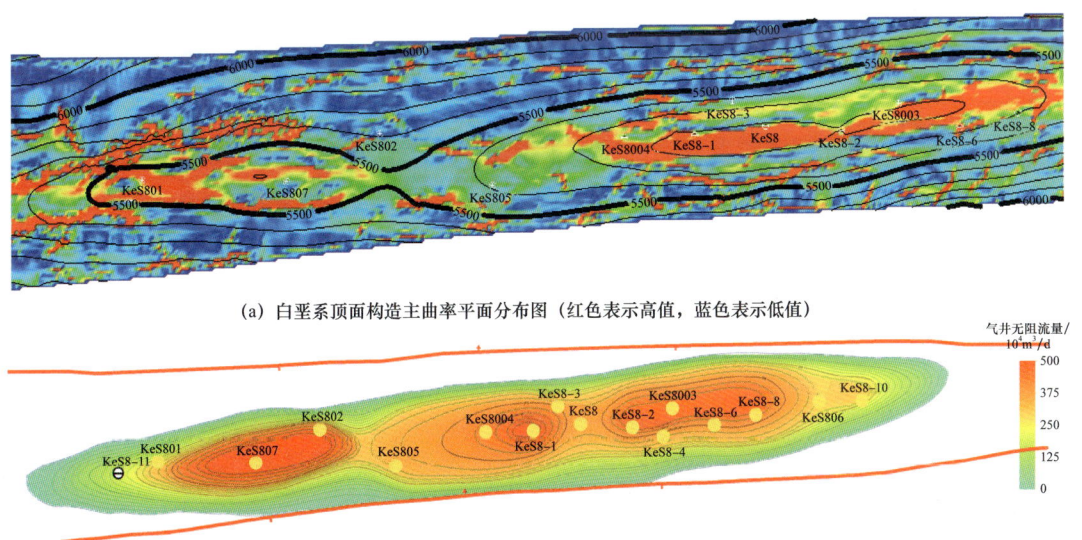

图 4-4-6 克深 8 气藏气井无阻流量平面分布与构造主曲率平面分布对应

2. 不同构造样式的布井原则

综合研究表明,对于克拉苏盐下超深超压气藏,轴线"沿轴线高部位集中布井"不仅能实现储量整体动用,而且能规避两翼高陡地层偏移不准的问题,有利于气井高产、稳产(杨海军等,2019)。

由于不同构造样式下的裂缝发育规律、构造组合特征和地应力分布特征的差异，具体表现在突发构造样式中，拉张性正断层（裂缝）更发育，三段均发育高角度张性缝，南北向挤压应力小，裂缝开度大、有效性好，构造高部位裂缝更发育；而逆冲叠瓦冲断构造样式中裂缝性质有明显变化，从上而下依次发育高角度张性缝→张剪缝→低角度剪切缝，裂缝开度自上而下逐渐减小，顶部有效性最好，同时考虑到南北向挤压应力集中，逆冲前缘裂缝更发育（图 4-4-7）。因此，实际井位部署要筛选"构造落实、有效裂缝发育和避水条件好"的区域钻井，不同构造样式遵循不同的原则，突发构造样式布井原则为"占高点、沿长轴、避杂乱、避边水"，而逆冲叠瓦冲断构造样式布井原则为"占高点、沿长轴、打前锋、避低洼、避杂乱、避边水、避叠置"（汪同文等，2020；王志民等，2020）。

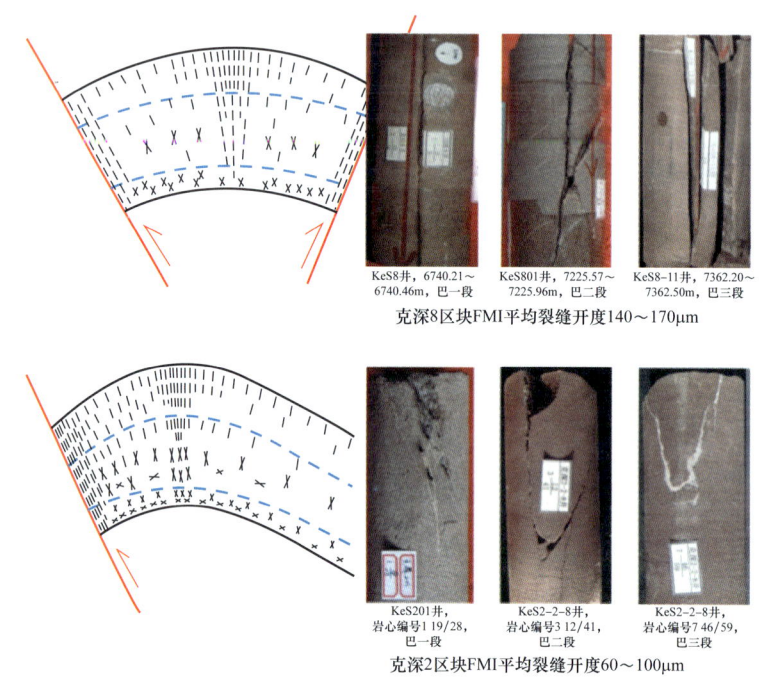

图 4-4-7 不同构造样式下地质力学分层和裂缝发育模式对比

3. 不同构造样式的井深优化原则

通过前面所述不同构造样式的气井产能分布规律可知，对于逆冲叠瓦冲断构造，钻井打开张性带和部分过渡带即可获得高产，揭开目的层厚度一般 130～170m，如图 4-4-8 所示；而突发构造样式下，钻井打开张性带即可获得高产，揭开目的层厚度一般 100～150m，如图 4-4-9 所示。

基于该方法对克深多个气藏的开发井完钻井深进行了优化，以克深 8 气藏为例，与过去钻井相比优化后平均减少目的层进尺 50m，平均减少钻井液漏失 309m³，每口井钻井周期越缩短 5～10 天，经济效益显著。

井号	弹性带厚度/m	过渡带厚度/m	张性带+1/2过渡带/m
KeS501	123.5	87.7	167.4
KeS503	110.8	57.5	139.55
KeS504	112.9	107.85	166.9
KeS505	120.5	55	148

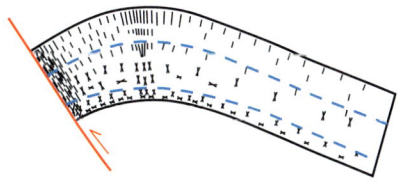

逆冲叠瓦冲断构造：应力集中、分层现象明显，纵向上应力、物性差异大（10～15MPa，1.5%～2.5%），裂缝性质有明显变化

图 4-4-8　克深 5 叠瓦冲断构造各带厚度统计和裂缝发育模式

井号	张性带厚度/m	过渡带厚度/m
KeS8	121	83
KeS801	117	78
KeS8003	95	89
KeS8004	147	68
KeS805	120	52
KeS807	112	38
KeS8-1	166	42
KeS8-2	120	113

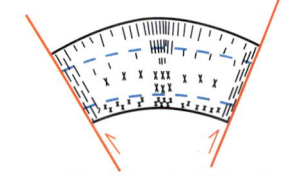

突发构造：应力释放、分层现象不明显，纵向上应力、物性差异小（0～5MPa，0～1.0%），裂缝没有明显变化

图 4-4-9　克深 8 突发构造各带厚度统计和裂缝发育模式

二、基于地应力等多因素的井轨迹优化技术

开发实践表明，裂缝性致密气藏由于高角度发育，特别是气藏幅度相对低的情况下采用直井通过改造后产能依然较低，难以达到高效开发。因此，采用大斜度井、水平井等定向井开发是库车山前气田开发的必然选择（丁道权等，2014）。

在强应力各向异性背景下，斜井眼段或水平段方位的优选需考虑多方面因素。首先，需要考虑井壁稳定性，以便减少钻井过程中出现的事故复杂，确保定向钻井工程顺利、成功实施。其次，要考虑斜井段或水平段能钻遇更多天然裂缝、更多的开启性裂缝，确保实现高产。最后还要考虑完井压裂改造人工裂缝与井眼轨迹的关系，确保人工裂缝能延伸、扩展沟通更大的储层体积。

1. 考虑井壁稳定性的井眼轨迹优化

井壁稳定性是油气钻井工程中的主要问题，常见的井壁稳定性问题有：易膨胀分散的软页岩、软泥岩水化膨胀，井径缩小；硬脆性页岩层理、裂缝发育，剥落掉块，井径扩大；盐膏层或含盐膏的泥页岩，若用淡水钻井液钻井会引起盐岩溶解，使井径扩大，或产生塑性变形，造成卡钻；裂隙发育的地质破碎带和胶结性差的砂岩掉块、漏失，造成扩径等。

基于井壁稳定性问题的影响及机理，井眼轨迹设计过程中必须精确分析钻遇地层、岩性、断裂等因素所引发的卡钻、漏失等复杂情况，合理设计钻井液密度、井身结构及钻井施工工序等，以便顺利完成钻井（琚岩等，2016；袁俊亮等，2012）。

在库车山前定向井设计时，基于钻遇地层的岩性、温压系统、断裂等情况，设计安全可行的井眼轨迹，确保设计井眼轨迹具有较好的井壁稳定性，以便提高钻井速度，降低成本。井壁稳定性评价时，应利用岩石力学参数及井眼轨迹数据，根据相关力学理论模型评价井筒周围的应力集中情况，并确定井壁是否出现破坏。

井壁不稳定通常由于两种类型破坏引起：钻井液相对密度偏低引起的剪切破坏（通常可根据Mohr—Coulomb准则确定）、钻井液相对密度偏高引起的拉伸断裂（当作用于井壁的环向拉伸应力超过岩石的抗张强度时出现）（图4-4-10）。因此评价准确的钻井液密度窗口是井壁稳定性评价的重点，该窗口即为坍塌压力与破裂压力之间的差值。对于坍塌压力，通常采用Mohr-Coulomb准则解释井壁的坍塌和地层破裂产生的机理，并得出保持井壁稳定的压力计算公式［式（4-4-1）至式（4-4-5）］。

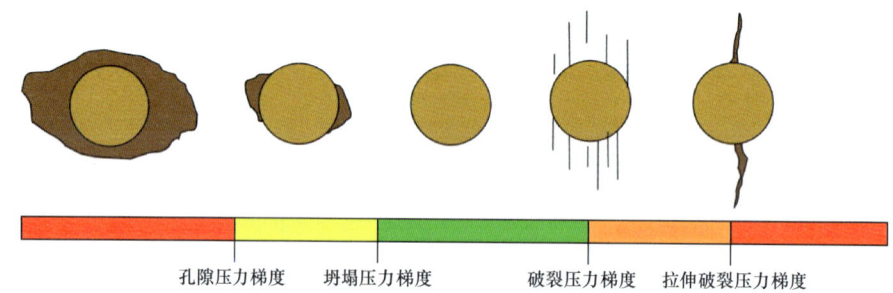

图4-4-10　钻井液与井壁稳定性关系模式图

$$p_{LL} = \frac{\eta \left[3\sigma_H - \sigma_h - 2S_t K + \alpha p_p \left(K^2 - 1 \right) \right]}{K^2 + \eta} \quad (4\text{-}4\text{-}1)$$

$$K = \cot(45° - \varphi/2) \quad (4\text{-}4\text{-}2)$$

式中　p_{LL}——地层坍塌压力，MPa；

η——坍塌压力的线性修正系数；

σ_H，σ_h——最大、最小水平主应力，MPa；

S_t——岩石抗剪强度，MPa；

α——Biot系数；

p_p——地层孔隙压力，MPa；

φ——岩石内摩擦角，（°）。

对于破裂压力，计算公式较多，常用的理论算法为：

$$p_f = p_p + \lambda (\sigma_v - p_p) \quad (4\text{-}4\text{-}3)$$

式中　p_f——地层破裂压力，MPa；

p_p——地层孔隙压力，MPa；

σ_v——上覆岩层压力，MPa；

λ——总的水平应力与总的垂直应力比值，与地层密度、埋藏深度、泊松比、地层压实程度等有关。

另外还有Eaton法。Eaton认为，裸露地层所受到的侧向力等于地层水平主应力时开始启裂，而水平主应力是由上覆岩层压力引起的，并引用了假设和广义虎克定律加以描述。得到的破裂压力计算公式为：

$$p_\text{f} = \frac{v}{1-v}(\sigma_\text{v} - p_\text{p}) + p_\text{p} \tag{4-4-4}$$

式中　v——地层岩石泊松比。

在国内，黄荣樽提出了另一种预测地层破裂压力的模型，该模型综合考虑了构造应力和孔隙压力等因素的影响，是目前应用最广泛的一种模型，具体表达式为：

$$p_\text{f} = \left(\frac{2v}{1-v} - k\right)(\sigma_\text{v} - p_\text{p}) + p_\text{p} + S_\text{t} \tag{4-4-5}$$

式中　k——地层构造应力系数；

　　　S_t——地层抗拉强度，MPa。

得到地层坍塌压力和破裂压力后，即可预测设计井井眼轨迹的井壁稳定性。针对不同井斜角的井眼轨迹，利用适当的计算方法即可进行评价。例如，针对库车山前克深区块设计井，根据已建立的地层岩性、地应力等模型，设计不同类型井眼轨迹（图4-4-11），利用井壁稳定性评价方法，即可从中选择最优的井眼轨迹用于钻井施工。

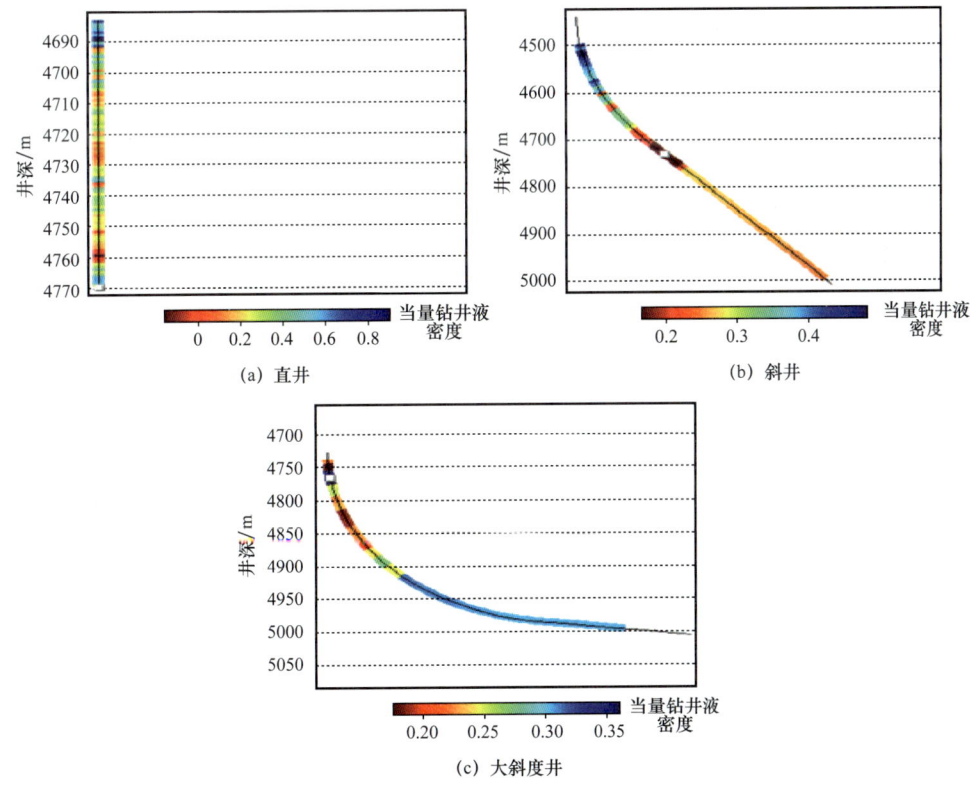

图4-4-11　不同井眼轨迹井壁稳定性评价成果图

2. 考虑天然裂缝钻遇的井眼轨迹优化

在特定的构造应力背景及构造演化过程中，由于构造应力在一个地区有一定的方向性，所以通常情况下会形成特定产状的规律分布的一组或多组天然裂缝。利用这一特性，在定向井部署中，为了能尽可能钻遇更多裂缝，斜井段或水平段井眼垂直于或大角度相交于裂缝走向设计（图4-4-12）。

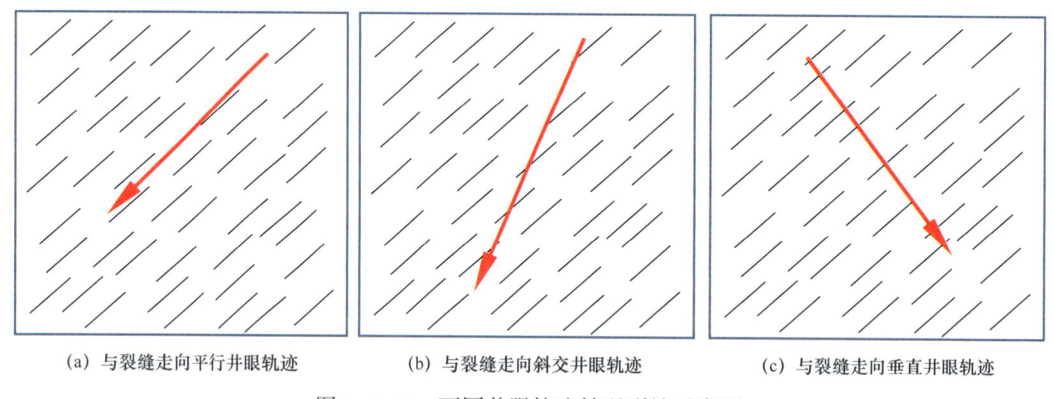

(a) 与裂缝走向平行井眼轨迹　　(b) 与裂缝走向斜交井眼轨迹　　(c) 与裂缝走向垂直井眼轨迹

图4-4-12　不同井眼轨迹钻遇裂缝示意图

另外，强应力各向异性储层中，裂缝的开启性与三轴应力的关系密切相关（裂缝面的力学分析前文已提及），因此，在考虑裂缝是否发育的基础上，还需要考虑裂缝的开启性（图4-4-13），井眼轨迹设计尽可能垂直于或大角度相交于开启性裂缝走向的方向设计，以达到钻遇更多裂缝，且同时保证钻遇更多开启性的有效裂缝，如此可更有利于提高单井产能。

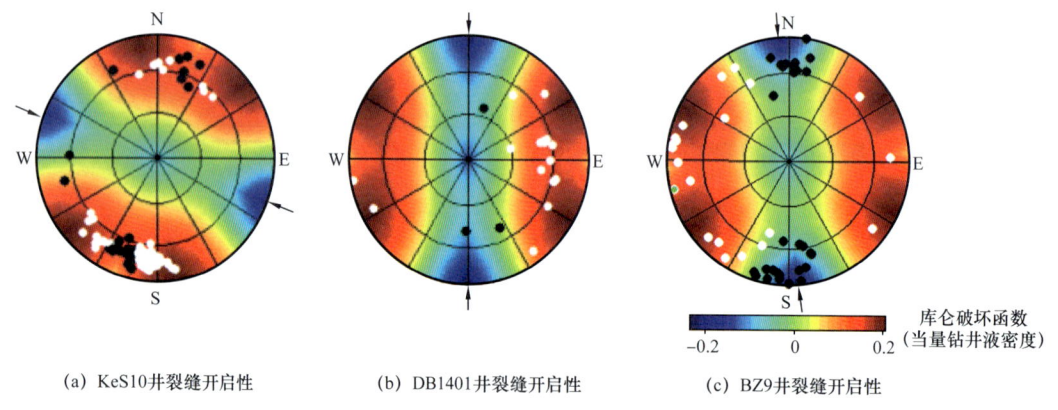

(a) KeS10井裂缝开启性　　(b) DB1401井裂缝开启性　　(c) BZ9井裂缝开启性

图4-4-13　开启性裂缝倾向展布图

白色点为易开启性裂缝倾向，黑色点为不易开启裂缝倾向

3. 考虑完井压裂改造的井眼轨迹优化

强应力各向异性背景下，由于三轴应力的存在，完井压裂改造的裂缝延伸扩展具有一定的规律性。研究与实践认为，水力压裂裂缝延伸方向总是平行于最大水平主应力方向，与最小水平主应力方向垂直。因此，当明确了特定地应力背景下储层的三轴应力大小与方向，即可预测完井压裂改造裂缝的延伸方向（张辉等，2020）。

井眼轨迹设计时，需充分考虑井眼轨迹方向与完井改造水力裂缝延伸方向的关系，如果斜井段或水平段与最大水平主应力方向平行，则完井改造水力裂缝延伸方向近似与井眼轨迹方向相同，这样不利于压裂提高改造缝网的体积；如果斜井段或水平段与最大水平主应力方向斜交或垂直，则压裂改造形成的水力裂缝将斜穿或横穿井眼，形成较大的改造缝网体积（图 4-4-14）。

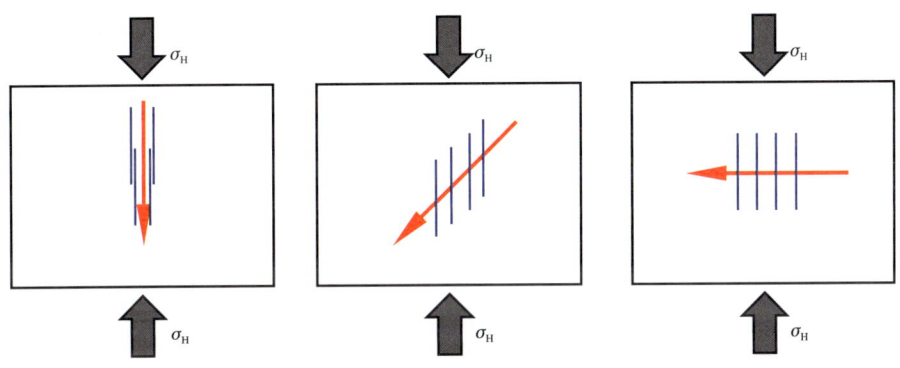

(a) 与最大水平主应力方向平行　　(b) 与最大水平主应力方向斜交　　(c) 与最大水平主应力方向垂直

图 4-4-14　与最大水平主应力方向不同夹角井眼轨迹形成水力裂缝方向示意图

基于以上认识，大斜度井或水平井设计时，应充分考虑完井方式，如果需要压裂改造，则需充分考虑最大水平主应力方向等相关地质力学信息，以便取得更好的压裂改造效果。如图 4-4-15 所示为库车山前迪北区块最大水平主应力方向图，其最大水平主应力方向为北西向 340° 左右，因此可知压裂改造裂缝延伸方向也为北西向 340° 左右，那么在大斜度井或水平井设计时，斜井段或水平段方向不能设计为该方向，而是应该与北西向 340° 垂直或大角度相交。

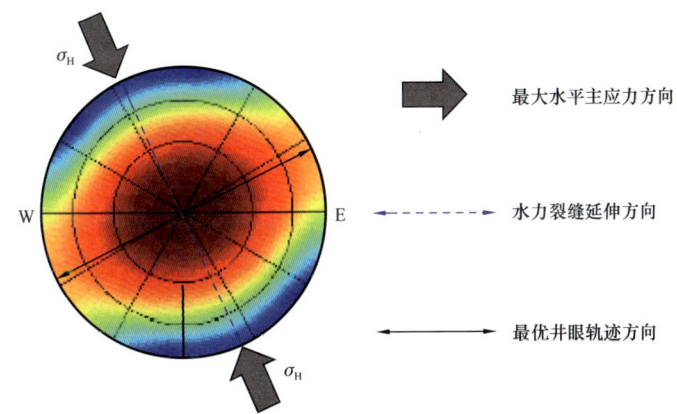

图 4-4-15　库车山前迪北区块考虑完井改造的大斜度井井眼轨迹方向

4. 综合地质力学井眼轨迹优化

如前所述，井眼轨迹优化过程中，需考虑井壁稳定性、钻遇更多开启性裂缝并考虑完井压裂改造水力裂缝延伸等因素，因此，实际设计优化过程中，需充分考虑此三种因素并根据各因素的主次关系优化井眼轨迹。

例如，在克深 10 构造 KeS1002 大斜度井井眼轨迹设计过程中，即综合考虑了井壁稳定性、钻遇开启性裂缝及完井改造水力裂缝延伸方向。首先，根据应力大小及方向（近东西向，110°左右）[图 4-4-16（a）]的关系，大斜度井井眼轨迹在蓝色方位（60°～150°，240°～330°）井壁稳定性最好。其次，考虑钻遇开启性裂缝因素，由于已完钻井识别裂缝走向为近北西向，开启性裂缝走向多数走向为北西 280°～310°（或 100°～130°），则钻遇开启性裂缝较好的方位为 170°～230°（或 50°～350°）[图 4-4-16（b）]。最后，考虑完井改造[图 4-4-16（c）]，由于主应力方向约为 290°（或 110°），水力裂缝将沿该方向扩展延伸，则设计井眼轨迹与其大角度斜交或垂直将有利于压裂改造，即井眼轨迹为 0°～50°（或 180°～230°）范围较好。

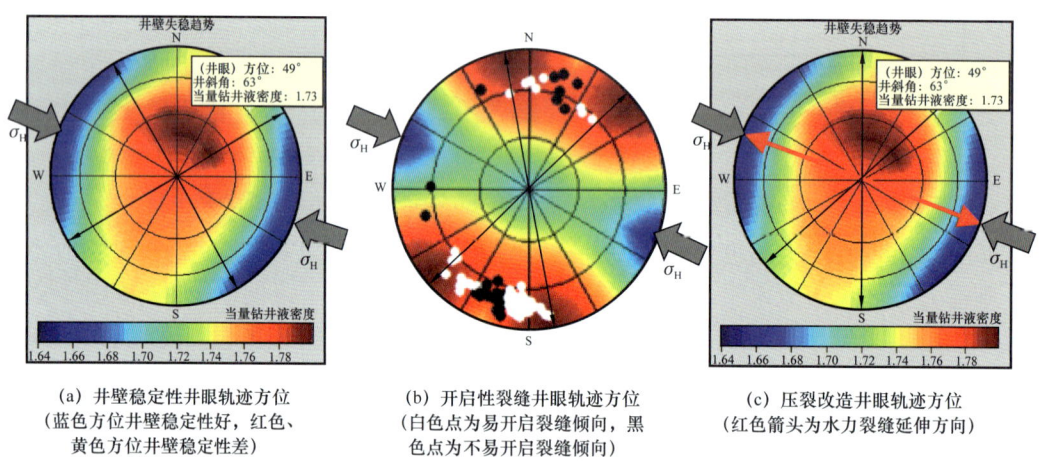

(a) 井壁稳定性井眼轨迹方位　　(b) 开启性裂缝井眼轨迹方位　　(c) 压裂改造井眼轨迹方位
（蓝色方位井壁稳定性好，红色、　　（白色点为易开启裂缝倾向，黑　　（红色箭头为水力裂缝延伸方向）
黄色方位井壁稳定性差）　　　　　色点为不易开启裂缝倾向）

图 4-4-16　KeS1002 大斜度井井眼轨迹综合优化

综合考虑三种因素，可以看出，井壁稳定性方位与钻遇开启性裂缝、压裂改造井眼轨迹方位不相称，开启性裂缝与压裂改造井眼轨迹方向近似一致，考虑到实施大斜度井的主要目的是提高单井产量，因此，开启性裂缝和压裂改造两个因素较重要，井壁稳定性因素在钻井实施过程中可通过调整钻井液密度等措施加以维持。通过综合考虑，KeS1002 井实施井眼轨迹方位设计为 170°。该钻井过程较顺利，完井压裂改造测试获高产，采用 ϕ9mm 油嘴，油压 76MPa，日产气 74×10^{4}m^3，较同区块直井产量优势明显（同构造克深 10 井采用 ϕ6mm 油嘴，油压 34MPa，日产气 22×10^{4}m^3/d；克深 1003 井采用 ϕ5mm 油嘴，油压 49.9MPa，日产气 19×10^{4}m^3/d），表明大斜度井参数设计科学，达到了较好的效果。

三、基于压力波前缘追踪的井网定量优化技术

对于强非均质性的裂缝性致密砂岩气藏，由于裂缝的存在，地下流体的运移变得更加复杂，常规气藏工程和数值模拟方法难以直接通过研究剩余气分布进行布井，使布井难度加大。在前面已论述地质建模和井位、井深、井轨迹等优化基础上，通过引入基于压力波传播前缘追踪方法，根据生产造成的压力扰动前缘来计算控制半径及其随时间的

变化，并将其叠合到三维地质模型中进行开采能力评价，可确定布井潜力区，实现精准布井。

1. 压力波前缘追踪方程

根据非均质系统多维扩散方程，通过傅里叶变换，得到频域方程，再通过方程高阶近似解求解变换，可以得到压力波前缘传播方程（Datta–Gupta，2007）为：

$$\sqrt{\alpha(x)}|\nabla \tau(x)| = 1 \qquad (4\text{-}4\text{-}6)$$

$$\alpha(x) = \frac{K(x)}{\phi(x)\mu C_t} \qquad (4\text{-}4\text{-}7)$$

式中 α——扩散系数，cm^2/s；

$K(x)$——x 方向渗透率，mD；

$\phi(x)$——x 方向孔隙度，%；

μ——气体黏度，mPa·s；

C_t——总压缩系数，MPa^{-1}。

压力波前缘在气藏中以速度 $\sqrt{\alpha(x) = \frac{K(x)}{\phi(x)\mu C_t}}$ 传播，即扩散系数 $\alpha(x)$ 的平方根。扩散时间 $\tau(x)$ 的单位是时间的平方根，与压力扩散的单位一致。流动速率与压力波前缘的传播无关。

式（4-4-6）和描述飞行时间方程的紧密联系，通过类比飞行时间等式，定义了如下压力传播的扩散飞行时间方程：

$$\tau(x) = \int_\psi \frac{d\zeta}{\sqrt{\alpha(x)}} \qquad (4\text{-}4\text{-}8)$$

当压力响应到达最大位置 x 时，物理时间和飞行传播时间之间的关系为：

$$t_{max} = \frac{\tau^2(x)}{6} \qquad (4\text{-}4\text{-}9)$$

对于二维介质，以上方程可以转化为：

$$t_{max} = \frac{\tau^2(x)}{4} \qquad (4\text{-}4\text{-}10)$$

式中 t_{max}——最大到达时间，s；

ζ——压力前缘轨迹距离，m；

ψ——压力前缘轨迹，m。

因此，可以利用"最大到达时间"来计算基于压力传播时间的压力前缘。压力前缘位置的到达时间可以解释为压力到达最大或者最小位置的时间，这样根据压力波前缘方程通过求解扩散时间 $\tau(x)$ 来描述压力波前缘传播分布规律。

2. 井网定量优化方法

井网设计优化或者加密井的部署对任何一个气藏的开发方案或者调整方案来说都是一项及其重要的工作,需要在深入分析地质特征和生产动态的基础上进行部署设计。对于规模较大的气藏,为了减少由大量布井位置带来的计算量,需要研究更合理、快速评价的方法。

在克拉苏裂缝性致密砂岩气藏井网优化研究中,引入基于压力前缘追踪的井网优化方法,充分考虑了储层内部的非均质性、与压力下降相关的储层响应动态和地质的不确定性,根据压力传播前缘响应确定井控体积及井控范围,结合储层物性分布,识别气藏储量未动用区域或难动用区域。该方法计算效率更高,评价结果更加可靠。

为了定量地识别并评价布井潜力区,定义了气藏衰竭能力指数,该指数考虑了压力前缘传播和气藏未动用区的性质如孔隙度、渗透率、流体孔隙压力等参数,根据衰竭能力指数编制衰竭能力图可以显示下一步新钻井部署的优势和高产区域。

$$I_{DC} = (t_{RN} \Delta p_{mf} V_{RN} K_{RN}) \quad (4-4-11)$$

式中 I_{DC}——气藏衰竭开发能力指数;

t_{RN}——扩散飞行时间,d;

Δp_{mf}——基质系统和裂缝系统之间的压力差,MPa;

V_{RN}——归一化孔隙体积,m³;

K_{RN}——归一化基质渗透率,mD。

气藏衰竭能力指数中包含了可以同时代表气藏静态和动态特征的4个重要参数,即孔隙体积、烃类流度、气藏能量和气藏未动用体积。衰竭能力可以用由以上4个参数排序在垂直方向上的二维图来表示。式(4-4-11)中的"排序"意思是每一个变量的归一化值(0~1),值越接近1排序越好。需要说明的是,扩散飞行时间值越高,说明动用程度越低,所以气藏未动用区域会得到一个更接近于1的归一化扩散飞行时间值。I_{DC}图上,高值区域是布井有利区。

式(4-4-11)中,除扩散飞行时间外,其他参数都可以根据气藏的动静态模型求取,因此该方法的核心是求取反映压力波前缘的扩散飞行时间。克拉苏气田井网优化中选择了基于数值模拟的流线法、快速行进法来进行扩散飞行时间求取和井网优化,不需要进行复杂的数值模拟,大幅提高了工作效率。

1)基于数值模拟的流线法

以往流线法多用于油藏,不能运用于气藏。但事实上,只要地下有流体流动,流线都会存在,特别是对于强非均质性的裂缝性致密气藏,由于裂缝和基质的渗透率级差极大,开采过程中存在明显的流动优势通道和传播前缘,因此该方法是可行的。其主要原理是基于常规模拟方法获得任意时间点的压力和流体饱和度分布,然后利用流线法和扩散飞行时间,计算其控制的体积,确定压力波及范围,通过绘制储层质量图,即可优化整个区域的井网部署。

扩散飞行时间是沿着压力前缘轨迹 ψ，将压力前缘的轨迹和流线轨迹进行对比发现（Vasco et al.，2004；Kim et al.，2009），对于一个给定的地质模型和边界条件，扩散飞行时间和压力传播前缘轨迹不随时间变化，但流线随每个点的瞬态压力而变化，是时间的函数。然而，短时间内流线剖面会快速地变得稳定，并且压力前缘轨迹和流线的一般特性也会被确定。Datta–Gupta 等也研究了控制区域的解析解，结果显示流线可以被合理地近似为压力前缘轨迹，因此可利用流线来计算扩散飞行时间（Datta–Gupta et al.，2001）。

（1）机理研究。

为了更好地理解流线追踪及其在控制体积演化中的运用，首先利用 2D 模拟数据对其进行验证。

图 4-4-17 为均质剖面模型采用有限差分模拟法和沿流线计算的数值积分法计算的传播时间对比，扩散飞行时间是沿着压力波前缘轨迹的积分，根据流线近似这些轨迹剖面和到达时间峰值相同，流线是压力波前缘的近似轨迹。

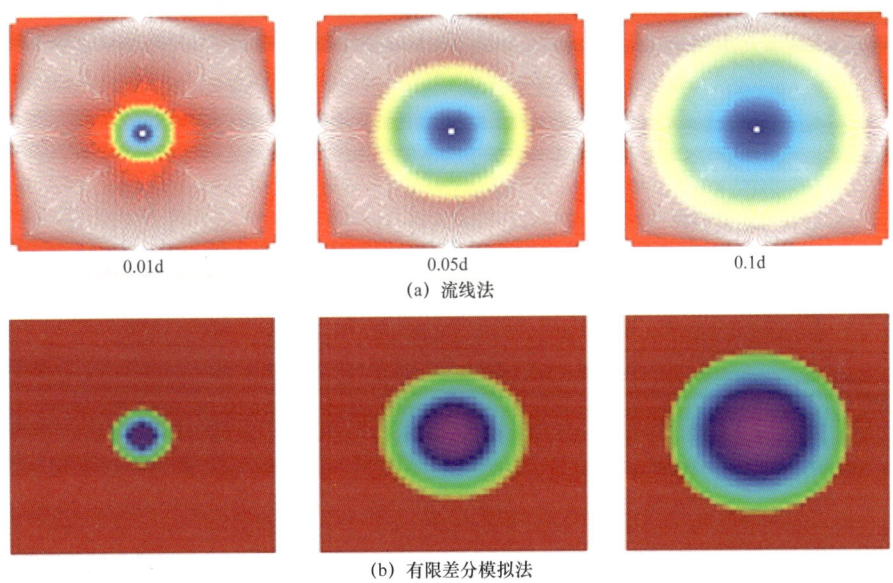

图 4-4-17　均质储层中压力波前缘到达时间

图 4-4-18 是非均质剖面模型采用以上两种不同方法的模拟结果对比，可以看出两种方法得到的结果基本一致，对于单相气体模型，流线和真实压力轨迹非常相似。

从以上图中可明显看到模型中的主产区，据此可计算出任意井的控制体积。同向前追踪方法相似，可采用反向追踪计算从网格到生产井追踪扩散飞行时间，其优势是每个网格都被赋予了一个扩散飞行时间值，以方便对每一个网格配置一口特定的生产井。如果通过同一个网格的两条流线到达不同的井，流线的归属取决于由哪个网格中心开始追踪，如图 4-4-19 所示。

利用反向追踪并结合网格扩散时间可以得到模型的控制体积图，图 4-4-20 为非均质模型反向追踪和可视化控制体积图，该图可以用来研究井间的干扰，由此可在没有控制的区域部署新井。

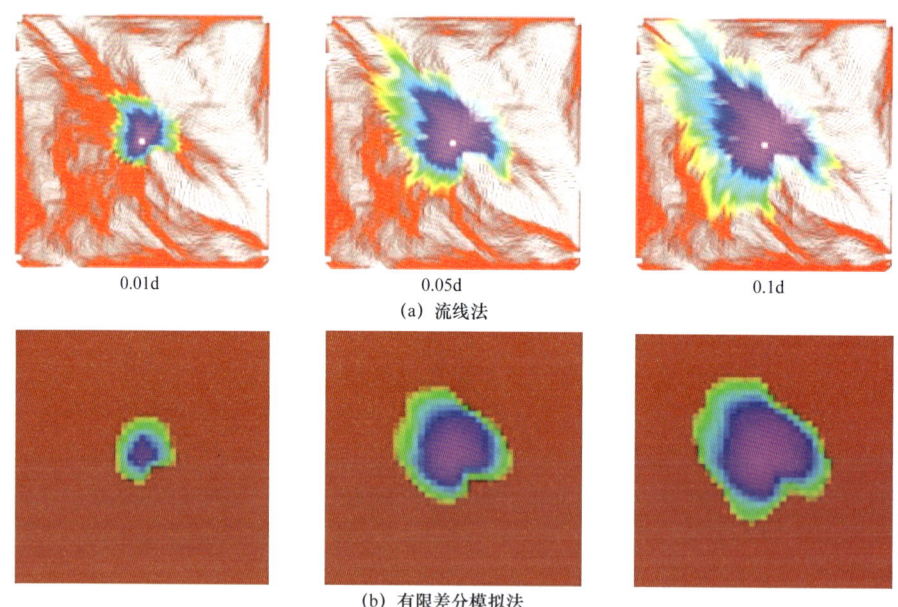

(a) 流线法

(b) 有限差分模拟法

图 4-4-18 非均质储层中压力波前缘到达时间

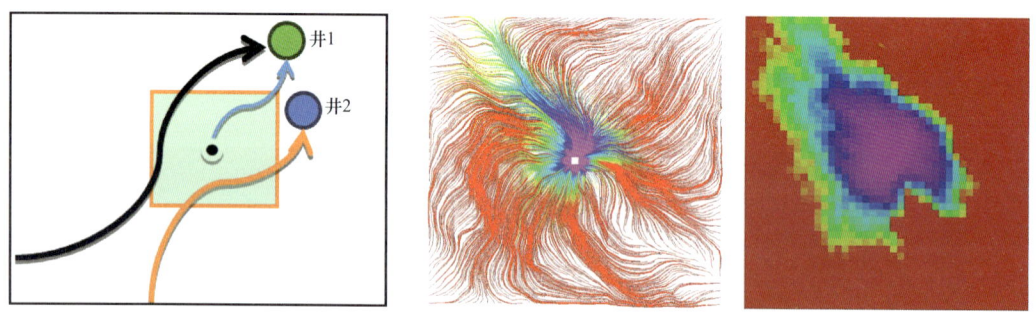

图 4-4-19 网格中心反向流线追踪　　图 4-4-20 非均质模型反向追踪和可视化控制体积图

（2）流线追踪应用。

以克深 8 气藏为例说明应用流线追踪技术表征生产过程中压力前缘传播情况，进而研究控制体积的变化过程。克深 8 气藏为受断裂控制的断背斜构造，气藏埋深大于 6000m，储层厚度 280~320m，储层岩性以岩屑长石砂岩为主，孔隙类型以粒间孔为主，物性呈低孔隙度、特低渗透率特征，孔隙度平均 6.77%，渗透率平均 0.092mD，断裂及裂缝发育，原始地层压力 123.27MPa、温度 176.08℃，为高温高压层状边水干气气藏。

克深 8 气藏新井投产大致分为三个阶段：第一阶段，气藏中只有 KeS8 井 1 口试采了 500 天；第二阶段，在投产 500~800 天期间，第一批开发井（8 口）相继投产；第三阶段，在投产 800~1000 天期间，第二批开发井（7 口）相继投产。基于精细的地质模型，以 1000 天生产数据进行历史拟合，获得了更为准确的气藏动态模型。然后以时间先后顺序研究每个时间节点的流线分布，并在这些时间点上对控制面积和控制体积进行评估。

图 4-4-21 至图 4-4-23 分别为采用采用裂缝流动系统追踪的不同时间点下各单井生产时的流线。生产时间为 500 天时，由于气藏中只有 1 口井生产，所以流线都源于 KeS8 井（图 4-4-21），可以看出，整个气藏几乎被裂缝系统连通，每个区域流线的密集度表示了该区域与井的连通程度。

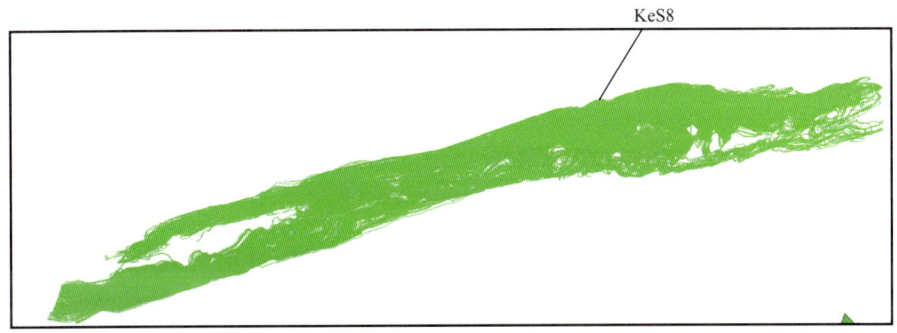

图 4-4-21　生产 500d 时克深 8 气藏的流线轨迹

生产 800 天和 1000 天时，气藏中已有多口井投产，可以观察到每口生产井的波及区域（图 4-4-22 和图 4-4-23），不同颜色流线的网格模型体积对应相应井的控制体积。

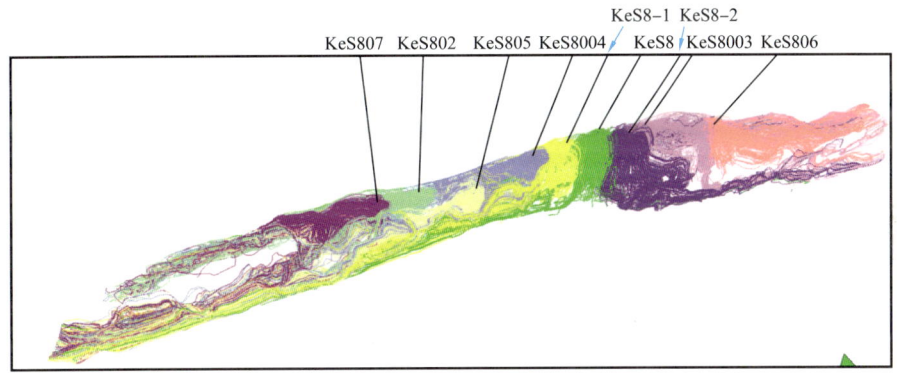

图 4-4-22　生产 800 天时克深 8 气藏各井的流线轨迹图

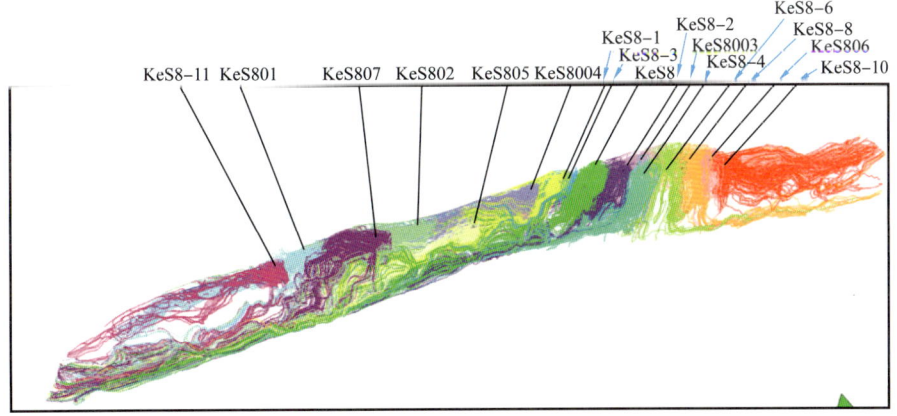

图 4-4-23　生产 1000 天时克深 8 气藏各井的流线轨迹图

KeS8 井分别生产 0.5 天、1 天和 6 天时裂缝系统的压力传播范围如图 4-4-24 所示，可以看出 KeS8 井的压力在很短时间内就波及到整个气藏。

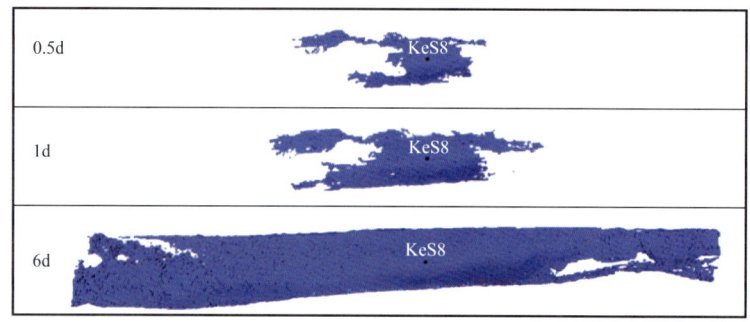

图 4-4-24　克深 8 区块在生产 0.5 天、1 天和 6 天时裂缝系统的控制体积变化

图 4-4-25 和图 4-4-26 分别为克深 8 区块生产 500 天、800 天和 1000 天时裂缝系统的控制体积剖面图，图 4-4-26 为生产 800 天和 1000 天时控制体积的平面图。可以看出，当有更多的井投产后，每口井的控制体积变得越来越小。

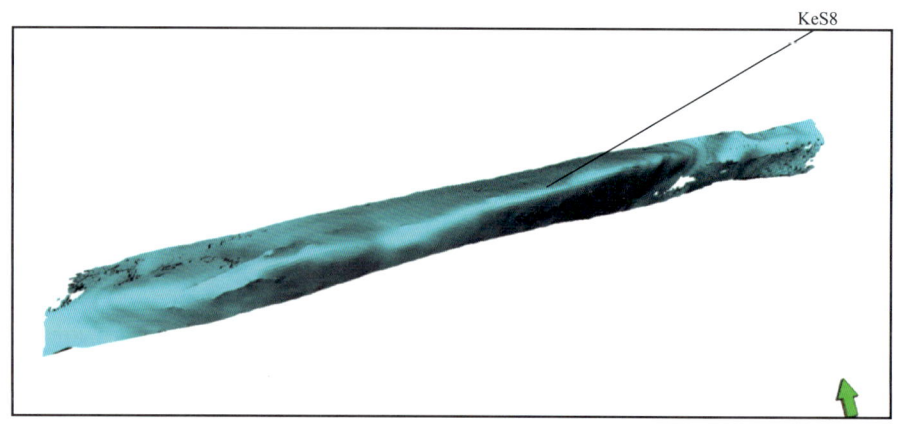

图 4-4-25　裂缝系统生产 500 天时控制体积

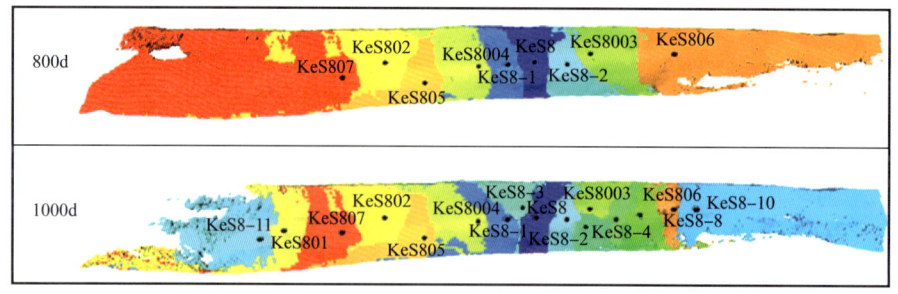

图 4-4-26　裂缝系统生产 800 天和 1000 天时控制体积变化平面图

同样方法计算的基质部分在生产 500 天、800 天和 1000 天时控制体积如图 4-4-27 所示，由于基质致密，在生产 1000 天时还未波及到整个气藏。在井的参数不变情况下，预测显示在生产 5000 天后，控制体积才会波及到整个气藏（图 4-4-28）。

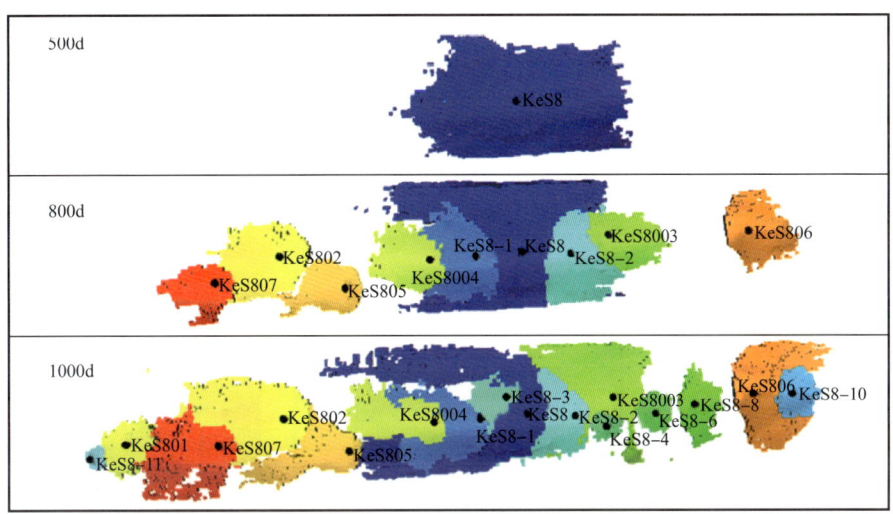

图 4-4-27　生产 500 天、800 天和 1000 天时基质系统的控制体积变化

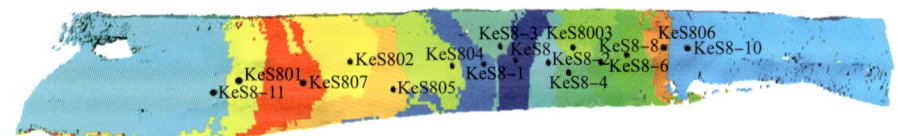

图 4-4-28　生产 5000 天时的基质控制体积

2）快速行进法（FMM）

（1）求解说明及机理研究。

快速行进法（FMM）是基于油气藏物性计算压力波前缘传播时间的一种有效的方法，该方法运用逆向有限差分方法求解方程式（4-4-8），压力前缘作为传播时间的函数，不需要进行任何流动计算。

为了求解方程式（4-4-6），首先基于网格的坐标系统离散模型，并且将扩散系数值分配给每个网格，假设储层中流体压缩系数和黏度是定值，每个网格的扩散系数可以由方程式（4-4-7）确定，由此即可以计算到达网格块的传播时间。

为了说明快速行进法，在图 4-4-29（a）中列举了二维的例子，假设前缘从第 13 个网格位置开始传播，储层为非均质，每个网格点的扩散系数不同（初始位置值为 0，用红色网格表示），图 4-4-29（b）中与"13"最近的网格用绿色表示（12，14，8 和 18）。首先，使用方程式（4-4-8）计算这些点的到达时间，由于网格 18 的扩散系数最大，所以值最小。因此，前缘向最小值处扩散，变为红色，并标记为冻结点［图 4-4-29（c）］。下一步，计算与网格 18 相邻的网格（17，19 和 23）的到达时间，计算结果如图 4-4-29（d）所示，其中标为绿色的 6 个网格块组成的团称为网格块的窄带。下一步，在窄带中找到最小值，也就是网格 14，并变为红色（冻结），然后计算与该网格相邻的网格（9，15 和 19）的到达时间，如图 4-4-29（e）所示，冻结最短到达时间所处的网格，形成窄带，直至传播到所有网格，计算结束，最终得到的扩散值如图 4-4-29（f）所示。

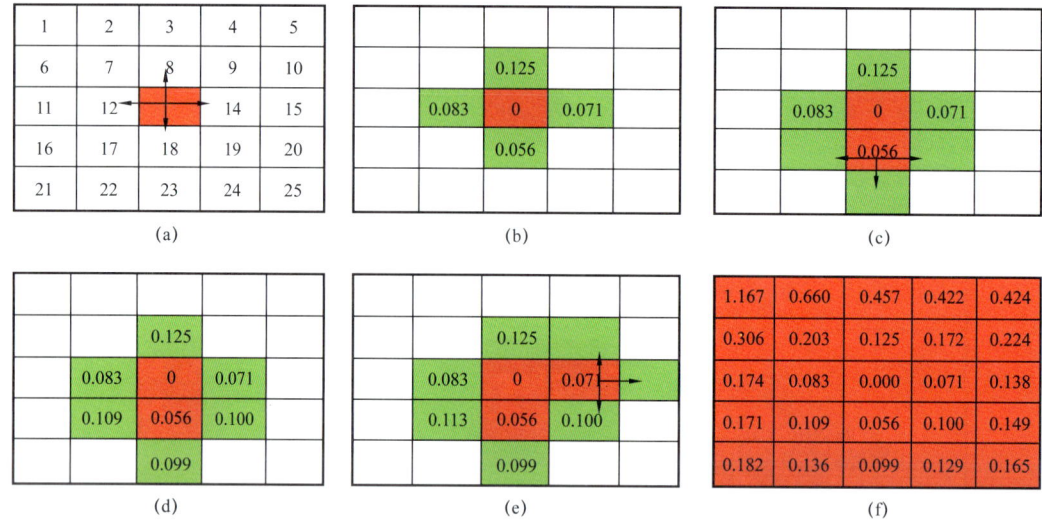

图 4-4-29　FMM 方法说明示例

图 4-4-30 为使用 FMM 方法计算传播时间的实例，其中图 4-4-30（a）为在中心一口井的均质模型，图 4-4-30（b）为多口井的非均质模型。图中传播时间等势线与使用常规有限差分模拟器计算压力分布的等势线类似。表 4-4-1 为不同时间下解析方法和 FMM 方法的泄油半径对比，计算结果基本一致，但计算效率明显提高。

表 4-4-1　解析方法和 FMM 方法计算泄油半径的结果对比

时间 /h	解析半径 /ft	FMM 半径 /ft
100	325	313
500	726	713
1500	1258	1242
6000	2515	2495

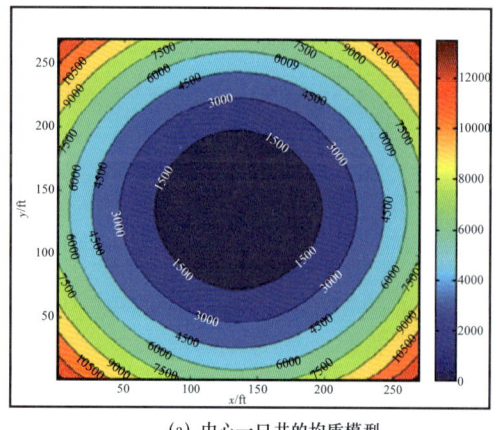

(a) 中心一口井的均质模型

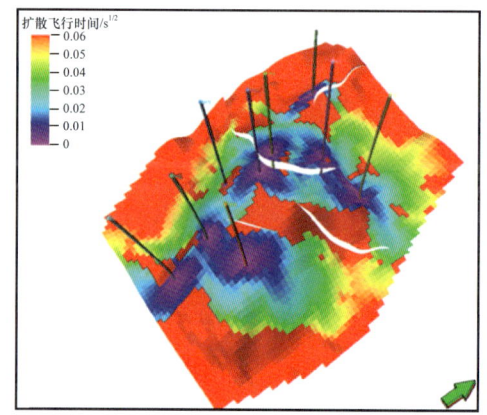

(b) 多口井的非均质模型

图 4-4-30　FMM 方法计算传播时间实例图

为了更好地确定传播时间，图 4-4-31 为采用均质模型计算得到的 5 种不同井网下不同扩散飞行时间图（DTOF）的对比，模型孔隙度为 20%、渗透率为 10mD，模型中有 5 口井（W1，W2，W3，W4 和 W5），每口井投产时间不同。

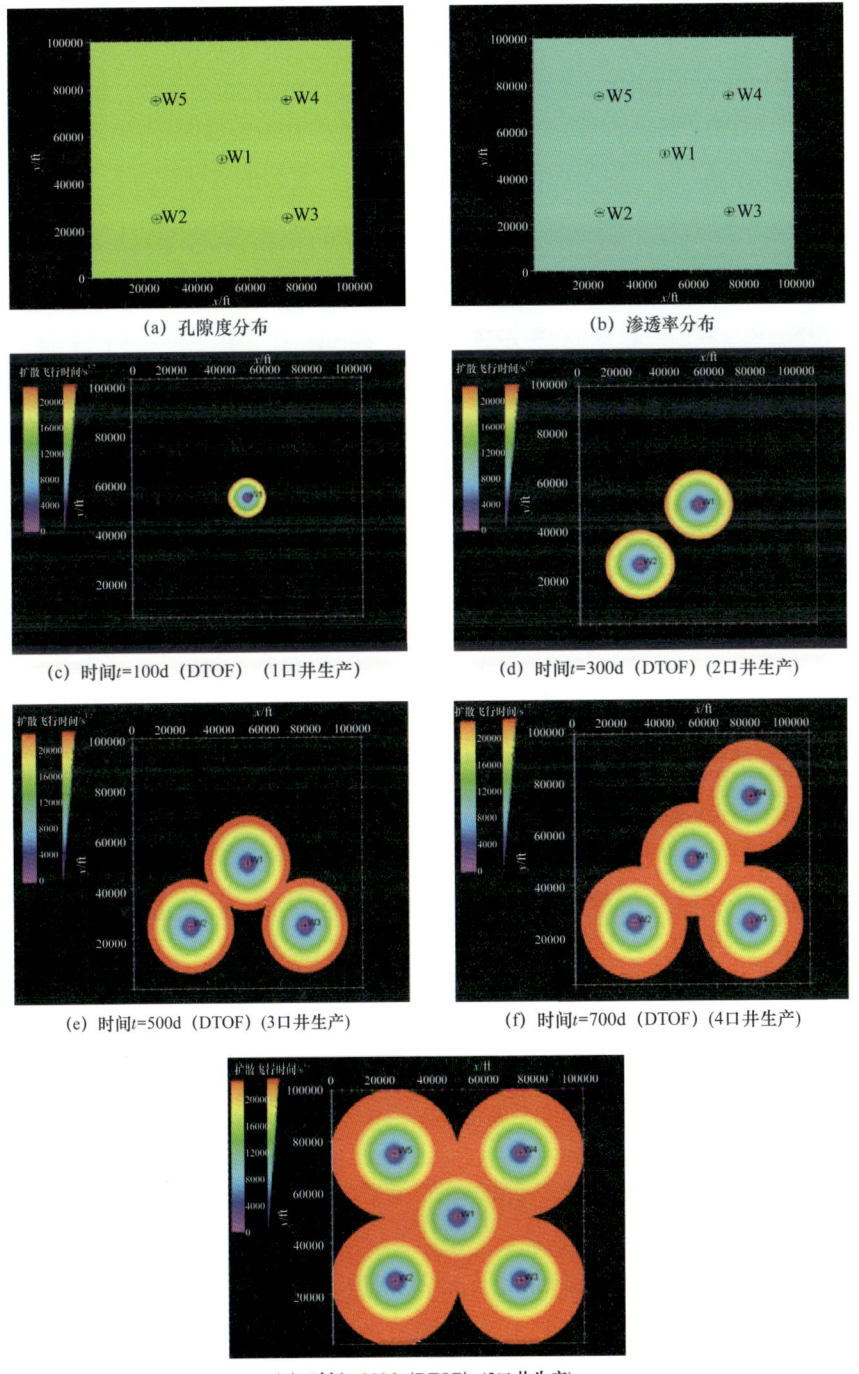

图 4-4-31　均质模型中 5 种井网（且生产井不同时间投产）的扩散飞行时间（DTOF）图

图4-4-31清晰地表明了压力前缘的移动以及每口井控制体积（彩色部分），当生产一定时间时，相邻井之间会产生干扰形成无交叉流动边界，由此可以预估在不同时间的控制体积。为了进一步理解渗透率敏感性与时间的关系，在前缘追踪时，给出了两个不同渗透率（10mD和1000mD）在100天的扩散飞行时间图（图4-4-32）。对于具有较高渗透率（1000mD）的模型，前缘已经移动到储层的所有部分，而对于较低渗透率模型（10mD），在相同的100天的生产时间内，覆盖的面积仅约占总面积的5%～10%。该实例表明，储层特征和时间是决定储层生产的重要参数，采用该方法可以评估实际油气藏的流动潜力。相对于常规的数值模拟技术，应用快速行进法不需要运行复杂的数值模型，可快速解决问题。

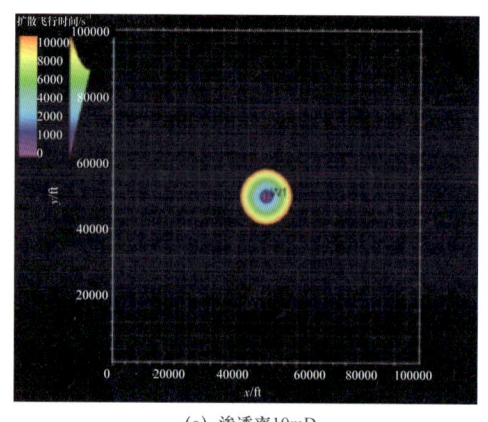 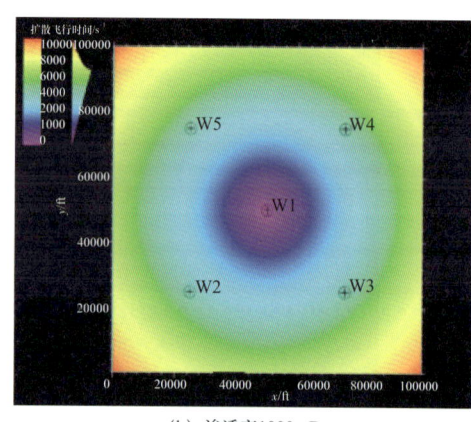

(a) 渗透率10mD　　　　　　　　　　(b) 渗透率1000mD

图4-4-32　均质油藏模型不同渗透率下生产100天时的扩散飞行时间（DTOF）对比图

（2）控制体积研究。

依据精细的地质模型，应用快速行进法进行克深8气藏控制体积的计算。为了具有对比性，也展示同流线法相一致的3个不同时间段的井控体积变化情况。

基于扩散飞行时间下计算的裂缝系统的控制体积如图4-4-33所示。当时间$t=10$天时，KeS8井泄气体积已波及全部储层[图4-4-33（a）]，这与基于数值模拟的流线法计算结果是一致的。

计算得到的生产500天、800天、1000天和5000天时基质的控制体积如图4-4-34所示，当生产1000天时，控制体积没有覆盖整个气藏；当生产5000天时，基质控制体积已经覆盖了整个储层；该结论与基于模拟方法的结论相同。

3）基于衰竭能力图的井网评价及优化

在获得了扩散飞行时间之后，根据式（4-4-11）可以计算衰竭指数，进而获得气藏的衰竭能力图，从而对井网井型评价和优化。

（1）基于流线法的井网优化与评价。

图4-4-35为生产500天、800天和1000天的I_{DC}指数图（衰竭能力图）对比。当生产500天时只有KeS8井一口井生产，该井的衰竭能力图具有相对较低的I_{DC}值。从500天到800天之间，又有8口井投入生产，可以看出新投产井都在较高I_{DC}值的区域中，表明新井的井位选择位置是较好的。

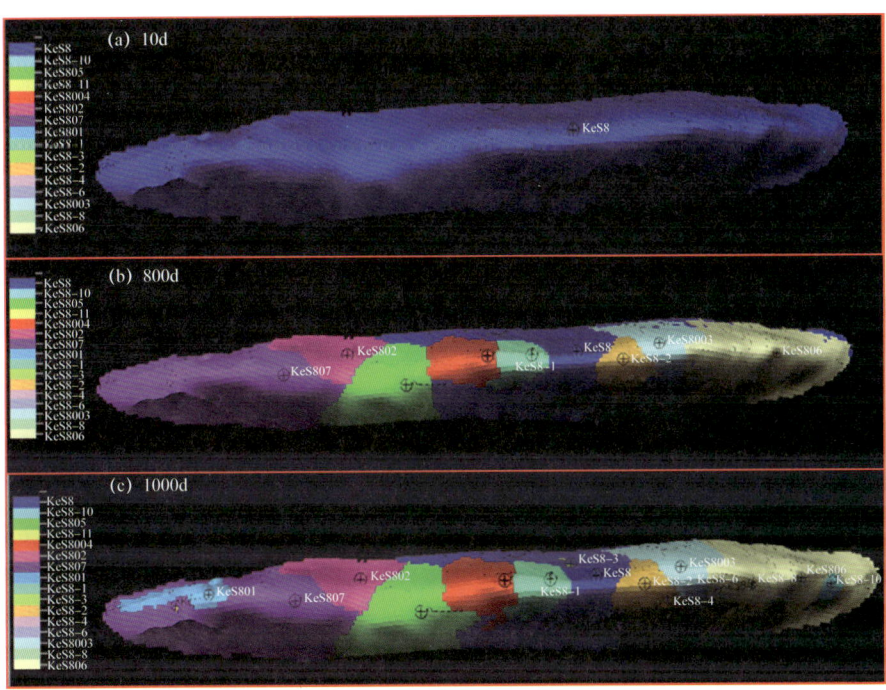

图 4-4-33 基于扩散飞行时间的裂缝系统控制体积图

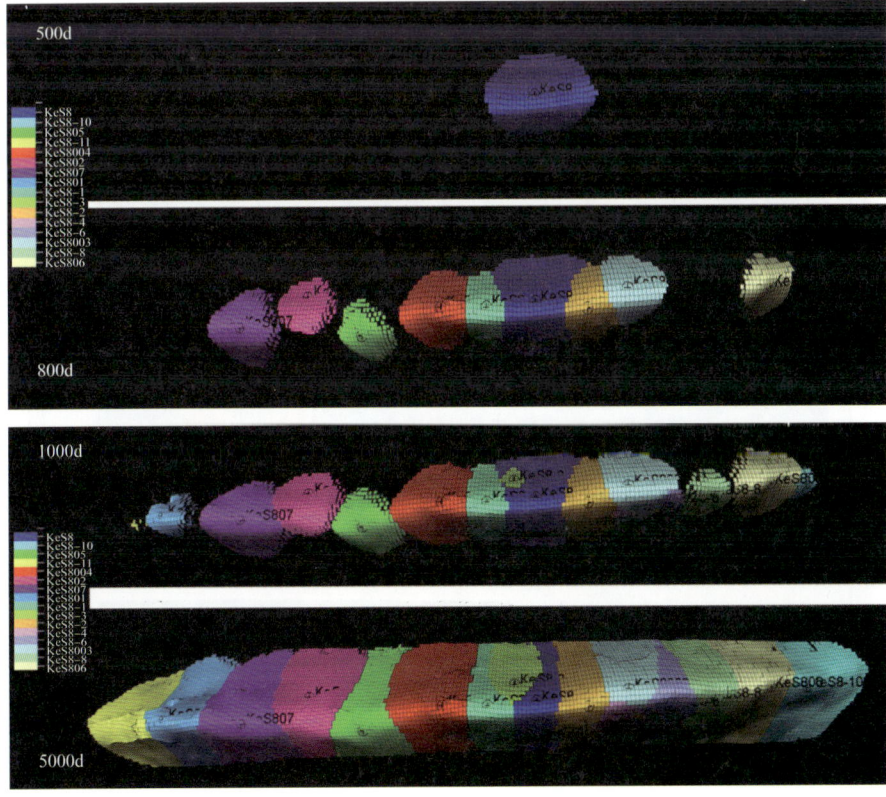

图 4-4-34 时间 500 天、800 天、1000 天和 5000 天时的基质控制体积图

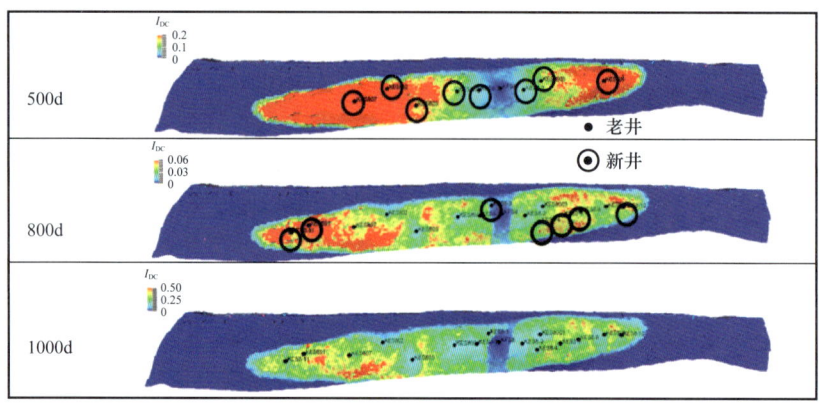

图 4-4-35 克深 8 气藏 I_{DC} 图（流线法）

图 4-4-35 中生产 800 天时的 I_{DC} 指数分布图清楚地显示了现有井控条件下不同区域储层的开发潜力，此时，9 口井正在生产（用空心圆表示新投产井），除了 KeS8-3 井，其他井位置与此时衰竭能力图是相匹配的。生产 1000 天时显示 I_{DC} 指数已经变到较低的值，但仍然具有相对高 I_{DC} 值的区域（暖色），即在 KeS801 井、KeS807 井和 KeS805 井之间的区域是后期布井的有利位置。

（2）基于快速行进法的井网优化与评价。

基于快速行进法计算得到的克深 8 区块的 I_{DC} 指数图如图 4-4-36 所示，该图也展示了 3 个不同的时间衰竭能力指数分布情况。

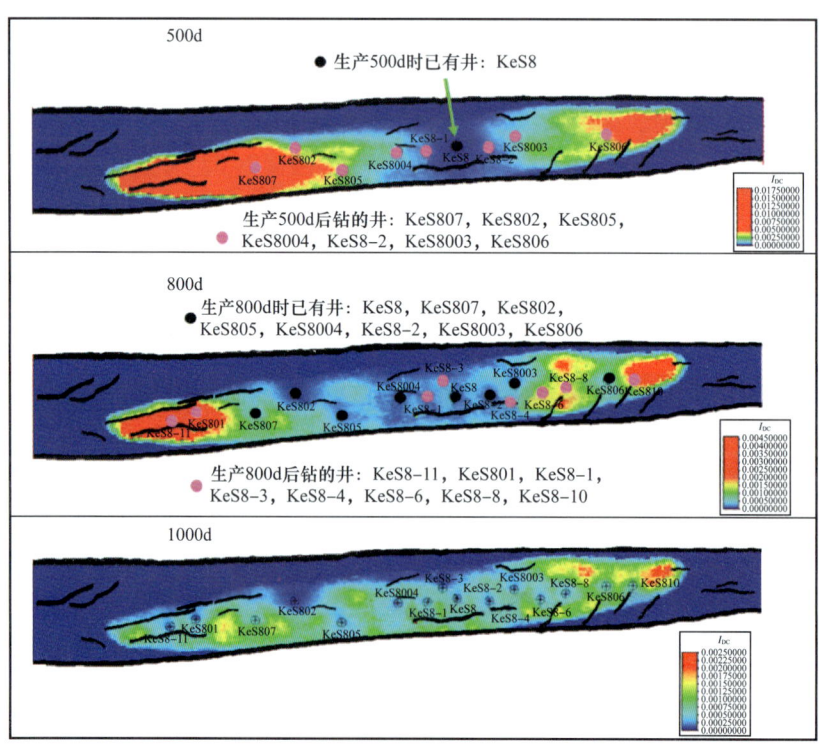

图 4-4-36 时间 500 天、800 天和 1000 天时基于快速行进法的 I_{DC} 图

对比图 4-4-35 与图 4-4-36，基于快速行进法和基于流线法的结果存在显著的相似性，生产 500 天和 800 天时的新井评价结论相同，但生产 1000 天的结果有一定的差异，采用快速行进法计算的 KeS8-10 井东部的 I_{DC} 值偏高，分析认为该区域距气水界面较近，可能是由于含水饱和度变化导致的。因此，利用快速行进法的 I_{DC} 图优选井位时，当其靠近含水层时，需要更加谨慎。

另外，从图 4-4-36 中看出，在 KeS801 井、KeS807 井和 KeS805 井之间的区域中，三个图显示了相对一致的高 I_{DC} 值，这些区域将是进一步部署新井的有利位置。

第五章　超深复杂气藏动态监测及动态描述技术

克拉苏超深气藏埋藏深，地层温度高、地层压力高，井筒状况复杂，是典型的"三超"气藏，井控风险较大，井下温压、产出剖面等资料录取困难，井间连通程度和导流能力等缺乏可靠动态数据验证，储层描述和开发动态表征难，合理开发对策难以制订。2014年以来，通过改进工艺设备，形成了超深超高压气井动态监测技术，实现了井深超8000m、井口压力110MPa条件下的超高压气井井下温压等资料的录取，完善了试井分析及动态储量评价等动态描述技术，支撑了开发技术对策优化。

第一节　超深超高压裂缝性致密砂岩气藏动态监测技术

针对超深气藏的特点和测试难点，通过引进设备、关键工艺改进，形成超深超高压气井井下钢丝投捞式温压监测技术和超深致密储层产出剖面监测技术，并规模推广应用，以动补静，奠定了复杂气藏动态描述的资料基础。

一、钢丝投捞式井下温压监测技术

2012年前，在库车山前超高压气井生产测试过程中，出现多井次井仪器落井、缆绳腐蚀拉断等复杂事故，致使生产井被迫停产或"带病生产"。通过攻关和试验，升级了关键工具及装备，创新研发了抗高温、抗高压、抗腐蚀井下测试工具，成功录取了超深超高压气井温度和压力资料。

1.钢丝投捞工艺原理

钢丝投捞是通过钢丝机械投放方式将压力计悬挂或坐落在产层附近的生产管柱内，对井底温度和压力进行长期监测。同时，通过钢丝的上提下放，可以将压力计置于井中的不同深度，测取不同深度的温度和压力资料，获取流温梯度、流压梯度及静温梯度、静压梯度资料，判断井筒中流体状态。

压力计投放方式分为坐落式和悬挂式两种。

（1）坐落式。在下入完井生产管柱前，预先随管柱下入专用的缩径短节，在需要监测酸化、压裂过程或长期监测井下温度与压力资料时，将压力计投放在缩径短节上进行测试资料录取，测试完成后捞出压力计，获取监测数据资料。

（2）悬挂式。对于产层附近完井管柱上没有变径的油气井，需要录取井下温度与压力资料时，压力计测压工具串上连接专用的油管悬挂器，投放工具与测压工具一起下入预定深度后，地面上通过绞车的变速操作，使油管悬挂器的卡瓦张开，卡在油管内壁上，投放工具与测压工具脱离后起出，测压工具留在井下录取数据资料，测试完成后捞出测压工具串获取监测数据。

超深高温高压气井钢丝投捞式井下温度与压力监测的主要设备包括钢丝测井车、井口设备、井下工具、井下压力计等，图5-1-1为钢丝投捞作业示意图。该技术具有以下特点：

（1）抗震。与普通压力计相比，钢丝投捞压力计抗震强度高，电池带有自锁装置，不易脱落断电、断数据。

（2）井口安全。在投捞以外的压力监测期间，井口没有试井防喷设备，最大程度削减了井口风险，同时为其他地面作业节约了场地。

（3）防顶。没有缆绳对测压工具的牵引，在流速最低的井下，承受的上顶力可以达到最小化；悬挂的投捞方式带有锁定功能，防顶性能更佳。

（4）操作方便。通过钢丝上提下放的机械力进行投捞操作。

2. 井口防喷及密封系统

超深超高压气井井下温度与压力监测的最大难点在井口密封，钢丝投捞井下温度与压力监测采用"橡胶密封圈 + 阻流管密封 + 防喷器"的三级防喷组合方式（图5-1-2），实现井口密封的三重保护，有效解决了井口密封问题，确保了井口安全。

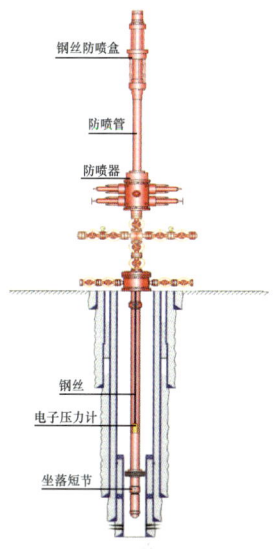

图 5-1-1 钢丝投捞作业示意图

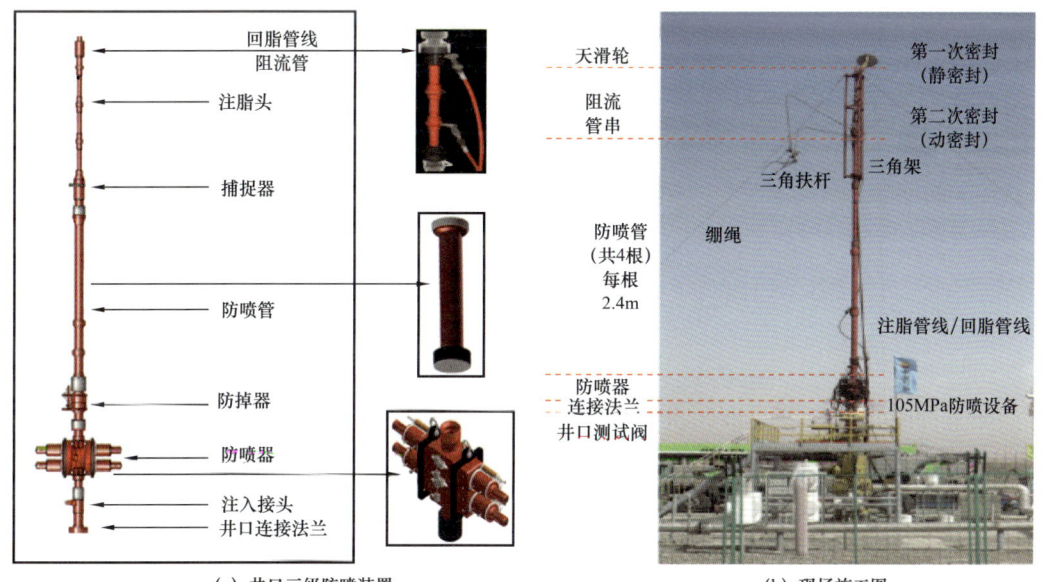

图 5-1-2 井口压力控制组合工艺关键技术点

常规钢丝投捞作业井口的密封方式为橡胶密封，对于超高压井口，单纯的橡胶密封方式，不能对气井井口形成有效的密封。经过大量调研及现场试验，形成了一套适用于钢丝投捞测试的井口注脂密封系统（图5-1-3），将电缆测试中的阻流管注脂密封系统与钢丝测试的橡胶密封相结合，一方面可通过对阻流管注入密封脂实现对钢丝的密封，另

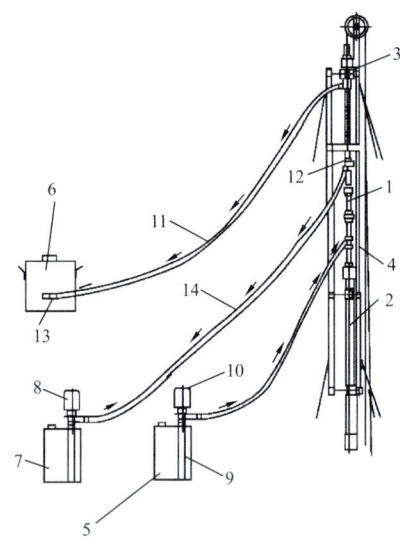

图 5-1-3 超深超高压气井投捞式温压监测关键设备

1—阻流管；2—防喷管；3—防喷盒；4—固定架；5—注脂组件；6—回收组件；7—储存罐；8—液压泵；9—过滤桶；10—过滤网；11—回脂管线；12—注脂口；13—回脂口；14—注脂管线

一方面通过对密封盒打压，使安装在密封盒内的密封圈抱紧钢丝达到对钢丝的密封，解决了超深超高压井下温压监测过程中井口密封难的问题。

密封脂在使用过程中必须有合适的黏度，黏度太高会造成油脂流动阻力增加使注脂泵难以工作，黏度太低则造成井口密封性能不好。密封脂的黏度受温度影响较大，要根据季节选择不同的阻流管密封脂。夏季温度较高，要选择黏度较大的密封脂（8~16mPa·s），冬季则选择黏度较小的密封脂（4~5mPa·s）。

3. 井下关键工具

钢丝投捞式试井技术井下工具主要有：电子压力计、投捞钢丝、JDC投捞工具、机械震击器、坐落接头等。根据作业需求，配置不同的工具串，实现电子压力计的投放或打捞。

1）电子压力计选型

目前行业内常用的是石英压力计与硅—蓝宝石压力计，与硅—蓝宝石对比，前者的量程至少高出一个数量级，年漂移量少，实际录取数据噪声小，曲线平滑度高，探头设计和封装工艺更科学合理、整体工作稳定性好。基于克深气田地质特点，选用石英压力计。该压力计抗震强度高，耐温压可达190℃和175MPa，基本满足克拉苏气田需求，其性能参数见表5-1-1。

表 5-1-1 电子压力计性能参数

名称	指标	名称	指标
压力量程/MPa	105，140，175	温度分辨率/℃	0.01
温度量程/℃	150，177，190	超压能力/%（满量程）	110
压力精度/%（满量程）	0.02	超温能力/%（满量程）	105
温度精度/℃	±0.2	压力漂移/(psi/a)	<3
压力分辨率/psi	0.03	数据存储容量	100万组数据点

2）投捞钢丝选型

针对气井产量高、井下顶钻、钢丝、电缆设备腐蚀等难题，钢丝选型中对钢丝强度和耐腐蚀性能作为主要检测指标。为确保工具仪器安全起下，钢丝强度性能应满足：钢丝极限拉力不大于钢丝破断拉力的70%、钢丝安全拉力不大于钢丝破断拉力的50%、钢丝试验破断拉力不小于钢丝出厂破断拉力值的85%。计算钢丝强度性能对比见表5-1-2，选择3.8mm外径的耐腐蚀钢丝。

表 5-1-2 油气井常用耐腐蚀钢丝强度性能对照表

深度 /m	不同型号（外径）钢丝对应的抗拉强度 /（kgf/mm²）			
	2.4mm	2.8mm	3.2mm	3.8mm
1000	56	96	134	213
1500	74	119	166	259.5
2000	92	142	198	306
2500	110	165	230	352.5
3000	128	188	262	399
3500	146	211	294	445.5
4000	164	234	326	492
4500	182	257	358	538.5
5000	200	280	390	585
5500	218	303	422	631.5
6000	236	326	454	678
6500	254	349	486	724.5
7000	272	372	518	771
7500	290	395	550	817.5
8000	308	418	582	864

注：（1）上述张力为各型号钢丝以工具串配重为基数在理想状态下的值。
（2）2.4mm 和 2.8mm 钢丝基数分别为 20kgf 和 50kgf，3.2mm 和 3.8mm 基数分别为 70kgf 和 120kgf。
（3）实际作业时，根据实际工具串配重更改基数和理想张力值。
（4）通井测压过程中参考张力表，上提时超过同深度理想值 20~30kgf 必须上报主管领导。

3）JDC 投捞工具

JDC 是一种基本的外投捞工具，它既可当打捞工具，也可当投放工具，其结构图如图 5-1-4 所示，性能参数见表 5-1-3。正常投放时只需要切断销钉，投捞工具即可脱手，使井下装置正常留在井下，而投捞工具起出井口。如果井下装置被卡死或不容易捞出，也可以剪断工具内的销钉，让工具与装置脱手，有利用于处理事故。打捞时只需重新更换销钉，当 JDC 碰到打捞头，在重力作用下打捞头进入裙套，金属爪子便能抓住井下工具。

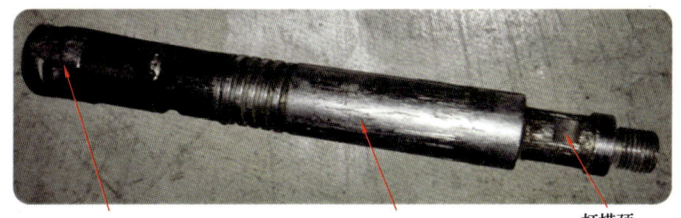

爪子　　打捞筒　　打捞颈

图 5-1-4 JDC 投捞工具

表 5-1-3　JDC 投捞工具性能参数

规格 /in	最大外径 /mm	螺纹类型	打捞范围 /mm	长度 /m
1	36	15/16UN10	26~31	0.33
2	47	15/16 UN10	30~35	0.38

4）机械震击器

在打捞和投放（切断销钉）时需要很强的力量，仅仅依靠钢丝或钢丝绳的拉力是远远不够的，往往得依靠震击器的震击力才能完成。震击器在撞击时是一个做功的过程，为了获得强度震击力，除取决于被震击装置或工具内销钉的刚性，内外剪切筒间隙，震击器下部工具串的弹性阻尼作用外，震击能量与加重杆重量及震击时的速度平方成正比。震击器向下运动的速度和力量靠加重杆下滑速度和重力获得，向上运动的速度和力量靠绞车速度和拉力获得。

5）坐落接头

坐落接头连接于工具串最下端，可以坐放在限位短节的缩径处，也可以直接投放在管柱的变径处，如 $\phi 88.9mm$ 变 $\phi 73.02mm$。坐落接头分两叉式和三叉式两种，两叉式坐落接头的优势在于可以更大地保证流通面积；三叉式的优势在于更好地保持底部支撑脚的强度（图 5-1-5）。

(a) 两叉式坐落接头　　(b) 三叉式坐落接头

图 5-1-5　坐落接头实物图

4. 投捞测试工艺流程

克拉苏气田主要以坐落式钢丝投捞作业为主，其工艺步骤为：

（1）安装地面设备，连接好井口防喷设备并试压。

（2）下入通井规通井，通井深度至压力计投放位置。

（3）通井结束后更换投捞工具串，投捞工具串结构：钢丝绳帽＋加重杆＋震击器＋JDC 投捞工具＋打捞头＋扶正器＋压力计＋坐落接头。

（4）在下放过程中，每下放 300m，上提工具串测试提升张力一次并记录，在距压力计投放位置 500m 时，每 100m 上提工具串测试提升张力一次并记录。

（5）投放工具串下至距压力计投放位置 50m 时，以 15m/min 速度下放至压力计投放位置，直到张力减少 50kgf 后，上提工具串至距压力计投放位置 20m 处。

（6）以 80m/min 的速度向下震击，至张力减少 50kgf，停止下放，上提至原位置。

（7）通过投放前后张力对比，确认压力计工具串是否脱手，投放测压工具串后的静止张力或提升张力要比投放前小 10～20kgf，如果测压工具串没有脱手，重复步骤（4）（5），直到压力计脱手。压力计测压工具串脱手后，上提投放工具串。

（8）按照设计要求进行测试。

（9）测试结束后进行打捞，打捞工具串结构：钢丝绳帽＋加重杆＋震击器＋扶正器＋JDC 投捞工具。

（10）在下放过程中，每下放 300m，上提工具串测试提升张力一次并记录，在距限位短节 500m 时，每 100m 上提工具串测试提升张力一次并记录。

（11）压力计打捞工具串下至距限位短节 20m 时，以 15～25m/min 速度下放至压力计投放位置，直到张力减少 50kgf 后，上提工具串至压力计投放位置 20m 处。

（12）对比打捞前后张力变化，确认测压工具串是否被打捞上来，打捞住井下工具串后的静止张力或提升张力要比打捞前大 10～20kgf。

（13）如果没有打捞住井下工具串，重复上述步骤。

（14）压力计数据回放，若数据合格，则进行解释；若不合格，则找出原因，重新进行测试。

通过持续攻关完善，目前已形成一套适用于超深超高压气井投捞式温度与压力监测技术规范，广泛用于克拉苏气田超深井的压力恢复测试、产量测试、干扰或脉冲测试、探边测试、静压、流压及其梯度测试等方面。2014 年以来已累计实施 190 井次，实现 8000m 井深、井下压力 110MPa、180℃条件下气井的井下温度与压力资料安全、准确录取，打破了国内气田安全测试井深记录、最大承压记录和最高耐温记录。

二、超深超高压气井产出剖面监测技术

克拉苏深层气田除高温高压外，还存在生产管柱内径较小、井筒积砂结垢等问题，对测井仪器的耐温、耐压、抗腐蚀、最小通过能力、最大作业深度均有较高要求，常规的产出剖面测井仪和工艺不能满足需求。通过测试仪器、电缆、井口防喷设备及工艺流程等方面优选和改进（表 5-1-4），实现了超深井产出剖面资料的准确录取。

1. 测井仪器及关键设备优选

产气剖面测井仪选用目前国际上先进的 Sondex 生产测井仪。其 ϕ35mm 的 8 参数测井仪，仪器外径 43mm/35mm，耐温 177℃、耐压 140MPa。

表 5-1-4 超深超高压气井产出剖面测试与常规测试技术指标对比

仪器设备	参数	常规测试技术	本技术
井口防喷设备	防喷器等级 /MPa	≤70	105
	控制方式	2 翼 / 液压	3 翼 / 液压
	内径 /mm	62	76
	防硫级别 / (mg/L)	7.6	22.8
	测试压力 /psi	15000	22500
	工作压力 /psi	10000	15000
注脂系统	工作压力 /psi	10000	15000
	控制方式	气动 1∶250	气动 1∶235
	注脂排量 / (cm³/s)	40	42
测井电缆	最大作业深度 /m	≤7000	≥7500
	外径 /mm	8	5.6
	抗硫性能 /%	—	15
	抗二氧化碳性能 /%	—	25
	极限拉力 /kN	50	21.3
测井仪	耐温 /℃	177	177
	耐压 /psi	15000	20000
	外径 /mm	43	35

测井电缆选用美国罗杰斯特 31MO 型 S75 型单芯防硫电缆，其中 31MO 型电缆外径 6.32mm、破断拉力 25.4kN，S75 型电缆外径 5.66mm、破断拉力 21.3kN，这两种型号电缆抗腐蚀性强，电缆耐用性能较好，能满足测试需求。

井口防喷设备选用 ELMAR 进口 105MPa 等级，设备耐压指标为 15000psi、通径 3in、FF 级防硫化氢级别。

测试过程中，为平衡井口高压需要较长的仪器串及带来的遇阻遇卡风险，在加重杆之间加上适宜的柔性一区短节，有效降低了相关风险，在控制头底部加了一个除砂装置，有效降低了发生工程事故的概率。

2. 典型应用案例

目前该技术已在 KeS2-2-10 井、KeS203 井、KeS8-5 井、KeS242 井和 KeS801 井等多口超深井应用，录取了可靠的产出剖面资料，为气藏储层动用状况、气水运移规律研究打下了基础。

以克深 8 区块为例，产气剖面资料证实了裂缝性致密砂岩气藏单井仅存在几个主要产气点，且产气层段与有效裂缝发育段、断层分布及钻井液漏失段对应性比较好，同时产气点也是后期的主要产水点。

KeS8-5 井于 2019 年 10 月 18 日进行产气剖面测井，有效测量井段为 6780.0～6960.0m。解释结果如图 5-1-6 所示。通过测井资料解释得出 6951.0～6953.0m 井段为本井主要产气层段，其相对产气量为 56.97%；次要产气段为 6900.0～6907.0m 井段，相对产气量为 43.03%。

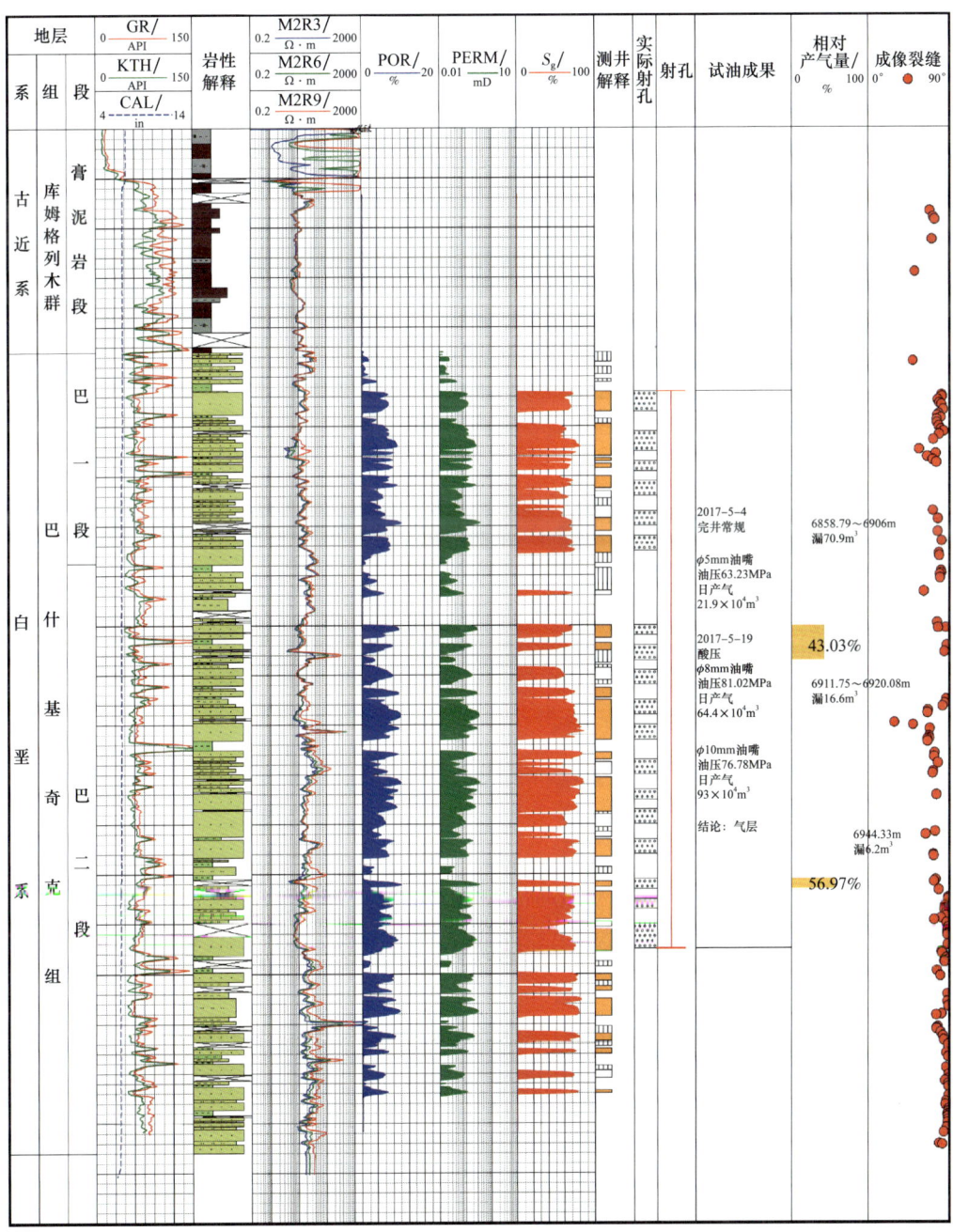

图 5-1-6　KeS8-5 井产气剖面与裂缝纵向分布图

KeS801 井于 2020 年 4 月 10 日进行产气剖面测井,本井有效测量井段为 7010.0~7120.0m,产气剖面解释成果见图 5-1-7 和表 5-1-5。根据测井资料综合分析 7117.0m 以下井段为本井主要产气层,相对产气量为 66.04%,次要产气层段为 7108.0~7112.0m 井段,相对产气量为 22.43%。同时,KeS801 井 2020 年 1 月 17 日确认见水,产气剖面显示仅有最下部主要产气层段产水。

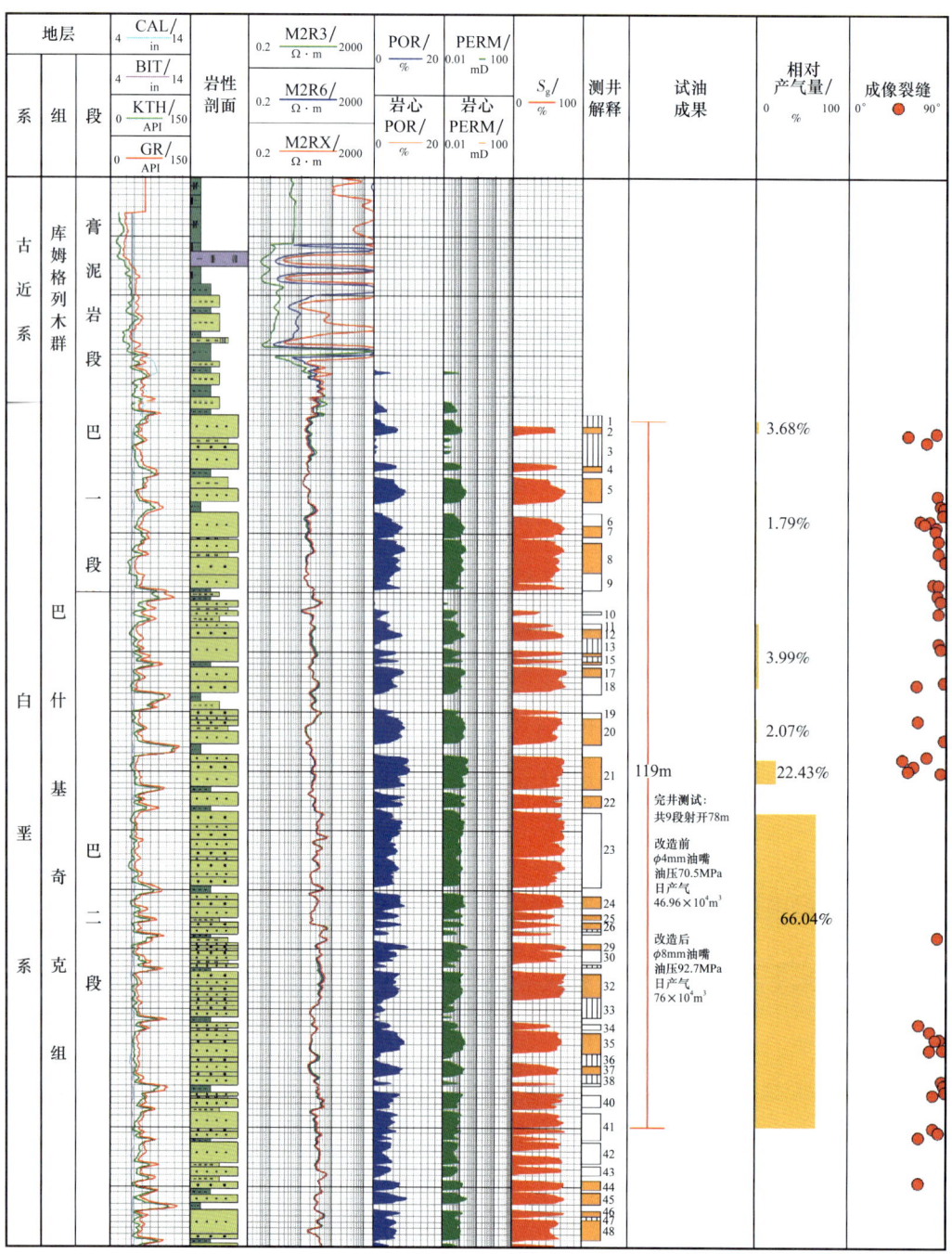

图 5-1-7　KeS801 井产气剖面与裂缝纵向分布图

表 5-1-5　KeS801 井产气剖面解释成果表

射孔顶—底深 / m	厚度 / m	产液量 / t/d	产油量 / t/d	产水量 / t/d	产气量 / $10^3 m^3/d$	相对产气量 / %	产气强度 / $10^3 m^3/(d·m)$
7051.0~7053.0	2.0	0.00	0.00	0.00	10.47	3.68	5.24
7061.0~7079.0	18.0	0.00	0.00	0.00	5.08	1.79	0.28
7085.0~7096.0	11.0	0.00	0.00	0.00	11.35	3.99	1.03
7101.0~7105.0	4.0	0.00	0.00	0.00	5.88	2.07	1.47
7108.0~7112.0	4.0	0.00	0.00	0.00	63.77	22.43	15.94
7117.0~7127.0	39.0	7.78	0.00	7.78	187.72	66.04	4.81
7131.0~7138.0							
7144.0~7148.0							
7154.0~7170.0							

第二节　超深裂缝性致密砂岩气藏试井分析技术

克拉苏气田超深超压气藏基质储层致密、断层裂缝发育但具强非均质性，不同尺度介质间的导流能力差异巨大，常规的双重孔隙介质试井分析方法解释结果与气藏实际地质及动态特征差异大。通过攻关，初步建立了孔隙、裂缝、断层多尺度介质共存下的试井数学模型和相应的试井分析方法，进一步明确了克拉苏超深气藏储层为"孔—缝—断"多尺度介质的储层新类型，揭示了"断—缝—孔"逐级动用、耦合叠加、协同供气的机理，为合理开发技术对策优化提供了依据。

一、气井试井方案设计

1. 井下测试资料录取

2014—2016 年，共在克深 2 气藏的 6 口井进行了 14 井次的压力恢复测试，录取到了可靠的井下测试数据。下面以 KeS2-2-4 井为例，分析录取的超深裂缝性气藏井下测试资料以及获得的经验和教训。

1）2014 年 8 月测试

2014 年 8 月，KeS2-2-4 井生产 426 天后关井进行压力恢复测试。这是克深气田投产后的首次井下压力测试，压力恢复测试过程中邻井一直生产，如图 5-2-1 所示。初步分析认为，双对数曲线呈现出"双重介质"特征，如图 5-2-2 所示。

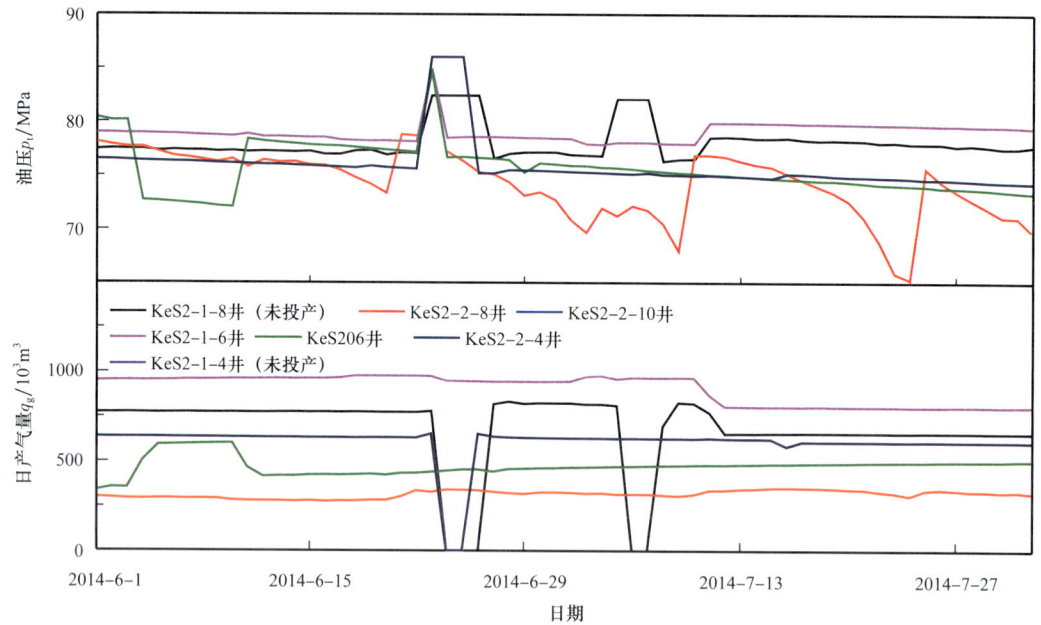

图 5-2-1　KeS2-2-4 井 2014 年 8 月测试时邻井生产情况

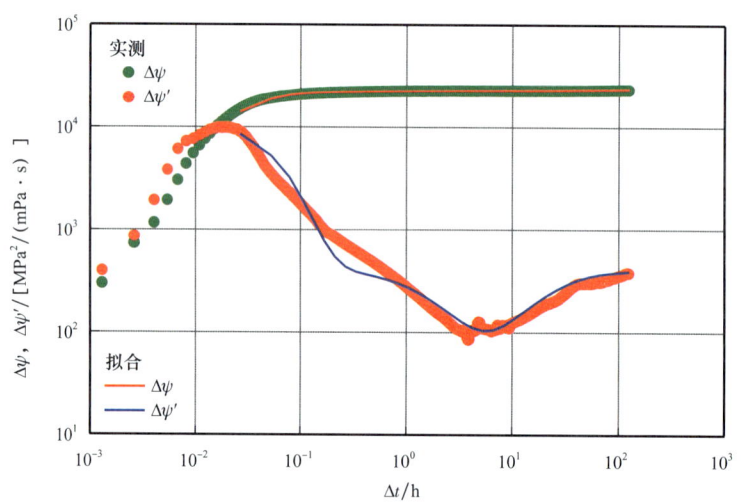

图 5-2-2　KeS2-2-4 井 2014 年 8 月测试时的双对数曲线（邻井在生产）
$\Delta\psi$，$\Delta\psi'$—拟压力、拟压力的导数；Δt—时间步长

2）2015 年 5 月测试

2015 年 4 月 30 日，KeS2-2-4 井进行第 2 次压力恢复测试。此时，邻井 KeS2-1-8 井和 KeS2-1-4 井都已投产，压力恢复过程中只有 KeS206 井处于关井状态，该井于 5 月 9 日开井进行干扰测试；其余邻井一直生产，如图 5-2-3 所示。

KeS206 井开井后，KeS2-2-4 井测试曲线反映明显，如图 5-2-4 所示，说明两口井井间连通性好，进一步证实气藏中存在压力传播的高速通道。双对数曲线如图 5-2-5 所示，由于受到邻井干扰导数曲线"下掉"，不能进行解释。

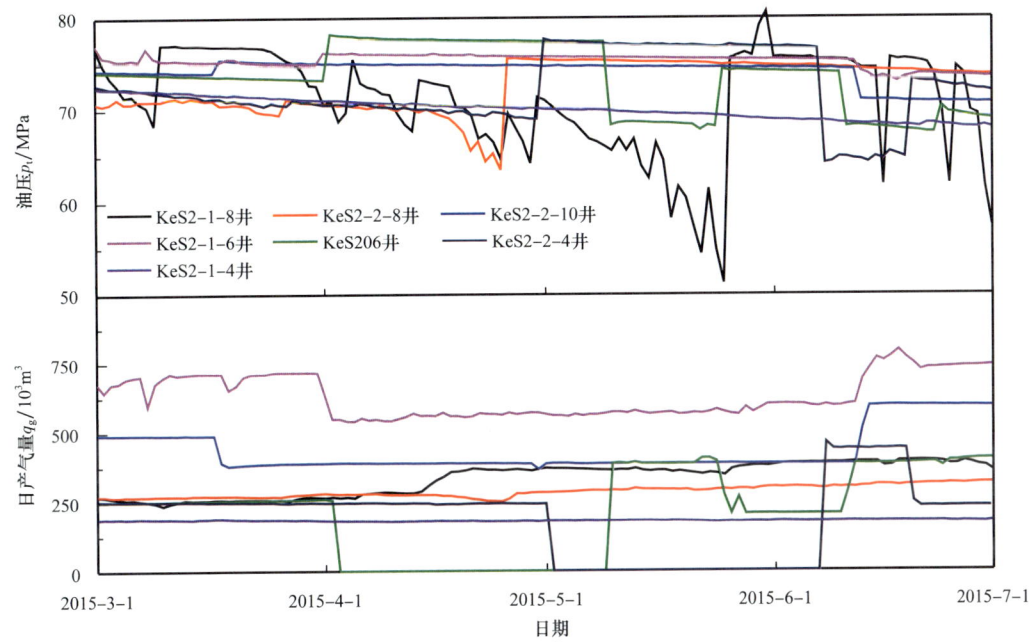

图 5-2-3　KeS2-2-4 井 2015 年 5 月测试时邻井生产情况

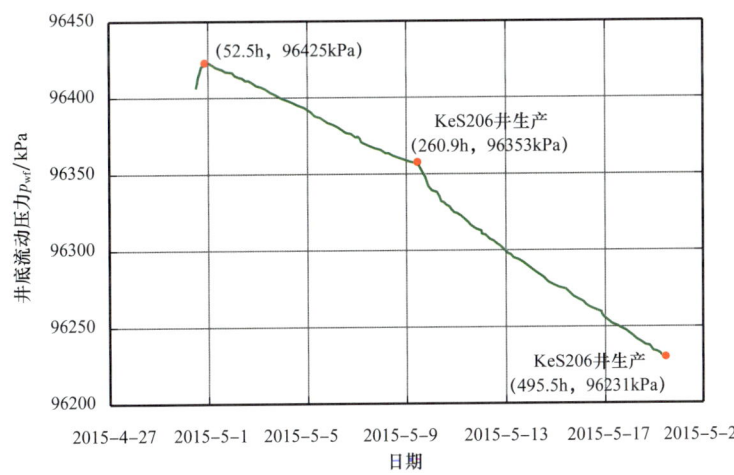

图 5-2-4　KeS206 井开井后对测试曲线的影响

3）2015 年 8 月测试

2015 年 8 月 22 日，KeS2-2-4 井进行第 3 次压力恢复测试。吸取了前两次测试的教训，邻井同时关井，如图 5-2-6 所示。

测试得到的双对数曲线如图 5-2-7 所示，尽管关井时间长达 440h，是 2014 年 8 月关井时间的 4 倍，但是并未出现径向流特征，后期压力导数呈现 1/2 斜率，显示大裂缝系统特征。同时表明，2014 年 8 月测试出现的所谓"径向流"特征其实是由于邻井生产所形成的假象。

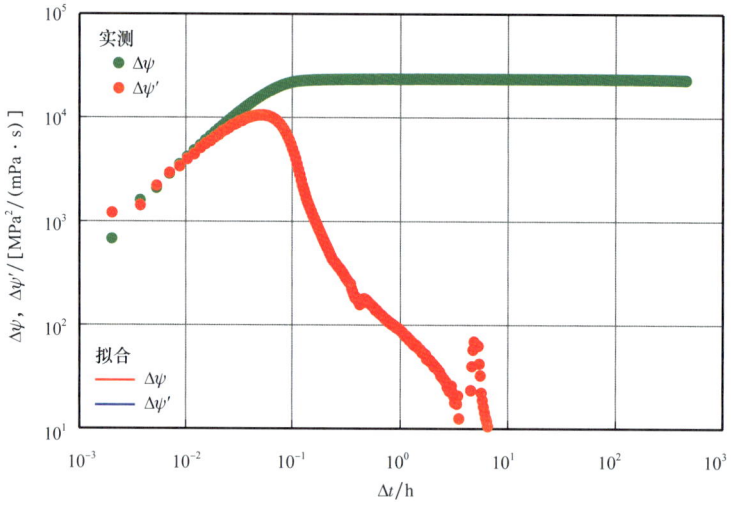

图 5-2-5　KeS2-2-4 井 2015 年 5 月测试双对数曲线

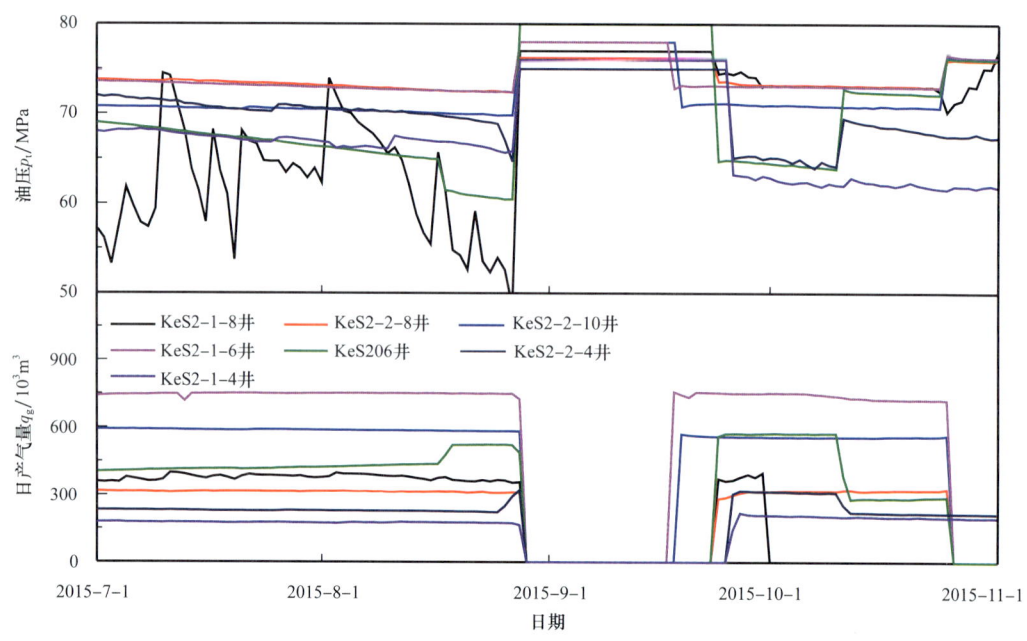

图 5-2-6　KeS2-2-4 井 2015 年 8 月测试时邻井生产情况

4) 2016 年 5 月测试

2016 年 5 月 1 日，KeS2-2-4 井进行第 4 次压力恢复测试，邻井 KeS2-1-6 井与 KeS2-1-4 井关井。5 月 6 日后邻井 KeS2-1-8 井、KeS206 井、KeS2-2-8 井、KeS2-1-6 井、KeS2-1-4 井相继开井，如图 5-2-8 所示。测试数据如图 5-2-9 所示，尽管关井时间长达 360h，但由于邻井开井干扰影响，120h 之后的压力恢复数据止升变平直到出现下降趋势。

测试得到的双对数曲线如图 5-2-10（a）所示，导数曲线后期斜率为 1/2，仍表现为裂缝特征。这次测试再次印证了 2014 年 8 月测试所谓"径向流"其实是由于邻井生产所造成的假象的结论。因此，对于裂缝性储层或连通性好的井组，试井分析应立足全气藏或连通井组，若只分析单井数据，可能会得出与气藏地质特征不符的结论，对开发决策产生误导。

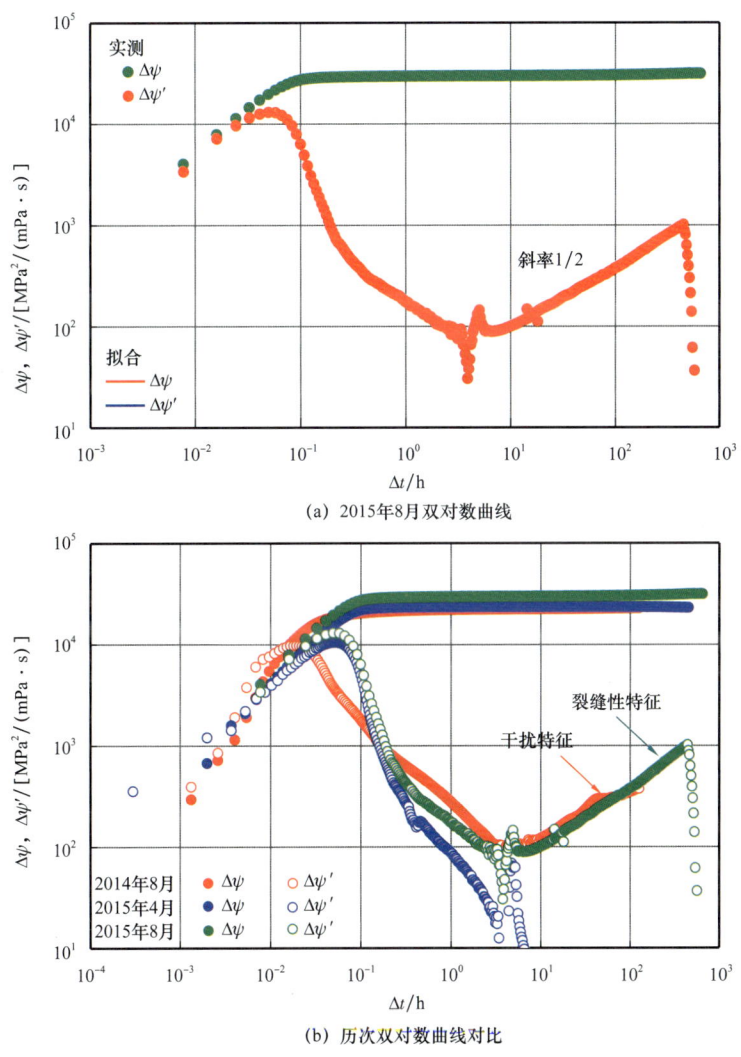

图 5-2-7　KeS2-2-4 井 2015 年 8 月测试双对数曲线

5）经验与教训

KeS2-2-4 井历次测试结果表明（表 5-2-1），对于裂缝性气藏，试井测试前，应基于全气藏生产动态分析初步判断井间连通性；在测试时间窗口内全气藏（连通井组）关井；为了降低井间干扰，选井时应优先两翼，兼顾中间；推荐采用关井压力恢复 + 回压试井（开井）+ 压力恢复试井 + 静梯测试的测试程序。

2. 全气藏关井试井设计

基于克深 2 区块井下压力测试及分析的经验和教训，编制了 Q/SY TZ 0541—2019《裂缝性砂岩气藏试井技术规范》，明确超高压裂缝性砂岩气藏天然气井动态分析、试井任务和作用、试井设计、试井资料录取技术要求、试井工艺技术、试井分析及报告编写要求。

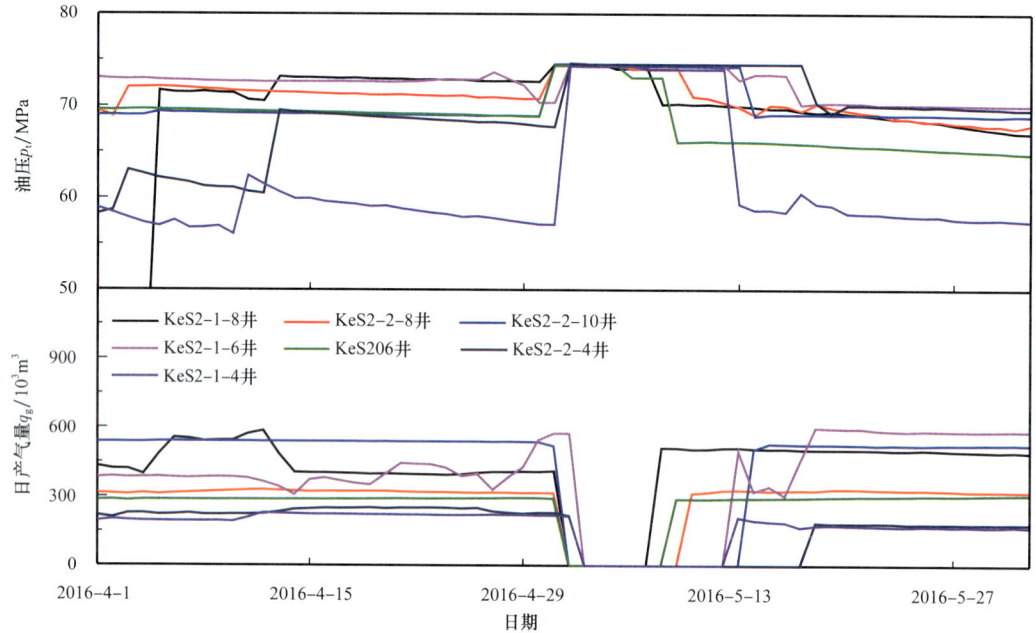

图 5-2-8 KeS2-2-4 井 2016 年 5 月测试时邻井生产情况

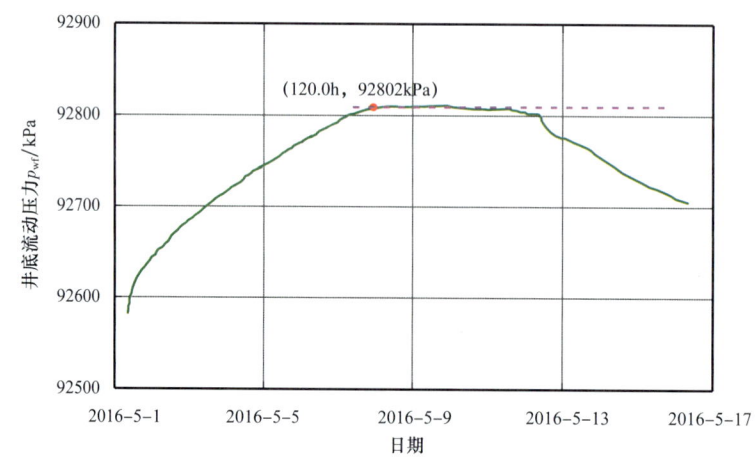

图 5-2-9 KeS2-2-4 井 2016 年 5 月测试时邻井干扰情况

试井设计应基于全气藏动态分析的基础之上，利用气藏静态与动态资料，应用相关技术和方法，分析气藏的开采动态，了解气藏特征，加深对其内在规律的认识，为选择测试井提供依据。在气藏试采阶段，评价气井初始产能、分析其影响因素，识别储层类型和驱动类型，判断气藏连通性和水动力系统，估算气藏动态储量，为提出动态资料录取要求提供依据；在气藏开发阶段，评价开发井产能、分析其变化规律和潜力，跟踪气井生产时的压力变化规律，掌握气藏开发过程中地层压力的变化和分布状况，核实气藏储量，跟踪分析水侵特征及其影响，判断气藏连通性和水动力系统，为提出动态资料录取要求提供依据。

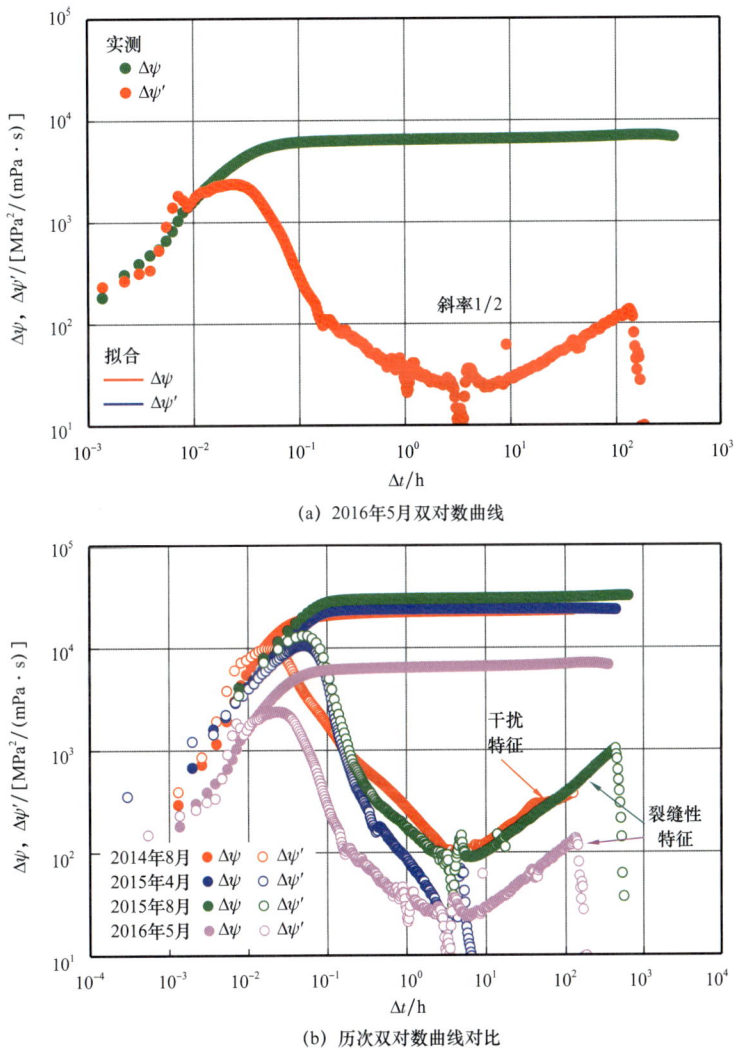

(a) 2016年5月双对数曲线

(b) 历次双对数曲线对比

图 5-2-10　KeS2-2-4 井 2016 年 5 月测试双对数曲线

表 5-2-1　KeS2-2-4 井历次测试经验与教训

序号	测试时间	全气藏关井	成果	教训
1	2014 年 8 月	否	工艺成功	观测到"双重介质"特征假象
2	2015 年 5 月	否	"高速公路"特征	干扰时间短，井间干扰严重
3	2015 年 8 月	是	"裂缝性+多井"特征	400h 未见径向流，基质致密
4	2016 年 5 月	是	裂缝性+基质致密	未见径向流，基质致密

试井目的主要为获取产层参数、评价储层性质、分析气井产气能力、了解增产措施效果、掌握气藏动态特征，为进行气藏开发评价、开发方案设计、动态跟踪分析及调整方案编制提供技术依据。

对于裂缝性气藏，为了消除井间干扰的影响，按照优先两翼、兼顾中间的原则选择测试井，宜采用产能试井+压力恢复试井+产能试井+压力恢复试井的测试程序，且第二次压力恢复时间应足够长。划分测试阶段，具体描述各阶段的任务和工作量，设计各阶段测试产量及测试时间安排，优化开关井顺序。

该规范适用于库车超深、超高压砂岩气藏天然气井的试井，其他地区的超深、超高压天然气井可参考执行。

1）多井情形

下面以克深2气藏为例，说明已开发阶段（2017年4月）试井设计。截至2017年4月，克深2气藏累计产气 $85.42 \times 10^8 \mathrm{m}^3$，平均单位压降产气量为 $3.21 \times 10^8 \mathrm{m}^3/\mathrm{MPa}$。各单井井口静压同期降幅基本一致，表明气藏平面连通性较好（图5-2-11）；气藏平均地层压力90.0MPa，较原始压力下降了26.4MPa。克深2气藏测试6口井14井次，如图5-2-12所示。以往测试结果表明，克深2气藏表现出非连续裂缝性储层特征，未出现径向流，基质渗透性低。

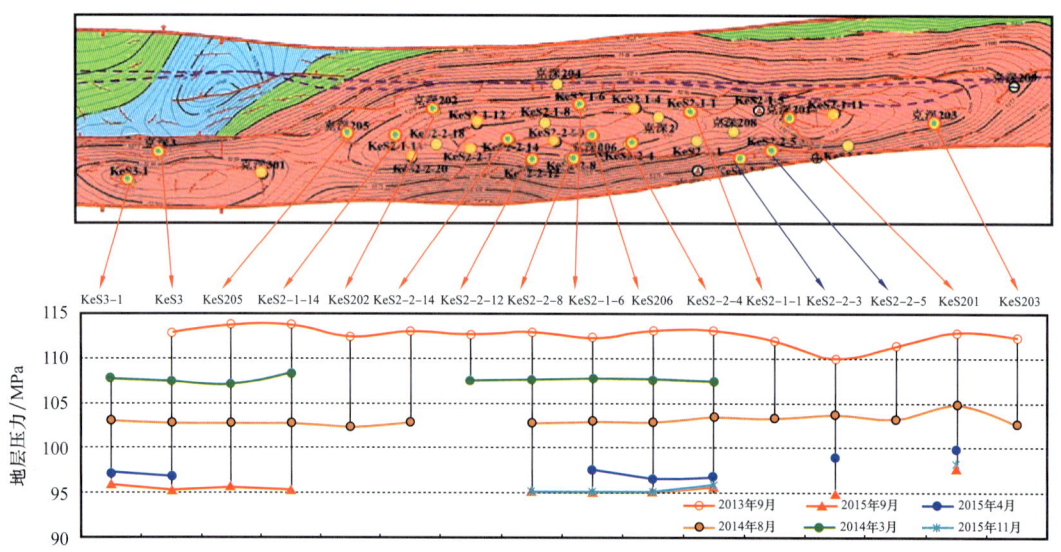

图 5-2-11　克深2气藏地层压力剖面图

在全气藏动态分析的基础上，确定2017年试井设计原则。

（1）测试目的：储层物性（静压）、静压梯度（气水界面）。

（2）设计难点：井间干扰严重，优化开关井顺序。

（3）设计原则：优先两翼，兼顾中间。

（4）测试选井：KeS3-1井、KeS205井、KeS2-2-4井（KeS1-6井）、KeS201井。

（5）测试程序：产能试井+压力恢复+静梯。

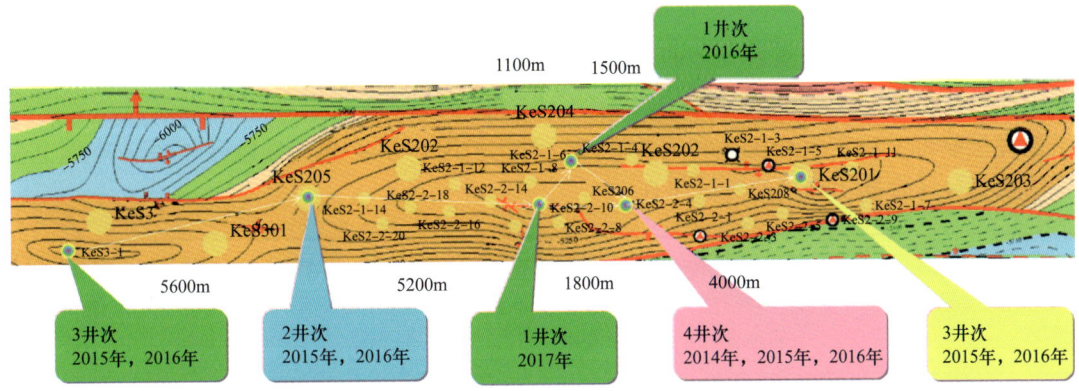

图 5-2-12 克深 2 气藏 2014—2016 年测试概况示意图

（6）时间窗口：6 月 25—30 日下井；7 月 1—31 日全关井（由于管线施工原因，克深 2 区块已全关井，因此视压力计电池情况，可适当延长测试时间）。

设计了两套方案，供选择：

方案 1：根据时间窗口，选井顺序为先中间，后两翼，最后中间；KeS2-2-10 井开井激动 12h，然后关井二次压力恢复 10 天；KeS3-1 井下井，开井激动 12h，关井压力恢复 10 天；KeS201 井下井，开井激动 12h，关井压力恢复 10 天；KeS2-2-4 井（KeS2-1-6 井）下井，开井激动 12h，关井压力恢复 10 天（KeS2-2-10 井近期开井激动 12h，然后关井三次压力恢复 10 天），如图 5-2-13 所示。

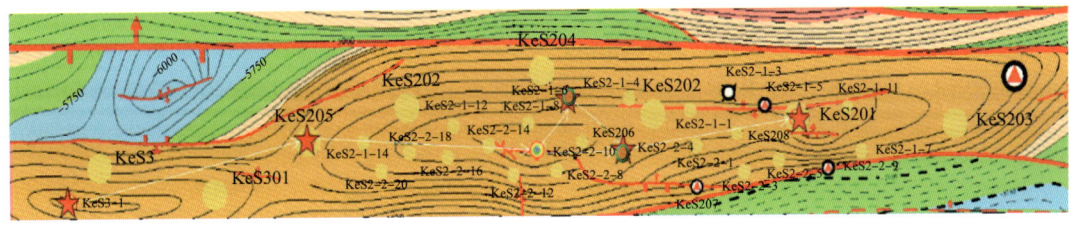

图 5-2-13 克深 2 气藏 2017 年测试开关井顺序示意图—方案 1

方案 2：在方案 1 基础上，KeS2-2-10 井再激动一次，两翼选择两口井，如图 5-2-14 所示。这样既保证了气藏平面压力的监测又降低了井间干扰的影响。

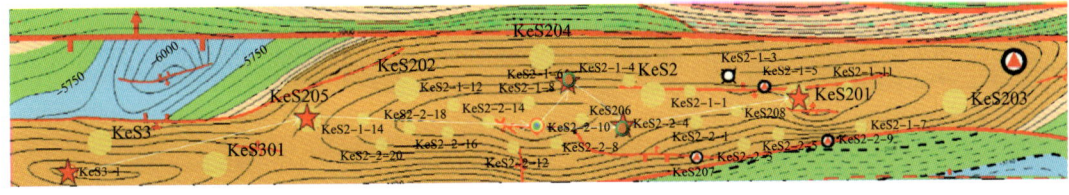

图 5-2-14 克深 2 气藏 2017 年测试开关井顺序示意图—方案 2

2017 年 7 月测试的 KeS3-1 井、KeS2-2-10 井、KeS2-1-6 井、KeS201 井，均测得了基质径向流特征，地层系数介于 20~60mD·m，平均为 39mD·m；基质渗透率介于 0.15~0.35mD，平均为 0.24mD。说明试井设计是成功的。

2）一口井情形

下面以克深 6 气藏为例，说明一口井情形时的试井设计（图 5-2-15）。截至 2017 年 6 月底，克深 6 气藏累计产气 $0.3 \times 10^8 \mathrm{m}^3$，只有 KeS6 井一口生产井。其测试目的主要为了解储层物性、确定生产压差和气井产能，因此采用开井 + 压力恢复 + 开井（产能）+ 压力恢复 +（产能）静梯的测试序列。

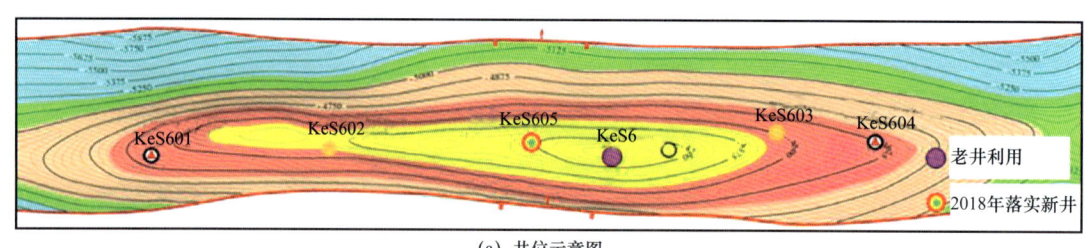

图 5-2-15　克深 6 区块 2017 年测试开关井顺序示意图

二、超深裂缝性致密气藏试井分析模型建立

1. 双重孔隙介质试井分析模型

目前，通常把具有裂缝的储层，统称为双重介质。该模型假设裂缝是渗流通道，基质是储集空间，裂缝网状分布，互相连通，如图 5-2-16 所示。该模型具有两个标志流动特征的参数，即储能比 ω 和窜流系数 λ，储能比是指裂缝中储存的油气在整体储存中所占的比例，窜流系数是指从基质向裂缝供应油气时的导流能力。

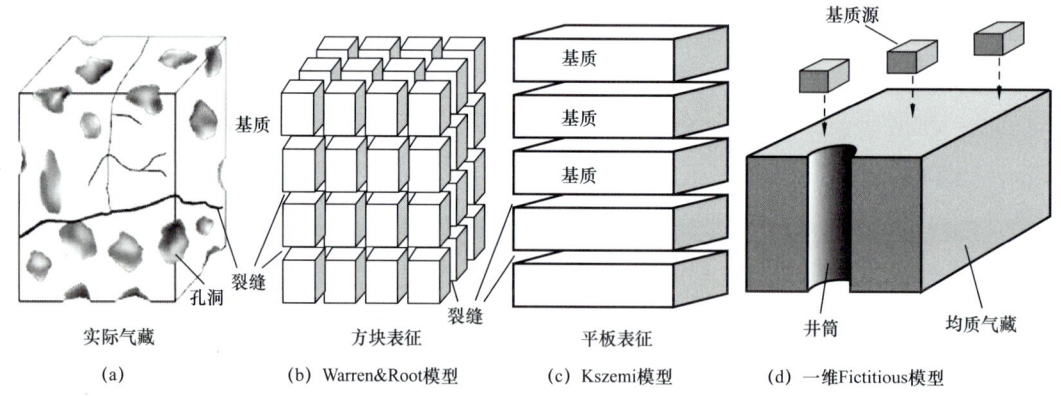

图 5-2-16　双重介质地层单元体构成示意图（Kuchuk，2014）

在图 5-2-16 所示单元体内，既包含有裂缝，也包含有基质岩块。

（1）裂缝系统体积比：

$$V_\mathrm{f} = \frac{\text{单元体内裂缝系统体积}}{\text{总单元体积}}$$

（2）基质岩块体积比：

$$V_m = \frac{单元体内基质系统体积}{总单元体积}$$

（3）单元体总体积：

$$V_f + V_m = 1$$

（4）裂缝系统孔隙体积比 $V_f\phi_f$。
（5）基质岩块孔隙体积比 $V_m\phi_m$。
（6）裂缝弹性储能系数 $V_f\phi_f C_f$ [常写作 $(V\phi C_t)_f$]（其中 C_t 为综合压缩系数，MPa^{-1}）。
（7）基质弹性储能系数 $V_m\phi_m C_m$ [常写作 $(V\phi C_t)_m$]。

从而定义了弹性储能比 ω：

$$\omega = \frac{(V\phi C_t)_f}{(V\phi C_t)_f + (V\phi C_t)_m} \tag{5-2-1}$$

从 ω 的定义可以看到，它反映两种不同储集空间内的流体体积的比值。ω 越大，裂缝中流体占有的比例越多，反之则越小。

在双重介质储层中，裂缝具有较高的渗透性，并且与井筒相连通；基质岩块的渗透率非常低，油气等流体只有通过裂缝系统才能流入井内，其流动过程如图 5-2-17 所示。

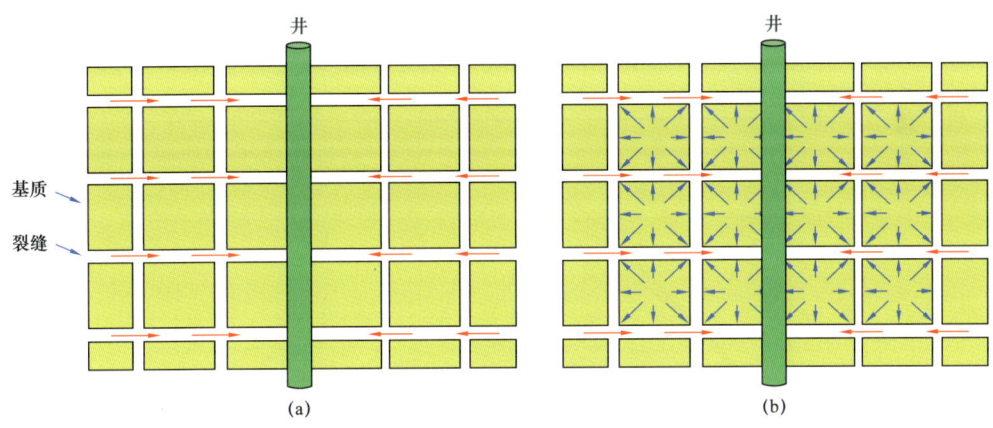

图 5-2-17 双重介质储层流体流动过程示意图

（1）裂缝流动。从图 5-2-17（a）看到，当井打开以后，与井连通的裂缝系统压力开始下降，天然气沿着裂缝通道流向井底并采出。此时，基质岩块由于渗透性非常差，还没有形成足够的压差，因此没有流体流出。

（2）过渡流动。当裂缝系统的压力由于天然气采出而下降以后，基质压力尚未下降，基质系统与裂缝系统之间形成了压差，促使基质内的流体向裂缝过渡，补充了一部分流体，也缓和了裂缝系统的压力下降过程。

（3）总系统流动。当裂缝系统与基质系统压力达到平衡以后，共同参与向井内供应流体。这一阶段称之为"总系统流动"。

图 5-2-18 为双重孔隙系统的双对数曲线图。导数曲线在过渡期间出现下凹,下凹位于两条水平线之间,第一水平线表示裂缝系统的径向流,第二直线段表示总系统径向流。在早期,具有明显的井筒储集效应,从 45°直线到最大值代表表皮效应。下凹形状取决于双重孔隙介质参数。对于受限的介质间流动,下凹为 V 形;不受限的介质间流动,下凹为 U 形。

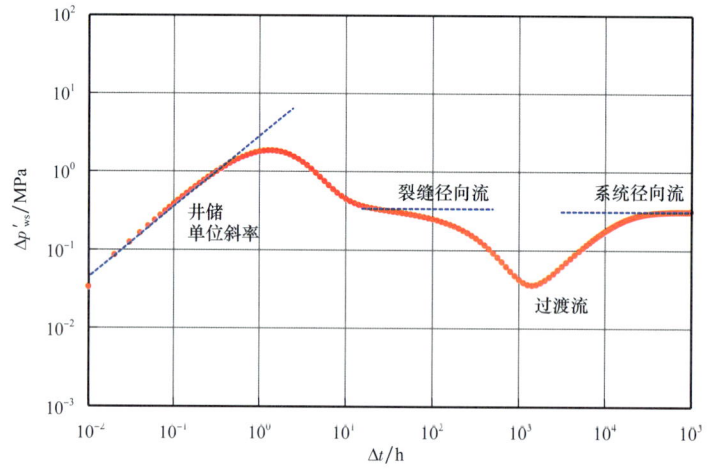

图 5-2-18　双重孔隙系统双对数曲线图

Bourdet 等(1984)将压力导数曲线引入试井分析,建立了压力和压力导数复合图版。介质间拟稳定窜流和不稳定窜流的压力导数曲线,分别如图 5-2-19 和图 5-2-20 所示。

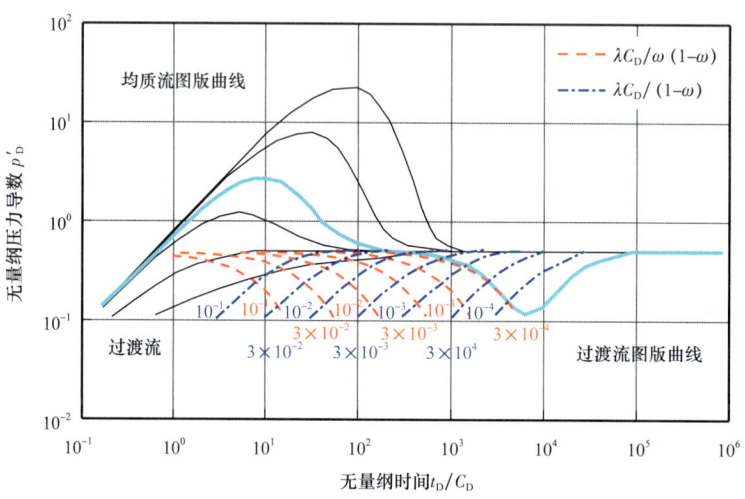

图 5-2-19　介质间拟稳定窜流导数曲线(Bourdet et al.,1984)

双重孔隙介质地层特殊的流动特征,使它与普通均质地层有着完全不同的表现:
(1)高产的原因。这类气井常常与储层的大缝相连通,钻井时会形成放空现象,井下成像可以看到明显的大裂缝。良好的完井条件,加上初期地层的高压力,最终形成高产,但是人们在为获得高产而欣喜的同时,却常常忽略了稳产条件。

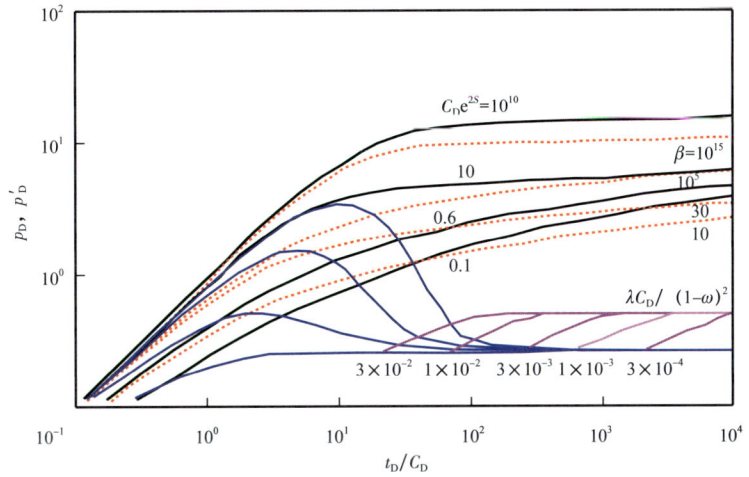

图 5-2-20　介质间不稳定窜流导数曲线（Bourdet et al.，1984）

（2）稳产条件。稳产条件取决于井所控制的动态储量。大裂缝中储存的流体是有限的，主要靠基质系统维持长期稳产。如果基质岩块没有足够大的孔隙度，就不能赋存足够多的流体；或者虽有一定的孔隙度，但基质的渗透率却非常低；生产过程中，即使生产压差高达几十兆帕，流体亦很难从基质岩块过渡到裂缝内，因而很难稳产。

（3）储能比（ω）的影响。正如前面提到的，双重介质的概念是一个储层动态模型的概念，原本是渗流力学专家从试井分析角度提出来的，也只有用试井方法，才能界定它们的数值范围，并对储层动态以及高产稳产条件做出真切的分析（庄惠农等，2021）。

那么 ω 值是越大越好还是越小越好呢？答案是在同样的气井单井产气量条件下，ω 值越小越好。原因是：ω 值越小，储层的后备储量越大，气井越能够稳定生产；相反，如果 ω 值大到 0.3～0.5，虽然理论上讲还有一半以上的储量存在基质岩块中，但是由于基质部分采收率一般都很低，而且采出过程很长，因此对稳产是十分不利的。

由此看来，ω 参数对于双重介质地层来说是一个十分关键的参数，应该引起足够的重视。但可惜的是，在油田现场，这一点还没有引起气藏工程师们的足够重视。有一些现象必须引起注意：一是不深入理解 ω 值的含义，不重视 ω 参数的录取，也不去从 ω 值的大小研究和推测油气田今后的走势；二是在确定 ω 值时很草率，由试井分析人员很随意地做出解释，甚至得出一些很离谱的分析数据，很少有人去追究其真伪。

如图 5-2-2 所示，若不深入分析，KeS2-2-4 井双对数曲线很容易被解释为双重孔隙介质特征，并给出 ω 和 λ 的大小，对后期开发决策造成误导。

（4）窜流系数（λ）的影响。从试井曲线分析中还可以求得 λ 参数。λ 称为窜流系数，是无量纲量，该值反映了基质岩块向裂缝系统供给油气的能力。λ 值越小，过渡流发生的时间越往后。

从前面的分析已经可以看到，双重孔隙介质地层的确认，不仅要看储层必要的地质条件，还要从动态特征上看是否真的存在双重介质的流动表现。而确认双重介质流的主要依据，就是能否从不稳定试井测试中，取得具有模式图中所反映的样式。下面几点将影响典型图形的测取（庄惠农，2021）：

（1）压力恢复曲线必须测取足够长的时间。双重孔隙介质地层模式图的典型特征，在于径向流之间的导数曲线下凹的过渡流特征线，如果被测地层的λ值很小，那么所需的测试时间就很长。有些情况就是由于没有测到足够长的时间而丧失了录取到特征线的机会。

（2）井筒储集对测试资料的影响。另一个妨碍典型图形录取的因素是井筒储集的影响。当λ值较大时，与续流段的导数峰值交错，使下凹过渡段明显变形，以至当λ更大一些时，会完全淹没了过渡段的特征。

（3）复杂的裂缝系统扰乱了双重介质特征。在复杂的裂缝系统地层中，若想录取到可用于解释的双重介质特征线，成功的机会很少。也提示人们，如果一定要从这样杂乱的曲线中解释出ω值和λ值，往往要冒一定的风险。

（4）开井时间过短，压力恢复曲线中显示不出过渡流特征。开井压降过程中，双重介质储层内的流动，从裂缝流→过渡流→总系统流动。如果开井压降时经历了这样的各个阶段，那么关井恢复时，将会按逆的方向再重复上述过程。此时测到的压力恢复曲线，将会出现完整的曲线特征。反之，如果开井时间较短，在过渡流尚未发生时即关井测压力恢复曲线，那么在压力恢复曲线上也绝不可能出现过渡段特征。

（5）储层边界的影响。油藏附近的边水以及储层渗透性的变好，会使压力导数下落；不渗透的储层边界，又会使压力导数向上翘起。这一起一落，一方面会造成双重介质的假象，另一方面又会干扰真正双重介质特征线段的录取，从而导致与地层实际不符的分析结果。

正如前面所介绍的，作为双重孔隙介质地层，ω和λ参数对于气田开发确实是非常重要的，但录取到质量良好的压力恢复曲线，也确实存在一定难度。正由于它的重要性，对于一个具备一定规模的裂缝性灰岩气田，应千方百计录取并分析好这类资料。必须在测试前做好试井设计，设计中把握如下几点：

（1）关井测压力恢复曲线前，必须有足够长的生产时间，并且测试中要全程录取流压史。

（2）压力恢复曲线本身要测到足够长的时间。

（3）测压仪表下放到气层中部。如果有积水或积液时，要下放到液面以下，尽量减少变井筒储集的影响。

（4）作为了解双重孔隙介质特征的测试井，应选择在远离边界影响的区域。

（5）对于存在复杂裂缝系统的储层，不必勉强做ω和λ参数分析。

2."孔隙—裂缝—断层"多尺度介质试井分析模型

虽然双重孔隙介质试井分析提出了很清晰的解析方法，但由于适用条件的限制，难以满足克拉苏气田的需求。为此，对裂缝和断裂系统采用离散非连续性表征方法，精细刻画不同尺度介质间的流动特征，解决了以往渗流模型在理论上的局限性，建立了"孔隙—裂缝—断层"多尺度介质复杂地质模式下的试井解释模型，实现了试井资料的合理解释评价。

1）随机裂缝生成

描述天然裂缝的参数主要有裂缝长度、方位、密度、导流能力及孔隙度。由于无法对气藏内所有的裂缝都进行测量，因此可根据区域统计的裂缝几何参数分布函数来模拟服从这些分布规律的裂缝网络，裂缝网络被看作随机模型的实现，利用Monte-Carlo法随机生成的裂缝网络与研究区域内的实际裂缝具有统计上的相似性。在随机生成的裂缝网络中每组裂缝的每个几何参数都可以采用一个概率分布函数表示，这些分布会随裂缝组数和几何参数的不同而变化，通常可分为均匀分布、正态分布、对数正态分布、指数分布和Fisher分布等。通过计算机可以生成上述分布的随机数列。利用上述随机裂缝生成方法，可以生成各式各样的裂缝分布形态，如图5-2-21所示。

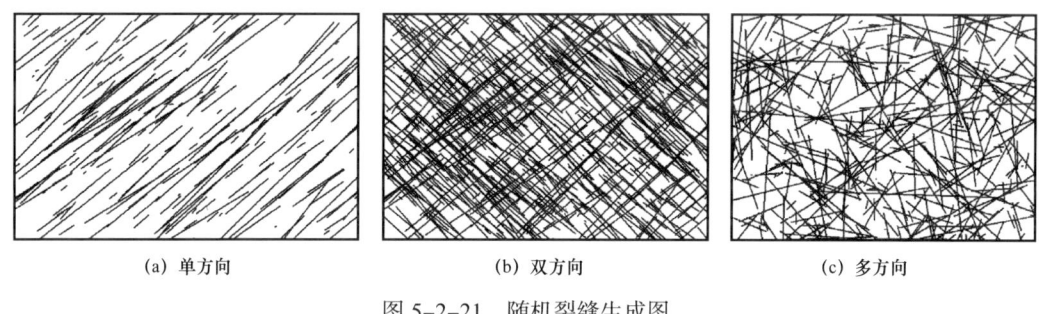

(a) 单方向　　　　(b) 双方向　　　　(c) 多方向

图 5-2-21　随机裂缝生成图

考虑天然裂缝的渗流模型可以分为连续介质模型和离散裂缝模型。由于天然裂缝在长度、开度以及间距等方面存在差异，尤其在裂缝间距差异较大的情况下，采用双重孔隙连续介质或者三重孔隙连续介质来描述"孔隙—裂缝—断层"的裂缝性砂岩储层，将与实际情况存在较大偏差。而离散裂缝模型则通过对裂缝（断层）进行显式处理来准确描述任意裂缝的形态、方位及导流能力，因此该模型在处理裂缝性砂岩储层上具有明显的优势。

在本书的第三章中已述及，根据网格划分及求解方式的不同，离散裂缝模型又分为嵌入式和非结构化离散裂缝模型。前者对基质进行结构化网格划分，再将裂缝嵌入基质网格系统中，并根据裂缝与基质的相交情况形成裂缝网格，大大降低了网格数量，提高了计算速度，但较难满足试井动态模拟的早期高精度要求；而后者采用非结构化网格来划分计算网格，并使其与裂缝网络相匹配，然后对裂缝进行降维处理，在保证裂缝描述精度及计算速度的同时，可以满足试井动态模拟的早期精度要求。

2）数学模型建立

模型假设如下：（1）原始储层存在三种不同尺度的介质，分别为基质、裂缝和断层；（2）流体在裂缝和断层中的流动为一维流动，在基质中的流动为二维流动，裂缝和断层均为有限导流裂缝，但导流能力各不相同；（3）忽略气体滑脱效应，考虑气体流动为单相渗流，且满足达西定律；（4）气体压缩系数、黏度、偏差因子等高压物性参数随压力变化而变化，考虑井筒储存效应和表皮效应。则有：

基质控制方程

$$\frac{\partial^2 p_D}{\partial x_D^2}+\frac{\partial^2 p_D}{\partial y_D^2}=\frac{\partial p_D}{\partial t_D} \quad (5\text{-}2\text{-}2)$$

裂缝（小裂缝）控制方程

$$\frac{\partial^2 p_D}{\partial l_D^2}=\frac{1}{K_{fD}}\frac{\partial p_D}{\partial t_D} \quad (5\text{-}2\text{-}3)$$

断层（大裂缝）控制方程

$$\frac{\partial^2 p_D}{\partial L_D^2}=\frac{1}{K_{aD}}\frac{\partial p_D}{\partial t_D} \quad (5\text{-}2\text{-}4)$$

初始条件

$$p_D=0 \quad (5\text{-}2\text{-}5)$$

内边界

$$\sum_{j=1}^{N} l_{jD} K_{jD}\left(\frac{\partial p_{jD}}{\partial n'}\right)\bigg|_{\Gamma_{in}}=2\pi\left(1-C_D\frac{dp_{wD}}{dt_D}\right) \quad (5\text{-}2\text{-}6)$$

$$p_{jD}=p_{wD} \quad (5\text{-}2\text{-}7)$$

外边界封闭

$$\frac{\partial p_D}{\partial N}\bigg|_{\Gamma_{out}}=0 \quad (5\text{-}2\text{-}8)$$

无量纲定义

$$p_D=\frac{784.9Kh(\psi_i-\psi)}{Q_{sc}T} \quad (5\text{-}2\text{-}9)$$

$$\psi=2\int_{P_m}^{p}\frac{p}{\mu Z}dp \quad (5\text{-}2\text{-}10)$$

$$x_D=\frac{x}{x_f},\ y_D=\frac{y}{x_f},\ l_D=\frac{x}{x_f},\ L_D=\frac{L}{x_f} \quad (5\text{-}2\text{-}11)$$

$$K_{fD}=\frac{K_f}{K_m},\ K_{aD}=\frac{K_a}{K_m} \quad (5\text{-}2\text{-}12)$$

$$t_D=\frac{3.6\times10^{-3}Kt}{\phi C_t \mu x_f^2} \quad (5\text{-}2\text{-}13)$$

$$C_D=\frac{0.1592C}{\phi h C_t x_f^2} \quad (5\text{-}2\text{-}14)$$

$$\frac{\partial p_{j\mathrm{D}}}{\partial n} = -\left(\frac{\partial p_{j\mathrm{D}}}{\partial x_{\mathrm{D}}}\cos\theta + \frac{\partial p_{j\mathrm{D}}}{\partial y_{\mathrm{D}}}\sin\theta\right) \quad (5\text{-}2\text{-}15)$$

式中 x，y——储层中坐标位置，m；

p——储层压力，MPa；

ψ——拟压力，MPa²/（mPa·s）；

ϕ——有效孔隙度；

C_t——综合压缩系数，MPa^{-1}；

μ——气体黏度，mPa·s；

t——生产时间，h；

K_m——储层基质渗透率，mD；

K_f——裂缝的渗透率，mD；

K_a——断层（大裂缝）的渗透率，mD；

l——裂缝中某位置，m；

L——裂缝中某位置，m；

Γ_{in}——内边界；

Q_{sc}——标准状态下的产气量，m³/d；

T——储层温度，K；

h——储层有效厚度，m；

C——井筒储存系数，m³/MPa；

N——沿 Γ 单位外法线方向；

Γ_{out}——外边界；

Z——气体偏差因子；

n'——内边界单元数；

θ——内边界法线方向与 x 轴之间的夹角。

下标：w—井底；i—初始状态；D—无量纲的；f—裂缝；a—断层（大裂缝）；j—计数的。

利用非结构化网格离散技术对包含随机裂缝的计算区域进行Delaunay三角网格剖分，剖分后的网格与裂缝网络完全匹配，剖分后的网格离散效果如图5-2-22所示。对裂缝和断层中流体流动进行降维处理，使裂缝、断层成为一维线单元，储层为二维三角单元。基于混合单元有限元方法对模型进行求解，如式（5-2-16）至式（5-2-19）所示，将整个计算区域划分为流体发生二维流动的基质区域及流体发生一维流动的裂缝区域和断层区域3个部分。在求解数学模型时，利用Galerkin加权余量法推导出基质和裂缝、断层单元的有限元计算格式，根据有限元计算格式建立求解矩阵。

$$\iint_\Omega F_{eq}\mathrm{d}\Omega = \iint_{\Omega_m} F_{eq}\mathrm{d}\Omega_m + w_f\int_{\Omega_f} F_{eq}\mathrm{d}\Omega_f + w_a\int_{\Omega_a} F_{eq}\mathrm{d}\Omega_a \quad (5\text{-}2\text{-}16)$$

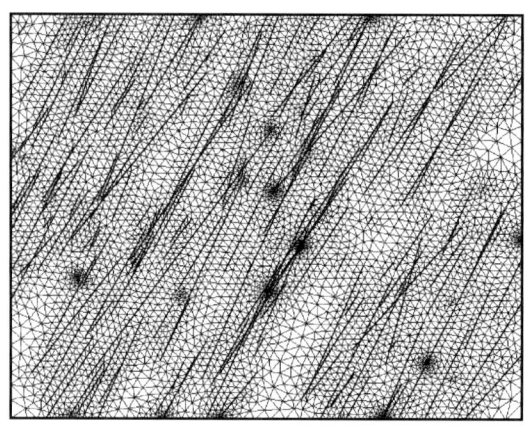

图 5-2-22　与裂缝网络相匹配的非结构化网格离散图

基质区域流体二维流动有限元方程为：

$$A\left(b_i^2 + c_i^2 + \frac{1}{6\Delta t_\mathrm{D}}\right)p_i^{e,n+1} + A\left(b_ib_j + c_ic_j + \frac{1}{12\Delta t_\mathrm{D}}\right)p_j^{e,n+1} +$$
$$A\left(b_ib_k + c_ic_k + \frac{1}{12\Delta t_\mathrm{D}}\right)p_k^{e,n+1} - \frac{D}{3}\frac{\partial p_i^{e,n+1}}{\partial n'} - \frac{D}{6}\frac{\partial p_{j(k)}^{e,n+1}}{\partial n'} \quad (5\text{-}2\text{-}17)$$
$$= \frac{A}{6\Delta t_\mathrm{D}}p_i^{e,n} + \frac{A}{12\Delta t_\mathrm{D}}p_j^{e,n} + \frac{A}{12\Delta t_\mathrm{D}}p_k^{e,n}$$

裂缝区域流体一维流动有限元方程为：

$$\left(\frac{1}{l_\mathrm{D}} + \frac{1}{3\Delta t_\mathrm{D}K_\mathrm{fD}}\right)p_1^{n+1} + \left(-\frac{1}{l_\mathrm{D}} + \frac{1}{6\Delta t_\mathrm{D}K_\mathrm{fD}}\right)p_2^{n+1}$$
$$= \frac{1}{3\Delta t_\mathrm{D}K_\mathrm{fD}}p_1^n + \frac{1}{6\Delta t_\mathrm{D}K_\mathrm{fD}}p_2^n \quad (5\text{-}2\text{-}18)$$

断层（大裂缝）区域流体一维流动有限元方程为：

$$\left(\frac{1}{L_\mathrm{D}} + \frac{1}{3\Delta t_\mathrm{D}K_\mathrm{aD}}\right)p_1^{n+1} + \left(-\frac{1}{L_\mathrm{D}} + \frac{1}{6\Delta t_\mathrm{D}K_\mathrm{aD}}\right)p_2^{n+1}$$
$$= \frac{1}{3\Delta t_\mathrm{D}K_\mathrm{aD}}p_1^n + \frac{1}{6\Delta t_\mathrm{D}K_\mathrm{aD}}p_2^n \quad (5\text{-}2\text{-}19)$$

式中　Ω——整个流动区域；

Ω_m——基质流动区域；

Ω_f——裂缝流动区域；

Ω_a——断层（大裂缝）流动区域；

F_eq——流体流动方程；

w_f——裂缝宽度，m；

w_a——断层宽度，m；

A——三角形网格面积，m²；

b，c——有限元单元系数；
Δt——时间步长，h；
D——网格边界长度，m。

下标：i，j，k——三角形网格结点序号；$j(k)$——三角形网格结点序号为j或者k；D——无量纲的。上标：n——时间步；e——单元。

3）三重介质储层试井曲线特征

（1）模式一："缝网发育 + 大裂缝贯穿 + 基质"。

"孔隙—裂缝—断层"组合模式为缝网多方向发育 + 大裂缝贯穿 + 基质，假定天然裂缝400条，平均长度150m，天然裂缝导流系数10^4mD·m，基质渗透率0.4mD，断层（大裂缝）贯穿。根据所建立的离散裂缝渗流模型计算得到模式一的典型试井曲线和压力场分布如图5-2-23所示。该模式多方向天然裂缝相互沟通，压力向多方向扩散，并很快达到裂缝系统的流动拟稳态，此后基质往裂缝中流动，试井压力导数曲线呈现斜率为1的直线。

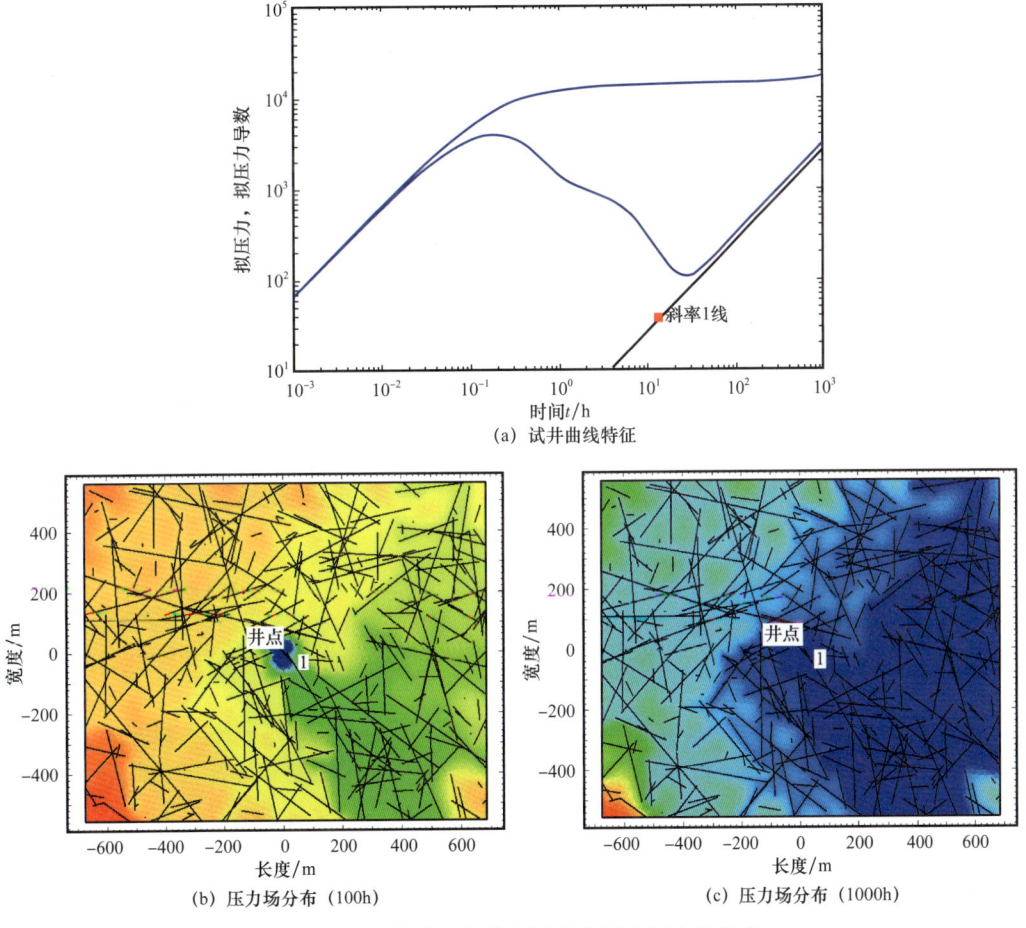

图5-2-23 模式一的典型试井曲线和压力场分布

（2）模式二："方向性大裂缝发育 + 小裂缝 + 基质"。

模式二裂缝发育具有明显的方向性，计算得到的典型试井曲线和压力场分布如图 5-2-24 所示。从计算结果可知，裂缝发育各向异性使得流动后期压裂导数曲线斜率位于 1/2～1 之间，本算例得到的斜率为 0.57，该数值大小由两个方向的裂缝差异性大小决定，差异越小则斜率越大。

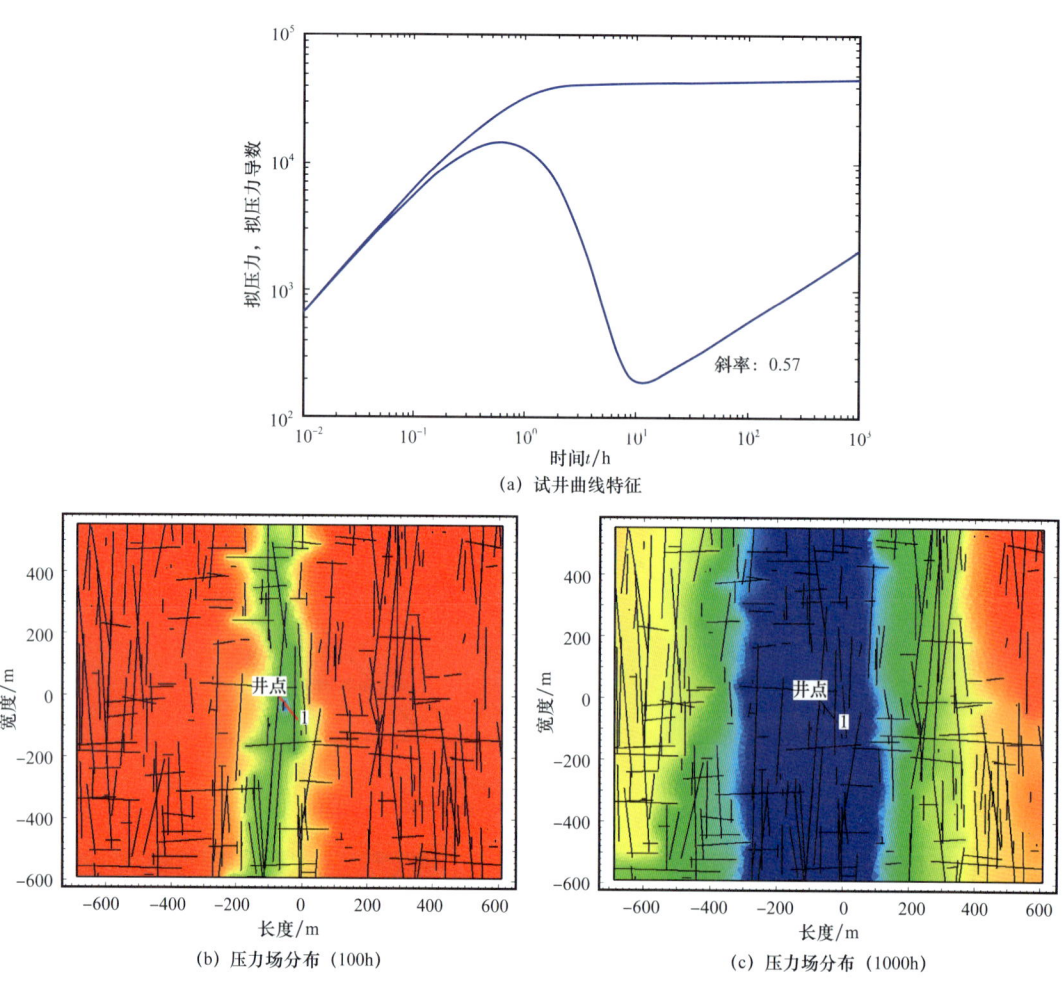

图 5-2-24 模式二的典型试井曲线和压力场分布

（3）模式三："缝网发育 + 基质"。

模式三多方向发育高密度低导流能力的短缝，无断层（或大裂缝）贯穿，计算得到其典型试井曲线和压力场分布如图 5-2-25 所示。由于裂缝长度和导流能力均较小，导致试井曲线压降幅度较大，生产压差较大，试井压力导数曲线呈现斜率为 1 的直线。

（4）模式四："人工裂缝 + 基质"。

模式四天然裂缝不发育，只能通过压裂产生人工裂缝。该类储层生产压差大，产量低，试井曲线表现为人工裂缝双线性流特征明显，试井压力导数曲线出现斜率 1/4 线，如图 5-2-26 所示。

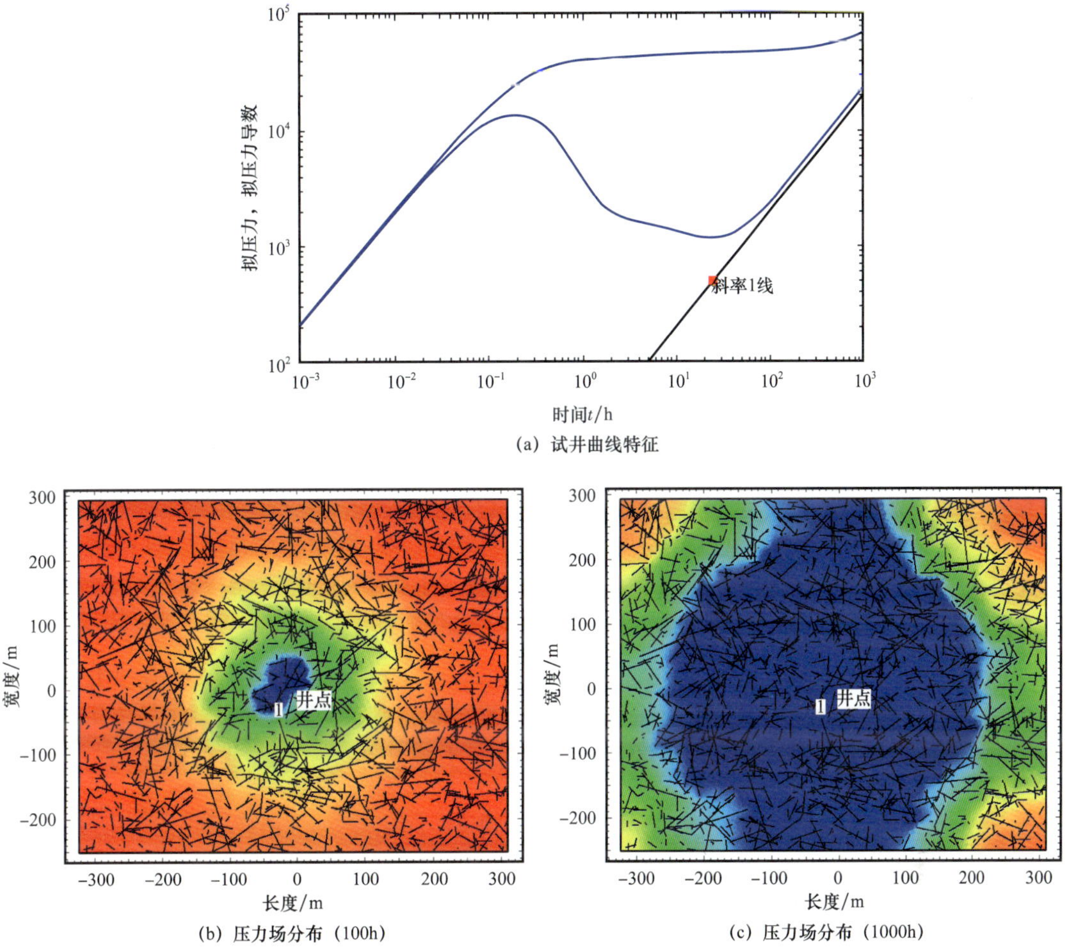

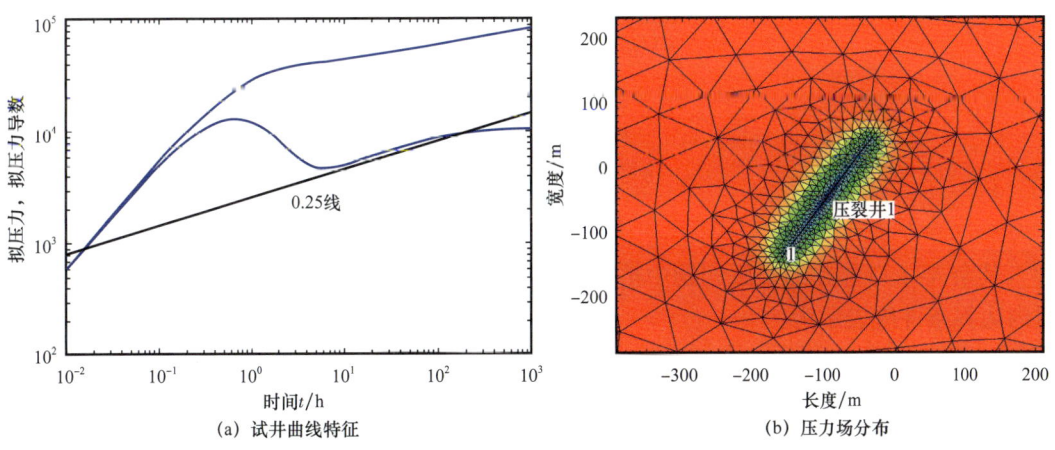

图 5-2-25 模式三的典型试井曲线和压力场分布

图 5-2-26 模式四的典型试井曲线和压力场分布

通过对裂缝和断裂采用离散非连续性表征，精细刻画了不同渗流介质间的流动特征，摆脱了以往渗流模型在理论上的局限性，对复杂地质模式下的试井曲线特征进行了精确的描述。

3. 具有邻井干扰影响的试井分析模型

储层渗透性高、井间连通性较好的气藏，其本质是一个多井系统，气藏投产后，测试井的压力恢复很容易受邻井的影响，压力导数曲线在中晚期会出现明显的"下掉"或"上翘"特征。单井试井分析方法往往将此特征解释为受边界影响，不当的解释结果可能会对生产决策产生误导（孙贺东，2016）。

为了正确认识多井连通储层的试井特征，甄别疑似边界特征，建立了邻井同时生产或同时关井这两种情形下的试井典型曲线图版，进而建立了相应的多井压力恢复试井分析方法。长期渐近解理论分析结果表明：（1）上述两种情形下，压力恢复导数曲线呈现"台阶状上升"特征，出现多个径向流水平线，每个水平线高度与第一个水平线高度的比值为测试井与产生影响的邻井无量纲产量的代数和；（2）当邻井一直生产且对测试井产生干扰时，测试井压力恢复导数曲线在中后期呈现"下掉"特征。

1）无限大均质储层中多井系统

假设无限大均质储层中有 N 口井分别以恒定的产量进行生产，忽略重力与毛细管力的影响，测试井考虑表皮效应和井筒储存效应的影响，邻井不考虑表皮效应与井筒储存效应的影响。基于有效井径模型的测试井（下标 1 为测试井）定解问题可描述为：

$$\frac{1}{r_D}\frac{\partial}{\partial r_D}\left(r_D\frac{\partial p_{1D}}{\partial r_D}\right) = \frac{1}{C_D e^{2S}}\frac{\partial p_{1D}}{\partial (t_D/C_D)} \quad (5-2-20)$$

$$p_{1D}(r_D, 0) = 0 \quad (5-2-21)$$

$$\frac{dp_{wD}}{d(t_D/C_D)} - \left(r_D\frac{\partial p_{1D}}{\partial r_D}\right)_{r_D=1} = 1 \quad (5-2-22)$$

$$p_{wD} = p_{1D}(1, t_D/C_D) \quad (5-2-23)$$

$$p_{1D}(r_D \to \infty, 0) = 0 \quad (5-2-24)$$

其余 $N-1$ 口邻井的定解问题中扩散方程、初始条件、外边界条件与测试井情形相同，但内边界条件应表示为：

$$-\left(r_D\frac{\partial p_{jD}}{\partial r_D}\right)_{r_D=1} = q_{jD} \quad j=2,3,\cdots,N \quad (5-2-25)$$

在 Laplace 空间下，测试井的井底压力精确解为：

$$\bar{p}_{wD}(z) = \frac{1}{z}\left[\frac{K_0(\sigma) + \sum_{j=2}^{N} q_{jD} K_0(\sigma r_{jD})}{z K_0(\sigma) + \sigma K_1(\sigma)}\right], \sigma = \sqrt{\frac{z}{C_D e^{2S}}} \qquad (5\text{-}2\text{-}26)$$

在 Laplace 空间下，邻井在测试井处的压力响应为：

$$\bar{p}_{jD}(z, r_{jD}) = \frac{q_{jD} K_0(\sigma r_{jD})}{z \sigma K_1(\sigma)}, \sigma = \sqrt{\frac{z}{C_D e^{2S}}} \qquad j=2,3,\cdots,N \qquad (5\text{-}2\text{-}27)$$

井底压力的实空间解 $p_{wD}(t_D/C_D)$ 可用 Stehfest 数值反演方法求得。若邻井产量均为零，式（5-2-26）即为无限大均质储层中一口井定产生产时的有效井径压力解。若为气藏，无量纲压力应采用规整化拟压力形式，无量纲时间采用规整化拟时间形式，解的形式与式（5-2-26）和式（5-2-27）相同。

由式（5-2-26）可知，邻井对测试井井底压力的影响主要取决于邻井的产量和该井与测试井的距离。图 5-2-27 为无限大均质储层中 4 口井同时生产时的压降曲线，情形（a）中 3 口邻井的无量纲产量依次为 1.0，3.0 和 5.0，相应的无量纲井距为 10^3，10^4 和 10^5；情形（b）中邻井的无量纲产量仍为 1.0，3.0 和 5.0，但无量纲井距为 10^5，10^4 和 10^3。两种情形的压力导数曲线都出现 4 个径向流水平线，邻井与测试井距离越近，对曲线产生的影响越早。

（1）邻井不同产量、不同井距情形。

如图 5-2-27 中情形（a）所示，第一径向流段（0.5 线）之前部分，为测试井自身特征的反映；第二径向流段（1.0 线）为测试井与最近邻井生产特征的反映，这与测试井位于一条封闭断层附近时的特征类似；第三径向流段（2.5 线）为测试井与最近 2 口邻井生产特征的反映；第四径向流段（5.0 线）为测试井与 3 口邻井生产特征的反映。第二、第三和第四径向流水平线的高度与第一径向流水平线的高度之比为测试井与产生影响的邻井无量纲产量的代数和，即 $\left(1+\sum_{j=2}^{X} q_{jD}\right)$，$X$ 为对测试井产生影响的邻井数量。如情形（a）第四径向流水平线的高度与第一径向流水平线的高度之比为 5.0/0.5＝10.0，这与 4 口井的无量纲产量代数和相等，即 $\left(1+\sum_{j=2}^{4} q_{jD}\right)=1.0+1.0+3.0+5.0=10.0$。情形（b）也是如此，此时 $\left(1+\sum_{j=2}^{4} q_{jD}\right)=1.0+5.0+3.0+1.0=10.0$。

（2）邻井相同产量、不同井距情形。

若邻井产量相同，与测试井井距不同，此时也出现 4 条径向流水平线，如图 5-2-28 所示。压力导数曲线特征与图 5-2-27 所示特征相同，第一径向流段为测试井自身特征的反映（0.5 线）；第二、第三和第四径向流水平线的高度与第一径向流水平线的高度之比为测试井与产生影响的邻井无量纲产量的代数和。

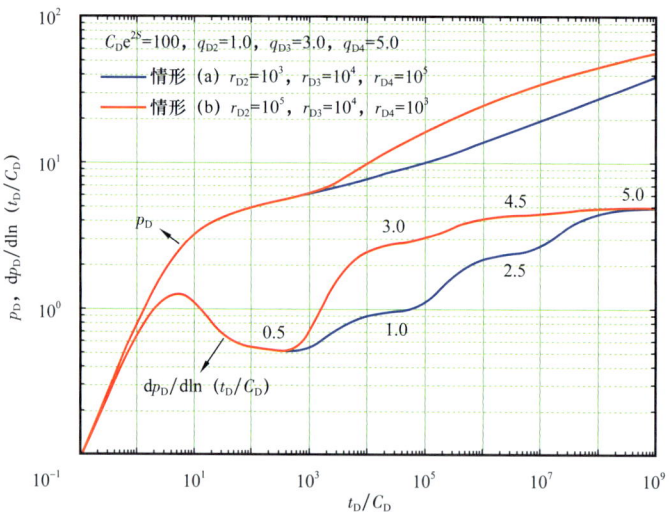

图 5-2-27　多井同时生产时的典型压降曲线——邻井不同产量、不同井距情形（4 口井）

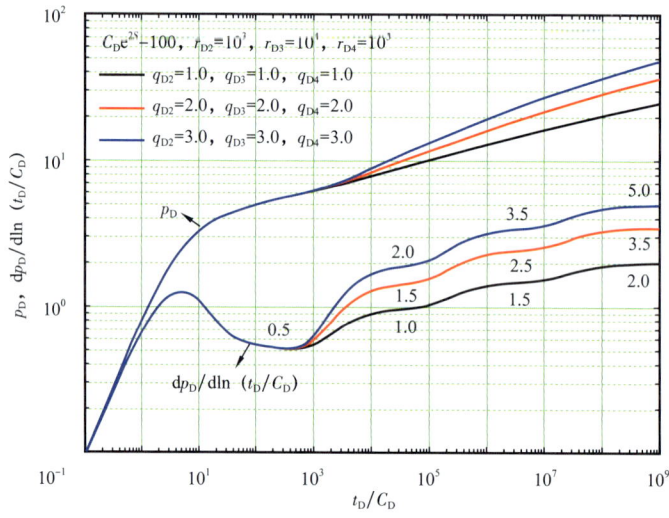

图 5-2-28　多井同时生产时的典型压降曲线——邻井相同产量、不同井距情形（4 口井）

（3）邻井不同产量、井距接近情形。

若邻井与测试井井距大致相同，此时只出现两条径向流水平线，如图 5-2-29 所示。第一径向流水平线为测试井自身特征的反映（0.5 线）；第二径向流水平线为整个系统生产特征的反映（2.0 线、4.0 线、5.0 线）。

当变量 σ 足够小时，Bessel 函数具有如下性质，有：

$$K_0(\sigma) = -\left(\ln\frac{\sigma}{2} + \gamma\right) \tag{5-2-28}$$

$$K_1(\sigma) = \frac{1}{\sigma} \tag{5-2-29}$$

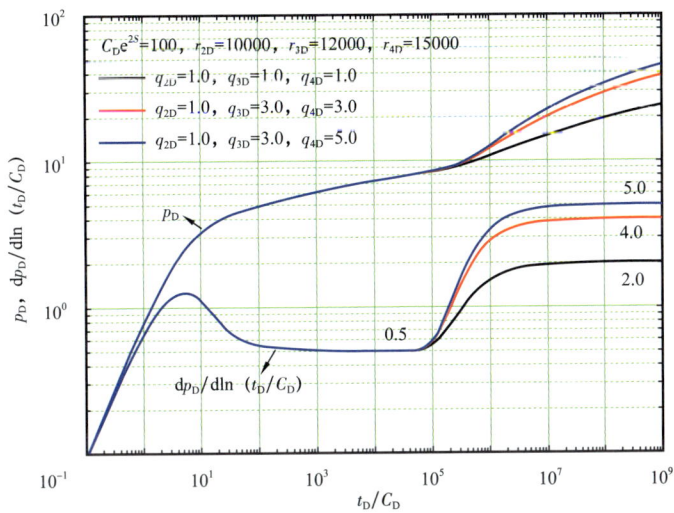

图 5-2-29　多井同时生产时的典型压降曲线——邻井不同产量、井距接近情形（4 口井）

将式（5-2-28）和式（5-2-29）代入式（5-2-26）并求 Laplace 逆变换，有：

$$p_{wD} = \frac{1}{2}\left(1 + \sum_{j=2}^{N} q_{jD}\right)\left[\ln\left(\frac{t_D}{C_D}\right) + 0.80908 + \ln C_D e^{2S}\right] - \sum_{j=2}^{N} q_{jD} \ln r_{jD} \quad (5\text{-}2\text{-}30)$$

式（5-2-30）关于对数时间求导，有：

$$\frac{dp_{wD}}{d\ln\left(\frac{t_D}{C_D}\right)} = \frac{1}{2}\left(1 + \sum_{j=2}^{N} q_{jD}\right) \quad (5\text{-}2\text{-}31)$$

可见，在晚期时间段内，多井同时生产情形的压降导数曲线径向流水平线数值与单井径向流水平线数值之比为测试井与连通井无量纲产量的代数和，即 $\left(1 + \sum_{j=2}^{N} q_{jD}\right)$。因此，当压力导数曲线呈现"台阶上升"特征时，可能是不渗透边界或外围变差的径向复合模型特征的反映，也可能是由井间干扰造成的。

（4）多井同时关井情形。

当测试井与邻井同时关井时，多井系统的压力恢复典型曲线如图 5-2-30 所示。当 $t_{pD} \gg \Delta t_D$ 时，压降曲线与压力恢复曲线基本重合。当满足半对数近似条件时，无量纲关井恢复压力 $p_{BUD}\left(\frac{\Delta t_D}{C_D}\right)$ 关于 $\frac{\Delta t_D}{C_D}$ 的导数为：

$$\frac{dp_{BUD}\left(\frac{\Delta t_D}{C_D}\right)}{d\left(\frac{\Delta t_D}{C_D}\right)}\left(\frac{\Delta t_D}{C_D}\right)\left(\frac{t_{pD} + \Delta t_D}{t_{pD}}\right) = \frac{1}{2}\left(1 + \sum_{j=2}^{N} q_{jD}\right) \quad (5\text{-}2\text{-}32)$$

因此，当邻井同时关井且对测试井产生干扰时，测试井压力恢复导数曲线在中后期会逐渐"上翘"。

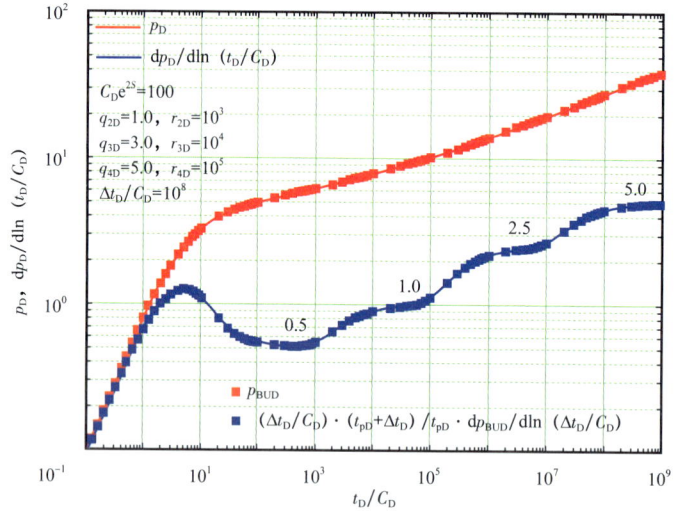

图 5-2-30　无限大均质储层多井系统中压降与压力恢复典型曲线对比图
（4 口井，压降——多井同时生产；压力恢复——多井同时关井）

（5）测试井关井、邻井生产情形。

当测试井关井、邻井生产情形时，测试井压力恢复渐近解的导数为：

$$\frac{\mathrm{d}p_{\mathrm{BUD}}\left(\dfrac{\Delta t_{\mathrm{D}}}{C_{\mathrm{D}}}\right)}{\mathrm{d}\left(\dfrac{\Delta t_{\mathrm{D}}}{C_{\mathrm{D}}}\right)}\left(\dfrac{\Delta t_{\mathrm{D}}}{C_{\mathrm{D}}}\right)\left(\dfrac{t_{\mathrm{pD}}+\Delta t_{\mathrm{D}}}{t_{\mathrm{pD}}}\right)=\dfrac{1}{2}\left[1-\sum_{j=2}^{N}q_{j\mathrm{D}}\times\left(\dfrac{\Delta t_{\mathrm{D}}}{t_{\mathrm{pD}}}\right)\right] \quad (5\text{-}2\text{-}33)$$

因此，当邻井一直生产且对测试井产生干扰时，测试井压力恢复导数曲线在中后期会逐渐"下掉"，"下掉"速度取决于产生干扰的邻井无量纲产量 $\sum\limits_{j=2}^{X}q_{j\mathrm{D}}$ 以及关井时间与关井前生产时间的比值 $\dfrac{\Delta t_{\mathrm{D}}}{t_{\mathrm{pD}}}$，如图 5-2-31 所示。

2）无限大双孔储层中多井系统

多井同时生产情形压降长期渐进解为：

$$p_{\mathrm{wfD}}=\dfrac{1}{2}\left(1+\sum_{j=2}^{N}q_{j\mathrm{D}}\right)\left[\ln\left(\dfrac{t_{\mathrm{D}}}{C_{\mathrm{D}}}\right)+\mathrm{Ei}\left(-a\dfrac{t_{\mathrm{D}}}{C_{\mathrm{D}}}\right)-\mathrm{Ei}\left(-b\dfrac{t_{\mathrm{D}}}{C_{\mathrm{D}}}\right)+\ln C_{\mathrm{D}}\mathrm{e}^{2S}+0.80908-2\ln r_{j\mathrm{D}}\right] \quad (5\text{-}2\text{-}34)$$

其压力导数为：

$$\dfrac{\mathrm{d}p_{\mathrm{wfD}}}{\mathrm{d}\ln\left(\dfrac{t_{\mathrm{D}}}{C_{\mathrm{D}}}\right)}=\dfrac{1}{2}\left(1+\sum_{j=2}^{N}q_{j\mathrm{D}}\right)\left[1-\exp\left(-a\dfrac{t_{\mathrm{D}}}{C_{\mathrm{D}}}\right)+\exp\left(-b\dfrac{t_{\mathrm{D}}}{C_{\mathrm{D}}}\right)\right] \quad (5\text{-}2\text{-}35)$$

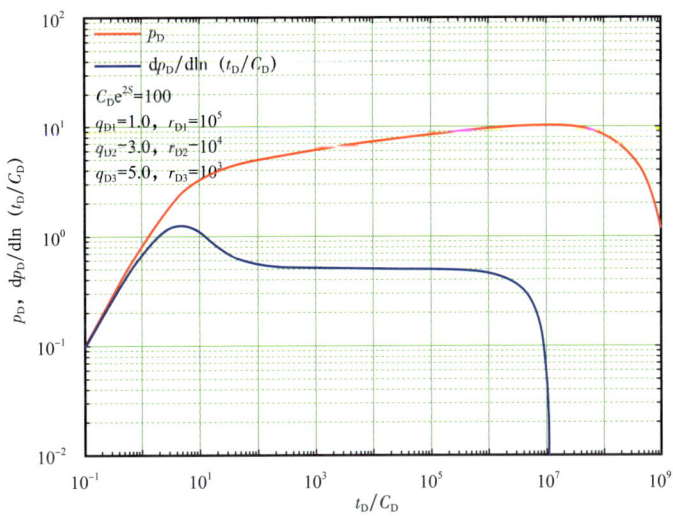

图 5-2-31 邻井生产情形双对数对比图

与均质储层类似，测试井关井、邻井同时关井情形的压力恢复压力可以表示为：

$$p_{\text{BUD}}\left(\frac{\Delta t_D}{C_D}\right) = p_D\left(\frac{t_{pD}}{C_D}\right) - p_D\left(\frac{t_{pD}+\Delta t_D}{C_D}\right) + p_D\left(\frac{\Delta t_D}{C_D}\right) \quad (5\text{-}2\text{-}36)$$

其压力导数为：

$$\frac{\mathrm{d}p_{\text{BUD}}\left(\frac{\Delta t_D}{C_D}\right)}{\mathrm{d}\left(\frac{\Delta t_D}{C_D}\right)}\left(\frac{\Delta t_D}{C_D}\right)\left(\frac{t_{pD}+\Delta t_D}{t_{pD}}\right) = \frac{1}{2}\left(1+\sum_{j=2}^{N}q_{jD}\right)\left[1-\exp\left(-a\frac{t_D}{C_D}\right)+\exp\left(-b\frac{t_D}{C_D}\right)\right] \quad (5\text{-}2\text{-}37)$$

测试井关井、邻井一直生产情形的压力导数为：

$$\frac{1}{2}\left(1-\sum_{j=2}^{N}q_{jD}\frac{\Delta t_D}{t_{pD}}\right)+\frac{1}{2}\left(1+\sum_{j=2}^{N}q_{jD}\right)\left(\frac{\Delta t_D}{t_{pD}}\right)\left[\exp\left(-a\frac{\Delta t_D+t_{pD}}{C_D}\right)-\exp\left(-b\frac{\Delta t_D+t_{pD}}{C_D}\right)\right]+$$
$$\frac{1}{2}\left(\frac{\Delta t_D+t_{pD}}{t_{pD}}\right)\left[\exp\left(-b\frac{\Delta t_D}{C_D}\right)-\exp\left(-a\frac{\Delta t_D}{C_D}\right)\right] \quad (5\text{-}2\text{-}38)$$

与无限大均质储层情形相同，双重孔隙介质储层中，多井同时生产情形的压降导数曲线径向流水平线数值与单井径向流水平线数值之比亦为测试井与连通井无量纲产量的代数和，如图 5-2-32 所示。压恢情形与均质储层类似，不再赘述。

3）多井试井特征认识

压力恢复导数曲线出现多个上升的"台阶"，储层模型可能为：(1)外围变差的复合模型；(2)一条或多条不渗透边界；(3)对气井来说，也可能是边水特征的反映；(4)井间干扰的影响。

多井同时生产与同时关井情形的压降与压力恢复导数曲线呈现"台阶状上升"特征，每个水平线高度与第一个水平线高度的比值为测试井与产生影响的邻井无量纲产量的代数和。多井系统中，若邻井一直生产，测试井的压力恢复导数曲线在中后期呈现逐渐"下掉"特征，"下掉"速度取决于产生影响的邻井无量纲产量的代数和以及关井时间与关井前生产时间的比值。

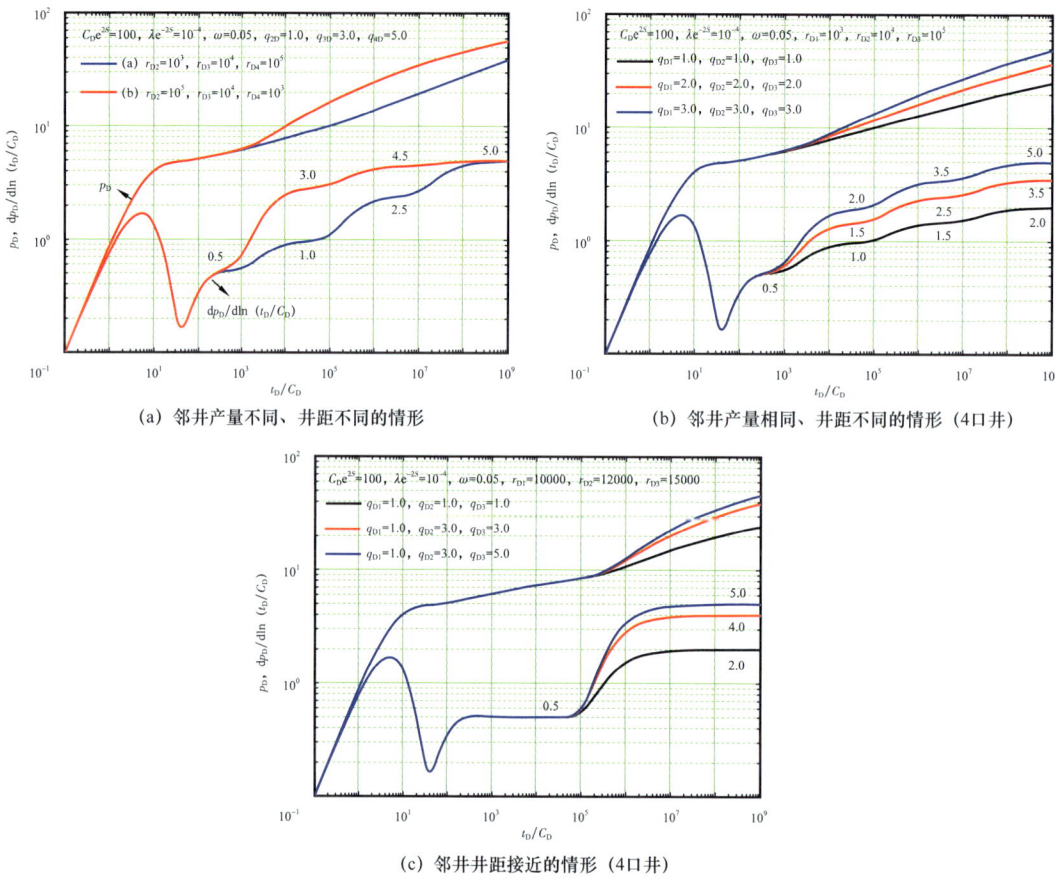

图 5-2-32　无限大双孔储层多井系统各井同时生产时的压降典型曲线

对于一个新探明的气藏，辨别储层边界与邻井的干扰特征可通过两次压力恢复测试实现，第 1 次压力恢复时邻井保持生产，第 2 次压力恢复时邻井与测试井同时关井。多井试井分析技术与多井现代产量递减分析技术相结合，可以对连通性较好的气藏做出科学的动态描述，进而为开发技术政策的制订与优化调整提供技术支持。

克深气田群试井曲线压力导数后期"上翘"原因与大北气藏存在显著的差异。大北 101 气藏储层平面连通性好，试井解释表现出视均质储层特征，压力导数"上翘"由多井干扰造成；克深气田群压力导数后期"上翘"为裂缝特征。

三、气井和气藏动态描述认识

1. 储层动态特征认识

克拉苏气田地质条件复杂，由于南天山隆升过程中挤压应力的差异，克拉苏构造带表现出较强的分带变形特征，不同区带发育不同构造样式，不同构造样式裂缝发育特征不同。北部区带（克深2区块—克拉2区块）为斜向挤压变形区，发育一系列基底卷入式逆冲断层，多个断片垂向叠瓦状堆垛，形成楔形冲断构造；南部区带（克深2区块以南）为水平收缩变形区，发育一系列滑脱断层，形成滑脱冲断构造和突发构造。受强烈的挤压作用影响，储层普遍发育裂缝，不同的构造样式具有不同的裂缝发育特征：（1）楔形冲断和滑脱冲断形成的单断背斜上的裂缝，裂缝性质从上到下变化明显，上部主要发育高角度张性缝，中部发育张剪缝，下部主要发育低角度剪切缝，逆冲前缘裂缝更发育；（2）突发构造从上到下裂缝性质无明显变化，均发育高角度张剪缝，轴线部位裂缝更发育（江同文等，2018）。

试井解释结果表明，克深气田是裂缝性致密储层，发育不同级别裂缝。例如，克深2区块方向性裂缝发育，导数曲线后期为斜率为1/2直线；克深8区块缝网发育，导数曲线后期为斜率为1.0直线；克深13东裂缝不发育，导数曲线中期为斜率为1/4直线，裂缝发育程度与构造特征息息相关，见表5-2-2。2017年以前历次测试出现的"双重孔隙特征"及"径向流特征"是邻井生产造成的假象；2017年7月测试基质地层系数介于20~60mD·m，平均为39mD·m，基质渗透率介于0.15~0.35mD，平均为0.24mD。

表5-2-2 克深气田群试井特征分类

构造类型		高陡突发构造	单断构造		
构造模式图		图5-2-32（a）	图5-2-32（b）		
典型区块		克深8	克深2、克深5、克深11	克深13东区块	克深9
试井特征	基质		基质致密，未见径向流		
	裂缝	缝网发育+大裂缝贯穿+基质	方向性大裂缝发育+小裂缝+基质	人工裂缝+基质	缝网发育+基质
	典型曲线	图5-2-33（c）	图5-2-33（d）	图5-2-33（e）	图5-2-33（f）
	模式类比	图5-2-33（g）	图5-2-33（h）	图5-2-33（i）	图5-2-33（j）
生产特征	稳产能力	稳产	递减快	递减快	稳产
	生产压差/MPa	0.2~0.5	3~20	>30	8
	平均产量/$10^4m^3/d$	70	20	14	94
	出水	—	几个月至2年；非均匀推进		

气藏整体连通性好，但不同裂缝发育模式生产特征不同。井间干扰测试结果表明，气藏内井间干扰强，干扰信号在十几分钟内就能影响到1km外的邻井，相距10km以上的两口井之间的干扰信号响应时间仅为7~10h；在开发过程中，气藏内不同部位的地层

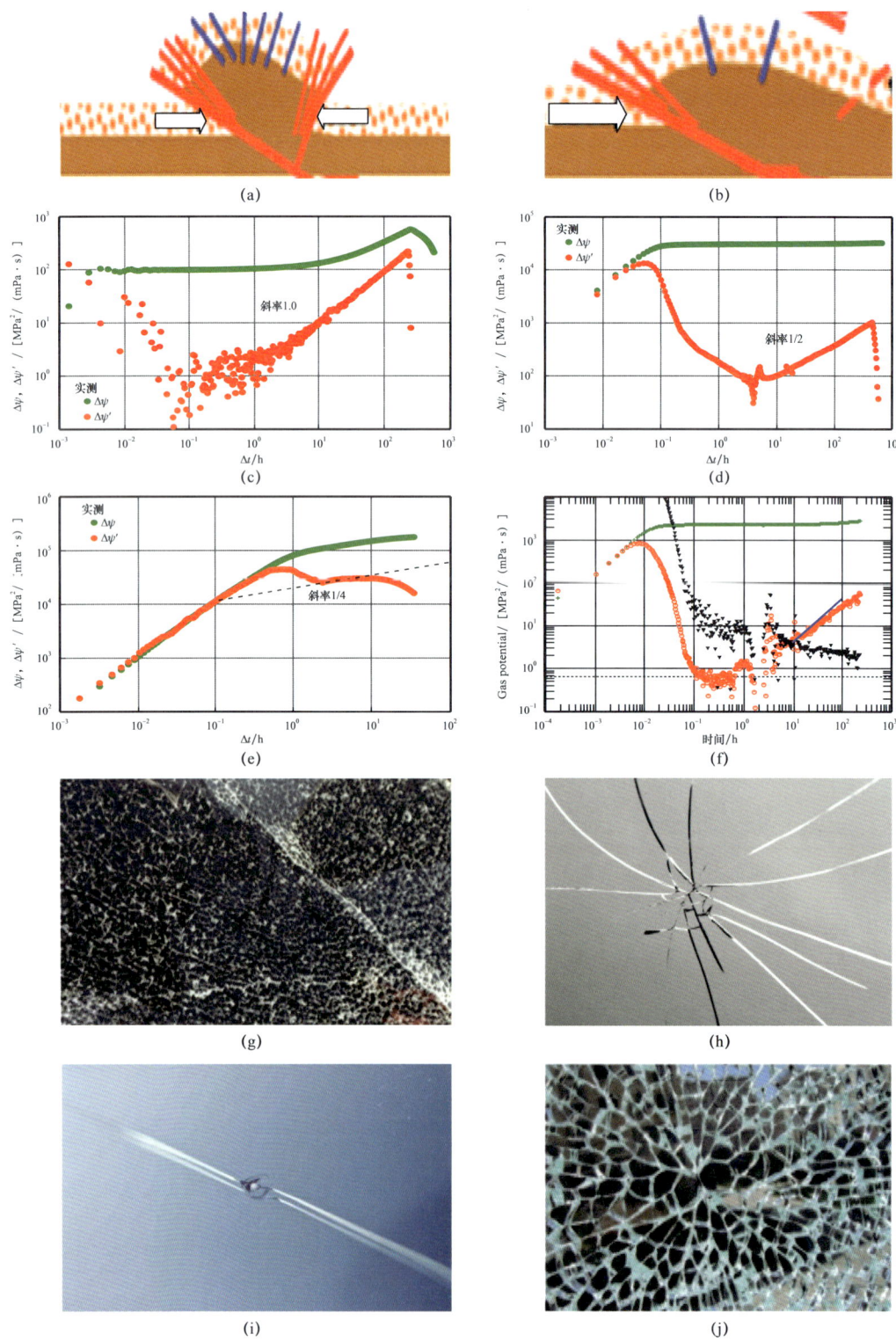

图 5-2-33 克深气田群试井典型曲线和模式类比

压力基本保持同步下降。方向性裂缝发育的克深 2 气藏，压力波可以在短时间内波及整个裂缝系统，但基质系统向裂缝供气能力有限，造成压力和产量递减快现象；克深 8 气藏，裂缝发育相对均匀，表现出产量高、稳产能力强等特征。

2. 基质供气能力认识

关井压力关于时间的一阶导数 dp/dt，又称为 PPD 导数，该曲线可用来判断井筒与储层特征（Mattar et al.，1992）。正常情况下，不管是均质储层还是双重孔隙介质储层，关井压力随关井时间延长逐渐达到平均地层压力，压力恢复速度逐渐变慢，因此 dp/dt 导数是个减函数，如图 5-2-34 所示。

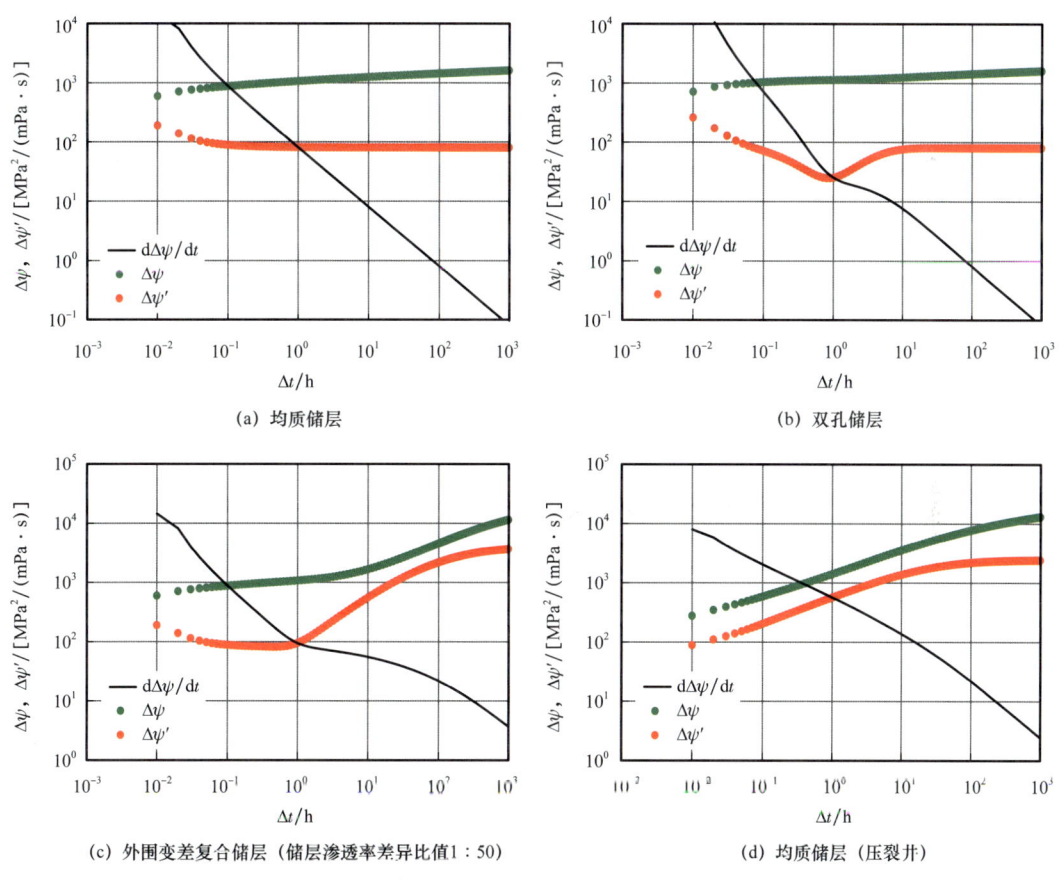

图 5-2-34　不同储层类型 PPD 导数特征（黑色线）

生产过程中是否存在基质供气现象，是克深 2 气藏投产初期的一个焦点问题。克深 2 区块 2017 年度测试的 4 口井 PPD 导数曲线均呈现出后期变平特征，说明基质对裂缝系统有能量补给，如图 5-2-35 所示。

若将克深 2 区块上述 4 口井测试数据的 PPD 导数绘在一张图上，如图 5-2-36 所示，达到稳定后 PPD 导数数值基本稳定在 1.0MPa^2/(mPa·s)。这 4 口井分布在气藏的不同位置，说明整个气藏范围内基质系统对裂缝系统的补给能力基本相同。

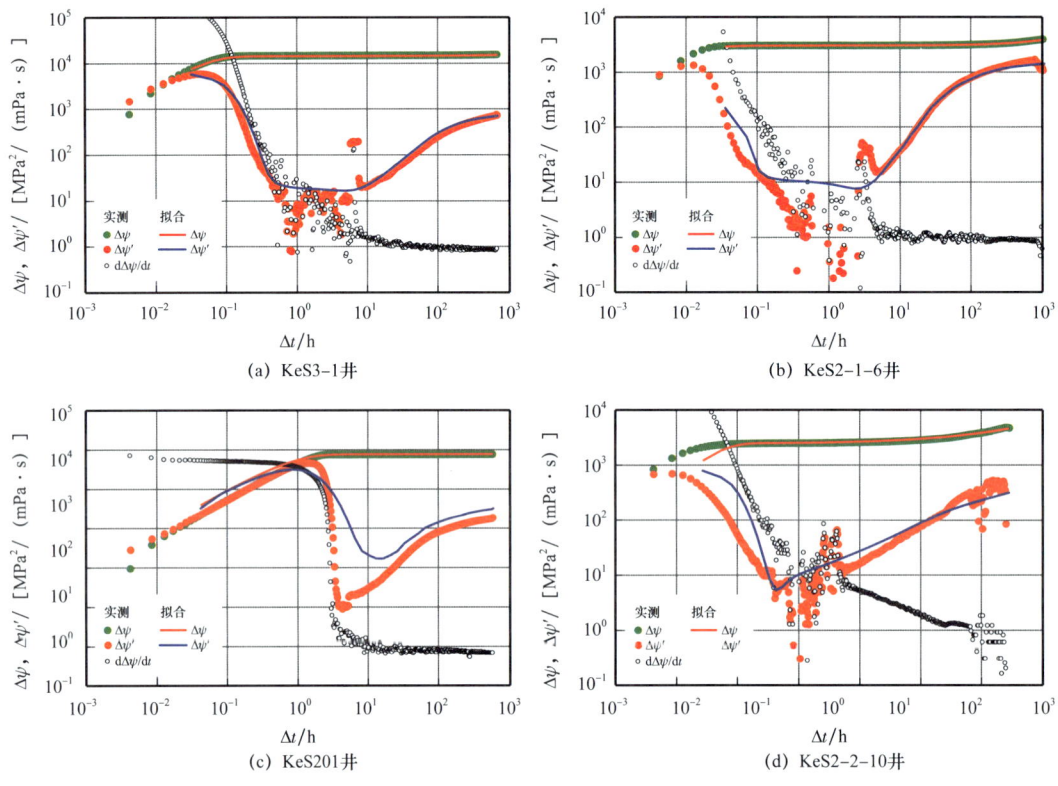

图 5-2-35 克深 2 区块 2017 年测试 PPD 导数曲线（黑色线）

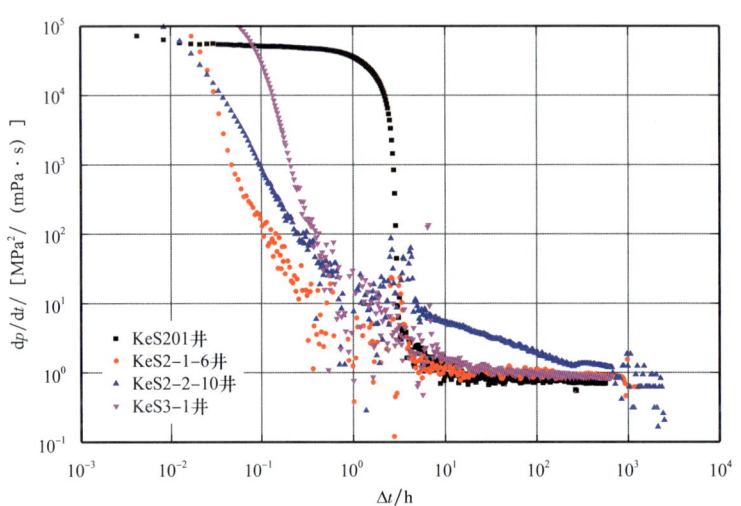

图 5-2-36 克深 2 区块 2017 年测试 PPD 导数曲线对比

四、结论及认识

裂缝性砂岩气藏试井模型可分为连续性裂缝模型和非连续性（离散）裂缝模型两种。对于连续性裂缝模型，裂缝是渗流通道，基质是储集空间；裂缝互相连通，呈网状分布，可用经典的双重孔隙介质模型进行解释。对于离散裂缝模型，基质与裂缝是渗流通道，基质是储集空间；只有部分裂缝互相连通，不宜用经典的双重孔隙介质模型进行解释。裂缝性砂岩气藏试井设计应基于全气藏生产动态分析和检修时间窗口内全气藏关井。根据测试目的优选测试井、优化开关井顺序，设计测试程序。对于裂缝性或连通性好的气藏，试井分析应立足全局。

克深气田群为裂缝性致密砂岩储层，开发过程中气藏具有整体连通、井间干扰明显和存在基质供给等特点。通过长期规模试采落实构造的连通关系、气藏的可动用储量、气井的稳产能力、水体的活跃程度等，是深化气田认识、实现气田高效开发的根本保障。优选高部位甜点区布井、适度改造、见水排水将是超深、超高压裂缝性致密砂岩气藏高效开发的主要对策。

第三节　超深超高压气藏动态储量评价技术

一、超深超高压气藏动态储量评价综述

1. 动态储量定义

动态储量顾名思义，就是用动态方法计算的储量，它是正确评价气藏开发效果、准确预测气藏开发动态、做好气藏开发规划的重要前提。

动态储量（李敏等，1994）术语为我国独有，其定义相关标准中并未涉及，也称为动储量（李骞等，2008）、可动储量（张伦友，1996）、动态法储量（DZ/T 0217—2005）。动态储量具有以下特征：（1）即可指气藏储量，也可指单井储量；（2）理论上是可动的，通常小于容积法静态储量；（3）依据动态数据得到；（4）既包含可采储量，又包含非可采储量；（5）与目前工艺水平与井网相关；（6）具有时效性，尤其是对于缝洞型碳酸盐岩油气藏和低渗透油气藏。

结合上述特征，动态储量定义为在现有工艺技术和井网开采方式不变的条件下，以单井或气藏的产量和压力等生产动态数据为基础，用动态方法计算得到的当波及范围内的地层压力降为 1atm 时的累计产气量，其大小为技术可采储量的极限值。

2. 动态法储量计算方法

气藏动态储量的计算方法主要有物质平衡法、现代产量递减分析法、弹性二相试井方法等（杨通佑等，1998）。

物质平衡法是利用气藏不同时期的全气藏关井测压资料进行地质储量计算的一种方法，其理论基础是物质守恒原理。采用该方法计算动态储量时要注意：一是要按气藏类型（定容气藏、封闭气藏、水驱气藏）选择合适的计算方法；二是气藏要有一定的累计采气量，常规气藏天然气的采出程度一般要大于 10%，对于复杂的岩性圈闭、多裂缝系统、低渗透致密或非均质性较强的气藏，采出程度甚至要大于 20%；三是要有一定数量

的全气藏关井测压数据，至少3~5次，在此基础上才能保证计算结果可靠（李海平等，2016）。

现代产量递减分析方法是应用气井生产动态数据与典型曲线拟合，来定量地分析单井动态储量及相关的地层参数。气井生产动态数据必须要包括从早期的不稳态到晚期的边控流。主要有传统的Fetkovich典型曲线拟合法及现代的Blasingame曲线拟合法、Agarwal–Gardner曲线拟合法及NPI曲线拟合法。Fetkovich典型曲线拟合法只需提供定压生产条件下的产量数据，生产应达到边界控制阶段；Blasingame曲线拟合法、Agarwal–Gardner曲线拟合法以及NPI曲线拟合法采用生产期井底压力、产量等动态资料做分析，要求生产达到边界控制阶段（对于定产生产方式，要求达到拟稳定流状态）。以上方法均是基于单相气体渗流理论推导而形成的，当地层中存在水侵或反凝析现象时，应用时需结合具体实际情况考察方法的适用性。由于大多数气井生产过程中并未连续监测井底流压，多根据井口压力折算得到井底压力，如果井筒内存在两相流动或者大产量条件下采用动气柱方法计算可能会引起较大的折算误差，此时需用流压梯度测试数据进行约束（孙贺东，2013）。

对于小型定容封闭的弹性气驱气藏或单井裂缝系统、小断块气藏，或单井供给区域相对较小，在这种情况下流动易达到拟稳态。取得稳定生产条件下的压力降落测试资料，可采用弹性二相法确定其地质储量（SY/T 6098—2010）。

常用的动态储量计算方法及其适用条件详见表5-3-1。物质平衡法是此类气藏动态储量的首选方法。

表5-3-1 动态储量计算方法与适用条件一览表（江同文，2018）

类型	适用条件	计算方法	应用范围
物质平衡法	（1）具有一定采出程度； （2）具有关井测压资料的气藏或气井	定容气藏	定容封闭气藏
		水驱气藏	水驱指数大于0.1
		高压、超高压气藏	压力系数大于1.3
		凝析气藏	凝析油含量大于50g/m³
现代产量递减分析方法	（1）具有一定的生产数据资料，不需要关井测压； （2）天然气渗流要达到拟稳定流状态的气井	Fetkovich方法	定压生产条件、产量处于递减阶段的各类气藏
		Blasingame方法	变产量变压力、处于边界流控制状态
		Agarwal–Gardner方法	
		NPI方法	
		流动物质平衡方法	
弹性二相法	（1）小型定容气藏； （2）具有单井不稳定试井资料的气井	弹性二相法	小型定容封闭气藏，具有稳定生产条件下的压力降落测试资料
试井方法	（1）压力恢复试井； （2）生产数据	容积法	达到边界

3. 关键参数敏感性分析

高压水驱气藏物质平衡方程式可简单表示为：

$$\frac{p}{Z}(1-C_e\Delta p-\omega)=\frac{p_i}{Z_i}\left(1-\frac{G_p}{G}\right) \quad (5-3-1)$$

式中　p——气藏平均压力，MPa；

Δp——气藏平均压力降，MPa；

C_e——有效压缩系数，定义为 $C_e=\left(\dfrac{C_w S_{wi}+C_f}{1-S_{wi}}\right)$，MPa^{-1}；

C_w——地层水压缩系数，MPa^{-1}；

C_f——岩石压缩系数，MPa^{-1}；

S_{wi}——束缚水饱和度，%；

ω——气藏存水（水侵量—产水量）体积系数，定义为 $\omega=\dfrac{(W_e-W_p B_w)}{GB_{gi}}$；

B_w——地层水体积系数，MPa^{-1}；

B_{gi}——原始条件下天然气体积系数，MPa^{-1}；

W_e——气藏水侵量，10^8m^3；

W_p——气藏累计产水量，10^8m^3；

G_p——气藏累计产水量，10^8m^3；

G——气藏原始地质储量，10^8m^3；

Z——天然气偏差系数；

下标 i——原始条件。

若绘制 $\dfrac{p}{Z}(1-C_e\Delta p-\omega)\Big/\left(\dfrac{p}{Z}\right)_i - \dfrac{G_p}{G}$ 关系曲线，可根据斜率求得动态储量的大小。如图 5-3-1 所示：对于定容气藏，$\dfrac{p}{Z}\Big/\left(\dfrac{p}{Z}\right)_i - \dfrac{G_p}{G}$ 呈线性关系；对于高压气藏，$\dfrac{p}{Z}(1-C_e\Delta p)\Big/\left(\dfrac{p}{Z}\right)_i - \dfrac{G_p}{G}$ 呈线性关系；对于高压有水气藏，$\dfrac{p}{Z}(1-C_e\Delta p-\omega)\Big/\left(\dfrac{p}{Z}\right)_i - \dfrac{G_p}{G}$ 呈线性关系。

物质平衡法的准确运用取决于式中各项关键参数的准确性，其关键参数主要有气藏平均压力（p）、天然气偏差系数（Z）、有效压缩系数（$\bar{C}_e$）（岩石压缩系数、束缚水饱和度、水体大小综合反映）；此外，物质平衡计算对采出程度也十分敏感。

1）岩石压缩系数

岩石有骨架体积、孔隙体积和外观体积，油气藏工程计算只关心孔隙体积的变化，即孔隙体积对孔隙压力的压缩系数，用符号 C_p 表示。为了与流体压缩系数相对应，油气藏工程中通常将其简称为岩石压缩系数，习惯用符号 C_f 表示（SY/T 6580—2004），定义为：

$$C_f = \frac{dV_p}{V_p dp} \quad (5\text{-}3\text{-}2)$$

式中 C_f——岩石（孔隙）压缩系数，MPa^{-1}；
V_p——孔隙体积，m^3；
p——压力，MPa。

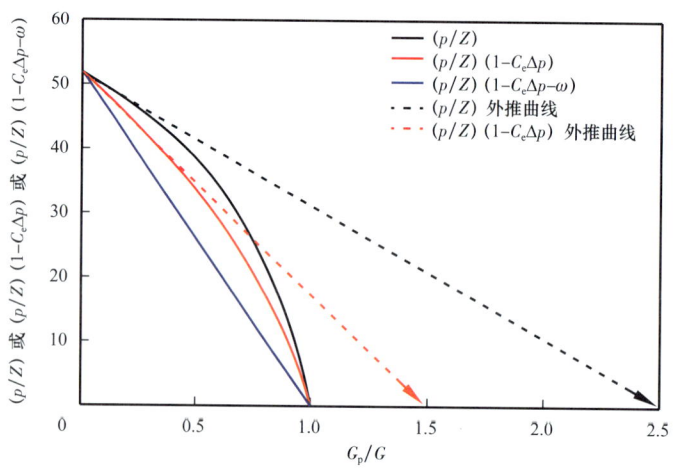

图 5-3-1 3 种情形压降指示曲线外推对比图

对于正常压力系统，岩石压缩系数范围为 $4.35 \times 10^{-4} \sim 8.70 \times 10^{-4} \text{MPa}^{-1}$。普遍认为高压、超高压气藏的岩石压缩系数很高，一般在 10^{-3}MPa^{-1} 数量级，较常规气藏高 1 个数量级（Harville，1969；Duggan，1972；Ramagost et al.，1981；Elsharkawy，1995），介于 $20 \times 10^{-4} \sim 30 \times 10^{-4} \text{MPa}^{-1}$，见表 5-3-2 和表 5-3-3，NS2B 疏松砂岩超高压气藏的岩石压缩系数高达 $43.51 \times 10^{-4} \text{MPa}^{-1}$。

表 5-3-2 三大典型超高压气藏岩石压缩系数表

气藏	NS2B，North Ossun，Louisana	Anderson L	Offshore，Louisana
文献出处	Harville（1969）	Duggan（1972）	Ramagost（1981）
埋深 /m	3810	3404	4054
孔隙度	0.24	0.24	0.24
渗透率 /mD	200	0.7～791	200
原始压力 /MPa	61.51	65.55	78.90
压力系数	1.64	1.91	1.95
地层温度 /K	393	403	402
束缚水饱和度	0.34	0.35	0.22
岩石压缩系数 /（10^{-4}MPa^{-1}）	43.51（原始压力处）	21.76（定值）	28.28（定值）

续表

地层水压缩系数 /10⁻⁴MPa⁻¹	4.35	4.35	4.41
有效压缩系数 /10⁻⁴MPa⁻¹	68.17	35.82	37.50
容积法储量 /10⁸m³	32.28	19.54	133.00

表 5-3-3　Louisana 超高压气藏岩石压缩系数表（Elsharkawy，1995）

气藏编号	162	269	164	183	33	268	70	195
地层温度 /K	432	403	416	407	417	390	408	407
孔隙度	0.25	0.25	0.22	0.24	0.22	0.27	0.28	0.24
束缚水饱和度	0.35	0.26	0.26	0.28	0.23	0.26	0.3	0.28
原始压力 /MPa	91.20	93.08	73.77	51.90	79.63	62.74	69.84	75.06
埋深 /m	4433	4867	4676	4176	4341	4145	4572	4176
压力系数	2.06	1.92	1.58	1.24	1.83	1.52	1.54	1.79
容积法储量 /10⁸m³	5.0	3.9	4.1	13.4	56.6	7.1	3.5	10.3
地层水压缩系数 /10⁻⁴MPa⁻¹	4.35	4.35	4.35	4.35	4.35	4.35	4.35	4.35
有效压缩系数 /10⁻⁴MPa⁻¹	36.26	40.61	39.16	33.36	34.81	33.36	37.71	33.36
岩石压缩系数 /10⁻⁴MPa⁻¹	22.05	28.92	27.85	22.80	25.80	23.55	25.09	22.80

Newman 实验数据点和 Horne（1990）、Hall（1953）经验公式线如图 5-3-2 所示。图 5-3-2 表明岩石压缩系数与孔隙度相关性较差，相关性仅能给出数量级的初步估计，应针对所研究的储层，进行实验测定。

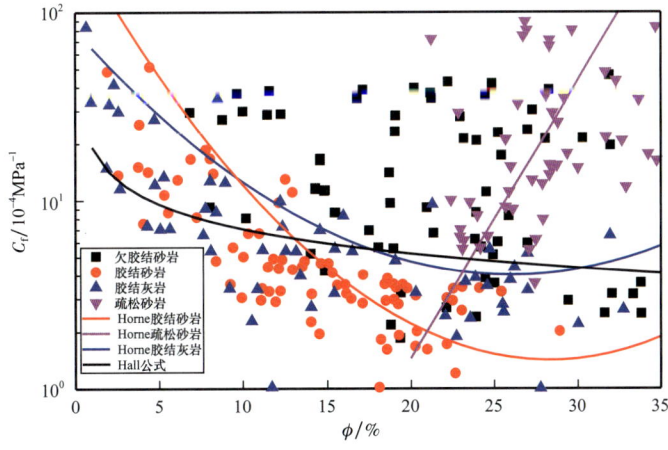

图 5-3-2　Newman 岩石压缩系数数据点及经验公式（Newman，1973）

塔里木盆地成功开发的克拉 2、迪那 2 和克深 2 深层高压气藏，随着储层埋深增加，孔隙度越来越小，渗透率越来越致密，原始有效应力条件下的岩石压缩系数也逐渐降低，分别见表 5-3-4。

表 5-3-4　塔里木盆地三大高压气藏岩石压缩系数表

气藏	克拉 2	迪那 2	克深 2
文献出处	谢兴礼等（2005），张晶（2019）	高旺来（2007；2008）	斯伦贝谢（中国）公司（2013）
埋深 /m	3750	5050	6500
样品数	27	7	10
样品孔隙度 /%	6.4～20，平均 13.90	9～14，平均 12	1.53～9，平均 6.0
样品空气渗透率 /mD	0.1～722，平均 107.8	0.1～2.2，平均 1.0	0.01～0.12，平均 0.05
原始地层压力 /MPa	74.35	106.20	116.78
压力系数	2.02	2.12	1.83
地层温度 /K	373	409	440
束缚水饱和度	0.32	0.34	0.35
原始状态下岩石压缩系数 /$10^{-4}MPa^{-1}$	26.33	17.30	7.64
地层水压缩系数 /$10^{-4}MPa^{-1}$	5.65	4.35（经验值）	4.35（经验值）
有效压缩系数 /$10^{-4}MPa^{-1}$	41.38	28.45	14.10
容积法储量 /$10^8 m^3$	2840.00	1659.03	1542.93

实验结果表明，在原始应力条件下，岩石压缩系数是孔隙度和渗透率的函数，如图 5-3-3 所示，岩性和泥质含量等因素也有影响（谢兴礼等，2005）。因此不推荐采用单变量的 Hall 或 Newmann 经验公式进行物质平衡相关计算。

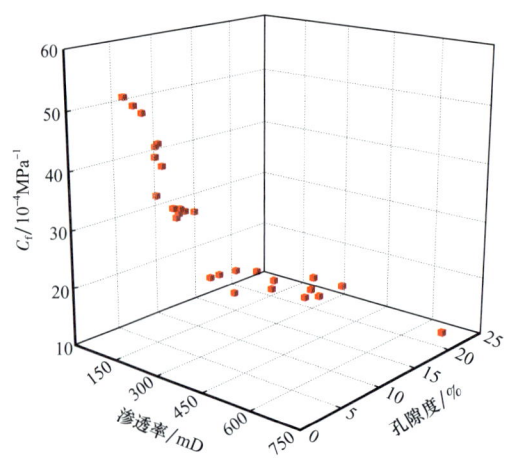

图 5-3-3　克拉 2 气藏渗透率和孔隙度与初始状态下岩石压缩系数关系曲线

[例1] 克深2气藏原始压力为116.7MPa、温度为440K，天然气相对密度为0.65，原始含水饱和度为0.35，地层水压缩系数取值$4.35\times10^{-4}\text{MPa}^{-1}$，岩石压缩系数取值$7.64\times10^{-4}\text{MPa}^{-1}$，生产数据见表5-3-5，试分析岩石有效压缩系数对动态储量计算结果的影响。

表5-3-5 克深2气藏生产数据表

$G_p/10^8\text{m}^3$	p/MPa	Δp/MPa	Z	p/Z/MPa	$p_D = p/Z/(p/Z)_i$
0.04	116.22		1.8465	62.94	1.00
33.33	104.17	12.05	1.7232	60.45	0.96
53.55	96.56	19.66	1.6464	58.65	0.93
59.78	95.43	20.79	1.6349	58.37	0.93
69.55	93.46	22.76	1.6150	57.87	0.92
83.74	91.39	24.83	1.5941	57.33	0.91
95.76	88.44	27.78	1.5643	56.53	0.90
108.46	87.32	28.90	1.5530	56.23	0.89

解：假设地层水和岩石压缩系数为常数，计算有效压缩系数，有：

$$C_e(p) = \frac{S_{wi}C_w + C_f}{1-S_{wi}} = \frac{(0.35\times4.35+7.64)\times10^{-4}}{1-0.35} = 14.1\times10^{-4}\text{MPa}^{-1}$$

若C_e分别取值0，$14.1\times10^{-4}\text{MPa}^{-1}$和$28.2\times10^{-4}\text{MPa}^{-1}$，采用压力校正法计算的压降曲线如图5-3-4所示，相应的储量结果分别为$1000\times10^8\text{m}^3$，$750\times10^8\text{m}^3$和$593\times10^8\text{m}^3$，最大与最小计算结果的比值为169%，可见压缩系数项对于动态储量结果有重要的影响。

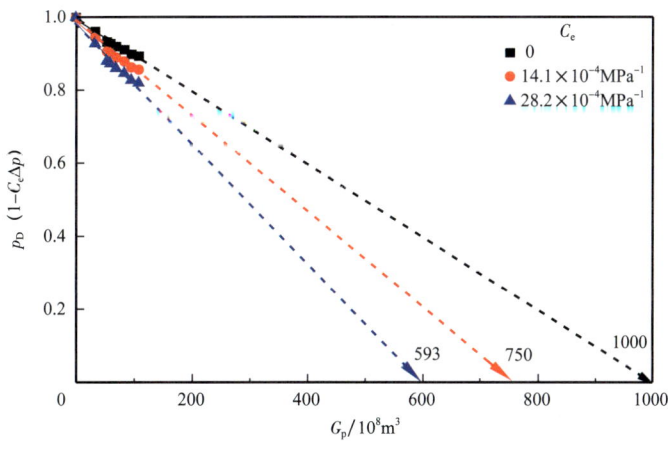

图5-3-4 有效压缩系数对克深2气藏储量计算结果的影响

2）水体大小

随着地层压力下降，边底水侵入，若用气田开发初始阶段的数据计算天然气动态储量，将会出现过高估计的现象。

[例2] 某气藏原始压力为74MPa，温度为377.15K，天然气相对密度为0.568，原始含水饱和度为0.32，初始岩石压缩系数为25×10^{-4} MPa^{-1}，地层水压缩系数为5.6×10^{-4} MPa^{-1}，水体倍数为2.0，累计产水量$W_p=0$，试分别绘制p/Z压降指示曲线、$(p/Z)(1-C_e\Delta p)$压降指示曲线和$(p/Z)(1-C_e\Delta p-\omega)$压降指示曲线。

解：根据式（5-3-1），计算结果见表5-3-6。三种情形的指示曲线如图5-3-1所示，2倍水体情形下利用早期数据计算的动态储量结果为真实储量的2.5倍。显然，在水驱气藏中，若忽略水侵量的影响，动态储量计算结果会显著高估。

表 5-3-6　例 2 计算数据表

p/MPa	Δp/MPa	Z	ω	p/Z	$1-C_e\Delta p$	$1-C_e\Delta p-\omega$	$(p/Z)(1-C_e\Delta p)$	$(p/Z)(1-C_e\Delta p-\omega)$	G_p/G
74	0	1.4258	0.0000	51.90	1.0000	1.0000	51.8998	51.8998	0.0000
73	1	1.4167	0.0061	51.53	0.9961	0.9899	51.3235	51.0082	0.0111
72	2	1.4074	0.0122	51.16	0.9921	0.9799	50.7535	50.1273	0.0221
71	3	1.3979	0.0184	50.79	0.9882	0.9698	50.1890	49.2565	0.0330
70	4	1.3882	0.0245	50.42	0.9842	0.9598	49.6294	48.3950	0.0437
69	5	1.3783	0.0306	50.06	0.9803	0.9497	49.0742	47.5424	0.0544
⋮									
7	67	0.9500	0.4100	7.37	0.7360	0.3260	5.4234	2.4020	0.8955
5	69	0.9603	0.4223	5.21	0.7281	0.3059	3.7912	1.5925	0.9270
4	70	0.9665	0.4284	4.14	0.7242	0.2958	2.9973	1.2243	0.9422
3	71	0.9733	0.4345	3.08	0.7203	0.2857	2.2201	0.8808	0.9572
2	72	0.9808	0.4406	2.04	0.7163	0.2757	1.4607	0.5622	0.9719
1	73	0.9890	0.4468	1.01	0.7124	0.2656	0.7203	0.2686	0.9861
0.1	73.9	0.9970	0.4523	0.10	0.7088	0.2566	0.0711	0.0257	0.9986

3）压降程度

当采用经典两段式分析方法、非线性回归等方法时，视地层压力衰竭程度至关重要，如图5-3-5所示。

4）视地层压力

视地层压力（p/Z）是物质平衡方程中的一个重要参数，当采出程度较低时，视地层压力的误差对物质平衡计算有显著的影响。天然气偏差系数的影响隐含在视地层压力中，若无PVT实验数据，推荐PK方法进行偏差系数的计算（江同文等，2021）。

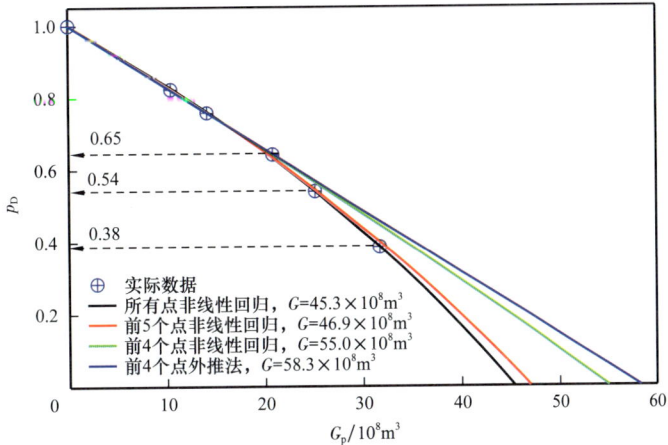

图 5-3-5 视地层压力衰竭程度敏感性分析图

现以定容气藏物质平衡方程式为例进行敏感性分析。

$$\frac{p}{Z} = \frac{p_i}{Z_i}\left(1 - \frac{G_p}{G}\right) \quad (5\text{-}3\text{-}3)$$

将式（5-3-3）无量纲化，有：

$$p_D + G_{pD} = 1 \quad (5\text{-}3\text{-}4)$$

上式中，无量纲累计产量 $G_{pD}=G_p/G$，无量纲视地层压力 $p_D=\dfrac{p/Z}{p_i/Z_i}$。由式（5-3-4）可知，若 p_D 的误差为 δ，则 G_{pD} 的误差为 $-\delta$，即：

$$(p_D+\delta)+(G_{pD}-\delta)=1 \quad (5\text{-}3\text{-}5)$$

由式（5-3-5），无量纲视地层压力误差造成的储量相对误差 $\Delta G/G$ 为：

$$\Delta G/G = 1+\delta \quad (5\text{-}3\text{-}6)$$

由此表明，若无量纲视地层压力整体偏大 δ，储量将偏高 δ；反之，储量将偏低 δ，如图 5-3-6 所示。

假设原始视地层压力数值准确，视地层压力误差引起的储量计算结果误差如图 5-3-7 所示，在一定范围内，采出程度越低，压力误差越大，储量计算误差越大。当采出程度大于 18.75%（无量纲视地层压力为 0.8125）时，两种情形的储量计算误差等于压力误差，即 ±1.0% 和 ±2.0%；当采出程度等于 10% 时，两种情形的储量计算误差分别在 ±3% 和 ±5% 以内；当采出程度等于 5% 时，两种情形的储量计算误差分别在 ±10% 和 ±20%～30% 以内。因此，通常情况下，采用物质平衡法进行储量评价，要求采出程度应大于 10%（SY/T 6098—2010）。

5）溶解气影响

原始状态下溶解于束缚水和地层水中的气体在气藏开发后期（压力小于 10MPa）不仅可以为气藏开发提供能量，而且还可以采出。一般情况下，溶解气是自由气储量的

2%～10%（Fetkovich et al.，1998），具体取决于水体大小和原始水气比。对于 CO_2 含量较高的气藏，其溶解气储量会更高。

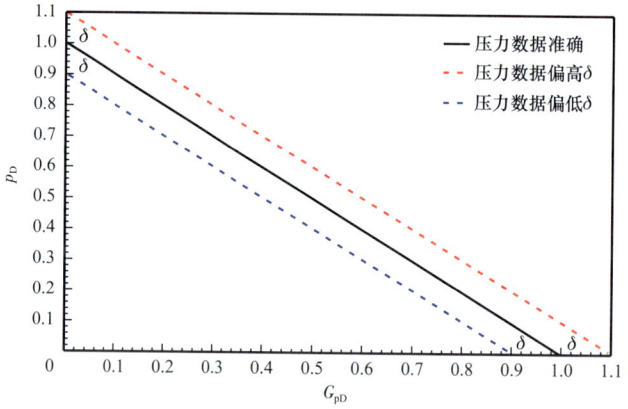

图 5-3-6 视地层压力误差引起的储量误差示意图

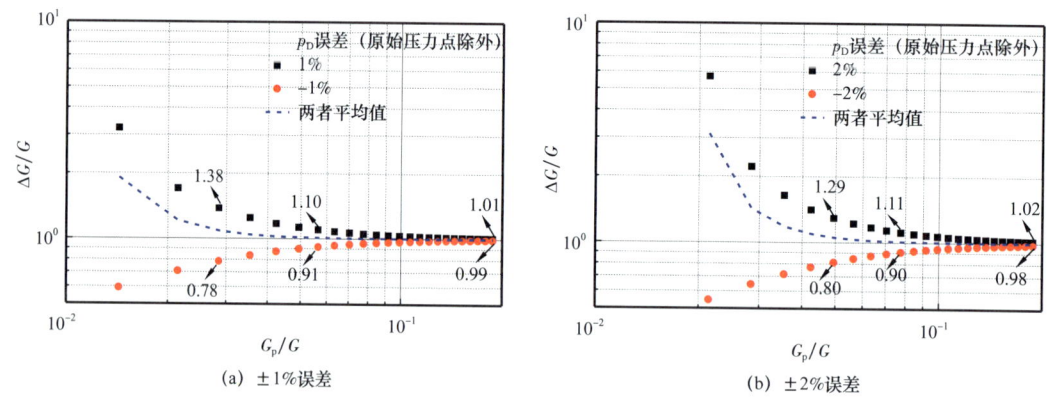

(a) ±1%误差　　　　　　　　　(b) ±2%误差

图 5-3-7 视地层压力误差对储量计算结果的影响（原始视地层压力准确）

4. 超深超压气藏动态储量评价方法

高压、超高压及裂缝性应力敏感气藏的动态储量评价一直是一项具有挑战性的工作，本节重点介绍基于物质平衡的各种动态储量计算方法，主要有经典两段式分析方法、线性回归分析方法、非线性回归分析方法、典型曲线拟合分析方法、试凑分析方法等。

1）两段式分析方法

经典分析方法认为高压、超高压气藏的 p/Z 压降指示曲线是二段式形式，第二直线段的斜率比第一直线段要陡（Harville，1969）。利用早期生产数据绘制 p/Z 压降指示曲线，采用不同的方法将视地质储量校正为真实地质储量，主要有 Hammerlindl 方法（1971 年）、陈元千方法（1983 年）、Gan-Blasingame 方法（2001 年），其中最具代表性的是陈元千方法。

对于封闭的高压气藏，其 p/Z 压降指示曲线呈拟抛物线形状，可近似表示为折线形式（陈元千，1983），第一直线段表示高压气藏储层再压实作用的影响段，由它外推至 $p/Z=0$ 所得的原始地质储量为视地质储量 G_a；第二直线段表示储层再压实作用已消失，进入正常压力变化动态的阶段，由它外推 $p/Z=0$ 所得储量为真实的原始地质储量，即动态储量 G。可利用第一直线段截距和斜率求取动态储量，如图 5-3-8 所示。

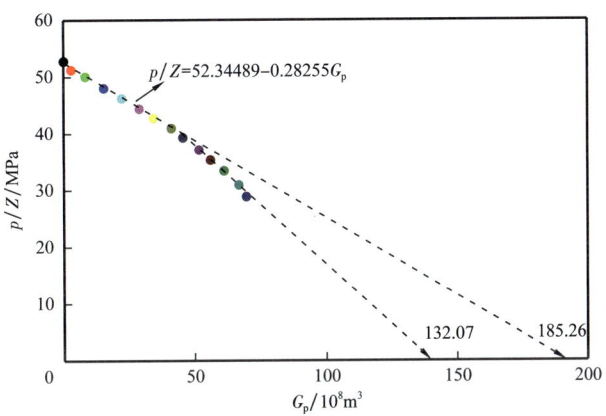

图 5-3-8　Offshore 气藏第一直线段数据分析图

上述几种方法，均涉及采出程度问题，即压力衰竭程度为多少时才能出现两段式的拐点，通过对国外 20 个已开发高压、超高压气藏分析表明，地质储量与视地质储量的比值为 0.43~0.77，平均为 0.58，如图 5-3-9 所示，拐点处对应的视地层压力衰竭程度为 0.14~0.38，平均为 0.22，如图 5-3-10 所示。拐点出现时间的经验公式可用式（5-3-7）表示，有：

$$\left(\frac{p}{Z}\right)_{\mathrm{A}} = 0.674663 \left(\frac{p_{\mathrm{i}}}{Z_{\mathrm{i}}}\right)^{0.997076} \left(G_{\mathrm{D}}\right)^{-0.272519} \quad （5-3-7）$$

式中下标 A 表示经验值。

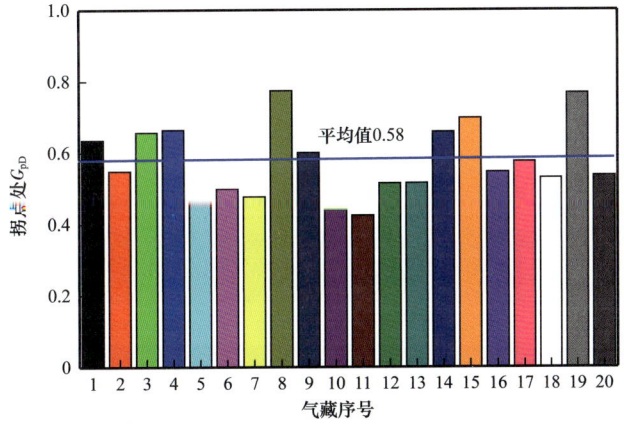

图 5-3-9　Gan–Blasingame 方法储量与视储量比值

本节基于 p/Z 曲线两段式假设所建立的动态储量计算方法，当拐点未出现时，可按压力系数 1.3 预测拐点处压力进行粗略评价。对于用到岩石压缩系数的方法，结果可能存在一定的不确定性。

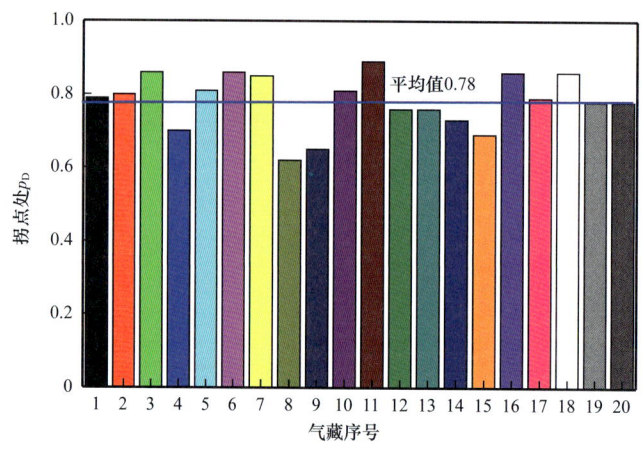

图 5-3-10 Gan-Blasingame 方法拐点出现时间图

2）线性回归分析方法

该方法基本原理是将物质平衡方程式表示为不同的线性形式，通过线性回归直线与坐标轴的交点确定动态储量，主要有 Ramagost-Farshad 压力校正法（1981年）、Roach 线性回归法（1981年）、Poston Chen Akhtar 改进的 Roach 方法（1994年）、Becerra-Arteaga 方法（1993年），此外还有 Havlena-Odeh 方法（Elsharkawy，1996），其中最具代表性、应用最普遍的是 Ramagost-Farshad 压力校正法。

若不考虑水侵的影响，式（5-3-1）中（p/Z）（$1-C_e\Delta p$）—C_p 呈线性关系，直线段的斜率为 $-\dfrac{p_i}{Z_i G}$，直线段的截距为 p_i/Z_i。该方法简单，但需要已知岩石和地层水压缩系数。以美国 Anderson L 高压气藏为例（Duggan，1971），分别绘制（p/Z）（$1-C_e\Delta p$）—C_p 和 p/Z—G_p 关系曲线，如图 5-3-11 所示，利用早期生产数据确定 G_a 为 $31.8\times10^8\mathrm{m}^3$，压力校正法结果为 $20.25\times10^8\mathrm{m}^3$。

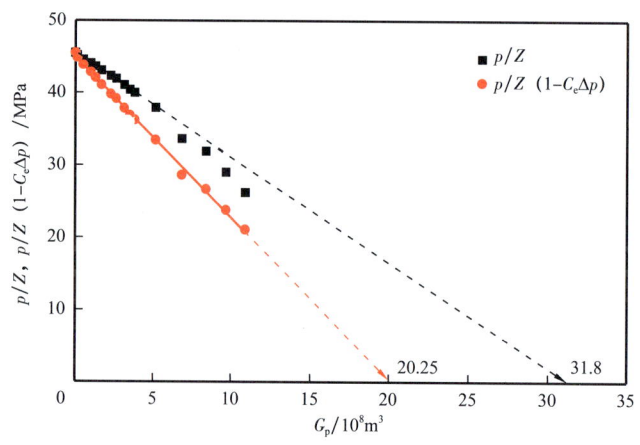

图 5-3-11 Anderson L 气藏计算结果对比图

3）非线性回归分析方法

非线性回归分析方法基本原理是将物质平衡方程式表示为不同的非线性形式，通过多元或非线性回归分析方法进行动态储量评价,主要有二元回归方法(陈元千等,1993)、非线性回归分析方法(Gonzales,2008;郑琴等,2011;Jiao等,2017),此类方法中最常用的是二元回归方法,将封闭气藏的物质平衡方程式整理(Bourgoyne,1972;李大昌,1985;陈元千等,1993),有:

$$G_p = G - \frac{G(1-C_e p_i)}{p_i/Z_i}\left(\frac{p}{Z}\right) - \frac{GC_e}{p_i/Z_i}\left(\frac{p^2}{Z}\right) \quad (5-3-8)$$

$$y = a_0 + a_1 x_1 + a_2 x_2 \quad (5-3-9)$$

其中

$$y = G_p, x_1 = \frac{p}{Z}, x_2 = \frac{p^2}{Z}$$

$$a_0 = G, a_1 = -\frac{G(1-C_e p_i)}{p_i/Z_i}, a_2 = -\frac{GC_e}{p_i/Z_i}$$

根据压力、累计产量数据及天然气偏差系数,采用二元回归方法确定系数,其中a_0为动态储量;根据系数a_1和a_2可计算有效压缩系数,有:

$$C_e = \frac{a_2}{a_1 + a_2 p_i} \quad (5-3-10)$$

此类方法只有在曲线拐点出现之后,计算多解性才会显著降低。统计分析结果表明(表5-3-7),拐点出现的时间点对应的视压力衰竭程度为0.14~0.38,平均为0.23,如图5-3-12所示;第二直线段可计算动态储量时间点对应的视压力衰竭程度为0.23~0.50,平均为0.33,如图5-3-13所示;对应的采出程度为0.33~0.65,平均为0.45,如图5-3-14所示。

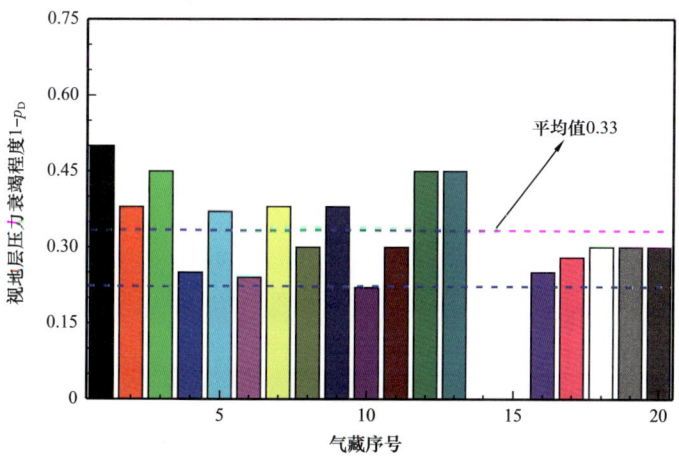

图5-3-12　Gan-Blasingame方法可计算动态储量时间点

若以动态储量计算结果与所有点计算结果相差10%为标准,对应的视压力衰竭程度为0.16~0.62,平均为0.33,如图5-3-14所示;对应的采出程度为0.28~0.62,平均为0.48,如图5-3-15所示。

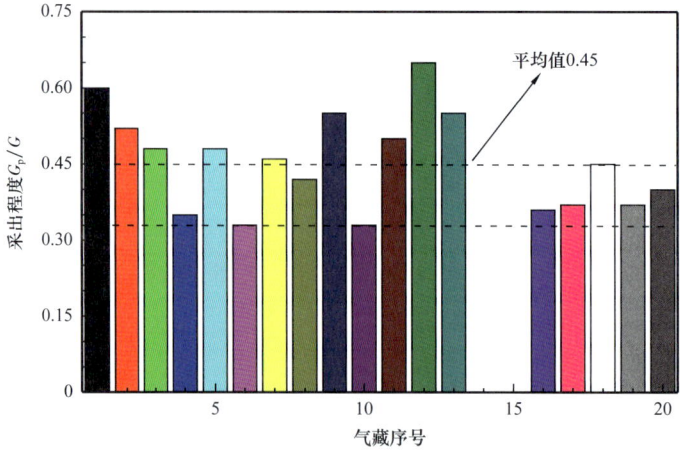

图 5-3-13 Gan-Blasingame 方法误差小于 10% 时间点的采出程度

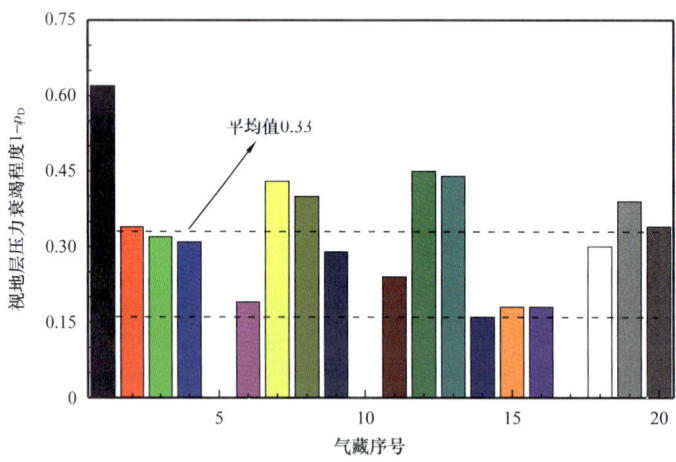

图 5-3-14 非线性回归误差小于 10% 时间点的统计图

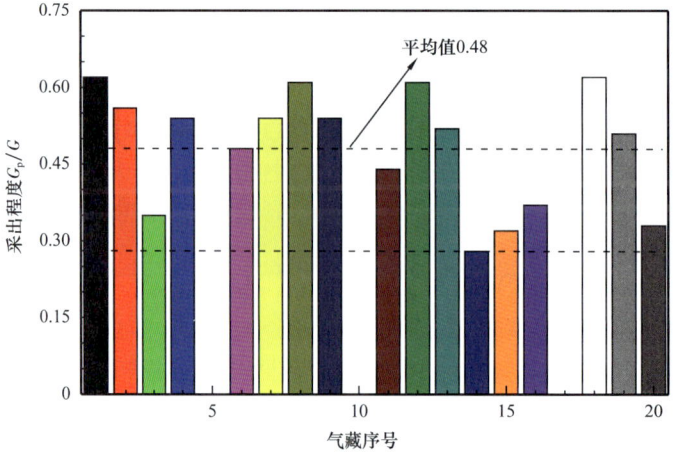

图 5-3-15 非线性回归误差小于 10% 时间点采出程度统计图

表 5-3-7 国外 20 个已开发高压、超高压气藏各种计算方法结果比较（孙贺东等，2019）

序号	气藏名称	视压力衰竭程度 $1-p_D$	容积法储量 /10^8m^3	文献方法及动态储量 /10^8m^3		Gan 法动态储量 /10^8m^3	Gonzalez 法动态储量 /10^8m^3	式（5-3-8）计算的动态储量 /10^8m^3
1	Reservoir 197	0.70		外推	4.11	4.13	3.88	4.17
2	SE Texas	0.57	61.73	Guehria	59.75	75.89	74.36	64.22
3	Reservoir 70	0.76		外推	3.11	3.43	3.34	3.32
4	Reservoir 41	0.39		Hammerlindl	11.61	13.76	13.96	10.22
5	Reservoir 33	0.84		Hammerlindl	61.45	60.91	59.15	57.74
6	Reservoir 268	0.27		Hammerlindl	8.64	9.2	8.55	5.32
7	Reservoir 195	0.79		Hammerlindl	15.04	14.64	14.22	14.06
8	Reservoir 117	0.46		Hammerlindl	159.28	130.63	142.55	114.42
9	ROB 43-1	0.50		Roach	28.6	30.47	33.13	26.83
10	Cajun	0.82		Roach	62.3	60.6	58.79	57.94
11	Louisiana	0.43	28.32	Guehria	30.87	36.39	38.79	32.12
12	GOM	0.27		Ramagost	6.34	4.36	4.28	3.48
13	Field 38	0.49		Roach	22.68	19.82	19.48	19.71
14	Example 4	0.16		Havlena–Odeh	13.62	10.28	15.23	9.42
15	GOM Case2	0.63		Roach	40.21	46.3	51.2	46.82
16	Stafford	0.51		Ramagost	7.08	6.46	6.65	5.5
17	North Ossun	0.24	32.28	Bourgoyne	33.41	25.37	24.49	24.58
18	South LA	0.38		Bourgoyne	4.53	3.91	3.77	2.91
19	Offshore LA	0.45		Ramagost	133.09	140.88	125.05	122.4
20	Anderson L	0.42	19.68	Ramagost	20.39	21.38	20.81	19.37

4)典型曲线拟合分析方法

单对数、双对数典型曲线拟合分析方法不仅在试井分析方面得到了广泛的应用,在物质平衡法动态储量评价方面也得到了应用。该方法根据物质平衡方程式建立单对数或双对数图版,通过曲线拟合的方式求取动态储量和有效压缩系数等参数,主要有 Ambastha 图版拟合法(1991 年)、Fetkovich 拟合分析法(1998 年)、Gonzales 拟合分析法(2008 年)以及多井现代产量递减分析法(Marhaendrajana et al., 2001)。

将式(5-3-8)无量纲化(Ambastha,1991),有:

$$G_{pD} = 1 - (1 - C_D)p_D - C_D Z_D p_D^2 \qquad (5-3-11)$$

其中

$$G_{pD} = G_p/G,\ p_D = (p/Z)/(p_i/Z_i),\ C_D = C_e p_i,\ Z_D = Z/Z_i$$

若已知气藏原始压力、温度和天然气性质,便可计算 Z_D,进而可以建立典型曲线。如 Cajun 超高压气藏,原始地层压力为 79.0MPa,气藏温度为 401.3K,天然气相对密度为 0.6,原始条件下偏差系数为 1.4795。该气藏的典型曲线图版如图 5-3-16 所示。

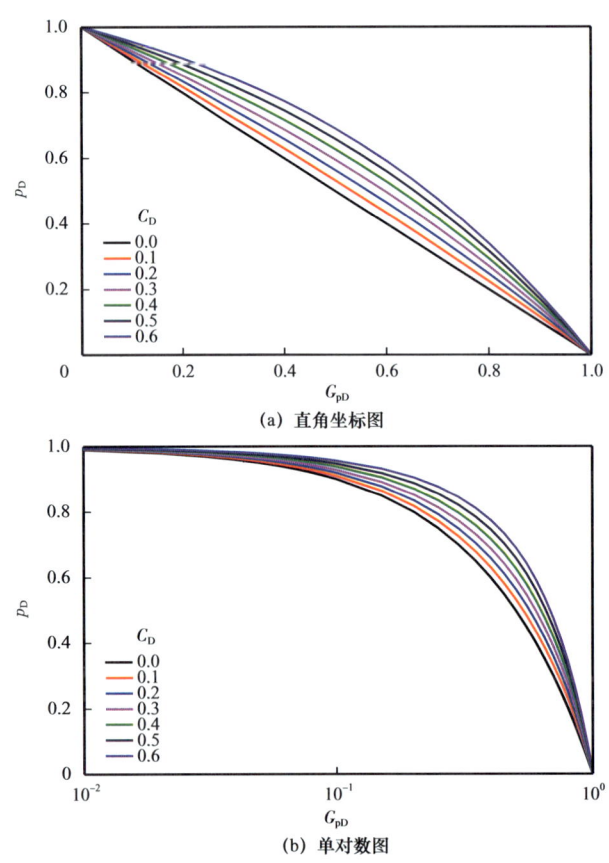

图 5-3-16 Cajun 气藏 Ambastha 典型曲线图版(Ambastha,1991)

Ambastha(1991)根据图 5-3-16(a)建立了一套基于直角坐标图的数据拟合分析方法,但该方法需要将无量纲数据进一步处理,结果具有很大的不确定性,如该气藏对于

C_D 为 0～0.6 都能实现较好拟合。若将横坐标取对数，图版如图 5-3-16（b）所示，此时可用单对数图版拟合的方法进行分析，求取动态储量。

该图版是偏差系数的函数，分析特定气藏数据时，需建立该气藏的理论图版曲线；拟合过程中，由于曲线形状相似，具有很大的不确定性，尤其是视地层压力降低幅度很小的情况。

Gonzales-Ilk-Blasingame 双对数分析图版如图 5-3-17 和图 5-3-18 所示，可用其进行双对数拟合分析或用于其他方法的验证。

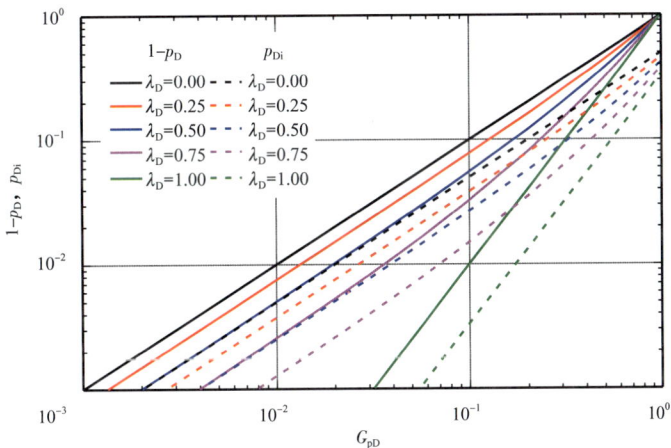

图 5-3-17　Gonzales 双对数图版（2008）

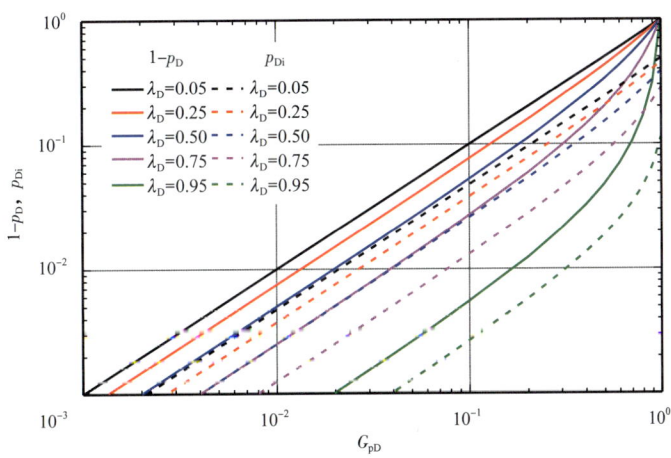

图 5-3-18　Gonzales 极限形式双对数图版

理论分析结果表明，图 5-3-17 仅能适用于 $\lambda_D > 0.43$ 的情形 $\left\{ \lambda_D = \lambda G，\lambda = \left[1 - \dfrac{p_i/Z_i}{p/Z} \left(1 - \dfrac{G_p}{G} \right) \right] \dfrac{B_{gi}}{(G_p/G)} \right\}$，否则计算结果将出现较大的偏差（江同文，2021）。

以 Blasingame 曲线为代表的现代产量递减分析方法是计算单井动态储量的新方法。在连通性好的气藏中，由于井间干扰的影响，单井的 Blasingame 产量曲线在边界控制流阶段也将向内弯曲，产生类似超高压气藏物质平衡曲线的特征。此时不能简单地将单井动态储量的叠加（其值往往偏大）作为气藏的动态储量。应考虑多井干扰的影响，只需重新定义基于系统的物质平衡时间进行井组的现代产量递减分析即可。该分析方法需要用到总压缩系数，由于计算过程比较复杂，可用相应的商业软件进行计算。两口井情形单井及井组拟合结果如图 5-3-19 所示。

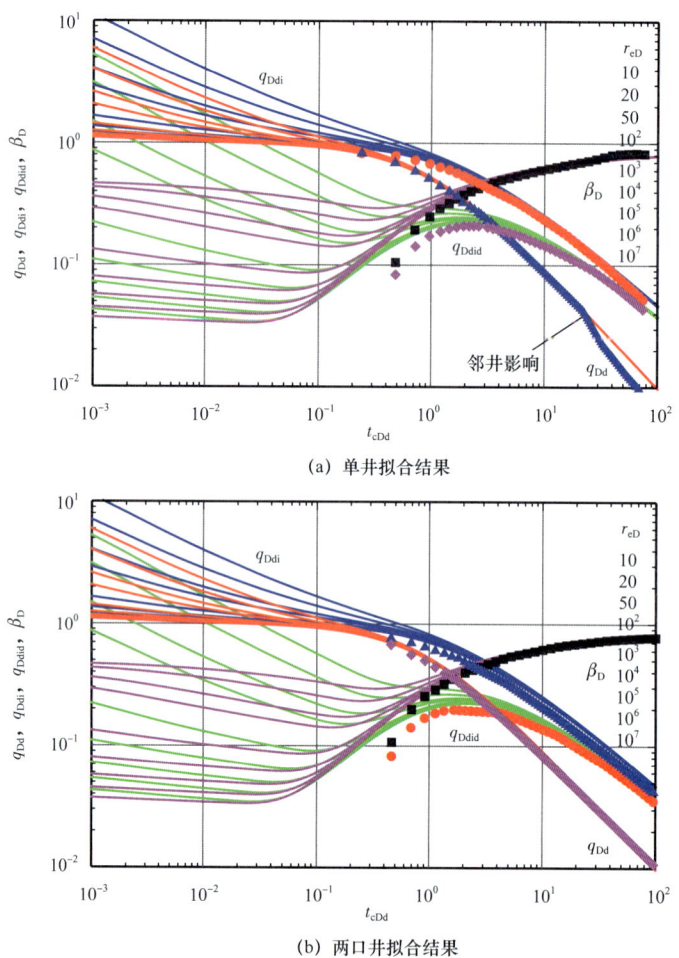

图 5-3-19 现代产量递减分析方法计算结果对比

q_{Dd}—无量纲压力的导数；q_{Ddi}—无量纲压力的导数积分；q_{Ddid}—无量纲压力的导数积分导数；t_{cDd}—无量纲时间的导数；β_D—无量纲 β 导数

5）试凑分析方法

将物质平衡方程变形，有：

$$\frac{F}{E_w + B_{wi}E_f} = G_{fgi}\frac{E_g + B_{gi}E_f}{E_w + B_{wi}E_f} + W \quad (5-3-12)$$

其中

$$F = G_p B_g + W_p \left(B_w - R_{sw} B_g \right) \quad (5-3-13)$$

$$E_t = E_g + E_w \left[\frac{B_{gi}(S_{wi} + M)}{B_{wi}(1 - S_{wi})} \right] + E_f \left[\frac{B_{gi}(1 + M)}{(1 - S_{wi})} \right] \quad (5-3-14)$$

$$E_g = B_g - B_{gi} \quad (5-3-15)$$

$$E_w = B_{tw} - B_{twi} \quad (5-3-16)$$

$$B_{tw} = B_w + B_g (R_{swi} - R_{sw}) \quad (5-3-17)$$

$$E_f = C_f (p_i - p) \quad (5-3-18)$$

$$W = \frac{G_{fgi} B_{gi}(S_{wi} + M)}{B_{wi}(1 - S_{wi})} \quad (5-3-19)$$

式中　B_g，B_w——气、水的体积系数，m^3/m^3；

　　　E_g，E_f，E_w——天然气、岩石、地层水膨胀量，m^3/m^3；

　　　E_t——总膨胀量，m^3/m^3；

　　　F——流体产出量，$10^8 m^3$；

　　　G_{fgi}——原始自由气量，$10^8 m^3$；

　　　G_p——累计产气量，$10^8 m^3$；

　　　M——水体倍数；

　　　R_{sw}——天然气在水中的溶解度，m^3/m^3；

　　　S_{wi}——原始含水饱和度；

　　　W——原始水相体积，$10^8 m^3$；

　　　W_e——气藏水侵量，$10^8 m^3$；

　　　W_p——累计产水量，$10^8 m^3$。

与用 Havlena 方法确定气顶大小类似，M 影响曲线的形状，M 太小曲线向上弯曲，反之向下弯曲，如图 5-3-20 所示。但是由于水相膨胀远小于气相膨胀，结果可能失真，因此不推荐使用该方法进行分析。

6）小结

物质平衡法是计算高压气藏动态储量的传统方法，可以分为两类：一类需要考虑岩石压缩系数，另一类不需要岩石压缩系数。近 50 年来，研究者相继建立了经典两段式分析法、线性回归分析法、非线性回归分析法、典型曲线拟合分析法、试凑分析等方法。近年来，国内外学者一直致力于采用不考虑岩石压缩系数的方法进行此类气藏的动态储量评价。应根据适用条件来选用合适方法。如：对于处于开采早期的高压、超高压气藏，即使试采时间长达 1 年、压降幅度达到原始地层压力的 3%～5% 甚至更高，偏离早期直线段的起始点仍未出现，误用经典两段式分析法，将会导致对储量计算结果的过高估计。

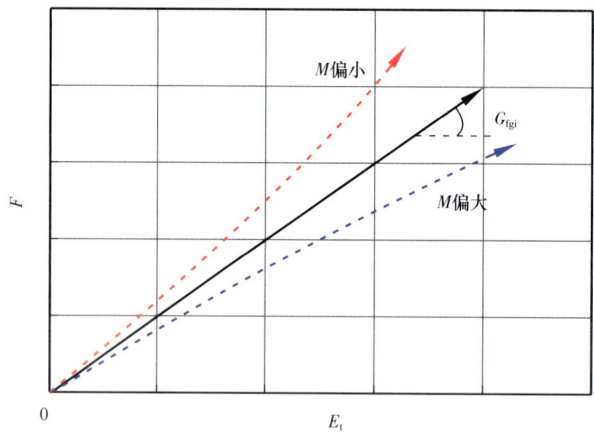

图 5-3-20　M 对曲线形态的影响（Walsh，1998）

二、超深超高压气藏动态储量计算新方法

1. 非线性回归方法

对于压缩系数为变量的封闭气藏物质平衡方程式（Fetkovich et al., 1998）可以表示为：

$$\frac{p}{Z}\left[1-\bar{C}_e(p)(p_i-p)\right]=\frac{p_i}{Z_i}\left(1-\frac{G_p}{G}\right) \qquad (5-3-20)$$

其中，$\bar{C}_e(p)$ 为累计有效压缩系数值，定义为：

$$\bar{C}_e(p)=\frac{1}{1-S_{wi}}\left[S_{wi}\bar{C}_{wi}+\bar{C}_f+M(\bar{C}_w+\bar{C}_f)\right] \qquad (5-3-21)$$

高压、超高压气藏物质平衡方程关键问题是 $\bar{C}_e(p)(p_i-p)$—G_p 的关系，Gonzales（2008 年）提出如下近似线性关系式：

$$\bar{C}_e(p)(p_i-p)\approx\lambda G_p \qquad (5-3-22)$$

将式（5-3-21）代入式（5-3-19），有：

$$p_D=\frac{p/Z}{p_i/Z_i}=\frac{1-G_p/G}{1-\lambda G_p}=\frac{1-aG_p}{1-bG_p} \qquad (5-3-23)$$

其中，系数 a 和 b（$a=1/G$，$b=\lambda$）可通过非线性回归的方式（Jiao，2017）得到。若 $bG_p \ll 1$，根据泰勒级数展开式有：

$$\frac{1}{1-bG_p} = 1 + bG_p + b^2G_p^2 + \cdots \quad (5\text{-}3\text{-}24)$$

将式（5-3-24）代入式（5-3-23），即可得到抛物型（Gonzales，2008）及三次型（郑琴等，2011）关系式：

$$p_D = 1 + (b-a)G_p - abG_p^2 \quad (5\text{-}3\text{-}25)$$

$$p_D = 1 + (b-a)G_p + b(b-a)G_p^2 - ab^2G_p^3 \quad (5\text{-}3\text{-}26)$$

式（5-3-23）是抛物型及三次型关系式的极限形式，当 $bG_p \ll 1$ 条件不成立时，式（5-3-25）和式（5-3-26）计算的结果偏大，式（5-3-23）非线性回归结果具有较好的精度。

若假设：

$$\bar{C}_e(p)(p_i - p) \approx bG_p^c \quad (5\text{-}3\text{-}27)$$

将式（5-3-27）代入式（5-3-20），有：

$$p_D = \frac{1 - aG_p}{1 - bG_p^c} \quad (5\text{-}3\text{-}28)$$

如图 5-3-21 所示，c 的经验值为 1.02847，即：

$$p_D = \frac{1 - aG_p}{1 - bG_p^{1.02847}} \quad (5\text{-}3\text{-}29)$$

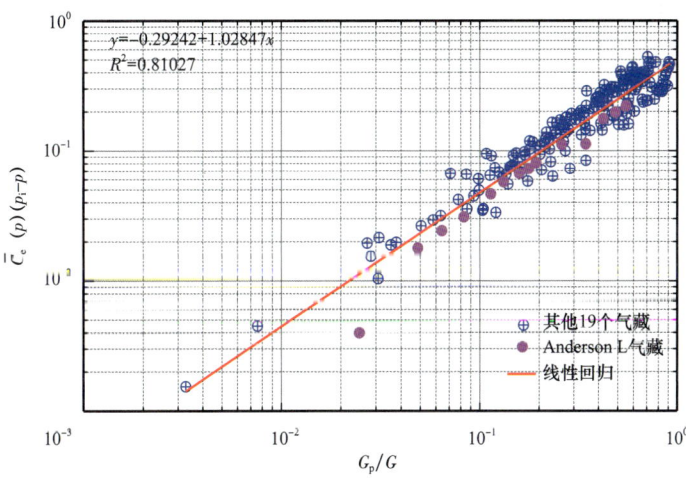

图 5-3-21　国外 20 个气藏 $\bar{C}_e(p)(p_i-p)$—G_p/G 关系曲线（孙贺东等，2019）

[例3] M 气藏是一个典型的水驱气藏（Jiao et al.，2017），原始地层压力为 74.48MPa，天然气温度为 100℃，容积法储量为 $2091.5 \times 10^8 \text{m}^3$。生产数据见表 5-3-8。试用二项式及非线性回归方法计算该气藏的动态储量。

表 5-3-8　M 气藏开发数据表

p/MPa	Z	$G_p/10^8 m^3$	p/Z/MPa	p_D
74.48	1.4037	0.0	53.06	1.0000
74.42	1.4031	2.6	53.04	0.9996
73.77	1.397	35.0	52.81	0.9952
72.15	1.3814	119.7	52.23	0.9843
70.14	1.3616	226.5	51.52	0.9708
67.74	1.3372	338.6	50.66	0.9547
65.20	1.3108	451.0	49.74	0.9374
62.74	1.2848	555.3	48.83	0.9203
60.15	1.2572	659.5	47.85	0.9017
57.49	1.2287	764.0	46.79	0.8818
54.59	1.1978	868.2	45.57	0.8589
51.52	1.1656	970.4	44.20	0.8330
48.53	1.1349	1069.8	42.76	0.8058
45.28	1.1027	1169.6	41.06	0.7738
42.17	1.0734	1260.3	39.29	0.7404
39.51	1.0498	1341.2	37.64	0.7093
37.62	1.0338	1403.5	36.39	0.6857
35.58	1.0176	1462.5	34.96	0.6589

解：

首先根据式（5-3-23）和式（5-3-25）进行回归，对比结果如图 5-3-22 所示。二项式回归方法，动态储量为 $2760 \times 10^8 m^3$，与静态储量相差 25.9%，回归公式为：

$$p_D = 1 - 7.95488 \times 10^{-5} G_p - 1.01514 \times 10^{-7} G_p^2$$

非线性回归方法，动态储量为 $2158.3 \times 10^8 m^3$，与静态储量相差 1.5%，回归公式为：

$$p_D = \frac{1 - 4.63328 \times 10^{-4} G_p}{1 - 3.4874 \times 10^{-4} G_p}$$

根据式（5-3-29）进行非线性回归，3 种方法计算结果如图 5-3-22 所示；动态储量为 $2120.0 \times 10^8 m^3$，与静态储量相差 1.4%，回归公式为：

$$p_D = \frac{1 - 4.71656 \times 10^{-4} G_p}{1 - 2.9436 \times 10^{-4} G_p^{1.02847}}$$

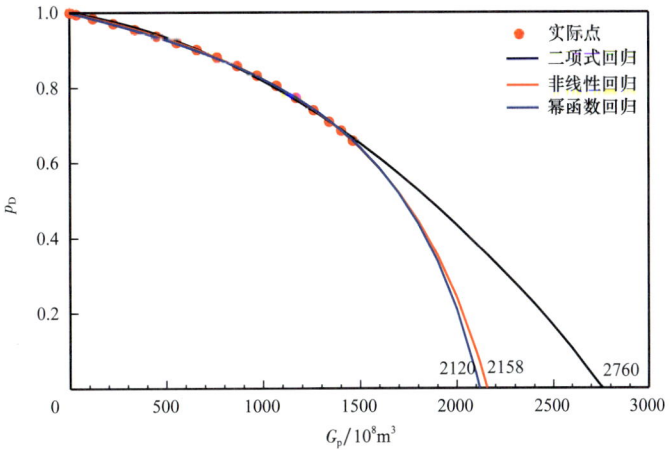

图 5-3-22　M4 气藏非线性回归对比图

2. 单对数拟合分析方法

封闭气藏的物质平衡方程式可以表示为：

$$p_D = \frac{p/Z}{p_i/Z_i} \approx \frac{1-\dfrac{G_p}{G}}{1-\omega G_p} = \frac{1-G_{pD}}{1-\omega_D G_{pD}} \qquad (5\text{-}3\text{-}30)$$

式中，$G_{pD}=G_p/G$，$\omega_D=\omega G$。绘制半对数曲线图版如图 5-3-23 所示。

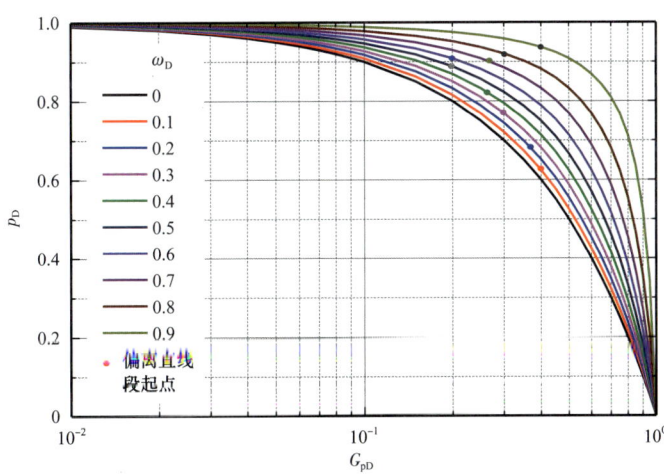

图 5-3-23　单对数形式典型曲线图版（孙贺东等，2020）

借助试井双对数分析原理，可采用图版拟合分析方法进行动态储量评价。主要分析步骤如下：

（1）绘制实际生产数据 p_D—G_p 半对数曲线，将实际数据曲线叠放在理论图版图 5-3-12 上。

（2）首先上下移动实际曲线，将两图版的 p_D 数据轴刻度对齐；其次左右移动实际数据曲线图版，进行曲线拟合；充分拟合后，在理论图版上读取 $[\omega_D]_M$ 值；最后，任取一点分别在理论和实际图版上读取相应的拟合点数值 $[G_{pD}, p_D]_M$ 和 $[G_p, p_D]_M$。

（3）根据横坐标拟合点确定动态储量 G 和 ω，即：$G = \dfrac{[G_p]_M}{[G_{pD}]_M}$ 和 $\omega = \dfrac{[\omega_D]_M}{G}$。

（4）若生产时间较短，还可线性回归 p_D—G_p 曲线（横坐标为正常刻度），得到视地质储量 G_a；由步骤（2）读取的 $[\omega_D]_M$ 拟合值和式（5-3-31）或式（5-3-32）确定 G/G_a，进而计算 G。

$$\frac{G}{G_a} = 1.03242 - 0.96207\omega_D \quad (5\text{-}3\text{-}31)$$

$$\frac{G}{G_a} = \frac{1.0 - 0.97602\omega_D}{1.0 - 0.18793\omega_D} \quad (5\text{-}3\text{-}32)$$

[**例 4**] M6 气藏原始地层压力为 105.89MPa，地层温度为 132℃，容积法地质储量为 $1704 \times 10^8 \mathrm{m}^3$；目前地层压力 79.04MPa，累计产气 $426 \times 10^8 \mathrm{m}^3$。生产数据详见表 5-3-9。试用单对数拟合分析方法计算 M6 高压气藏的动态储量。

表 5-3-9　M6 气藏开发数据表

$G_p/10^8\mathrm{m}^3$	0	45.2	93.5	143.2	196.4	242.3	289.2	334.5	380.3	426.4
p_D	1	0.988	0.977	0.962	0.947	0.935	0.924	0.912	0.900	0.888

解：

该气藏无量纲视地层压力下降 11.2%，不满足物质平衡法动态储量评价的条件，视地质储量为 $3750 \times 10^8 \mathrm{m}^3$，如图 5-3-24 所示。半对数拟合结果如图 5-3-25 所示。$[G_{pD}, p_D]_M$ 理论拟合点为 $[0.10, 0.80]_M$，$[G_p, p_D]_M$ 实际数据拟合点为 $[175, 0.8]_M$，$[\lambda_D]_M$ 拟合线为 0.60。动态储量计算结果为：

$$G = \frac{[G_p]_M}{[G_{pD}]_M} = \frac{175.0}{0.1} = 1750.0 \times 10^8 \mathrm{m}^3$$

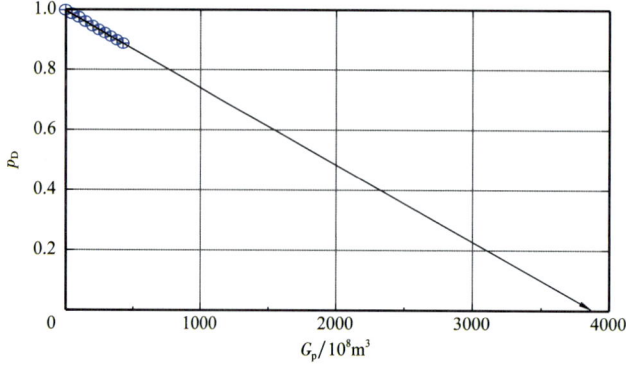

图 5-3-24　M6 气藏压降曲线线性回归图

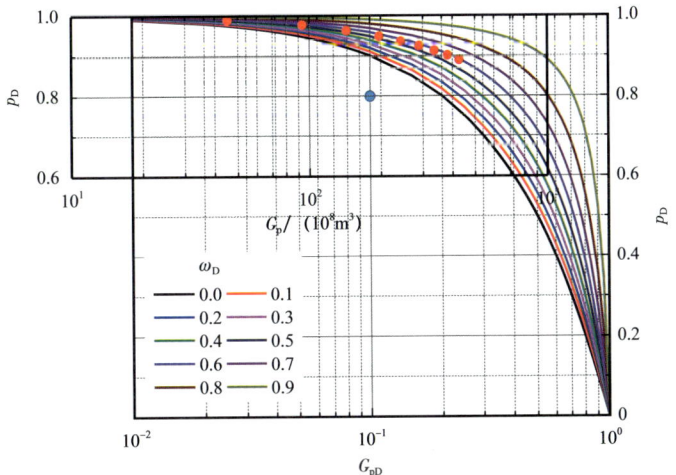

图 5-3-25　M6 气藏半对数典型曲线拟合图

根据 $[\omega_D]_M$ 拟合结果，有：

$$\frac{G}{G_a} = \frac{1.0 - 0.97602\omega_D}{1.0 - 0.18793\omega_D} = \frac{1.0 - 0.97602 \times 0.60}{1.0 - 0.18793 \times 0.60} = 0.467$$

根据上述比例关系，$G = 0.467G_a = 0.467 \times 3750 = 1751.3 \times 10^8 \mathrm{m}^3$。该数值与容积法储量基本一致。

3. 单位压降产气量方法

单位累计压降产气量定义为从原始地层压力条件到目前地层压力条件下的累计产气量与地层压力累计压降的比值。

$$C = -\frac{1}{G}\left(\frac{\mathrm{d}G}{\mathrm{d}p}\right)_T \tag{5-3-33}$$

分离变量积分，有：

$$G_p = G\int_p^{p_i} C\mathrm{d}p = \left[G\bar{C}_g\right](p_i - p) \tag{5-3-34}$$

式中　$\left[G\bar{C}_g\right]$——单位累计压降产气量，$10^8 \mathrm{m}^3/\mathrm{MPa}$。

当地层压力降至 0.101325MPa 时，有：

$$G_p = G = \left[G\bar{C}_g\right]p_i \tag{5-3-35}$$

即：当地层压力降至标准大气压下，无量纲单位累计压降产气量的数值为原始地层压力的倒数。如图 5-3-26 所示，累计单位压降产气量与累计压降关系曲线在早中期呈线性关系，后期逐渐变缓，变缓幅度与偏差系数有关。

天然气偏差系数最小值（Z_{min}）取决于拟临界性质，如图 5-3-27 所示。当拟对比温度（T_{pr}）大于 1.9 时，天然气偏差系数最小值在 0.90 以上。

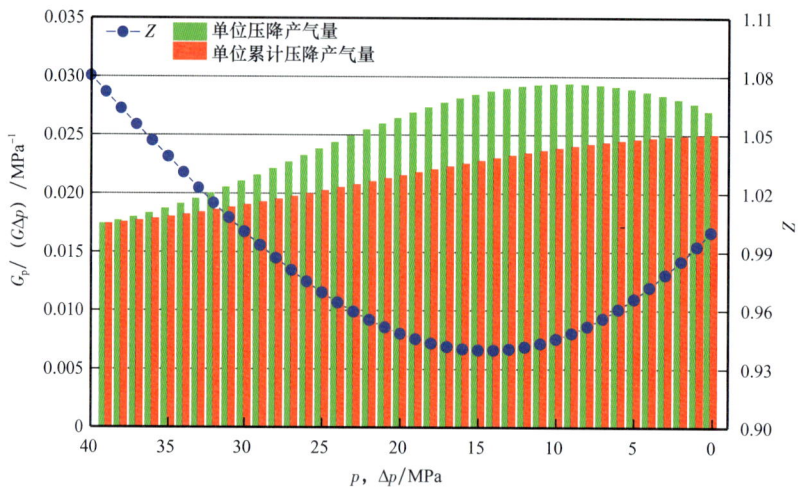

图 5-3-26　单位压降产气量和无量纲单位累计压降产气量

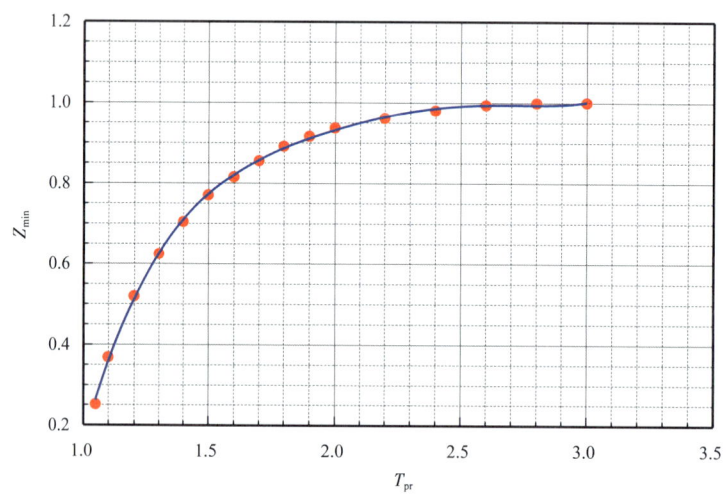

图 5-3-27　不同拟对比压力情形偏差系数最小值

该方法主要分析步骤如下：

（1）绘制累计单位压降产气量与累计压降 $G_p/\Delta p$—Δp 直角坐标图，进行线性回归，并将直线延长与纵轴相交，记录交点坐标；

（2）根据温度、天然气物性参数，查图 5-3-27 确定偏差系数最小值；

（3）原始地层压力、交点数值与偏差系数最小值的乘积即为动态储量。

[例 5] 美国 Anderson L 高压气藏生产数据见表 5-3-10（Duggan，1971）。试用单位累计压降产气量方法计算该气藏的动态储量。

解：

首先根据已知数据，计算单位累计压降产气量，数据见表 5-3-10。绘制 $G_p/\Delta p$—Δp 曲线，在大气压条件下，单位压降产气量为 $0.31\times10^8 m^3/MPa$，如图 5-3-28 所示；根据天然气相对密度 0.665，算得偏差系数最小值为 0.934；因此动态储量为 $18.96\times10^8 m^3$，若不进行修正，数值为 $20.30 \times 10^8 m^3$。若直接用压降曲线法计算，计算结果为 $26.6 \times 10^8 m^3$，如图 5-3-29 所示，远高于容积法储量。

表 5-3-10　例 4 计算数据表

序号	$G_p/10^8 m^3$	p/MPa	Δp/MPa	Z	p/Z/MPa	G_p/p/($10^8 m^3$/MPa)
1	0.000	65.55	0.00	1.440	45.52	
2	0.118	64.07	1.48	1.418	45.18	0.079
3	0.492	61.85	3.70	1.387	44.59	0.133
4	0.966	59.26	6.29	1.344	44.09	0.154
5	1.276	57.45	8.10	1.316	43.65	0.157
6	1.647	55.22	10.33	1.282	43.07	0.160
7	2.257	52.42	13.13	1.239	42.31	0.172
8	2.620	51.06	14.49	1.218	41.92	0.181
9	3.146	48.28	17.27	1.176	41.05	0.182
10	3.519	46.34	19.21	1.147	40.40	0.183
11	3.827	45.06	20.49	1.127	39.98	0.187
12	5.163	39.74	25.81	1.048	37.92	0.200
13	6.836	32.86	32.69	0.977	33.63	0.209
14	8.389	29.61	35.94	0.928	31.91	0.233
15	9.689	25.86	39.69	0.891	29.02	0.244
16	10.931	22.39	43.16	0.854	26.21	0.253

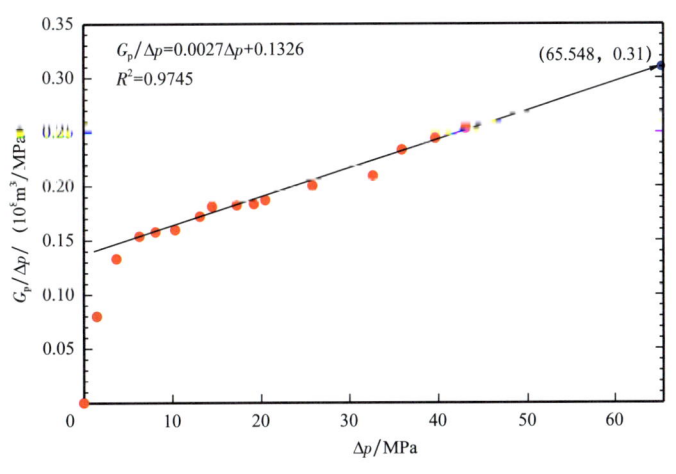

图 5-3-28　单位累计压降产气量方法结果图

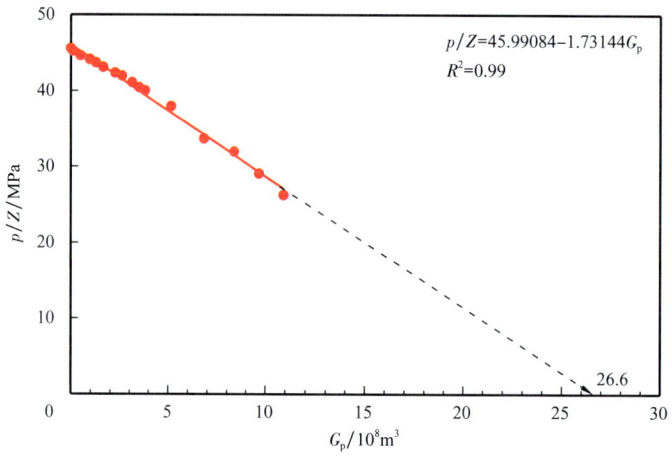

图 5-3-29 压降法结果图

该方法优点是仅用产量和压力数据进行分析,对于定容和封闭气藏计算结果相对准确,但对于强水驱气藏,应多方法结合使用,否则计算结果偏差较大。

三、超深超高压气藏动态储量分析流程

1. 计算方法汇总

本节前两部分分别介绍了经典两段式分析方法、线性回归分析方法、非线性回归分析方法和典型曲线拟合分析方法、试凑分析方法,总计 5 类 22 种方法,每种方法各有优缺点,见表 5-3-11。从表 5-3-11 看出,不考虑压缩系数的方法占绝对优势。

表 5-3-11 各种高压气藏动态储量评价汇总表

方法编号	分析方法		需要压缩系数	压降指示曲线拐点是否敏感	假设条件及优缺点
方法 1	经典两段式分析方法	Hammerlindl 方法	平均压缩系数方法	√	×	数据点压力系数在 1.13 以上
方法 2			修正储层体积方法	√	×	
方法 3		陈元千方法	√	√	定容封闭气藏,假定拐点处压力系数为 1.2~1.3
方法 4		Gan-Blasingame 分析方法	×	√	无需压缩系数,曲线拐点是否出现均可计算
方法 5	线性回归分析方法	Ramagost-Farshad 压力校正法	√	√	封闭气藏,已知压缩系数
方法 6		Roach 分析方法	×	×	可反算压缩系数,但对原始压力数据敏感

续表

方法编号	分析方法			需要压缩系数	压降指示曲线拐点是否敏感	假设条件及优缺点
方法 7	线性回归分析方法	Poston–Chen–Akhtar 改进的 Roach 方法		×	√	水驱气藏，可计算水侵前的动态储量、水侵量的大小及有效压缩系数
方法 8		Becerra–Arteaga 方法		×	√	需要已知压力系数
方法 9		Havlena–Odeh 方法		×	×	水侵气藏，对原始压力和早期数据敏感；若为封闭气藏，可计算岩石压缩系数
方法 10		单位累计压降产气量方法		×	×	已知天然气偏差系数变化，不能排除水能量的影响
方法 11	非线性回归分析方法	非线性回归法	二元回归法	×	×	已知天然气偏差系数变化，可计算动态储量和压缩系数
方法 12			二项式近似	×	√	当 $\lambda_D<0.4$ 时，可用二项式近似
方法 13			三项式近似	×	√	曲线形态不易控制，可能造成大的误差
方法 14			极限形式	×	√	封闭气藏结果相对准确
方法 15			幂函数形式	×	√	封闭气藏结果相对准确
方法 16	典型曲线拟合分析方法	Ambastha 图版及其改进分析法		×	×	封闭气藏，图版制作已知原始压力和温度，多解性强
方法 17		Fetkovich 拟合分析方法		×	×	考虑非储层溶解气的影响，反算压缩系数和水体大小
方法 18		Gonzales 拟合分析方法	二项式形式	×	×	主要用于其他方法结果的验证，建议采用极限形式图版
方法 19			极限形式	×	×	
方法 20		单对数拟合分析方法		×	√	封闭气藏，可计算动态储量和有效压缩系数
方法 21		多井现代产量递减分析方法		√	进入边界控制流	未考虑水侵的影响，仅能计算连通井组的动态储量
方法 22		试凑分析方法		√	×	分离计算水溶气储量

除了上述介绍的方法外，还有基于岩石压缩系数变化的方法，如 Begland 等（1989）、Yale 等（1993）和 Guehria（1996）等方法，本书不再赘述。

2. 分析方法推荐

高压气藏动态储量计算方法的优选考虑如下因素：

（1）压缩系数。由于压缩系数与储量成反比且敏感性强，而压缩系数通过实验难以准确确定，且气藏不同位置处压缩系数也存在较大的差异。因此，不推荐考虑压缩系数的计算方法。

（2）原始地层压力。Roach 方法、Ambastha 图版及其改进分析法对原始压力十分敏感，不推荐此类方法。

（3）采出程度。压降程度较低时不宜采用 Gan-Blasingame 分析方法、二元回归分析方法等。

（4）非线性回归。二项式近似、三项式近似方法虽然简单、方便，但其具有一定的应用条件，且曲线形态不易控制，可能会产生较大的误差。因此，不推荐这两种方法。

（5）水侵判断。建议采用 Poston-Chen-Akhtar 改进的 Roach 方法。

综上所述，本书推荐采用仅依靠压力数据和产量数据进行动态储量计算的方法，如单位累计压降产气量方法（方法 10，适用于开发各个阶段）、非线性回归方法（方法 14、方法 15，适用于开发中后期）、单对数拟合分析方法（方法 20，适用于开发中后期）、Poston-Chen-Akhtar 改进的 Roach 方法（方法 7，适用于存在水驱的气藏）。在实际应用过程中，各种方法应有机结合、互相约束、相辅相成，同时结合静态研究成果，降低储量评价的不确定性。

3. 分析流程建议

分析流程建议如下：

（1）计算平均地层压力和偏差系数；整理压力与累计产量数据，绘制 p/Z—G_p 压降指示曲线，分析曲线是否具有向下弯曲特征。

（2）至少保留历史生产数据的 10%～20%，以验证所选方法的可靠性。

（3）采用 Poston-Chen-Akhtar 改进的 Roach 方法、Havlena-Odeh 方法判断是否有水侵特征，判断出水侵影响拐点。

（4）若有水侵特征，可采用 Poston-Chen-Akhtar 改进的 Roach 方法、Fetkovich 拟合分析方法计算；或采用水侵影响拐点前的数据，用其他方法计算；若未发现水侵特征，可根据数据条件，采用方法 10 或方法 14、方法 15 进行计算。

（5）采用非线性回归方法预测动态储量，p/Z—G_p 压降指示曲线必须出现向下弯曲特征，建议采用极限形式（方法 14）或幂函数形式（方法 15）的非线性回归方法计算。

（6）若 p/Z—G_p 压降指示曲线未出现向下弯曲特征，可采用单位累计压降产气量（方法 10）进行计算，采用 Gonzales 极限形式拟合分析方法、单对数拟合分析方法进行验证。

上述分析流程如图 5-3-30 所示。

4. 基础数据准备

主要收集气藏、井筒完井及日常生产数据，具体见表 5-3-12。

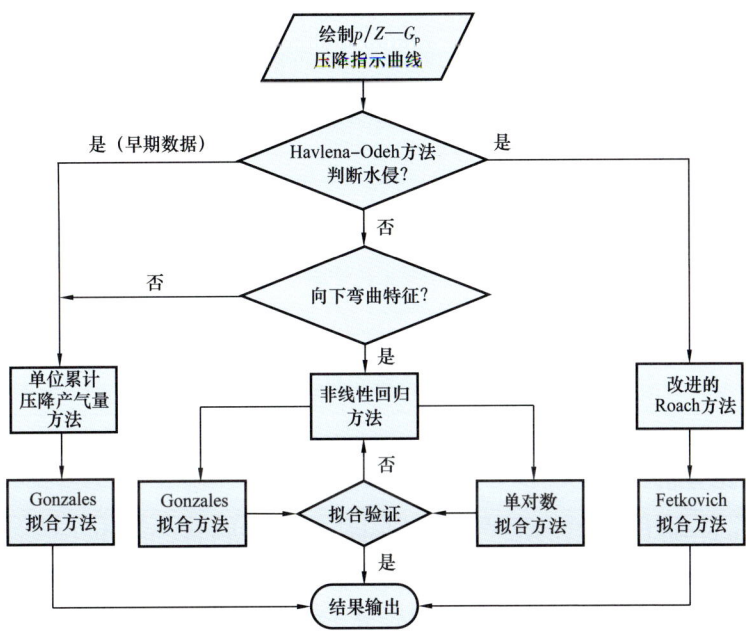

图 5-3-30　超深超高压气藏动态储量分析流程建议

表 5-3-12　动态储量分析基础参数数据表

项目	参数
储层性质	气藏面积、孔隙度、有效厚度、岩石压缩系数、总压缩系数、原始含水饱和度
天然气物性	PVT 报告、体积系数、偏差系数、黏度、压缩系数、天然气相对密度、天然气组分
地层水物性	体积系数、天然气在水中的溶解度、黏度、压缩系数
平均压力相关	测点压力、储层中深、原始地层压力、气藏温度、井口静止温度、井口静压
日产数据	井口油管与套管压力数据、油气水产量数据、流压梯度测试数据、静压梯度测试数据
累计产量数据	累计产气量、累计产水量、累计产凝析油量

在进行动态储量数据分析和解释过程中常见的问题及影响见表 5-3-13，在进行生产数据分析之前，了解这些问题非常重要。

表 5-3-13　动态储量数据分析与解释过程中常见的问题及影响

问题		影响程度
压力	无压力测量数据	严重
	计算的原始压力值不正确	严重
	$p_{ts}-p_{ws}$ 转换存在问题	中等
	井筒积液（影响 $p_{ts}-p_{ws}$ 转换）	中等
	压力测量位置不正确	非常严重

续表

问题		影响程度
产量	累计产气量计量不准	非常严重
	累计产水量计量不准	中等
一般性问题	压缩系数不准	非常严重
	偏差系数不准	非常严重
	时间、压力和产量同步性差	中等/严重
	时间、压力和产量相关性差	非常严重

5. 结果对比分析

下面以 Anderson L 气藏和 M2 气藏为例对计算结果进行评价分析。

(1) 试对比分析 Anderson L 气藏采用 Poston–Chen–Akhtar 方法、单位累计压降产气量方法、非线性回归分析方法、单对数拟合分析方法的动态储量结果。已知容积法储量为 $19.6 \times 10^8 m^3$。

按照本节的推荐分析流程，采用 4 种方法计算气藏的动态储量。

① Poston–Chen–Akhtar 方法：用临界斜率线上方 6 个数据点线性回归，求得储量为 $22.40 \times 10^8 m^3$，如图 5–3–31（a）所示。

② 采用单位累计压降产气量方法：求得动态储量为 $18.96 \times 10^8 m^3$，如图 5–3–31（b）所示。

③ 采用极限形式非线性回归方法：求得动态储量为 $19.8 \times 10^8 m^3$，如图 5–3–31（c）所示。

④ 采用单对数拟合分析方法：计算 Anderson L 高压气藏的动态储量为 $20.0 \times 10^8 m^3$，拟合结果如图 5–3–31（d）所示。

4 种方法计算结果接近，Poston–Chen–Akhtar 方法最大相对误差最大，为 13.7%；其余三种方法相对误差均在 5.0% 以内。

(2) 试对比分析 M2 气藏采用 Poston–Chen–Akhtar 方法、单位累计压降产气量方法、非线性回归分析方法、单对数拟合分析方法的动态储量结果。已知容积法储量为 $2400 \times 10^8 m^3$。

M2 气藏原始地层压力为 74.22MPa，地层水压缩系数为 $5.6 \times 10^{-4} MPa^{-1}$，原始含水饱和度为 0.32，气藏温度为 100℃，容积法储量为 $2400 \times 10^8 m^3$。开发数据见表 5–3–14。

按照本节的推荐分析流程，采用 3 种方法计算气藏的动态储量。

① Poston–Chen–Akhtar 方法：用临界斜率线上方 5 个数据点线性回归，求得储量为 $2100 \times 10^8 m^3$，如图 5–3–32（a）所示。

② 采用单位累计压降产气量方法：求得动态储量为 $1933 \times 10^8 m^3$，如图 5–3–32（b）所示。

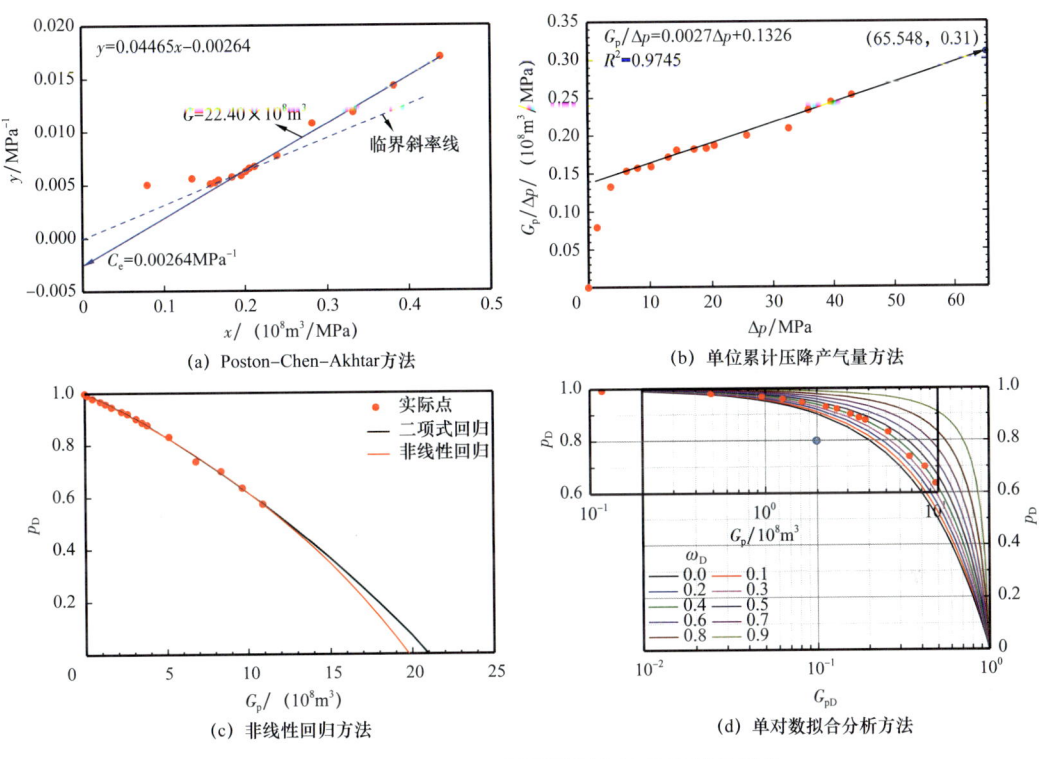

图 5-3-31　Anderson L 气藏不同方法动态储量结果

表 5-3-14　M2 气藏开发数据表

序号	$G_p/10^8m^3$	$W_p/10^4m^3$	p/MPa	Z	p/Z/MPa	Δp/MPa
1	0.00	0.00	74.22	1.450	51.27	0.0000
2	2.14	0.00	73.98	1.450	51.00	0.2400
3	34.61	0.37	72.92	1.446	50.43	1.3000
4	118.72	2.11	69.97	1.442	48.52	4.2500
5	228.32	4.65	65.80	1.438	45.76	8.4200
6	345.40	7.50	61.32	1.434	42.76	12.9000
7	457.91	10.93	57.60	1.430	40.28	16.6200
8	553.39	16.61	54.99	1.426	38.56	19.2300
9	614.31	18.40	53.30	1.422	37.48	20.9200
10	689.23	21.11	51.21	1.418	36.11	23.0100
11	769.08	23.60	49.00	1.414	34.65	25.2200
12	839.48	26.42	47.06	1.413	33.31	27.1600
13	901.98	29.52	45.37	1.412	32.13	28.8500

续表

序号	$G_p/10^8 \text{m}^3$	$W_p/10^4 \text{m}^3$	p/MPa	Z	p/Z/MPa	Δp/MPa
14	958.96	35.67	43.86	1.411	31.08	30.3600
15	1029.23	39.10	42.05	1.411	29.81	32.1700
16	1095.80	46.26	40.39	1.410	28.64	33.8300
17	1157.65	57.22	38.87	1.410	27.57	35.3500

③ 压降指示曲线未出现向下弯曲趋势，不能用非线性回归方法和单对数拟合分析方法进行计算。若采用前期生产数据线性回归，求得动态储量为 $2100 \times 10^8 \text{m}^3$，如图 5-3-32（c）所示。

该气藏在开发早期已有水的影响，水气比呈逐年上升趋势，如图 5-3-32（d）所示，因此 $2100 \times 10^8 \text{m}^3$ 为上限值。综上所述，本气藏动态储量取值 $1933 \times 10^8 \text{m}^3$。

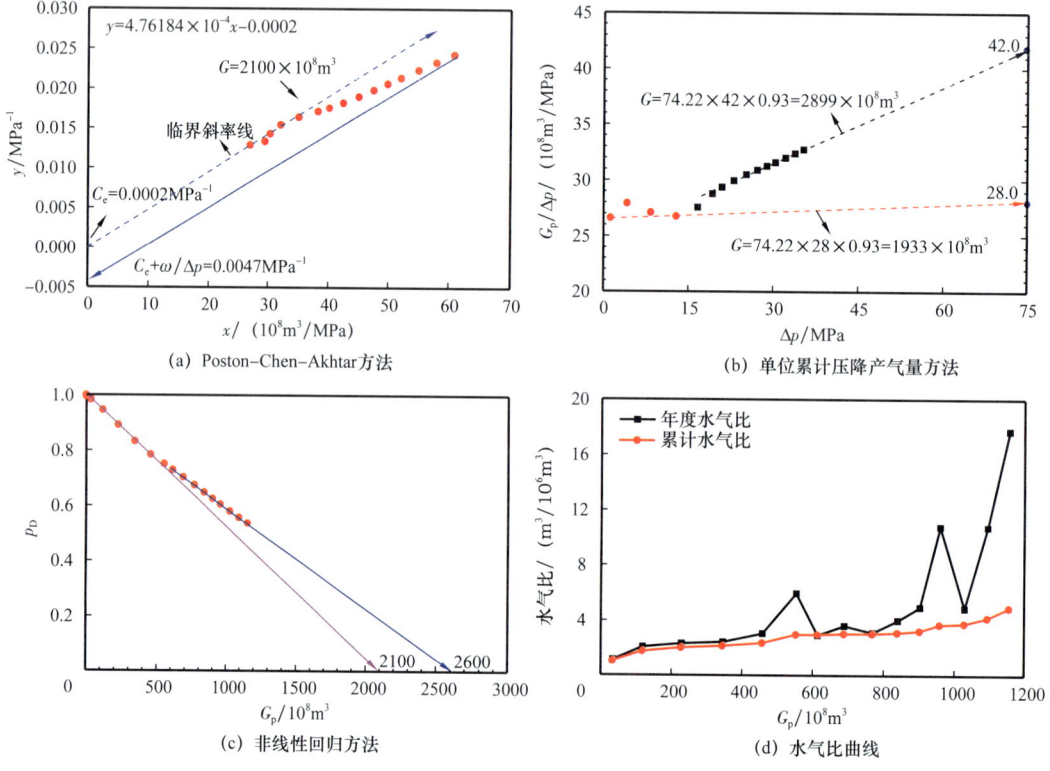

图 5-3-32　M2 气藏不同方法动态储量评价及水气比曲线

第六章 超深超高压气田采气工艺关键技术

克拉苏气田的气藏属于典型的超深超高压气藏，且含二氧化碳等腐蚀介质。同时，储层致密，需要大规模改造才能达到配产要求。在如此苛刻工况条件下，给井完整性设计与管控、流动保障等采气工艺关键技术带来了严峻挑战。经过多年攻关与实践，形成了高温高压井完整性设计与管控、复杂储层与井筒流动保障等关键技术，有效支撑了克拉苏气田天然气持续上产。

第一节 超深超高压气井完整性设计技术

超深超高压气井完整性设计需考虑从建井到生产全生命周期，而不同阶段面临的难题也不同。钻井周期长，油层套管悬挂段磨损程度大、套管强度降低；完井时多数井需要进行大型压裂施工才能投产，造成完井管柱的完整性难以保证；生产阶段油管柱与套管柱承受不同的温差和压差，极易出现环空带压、管柱泄漏等问题，此外超高压工况还给井口装置及生产套管性能提出了更高的要求。通过攻关，形成高温高压气井一级、二级井屏障设计技术以及复杂环境油套管防腐技术，大幅降低了高温高压气井井屏障失效率。

一、井一级井屏障设计技术

1. 气井油管选材及特殊螺纹接头

克拉苏气田属于"三超"气井工况，且产出流体中 CO_2 含量高（CO_2 分压超 1MPa）、地层水中 Cl^- 含量高（最高达 132000mg/L），腐蚀环境苛刻，且完井采用改造—完井一体化管柱，给油管的长期服役安全与密封可靠性提出了巨大的挑战。

1）高温高压气井油管选材技术

库车山前普遍采用改造—完井一体化管柱，油管要经历酸化和生产两个过程，接触的流体介质包括注入的鲜酸、返排的残酸和生产初期的凝析水、中后期的地层水等。油管的选材评价工作系统考虑了油管经历的各种工况，设计了从鲜酸注入—残酸返排—凝析水—地层水的腐蚀试验评价流程，形成全生命周期的油管腐蚀评价方法。通过现场应用发现，井况温和的井使用普通 13Cr 或改进型 13Cr 即可满足安全生产要求。为此，对油套管厂家选材图版、历年科研成果和现场服役效果进行综合分析，精细化设计，根据井筒温度不同明确使用不同级别的 13Cr 材质。

针对 CO_2 环境下的选材，主要参照美国腐蚀防腐蚀工程师协会有关规范、《石油工程手册·采油工程》（石油工业出版社，1992）等资料，资料中规定当 CO_2 分压大于

0.21MPa,属于严重腐蚀,需采用特殊防腐管材。通过近年来现场普通 13Cr 油管的实际服役情况看,YH23-1-22 井(井温约 120℃)普通 13Cr 油管服役时间已超 10 年;DN2-22 井(井温约 140℃)改进型 13Cr 油管服役时间达 6 年,从起出油管的腐蚀情况来看,壁厚减薄不明显,点蚀和均匀腐蚀轻微,按照均匀腐蚀速率预测,服役寿命可大于 12 年。结合室内试验研究结果,井温不大于 120℃,推荐普通 13Cr;井温 120~150℃,推荐改进型 13Cr;井温 150~180℃,推荐超级 13Cr;井温 180~200℃,推荐 15Cr;井温大于 200℃,推荐镍基合金。

2)高温高压气井油管的特殊螺纹接头

克拉苏气田高温高压气井要求完井管柱螺纹接头不但要具有高的连接强度,同时要有良好的气密封性能,这就要求完井管柱必须采用特殊螺纹接头。国内外各大油气田均按照 ISO 13679 和 API Spec 5C5 标准规定,对不同生产工况井,采用不同试验级别开展实物评价试验,见表 6-1-1。但是标准中模拟的工况只有拉伸、压缩、内压、外压、弯曲、高温,没有考虑扭转、振动、腐蚀介质等对螺纹接头性能的影响,因此,仅按照标准要求进行特殊螺纹接头性能评价还不足以有效指导高温高压气井螺纹类型的选择。结合库车前陆区高温高压气井的实际工况,建立了一套适用于塔里木油田高温高压气井油管特殊螺纹接头的评价流程(图 6-1-1)。该评价流程在 ISO 13679 标准规定的Ⅳ级试验基础上,增加了振动、酸化、腐蚀介质等更苛刻的试验条件,使评价流程更加符合高温高压气井的实际工况。

表 6-1-1 高温高压气井油管螺纹接头服役工况对应的试验级别

试验级别		油井管服役工况
CAL Ⅳ	适用最苛刻的用途	适用于气井生产和注采用的油管、套管
CAL Ⅲ	适用苛刻的用途	适用于油井和气井生产以及注采用的油管、套管
CAL Ⅱ	适用较不苛刻的用途	适用于油井和气井生产以及注采并承受有限外压的油管、套管及技术套管
CAL Ⅰ	适用最不苛刻的用途	适用于油井

采用该评价流程优选了 6 种特殊的螺纹类型(表 6-1-2),现场应用效果良好。研究发现,特殊螺纹接头评价可以采用有限元分析法 + 部分Ⅳ级实验相结合的方法,能够有效降低试验成本,提高特殊螺纹接头认证效率。同时,国际标准 API Spec 5C5 也提出对重要参数可以进行内插和外推,如图 6-1-2 所示。通过攻关研究,完善了内插与外推法,建立了以有限元分析方法为基础的"有限元分析 + 部分实物试验"相结合的气密封螺纹认证方法,可以模拟井下各种复合载荷,实现井下工况全覆盖。

分析气密封螺纹产品认证流程(图 6-1-3),得知新规格气密封螺纹要在高温高压气井中应用,需开展 5 个方面的工作:油气井设计、产品调研、螺纹类型设计及材料性能、有限元分析及试验矩阵、全尺寸试验。当油气井设计有新规格气密封螺纹油套管应用需求时，则油田和厂家技术部门开展相关产品调研，分别从螺纹类型设计和材料性能方面提升油套管产品性能，对设计的新规格气密封螺纹油套管开展有限元分析，找出需要通过全尺寸实物试验验证的组合，进而列出需要全尺寸实物试验评价的试验矩阵（图6-1-4），当新规格气密封螺纹油套管通过有限元分析＋部分全尺寸实物试验评价后，就表明该新规格气密封螺纹油套管在塔里木油田高温高压气井中是适用的。

有限元分析首先需要选择相应的尺寸，对每个壁厚都要开展Ⅳ级A系列分析，找出密封性能和线重的规律（单向增长、单向减少或无规律三个方面），确定临界试验尺寸组合，再选择下一个尺寸，直到完成所有尺寸的有限元分析，进而找出需要实物试验评价的试验矩阵。有限元分析载荷点如图6-1-5所示。

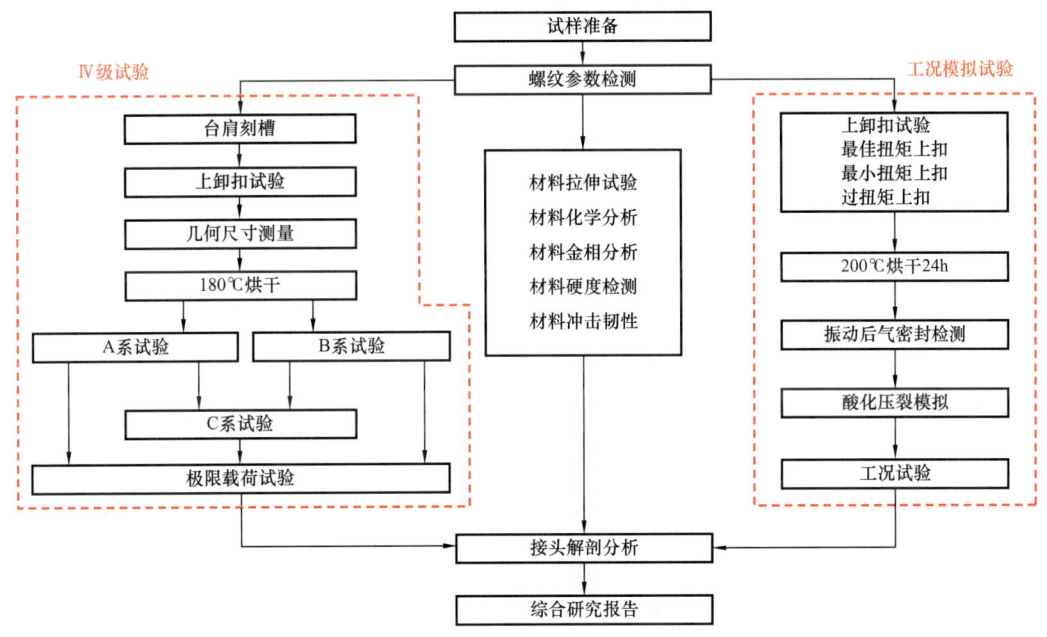

图 6-1-1　高温高压气井油管特殊螺纹接头评价流程

表 6-1-2　特殊螺纹接头评价信息汇总表

螺纹类型	通过试验	压缩效率/%	试验数量	应用范围
BGT1	工况模拟评价试验	—	少	已弃用
BGT2	ISO13679 Ⅳ级试验＋塔里木模拟工况试验	100	多	碳钢油管在用螺纹类型
JFE FOX	ISO 13679 Ⅳ级试验	60	少	已弃用
JFE BEAR	ISO 13679 Ⅳ级试验	80	很多	在用
JFE LION	ISO 13679 Ⅳ级试验	100	少	试用推广阶段
TSH wedge 563	ISO 13679 Ⅳ级试验	100	少	在用

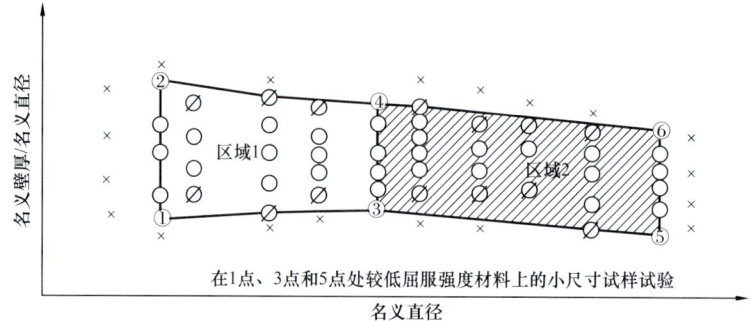

图 6-1-2　内插和外推原则

①②③④⑤⑥—依据所选择的 CAL 程序，对表示的规格/重量组合进行全部试验；○—通过产品线方法，将试验结果扩展到○表示的规格/重量组合，用户可选择进行小尺寸试样试验、分析和/或不进行试验；×—不能将试验结果扩展到 × 表示的规格/重量组合；∅—这些规格/重量组合经过小尺寸试样试验或分析试验

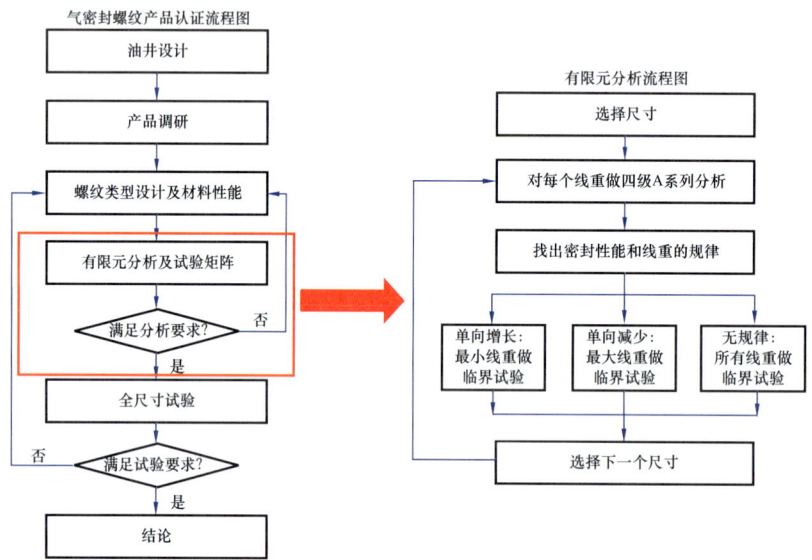

图 6-1-3　塔里木油田气密封螺纹产品认证流程

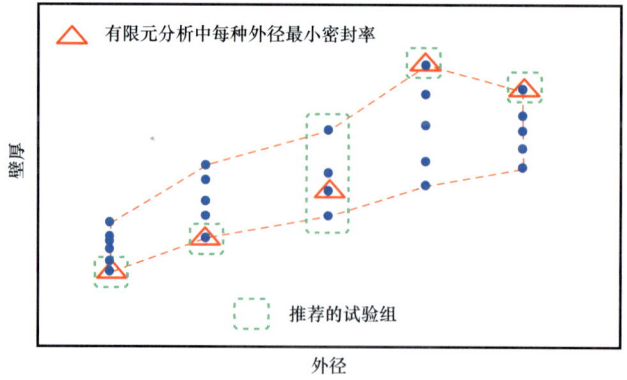

图 6-1-4　待评价尺寸和壁厚的气密封螺纹分析试验矩阵

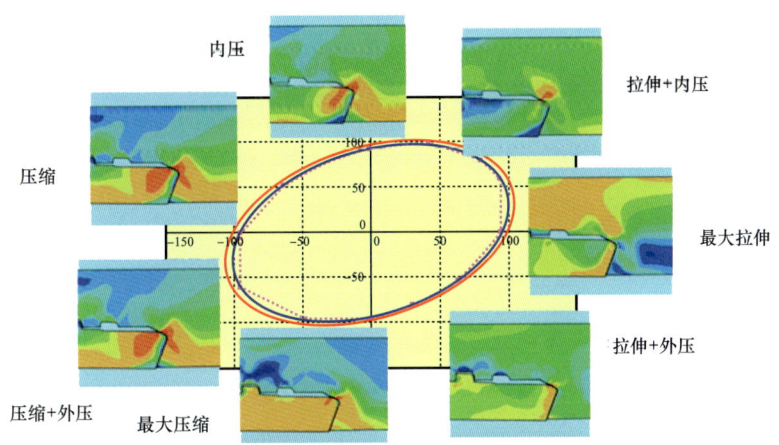

图 6-1-5 有限元分析载荷点

对于厂家提供的实物试验报告，ISO/PAS 12835：2013 附录 C 给出了实物试验验证的审核方式（表 6-1-3）。塔里木油田主要采用方式 3 和方式 5 进行实物试验验证的审核。

表 6-1-3 实物试验验证的审核方式

方式	参与单位	委托方	制造商	评价方	审核方	评价方式示例
1	第一方	√				购方 A 在实验室 C 评价制造商 B 的产品，由独立的单位 D 进行审核
	第二方		√			
	第三方			√		
	第四方				√	
2	第一方	√			√	购方 A 在实验室 C 评价制造商 B 的产品，由购方 A 自己进行审核
	第二方		√			
	第三方			√		
3	第一方	√				购方 A 在实验室 C 评价制造商 B 的产品，由实验室 C 进行审核
	第二方		√			
	第三方			√	√	
4	第一方	√		√		购方 A 在自己的实验室评价制造商 B 的产品，由独立的单位 D 进行审核
	第二方		√			
	第三方				√	
5	第一方	√				购方 A 在制造商 B 的实验室评价制造商 B 的产品，由独立的单位 D 进行审核
	第二方		√	√		
	第三方				√	

续表

方式	参与单位	委托方	制造商	评价方	审核方	评价方式示例
6	第一方	√	√			制造商 B 在实验室 C 评价自己产品，由独立的单位 D 进行审核
	第二方			√		
	第三方				√	
7	第一方	√			√	购方 A 在制造商 B 的实验室评价制造商 B 的产品，由购方 A 自己进行审核
	第二方		√	√		
8	第一方	√	√			制造商 B 在实验室 C 评价自己的产品，由实验室 C 进行审核
	第二方			√	√	
9	第一方	√	√	√		制造商 B 在自己的实验室评价自己产品，由独立的单位 D 进行审核
	第二方				√	
10	第一方	√		√		购方 A 在自己的实验室评价制造商 B 的产品，由制造商 B 进行审核
	第二方		√		√	

按照新的"有限元分析 + 部分实物试验"相结合的气密封螺纹认证流程，已完成 20 种新规格气密封螺纹油套管产品论证（表 6-1-4）。采用该认证流程，不仅能够将之前完整实物试验的时间大幅缩短，同时还能节省试验费用。随着 $\phi 188.30\text{mm} \times 17.90\text{mm}$ BT-S13Cr110 BGT2C 等新螺纹类型成功应用，证明气密封螺纹"有限元分析 + 部分实物试验"认证流程可以代替气密封螺纹油套管完整实物试验评价程序。

表 6-1-4 已完成的新规格气密封螺纹油套管型号

序号	油套管规格尺寸	序号	油套管规格尺寸
1	$\phi 206.38\text{mm} \times 17.25\text{mm}$ BG140V BGFJ 套管	11	$\phi 188.30\text{mm} \times 17.90\text{mm}$ BTS13Cr110 BGT2C 套管
2	$\phi 88.90\text{mm} \times 6.45\text{mm}$ C110 CBS3 油管	12	$\phi 196.85\text{mm} \times 12.70\text{mm}$ BG140HC BGT2 套管
3	$\phi 196.85\text{mm} \times 12.70\text{mm}$ TN140DW BLUE MAX 套管	13	$\phi 196.85\text{mm} \times 12.70\text{mm}$ TP140HC TPG2-HP 套管
4	$\phi 206.38\text{mm} \times 17.25\text{mm}$ TN140DW BLUE MAX 套管	14	$\phi 244.48\text{mm} \times 11.99\text{mm}$ HS140V HSM-2-HC 套管
5	$\phi 273.05\text{mm} \times 13.84\text{mm}$ TN140HC TSH BLUE 套管	15	$\phi 88.90 \times 6.45\text{mm}$ BT-S13Cr110 BGT3 油管
6	$\phi 88.90\text{mm} \times 6.45\text{mm}$ TN125CR13U TSH BLUE 油管	16	$\phi 196.85\text{mm} \times 12.70\text{mm}$ HS140HC HSG3 套管
7	$\phi 131.00 \times 11.50\text{mm}$ TN125CR13U WEDGE 563 套管	17	$\phi 206.38\text{mm} \times 17.25\text{mm}$ HS140V HSG3-FJ 套管
8	$\phi 88.90 \times 7.34\text{mm}$ JFE-S13Cr110 LION 油管	18	$\phi 88.90\text{mm} \times 6.45\text{mm}$ HS C110 HSM-2 油管
9	$\phi 200.03\text{mm} \times 10.92\text{mm}$ C110 HSG3 套管	19	$\phi 114.30\text{mm} \times 8.56\text{mm}$ HS C110 HSM-2 油管
10	$\phi 293.45\text{mm} \times 23.55\text{mm}$ HS140V HSG3-FJ 套管	20	$\phi 196.85\text{mm} \times 12.70\text{mm}$ TP140HC TP-G4 套管

2. 油管柱精细化强度校核与设计技术

克拉苏气田的超深高温高压气井需进行力学校核才能完成完井管柱配置。通过多年的理论研究、室内实验以及现场应用实践，基本形成了一套管柱力学校核与设计技术。该技术以力学原理作为基础，计算完井期间恶劣工况下管柱的三轴应力，以材料屈服强度与三轴应力的比值作为判断管柱是否安全的标准，并以该标准对工况参数和管柱配置进行调整，以保证管柱在作业周期内的完整性。

1）管柱三轴力学校核基础理论

管柱入井后，受到自重、浮力以及坐封压力的作用产生初始变形量。在不同工况下，管柱随压力和温度的变化，管柱受力并产生变形，这种变形主要由活塞效应、鼓胀效应、螺旋弯曲效应和温度效应等4种效应产生。这些效应会使管柱发生相应的变形量，综合所有变形量之和可求出管柱的总变形量，结合第四强度理论，就可以计算出管柱不同位置处的相当应力安全系数，从而指导完井管柱配置。

相当应力计算公式：

$$Y_\mathrm{p} \geqslant \sigma_\mathrm{VME} = \frac{1}{\sqrt{2}} \left[\left(\sigma_z - \sigma_\theta\right)^2 + \left(\sigma_\theta - \sigma_r\right)^2 + \left(\sigma_r - \sigma_z\right)^2 \right]^{1/2} \quad (6-1-1)$$

式中　Y_p——最小屈服强度，MPa；

σ_VME——三轴应力（相当应力），MPa；

σ_z——轴向应力，MPa；

σ_θ——周向（切向）应力，MPa；

σ_r——径向应力，MPa。

相当应力安全系数计算：

$$K_{相当} = 屈服强度 / 相当应力 \quad (6-1-2)$$

2）管柱三轴力学校核方法

（1）校核参数。

利用管柱力学分析软件进行完井管柱校核，首要任务是基础参数的确认，而基础参数的选取往往存在很多不确定因素，所以明确基础参数的选取有利于完井管柱校核的准确度和效率，有利于校核规范化。

① 校核安全系数确定。油管抗内压安全系数大于1.25，抗外挤安全系数大于1.4，全井管柱的三轴安全系数大于1.50。

② 储层改造施工相关参数。酸液或压裂液的密度和摩阻系数是软件模拟的重要参数，准确与否往往决定了软件模拟结果与现场实际施工结果的符合程度，储层改造液体类型、密度、液体规模、摩阻系数以及压力延伸梯度应与改造设计保持一致。入井流体温度取实测温度，液体摩阻系数应依据室内试验获得的流态指数 n 和稠度系数 k 值确定。

③ 压力延伸梯度。根据综合地质力学评价报告提供的裂缝临界应力计算；本井试油层段有酸化压裂施工数据或参考同区块邻井同层位试油段酸化压裂施工数据，求取地层

压力延伸梯度。

④预计产出流体及产量。预计产出流体及产量应依据产能预测报告中提供的数据。

⑤地层压力和温度的预测。地层压力与温度应依据试油地质设计中提供的地层温压资料，优先采用本井实测的地层温度与压力资料。

（2）校核工况。

在基础参数确定后，就是分析管柱入井后管柱所经历的各种工况，明确需要进行管柱强度校核的工况，以保证管柱在整个生命周期内安全、可靠。

①初始状态。首先确定初始状态下的管柱受力情况。对完井管柱在井筒自由状态下各段油管的受力分析及强度校核，主要包括管柱沿井深分布的轴向应力（管柱自重及浮力影响）同油管抗拉强度的比较。

②坐封工况。封隔器坐封后管柱力学分析，封隔器根据其方式的不同，会导致完井管柱受力的不同。

③替液工况。替液过程中流体类型、密度的变化以及排量和泵压都会导致管柱在井筒内发生变形。

④改造工况（正常改造、低挤、砂堵）。在改造作业开始后，油管内注入酸液（压裂液、携砂液），酸液的温度会对管柱产生影响，同时升高的油管压力会产生两个效应：一方面，作用在油管上的虚构力使得油管发生螺旋弯曲；另一方面，油管内压力增加产生的鼓胀效应使油管缩短。改造时不同排量注入摩阻也会对管柱受力和变形情况产生影响，使得油管柱的受力更加复杂，必须对油管柱组合应力进行校核。

⑤生产工况。生产是完井管柱最主要的职责。生产时地层流体进入井筒，然后通过油管柱产出到井口，其高温高压会对管柱产生影响，特别是长期生产时，一方面地层流体本身温度会使油管受热膨胀伸长，另一方面地层流体的高压致使油管内压力升高而产生鼓胀效应。生产时不同产量与油压都会对管柱产生影响。

⑥关井工况。生产后关井，井口油压上升，管内压力升高，管柱受力加剧。

⑦生产后期。在气井进入开发生产后期的时候，随着地层能量衰竭，油压和日产气量都会不断地减少，油管内外的压差会不断加大，特别是下部管柱，因此必须对油管柱进行校核，确定最低生产油压。

（3）管柱三轴强度校核。

综合考虑管柱在井内温度压力变化情况下对管柱的强度影响，客观真实反映完井管柱在井内的受力状态，计算出完井管柱在不同工况下完井管柱的三轴应力安全系数分布（图6-1-6）。

在全井管柱满足规定三轴应力安全系数的前提下，计算所需施加环空压力值，然后给出不同工况下最低安全系数及薄弱点位置。

在校核过程中，还应给出每段油管受力载荷包络图（图6-1-7），要求所有工况下的载荷应控制在包络图范围内（两图公共部分）。

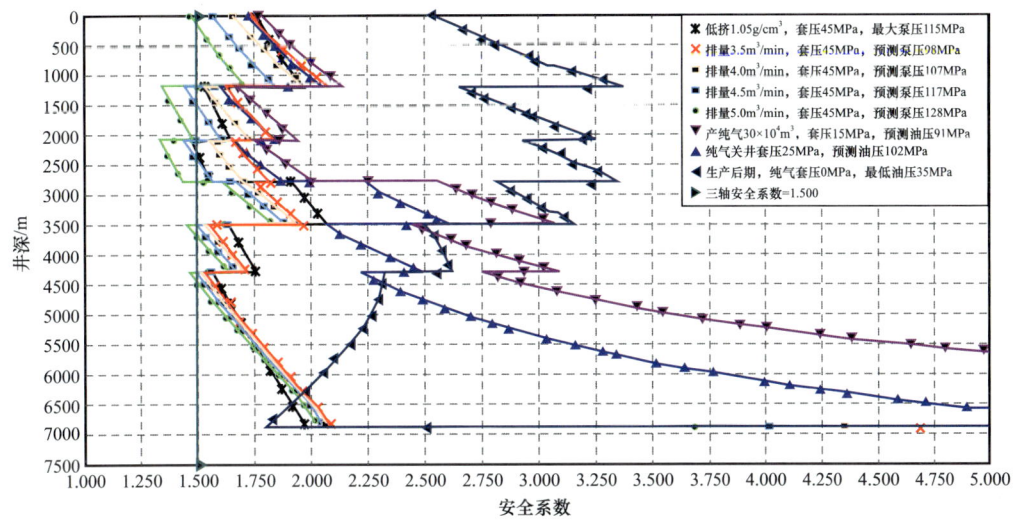

图 6-1-6 管柱三轴应力安全系数分布图

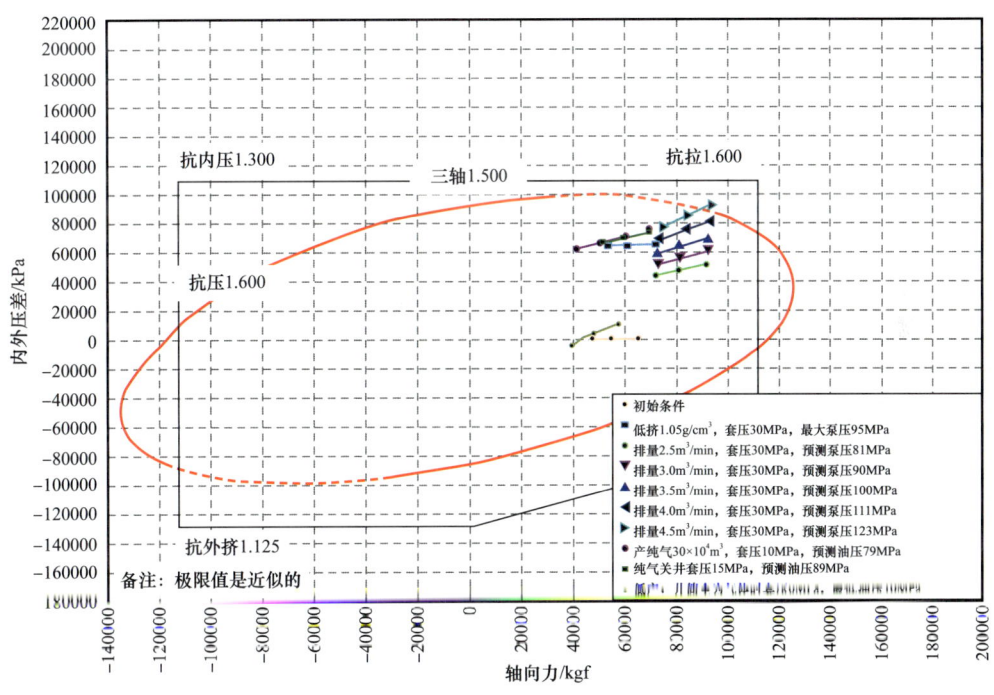

图 6-1-7 油管载荷包络图

（4）井下工具校核。

井下工具属于完井管柱重要组成部分，主要包括封隔器、井下安全阀等，尤其是封隔器，其性能直接影响着压裂酸化或油气井采作业的效果。因此，必须对封隔器进行校核，以保证试油或完井作业的安全可靠。

不同型号的封隔器有着不同的载荷性能曲线。所谓载荷性能曲线，就是通过曲线图解的方式表征封隔器在合理的拉力、压力和压差下的操作限值。封隔器校核时，应保证所有工况都在封隔器的载荷性能曲线以内（图6-1-8）。同时，给出封隔器受力数据表（表6-1-5）。同封隔器校核一样，使用软件对所有工况下井下安全阀受力情况进行计算，将计算结果与井下安全阀的载荷性能曲线进行比对，工具所承受的载荷均在其载荷性能曲线控制范围之内，说明工具安全可靠。其他井下工具要求其各项性能参数不能低于油管本体的强度，以保证完井过程中管柱的安全性。

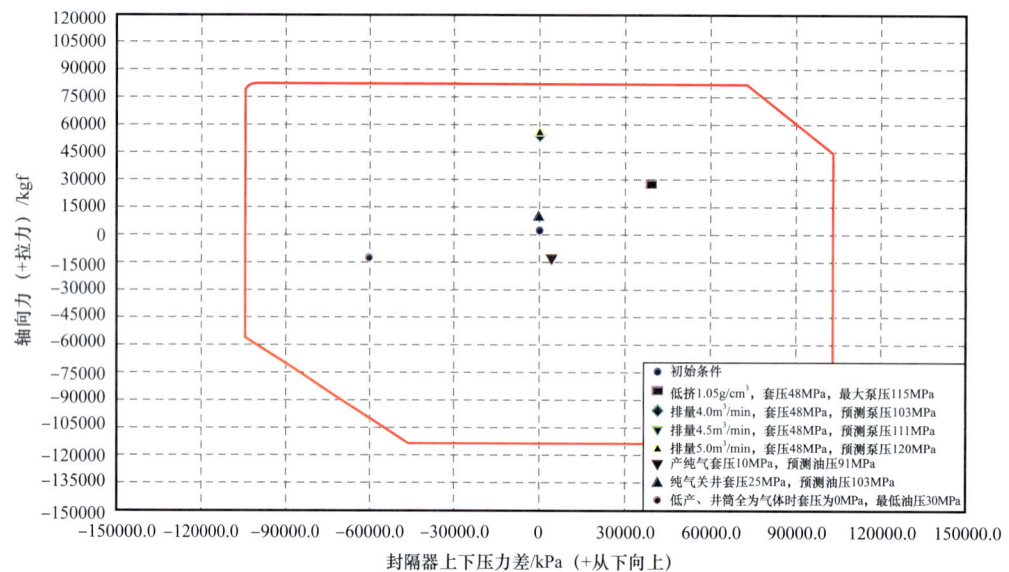

图6-1-8 封隔器载荷性能控制图

表6-1-5 封隔器受力数据表

载荷	油管对封隔器的作用力/kgf	轴向载荷/kgf		环空压力/kPa		温度/℃	封隔器对套管的作用力/kgf
		封隔器上部	封隔器下部	封隔器上部	封隔器下部		
初始状态	−2778.9	−7871.5	−10650	101733.1	101734	173.961	−2778.9
低挤密度1.05g/cm³，套压48MPa，最大泵压115MPa	−27357.6	1724.2	−25633	150230.9	189916	173.961	−44652.7
排量4.0m³/min，套压48MPa，预测泵压103MPa	−52924.3	34866.0	−18058	150425.1	150610	49.112	−53005.1
排量4.5m³/min，套压48MPa，预测泵压111MPa	−55214.2	37207.9	−18006	150970.7	151194	43.223	−55311.6
排量5.0m³/min，套压48MPa，预测泵压120MPa	−55948.5	37994.5	−17954	151053.7	151782	44.001	−56266.0

续表

载荷	油管对封隔器的作用力 / kgf	轴向载荷 /kgf		环空压力 /kPa		温度 / ℃	封隔器对套管的作用力 / kgf
		封隔器上部	封隔器下部	封隔器上部	封隔器下部		
产纯气套压 10MPa，预测油压 91MPa	13853.8	−25410.5	−11556	109239.1	113605	181.605	11951.0
纯气关井套压 25MPa，预测油压 103MPa	−9318.4	−4394.8	−13713	125255.2	126398	174.827	−9816.7
低产、井筒全为气体套压为 0MPa	12876.6	−13081.7	−205	101733.1	41303	173.961	39211.8

（5）油层套管控制参数计算。

油层套管是直接与油气层接触的套管（包括尾管），对于带封隔器的完井管柱应分别计算封隔器上部和封隔器下部的套管控制参数。

一般情况下套管强度按新套管取值，对于长停井或钻井期间可能存在磨损的井，套管强度数据应考虑磨损后的套管剩余强度。

油层套管控制参数计算包括抗内压强度校核、抗外挤强度校核。校核抗内压强度时管外应按清水计算，校核抗外挤强度时管外应按固井前本开钻进期间最大钻井液密度计算。

抗内压强度校核应包括：管内为测试工作液时，封隔器上部套管允许的最高套压，以确定井下工具操作压力和改造期间的平衡压力范围；管内分别为清水、纯气时，封隔器下部套管允许的最高油压，以确定封隔器以下套管能否满足稳定关井的要求。

抗外挤强度校核应包括：管内为清水时，封隔器下部套管允许的最大掏空深度；管内为纯气时，封隔器下部套管允许的最低油压。

（6）综合控制参数。

通过管柱三轴安全系数校核结果、油层套管控制参数计算结果，最终确定该管柱配置的综合控制参数，比如储层改造期间，不同排量下油管与套管压力；放喷排液求产期间，井口油管压力；清水时，油管与套管允许的最大掏空深度。

二、井二级井屏障设计技术

1. 140MPa 套管头设计技术

克拉苏气田井口关井压力最高达 115MPa，油管一旦发生泄漏，在用生产套管抗内压强度及井口装置（套管头和油管头）额定工作压力不能满足全井气体工况下的关井需求。此外，2018 年以前，心轴式套管悬挂器主密封采用的是橡胶＋金属密封方式，且橡胶＋金属密封必须安装在悬挂器上一起入井，该结构主要存在以下问题：（1）橡胶和金属密封圈在通过防喷器组主通径时容易被挂伤、损坏，导致密封失效；（2）悬挂器在套管头内的坐挂、密封部位清洁困难，可能存在沉积的岩屑等导致橡胶密封、金属密封失效；（3）现有的心轴式悬挂器固井后，若主密封失效，无法更换橡胶密封圈和金属密封圈。

针对以上问题，基于二级屏障的等强度设计理念，联合生产厂家共同设计研发国产无顶丝140MPa套管头。

1）套管头结构优化设计

常用的105MPa心轴式套管头在套管头本体上设计有顶丝，而新型140MPa心轴式套管头通过在其上部单独设计一个专用顶丝法兰，主要用于防磨套的坐挂及固定，如图6-1-9所示。它具有在钻井过程中，通过顶丝法兰固定防磨套，钻井作业完成后，该顶丝法兰随钻井四通一起拆除的特点，从而杜绝了完井后套管头本体上顶丝处易发生泄漏等安全隐患问题，有效降低井控风险。

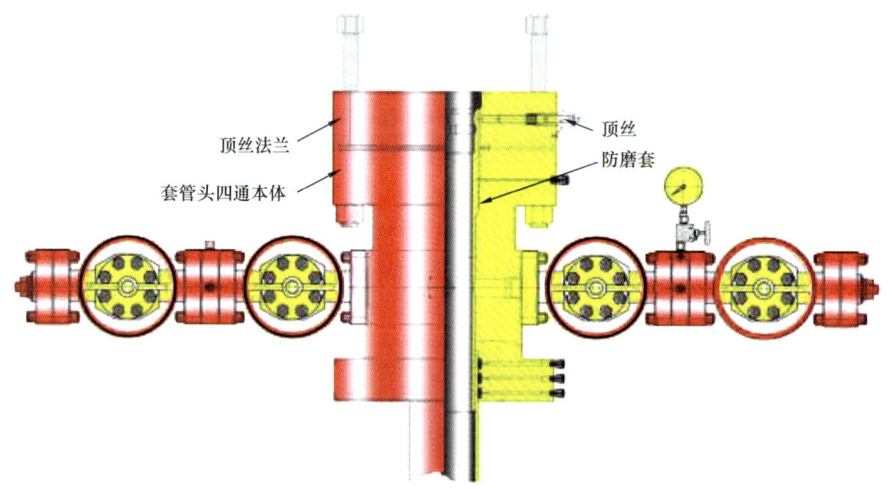

图6-1-9　心轴式套管头本体结构优化示意图

传统的悬挂器密封结构一般采用上部为橡胶密封、下部为金属密封的组合形式，在悬挂器坐挂和固定后，试压时若发现其密封性能达不到要求或者密封失效，就难以对密封结构采取应对措施提高其密封性能。新型悬挂器密封结构创新性地将原有密封结构进行对调，下端采用橡胶密封、上端采用金属密封组件（图6-1-10）。

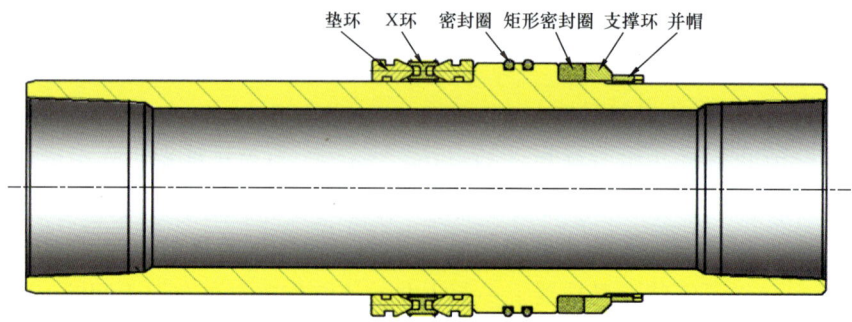

图6-1-10　悬挂器结构优化示意图

新型密封结构悬挂器其上端金属密封组件可在悬挂器坐挂后安装，与以往金属密封悬挂器相比，避免悬挂器在下放过程中金属密封件受损失效。如遇试压不合格，上端金属密封组件可更换。另外，悬挂器上端金属密封组件与套管头本体接触部位设计有限位台阶，可有效控制金属密封件的变形量，保证其主密封性能，悬挂器本体设计有蓄压槽，可通过注脂压力推动金属密封组件退出进行更换，同时将O形密封圈全部替换为刚性好、承压高、寿命长、密封稳定的弹簧骨架式ESS型圈，进一步提高其密封性能。

2）套管头力学性能分析

利用有限元分析对结构优化后的套管头关键部件进行了设计验证：（1）支撑环在轴向方向的载荷分析；（2）密封结构在高内压工况下的密封性能分析；（3）套管头四通极限载荷性能分析。

本体内施加内压70MPa，下表面固定，上表面施加拉力335kN（螺栓预紧力和垫圈挤压力的合力）和重力载荷，忽略防喷器及侧翼重量对结构受力的影响，通过数值分析得到其应力分布如图6-1-11所示。结构整体应力处于较低水平，全局应力普遍小于100MPa，最大Mises应力为270MPa，出现在尖锐边缘位置（应力集中），考虑实际倒角处理，应力水平会低很多，在此工况下套管头结构满足设计强度要求。

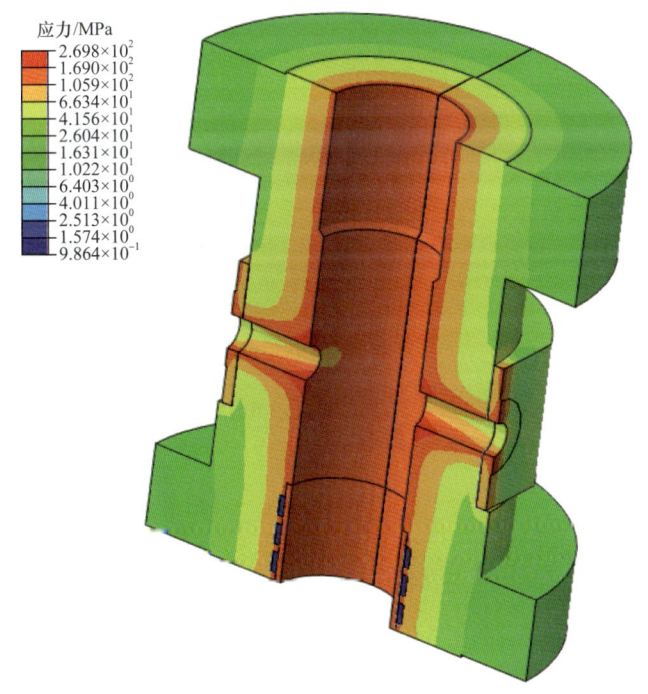

图6-1-11 套管头本体应力分布

图6-1-12为悬挂状态下，本体和悬挂器及其配件的应力分布情况。结构出现小范围的屈服现象，位置在支撑环与本体接触的台肩位置。未出现大范围屈服，且接触面小范围的屈服会一定程度上改善强度局部力学性能，结构在没有其他载荷作用下，出现破坏的可能性不大。但由于没有留出足够的裕度，结构的安全性和可靠性较差。此外，悬挂

器台肩面也出现应力集中现象，最大应力值为 900MPa，接近屈服极限 956MPa，长时间工作可能会出现裂纹，导致结构断裂。

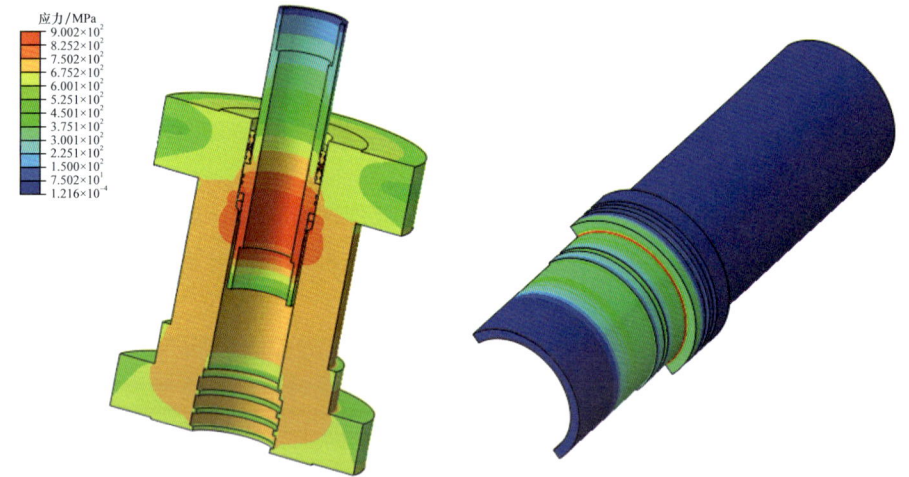

图 6-1-12 悬挂状态下本体和悬挂器及其配件的结构应力分布云图

图 6-1-13 为悬挂状态下，本体台肩面的接触应力和接触状态分布。接触应力处于较高水平（762MPa），接触面连续，有足够的宽度，可以保证密封性能。

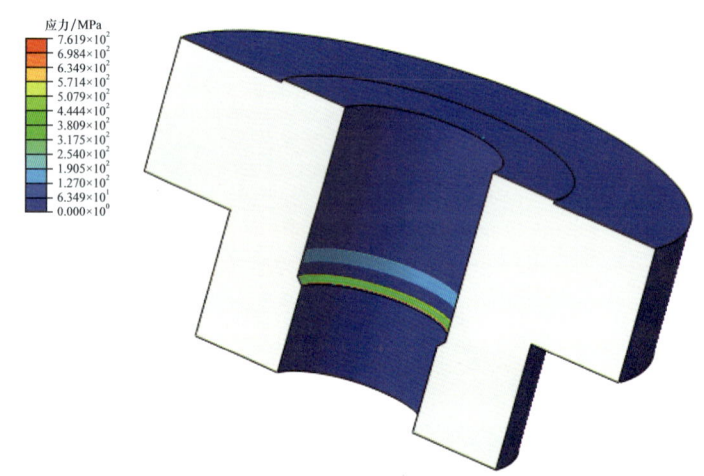

图 6-1-13 悬挂状态下本体台肩面的接触应力分布

通过套管头本体和悬挂器的结构优化以及套管头力学性能理论计算分析，新型 140MPa 心轴式套管头能够满足克拉苏气田"三超"气井的安全生产需求。

3）套管头评价试验

为确保该国产新型 140MPa 心轴式套管头能够现场应用成功，根据 API Spec 6A《井口装置和采油树设备规范》和套管头现场服役工况，进行了套管头关键部件材质评价试验和整体结构形式试验。

国产新型 140MPa 心轴式套管头关键部件悬挂器材质主要为 718，金属密封环材质主要为 0Cr18Ni9，这两种材质在山前"三超"气井产生的腐蚀性流体中易出现硫化物应力开裂（SSC）和氢致开裂（HIC）现象。因此，对这两种材质在山前气井中的适应性进行评价。结果表明，718 和 0Cr18Ni9 均未出现硫化物应力开裂（SSC）和氢致开裂（HIC），说明悬挂器和金属密封环材质适用于"三超"气井工况环境。

套管头作为井口装置中重要的一部分，主要承受下部悬挂套管产生的轴向载荷和第一道井屏障失效后出现的高内压载荷，这需要套管头具有优异的承载能力和密封性能。为验证套管头能够满足现场"三超"气井服役工况，根据 API Spec 6A《井口装置和采油树设备规范》，按照 PR2 级别分别对套管头本体抗内压强度（水压）、悬挂器在拉应力下的密封性能和套管头极限承载性能开展验证试验。首先对未安装悬挂器的套管头本体进行抗内压强度试验，用清水加压至 210MPa（额定工作压力 × 安全系数，140MPa×1.5=210MPa），套管头本体未见渗漏、压力降低现象，然后将悬挂器安装在套管头本体上，对悬挂器施加 120tf 载荷，充氮气加压至 140MPa、保压 30min，未出现泄漏和压力降低现象，最后对套管头整体施加 672tf 载荷，试验后分别对套管头和悬挂器进行渗透探伤，检测应无裂纹。通过对套管头关键部件材质评价试验和整体结构型式试验，完成套管头的设计确认工作，认为国产新型 140MPa 心轴式套管头具备在现场试用的条件。

2018 年 5 月，国产新型 140MPa 心轴式套管头本体首次在克深 14 井成功安装，11 月完成心轴式悬挂器的坐挂，坐挂吨位 280tf，试压合格，试用达到现场要求。整个过程顺利进行，套管头结构完好，悬挂器密封环使用正常。通过对首次试用的国产新型 140MPa 心轴式套管头开展后评估，认为国产新型 140MPa 心轴式套管头通过了行业标准所规定的设计验证试验和现场实践检验，该装置能够满足克拉苏气田超高压气井安全生产需求。截至 2020 年底，已在克深区块和博孜区块等 20 口余井成功应用。

2. 高钢级套管磨损预测与防治技术

克拉苏气田储层埋藏深，上部发育复杂岩性地层，造成超深井井身结构复杂，往往采用五开或六开井身结构，加上目的层钻进周期长，油层套管悬挂段磨损程度大、套管强度降低。因此，在完井前需要进行套管磨损程度及剩余强度分析，分析替液、变换液体密度、环空加压对套管的影响，根据分析结果采取相应措施，避免发生套管损坏事故。

1）套管磨损程度预测

从井下切割上来的实际磨损套管来看，大部分与图 6-1-14 所示的月牙形磨损形状接近。磨损月牙的曲率半径与钻杆或钻杆接头的半径基本相当，因此，推断套管磨损主要原因是旋转钻柱造成的。基于套管磨损的原因、机理及其影响因素分析，提出了许多套管磨损程度分析模型，目前被广泛接受并且便于应用的为怀特 – 道森（White-Dawson）提出的"磨损—效率"模型。

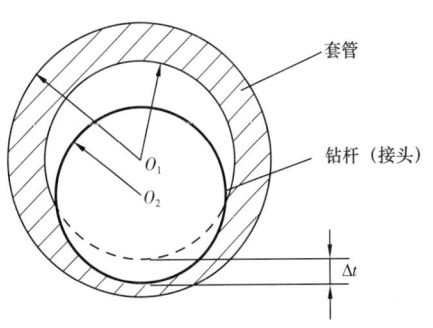

图 6-1-14 月牙形磨损套管示意图

根据该模型，若已知实际钻井液中钻杆与套管之间的摩擦系数与磨损效率，根据钻井井史记录的钻具组合、钻进参数及测斜等数据，可以计算每个磨损点的月牙形磨损面积，再用常规的几何学分析方法求出磨损深度。因此，分析井下套管磨损程度的关键是通过实验确定钻杆与套管之间的磨损效率和摩擦系数。

研究表明，磨损效率与套管材料、钻杆（接头）材料、钻井液性能及钻井参数关系很大。若盲目套用磨损效率数据计算套管磨损程度，与实际情况误差很大。因此，为了得到更加可靠的磨损效率，设计了一种实验方案，用常用的 1.8g/cm^3 和 2.0g/cm^3 高密度钻井液，实测了 S135 钻杆以及 P110 和 V140 套管之间的磨损效率，同时考察了接触压力、转速、磨损时间、钻井液性能等因素对磨损效率的影响，表 6-1-6 为部分实验结果。利用实验取得的磨损效率数据，对塔里木油田迪那 102 和克深 2 等高温高压深井技术套管磨损深度进行了预测，预测结果与井径测井结果基本吻合。

表 6-1-6 2.0g/cm^3 和 1.8g/cm^3 钻井液中钻杆—套管磨损效率实验结果

钻井液密度 /（g/cm^3）	钻杆材料	套管材料	磨损效率 /（m^2/N）
1.8	S135	P110	0.757×10^{-12}
2.0	S135	P110	0.766×10^{-12}
	S135	V140	0.776×10^{-12}

此外，还研制了环块式钻杆—套管磨损实验机、往复式钻杆—套管磨损实验机，并且先后对塔里木油田高温高压深井常用的 P110，13Cr110，TP140V 和 TP155V 套管在低密度、中高密度、高密度钻井液的磨损效率进行了实验研究，为准确分析套管磨损程度提供基础数据。

（1）P110 套管磨损效率实验（转速为 90r/min）。

不同正压力对 P110 套管磨损影响实验结果见表 6-1-7，相同钻井液条件下，随着正压力的增加，磨损效率增加，相同正压力下，聚磺钻井液的磨损效率明显低于盐水钻井液。

不同聚磺体系水基钻井液对 P110 套管磨损实验结果见表 6-1-8，随着钻井液密度的增加，磨损效率和摩擦系数均呈上升趋势。

表 6-1-7 不同正压力对 P110 套管磨损影响

参数	密度 1.1g/cm^3 盐水钻井液				密度 1.4g/cm^3 聚磺钻井液		
正压力 /N	200	400	600	800	200	400	600
磨损效率 /10^{-13}Pa^{-1}	6.001	6.250	6.789	7.269	0.2820	0.6250	1.0205
摩擦系数	0.2672	0.2342	0.2458	0.2617	0.2341	0.2459	0.2581

表 6-1-8 聚磺体系水基钻井液中 P110 套管磨损实验数据

钻井液密度 /（g/cm³）	1.4	1.8	2.0
磨损效率 /10⁻¹³Pa⁻¹	0.6250	1.7790	2.018
摩擦系数	0.2459	0.2677	0.2781

注：钻杆试环和套管试块之间的正压力为 400N，钻杆试环的转速为 90r/min。

（2）13Cr110 套管磨损效率实验。

表 6-1-10 为 13Cr110 套管在不同累积磨损时间后的磨损实验结果，可以看出，随着时间的延长，磨损效率和摩擦系数均呈现递增的趋势。

不同正压力下、不同聚磺体系对 13Cr110 套管磨损影响实验结果与 P110 套管磨损规律一致（表 6-1-10 和表 6-1-11）。相同正压力、聚磺体系下 13Cr110 套管的磨损效率和摩擦系数值均低于 P110 套管。

表 6-1-9 13Cr110 套管的磨损实验结果

序号	1	2	3	4	5	6
累积磨损时间 /min	240	480	960	1440	2040	2520
磨损效率 /10⁻¹³Pa⁻¹	1.7344	1.8232	1.9454	2.2389	2.3780	2.6750
摩擦系数	0.2536	0.2543	0.2618	0.2582	0.2506	0.2602

注：正压力为 400N，转速为 90r/min，盐水钻井液密度 1.1g/cm³。

表 6-1-10 不同正压力下的 13Cr110 套管磨损实验结果

正压力 /N	200	400	600
磨损效率 /10⁻¹³Pa⁻¹	0.4805	0.5526	0.6528
摩擦系数	0.2330	0.2350	0.2404

注：试环转速 90r/min，聚磺体系水基钻井液密度 1.4g/cm³。

表 6-1-11 聚磺体系水基钻井液中 13Cr110 套管试块磨损实验结果

钻井液密度 /（g/cm³）	1.4	1.8	2.0
磨损效率 /10⁻¹³Pa⁻¹	0.5526	1.2250	1.3360
摩擦系数	0.2350	0.2457	0.2470

注：钻杆试环和套管试块之间的正压力为 400N，钻杆试环的转速为 90r/min。

（3）TP140V 套管磨损效率实验。

分析 TP140V 套管在不同累积磨损时间后的磨损实验结果（表 6-1-12）、不同正压力下的 TP140V 套管磨损实验结果（表 6-1-13）和不同聚磺体系对 TP140V 套管试块磨损实验结果（表 6-1-14），可以得出，其磨损规律与 P110 套管和 13Cr 套管一致。

表 6-1-12　TP140V 套管的磨损实验结果

序号	1	2	3	4	5	6
累积磨损时间 /min	240	480	960	1440	2040	2520
磨损效率 /$10^{-13}Pa^{-1}$	1.9144	2.3699	2.5397	2.7220	2.6525	3.1922
摩擦系数	0.2336	0.2543	0.2618	0.2682	0.2406	0.2653

注：正压力为 400N，转速为 90r/min，盐水钻井液密度 1.1g/cm³。

表 6-1-13　不同正压力下的 TP140V 套管磨损实验结果

正压力 /N	200	400	600
磨损效率 /$10^{-13}Pa^{-1}$	1.085	1.4639	1.6382
摩擦系数	0.2385	0.2427	0.2490

注：试环转速 90r/min，聚磺体系水基钻井液密度 1.4g/cm³。

表 6-1-14　聚磺体系水基钻井液中 TP140V 套管试块磨损实验结果

钻井液密度 /（g/cm³）	1.4	1.8	2.0
磨损效率 /$10^{-13}Pa^{-1}$	1.4639	1.719	1.731
摩擦系数	0.2389	0.2680	0.2736

注：钻杆试环和套管试块之间的正压力为 400N，钻杆试环的转速为 100r/min。

（4）TP155V 套管磨损效率实验。

分析不同正压力下的 TP155V 套管磨损实验结果（表 6-1-15），不同聚磺体系对 TP155V 套管试块磨损实验结果（表 6-1-16）。可以得出，其磨损规律与 P110 套管和 13Cr 套管一致。

表 6-1-15　不同正压力下的 TP155V 套管磨损实验结果

正压力 /N	200	400	600
磨损效率 /$10^{-13}Pa^{-1}$	3.458	4.150	5.742
摩擦系数	0.2390	0.2431	0.2495

注：试环转速 90r/min，聚磺体系水基钻井液密度 1.4g/cm³。

表 6-1-16　聚磺体系水基钻井液中 TP155V 套管试块磨损实验结果

钻井液密度 /（g/cm³）	1.4	1.8	2.0
磨损效率 /$10^{-13}Pa^{-1}$	4.150	5.663	7.582
摩擦系数	0.2431	0.2550	0.2591

注：钻杆试环和套管试块之间的正压力为 400N，钻杆试环的转速为 90r/min。

2）磨损套管剩余强度分析

套管强度包括抗拉强度、抗内压强度、抗外挤强度。根据固体力学理论，抗拉强度与抗内压强度属于"静定"问题、强度问题，易于分析。而抗外挤强度涉及稳定性与强度两方面，比较复杂。因工作量大，实验不可能涵盖所有规格、磨损深度的套管，除少量实验研究外，主要借助于有限元分析。有限元计算只能定量计算少量给定磨损套管的剩余强度，而现场套管种类多且磨损情况复杂。为便于现场应用，利用弹性力学双极坐标法（图6-1-15），通过坐标转化，可以将XY坐标系中偏心磨损套管这种具有两个非同心圆边界的问题转变为$\xi\eta$平面内的轴对称同心圆问题，从而可以得到磨损套管剩余强度的解析解答。

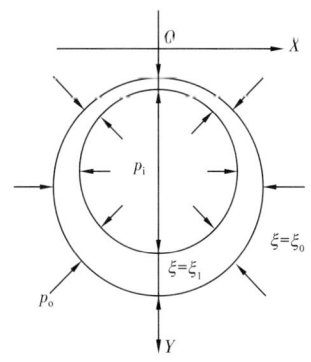

图6-1-15 磨损井下套管双极坐标示意图

经过推导，得到在内外压作用下磨损套管内的环向应力、径向应力和剪切应力表达式，然后代入数值进行分析。可以发现，在外压作用、内压作用或内外压联合作用下，磨损套管最薄处的环向应力总是最大的。因此，以该处环向应力达到管材屈服强度为判断条件，得到磨损套管剩余抗外挤强度p_{ocr}和剩余抗内压强度p_{icr}为：

$$p'_{ocr} = k_{ocr} p_{ocr} \quad (6-1-3)$$

$$k_{ocr} = \frac{(D/t)^2}{f_2(D/t-1)} \quad (6-1-4)$$

$$f_2 = \frac{1}{m}\left[\frac{-2\mathrm{sh}\xi_0 - \mathrm{sh}(\xi_1+\xi_0)}{\mathrm{sh}(\xi_1-\xi_0)} + 1 - 2\mathrm{sh}^2\xi_1\right] \quad (6-1-5)$$

$$p'_{icr} = k_{icr} p_{icr} \quad (6-1-6)$$

$$k_{icr} = \frac{D}{1.75tf_4} \quad (6-1-7)$$

$$f_4 = \frac{1}{m}\left[\frac{2\mathrm{sh}\xi_0 + \mathrm{sh}(\xi_1+\xi_0)}{\mathrm{sh}(\xi_1-\xi_0)} - 1 - 2\mathrm{sh}^2\xi_0\right] + 1 \quad (6-1-8)$$

式中 p_{ocr}——套管原始抗外挤强度，MPa；

p_{icr}——套管原始抗内压强度，MPa；

k_{ocr}——剩余抗外挤强度系数；

k_{icr}——剩余抗内压强度系数；

D——套管外径，mm；

t——套管壁厚，mm；

sh——双曲正弦函数；

f_2,f_4,ξ_0,ξ_1,m——由磨损套管几何参数决定的中间参数。

中间参数可由下列方程组求出：

$$\begin{cases} r_0 = a\,\mathrm{sh}\xi_0 \\ r_1 = a/\mathrm{sh}\xi_1 \\ c = a/\mathrm{th}\xi_0 - a/\mathrm{th}\xi_1 \end{cases} \quad (6\text{-}1\text{-}9)$$

其中

$$a = \sqrt{r_1^4 - 2c^2 r_1^2 + r_0^4 - 2c^2 r_0^2 - 2r_0^2 r_1^2 - c^4}\,/2c$$

式中 r_0——偏心磨损套管外圆半径，m；

r_1——偏心磨损套管内圆半径，$r_1 = r_0 - \dfrac{t+t'}{2}$，m；

t——套管名义壁厚，m；

t'——磨损套管最小壁厚，m；

c——偏心磨损套管偏心距，m。

以套管磨损预测模型、磨损后套管剩余强度理论为基础，塔里木油田联合西安石油大学研发了相关的计算软件。利用该软件，可以计算出套管磨损深度、套管剩余抗挤和抗内压强度（图 6-1-16）。

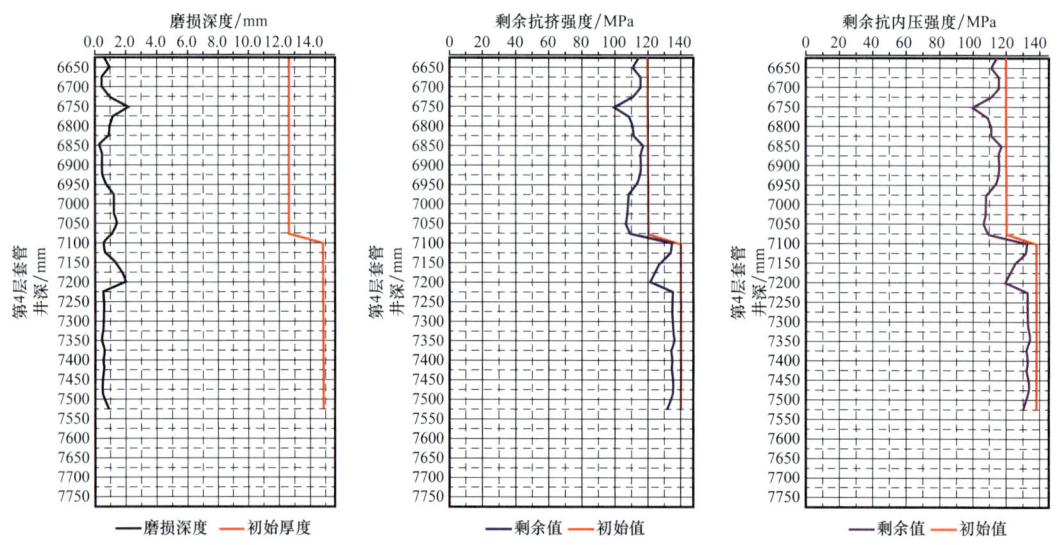

图 6-1-16 某井套管磨损深度、套管剩余抗挤强度和套管剩余抗内压强度

3）套管防磨技术

通过前述研究可知，磨损套管强度降低会严重影响套管质量和生产的安全性，但套管的磨损又是不可避免的，从如下几方面着手研究以预防和减少套管的磨损：首先是对套管的磨损情况进行快速监测，这是采取具体保护措施的基础。然后在具体保护方面，主要从钻井工艺措施、钻杆接头处理、钻杆保护器、旋转钻柱接头等几个方面来对套管进行保护。

（1）套管磨损监测技术。

目前，国内外采用的现场磨损监测方法主要有磨屑分析技术、声波成像测井技术、套管电磁检测、钻杆接头磨损检测等（表6-1-17）。在实际钻井工程中，必须了解各检测方法的特点，才能及时掌握套管磨损的信息，以采取有针对性的措施预防和减少套管的磨损。

表6-1-17 常用套管磨损监测方法的特点

监测方法		钻井液磨屑分析	井周声波成像	套管电磁检测	接头磨损检测	井径监测	魔眼电视测井
监测对象		返回地面钻井液中的金属磨屑	套管	套管	工具接头	套管	套管
监测能力	磨损部位	可确定金属磨屑的来源，无法准确确定套管具体磨损部位	可确定套管磨损具体部位	可确定套管磨损部位	可确定套管磨损的大致区域	可确定磨损部位	可确定磨损部位
	磨损程度	可反映摩擦副的总体磨损程度和各磨损金属元素的浓度	通过套管内半径、厚度变化和磨斑尺寸推断磨损程度	通过套管壁厚和直径变化推断磨损程度	通过工具接头直径变化来估计套管磨损程度	测量套管内径变化反映套管横向和纵向变形	通过摄影图像可观察套管磨损
	磨损形式	通过磨屑形态分析判断磨损机理及动态变化	无法确定	无法确定	从接头磨损表面分析可推断磨损形式	无法确定	无法确定
监测限制		对铁磁性金属磨屑敏感	高密度钻井液影响监测精度	易受电磁干扰	对专业操作技能要求高	臂多易砂卡，成功率受限	易受到井下环境影响
监测状态		钻井液循环时	测井时	测井时	起下钻	测井时	测井时
费用		较低	较高	高	较低	较高	较高

（2）钻井工艺措施。

通过对套管磨损影响因素和磨损实验的研究，再结合现场经验，从钻井工艺上可采取如下措施来减少套管的磨损：①优化井身结构，通过优化套管下深和套管层次，控制裸眼钻进井段的合理长度，使各层合理分担磨损量，以达到减少套管磨损的效果。钻井过程要尽量防斜打直、控制最大允许狗腿度。②钻井过程中套管的大部分磨损是由钻柱旋转运动所造成的，所以应优先采用井下动力钻具，这样便可减少钻杆和套管旋转摩擦的时间与圈数，可有效防止套管磨损。③在钻井液中加入适量的润滑剂可大大降低非加重材料和低密度钻井液中的摩擦,从而防止套管的严重磨损。④ 油基钻井液比水基钻井液润滑性能好,对套管的磨损程度低,能有效防止套管被磨损,钻井液中含砂会一定程度上加重套管的磨损。在实际钻井过程中,根据套管磨损监测情况,合理调整和控制钻井工艺参数,可减轻对套管的磨损。

(3)钻杆接头耐磨带。

钻杆耐磨带是为了有效地对钻杆接头和套管进行保护,通常在钻杆的外螺纹接头或内螺纹接头上敷焊一层2～3in宽的硬质合金材料以达到隔离钻杆与套管内壁直接接触产生磨损的方法。目前钻杆接头耐磨带有两种敷焊方式:① 平焊,一般敷焊层的厚度为0.8～1.0mm,这种方式下套管和钻杆的接触力沿钻杆接头的长度方向分布,增大了接头本体和套管的接触面积,从而降低了单位面积上耐磨带所起到的支撑作用,所以一般不采用平焊这种方式;② 凸焊,敷焊的厚度为2.4～4.0mm,这种方式下钻杆和套管所产生的接触力主要集中在较小的耐磨带区域,而且耐磨带与钻杆接头相比,更小的摩擦系数减少了对套管的磨损,所以选用凸焊技术效果更佳。

(4)钻杆保护器。

钻杆保护器(也称橡胶护箍)指以橡胶外套与套管接触,安装在钻杆上防止套管磨损的一种井下工具,不包括合金外套与套管接触类的钻杆接头型防磨工具。它在降低钻柱扭矩和套管磨损方面起到重要作用,具有成本低、前期准备不耗时以及对应用环境不受局限等优点。

实践证明,由于保护器护箍的外径较大,使得井眼的环空变小,造成了井眼清洁困难,橡胶护箍使用寿命较短、容易老化掉块造成复杂井下事故,使用橡胶护箍时受到比较严格的规定,比如:① 普通橡胶套筒型钻杆保护器适用于造斜段位置浅,中性点位于造斜段以下,井眼钻井液温度不高(121.1℃以下),侧向载荷不大(8.9kN以下)的井;② 温度在121.1～176.7℃,建议采用合成橡胶套筒型钻杆保护器,要严格控制下井时间并及时更换;③ 为防止橡胶磨屑堵塞水眼,钻井液循环管线加装过滤清除橡胶磨屑的装置。

(5)旋转钻柱接头。

旋转钻柱接头可以将钻柱与套管间的滑动摩擦转变为滚动摩擦,以减小扭矩损失和降低套管磨损,分为两种:第一种主要由上接头、下接头和外套组成,外套和上接头之间有滚子轴承。它可以安放在钻柱的任何位置,减轻钻柱接头与套管的磨损,同时降低扭矩大小,起到节省钻井成本、延长钻具寿命、减少套管磨损引起的套管失效。但是由于上、下接头之间是由螺纹连接,在弯矩和振动载荷的作用下,接头螺纹易疲劳损坏而引发井下事故,且不易打捞,所以使用较少;第二种主要包括心轴、非旋转套筒。它的特点是在造斜井段易于安装简单,安装数量可通过狗腿严重度和造斜率来确定,一般情况下每2根或3根钻杆安装一个,没有易损件掉进井里,所以使用安全。由于其较高的安全可靠性,可以减少套管磨损、钻杆磨损和疲劳。

综合上述,通过优化钻井工艺参数、合理选择钻井液和科学地选用钻杆与套管的防磨减摩工具,可大大降低钻杆与套管的磨损,不但可提高钻井工作的安全性,还能降低钻井成本。

三、酸化缓蚀剂研发与应用技术

克拉苏气田克深区块、大北区块和博孜区块等的基质储层致密，需要规模改造才能达到配产要求。然而，适合其腐蚀环境的13Cr完井管柱材质却不能抵御酸液的腐蚀，国内外均没有成熟的解决办法。究其原因在于，强酸溶液中侵蚀性较强的氢离子更容易与活泼性较强的Cr反应，从而造成13Cr油管的腐蚀较普通碳钢更为严重。因此，开发与高温酸化处理液和井下13Cr马氏体不锈钢材质管材同时相配套的酸化缓蚀剂十分必要。

1. 13Cr马氏体不锈钢酸化缓蚀剂配方研发

通过调研、借鉴国内外高温酸化缓蚀剂开发经验，查阅大量含Cr管材腐蚀机理和缓蚀剂防腐理论资料、文献，深入分析13Cr110管材在强酸工况中的电化学腐蚀特性，提出了空间多分子层吸附理论模型；经过反复试验、评价和筛选，开展缓蚀剂在超高温酸化环境中针对含Cr钢的成膜机理与吸脱附规律研究，以及缓蚀剂电化学行为及与其保护寿命的相关性分析，获得超级13Cr油管在酸化压裂过程中的化学—力学交互作用影响规律，形成了超级13Cr油管从"点蚀—X型裂纹—裂纹扩展—断裂"的腐蚀失效历程及机制，探索出酸化施工最佳工艺，研发出系列高温高压气井含Cr钢专用酸化缓蚀剂产品（表6-1-18）。

表6-1-18 塔里木油田含Cr钢专用酸化缓蚀剂型号汇总表

序号	缓蚀剂型号	适用温度范围/℃	开发时间
1	TG201	≤120	2007年
2	TG201-Ⅰ	≤140	2009年
3	TG201-Ⅱ	≤160	2011年
4	TG202	≤180	2020年

1）TG201型不锈钢酸化缓蚀剂

以迪那2气田腐蚀环境为基础，检测评价不同厂家13Cr110管材产品，掌握第一手腐蚀数据，国内首次研发出的TG201高温高压气井13Cr马氏体不锈钢专用酸化缓蚀剂，于2007年在迪那2气田现场实验获得成功。

该产品由主剂（血红色液体）和助剂（浅棕色液体）组成。其主要成分为曼尼希碱，复配季铵盐、烷基胺、碘化物等其他协同组分。其吸附机理为：曼尼希碱分子中的氧原子和氮原子上带有孤对电子，其能进入铁原子（离子）杂化的dsp空轨道，形成配位键，发生络合作用，生成稳定的具有六元环状结构的螯合物吸附在铁表面，形成完整的疏水保护膜，在曼尼希碱分子形成配位键后，铁表面的电位相对较正，较难进一步吸附阳离子。加入的碘化物在溶液中能产生I^-，其在正电性的铁表面发生吸附，使铁表面带上负电荷，有利于季铵盐分子在铁表面发生特性吸附，从而形成多层网状吸附，达到防腐效果。

2）TG201-Ⅰ型含Cr钢专用酸化缓蚀剂

为了解决TG201在酸化过程中的镀铜问题（图6-1-17），提高缓蚀剂在酸化作业中适用性，降低NH_4Cl对13Cr110管材的腐蚀性影响，通过模拟泵酸、残酸返排和地层水腐蚀环境，评价13Cr110管材在残酸返排过程中的腐蚀敏感性，推动酸化后置液配方改进，研发了G201-Ⅰ型13Cr马氏体不锈钢（＜140℃）酸化缓蚀剂。

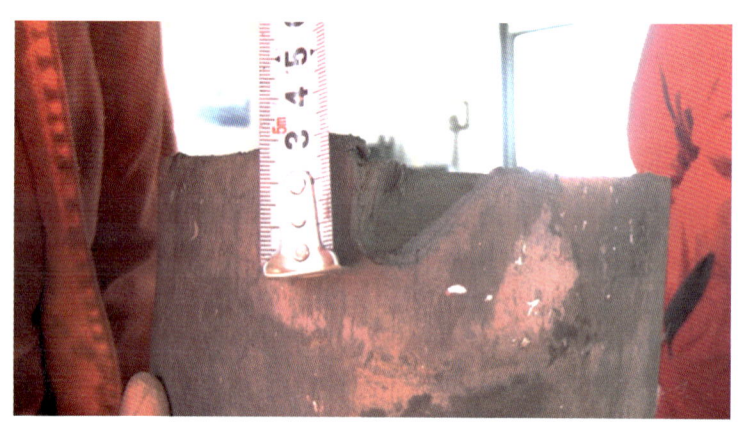

图6-1-17 酸化压裂后油管镀铜

TG201-Ⅰ型含Cr钢专用酸化缓蚀剂也属混合型缓蚀剂，由主剂（血红色液体）和助剂（棕色液体）组成。是在TG201型酸化缓蚀剂基础上，通过向分子中引入了耐高温多官能团和小分子季铵盐，形成空间多分子层吸附膜，有效阻止酸液在120℃和140℃对超级13Cr材料表面的腐蚀，达到较好的防腐效果。

检测评价实验结果表明，TG201-Ⅰ型超级13Cr专用酸化缓蚀剂在120℃时腐蚀速率为$5.12g/(m^2 \cdot h)$、140℃时腐蚀速率为$16.84g/(m^2 \cdot h)$，均优于SY/T 5405—1996《酸化用缓蚀剂性能试验方法及评价指标》中规定的一级要求。

3）TG201-Ⅱ型含Cr钢专用酸化缓蚀剂

随着克拉苏气田大北、克深等超深区块的相继开发，一些即将开采的气井酸化温度已达167℃，前期研发的TG201型和TG201-Ⅰ型酸化缓蚀剂已经无法满足要求。

TG201型和TG201-Ⅰ型酸化缓蚀剂是通过构建多层有效吸附膜，有效阻止了酸液在120℃和140℃对超级13Cr材料表面的腐蚀。但这种吸附理论在超高温环境中却是不适用的。通过分子动力学分析发现，在超高温环境中分子之间的运动异常剧烈，造成酸化缓蚀剂分子在吸附的同时，也不断加剧了其脱附的能力，吸附和脱附在这种环境中已经失去平衡，加上酸液分子的参与，更加剧了这种不平衡，即使能够形成空间多分子层吸附膜，也无法有效地抑制酸液分子浸入金属基体，造成管材的腐蚀。TG201-Ⅱ型含Cr钢专用酸化缓蚀剂突破了TG201型和TG201-Ⅰ型酸化缓蚀剂的空间多分子层吸附酸化缓蚀剂的理论限制，建立起一个新的酸化缓蚀剂防腐模型（图6-1-18）。其特点就是使用沉淀膜和吸附膜共同作用，通过缓蚀剂中增加金属盐类型，提升缓蚀剂膜在金属表面的吸附强度，降低缓蚀剂在酸液中的溶解性，使其平面铺展性更优。

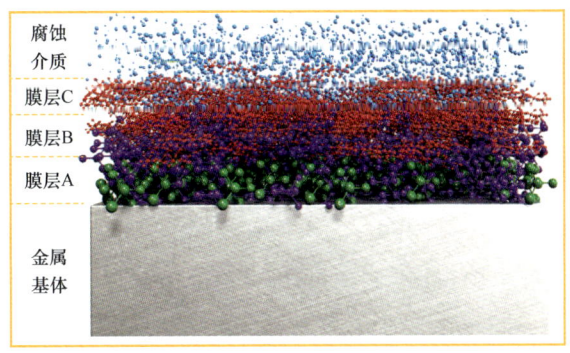

图 6-1-18 酸化缓蚀剂空间多分子层吸附理论模型

TG201-Ⅱ型含 Cr 钢专用酸化缓蚀剂属混合型缓蚀剂,由主剂(血红色液体)和助剂(深棕色液体)组成。

分子动力学模拟指出,酸化缓蚀剂和金属表面结合过程均放热,平均结合能均大大超过 16kcal/mol(表 6-1-19,图 6-1-19),属化学吸附。

表 6-1-19 酸化缓蚀剂与铁表面之间的平均结合能

酸化缓蚀剂型号	活化能/(kcal/mol)	结合能/(kcal/mol)
TG201-Ⅱ	−83.15	83.15

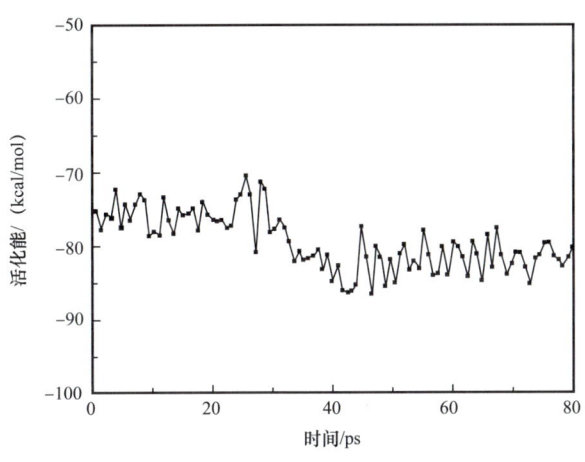

图 6-1-19 酸化缓蚀剂与铁表面之间的相互作用能

检测评价实验结果表明,TG201-Ⅱ型超级 13Cr 专用酸化缓蚀剂在 13Cr 钢的盐酸或土酸酸化过程,在 120℃时腐蚀速率为 7.76g/(m²·h)、140℃时腐蚀速率为 13.19g/(m²·h),160℃时腐蚀速率为 26.00g/(m²·h),均优于 SY/T 5405—1996 中规定的一级要求。

4)TG202 型含 Cr 钢专用高温酸化缓蚀剂

经过多年研究,已成功配套研发了针对克拉苏高温高压气田的 140~160℃酸化环境的 TG201 系列含铬钢高温酸化缓蚀剂,并在温度低于 160℃时对油套管起到了较好的保护作用。

但随着开发区块地层温度的逐步升高，部分井底温度已超过 160℃，对高温酸化缓蚀剂提出更高的要求，TG202 型酸化缓蚀剂为针对更高温度（≥160℃）的含 Cr 钢酸化作业开发的高温酸化缓蚀剂。

对比 TG201 型和 TG202 型酸化缓蚀剂发现，TG201 型酸化缓蚀剂以喹啉季铵盐的铜螯合物为主剂，复配曼尼希碱等增效剂而成，而 TG202 型酸化缓蚀剂为两种高分子聚合物季铵盐协同作用。

TG202 型酸化缓蚀剂机理是高分子聚合物季铵盐中的 π 键能与铁原子的空轨道配位，在铁表面形成单吸附膜，同时季铵盐阳离子能与铁表面发生静电吸附，在高温环境中能增强其与铁表面的吸附作用（图 6-1-20 和图 6-1-21），同时，这些原子在酸溶液中能质子化形成阳离子，对铁的阴极起到一定的保护作用，使铁表面局部带正电而排斥溶液中的 H^+。该产品可满足 200℃以下工况环境使用。

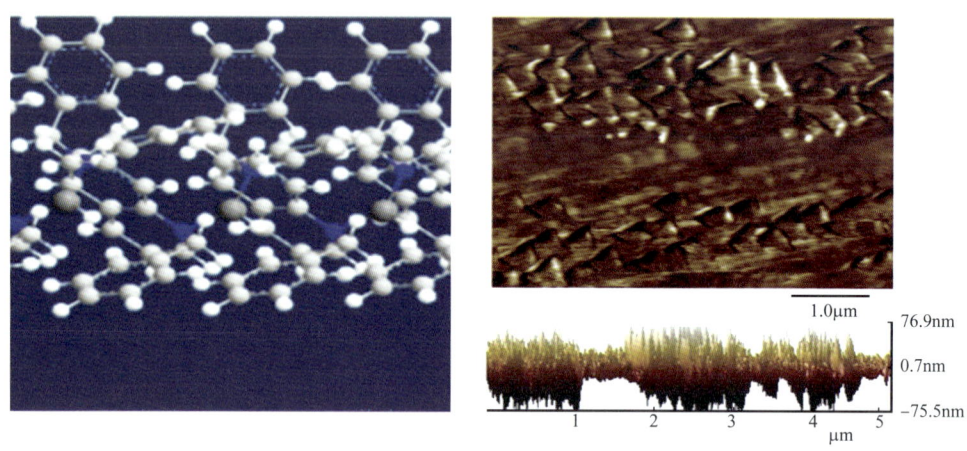

图 6-1-20　TG201 分子链结合及成膜形态

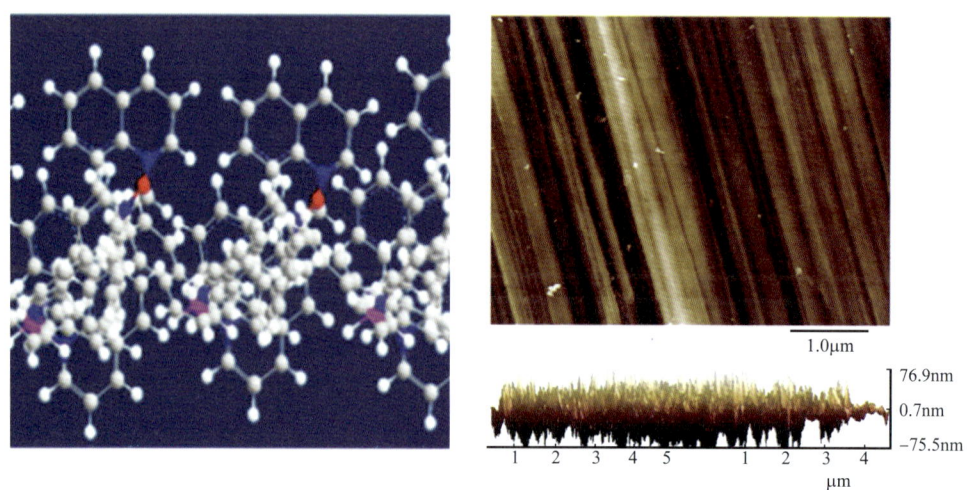

图 6-1-21　TG202 分子链结合及成膜形态

检测评价实验结果表明，TG202型酸化缓蚀剂在180℃时对HP13Cr挂片腐蚀速率为18.00g/（m²·h），优于SY/T 5405—1996中规定的一级要求。

2.酸化缓蚀剂评价及现场应用效果

国内油气田酸化缓蚀剂的评价标准主要为SY/T 5405—1996《酸化用缓蚀剂性能试验方法及评价指标》，该标准针对盐酸及土酸酸化用缓蚀剂性能规定了试验方法及评价指标。但该标准的评价材质为N80碳钢材质，而克拉苏气田克深区块、大北区块和博孜区块等的酸化井的油管材质为13Cr马氏体不锈钢，因此，塔里木油田在大量酸化缓蚀剂评价试验及数据分析的基础上，结合克拉苏气田13Cr不锈钢油管在酸化过程中发生腐蚀/失效的案例分析，制定了油田企业标准Q/SY TZ 0473—2016《不锈钢酸化缓蚀剂技术要求及试验方法》，有效规范了塔里木油田高温高压酸化环境下不锈钢酸化缓蚀剂评价，填补了国内油气田不锈钢酸化缓蚀剂评价标准的空白。

自2007年TG201型酸化缓蚀剂产品开始批量生产，目前已在克拉苏气田的迪那区块、大北区块和克深区块等现场应用100余井次，取得了良好的作业效果。解决了酸化压裂过程中酸液对含Cr钢油管柱的腐蚀问题，保障了高温高压气井的安全开采，并取得了很大的经济效益。

第二节 高温高压气井完整性管控技术

为提高高温高压气井完整性，除了运用合适的技术之外，还需强化井完整性管控。经过多年的持续攻关与试验，在充分借鉴国际上先进做法的基础上，初步形成了以环空压力管理、井屏障漏点检测、井完整性管理与评价系统为核心的井完整性管控技术。

一、井完整性检测技术

根据油管柱的失效形式、环空压力和气液分布特征，可定性判别泄漏状况和井筒完整性，然而高温高压气井安全屏障多、失效程度不一，定性判别不能满足完整性管理维护的需求。井完整性检测的核心就是井下管柱泄漏检测，在不上提生产管柱的情况下获取生产管柱发生失效的位置，为后期风险评估、井完整性治理等数据提供支撑。

1. 井屏障泄漏检测技术优选

井屏障泄漏检测在国内外均有相关应用，但是大多数局限在中浅层陆上井或者海上油气井。限于高温高压气井的复杂井身结构和失效特点，需要进一步分析各种检测技术的适用性。高温高压气井的完整性失效（即泄漏）有以下特点：高温高压环境，气相液相共存、生产管柱部件多，泄漏途径多样和井筒结构复杂，多重环空带压。这就为泄漏检测提出了以下要求：

（1）定位方法及设备必须能够在高温高压、气液共存环境下发挥作用，目前，国内深层气井已突破8000m，这对耐温耐压性能提出了更高的要求，并且定位过程中要有足够的风险应对措施，防止发生泄漏、落鱼卡物和安全生产事故。油套环空内存在气相和液相，定位技术需要确定液面上下的泄漏点位置。

（2）检测技术需能够检测多个泄漏点并准确定位，下入深度应超过封隔器位置，并且能够识别不同类型的泄漏点，包括接箍泄漏、腐蚀穿孔、裂纹和封隔器等部件失效引起的气体泄漏。不同于穿孔或断裂等失效形式，螺纹处泄漏较多且泄漏微小，定位难度高。

（3）完整性检测还需排除多环空和外界干扰。快速定性判别生产管柱完整性，避免误判环空压力的来源。多层环空带压情况下，能够准确分辨生产管柱泄漏点位置，排除外层气体泄漏和运移通道的干扰，尽量探明其他安全屏障的完整性和气体运移通道，避免在修复生产管柱后，外层运移通道再次造成环空带压。需要放喷气体时，应考虑到环空压力波动所带来的风险。

为满足上述要求，在系统调研漏点检测技术基础上（表6-2-1），提出了高温高压气井多场协同定位泄漏点检测技术。具体来说，就是在油管柱泄漏过程中，在井下下入检测设备，提取上述物理场信号，然后进行分析。各个物理场所起到的作用如下：（1）声波场捕捉气体泄漏、运移所产生的声波，采集背景噪声。（2）电磁场检测油套管金属流失即完整性情况，协查泄漏原因。（3）温度场记录气体泄漏前后高温高压气井油管柱内温度剖面；压力场采集油管柱内的压力剖面，确保泄漏点被激活。

表 6-2-1　油管柱漏点检测方法分类

作业方式	检测方法	作用原理	作用形式	检测能力
井下检测	井下声波噪声测井	声波	被动	多点
	分布式光纤监测井下声波			
	机械坐封试压	压力	主动	
	井下微温差测井	温度	被动	
	分布式光纤监测井下温度			
	螺旋测井/马尾巴	流场		
	截面流量检测			
	电磁腐蚀探伤	磁场	主动	
地面检测	井口接收泄漏点声波	声波	被动	
	同位素示踪定位	流场		
井下—地面	压力平衡反算法	压力	主动	单点

2. 漏点检测试验与结果分析

按照"不干扰油气产量、不发生安全事故、不逾越仪器性能"的原则，选择克深201井作为试验井位。其井身结构及完井管柱示意图如图6-2-1所示。该井前期共录取井下压力4次，根据实测井底压力数据推测井底压力在90MPa左右，井底温度166℃。在本次试验前，该井油套环空压力持续降低，需定期补压，期间压力在40天内下降7.71MPa，呈现先快后慢趋势，且A环空曾补压。结合油管柱泄漏特征，分析认为油管柱上存在气液泄漏点，致使环空保护液泄漏，同时由于该井气量不足，未能向油套环空及时补充气体，致使油套环空压力持续降低。

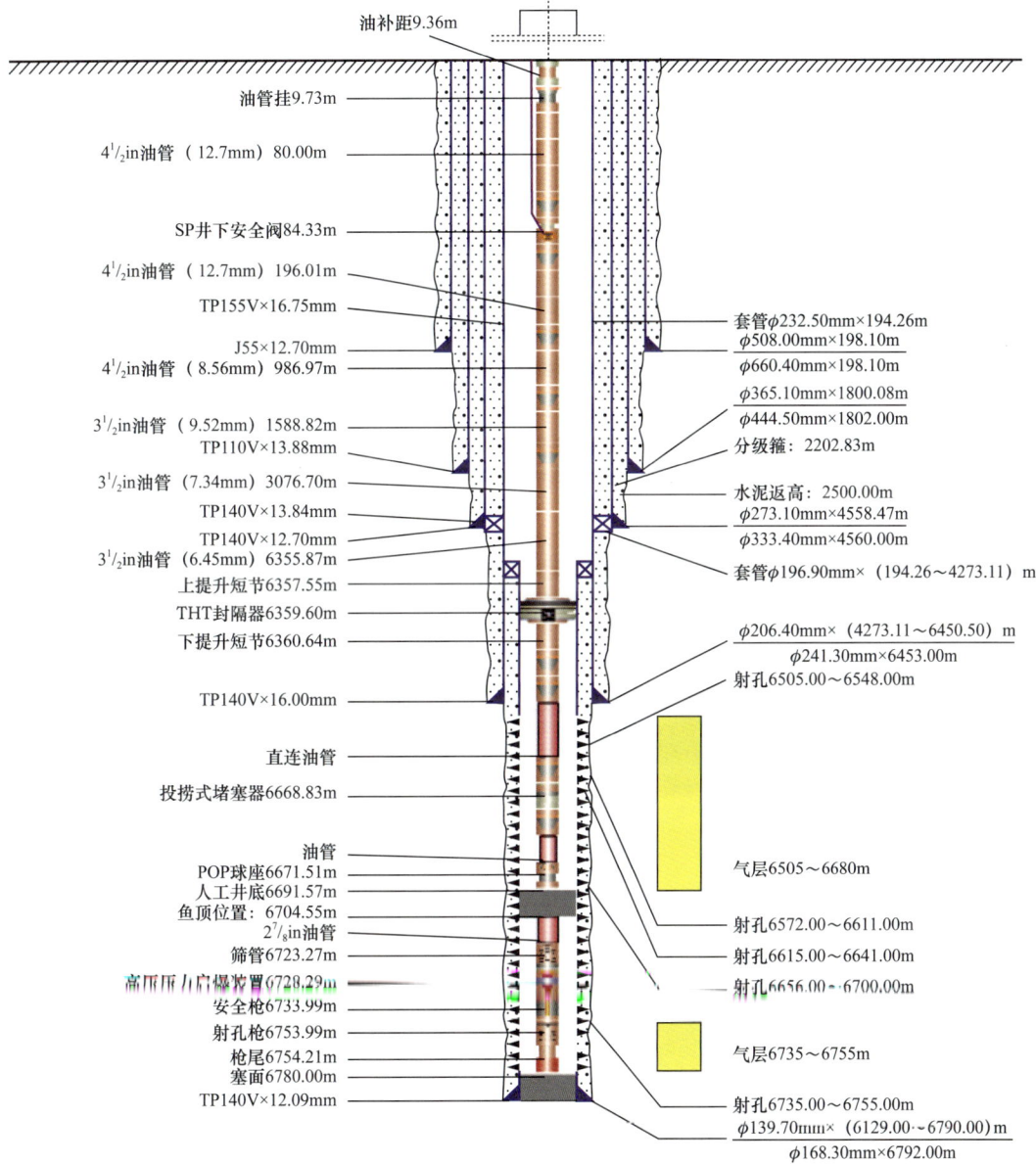

图6-2-1 KeS201井井身结构及完井管柱示意图

1）检测方案

综合上述判断，KeS201井完整性检测的作业目的就是获取油管柱完整性参数，判断油管柱是否为泄漏渠道。

为保证测量过程中压力差的持续和可控性，采用向油套环空补压建立压差的方式激活泄漏，这样也能反映泄漏的实际情况，根据压力差和既往油套环空压力历史，补压在24.5～26MPa之间，可以保证泄漏信号的强度和管柱安全。下放过程中进行电磁探伤，上提进行噪声测井，深度采用CCL和电磁探伤的接箍位置作为依据。

2）井筒泄漏检测结果解析

根据测井数据结果分析，2724m和5211.7m处存在漏点。

（1）2724m处泄漏点定位综合解析。

噪声仪指示2724m处泄漏，电磁探伤显示该处油管损伤。两支噪声仪器均测到有明显噪声泄漏信号，重复性较好，可信度高，对应电磁探伤解释为油管本体（图6-2-2和图6-2-3）。

在2724m噪声仪器测到明显的泄漏噪声，两支噪声仪器的整体对比，主体噪声频率在4～18kHz范围内（图6-2-2）。噪声中心点对应深度位置2724m并不是磁定位（CCL）和电磁探伤显示的油管接箍位置，分析该深度电磁探伤信号，解释油管金损率3.3%，无明显损伤。综合分析，可以排除油管大面积腐蚀损伤穿孔的可能性，可能为局部的应力腐蚀开裂/穿孔或者裂缝贯穿油管管壁。

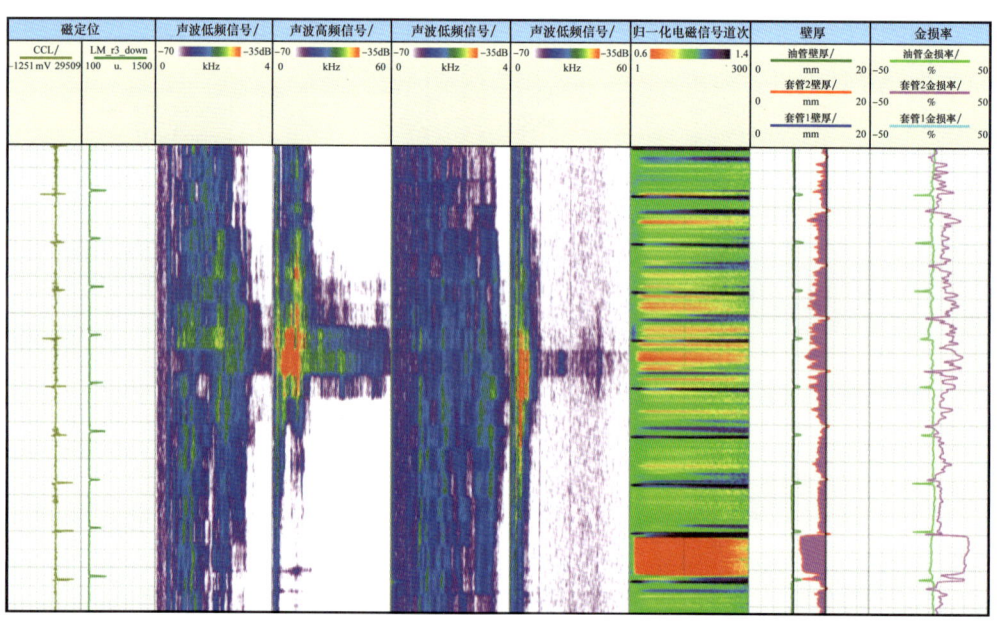

图6-2-2 泄漏点噪声—电磁探伤综合评价图

图6-2-3显示集成了温度—压力曲线，由于泄漏介质为水，且泄漏量较小，因此节流效应不明显，温度变化不大。两支存储式频谱噪声仪的泄漏信号均能量较强，主体频率在4～18kHz范围内。

（2）5211.7m处泄漏点定位综合解析。

存储式频谱噪声仪指示5211.7m处泄漏，信号频带分布范围宽，能量最强处频率范围在0～20kHz范围内，对应油管接箍处，判定为油管接箍螺纹处泄漏（图6-2-4）。在5211.7m处附近，噪声仪测到噪声信号最强的，恰好对应噪声仪自带仪器测得的CCL和电磁探伤显示的油管接箍位置。电磁探伤显示油管并无明显损伤，排除油管主体损伤可能，此处上下附近油管弯曲比较普遍，怀疑油管螺纹处发生泄漏，故综合判断是由于油管螺纹处密封不好，在接箍处发生泄漏，这种情况也是气井中最常见的。

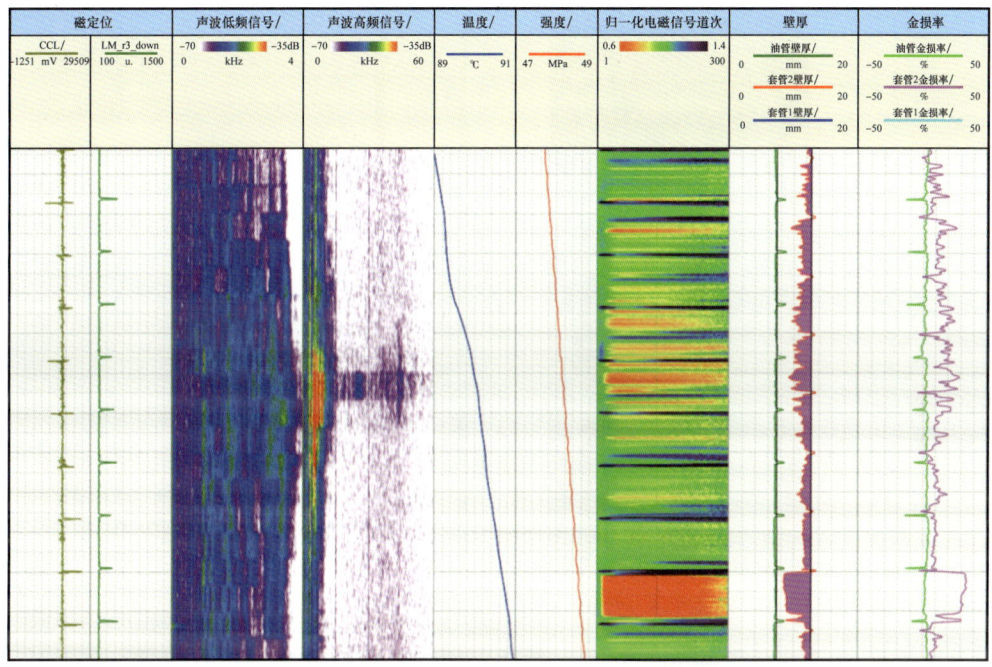

图6-2-3　2724m处泄漏点噪声—温度综合评价图

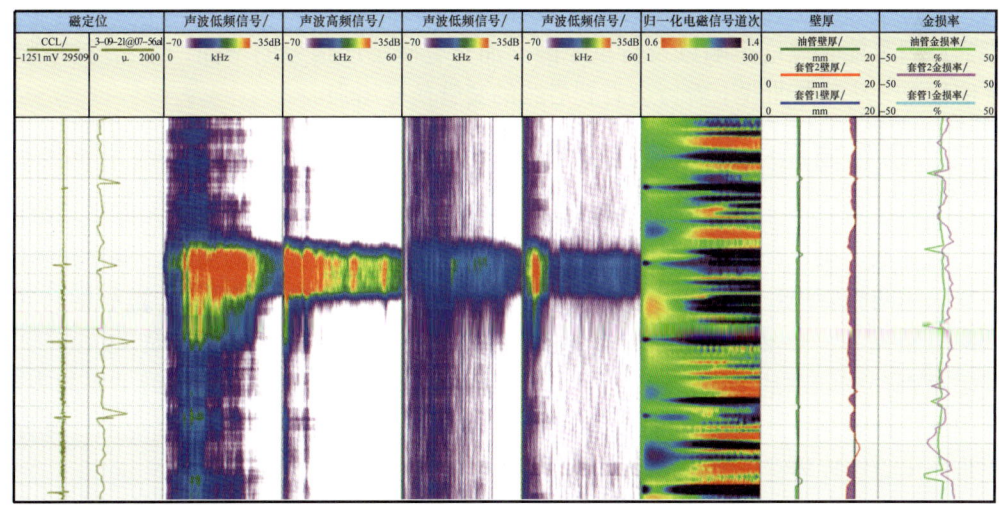

图6-2-4　5211.7m处泄漏点噪声—电磁探伤综合评价图

（3）井筒管柱损伤情况解析。

解释结果显示 ϕ88.9mm 的油管几乎没有明显损伤，最大金损率为6.9%，对应深度为3249.6m，最小壁厚为6.00mm（图6-2-5）。

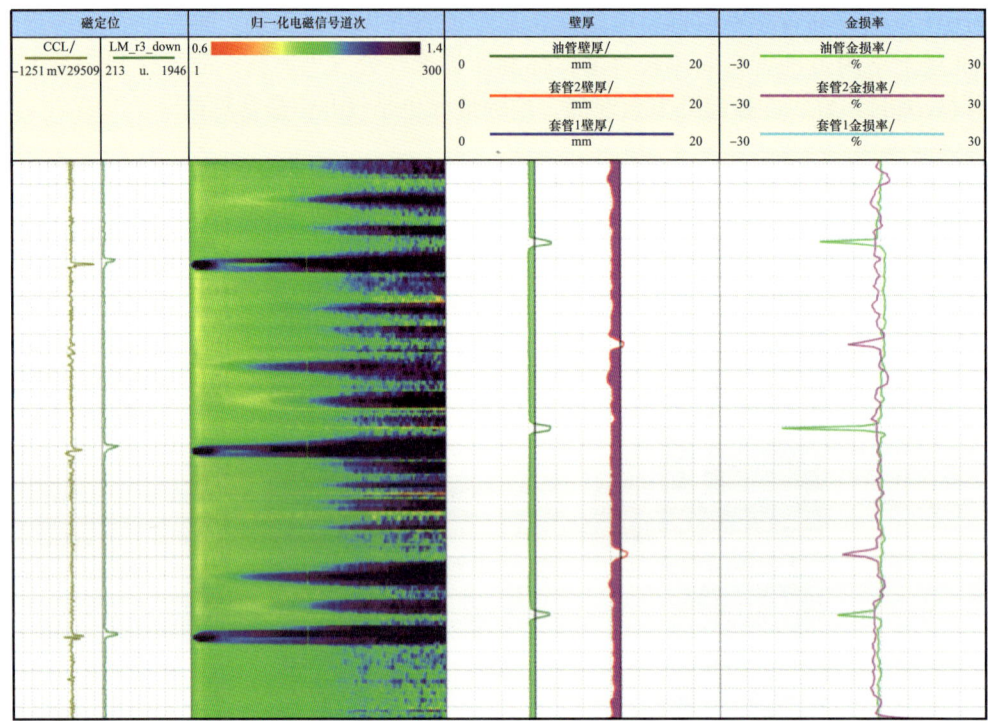

图 6-2-5　3249.6m 处油管金损率最大处评价图

电磁探伤曲线识别在 4450～5320m 多处出现油管弯曲变形。导致仪器在油管中不居中，一边靠近油管壁，此时计算得到壁厚会增厚（颜色变蓝色），但实际上这种情况并不代表实际管壁的厚度，出现这种情况可以判断油管存在弯曲（图 6-2-6）。造成油管弯曲变形的原因可能是温度影响以及自重原因。油管电磁感应信号的增强，也会反映到外层套管信号上。从测井曲线上看，会看到后续的套管信号增强。

二、高温高压气井环空压力管理技术

井屏障是指一个或多个屏障部件组成的封闭空间，以防止地层流体无控制地流向其他地层或地面。确保高压气井井屏障的完好是高压气井安全生产的前提，国际井屏障管理一般采用两级管理：在油气井全生命周期内，至少应保证有 2 套独立、可靠的井屏障，用来降低钻完井、开发生产及修井等作业的风险。而环空压力变化情况是反映高压气井井屏障是否存在问题的关键，环空异常带压是高压气井井屏障出现问题最主要的表现形式，因此，针对克拉苏气田高压气井特点，形成了一套包括环空压力控制范围计算方法、环空带压风险管理环空压力管理技术。

1. 环空压力控制范围计算方法

综合考虑高压气井各环空对应所有井屏障部件的安全性，以构成环空各组件的安全性评价为基础，形成了一套环空压力控制范围计算方法。

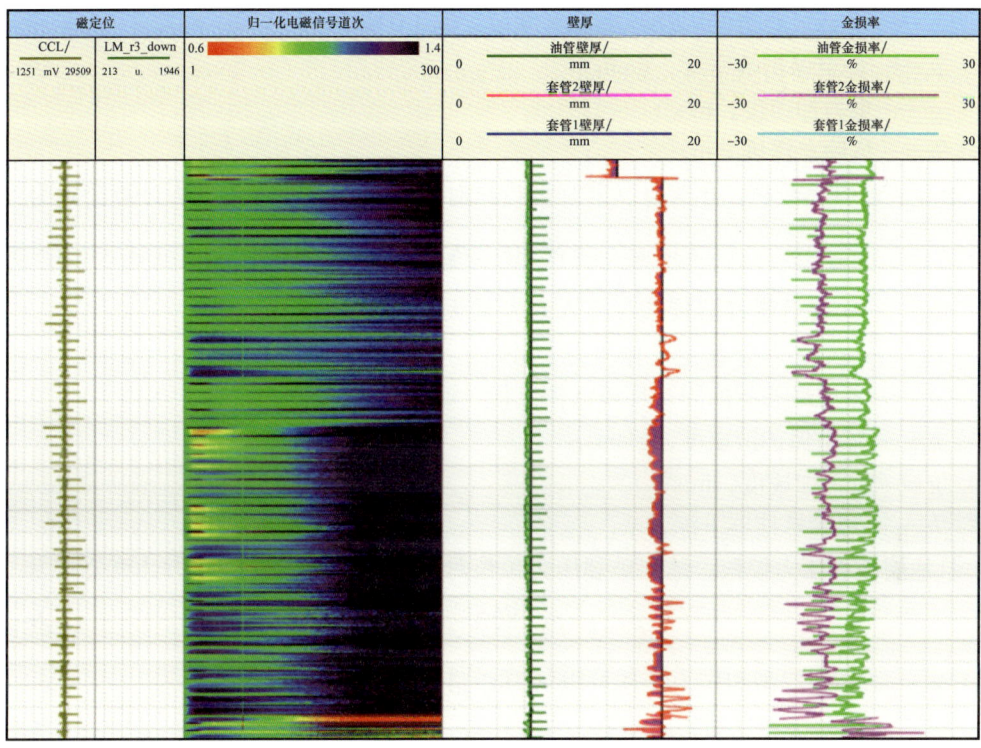

图 6-2-6 4450～4900m 处油管变形评价图

1）A 环空压力控制范围计算

针对不同油压下的生产工况和关井工况,对 A 环空对应的所有井屏障部件开展强度校核,A 环空对应的井屏障部件如图 6-2-7 所示。从而得出不同油压下的 A 环空最大允许压力曲线和 A 环空最小预留压力值曲线。

（1）A 环空最大允许压力计算。

① 油管头校核。根据油管头额定压力值的 80% 与试压值中的较小值,得出油管头校核对应 A 环空最大允许压力 $p_{\text{Am-wh}}$。

② 生产套管和尾管校核。根据生产套管和尾管剩余抗内压强度,开展生产套管和尾管抗内压强度校核,生产套管和尾管校核对应 A 环空最大允许压力计算公式为:

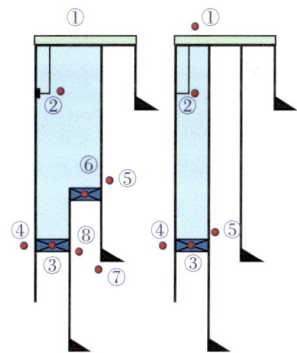

图 6-2-7 A 环空对应的井屏障部件示意图
①油管头；②井下安全阀；③封隔器；④油管柱；
⑤生产套管；⑥尾管悬挂器；⑦地层；⑧尾管

$$p_{\text{Am-c}} = \frac{\delta_{\text{c1}}}{S_{\text{c1}}} + (\rho_{\text{c}} - \rho_{\text{a}})gh \times 10^{-3} \quad (6-2-1)$$

式中 $p_{\text{Am-c}}$——生产套管和尾管校核对应 A 环空最大允许压力,MPa；

δ_{c1}——生产套管/尾管抗内压强度,MPa；

S_{c1}——抗内压强度校核安全系数,取 1.25；

ρ_c——考虑最恶劣的固井环境低密度值，取 1.03g/cm³；

ρ_a——环空保护液密度，g/cm³；

g——重力加速度，m/s²；

h——危险点深度，m。

③ 尾管悬挂器校核。尾管悬挂器强度校核对应 A 环空最大允许压力计算公式为：

$$p_{Am-th}=\delta_{th}\times 80\%+(\rho_c-\rho_a)gh_{th}\times 10^{-3} \tag{6-2-2}$$

式中　p_{Am-th}——尾管悬挂器校核对应 A 环空最大允许压力，MPa；

δ_{th}——尾管悬挂器额定工作压力，MPa；

ρ_c——考虑最恶劣的固井环境低密度值，取 1.03g/cm³；

ρ_a——环空保护液密度，g/cm³；

g——重力加速度，m/s²；

h_{th}——尾管悬挂器下深，m。

④ 地层破裂压力校核。地层破裂压力校核对应 A 环空最大允许压力计算公式为：

$$p_{Am-ff}=p_{ff}\times 80\%-\rho_a gh_f\times 10^{-3} \tag{6-2-3}$$

式中　p_{Am-ff}——地层破裂压力校核对应 A 环空最大允许压力，MPa；

p_{ff}——地层破裂压力，MPa；

ρ_a——环空保护液密度，g/cm³；

g——重力加速度，m/s²；

h_f——生产套管管鞋深度，m。

⑤ 安全阀、封隔器和油管校核。针对不同生产工况和关井工况，根据井下安全阀和封隔器载荷性能曲线，开展井下安全阀和封隔器强度校核，得出某一油压下的井下安全阀校核和封隔器校核对应 A 环空最大允许压力。针对不同生产工况和关井工况，开展油管抗外挤强度和三轴应力强度校核，得出对应油压下的油管校核对应 A 环空最大允许压力。

对比 p_{Am-wh}、p_{Am-c}、p_{Am-th} 和 p_{Am-ff}，取其中最小值作为综合考虑油管头、生产套管、尾管悬挂器、尾管和地层的 A 环空最大允许压力 p_{Am-z}。

对比某一油压下的井下安全阀校核、封隔器校核和油管校核对应 A 环空最大允许压力，取对应油压下的最小值得出综合考虑井下安全阀、封隔器和油管的 A 环空最大允许压力，并同 p_{Am-z} 比较，得出某一油压下 A 环空最大允许压力。

（2）A 环空最小预留压力计算。

将油管头、生产套管、尾管悬挂器、尾管和地层校核确定的 A 环空最小预留压力与对应油压下的井下安全阀校核、封隔器校核和油管校核确定的 A 环空最小预留压力进行对比，选取 A 环空最小预留压力中的最大值，作为 A 环空最小预留压力。

针对不同油压下的生产工况和关井工况，对 A 环空对应的所有井屏障部件开展强度校核，从而得出不同油压下的 A 环空允许压力与油压关系图（图 6-2-8）。以对应油压下的 A 环空压力上下限作为 A 环空的合理环空压力控制范围。

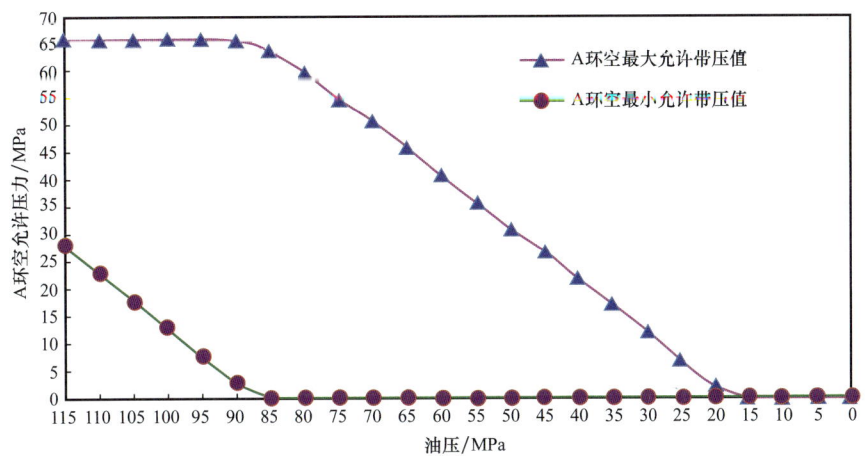

图 6-2-8　A 环空允许压力与油压关系图

2）B 环空、C 环空和 D 环空压力最大允许压力计算

B 环空、C 环空和 D 环空最大允许压力计算时，应考虑以下因素（图 6-2-9）。其中：

（1）环空内层套管校核，根据环空内层套管最小剩余抗外挤强度的 80%，得出环空内层套管校核对应环空最大允许压力 p_{m-ci}。

（2）环空外层套管校核：根据环空外层套管最小剩余抗内压强度的 80%，得出环空外层套管校核对应环空最大允许压力 p_{m-co}。

（3）套管头校核：根据套管头额定压力值的 80%，得出套管头校核对应环空最大允许压力 p_{m-ch}。

（4）地层破裂压力校核：根据环空外层套管下部地层破裂压力进行地层破裂压力校核，地层破裂压力校核对应环空最大允许压力 p_{m-ff} 计算。

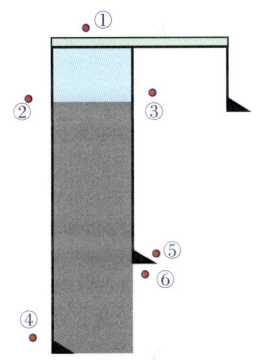

图 6-2-9　B 环空示意图
①井口装置；②内层套管上部；
③外层套管上部；④内层套管下部；
⑤外层套管下部；⑥地层

对比 p_{m-ci}，p_{m-co}，p_{m-ch} 和 p_{m-ff}，取其中最小值作为综合考虑环空内层套管、外层套管、套管头和地层破裂压力的环空最大允许压力值。

2. 环空带压风险管理

针对高压气井在役井完整性失效风险，结合气井异常情况分析井屏障状态，开展失效风险评估，对气井实行分级管理。

1）风险评估流程

针对出现持续环空带压的井应开展风险评估。风险评估基本流程如下：

（1）建立井屏障评价表，结合钻完井资料、环空压力监测资料和测试诊断资料依次对井屏障部件进行评价分析，确定井屏障状态，典型井生产阶段井屏障部件评价表（表 6-2-2）。

表 6-2-2　典型井生产阶段井屏障部件评价表

井屏障部件	评价内容	评价方法	评价结论
第一井屏障			
隔挡层	目的层上部的隔挡层是否有效	通过环空压力监测来验证	
封隔器下部套管	生产期间压力下降是否会造成封隔器下部套管被挤毁关井是否会压坏封隔器下部套管	实际施工参数是否在封隔器下部套管安全控制参数范围内	
封隔器下部套管外水泥环	生产期间的温度、压力变化是否会损坏封隔器下部套管外水泥环	通过环空压力监测验证	
封隔器	生产期间的温度压力变化是否对封隔器密封性能产生影响	分析实际工况下封隔器压差。通过 A 环空压力监测验证封隔器完整性	
管柱	生产期间的温度压力变化是否对管柱产生影响	用实际施工参数再次进行管柱校核，了解生产期间管柱是否安全。通过 A 环空压力监测管柱完整性	
井下安全阀	生产期间的温度压力变化对井下安全阀的影响	生产期间安全阀内外压力是否超过井下工具强度。井下安全阀是否开关正常	
第二井屏障			
完井液	密度及性能	是否符合设计要求。防腐性能评价	
封隔器以上油层套管	A 环空施加平衡压力对套管影响	平衡压力是否在套管安全控制参数内。通过环空压力监测验证、环空带压分析	
封隔器以上油层套管（含喇叭口）外水泥环	固井质量、套管试压情况、引流试验	通过固井质量测井曲线分析和环空压力监测验证	
套管头	密封性	是否泄漏和异常带压	
油管头	密封性	是否泄漏、异常带压、开关可靠	
采油（气）树	密封性	是否泄漏、开关可靠	

（2）结合进一步的诊断分析，开展风险矩阵评估，根据风险评估确定气井风险的大小（表 6-2-3）。

表 6-2-3　风险矩阵评估表

失效后果 \ 失效可能性	非常低	低	中等	高	非常高
轻微	L	L	L	L	M
一般	L	L	L	M	M
中等	L	L	M	M	H

续表

失效后果 \ 失效可能性	非常低	低	中等	高	非常高
重大	L	M	M	H	H
灾难	M	M	H	H	H

注：L—低风险，M—中风险，H—高风险。

2）气井分级管理

通过井屏障完整性分析及风险评估对井进行分级，按照红色、橙色、黄色和绿色4个等级划分，根据不同级别制订相应的响应措施（表6-2-4）。

表6-2-4 井完整性分级及响应措施

类别	分级原则	措施	管理原则
红色	第一屏障失效，第二屏障受损（或失效），风险评估确认为高风险，或已经发生泄漏至地面	红色井确定后，必须立即治理，行业管理部门应立即组织治理方案编制，生产单位立即采取应急预案，实施风险削减措施，防控风险；组织实施治理方案	油田公司领导批准治理方案，行业管理部门组织协调，生产部门组织实施
橙色	第一屏障受损（或失效）、第二屏障完好，风险评估后，确认为中风险；或第一屏障受损（或失效）、第二屏障受损，但经过风险评估后，确认为中风险	制订应急预案，根据情况进行监控生产或采取风险削减措施，少调产，尽量减少对环空实施泄压或补压；严密跟踪生产动态，发现问题及时分析评估并采取相应措施	行业管理部门组织技术支撑单位和生产部门共同制订监控措施；生产单位负责监控生产，发生重大变化，上报行业管理部门，并组织技术支撑单位分析变化原因及影响，提出处置意见
黄色	第一屏障完好，第二屏障受损，经过风险评估后，确认为低风险；或第一屏障受损，第二屏障完好，经风险评估后，确认为低风险	采取维护或风险削减措施，保持稳定生产，严密监控各环空压力的变化情况；尽量减少对环空采取泄压或补压措施	由生产单位自行监控生产，若发生重大变化，上报行业管理部门，并组织技术支撑单位分析变化原因及影响，提出处置意见
绿色	第一及第二屏障均处于完好状态	正常监控和维护	由生产单位自行监控生产，若发生重大变化，上报行业管理部门，并组织技术支撑单位分析变化原因及影响，提出处置意见

3）风险控制措施

气井分级划分为红色的井应立即开展治理消除隐患，气井分级划分为橙色可监控生产的井，应制订风险控制措施。风险控制措施至少包括但不限于以下方面：

（1）重新确定环空允许压力操作范围，并设定报警值；

（2）配备必要的泄压或补压装置；

（3）制订开井、关井工况下的油套压力控制措施；

（4）制订相应的应急预案并定期演练。

三、井完整性管理与评价系统

塔里木油田在调研国外软件的基础上，结合高压气井的特点及井完整性管理需求，以气井全生命周期井完整性管理和安全评价技术为依托，初步形成了井完整性管理与评价系统。系统可进行井屏障图的快速绘制，单井井完整性数据资料的录入、采集，井完整性资料的查询和资料数据的浏览，井完整性分析、评估、监测及环空压力控制值计算等操作，初步实现高温高压井全过程完整性管理、评价和风险管控，切实提高井完整性管理水平。

1. 系统总体结构

按照分级管理、逐级落实、上下联动的原则，建立了软件总体框架（图6-2-10）。其中，股份公司主要查看各油田的井完整性状况，各油田公司查看各自气矿或作业区的完整性等级，工程技术研究院主要负责井完整性设计、井完整性评价，包括井筒检测与监测情况和基础信息查询，并进行相关资料的准备和输入。

系统采用统一设计、SOA架构、模块化开发的形式进行软件开发，确保开发成果顶层统一、容易集成。统一底层数据库以总部统建的A1、A2、A4和A11为主，同时预留接口可接入各油田自建数据库。既可以调取底层数据库数据、又能人工输入数据，实现每一个环节的评估功能。

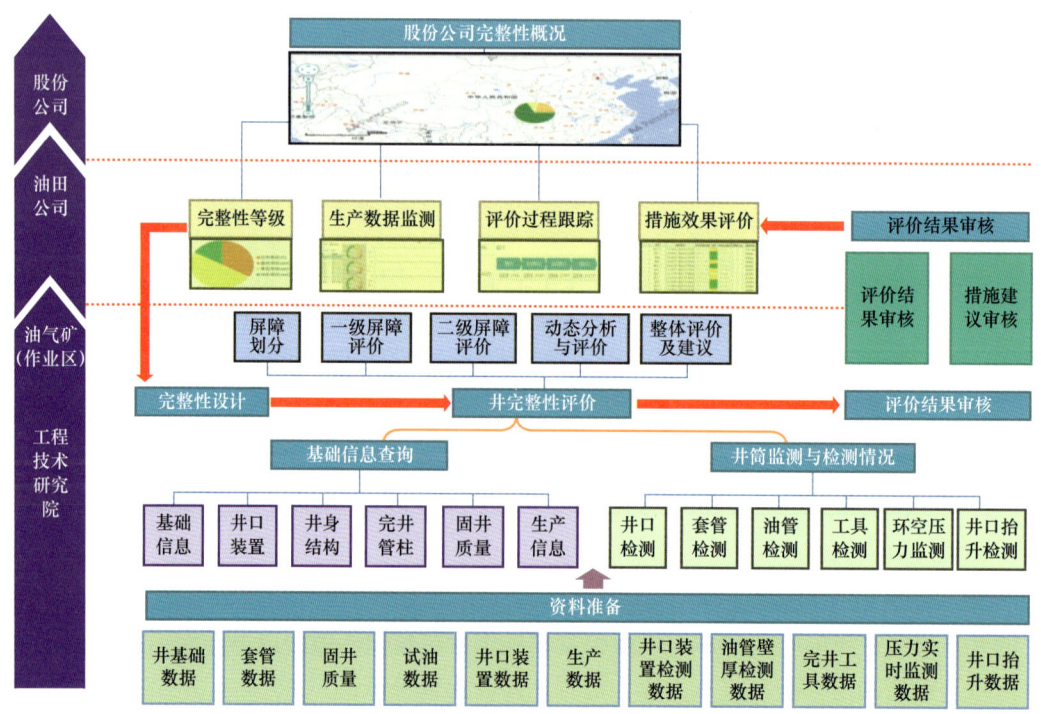

图6-2-10 井完整性管理与评价系统软件总体框架

2. 系统主要功能和模块

根据总体框架和设计原则,井筒完整性管理与评价系统包括管理模块、评价模块和数据模块三大部分(图 6-2-11)。

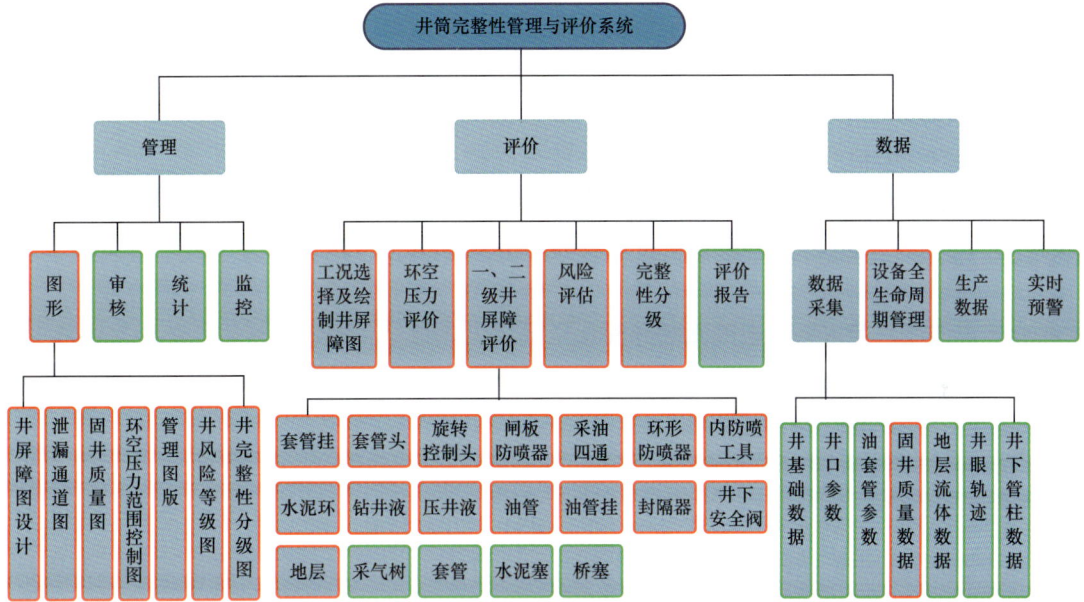

图 6-2-11 井完整性管理与评价系统主要功能模块

1)管理模块

管理模块功能和内容包括:图形(井屏障图设计、井泄漏通道图、固井质量图、环空压力范围控制图、管理图版、风险等级图、井完整性分级图)、审核(评价报告审核)、统计(井完整性等级、环空压力异常、屏障失效井)、监控。

2)评价模块

评价模块功能和内容包括:工况选择及绘制井屏障图,环空压力评价,一级、二级井屏障评价(套管头、套管、水泥环、油管、采气树等井屏障部件评价,综合评价一级、二级井屏障状态),风险评估,完整性分级,以及评价报告生成。

3)数据模块

数据模块功能和内容包括:基础数据采集(井基础数据、井口参数、油套管参数、固井质量数据、地层流体数据、井眼轨迹、井下管柱数据)、设备全生命周期管理、生产数据(日报数据、实时数据、环空压力控制图版)、实时预警(环空压力预警、井口抬升预警)。

3. 系统应用效果

井完整性管理与评价系统具有数据收集整理、井完整性评价和潜在风险分析等功能,能够及时反馈现场数据,实现高温高压气井实时监控,提前预警,快速反应,实现潜在风险的"早发现、早控制、早治理"。该系统已发展成为集数据、计算、图形、评价、报告、统计、监控为一体的综合性井完整性管理平台，实现了高压气井井筒完整性及投产后单井动态跟踪，超过200口高压气井进入系统管理，有效保障了高压气井的长期安全生产。

第三节 复杂储层堵塞机理与井筒流动保障技术

克拉苏气田高压气井因井筒出砂和结垢等问题陆续出现油压波动、单井产量骤降等现象，导致安全生产难度巨大，严重影响了天然气稳定供给（黎洪珍等，2010）。经过持续攻关，形成了一套井筒堵塞物精密取样及成分精细分析方法，研发了酸性解堵液系列体系，实现了堵塞物高效溶蚀同时兼顾管柱低腐蚀，配套形成了以"有无挤液通道"和"油套是否连通"为主要考虑因素的井筒化学解堵工艺技术，保障了高压气井井筒畅通。

一、复杂储层堵塞物精准取样

1. 地层出砂现状

克拉苏气田克深区块有生产井87口，通过井口取砂样、井口节流设备使用周期分析、生产参数分析等方法综合判断，存在出砂问题井30口，占已建产井的34%，特别是克深2区块，出砂井18口（表6-3-1），占克深区块出砂总井数的60%。近年来，克深区块出砂井数逐年增加，由于出砂临界生产压差预测不准，无法采取针对性的措施，导致气井寿命缩短，大幅降低单井经济效益。

表 6-3-1 克深2区块生产异常井生产情况统计

序号	井号	异常情况	生产问题
1	KeS2	油嘴处取得砂样	井筒积砂积液造成关井
2	KeS202	油嘴处取得砂样	井筒砂堵造成关井
3	KeS2-1-1	探砂面遇阻、带出砂样	出砂、低产造成关井
4	KeS2-1-14	探砂面遇阻	井筒砂堵造成关井
5	KeS2-2-12	连续油管冲出砂样	井筒砂堵造成关井
6	KeS2-2-14	探砂面遇阻	井筒砂堵造成关井
7	KeS2-2-1	探砂面遇阻、带出砂样	井筒积砂积液造成关井
8	KeS2-2-3	取得砂样	井筒积砂积液造成关井
9	KeS2-2-5	探砂面遇阻、带出砂样	井筒积砂积液造成关井
10	KeS2-2-8	连续油管冲出井堵物	井筒砂堵造成关井

续表

序号	井号	异常情况	生产问题
11	KeS2-2-16	探砂面遇阻、带出砂样	油管不畅
12	KeS2-2-18	探砂面遇阻	出砂、低产
13	KeS2-2-20	探砂面遇阻、带出砂样	出砂、低产
14	KeS2-1-7	出砂造成油压产量频繁波动	油管不畅
15	KeS2-1-8	油压产量波动下降	油管不畅
16	KeS2-1-12	油压产量波动下降	出砂、低产
17	KeS2-1-11	油压产量波动下降	油管不畅
18	KeS2-1-4	油压产量波动下降，取得井堵物	油管不畅

出砂会对油气开发产生严重的影响，具体表现在：

（1）影响气井生产能力。由于地层出砂并在井底沉积，导致地层供气能力大大降低，同时分离器和生产管线中的地层沉砂也会导致生产能力下降（图6-3-1）。

（2）影响井下及井口工具寿命。地层出砂导致产出流体中携带固相，冲蚀导致井下完井工具、井口装备和油嘴损坏（图6-3-2）。

（3）生产设备的工作效率降低，原因包括：管道和分离器中的砂粒堆积；地面设备的损坏。

图 6-3-1　KeS2-2-3 井口管道取得砂样

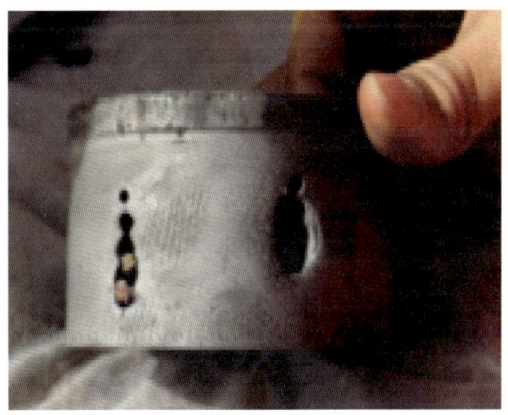

图 6-3-2　DN2-8 井油嘴笼套被冲蚀破坏

2. 地层结垢现状

随着油气田开发的进行，结垢趋势越来越明显，结垢造成储层、井筒、油管、地面设备及地面油气集输管线形成沉积堵塞，堵塞达到一定程度后会导致油气产量大幅降低，甚至关井停产，对油田稳产造成严重阻碍（王承陆，2014）。

通过连续油管疏通对 DN2-11 井和 KeS2-2-18 井进行全井筒精密取样，明确井筒堵塞主要为局部堵塞，且主要集中在井下节流处（表 6-3-2，图 6-3-3）。

表 6-3-2　样品信息统计表

样品名称	样品编号	深度位置 /m	取样日期	样品描述	样品质量 /g
DN2-11 井返排物	1#	3000～4603	2018-4-24	白色黏稠物质	850.69
	1-1#			1 号返排物中夹杂黑色片状物质	6.37
	2#	4633～4663	—	片状物质	1051
	3#	4663～4684			392.3
	4#	4687～4696	2018-4-29		1502.56
	4-1#			4 号返排物中筛出细小物质	312.83
	5#	4702～4706	2018-5-2	片状物质	292.04
	5-1#			5 号返排物中筛出细小物质	88.05
	6#	4708～4924	—	片状物质	664.72
	6-1#			6 号返排物中筛出细小物质	81.57
KeS2-2-18 井返排物	7#	4884～4887	2019-5-6	褐色物质	200.3
	8#	4850～4870	2019-5-9	白色片状	100.1

图 6-3-3　DN2-11 井返排物样品照片

对取得的堵塞物样品分别进行烘干、酸溶蚀、X 射线衍射测试分析，堵塞物组分主要包括 $CaCO_3$、$CaSO_4$、地层岩石和 $BaSO_4$，平均含量分别为 39.25%，19%，33% 和 8%，为除垢解堵剂性能评价提供了依据（图 6-3-4）。

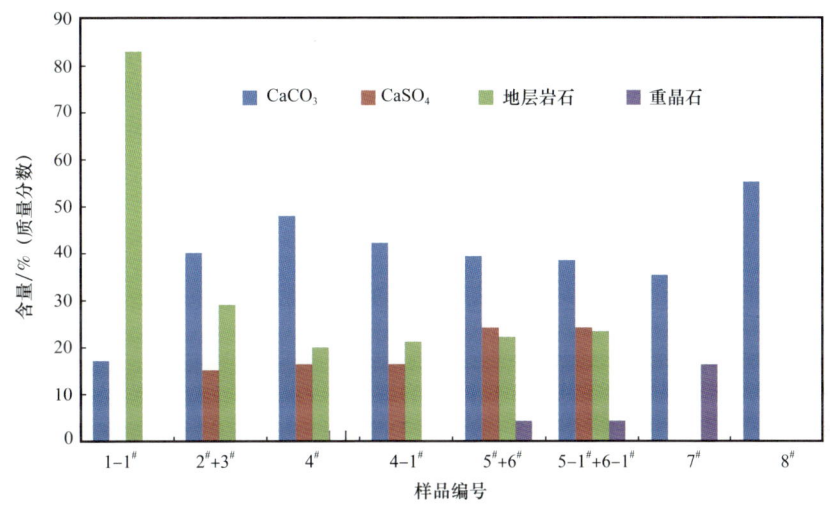

图 6-3-4 堵塞物成分分析

3. 精准取样及堵塞物分析

早期，库车地区部分超深气井频繁出现地面油嘴、节流阀被冲蚀、腐蚀等问题，对迪那 2 气田 13 口井、克深气田 10 口井和大北气田 6 口井取得的井口异物进行分析认为：造成油压产量波动、单井产量骤降的主要原因是地层产出砂和砾。随后，对修井作业过程中取到的井筒堵塞物进行化验分析，结果为碳酸钙、硅酸盐、重晶石、铁腐蚀物，地层砂含量占比很少。克深气田探索了连续油管井筒疏通措施，在作业过程中发现井筒陆续有堵塞的迹象，且堵塞物主要以碳酸钙、铁的化合物为主，有少量地层砂。

因此，建立一套井筒取样规则，明确造成井筒异常的主要原因，准确认识井筒堵塞规律，甄选具有代表性的堵塞样品，通过室内分析化验深入研究堵塞物的成分及含量是很有必要的。

1）全井筒精准取样

在连续油管单井冲洗钻磨过程中对井筒堵塞物进行分段取样。具体要求如下：

（1）不堵塞井段取样要求。

在连续油管单井冲洗钻磨遇阻前（连续油管射流冲洗钻压小于 5kN），每段取样 1 次。每段都是冲洗到遇阻位置时，上提冲洗头，循环 2 周以上，使遇阻位置以上井筒堵塞物全部循环到砂桶内，调换砂桶，取出堵塞物。通过遇阻井段后，在钻遇下一堵塞井段前视为新一段不堵塞井段，期间砂筒压力无异常情况，可不提砂筒。

（2）轻微堵塞井段取样要求。

连续油管遇阻期间（连续油管钻压大于 5kN 且在连续油管钻压许可范围内，射流冲洗可通过）堵塞井段不大于 2m，在钻遇下一堵塞井段前视为轻微堵塞井段，期间砂筒压力无异常情况下可不提砂筒。若钻遇下一堵塞井段，需上提冲洗头，循环2周以上，使遇阻位置以上井筒堵塞物全部循环到砂桶内，调换砂桶，取出堵塞物。

（3）严重堵塞井段取样要求。

连续油管遇阻期间（连续油管钻压大于5kN且在连续油管钻压许可范围内，射流冲洗可通过）堵塞井段大于2m，视为严重堵塞井段，每10m取样1次（不足10m按10m计，也可根据现场实际需求按照轻微堵塞井段取样要求处理），每冲洗或钻磨完10m时，上提冲洗头或磨铣，循环2周以上，使钻磨的井筒堵塞物全部循环到砂桶内，调换砂桶，取出堵塞物。

2）高压气井井筒堵塞特征

通过精细控制10井次现场取样，明确了井筒堵塞类型为局部堵塞，主要集中在井下节流（油管缩径）处；井筒顶部和底部主要为砂堵，井筒中间为垢堵，井下节流处堵塞相对严重（图6-3-5）。

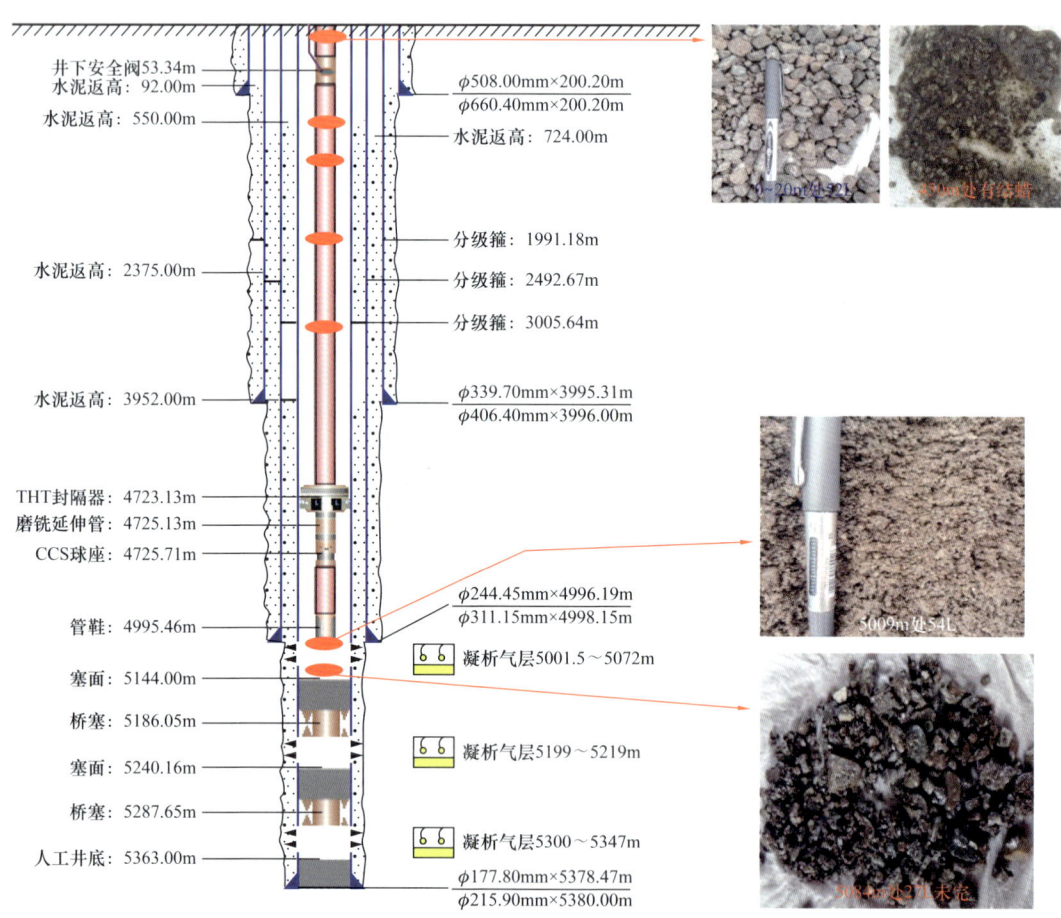

图6-3-5 井筒堵塞位置、堵塞厚度及堵塞物特征对比图

3）井筒堵塞物分析结果

通过对20余样次堵塞物开展140余样次分析化验，认为克拉苏气藏井筒堵塞以无

机垢为主，少量地层砂和泥浆返出物，其中 $CaSO_4$ 和 $CaCO_3$ 占比 60.1%～90%。迪那 2 气田堵塞物以 $CaSO_4$ 和 $CaCO_3$ 为主，占比 50%～90%；克深气田堵塞物以 $CaCO_3$ 和 $Ca_3(PO_4)_2$ 为主，占比 52%～75%。

二、复杂储层条件下出砂垢机理

1. 地层出砂机理

出砂是一个非常复杂的过程，国内外有很多学者针对储层出砂做过大量的工作，其中 Morita 在 1989 年系统地提出了出砂的所有影响因素，包括压力变化、压力梯度、垂向应力和水平应力等。总体而言，随着气井生产井底附近的原始压力平衡发生破坏，从而使得地层岩石发生屈服，导致岩石的原始结构被破坏，引起油气井出砂。岩石破坏机理包括以下几种：（1）剪切破坏。由于压力衰竭或生产压差触发，多发于固结比较好的砂岩油气藏。（2）拉伸破坏。一般是由于压力梯度过大造成的，通常发生在欠固结的砂岩油气藏。（3）冲蚀破坏。由于流动的拖拽和冲击力从而对岩石造成的破坏（Babs Oyeneyin，2019）。

为了进一步了解储层出砂机理，以克深气田为例进行出砂预测（图 6-3-6）。通过对现场的生产数据分析、出砂井与非出砂井岩石力学参数对比、结合数值模拟计算，对出砂压差影响因素进行深入分析，形成裂缝性砂岩储层出砂预测模型。

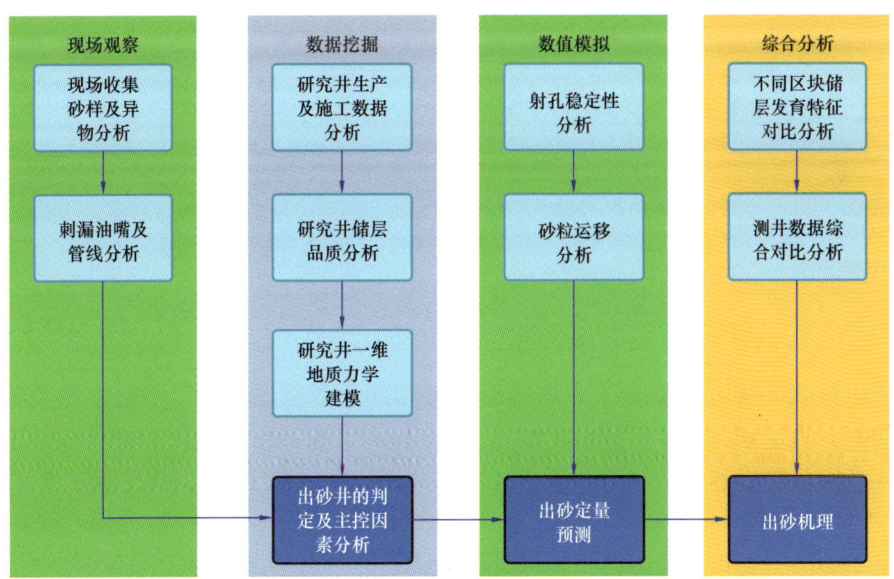

图 6-3-6　储层出砂机理研究技术路线图

1）量化裂缝对岩石强度的影响

通过对区块内 11 口井的岩心进行单轴抗压强度（UCS）测试，天然裂缝的充填物相对岩石基质胶结强度明显偏低，造成岩体整体强度下降 50%～60%（图 6-3-7），含裂缝岩心相较基质岩心更容易发生破坏。

未充填裂缝型砂岩岩石力学强度，可以等效认为是岩石初次破坏后的残余强度。对4口井岩心开展滑动摩擦强度试验，测得岩石破坏后的残余强度为原始值的24%~43%（表6-3-3）。

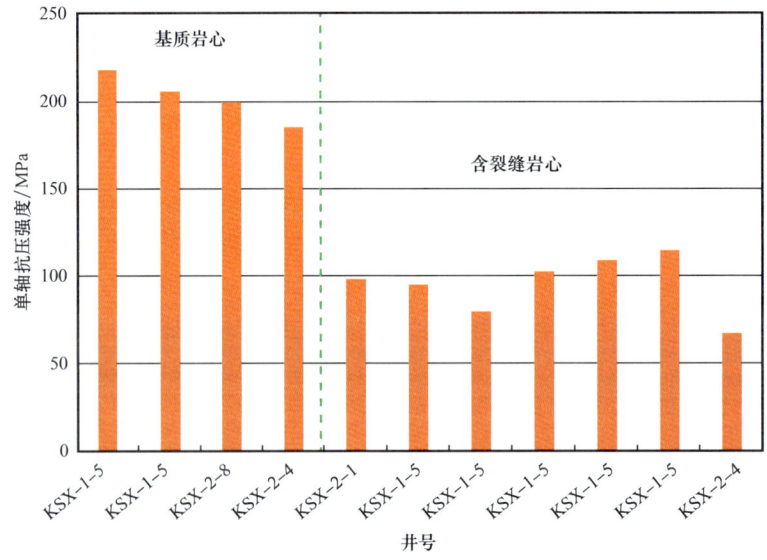

图 6-3-7　岩心单轴抗压强度测试结果

表 6-3-3　滑动摩擦强度试验结果

井号	原始黏聚力 /MPa	残余黏聚力 /MPa	残余百分比 /%
KeS2-2-8	34.3	14.5	42.28
KeS2-2-14	40.5	10.6	26.18
KeS2-2-4	77.0	18.7	24.26
KeS2-2-1	37.3	10.7	28.82

井下岩体实际强度应该介于充填裂缝强度和残余强度之间，以实验室测量单轴抗压强度（USC）为基础，设计不同的 UCS 敏感性分析工况，分别计算三维井壁稳定性，并与成像获得的井壁崩落图像对比，原场 UCS 约为实验室测量值的 30%（图 6-3-8）。

2）出砂预测模型改进

由于实验的复杂性和局限性，国内外研究人员相继开发了部分出砂预测模型（Morita et al., 1989; Wang et al., 2017），几乎所有的出砂预测解析模型都是基于岩石的力学破坏，而岩石力学破坏与其强度息息相关。因此，针对裂缝型砂岩储层，若要实现出砂精准预测，必须考虑裂缝对岩石强度的影响。

选取该区块 KeS2-2-14 井开展出砂预测模拟，当选用完整岩心测试的黏聚力 40.5MPa 输入模型中，预测结果显示不会出砂，当参考裂缝对岩石强度量化影响，将模型中黏聚力调整为12.6MPa输入模型中，预测结果显示出砂时间与实际生产数据相吻合（图6-3-9）。

3）全生命周期出砂临界生产压差预测技术

岩石骨架承受的有效应力是地应力与孔隙压力的差值，随着气田开发程度的提高，地层压力将不可避免出现衰竭，岩石骨架承受的有效应力将逐渐升高，岩石更容易发生破坏而导致出砂。在考虑现今地层压力、岩石强度、地应力状态、裂缝影响等因素，融入地层压力衰竭的影响，创新形成全生命周期出砂临界生产压差预测技术（图6-3-10），指导克拉苏气田高压气井无砂生产制度的制订。

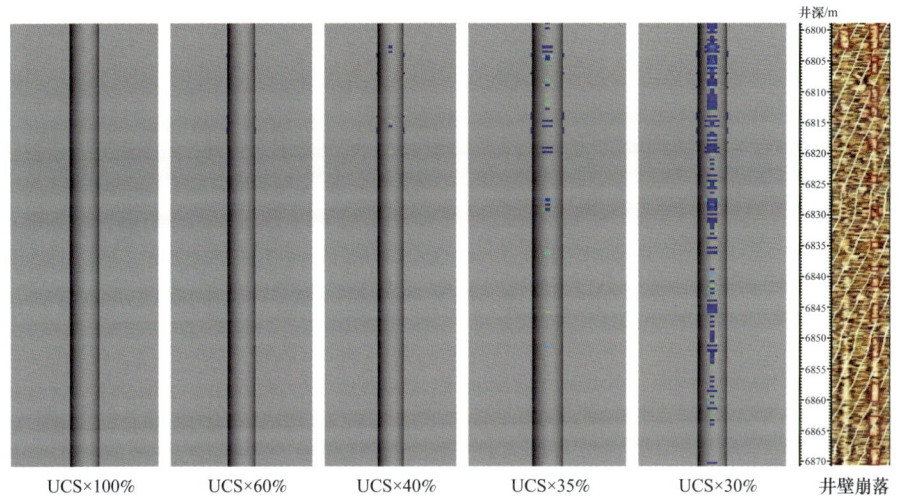

图6-3-8 原场UCS反演分析

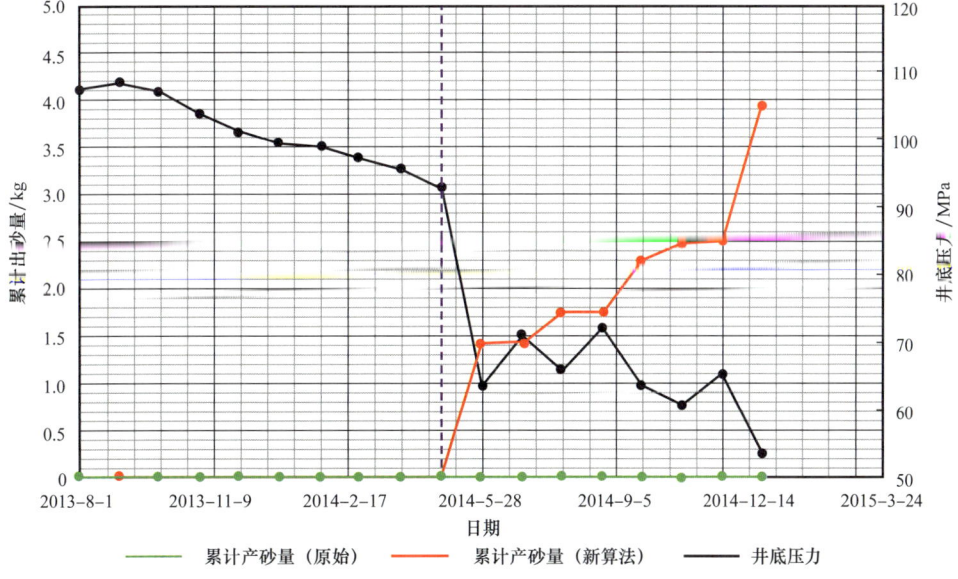

图6-3-9 克深2-2-14井出砂预测

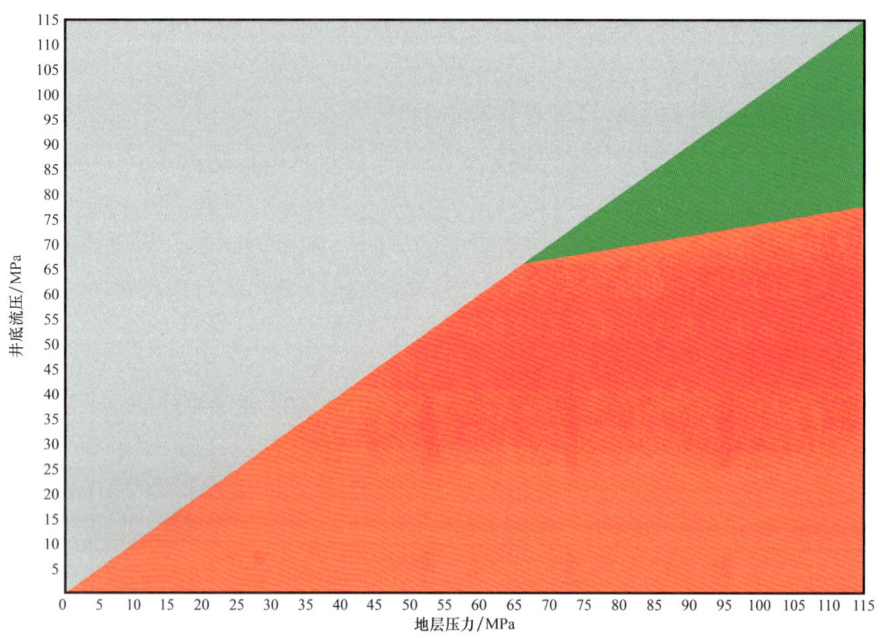

图 6-3-10　不同地层压力下出砂临界生产压差预测图版

2. 井筒结垢机理分析

为了明确塔里木油田不同环境下结垢的状态，详细分析了离子浓度、温度和压力等因素对结垢的影响。

1）离子浓度对结垢的影响

克拉苏气田地层水矿化度最高达 $20×10^4$ mg/L 以上。溶液中的氯离子在一定浓度范围内可以增加碳酸钙的溶解度；在超过某一浓度之后，由于盐析作用，则会降低碳酸钙的溶解度。水中只要存在硫酸根离子，就可以降低碳酸钙的溶解度。钾离子和钠离子对碳酸钙溶解度的影响与氯离子相似。在含氯离子的水中，随着氯离子浓度的增大，硫酸钙的溶解度会增大，而在含硫酸根离子的水中硫酸钙的溶解度会明显下降；钾离子和钠离子会促进硫酸钙的溶解。水中的氯离子、钾离子和钠离子都可以明显促进硫酸钙溶解，而硫酸根离子对硫酸钙的溶解有强烈的抑制作用（图 6-3-11）。

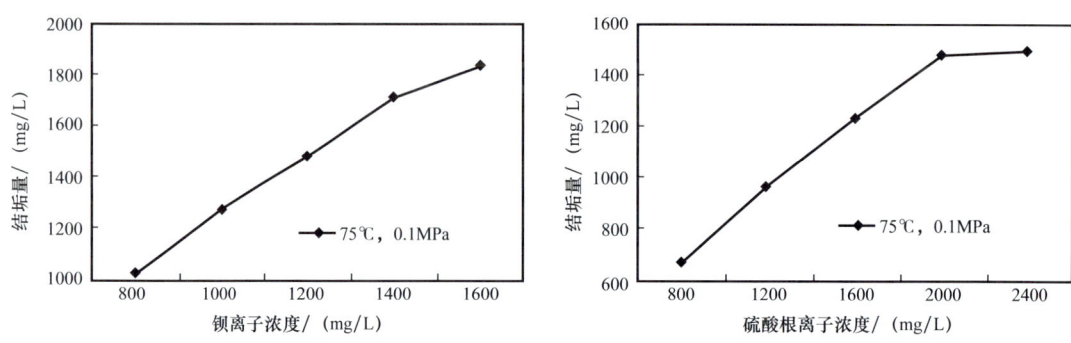

图 6-3-11　钡离子与硫酸根离子浓度与结垢量的关系

2)温度对结垢的影响

温度会影响易结垢盐类的溶解度,温度越高,无机盐类溶解度越小,结垢速率会增大,从而有更多的垢晶体析出(图6-3-12)。同一温度下,不同种类的垢物具有不同的溶度积,溶度积越小,垢物越难溶,影响溶度积的因素主要包括难溶物质性质和温度。

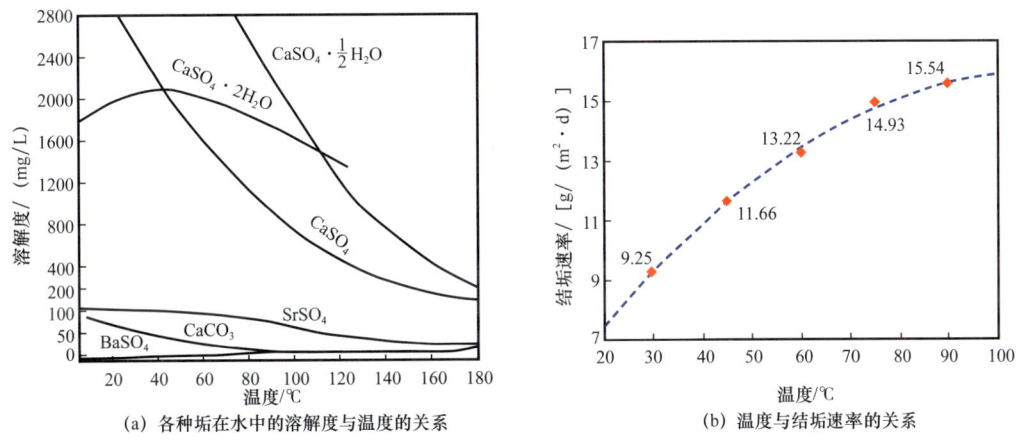

(a)各种垢在水中的溶解度与温度的关系　　(b)温度与结垢速率的关系

图 6-3-12　温度对溶解度与结垢速率的影响

3)压力变化对结垢的影响

压力变化可以改变水中碳酸根离子和碳酸氢根离子的浓度。在采气井含有二氧化碳的情况下,压力变化可以改变水中的二氧化碳含量。采气井的压力从井底到井口不断下降,水中的 CO_2 不断析出,水中的碳酸根离子不断增加,在钙离子存在的条件下,就容易形成碳酸钙晶体析出并吸附于管壁,随压力升高,结垢速率下降(图6-3-13)。

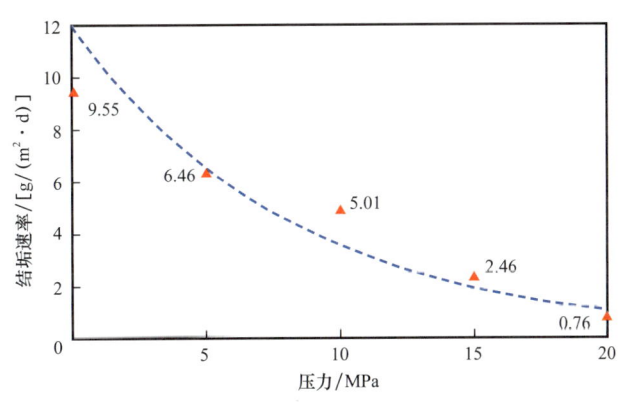

图 6-3-13　压力对结垢速率的影响

4)气液流速对结垢的影响

井筒内壁能否形成稳定的垢层,这既与垢晶体与管壁的吸附程度有关,也与气液流动剪切作用有关,流速增大,结垢速率下降(图6-3-14)。因为气液流速变大时,吸附在管壁的垢晶体受到的剪切作用变强,垢晶体不易在管壁吸附,并会剥蚀已形成的垢层,使垢层变得不完整;气液流速变小时,吸附在管壁的垢晶体受到的剪切作用变弱,垢晶体易于在管壁吸附，充填在已有垢层的剥蚀部位，形成新垢层，增加垢层的厚度。油管在结垢上存在突变部位，如油管的接头部位，过流面积减小，更容易结垢。在油管局部突变部位的结垢量，还与突变幅度和水中成垢离子浓度有关。

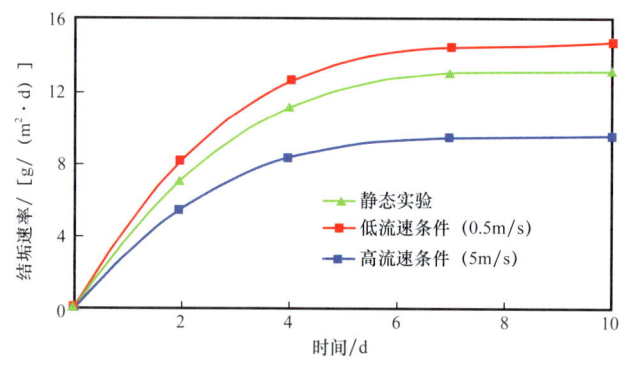

图 6-3-14 流速对结垢量的影响

5）pH 值对结垢的影响

pH 值逐渐变小，意味着水中的 HCO_3^- 浓度逐渐增大。水的 pH 值高，HCO_3^- 离子转变为 CO_3^{2-} 的数量较大，因此产生碳酸钙结垢的概率较大。随着 pH 值的减小，HCO_3^- 转变为 CO_3^{2-} 的概率和数量减少，水中的 HCO_3^- 相对较多，所以产生碳酸钙结垢的概率也变小了。

6）凝析油对结垢的影响

气液从井底流到井口的过程中，温度逐渐下降，凝析油中的蜡可能会析出，吸附在管壁上，成为堵塞物的一部分。同时，蜡晶的析出改变了管道壁面的性质，便于垢晶体的吸附沉积，使得有机垢和无机垢相互作用，形成无机物和有机物的混合垢。凝析油含量越大，其重组分含量越多，在相应的温度条件下，蜡晶沉积而加速垢的形成，增加了结垢量。

三、复杂井筒条件下结蜡机理

克拉苏气田博孜区块和大北区块凝析气藏其含蜡量在 0.5%~18%，相对于常规凝析气藏而言，高含蜡凝析气藏主要的特征是它含有较多的石蜡、胶质和沥青质等重质组分，其中重质组分的含量高出常规凝析气藏较多，从而导致地层流体在开采过程中伴随着固相物质的析出，造成井筒堵塞。

1. 流体取样与测试分析

1）流体取样分析

MDT 即模块式电缆储层动态测试仪，是在完井前中途测试阶段进行井下 PVT 油气取样的一种仪器，这种井下取样优点是流体组分最为准确。

地面分离器取样即在生产稳定后，在分离器处取得一定量的油样和气样，进行 PVT 分析。这种方法的难点在于是否获取到有代表性的样品：目的井在生产过程中若井筒内不结蜡,则可视为具有代表性;若井筒内结蜡,则说明该地层流体在上升过程中有重质组分析出,此时获取到的样品不具备代表性。面对后者,只要测出地面井流物组分和固相蜡样组分,也可一定程度还原出储层流体的组分。

2)样品测试分析

实验测得博孜 104 井地层流体 C_1 含量为 90.791%;C_2—C_6+CO_2 含量为 7.806%;C_{7+} 含量占 0.534%(表 6-3-4),属于气油比高、组分轻、反凝析液量低的凝析气体系。

表 6-3-4 博孜 104 井井流物数据表

参数		数据
组分含量(摩尔分数)/%	CO_2	0.227
	N_2	0.869
	C_1	90.791
	C_2	5.115
	C_3	1.043
	iC_4	0.2
	nC_4	0.248
	iC_5	0.708
	nC_5	0.154
	C_6	0.111
	C_7	0.086
	C_8	0.11
	C_9	0.062
	C_{10}	0.052
	C_{11+}	0.224
C_{11} 以上的密度 $\rho_{C_{11+}}$/(g/cm³)		0.8344
C_{11} 以上的摩尔质量 $M_{C_{11+}}$/(g/mol)		213

博孜 104 井地层温度为 123℃,地层压力为 115.58MPa,气油比为 22084m³/m³,露点压力为 43.04MPa,气藏液烃密度小,地露压差为 72.54MPa,最大反凝析液量为 0.66%,凝析油含量为 64.133g/m³(图 6-3-15),为低液烃含量的凝析气藏。

利用激光固相沉积测定仪和显微固相沉积测定仪测定不同温度下博孜 104 井流体相态及蜡沉积量(图 6-3-16)。

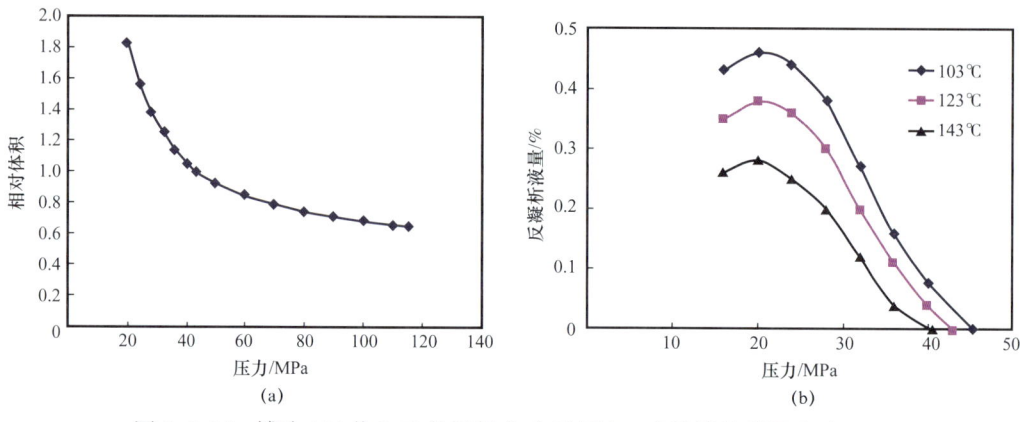

图 6-3-15　博孜 104 井 P-V 关系图（a）及压力—含液量关系图（b）

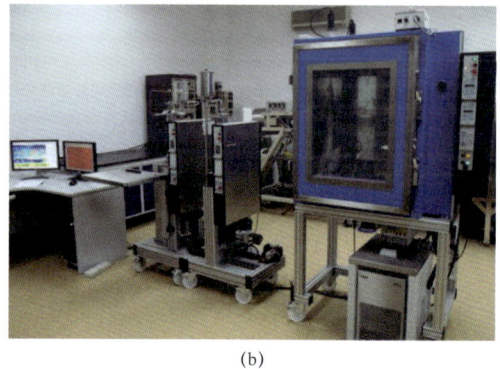

图 6-3-16　激光固相沉积测定仪（a）和显微固相沉积测定仪（b）

激光法原理：系统中相态发生变化时，激光强度信号会发生改变，信号强度拐点即可析蜡点。显微法原理：显微精度达 1～4μm，通过可视化窗口观察蜡晶形成，第一批蜡晶形成即为析蜡点。其缺点是无法观察蜡晶形成过程，且露点以下凝析油产生后，严重影响激光法测试析蜡的信号精度，需改为 PVT 仪进行测试露点以下析蜡点（伍鸿飞等，2013）。

实验结果显示，在不同压力条件下，博孜 104 井流体最高析蜡点为 42.05℃，明确博孜区块井流物析蜡最高温度为 42℃左右（图 6-3-17 至图 6-3-21，表 6-3-5）。

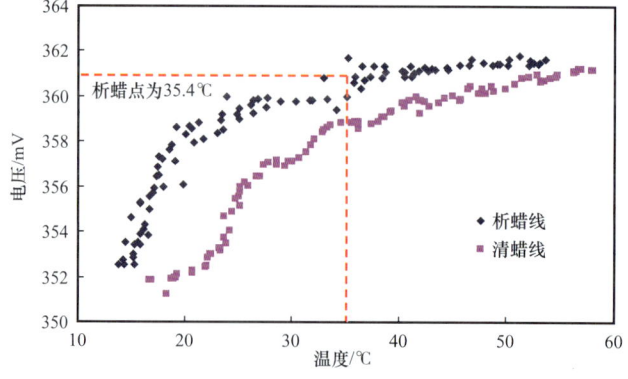

图 6-3-17　0.101MPa 压力下激光测试析蜡点

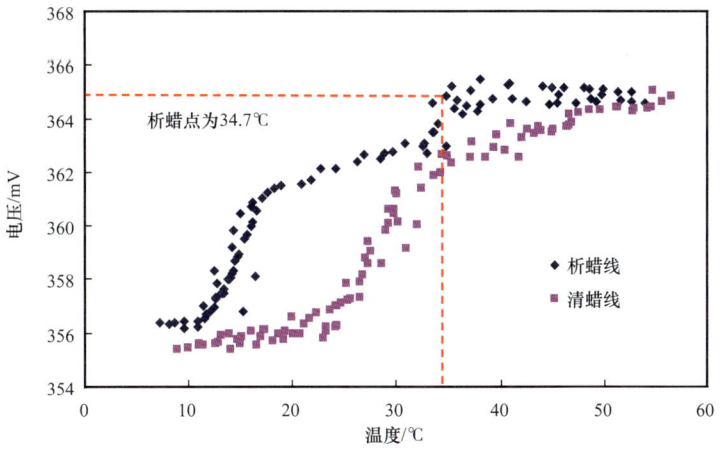

图 6-3-18　5MPa 压力下激光测试析蜡点

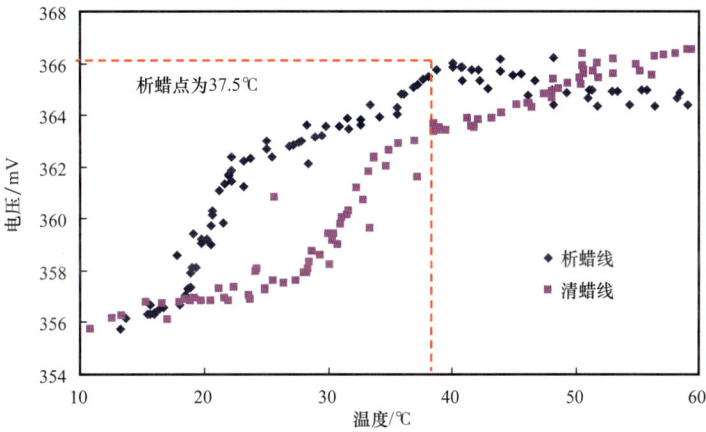

图 6-3-19　20MPa 压力下激光测试析蜡点

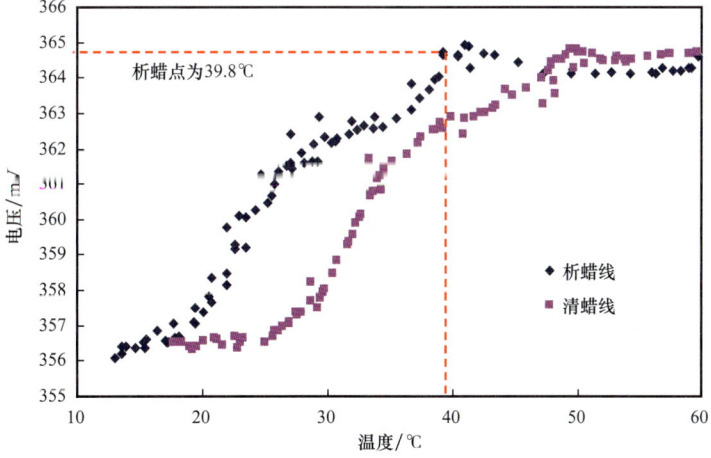

图 6-3-20　30MPa 压力下激光测试析蜡点

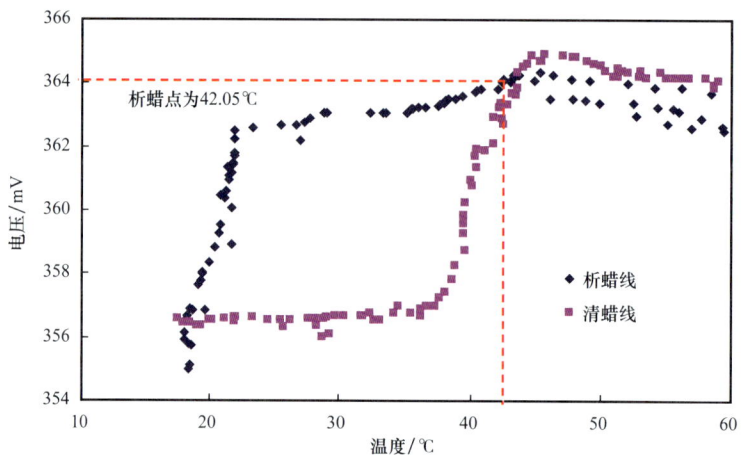

图 6-3-21　40MPa 压力下激光测试析蜡点

表 6-3-5　BZ104 井井流物析蜡点数据表

测试压力 /MPa	析蜡点		
	实验测试值 /℃	理论模拟值 /℃	相对误差 /%
0.101	35.4	36.5	3.11
5	34.7	35.8	3.17
20	37.5	38.9	3.73
30	39.8	40.2	1.01
40	42.05	43.05	2.38

BZ104 井凝析气在温度和压力变化过程中，存在气相、气—液两相、气—固两相、气—固—液三相共 4 个相态区域（图 6-3-22），析蜡点在露点线交叉点产生较大幅度的升高，分析认为拐点产生主要是由于露点压力附近优先析出重烃组分形成的蜡晶造成的；露点以下随着压力的降低，析蜡点逐渐降低。

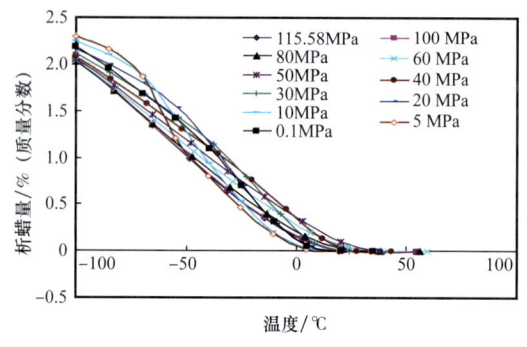 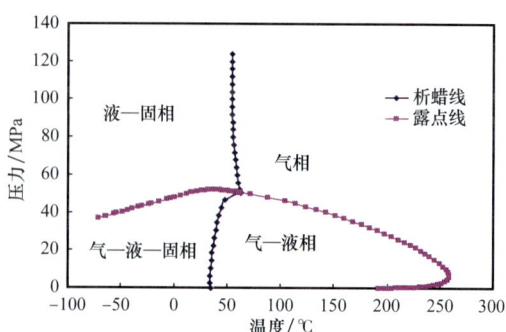

图 6-3-22　不同条件下 BZ104 井流体蜡沉积量

2. 结蜡规律模拟与分析

1）结蜡软件模拟

室内实验组分常规分析至 C_{30}，没有 C_{30+} 重质组分的数据。采用"Power"趋势分析法将固相蜡样中重组分如正烷烃正链烷烃的数量添加到井流物数据中，得到准确的流体组分（图 6-3-23）。

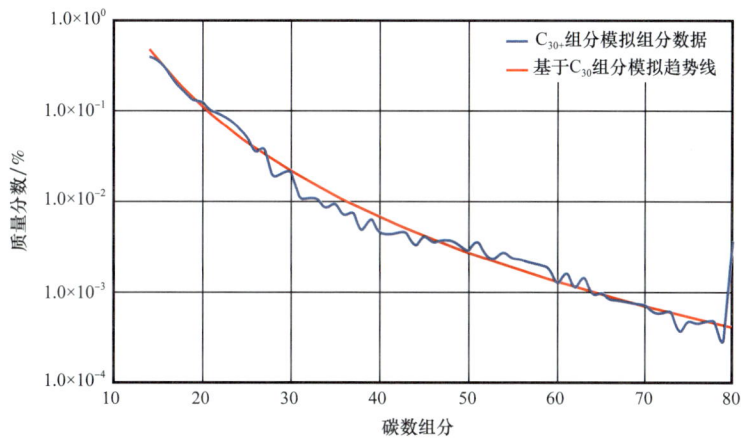

图 6-3-23 "Power"趋势分析法预测 C_{30+} 组分

建立 Prosper 模型，模拟不同产率和作业条件下生产油管内的流体流动温度及其分布，用于模型的数据包括油气藏条件、流体特性、生产剖面、作业条件等。将得到的井筒流温流压曲线投射至析蜡包络线，据此确定井筒内析蜡的深度。以分子扩散模型和剪切弥散模型为基础，得到相应的结蜡厚度。

析蜡包络线绘制的两种方法：（1）开展室内实验，运用高温高压高倍率显微镜 PVT 仪，测试出具有代表性的样品在不同压力下的析蜡温度，绘制出析蜡包络线（图 6-3-24）；（2）应用软件模拟，如 Multiflash、CalsepPVTsim 等软件。

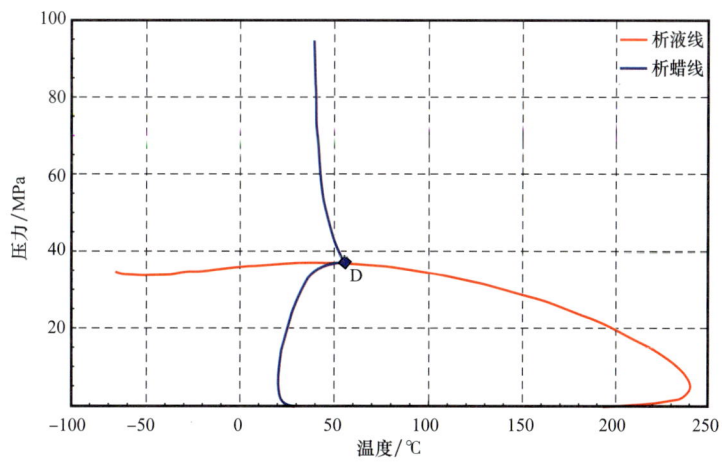

图 6-3-24 析蜡包络线

2）软件模拟实例

博孜 1 井完钻井深 7084m，地层温度 126.2℃、地层压力 121.5MPa，生产期间井口平均压力约 70MPa，高于露点压力值（约 50MPa）。为验证其结蜡情况，开展了结蜡预测研究。

由于前期试采期间没有进行 MDT 井下取样，只能通过地面流体组分和固相蜡样组分结合的方法来获取原始流体组分。采用"Power"趋势法将重组分如正构烷烃的数量加到了井内原始流体组分中，对所有烷烃组分进行测定，并和原始井内流体分析一并添加到表 6-3-6 中，通过所取蜡样分析做出碳数分布图（图 6-3-25）。

表 6-3-6　博孜 1 井井流物及碳数组成

组分	井流物摩尔分数/%	井流物质量分数/%	固体蜡样质量分数/%	固体蜡样中直链烃质量分数/%	总井流物+蜡质量分数/%
N_2	0.884	1.266			1.264
H_2S	0	0.000			0.000
CO_2	0.192	0.432			0.431
CH_4	88.34	72.462			72.343
C_2H_6	6.679	10.269			10.252
⋮	⋮	⋮			
C_{11}	0.071	0.541	0.50	0.105	
C_{12}	0.059	0.492	0.18	0.062	0.167
⋮	⋮	⋮	⋮	⋮	⋮
C_{77}	0.001	0.000	0.240	0.015	4.86×10^{-4}
C_{78}	0.001	0.000	0.240	0.014	4.86×10^{-4}
C_{79}	0.001	0.000	0.150	0.012	3.04×10^{-4}
C_{80+}	0.001	0.000	1.850	0.010	3.75×10^{-3}
以上总计	100.05	100.00	100.00	58.97	100.00
C_{30+}	0.05	0.00	80.80	42.72	0.1636

建立博孜 1 井油气藏流体的 MultiFlash 模型，加入重质蜡组分的流体露点压力和析蜡温度（图 6-3-26），原始流体样品预测的最高析蜡温度为 55℃，而修正后的流体组分最高析蜡点分别为 83℃（进行露点拟合之前）和 78℃（进行露点拟合之后）。

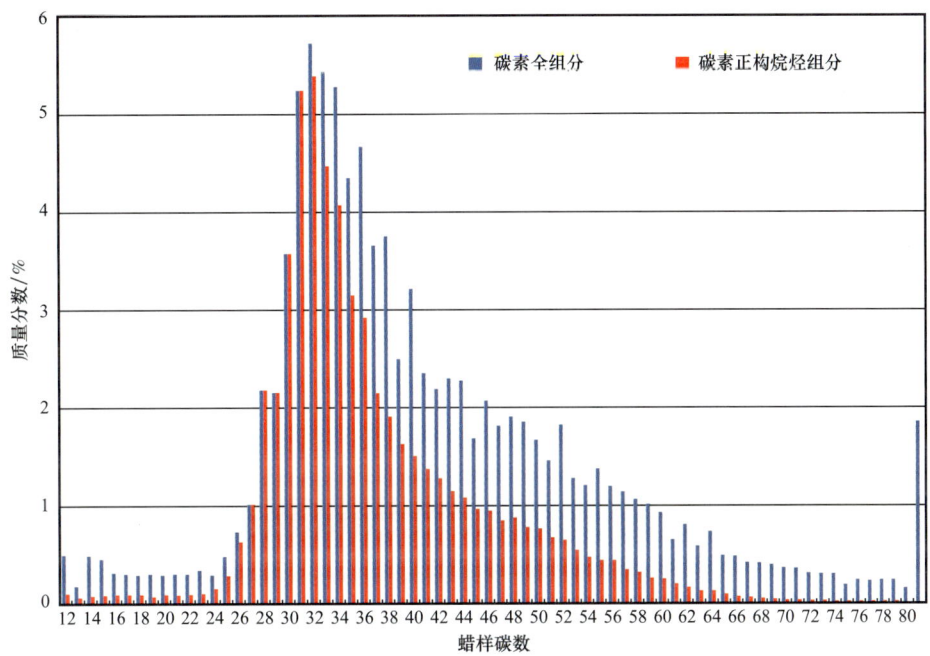

图 6-3-25 固体蜡样测定的碳数分布图

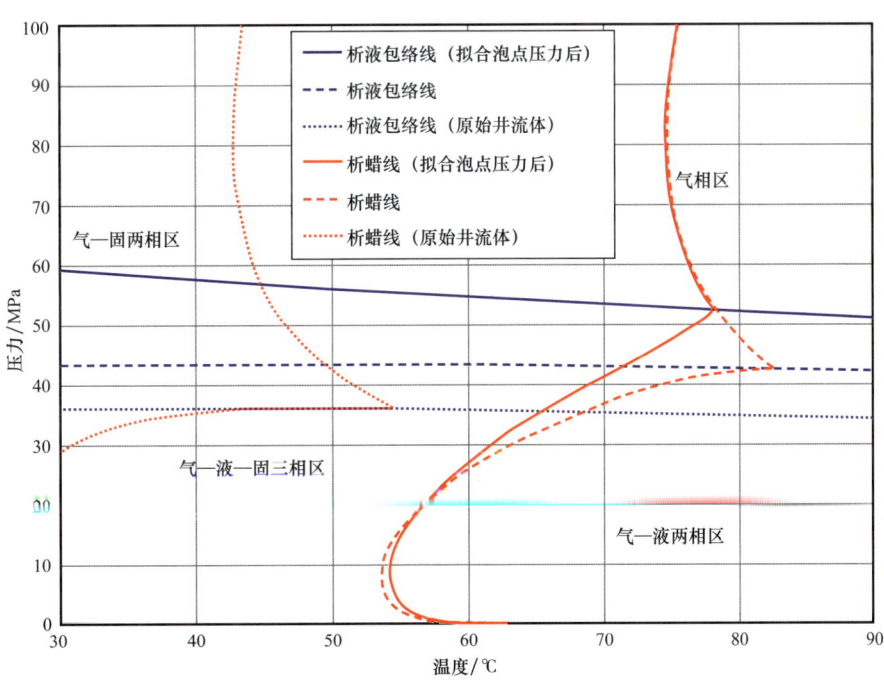

图 6-3-26 加蜡前后预测的结蜡包络线

采用 Prosper 模型来模拟博孜 1 井流动流体三个生产时段的温度和压力分布,如图 6-3-27 所示,预测最高析蜡温度为 78℃,对应析蜡深度为 3000m。

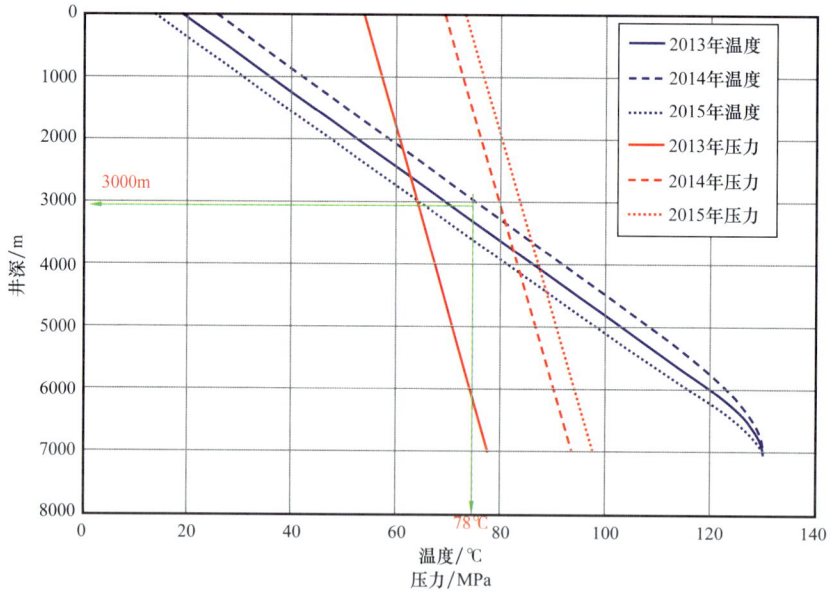

图 6-3-27　三个不同生产期间博孜 1 井流体温度及压力分布模拟图

析蜡温度曲线可用来判断流体中的蜡是否有可能析出，将检测出的或者模拟出的压力温度点和析蜡包络线图一起作图，如果某一个温度压力点处于包络线左边，蜡就有可能从油气烃中析出。将修正后气藏烃组分的蜡相包络图和博孜 1 井的压力温度数据作图（图 6-3-28），上端油管的所有压力、温度点和部分压力温度曲线处于固相蜡包络曲线内，表明在上端油管和油嘴后，可能有蜡析出。另外，预测显示部分油管的温压范围位于气固两相区，流体中的蜡有可能从气相中直接析出。

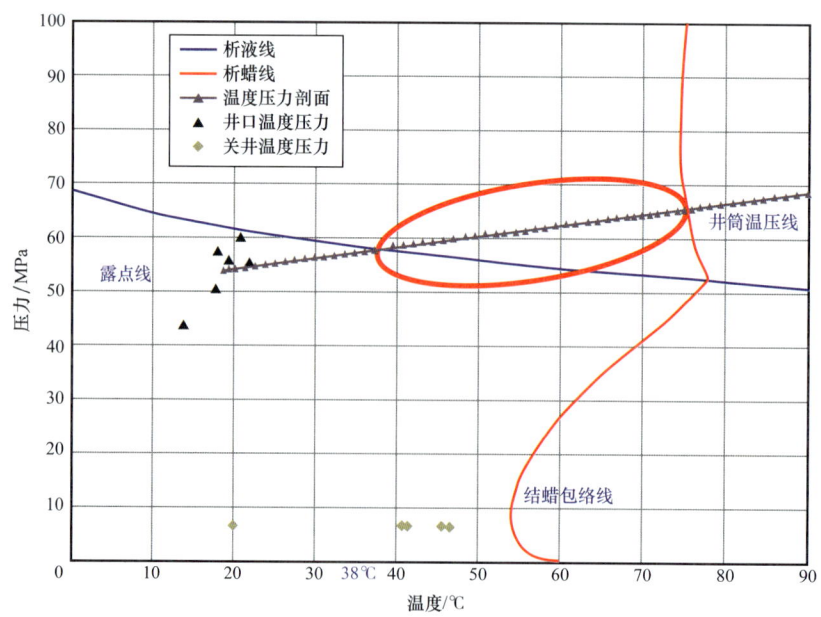

图 6-3-28　博孜 1 井凝析气结蜡包络线测定

图 6-3-29 是基于井深的函数计算出的蜡沉积厚度和油管内径，预测的蜡沉积厚度要比油管内径小得多，预测蜡开始析出的深度大致在 3000m，而最厚的蜡沉积则发生在井口。

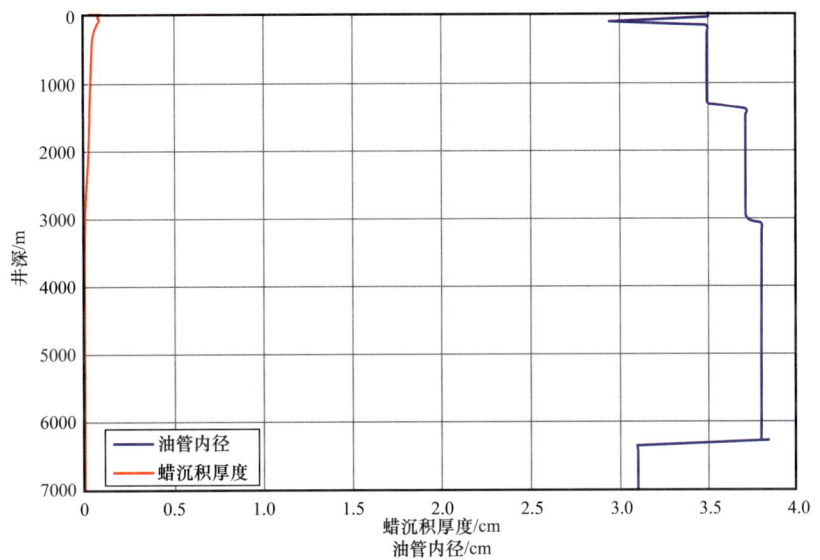

图 6-3-29　2013 年数据下的博孜 1 井蜡沉积厚度及油管内径图

实际生产中，BZ1 井在开启井口主阀进行现场放喷时，有固体蜡块喷出；采用连续油管清蜡作业清蜡至 1351m，在除砂器上收集到呈黄色或白色的蜡颗粒。以上现象均与预测出井筒会结蜡的结果吻合。采用偏光显微镜观察法测得析蜡点为 76℃，与软件模拟的 78℃非常接近。

四、高压气井井筒解堵技术

针对克深区块和迪那区块等井筒堵塞问题，依托精准取样、研发解堵液和配套解堵工艺，基本形成了适用于高压气井的砂垢化学解堵技术及连续管缆电加热防蜡技术，为躺井复活提供了工程技术手段。

1. 砂垢化学解堵技术

对迪那 2 气田 3 口井实施 5 井次油管穿孔作业，措施初期有一定效果，但持续时间受井筒堵塞情况、穿孔工艺影响，有效期 1 个月到 1 年不等，措施后的单井最终仍避免不了再次异常甚至关井。克深区块 16 口出砂气井开展 65 井次放喷排砂作业，复产率低，稳产时间短，且放大生产压差可能带来更严重的出砂堵塞问题。随后，对 5 口异常井开展修井作业，修井作业施工周期长、费用高，修井后单井产能恢复率为 35.8%～79.3%，难以实现全面高效复产。

根据堵塞物成分认识，认为大部分堵塞物可以通过酸液溶蚀作用快速解除堵塞。为此，开展了 330 余次室内评价实验，从主剂浓度优化、综合溶蚀能力、解堵液体系缓蚀效果、与地层水的配伍性等方面，不断提高解堵液的综合性能。

1）酸液配方优选

通过大量基础实验的评估，确定选用以 CA-5 螯合剂作为溶解地层岩石的主要化学剂，选用 HCl 作为溶解无机垢的主要化学剂，辅以少量 HF 用于增强地层岩石的溶解，提高酸液的溶蚀率和溶解速度（表 6-3-7）。

表 6-3-7　酸液体系对不同堵塞类型溶蚀率效果对比表

体系	解堵酸液类型	溶蚀率（反应 2h）/%			
		100% 砂	100% 垢	50% 砂 +50% 垢	现场取出垢块（垢为主）
体系 1	10%CA-5+3%HF+ 添加剂	50.09	61.42	55.75	7.1（溶解 2h）
体系 2	9%HCl+1%HF+ 添加剂	34.17	94.42	57.37	77.84（20min 快速溶解）
体系 3	9%HCl+1%HF+7%CA-5+ 添加剂	43.29	83.09	60.52	—

利用井筒取出垢块进行相同实验条件下的溶蚀率实验，体系 1 对现场垢块的溶蚀率为 7.1%，体系 2 对现场垢块的溶蚀率为 77.84%，实验结果与井筒堵塞物主要成分为无机垢的认识一致（图 6-3-30）。

图 6-3-30　体系 1 和体系 2 分别与钙粉末反应后的照片

2）管柱腐蚀速率测定

选用专用缓蚀剂加入鲜酸，进行腐蚀速率测定，并优化缓蚀剂加量，得到实验结果（表 6-3-8，图 6-3-31）。

在 90℃、4h 条件下，在三种解堵液体系中加入 2% 碳钢缓蚀剂时，对 N80 钢片的腐蚀速率分别为 10.2693g/（m²·h），1.5582g/（m²·h）和 1.6316g/（m²·h）；在体系 1 中加入 4% 专用缓蚀剂，对 S13Cr 管材的腐蚀速率为 2.7068g/（m²·h）；在体系 2 和体系 3 中加入 5.1% 常用缓蚀剂，对 S13Cr 管材的腐蚀速率为 0.9705g/（m²·h）和 1.0972g/（m²·h）。

在 120℃、2h 条件下，在体系 1 中加入 4% 专用缓蚀剂，在体系 2 和体系 3 中加入 5.1% 常用缓蚀剂，对 S13Cr 管材的腐蚀速率分别为 55.8003g/（m²·h），3.1735g/（m²·h）

和11.9082g/(m²·h)。

在140℃、2h条件下,在体系2和体系3中加入5.1%常用缓蚀剂,对S13Cr管材的腐蚀速率为26.6293g/(m²·h)和33.6730g/(m²·h)。可见,即使加入了缓蚀剂,温度升高仍会加剧酸液对管柱腐蚀。

表6-3-8 不同缓蚀剂类型、加量对管材腐蚀速率测试结果

序号	酸液配方	缓蚀剂类型及加量	钢片类型	实验温度/℃	实验时间/h	平行样	腐蚀速率/g/(m²·h)	平均腐蚀速率/g/(m²·h)
1	体系1	2%碳钢缓蚀剂	N80	90	4	1	10.3228	10.2963
						2	10.2698	
2	体系2					1	1.4028	1.5582
						2	1.7137	
3	体系3					1	1.7333	1.6316
						2	1.5299	
4	体系1	4%专用缓蚀剂	S13Cr	90	4	1	2.6967	2.7068
						2	2.7169	
5	体系2	5.1%常用缓蚀剂(3.4%主剂+1.7%辅剂)超级13Cr缓蚀剂				1	1.0779	0.9705
						2	0.8631	
6	体系3					1	1.0251	1.0972
						2	1.1694	
7	体系1	4%专用缓蚀剂	S13Cr	120	2	1	56.3423	55.8003
						2	55.2583	
8	体系2	5.1%常用缓蚀剂(3.4%主剂+1.7%辅剂)超级13Cr缓蚀剂				1	3.2950	3.1735
						2	3.0521	
9	体系3					1	11.9683	11.9082
						2	11.8482	
10	体系2	5.1%常用缓蚀剂(3.4%主剂+1.7%辅剂)超级13Cr缓蚀剂	S13Cr	140	2	1	25.5797	26.6593
						2	27.7389	
11	体系3					1	34.5799	33.6730
						2	32.7661	

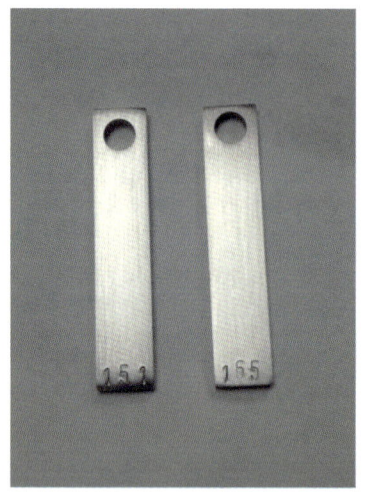 

图 6-3-31　体系 2 在 140℃、2h 条件下对 S13Cr 钢片腐蚀前后对比图

3）解堵液体系优化

由于温度对管柱腐蚀的影响非常显著，为了进一步降低解堵酸液在注入过程中对管柱的腐蚀速率，通过优化解堵液体系，并建立施工期间井底温度预测模型，模拟计算在不同注入排量下的管柱温度以控制腐蚀速率在指标以内，如图 6-3-32 和图 6-3-33 所示。

具体方法：（1）在注入解堵酸液前，以 1m³/min 的注入速度向井筒注入一个井筒容积的中性前置液，将井底温度降至 89℃，为酸液的注入提供较低的环境温度。（2）以 0.5～1m³/min 的注入速度向井筒注入解堵酸液，让井底温度保持在小于 110℃ 的条件下。通过保持环境温度，保证酸液与管柱接触时不会发生过高的腐蚀。（3）在注入解堵酸液后，以 1m³/min 的注入速度向井筒注入一个井筒容积的中性后置液，缩短酸液与管柱的接触时间，进一步降低腐蚀速率。

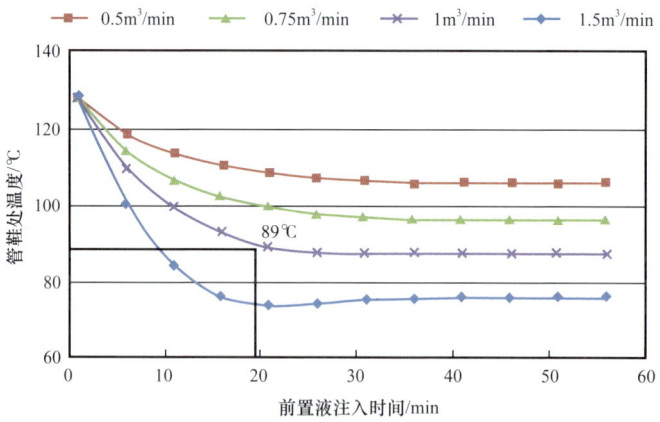

图 6-3-32　液体注入时管鞋处温度与排量的变化关系图

2018—2020 年克拉苏气田共实施气井井筒解堵作业 74 井次，有效率 96%，解堵后单井平均油压由 34MPa 上升至 61MPa，单井平均无阻流量由 46×10⁴m³/d 提高到

$154×10^4m^3/d$,增产3.4倍,如图6-3-34所示,目前解堵后有效期最长达到23个月,实现躺井、异常井的高效复产。

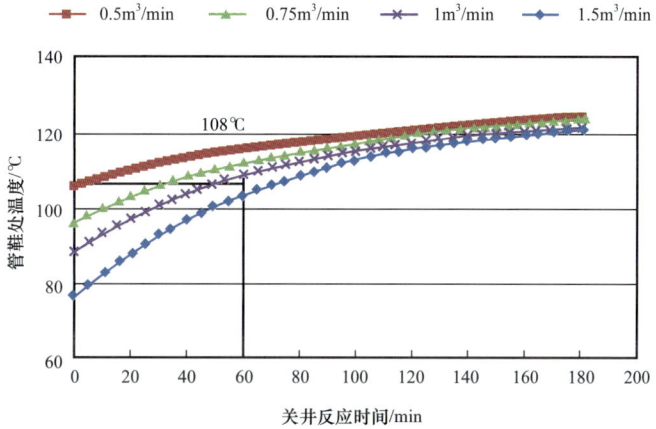

图6-3-33 液体返排时管鞋处温度与排量的变化关系图

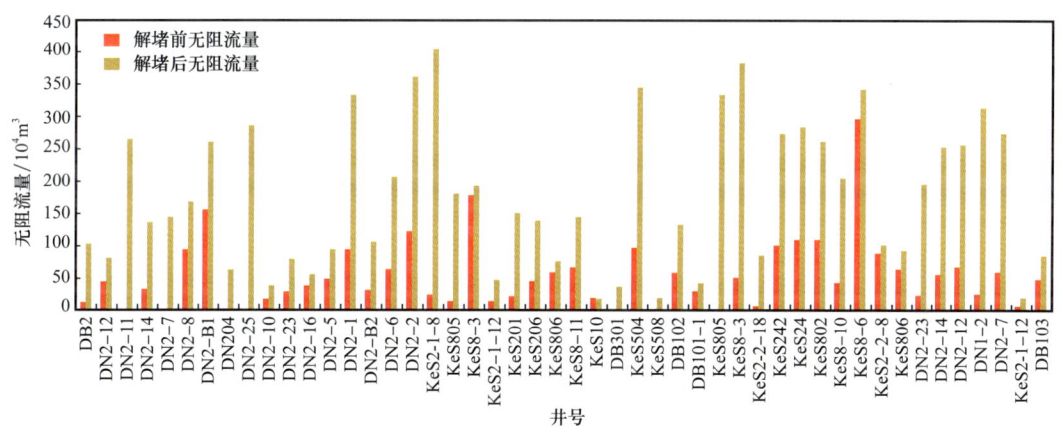

图6-3-34 2018—2020年克拉苏气田部分高压气井井筒解堵前后产能对比图

2. 连续管缆电加热防蜡技术

克拉苏气田博孜1气藏为高含蜡凝析气藏,开发过程中面临严重井筒析蜡堵塞问题,前期4口生产井中3口因蜡堵而被迫关井。该气藏原始地层压力为120MPa,天然气中CO_2含量为0.24%,CO_2分压达到1MPa,对常规清防蜡工艺的设备承压及防腐等级均是一大挑战。

针对博孜区块等井筒结蜡问题,研发了耐高压、抗腐蚀连续管缆电加热装置,配套作业井下屏障设计技术,现场试验取得了较好的效果,其中博孜102井技术应用前清蜡周期为每10天1次,技术应用后已平稳生产2年以上,期间未出现蜡堵。

1) 耐高压抗腐蚀电加热装置研发

(1) 耐高压抗腐蚀加热管缆。

为延缓加热管缆受CO_2、后期产水的Cl^-腐蚀,并满足强度要求,加热管缆结构由外至内分别为连续油管、联锁铠、绝缘层和电缆芯4层（图6-3-35），其主要作用为：

① 连续油管采用2205双相不锈钢制成，抗CO_2和Cl^-腐蚀，抗外挤120MPa，在井筒内作为热载体并保护内部电缆芯。

② 加热管缆在悬挂井口穿越时，连续油管将被剥离，联锁铠代替连续油管起到保护电缆的作用。

③ 连续管缆下入井内，因金属记忆效应，连续管缆将于油管内弯曲贴壁，为防止电流短路，管缆内部采用绝缘材料隔断电缆芯和连续油管，并在底部焊接金属堵头（图6-3-36），确保通过金属堵头形成电流回路。

④ 电缆芯作为电流流入通道，电缆芯及绝缘层的耐温可达180℃，测试耐电压18kV未击穿。

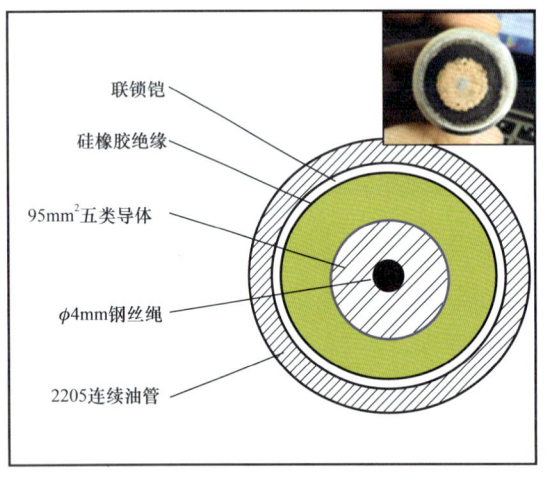

图6-3-35　加热管缆结构示意图

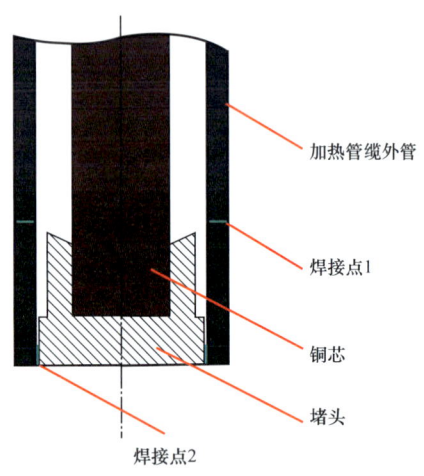

图6-3-36　加热管缆底部焊接示意图

（2）耐高压抗腐蚀悬挂井口。

博孜1气藏关井井口压力高达90MPa，为此研发了一套压力级别105MPa的悬挂井口（图6-3-37）。悬挂井口主要由金属密封圈、心轴、电缆穿越密封机构和电缆剪断装置组成：

① 金属密封圈作为装置的主密封，气密封级别105MPa，通过心轴挤压金属密封环实现与壳体、连续油管、心轴下端间的密封。

② 心轴内外配置两组非金属密封件，辅助密封心轴与壳体、心轴与连续油管，并且内置卡瓦防加热管缆下拉和上顶。

③ 主密封以上部位理论上不承受压力，但出于安全考虑，对电缆穿越处设计一道独立密封机构，可承压70MPa。

④ 当需要起出加热管缆时，通过此装置剪断电缆，然后下入专用打捞工具对接心轴上端打捞头后起出加热管缆。

（3）地面电源系统。

根据井筒是否加热，井筒划分为常规段温度场和加热段温度场（图6-3-38），将井筒温度分开计算。常规段温度场根据井筒流固耦合传热模型计算得到，然后将常规段与加热管缆底部界面温度作为初始温度，再计算所需加热功率。通过计算，加热功率达到150kW，博孜102井正常生产时，井口温度可维持在30℃以上，井筒内无蜡析出。

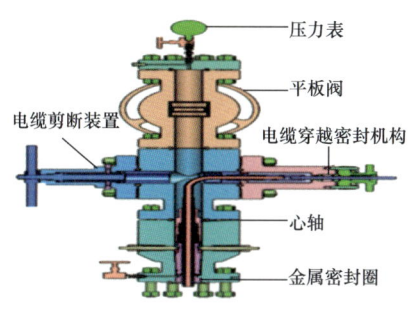 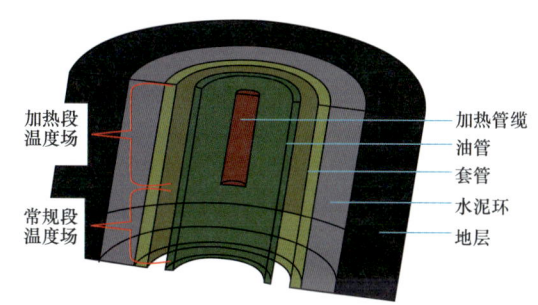

图 6-3-37　悬挂井口结构示意图　　　　图 6-3-38　电加热温度场计算示意图

2）配套作业井下屏障设计技术

加热管缆下到位后，需拆换井口进行安装、坐封。若压井后作业，因油管下部带封隔器、加热管缆底部焊死，无法循环替液诱喷，只能用低密度液体顶替部分压井液入地层才能恢复自喷能力，将对储层造成严重伤害。并且目前井下安全阀通常下深为80m左右，加热管缆下入井内后采气树主阀、井下安全阀均无法关闭，生产期间一旦井口出现泄漏，若无隔绝地层压力源的手段，井口将失控。针对上述问题，配套形成深下井下安全阀屏障设计，将井下安全阀下深调至加热管缆下部，作业期间通过关闭井下安全阀而避免压井，实现整个作业过程存在两道独立井控屏障（图6-3-39），保障作业安全，且投产后一旦井口泄漏，可关闭井下安全阀隔绝地层压力，实施换装井口作业。但由于井身结构生产套管尺寸限制，只能选用$3\frac{1}{2}$in井下安全阀，相较常用$4\frac{1}{2}$in井下安全阀强度偏低，需对安全阀进行受力分析，确保强度满足完井、改造、投产后的工况要求。

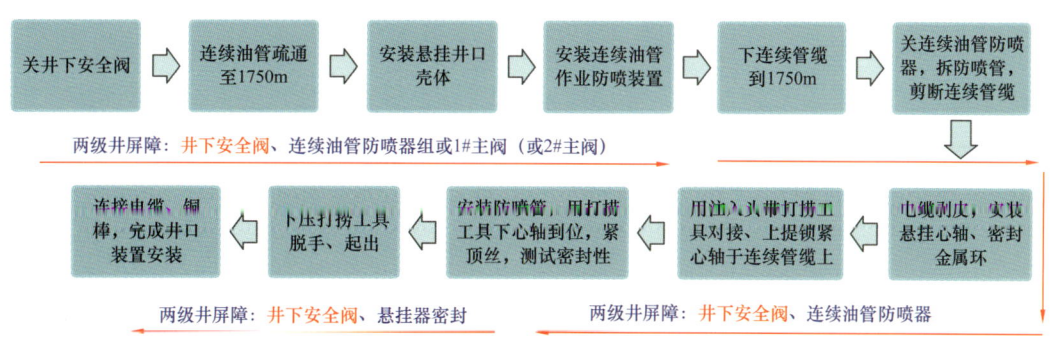

图 6-3-39　加热管缆安装作业流程图

2018—2020年，高压气井连续管缆电加热防蜡技术在BZ102井、DB14井和KL8井等3口井成功应用（图6-3-40），恢复天然气产量$40×10^4 m^3/d$，其中BZ102井已平稳生产超2年。

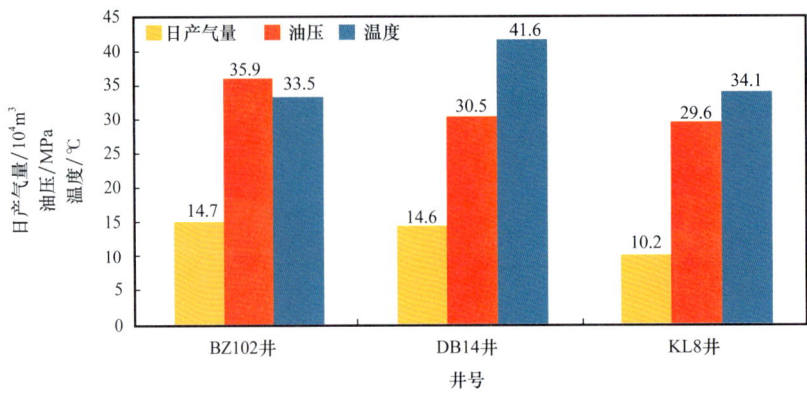

图 6-3-40 高压气井连续管缆电加热应用效果

后 记

尽管克拉苏气田超深超高压气藏的开发取得了很好的成效，但由于地质条件的特殊性和复杂性，仍有部分问题亟待解决。为进一步改善开发效果，提高气藏的采收率和经济效益，针对目前克拉苏气田开发现状及存在的关键问题，还需要进一步配套完善以下关键技术。

一、超深复杂气藏精细描述及动态预测技术

（1）超深复杂构造地震成像及储层预测技术。深层复杂构造成像和储层预测的核心是高精度的地震资料，因此深层地震采集技术将朝着大吨位可控震源、单点接收、宽频激发接收、超高密度、全方位方向发展，目标是在低成本下获得高精度的地震资料。处理解释技术方面，主要发展方向是起伏地表建模、各向异性速度建模、全波形速度反演、各向异性逆时偏移等，以准确构造成像为目标；储层分部预测主要发展方向是保真保幅处理、全波形反演、逆时偏移、分方位角叠前偏移、弹性波岩性成像等，以精准储层预测为目标。大数据分析、人工智能、机器学习和深度学习等自动化智能技术的应用可能将带来革命性的变化。

（2）超深复杂气藏开发机理评价技术。由于克拉苏气田储层介质的复杂性，常规的渗流实验难以准确表征宏观的流动规律，需要开展大尺度断裂等大型物理模拟实验和相关机理研究，包括模拟地层条件下岩石物理参数测定、真三轴应力下裂缝应力敏感性测试、广温度域下高温超高压气藏及高含蜡凝析气藏的流体相态特征、复杂储层三维可视化渗流等实验研究，在此基础上创新发展超高压超临界气藏及高含蜡凝析气藏相态理论、"孔隙—裂缝—断层"多尺度介质储层流动理论，建立相关的产能评价、试井分析等气藏工程方法，为开发优化设计及动态分析奠定基础。

（3）超深超高压复杂气藏开发动态描述及预测技术。由于克拉苏超深气藏储层孔隙、裂缝、断层配置关系及结构十分复杂，加上储层预测困难，难以建立准确的地质模型，还需要开展多尺度裂缝预测、超深复杂气藏多尺度条件下地质建模和数值模拟、热—流—固耦合数值模拟等技术的攻关，探索大数据分析、人工智能在生产动态预警、生产制度管控等方面的应用，实现深层复杂气藏开发动态描述及开发技术对策的定量优化和自动优化。

二、深层高温高压气井钻完井技术

为了进一步提升深层超深层复杂气藏开发的效益，结合气藏的地质特征，未来采用大斜度井、水平井以及混合井组开采将成为一种趋势，需要完善地质工程一体化的超深大斜度井、水平井优快钻完井技术。

（1）超深复杂井全井筒系统提速技术。需要开展巨厚砾石层空气钻井、巨厚砾石层控制轴向振动方法、新型钻头及提速工具研发与试验，从井身结构、钻井液、钻具组合、钻井参数、固井、地面装备和井眼轨迹等方面细化完善钻井提速模板，达到整体、全过程提速的目的。

（2）高温高压高产油气井安全工艺技术。需开展高温高压大斜度井、水平井井控机理、盐构造模式对定向井造斜段井壁稳定性影响等研究，升级配套深层盐下大斜度井技术，不断提高大斜度井、水平井安全高效应用水平。通过开展随钻扩眼 + 精细控压综合性应用方案设计与后评估，旋转导向工具应用评价，迪北煤层造斜段、长水平段水平井技术跟踪及总结评估，库车山前定向井、水平井单井设计及设计评估，连通井施工方案设计及技术跟踪等，形成窄压力窗口地层系统治理技术。

（3）超深复杂气井井筒质量提升技术。需要研究高性能气密封防腐套管，盐层段优选复合盐膏层扶正短节或适合无接箍套管的整体式扶正器，强化扶正器安装，提高管柱居中度，为固井质量打好基础；应用随钻扩眼技术，确保复合盐膏层管柱居中和安全顺利下入；进一步完善盐下大斜度井和长水平段水平井固井工艺措施，形成超深盐下大斜度井、水平井固井技术。开展特殊井工况下的水泥浆配方体系设计、水泥石腐蚀规律研究，形成以"提升复杂工况固井质量"为核心的多级井屏障保障技术。

（4）超深复杂油气井环保钻井液技术。需开展抗高温环保型水基钻井液技术和油基钻屑处理回收基液再利用研究，降低钻井液成本，实现环保型钻井液体系的推广应用。开展抗200℃磺化钻井液体系适应性评价研究，通过优化处理剂配方，提高聚合物钻井液的抗温性、防塌性和润滑性等性能，实现聚合物钻井液应用井段的不断加深，减少磺化钻井液废弃物排放总量，降低处理难度和处理成本，提高清洁生产水平。

（5）超深复杂井安全试油完井技术。近年来，采用许用应力的设计校核方法使得管柱失效问题得到有效控制，但部分井仍然出现失效问题，且失效位置与校核结果不符，需开展基于可靠性的超深高温高压井管柱设计方法研究。对于目的层压井液密度超过$2.0g/cm^3$的油气井，易导致测试管柱埋卡事故，需对现有的试油工作液体系进行优化。对于超深致密气藏，大斜度井或水平井是提高单井产量的有效手段，但目前尚无超深高温高压大斜度井或水平井试油完井相关的技术储备，特别是分段完井工艺，需开展试油完井改造工具优选与工艺技术配套。

（6）超深复杂储层精细化改造技术。气藏压裂缝网扩展延伸机理复杂，微地震监测裂缝形态与模拟裂缝形态差异大，不利于远井裂缝带的高效精准沟通，需开展压裂缝网精细模拟；压裂缝网系统中不同裂缝具有不同的裂缝宽度，需要泵注不同粒径的支撑剂才能实现全支撑，目前通过泵注 30/50 目和 40/70 目支撑剂无法实现对压裂缝网的全支撑，导致生产一段时间后部分裂缝闭合，影响单井产量，需开展不同支撑剂组合的压裂缝网全支撑技术研究。目前采用净压力分析、试井分析、生产拟合等间接评估法进行改造后评估，对于人工裂缝的认识局限于数据计算结果，无直接测量数据印证。需开展大井间距微地震技术、压后生产测井技术研究，实现压后人工裂缝有效性评估，进一步优化改造工艺，提升改造技术水平。

三、深层超高压气井采气工艺技术

（1）油管柱失效控制技术。前期研究认识到磷酸盐是造成超级13Cr油管柱应力腐蚀开裂断裂失效的主因，通过使用甲酸盐替换磷酸盐作为完井液，管柱失效问题得到有效控制，但甲酸盐在高温长期服役条件的热稳定性有待深入研究。此外，目前油田仍有100口左右高温高压井是磷酸盐完井，存在断裂失效风险，因此急需对在役老井油管柱服役寿命进行预测，并且采取相关的技术措施延长在役老井服役寿命。

（2）管柱选材及特殊螺纹技术。选材选螺纹类型作为井完整性技术的核心部分，前期建立了井温≤200℃工况下的选材图版、优选了抗压缩效率100%的气密封螺纹，有效提高了油套管管柱完整性水平。但对于井温超过200℃条件时，如何选择经济的材质；有限元分析方法可弥补在油套管接头实物试验费用高、周期长的问题，但密封判断缺乏数据支撑、密封准则缺少粗糙度等关键影响参数。按照开发方案要求，需保持15~20年不动管柱，如何有效检测入井管柱的完整性状态还需深入研究。

（3）高压气井井筒流动保障技术。高压气井井筒堵塞呈现周期性堵塞特征，目前多采用连续管缆加热、连续油管疏通及化学解堵工艺的"被动治"为主，缺乏"主动防"技术，需开展适用于高温高压气井井筒防蜡、防垢、防砂技术研究，同时需研究形成规律，建立高压气井井筒堵塞物形成规律预测模型，为井筒解堵工艺优化提供支撑。

（4）排水采气技术。重点要建立深层气井积液诊断评价方法，研发抗高温、高盐、耐酸性气体与凝析油的泡排剂；配套适应高温、高压、深层、高矿化度、结垢、出砂等复杂工况的撬装式、移动式排水采气技术深层排水采气技术。

四、超深复杂气藏地质力学评价技术

地质力学属性对油气藏形成、演化和开发都有重要的影响，地应力场、地层压力和岩石力学性质等不仅对钻井、完井和储层改造工程有重要影响，而且对开发过程中储层的渗透性能和流体流动都有重要的控制作用。但目前的研究成果还不足以支撑超深气藏高效开发的需求，需要综合利用地质、岩心、钻井、压裂、测井等信息，通过物理模拟实验和数值模拟等，针对性开展以下关键技术的攻关研究：（1）建立科学的地质力学参数评价方法，实现地质力学参数精细刻画，提高其评价的精度；（2）建立地质力学建模和预测技术，提高裂缝网络刻画精度，构建不同分辨率的融合裂缝网络的地质力学模型，提高地应力反演精度，形成气藏开采过程中地应力动态演化模拟方法；（3）形成气藏开采过程中裂缝活动性评价方法，从而实现定量评价应力变化对开发的影响。通过以上关键技术的配套完善，逐步形成超深复杂气藏勘探开发全生命周期的地质力学技术体系，为井位部署、钻井井壁稳定、增产改造、完井防砂措施、合理配产等提供支撑。

参 考 文 献

Babs Oyeneyin，2019. 高效油气流动综合出砂管理［M］. 张伟，等译. 北京：石油工业出版社.

蔡志东，张庆红，刘聪伟，2015. 复杂构造地区零井源距VSP成像方法研究［J］. 石油物探，54（3）：309-316.

陈元千，胡建国，1993. 确定异常高压气藏地质储量和有效压缩系数的新方法［J］. 天然气工业，13（1）：53-58，8.

陈元千，1983. 异常高压气藏物质平衡方程式的推导及应用［J］. 石油学报，4（1）：45-53.

丁道权，顾岱鸿，门成全，等，2014. 裂缝性致密气藏压裂水平井产能预测及敏感性分析［J］. 科学技术与工程，14（33）：201-206.

苟广秀，吴绍英，2014. 深部储层三维地应力场反演［J］. 地质礼仪之邦与环境保护，25（1）：102-106.

韩波，贾红义，李国栋，等，2013. 基于三维构造恢复技术的特殊岩性体裂缝预测方法——以惠民凹陷商541井区为例［J］. 油气地质与采收率，20（6）：51-60.

侯连浪，刘向君，梁利喜，等，2021. 巴什基奇克组地层岩石力学及地应力特征［J］. 科学技术与工程，21（10）：3897-3899.

贾承造，魏国齐，姚慧君，1995. 塔里木盆地构造演化与区域构造地质［M］. 北京：石油工业出版社：1-224.

江同文，孙贺东，邓兴梁，2018. 缝洞型碳酸盐岩气藏动态描述技术［M］. 北京：石油工业出版社.

江同文，孙雄伟，2018. 库车前陆盆地克深气田超深超高压气藏开发认识与技术对策［J］. 天然气工业，38（6）：1-9.

江同文，肖香姣，郑希潭，等，2006. 深层超高压气藏气体偏差系数确定方法研究［J］. 天然气地球科学，17（6）：743-746.

江同文，孙贺东，肖香姣，等，2021. 深层高压气藏动态储量评价技术［M］. 北京：石油工业出版社.

江同文，孙雄伟，2020. 中国深层天然气开发现状及技术发展趋势［J］. 石油钻采工艺，42（5）：610-621.

江同文，张辉，徐珂，等，2020. 克深气田储层地质力学特征及其对开发的影响［J］. 西南石油大学学报（自然科学版），42（4）：1-12.

琚岩，范坤宇，赵崴，等，2016. 基于地应力特征的水平井井眼轨迹与分段压裂优化技术——以塔里木盆地塔中地区碳酸盐岩储集层为例［J］. 新疆石油地质，37（5）：580-584.

康利伟，2018. 应用阵列声波测井资料计算大北克深地区岩石力学参数［J］. 石油地质与工程，32（5）：113-115.

黎洪珍，刘畅，梁兵，等，2010. 气井堵塞原因分析及解堵措施探讨［J］. 天然气勘探与开发，33（4）：45-48.

李海平，任东，郭平，等，2016. 气藏工程手册［M］. 北京：石油工业出版社.

李骞，郭平，黄全华，2008. 气井动态储量方法研究［J］. 重庆科技学院学报（自然科学版），10（6）：34-36.

李敏，杨雅和，1994. 压力恢复资料计算低渗透气藏动态储量探讨［J］. 天然气工业，14（3）：36-38.

李熙喆，郭振华，胡勇，等，2020.中国超深层大气田高质量开发的挑战、对策与建议［J］.天然气工业，40（2）：75-82.

李熙喆，郭振华，胡勇，等，2018.中国超深层构造型大气田高效开发策略［J］.石油勘探与开发，45（1）：111-118.

李日俊，宋文杰，买光荣，等，2001.库车和北塔里木前陆盆地与南天山造山带的耦合关系［J］.新疆石油地质（5）：378-381.

刘春，张荣虎，张惠良，等，2017.库车前陆冲断带多尺度裂缝成因及其储集意义［J］.石油勘探与开发，44（3）：463-472.

刘立炜，周慧，闫炳旭，等，2022.库车坳陷克拉苏构造带协同变形机制及盆山耦合关系地质科学，57（1）：1-12.

刘志宏，卢华复，贾承造，等，1999.库车前陆盆地克拉苏构造带的构造特征与油气［J］.长春科技大学学报（3）：215-221.

卢华复，陈楚铭，刘志宏，等，1999.库车新生代构造性质和变形时间［J］.地学前缘，6（4）：215-221.

罗瑞兰，张永忠，刘敏，2017.超深层裂缝性致密砂岩气藏水侵动态特征分析－以库车坳陷克深2气田为例［J］.浙江科技学院学报，29（5）：321-327.

能源，谢会文，孙太荣，等，2013.克深构造带克深段构造特征及其石油地质意义［J］.中国石油勘探，18（2）：1-6.

能源，漆家福，谢会文，等，2012a.塔里木盆地库车坳陷北部边缘构造特征［J］.地质通报，31（9）：1510-1519.

能源，谢会文，李勇，等，2012b.塔里木盆地库车坳陷中部构造变形样式及分布特征［J］.地质科学，47（3）：629-639.

潘荣，朱筱敏，刘芬，等，2014.克深冲断带白垩系储层成岩作用及其对储层质量的影响［J］.沉积学报，32（5）：973-980.

撒利明，张玮，张少华，等，2016.中国石油"十二五"物探技术重大进展及"十三五"展望［J］.石油地球物理勘探，51（2）：404-419.

孙贺东，2018.库车超深裂缝性致密砂岩气藏试井技术与实践［C］.全国天然气学术年会：1-3.

孙贺东，曹雯，李君，等，2020.提升超深层超高压气藏储量评价可靠性的新方法——物质平衡实用化分析方法［J］.天然气工业，40（7）：49-56.

孙贺东，王宏宇，朱松柏，等，2019.基于幂函数形式物质平衡方法的高压、超高压气藏储量评价［J］.天然气工业，39（3）：56-64.

孙贺东，2013.油气井现代产量递减分析方法及应用［M］.北京：石油工业出版社.

孙贺东，2016.邻井干扰条件下的多井压力恢复试井分析方法［J］.天然气工业，36（5）：62-68.

汤良杰，金之钧，贾承造，等，2004.塔里木盆地多期盐构造与油气聚集［J］.中国科学（D辑：地球科学），34（S1）：89-97.

汤良杰，余一欣，杨文静，等，2007.库车坳陷古隆起与盐构造特征及控油气作用［J］.地质学报（2）：143-150.

万玉金，何畅，孙玉平，等，2021. Haynesville 页岩气产区井位部署策略与启示［J］. 天然气地球科学，32（2）：288-297.

汪海阁，葛云华，石林，2017. 深井超深井钻完井技术现状、挑战和"十三五"发展方向［J］. 天然气工业，37（4）：1-8.

王承陆，2014. 合兴场气田须二气藏气井结垢主控因素与防治试验评价研究［J］. 化工管理（35）：35-36.

王冲，蔡志东，韩建信，等，2018. 利用 Walkaway-VSP 技术精细刻画火山岩形态［J］. 石油地球物理勘探，53（1）：147-152.

王珂，戴俊生，张宏国，等，2014. 裂缝性储层应力敏感性数值模拟——以库车坳陷克深气田为例［J］. 石油学报，35（1）：123-133.

王珂，戴俊生，刘海磊，等，2015. 塔里木盆地克深气田现今地应力场特征［J］. 中南大学学报（自然科学版），46（3）：943-946.

王玉贵，王建民，王双喜，等，2010. Walkaway-VSP 资料采集与处理技术实践. 石油地球物理勘探，45（S1）：40-43.

王招明，李勇，谢会文，等，2016. 库车前陆盆地超深层大油气田形成的地质认识［J］. 中国石油勘探，21（1）：37-43.

王招明，谢会文，李勇，等，2013. 库车前陆冲断带深层盐下大气田的勘探和发现［J］. 中国石油勘探，18（3）：1-11.

王振彪，孙雄伟，肖香姣，2018. 超深超高压裂缝性致密砂岩气藏高效开发技术——以塔里木盆地克拉苏气田为例［J］. 天然气工业，38（4）：89-94.

王振彪，孙雄伟，肖香姣，2018. 超深超高压裂缝性致密砂岩气藏高效开发技术——以塔里木盆地克拉苏气田为例［J］. 天然气工业，38（4）：87-95.

王志民，张辉，徐珂，等，2020. 库车山前突发构造现今地应力分布特征及对气藏勘探开发的影响［J］. 地质论评，66（S1）：93-95.

魏聪，张承泽，陈东，等，2019. 塔里木盆地克深 2 气藏断层、裂缝、基质"三重介质"渗流及开发机理［J］. 天然气地球科学，30（12）：1685-1689.

吴斌，唐洪，张婷，2010. 两种新颖的离散裂缝建模方法探讨——DFN 模型和 DFM 模型史［J］. 四川地质学报，30（4）：484-487.

伍鸿飞，郑强，靳文博，等，2013. 偏光显微法测定含蜡原油析蜡点的影响因素研究［J］. 广州化工，41（20）：61-63.

鲜成钢，张介辉，陈欣，等，2017. 地质力学在地质工程一体化中的应用［J］. 中国石油勘探，22（1）：75-88.

肖建新，林畅松，刘景彦，2005. 塔里木盆地北部库车坳陷白垩系沉积古地理［J］. 现代地质，19（2）：253-260.

肖文联，李滔，李闽，等，2016. 致密储集层应力敏感性评价［J］. 石油勘探与开发，43（1）：107-114.

谢会文，罗斌，许安明，等，2017. 复杂高陡构造零偏VSP空变倾角时差校正及其处理技术［J］. 石油物探，56（3）：408-415.

谢兴礼，朱玉新，李保柱，等，2005.克拉2气田储层岩石的应力敏感性及其对生产动态的影响[J].大庆石油地质与开发，24（1）：46-48.

徐珂，田军，杨海军，等，2020.深层致密砂岩储层现今地应力场预测及应用——以塔里木盆地克拉苏构造带克深10气藏为例[J].中国矿业大学学报，49（4）：708-720.

徐振平，谢会文，李勇，等，2012.库车坳陷克拉苏构造带盐下差异构造变形特征及控制因素[J].天然气地球科学，23（6）：1034-1038.

杨海军，张荣虎，陈戈，等，2018.库车前陆冲断带深层白垩系沉积储层图集[M].北京：石油工业出版社：1-261.

杨海军，李勇，唐雁刚，等，2019.塔里木盆地克拉苏盐下深层大气田的发现[J].新疆石油地质，40（1）：12-20.

杨通佑，范尚炯，陈元千，等，1998.石油及天然气储量计算方法[M].北京：石油工业出版社.

姚军，黄朝琴，刘文政，等，2018.深层油气藏开发中的关键力学问题[J].中国科学：物理学·力学·天文学，48（4）：5-31.

尹国庆，张辉，王海应，等，2019.地质工程一体化在克深24构造高效勘探中的应用[J].新疆石油地质，40（4）：486-492.

袁俊亮，邓金根，蔚宝华，等，2012.页岩气藏水平井井壁稳定性研究[J].天然气工业（9）：66-70，133.

臧胜涛，王建华，杨哲，等，2017.Walkaway-VSP处理技术及应用[J].石油地球物理勘探，52(S2)：1-6.

张辉，杨海军，尹国庆，等，2020.地质工程一体化关键技术在克拉苏构造带高效开发中的应用实践[J].中国石油勘探，25（2）：120-132.

张辉，尹国庆，王海应，2018.塔里木盆地库车坳陷天然裂缝地质力学响应对气井产能的影响[J].天然气地球科学，30（3）：379-388.

张辉，尹国庆，王海应，2019.塔里木盆地库车坳陷天然裂缝地质力学响应对气井产能的影响[J]].天然气地球科学，30（3）：385-387.

张惠良，张荣虎，杨海军，等，2014.超深层裂缝—孔隙型致密砂岩储集层表征与评价——以库车前陆盆地克深构造带白垩系巴什基奇克组为例[J].石油勘探与开发，41（2）：158-166.

张伦友，1996.关于可动储量的概念及确定经济可采储量的方法[J].天然气勘探与开发，19（4）：75-76.

张杨，杨向同，滕起，等，2018.塔里木油田超深高温高压致密气藏地质工程一体化提产实践与认识[J].中国石油勘探，23（2）：43-50.

赵力彬，张同辉，杨学君，等，2018.塔里木盆地库车坳陷克深区块深层致密砂岩气藏气水分布特征与成因机理[J].天然气地球科学，29（4）：500-509.

郑琴，刘志斌，2011.含累积产量三次方项的异常高压气藏物质平衡新模型及计算[J].北京大学学报（自然科学版），47（1）：115-119.

周立明，韩征，任继红，等，2019.2008—2017年我国新增石油天然气探明地质储量特征分析[J].中国矿业，28（8）：34-37.

庄惠农，韩永新，孙贺东，等，2021.气藏动态描述和试井[M].北京：石油工业出版社.

Ambastha A K, 1991. A Type Curve Matching Procedure for Material Balance Analysis of Production Data from Geopressured Gas Reservoirs[J]. Journal of Canadian Petroleum Technology, 30(5): 61-65.

Becerra-Arteaga, 1993. Analysis of Abnormally Pressured Gas Reservoirs[D]. Texas: A&M University.

Begland T F, Whitehead, 1989. Depletion Performance of Volumetric High Pressured Gas Reservoirs[J]. SPE Reservoir Engineering, 4(3): 279-282.

Bourbiaux B, Cacas M C, Sarda S, et al., 1998. Rapid and Efficient Methodology to Convert Fractured Reservoir Images into a Dual-porosity Model[J]. Rev. Inst. Fr. Pet., 53(6): 785-799.

Bourdet D, Alagoa A, 1984. New Method Enhances Well Test Interpretation[J]. World Oil, 199(4): 37-44.

Charreau J, Gilder S, Chen Y, et al., 2006. Magnetostratigraphy of the Yaha Section, Tarim Basin (China): 11Ma Acceleration in Erosion and Uplift of the Tian Shan Mountains[J]. Geology, 34(3): 181-184.

Craft B, Hawkins M, Terry R, 1990. Applied Petroleum Reservoir Engineering[R]. Second ed. Prentice Hall.

Datta-Gupta A, King M J, 2007. Streamline Simulation: Theory and Practice[M]. SPE Textbook Series. Richardson, Texas: Society of Petroleum Engineers.

Datta-Gupta A, Kulkarni K N, Yoon S, et al., 2001. Streamlines, Ray Tracing and Production Tomography: Generalization to Compressible Flow[J]. Petroleum Geoscience, 7(S1): 75-86.

Duggan J O, 1972. The Anderson "L"—an abnormally Pressured Gas Reservoir in South Texas[J]. Journal of Petroleum Technology, 24(2): 132-138.

Eaton B A, 1975. The Equation for Geo-pressure Prediction from Well Logs[R]. SPE 5544.

Fetkovich M J, Reese D E, Whitson C H, 1998. Application of a General Material Balance for High-pressure Gas Reservoirs (includes Associated paper 51360)[J]. SPE Journal, 3(1): 3-13.

Fillippone W R, 1979. On the Prediction of Abnormally Pressured Sedimentary Rocks from Seismic Data[R]. OTC 3662: 2667-2676.

Fillippone W R, 1982. Estimation of Formation Parameters and the Prediction of Overpressure from Seismic Data[J]. Expanded Abstracts of 52nd Annual Inrernational SEG Mtg: 502-503.

Gan R G, Blasingame T A, 2001. A Semianalytical p/Z Technique for the Analysis of Reservoir Performance from Abnormally Pressured Gas Reservoirs[C]. SPE 71514-MS.

Gonzalez F E, Ilk D, Blasingame T A, 2008. A Quadratic Cumulative Production Model for the Material Balance of an Abnormally Pressured Gas Reservoir[R]. SPE 114044-MS.

Guehria F M, 1996. A New Approach to p/Z Analysis in Abnormally Pressured Reservoirs[C]. SPE 36703-MS.

Hall H N, 1953. Compressibility of Reservoir Rocks[J]. Journal of Petroleum Technology, 5(1): 17-19.

Hammerlindl D J, 1971. Predicting Gas Reserves in Abnormally Pressured Reservoirs[C]. SPE 3479-MS.

Havlena D, Odeh A S, 1963. The Material Balance as an Equation of a Straight Line[J]. Journal of Petroleum Technology, 15(8): 896-900.

Hottman C E, Johnson R K, 1965. Estimation of Formation Pressures from Log-derived Shale Properties[J].

Journal of Petroleum Technology, 17: 717-722.

Huang B C, Piper J D A, Peng S T, et al., 2006. Magnetostratigraphic and Rock Magnetic Constraints on the History of Cenozoic Uplift of the Chinese Tian Shan. Earth and Planetary Science Letters, 251 (3-4): 346-364.

Jiao Yuwei, Xia Jing, Liu Pengcheng, et al., 2017.New Material Balance Analysis Method for Abnormally High-pressured Gas-hydrocarbon Reservoir with Water Influx [J]. International Journal of Hydrogen Energy, 42 (29): 18718-18727.

Kazemi H, Merrill L S, Porterfield K L, et al., 1976. Numerical Simulation of Water-oil Flow in Naturally Fractured Reservoirs [J]. SPE J., 16 (6): 317-326.

Kim J U, Datta-Gupta A, Brouwer R, et al., 2009. Calibration of High-Resolution Reservoir Models Using Transient Pressure Data [R] .SPE 124834-MS.

Kuchuk Fikri, Denis Biryukov, 2014. Pressure-transient Behavior of Continuously and Discretely Fractured Reservoirs [R]. SPE Res. Eval .& Eng., 17: 82-97.

Mandelbrot B B, 1982. The Fractal Geometry of Nature [M]. SanFrancisco: Freeman.

Marhaendrajana T, Blasingame T A, 2001. Decline Curve Analysis using Type Curves - Evaluation of Well Performance Behavior in a Multiwell Reservoir System [C]. SPE 71517-MS.

Mattar L, Santo M, 1992.How Wellbore Dynamics Affect Pressure Transient Analysis [J].JCPT, 31 (1): 32-40.

Morita N, Whitfill D, Massie I, et al., 1989. Realistic Sand-production Prediction: Numerical Approach. SPE production engineering, 4 (1): 15-24.

Nelson R A, 2001. Geologic Analysis of Naturally Fractured Reservoirs [M]. Boston, Massachusetts: Gulf Professional Publishing .

Poston S W, Chen H Y, Akhtar M J, 1994. Differentiating Formation Compressibility and Water-influx Effects in Overpressured Gas Reservoirs [J]. SPE Reservoir Engineering, 9 (3): 183-187.

Ramagost B P, Farshad F F, 1981. p/Z Abnormally Pressured Gas Reservoirs [C]. SPE 10125-MS.

Roach R H, 1981. Analyzing Geopressured Reservoirs - A Material Balance Technique [R]. SPE 9968-Unsolicated.

Sarda S, Jeannin L, Basquet R, et al., 2002. Hydraulic Characterization of Fractured Reservoirs: Simulation on Discrete Fracture Models [J]. SPE Reservoir Eval. Eng., 5 (2): 154-162.

Sarma P, Aziz K, 2004. New Transfer Functions for Simulation of Naturally Fractured Reservoirs with Dual Porosity Models [R] .SPE 90231.

Standing M B, 1977. Volumetric and Phase Behavior of Oilfield Hydrocarbon Systems. Richardson [C]. Texas: Society of Petroleum Engineers of AIME: 125-126.

Stearns D W, Friedman M, 1972. Reservoirs in Fractured Rock [R] //Goulol H R. Stratigraphic Oil and Gas Field. AAPG., 82-106.

Thomas L K, Dixon T N, Pierson R G, 1983. Fractured Reservoir Simulation [J]. SPE J., 23 (1): 42-54.

Vasco D W, Finsterle S, 2004. Numerical Trajectory Calculations for the Efficient Inversion of Transient Flow and Tracer Observations [J]. Water Resources Research, 40 (1): W01507. DOI: 10.1029/2003WR002362.

Walsh M P, 1998. Discussion of Application of Material Balance for High Pressure Gas Reservoirs [J]. SPE Journal, 3 (1): 402-404.

Wang H, Gala D P, Sharma M M, 2017. Effect of Fluid Type and MultiPhase Flow on Sand Production in Oil and Gas Wells [R]. SPE Annual Technical Conference and Exhibition.

Wang Hongfeng, Li Xiaoping, Sun Hedong, et al., 2021.Reserve Estimation from Early Time Production Data in Geopressured Gas Reservoir: Gas Production of Cumulative Unit Pressure Drop Method [J]. Geofluids (5): 983.

Warren J E, Root P J, 1963. The Behaviour of Naturally Fractured Reservoirs [J]. SPE J., 3 (3): 245-255.

Yale D P, Nabor G W, Russell J A, et al., 1993. Application of Variable Formation Compressibility for Improved Reservoir Analysis [R]. SPE 26647-MS.

Zhang T, Fang X M, Song C H, et al., 2014. Cenozoic Tectonic Deformation and Uplift of the South Tian Shan: Implications from Magnetostratigraphy and Balanced Cross-section Restoration of the Kuqa Depression [J]. Tectonophysics, 628: 172-187.